卡片 第3章 的设计与制作

【课堂案例——个性名片】

【课堂案例——贵宾卡】

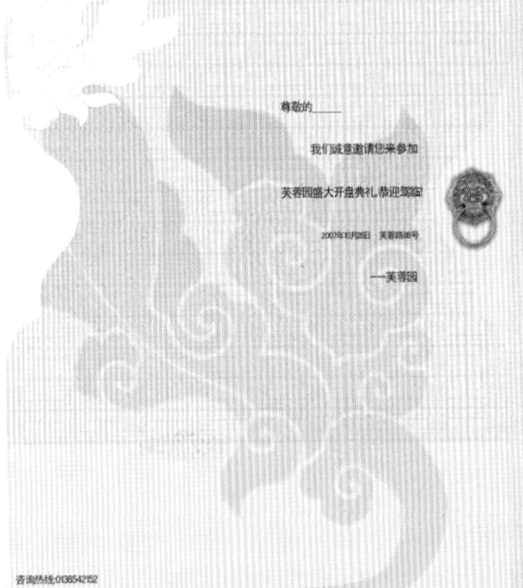

【课堂案例——邀请函】

【课后习题1——个人名片】

【课后习题2——优惠卡】

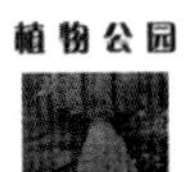

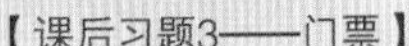

【课后习题3——门票】

第4章

DM单的设计与制作

【课堂案例——单页广告】

【课堂案例——三折页广告】

【课堂案例——直邮广告】

【课后习题1——单页DM单】

【课后习题2——双页DM单】

【课后习题3——三折页DM单】

【课堂案例——单色报纸广告】

【课堂案例——杂志广告】

第5章

报纸杂志广告的设计与制作

【课堂案例——宣传海报】

【课堂案例——彩色报纸广告】

【课堂案例——报版】

【课后习题1——企业海报】

【课后习题2——彩色报版】

【课后习题3——红酒广告】

【课后习题4——化妆品广告】

【课后习题5——手机广告】

第6章

户外广告的设计与制作

【课堂案例——公交广告】

【课后习题3——户外广告牌】

【课后习题4——企业海报】

【课堂案例——广告牌】

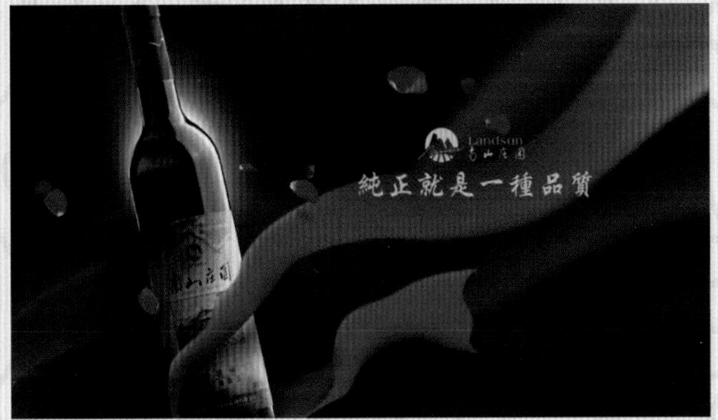

【课堂案例——户外海报】

【课后习题5——红酒展架】

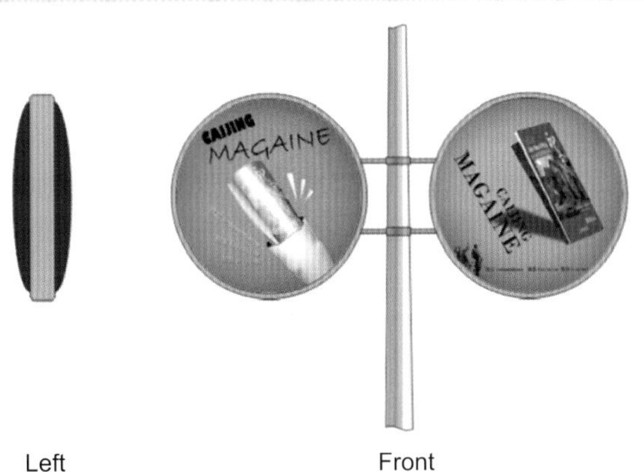

【课堂案例——户外灯箱】

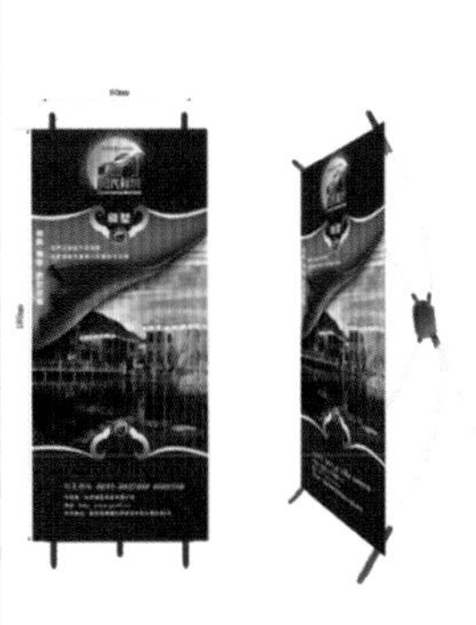
【课后习题1——X展架】

【课后习题2——易拉宝】

【课堂案例——时尚画册】

第7章

画册和菜谱的设计与制作

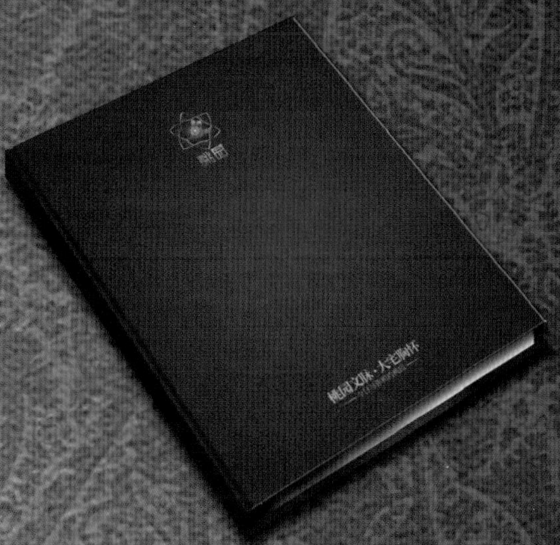

【课堂案例——古典画册封面】

【课堂案例——菜谱】

【课后习题1——企业画册】

【课后习题2——产品画册】

【课堂案例——系列封面】

【课堂案例——宣传封套】

【课堂案例——精装书籍封面】

【课后习题1——画册封面】

第8章

封面和装帧的设计与制作

【课堂案例——食品包装】

【课堂案例——饮品包装】

【课堂案例——酒水包装】

【课堂案例——CD盒包装】

【课堂案例——礼品盒包装】

包装的设计与制作

【课后习题1——茶叶包装】

The moonlight stands for my heart.

【课后习题3——巧克力包装】

【课后习题2——饮料包装】

【课后习题4——牛奶包装】

中文版 Photoshop CS5 平面设计实用教程

（第2版）

时代印象 编著

人 民 邮 电 出 版 社

北 京

图书在版编目（CIP）数据

中文版Photoshop CS5平面设计实用教程 / 时代印象编著. -- 2版. -- 北京 : 人民邮电出版社, 2017.7(2020.8重印)
ISBN 978-7-115-45455-3

Ⅰ. ①中… Ⅱ. ①时… Ⅲ. ①平面设计－图象处理软件－教材 Ⅳ. ①TP391.413

中国版本图书馆CIP数据核字(2017)第117594号

内 容 提 要

这是一本全面介绍如何使用 Photoshop CS5 进行平面设计的实用教程。本书主要针对零基础读者编写，是入门级读者快速、全面掌握 Photoshop CS5 平面设计的必备参考书。

本书从 Photoshop CS5 基本工具的用法入手，然后延伸至平面设计的基础知识，紧接着安排了 7 章内容，详细介绍了卡片设计、DM 单设计、报纸杂志广告设计、户外广告设计、画册和菜谱设计、封面和装帧设计以及包装设计等实际工作中常见的案例。每个案例都有制作流程详解，图文并茂、一目了然，并且每章都配有课后习题，读者在学完案例以后可继续参考习题进行深入练习，以拓展自己的创意思维，提高平面设计能力。

本书附带下载资源，内容包含本书所有案例的源文件、素材文件、PPT 课件以及本书所有案例和课后习题的多媒体视频教学录像，读者可通过在线方式获取这些资源，具体方法请参看本书前言。

本书非常适合作为高等院校和培训机构平面设计专业课程的教材或教学参考书，也可作为 Photoshop CS5 自学人员的学习用书。

◆ 编　　著　时代印象
责任编辑　张丹丹
责任印制　陈　犇
◆ 人民邮电出版社出版发行　　北京市丰台区成寿寺路 11 号
邮编　100164　　电子邮件　315@ptpress.com.cn
网址　http://www.ptpress.com.cn
固安县铭成印刷有限公司印刷
◆ 开本：787×1092　1/16
印张：23　　彩插：6
字数：668 千字　　2017 年 7 月第 2 版
印数：39 601－39 900 册　　2020 年 8 月河北第 6 次印刷

定价：49.80 元

读者服务热线：(010)81055410　印装质量热线：(010)81055316
反盗版热线：(010)81055315
广告经营许可证：京东市监广登字20170147号

前 言

Photoshop是Adobe公司旗下一款优秀的图像处理软件，也是当今世界上用户群最多的平面设计软件之一，其应用领域涉及平面设计、图片处理、照片处理、网页设计、界面设计、文字设计、插画设计、视觉创意与三维设计等。

本书的特色包括以下3点。

全面的知识：覆盖Photoshop CS5所有的平面设计类型。

实用的实例：27个常见的平面设计课堂案例+27个平面设计延伸课后习题。

超值的赠送：所有案例源文件+所有案例的教学视频+PPT教学课件+Photoshop CS5快捷键索引。

本书内容大致分为3个部分。

第1部分为第1章，主要是软件概述以及所有工具介绍。本章讲解了Photoshop CS5的各种工具的用法，带领读者进入Photoshop CS5的世界。

第2部分为第2章，主要介绍平面设计基础知识。本章结合平面设计的概念与特征、平面设计元素创意技法、平面设计创意表现技法以及印刷常识对平面设计的相关知识进行了总体概括。

第3部分为案例讲解，共分为7章，是本书的重点部分。这个部分全面介绍了在实际工作中最常见的卡片设计、DM单设计、报纸杂志广告设计、户外广告设计、画册和菜谱设计、封面和装帧设计、包装设计等。

本书附带下载资源，内容包含“案例文件”“素材文件”“多媒体教学”和“PPT课件”4个文件夹。其中“案例文件”中包含本书所有案例的源文件；“素材文件”中包含本书所有案例用到的素材文件；“多媒体教学”中包含本书所有课堂案例和课后习题的多媒体有声视频教学录像，读者可以边观看视频教学，边学习书中的实例；“PPT课件”可方便任课教师教学使用。

为了达到使读者轻松自学并深入地了解用Photoshop CS5进行平面设计的目的，本书在版面结构设计上尽量做到清晰明了，如下图所示。

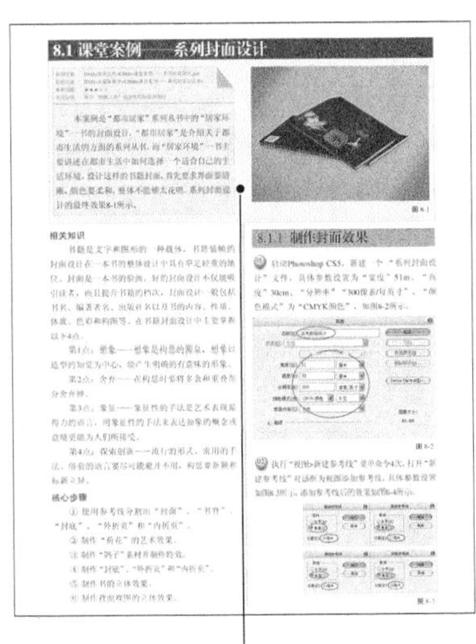

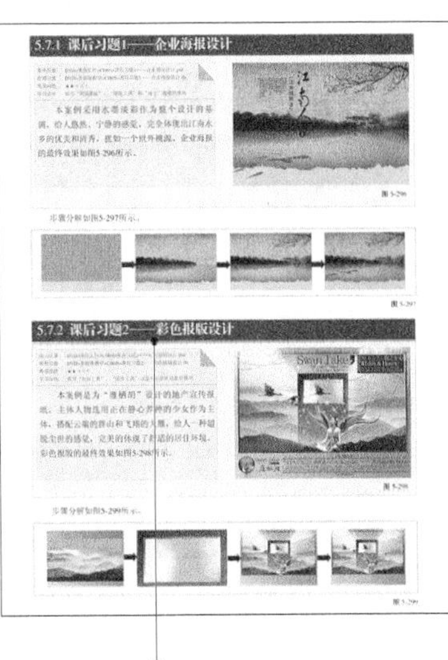

课堂案例：包含大量的平面设计案例详解，让大家深入掌握各种平面设计的制作流程，以快速提升平面设计能力。

技巧与提示：针对软件的实用技巧及平面设计制作过程中的难点进行重点提示。

知识点：针对软件的各种重要技术以及平面设计的重要知识点进行点拨。

课后习题：安排重要的平面设计习题，让大家在学完相应内容以后继续强化所学技术。

本书的参考学时为53学时，其中讲授环节为33学时，实训环节为20学时，各章的参考学时参见下面的学时分配表。

章	课程内容	学时分配	
		讲授学时	实训学时
第1章	认识Photoshop CS5	2	
第2章	平面设计的相关知识	1	
第3章	卡片的设计与制作	3	2
第4章	DM单的设计与制作	3	2
第5章	报纸杂志广告的设计与制作	5	3
第6章	户外广告的设计与制作	5	3
第7章	画册和菜谱的设计与制作	3	2
第8章	封面和装帧的设计与制作	3	2
第9章	包装的设计与制作	8	6
学时总计	53	33	20

我们衷心地希望能够为广大读者提供力所能及的服务，尽可能地帮读者解决一些实际问题，如果读者在学习过程中需要我们的支持，请通过以下方式与我们取得联系，我们将尽力解答。

售后服务

本书所有的学习资源文件均可在线下载（或在线观看视频教程），扫描封底的“资源下载”二维码，关注我们的微信公众号即可获得资源文件的下载方式。资源下载过程中如有疑问，可通过我们的在线客服或客服电话与我们联系。在学习的过程中，如果遇到问题，也欢迎您与我们交流，我们将竭诚为您服务。

资源下载

您可以通过以下方式来联系我们。

客服邮箱：press@iread360.com

客服电话：028-69182687、028-69182657

时代印象

2017年5月

目 录 CONTENTS

目录 CONTENTS

目 录 CONTENTS

目 录 CONTENTS

第1章

认识Photoshop CS5

“工欲善其事，必先利其器”，只有完全掌握了Photoshop，才能在Photoshop设计中提高工作效率。本章将对Photoshop的发展史以及Photoshop的应用领域做一个介绍，着重讲解Photoshop CS5的工作界面和工具箱，使大家对Photoshop CS5有一个整体的了解，在大脑中对Photoshop CS5有一个完整的概念。

课堂学习目标

了解Photoshop的发展史
了解Photoshop的应用领域
了解Photoshop CS5的工作界面
掌握Photoshop CS5的工具箱

1.1 Photoshop的应用领域

Photoshop是Adobe公司旗下一款优秀的图像处理软件，也是当今世界上用户群最多的平面设计软件之一，它的主要应用领域到底有哪些呢？读了下面的内容我们就知道了。

1.1.1 平面设计

毫无疑问，平面设计肯定是Photoshop应用最为广泛的领域。无论是我们正在阅读的图书封面，还是在大街上看到的招贴、海报，这些具有丰富图像的平面印刷品，基本上都需要使用Photoshop来对图像进行处理来制作完成的，如图1-1和图1-2所示。

图1-1

图1-2

1.1.2 照片处理

Photoshop作为照片处理的王牌软件，当然具有一套相当强大的图像修饰功能。利用这些功能，我们可以快速修复数码照片上的瑕疵，同时可以调整照片的色调或为照片添加装饰元素等，如图1-3所示。

图1-3

1.1.3 网页设计

随着互联网的普及，人们对网页的审美要求也不断提升，因此Photoshop就显得尤为重要，可以用它来美化网页元素，如图1-4所示。

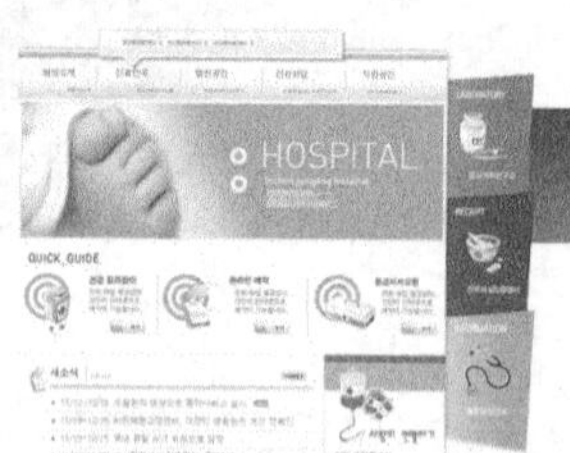

图1-4

1.1.4 界面设计

界面设计是一块新兴的领域，已经受到越来越多的软件企业及开发者的重视，但是绝大多数设计师使用的软件都是Photoshop，如图1-5所示。

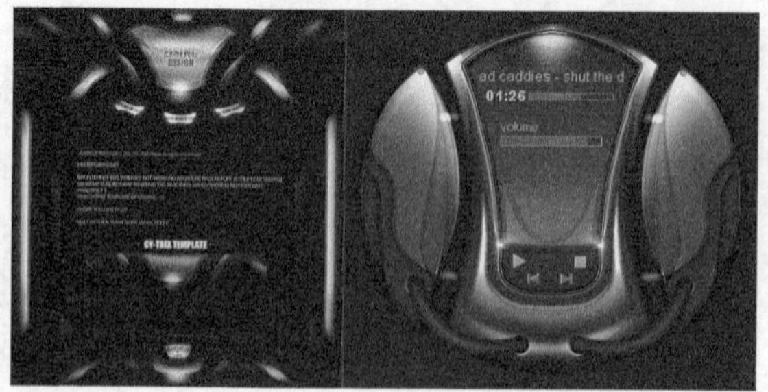

图1-5

1.1.5 文字设计

千万不要忽视Photoshop在文字设计方面的应用，它可以制作出各种质感、特效的文字，如图1-6所示。

图1-6

1.1.6 插画创作

Photoshop具有一套优秀的绘画工具，我们可以用Photoshop来绘制出各种各样的精美插画，如图1-7所示。

图1-7

1.1.7 视觉创意

视觉创意与设计是设计艺术的一个分支，此类设计通常没有非常明显的商业目的。但由于它为广大设计爱好者提供了无限的设计空间，因此越来越多的设计爱好者都开始注重视觉创意，并逐渐形成属于自己的一套创作风格，如图1-8所示。

图1-8

1.1.8 三维设计

Photoshop在三维设计中主要有两方面的应用：一是对效果图进行后期修饰，包括配景的搭配以及色调的调整等，如图1-9所示；二是用来绘制精美的贴图，因为再好的三维模型，如果没有逼真的贴图附在模型上，也得不到好的渲染效果，如图1-10所示。

图1-9

图1-10

1.2 Photoshop CS5工作界面

随着版本的不断升级，Photoshop的工作界面布局变得更加合理、更加人性化。启动Photoshop CS5，其工作界面如图1-11所示。工作界面由程序栏、菜单栏、选项栏、标题栏、工具箱、状态栏、文档窗口以及各式各样的面板组成。

图1-11

1.2.1 程序栏

在程序栏中，我们可以快速启动Adobe Bridge、Mini Bridge，也可以设置网格、参考线、标尺、图像显示比例、文档排列方法和屏幕显示模式等。

1.2.2 菜单栏

Photoshop CS5的菜单栏中包含11组主菜单，分别是文件、编辑、图像、图层、选择、滤镜、分析、3D、视图、窗口和帮助，如图1-12所示。单击相应的主菜单，即可打开该菜单下的命令，如图1-13所示。

文件(F) 编辑(E) 图像(I) 图层(L) 选择(S) 滤镜(T) 分析(A) 3D(D) 视图(V) 窗口(W) 帮助(H)

图1-12

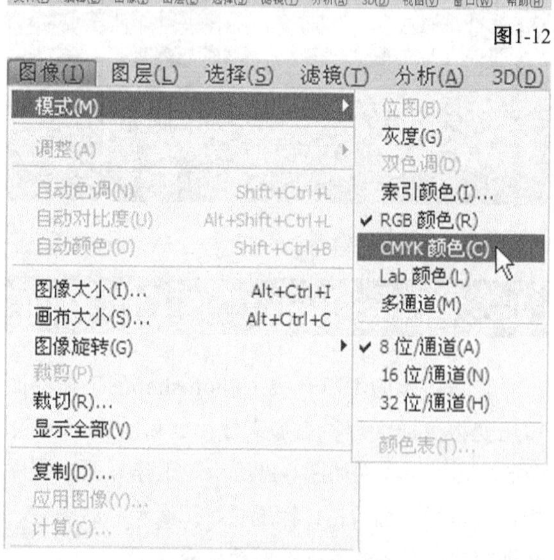

图1-13

1.2.3 标题栏

打开一个文件以后，Photoshop会自动创建一个标题栏。在标题栏中会显示这个文件的名称、格式、窗口缩放比例以及颜色模式等信息。

1.2.4 文档窗口

文档窗口是显示打开图像的地方。如果只打开一张图像，则只有一个文档窗口，如图1-14所示；如果打开多张图像，则文档窗口会按选项卡的方式进行显示，如图1-15所示。单击一个文档窗口的标题栏即可将其设置为当前工作窗口。

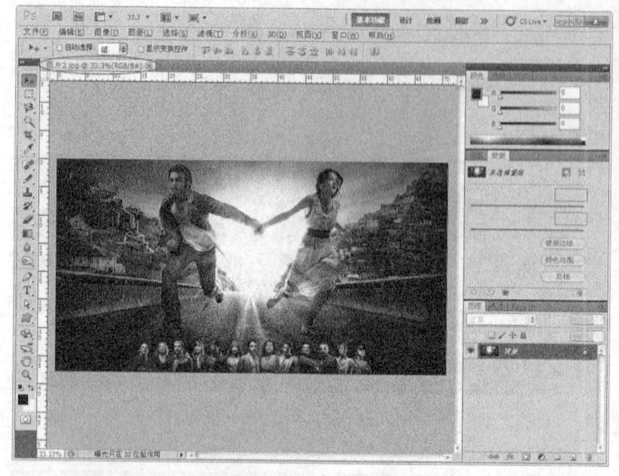

图1-14

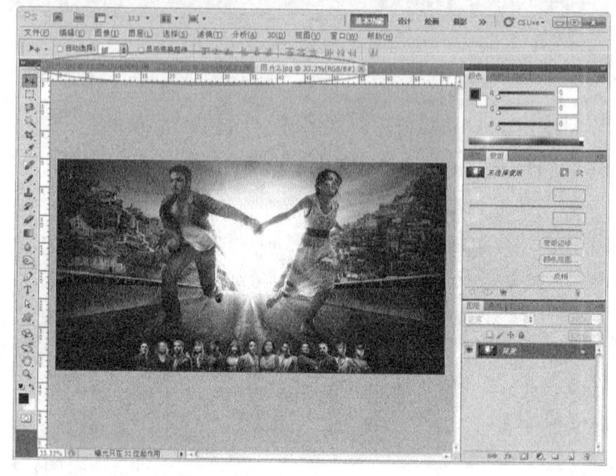

图1-15

按住鼠标左键拖曳文档窗口的标题栏，可以将其设置为浮动窗口，如图1-16所示；按住鼠标左键将浮动文档窗口的标题栏拖曳到选项卡中，文档窗口会停放到选项卡中，如图1-17所示。

图1-16

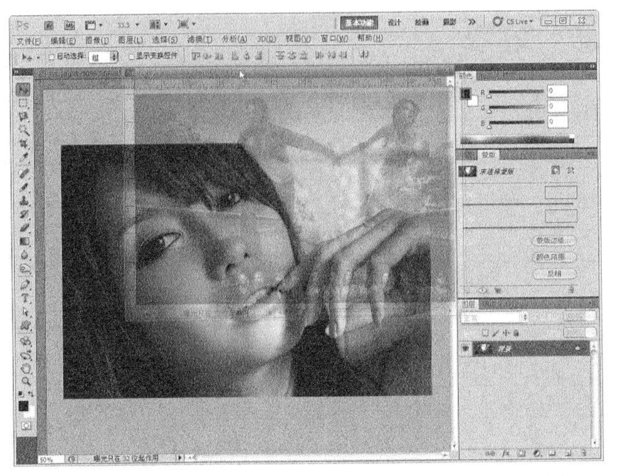

图1-17

1.2.5 工具箱

“工具箱”中集合了Photoshop CS5的大部分工具，这些工具共分为9组，分别是选择工具、裁剪与切片工具、吸管与测量工具、修饰工具、绘画工具、路径与矢量工具、文字工具、3D工具和导航工具，外加一组设置前景色和背景色的图标与一个特殊工具“以快速蒙版模式编辑”，如图1-18所示。使用鼠标左键单击一个工具，即可选择该工具。工具的右下角带有三角形图标，表示这是一个工具组，在工具上单击鼠标右键即可弹出隐藏的工具，图1-19所示是“工具箱”中的所有隐藏的工具。

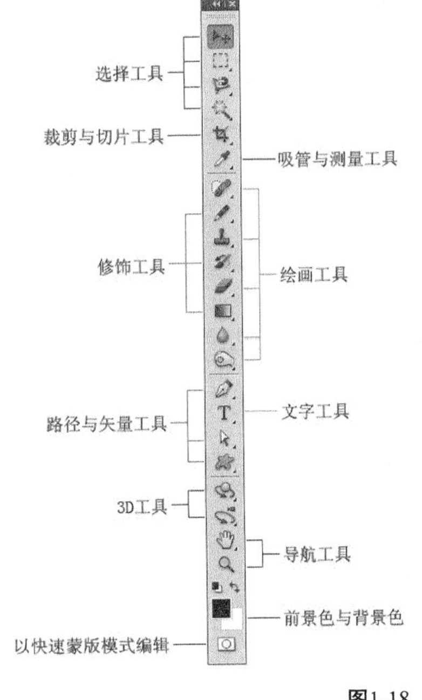

图1-18

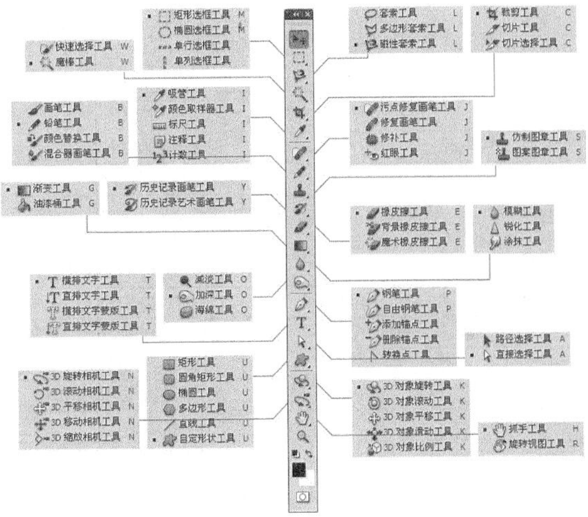

图1-19

技巧与提示

“工具箱”可以折叠起来，单击“工具箱”顶部的折叠图标，可以将其折叠为双栏，同时折叠会变成展开图标，如图1-20所示；再次单击展开图标，可以将其还原为单栏。另外，可以将“工具箱”设置为浮动状态，方法是将光标放置在图标以外的区域，然后使用鼠标左键进行拖曳（将“工具箱”拖曳至原处，可以将其还原为固定状态）。

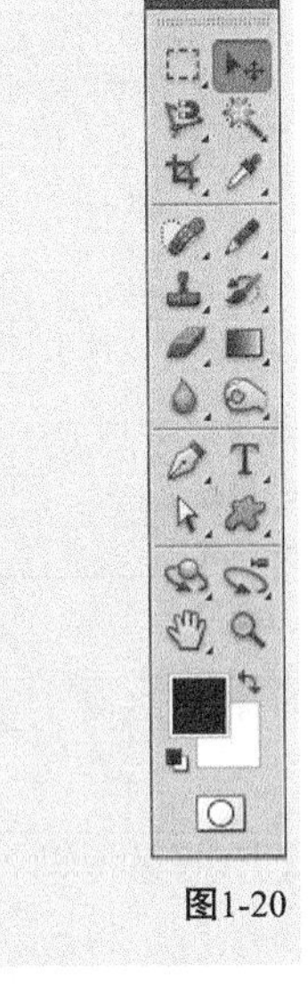

图1-20

工具快捷键一览表

工具	主要作用	快捷键
移动工具	选择/移动对象	V
矩形选框工具	绘制矩形选区	M
椭圆选框工具	绘制圆形或椭圆形选区	M
单行选框工具	绘制高度为1像素的选区	无
单列选框工具	绘制宽度为1像素的选区	无
套索工具	自由绘制出形状不规则的选区	L
多边形套索工具	绘制一些转角比较强烈的选区	L
磁性套索工具	快速选择与背景对比强烈且边缘复杂的对象	L
快速选择工具	利用可调整的圆形笔尖迅速地绘制选区	W
魔棒工具	快速选取颜色一致的区域	W
裁剪工具	裁剪多余的图像	C
切片工具	创建用户切片和基于图层的切片	C
切片选择工具	选择、对齐、分布切片以及调整切片的堆叠顺序	C
吸管工具	采集色样来作为前景色或背景色	I
颜色取样器工具	精确观察颜色值的变化	I
标尺工具	测量图像中点到点之间的距离、位置和角度	I
注释工具	在图像中添加文字注释和内容	I
计数工具	对图像中的元素进行计数	I
污点修复画笔工具	消除图像中的污点和某个对象	J
修复画笔工具	校正图像的瑕疵	J
修补工具	利用样本或图案修复所选区域中不理想的部分	J
红眼工具	去除由闪光灯导致的红色反光	J
画笔工具	使用前景色绘制出各种线条或修改通道和蒙版	B
铅笔工具	绘制硬边线条	B
颜色替换工具	将选定的颜色替换为其他颜色	B
混合器画笔工具	模拟真实的绘画效果	B
仿制图章工具	将图像的一部分绘制到另一个位置	S
图案图章工具	使用图案进行绘画	S
历史记录画笔工具	可以理性、真实地还原某一区域的某一步操作	Y
历史记录艺术画笔工具	将标记的历史记录或快照用作源数据对图像进行修改	Y
橡皮擦工具	将像素更改为背景色或透明	E
背景橡皮擦工具	在抹除背景的同时保留前景对象的边缘	E
魔术橡皮擦工具	将所有相似的像素更改为透明	E
渐变工具	在整个文档或选区内填充渐变色	G
油漆桶工具	在图像中填充前景色或图案	G
模糊工具	柔化硬边缘或减少图像中的细节	无
锐化工具	增强图像中相邻像素之间的对比	无
涂抹工具	模拟手指划过湿油漆时所产生的效果	无
减淡工具	对图像进行减淡处理	O
加深工具	对图像进行加深处理	O
海绵工具	精确地更改图像某个区域的色彩饱和度	O
钢笔工具	绘制任意形状的直线或曲线路径	P
自由钢笔工具	绘制比较随意的图形	P
添加锚点工具	在路径上添加锚点	无
删除锚点工具	在路径上删除锚点	无
转换点工具	转换锚点的类型	无
横排文字工具	输入横向排列的文字	T
直排文字工具	输入竖向排列的文字	T
横排文字蒙版工具	创建横向文字选区	T
直排文字蒙版工具	创建竖向文字选区	T
路径选择工具	选择、组合、对齐和分布路径	A
直接选择工具	选择、移动路径上的锚点以及调整方向线	A
矩形工具	创建正方形和矩形	U
圆角矩形工具	创建具有圆角效果的矩形	U

（续表）

椭圆工具	创建椭圆和圆形	U
多边形工具	创建正多边形（最少为3条边）和星形	U
直线工具	创建直线和带有箭头的路径	U
自定形状工具	创建各种自定形状	U
3D对象旋转工具	围绕x/y轴旋转模型	K
3D对象滚动工具	围绕z轴旋转模型	K
3D对象平移工具	在水平/垂直方向上移动模型	K
3D对象滑动工具	在水平方向上移动模型或将模型移近/移远	K
3D对象比例工具	放大或缩小模型	K
3D旋转相机工具	沿x/y轴方向环绕移动相机	N
3D滚动相机工具	滚动相机	N
3D平移相机工具	沿x/y轴方向平移相机	N
3D移动相机工具	步进相机（z轴转换和y轴旋转）	N
3D缩放相机工具	更改3D相机的视角	N
抓手工具	在放大图像窗口中移动光标到特定区域内查看图像	H
旋转视图工具	旋转画布	R
缩放工具	放大或缩小图像的显示比例	Z
默认前景色/背景色	将前景色/背景色恢复到默认颜色	D
前景色/背景色互换	互换前景色/背景色	X
以快速蒙版模式编辑	创建和编辑选区	Q

1.选择工具

基本选择工具包括“矩形选框工具”、“椭圆选框工具”、“单行选框工具”、“单列选框工具”、“套索工具”、“多边形套索工具”、“磁性套索工具”、“快速选择工具”和“魔棒工具”。熟练掌握这些基本工具的使用方法，可以快速地选择需要的选区。

<1>移动工具

“移动工具”是最常用的工具之一，无论是在文档中移动图层、选区中的图像，还是将其他文档中的图像拖曳到当前文档，都需要使用到“移动工具”，如图1-21所示。图1-22所示是“移动工具”的选项栏。

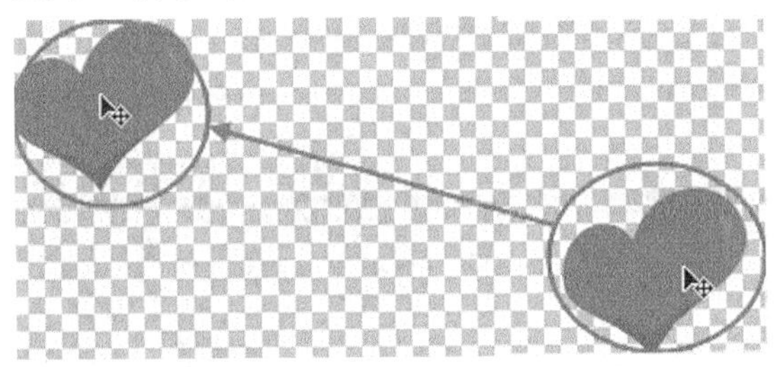

图1-21

自动选择：组 显示变换控件

图1-22

<2>矩形选框工具

“矩形选框工具”主要用于创建矩形或正方形选区（按住Shift键可以创建正方形选区），如图1-23所示。“矩形选框工具”的选项栏如图1-24所示。

图1-23

图1-24

<3>椭圆选框工具

“椭圆选框工具”主要用来制作椭圆选区和圆形选区（按住Shift键可以创建圆形选区），如图1-25和图1-26所示。“椭圆选框工具”的选项栏如图1-27所示。

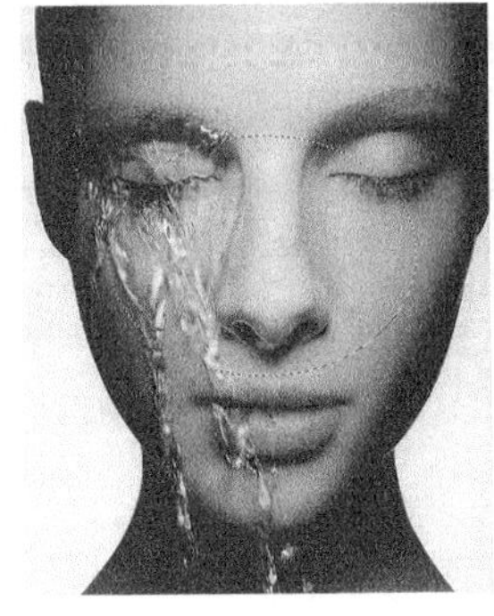

图1-25

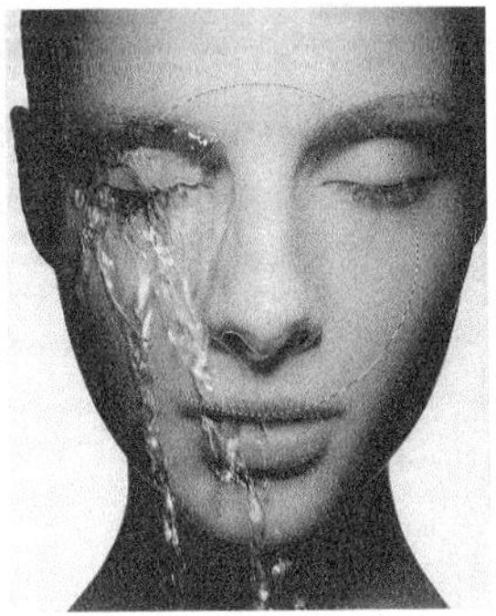

图1-26

图1-27

<4>单行选框工具

“单行选框工具”、“单列选框工具”主要用来创建高度或宽度为1像素的选区，常用来制作网格效果，如图1-28所示。

图1-28

<5>套索工具

使用“套索工具”可以非常自由地绘制出形状不规则的选区。选择“套索工具”后，在图像上拖曳光标绘制选区边界，松开鼠标左键，选区将自动闭合，如图1-29和图1-30所示。

图1-29

图1-30

<6>多边形套索工具

“多边形套索工具”与“套索工具”的使用方法类似。“多边形套索工具”适合创建一些转角比较强烈的选区，如图1-31所示。

图1-31

<7>磁性套索工具

“磁性套索工具”可以自动识别对象的边界，特别适合快速选择与背景对比强烈且边缘复杂的对象。使用“磁性套索工具”时，套索边界会自动对齐图像的边缘，如图1-32所示。当勾选完比较复杂的边界时，还可以按住Alt键切换到“多边形套索工具”，以勾选转角比较强烈的边缘，如图1-33所示。

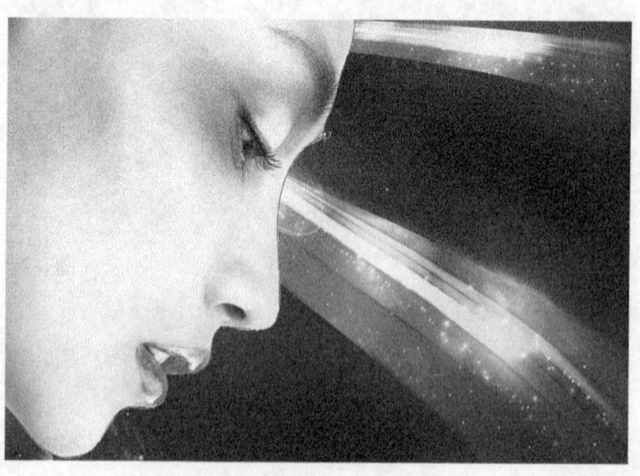

图1-32

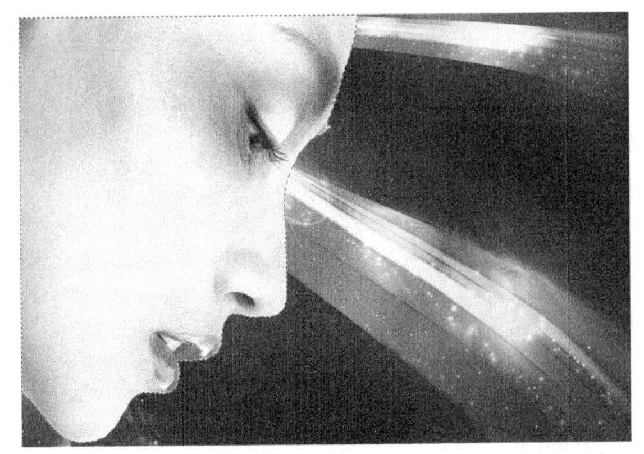

图1-33

<8>快速选择工具

使用“快速选择工具”可以利用可调整的圆形笔尖迅速地绘制出选区。当拖曳笔尖时，选取范围不但会向外扩张，而且还可以自动寻找并沿着图像的边缘来描绘边界，如图1-34~图1-36所示。“快速选择工具”的选项栏如图1-37所示。

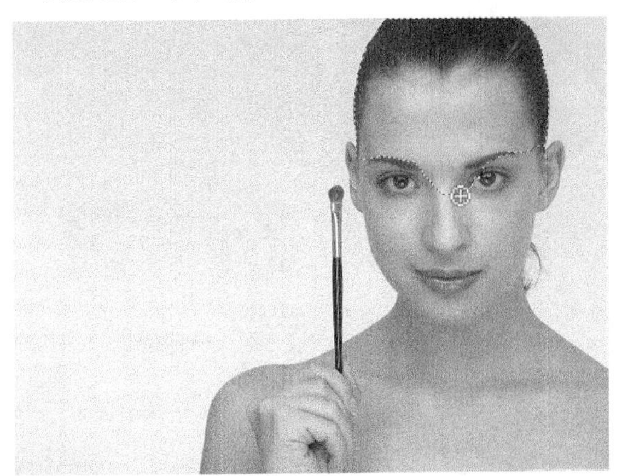

图1-34

图1-35

图1-36

图1-37

<9>魔棒工具

“魔棒工具”不需要描绘出对象的边缘，就能选取颜色一致的区域，其在实际工作中的使用频率相当高，如图1-38所示。其选项栏如图1-39所示。

图1-38

图1-39

2.裁剪工具与切片工具

<1>裁剪工具

裁剪是指移去部分图像，以突出或加强构图效果的过程。使用“裁剪工具”可以裁剪掉多余的图像，并重新定义画布的大小。选择“裁剪工具”后，在画面中拖曳出一个矩形区域，选择要保留的部分，然后按Enter键或双击鼠标左键即可完成裁剪，如图1-40所示。在“工具箱”中单击“裁剪工具”按钮，调出其选项栏，如图1-41所示。

原图像　　“裁剪”后的图像

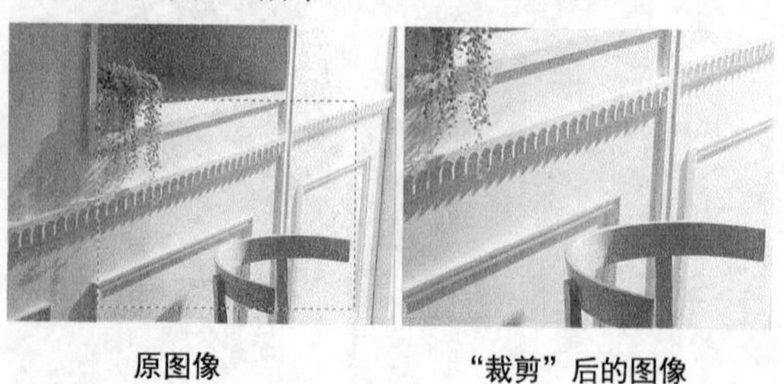

图1-40

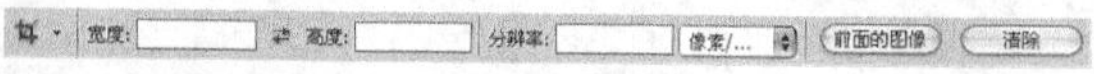

图1-41

<2>切片工具

“切片工具”可以将一个完整的图片切割成许多小片，如图1-42所示。利用切片工具可以快速地进行网页的切片制作。在“工具箱”中单击“切片工具”，调出其选项栏，如图1-43所示。

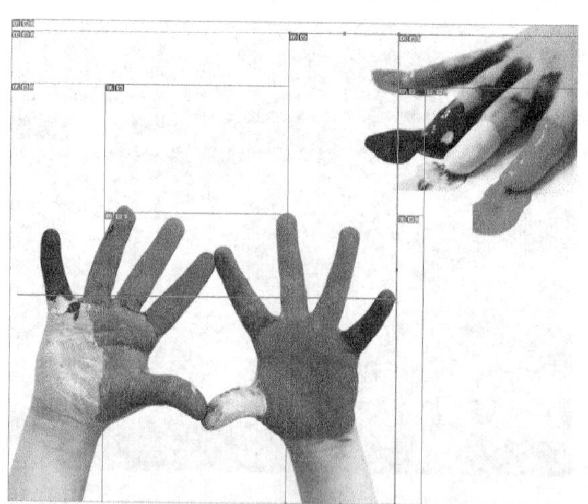

图1-42

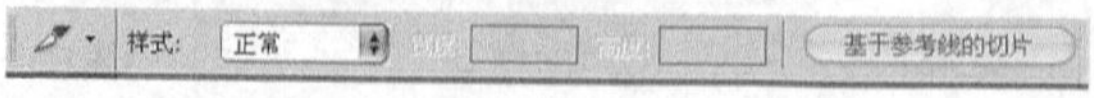

图1-43

3.吸管与测量工具

<1>吸管工具

使用“吸管工具”可以在打开的图像的任何位置采集色样来作为前景色或背景色，如图1-44和图1-45所示。“吸管工具”的选项栏如图1-46所示。

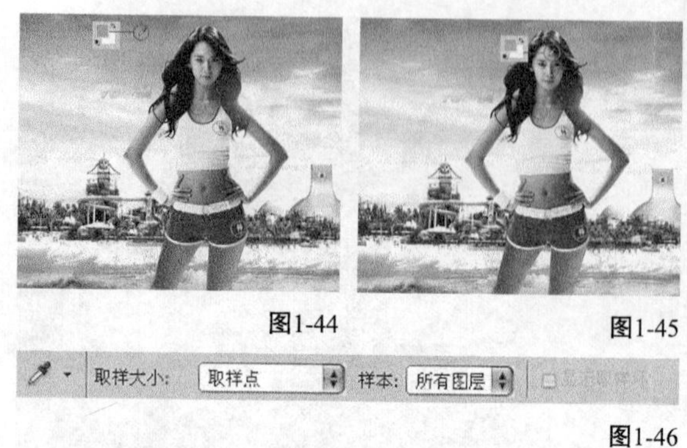

图1-44

图1-45

图1-46

<2>标尺工具

“标尺工具”主要用来测量图像中点到点之间的距离、位置和角度等，如图1-47所示。在“工具箱”中单击“标尺工具”按钮，在工具选项栏中可以观察到“标尺工具”的相关参数，如图1-48所示。

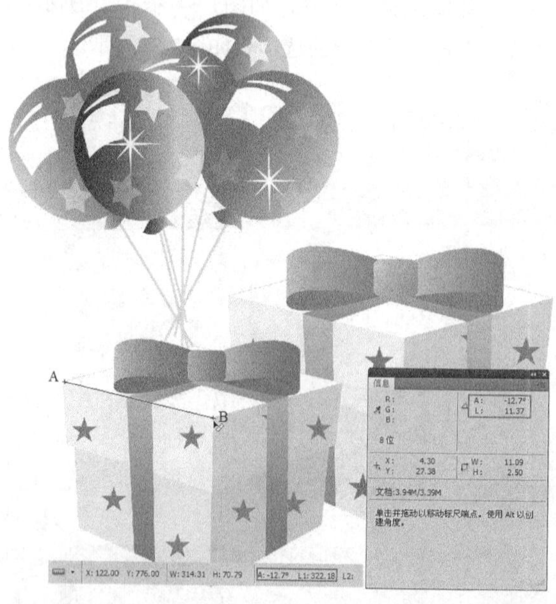

图1-47

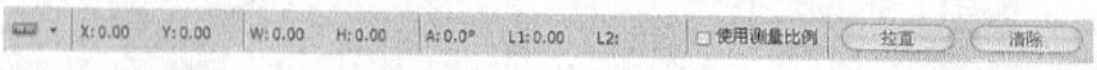

图1-48

<3>注释工具

使用“注释工具”按钮，可以在图像中添加文字注释、内容等，可以用这种功能来协同制作图像、备忘录等，如图1-49所示。“注释工具”按钮的相关参数如图1-50所示。

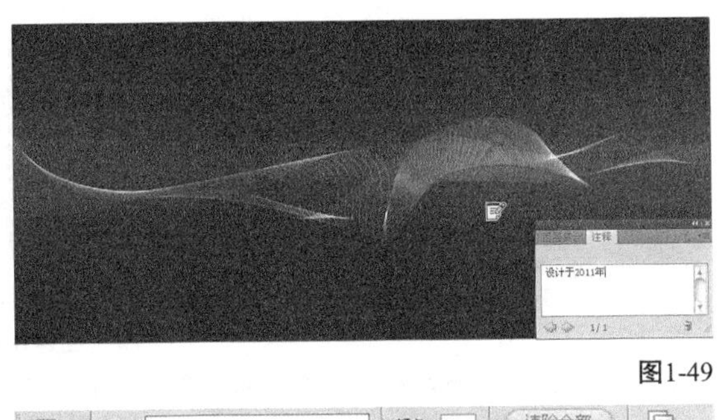

图1-49

图1-50

<4>计数工具

使用“计数工具”可以对图像中的元素进行计数，也可以自动对图像中的多个选定区域进行计数，如图1-51所示。“计数工具”的选项栏中包含显示计数的数目、颜色和标记大小等选项，如图1-52所示。

图1-51

图1-52

4.修饰工具

<1>画笔工具

“画笔工具”与毛笔比较相似，可以使用前景色绘制出各种线条，也可以利用它来修改通道和蒙版，是使用频率最高的工具之一。图1-53所示为使用画笔工具制作的裂痕效果。图1-54所示为“画笔工具”的选项栏。

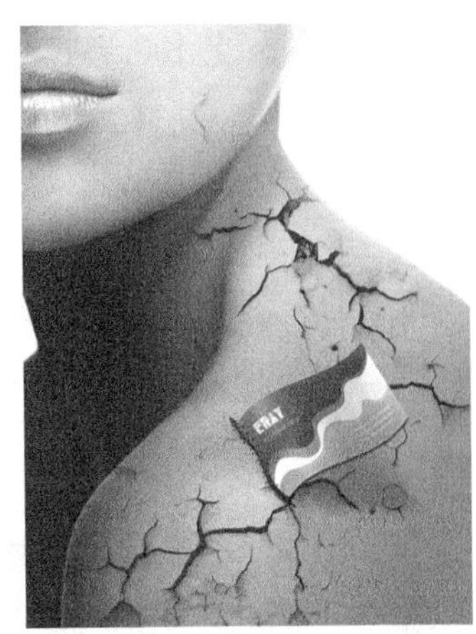

图1-53

图1-54

<2>历史记录画笔工具

“历史记录画笔工具”可以将标记的历史记录状态或快照用作源数据对图像进行修改。“历史记录画笔工具”可以理性、真实地还原某一区域的某一步操作。图1-55所示为原始图像，图1-56所示为使用“历史记录画笔工具”还原“染色玻璃”滤镜的效果。

图1-55

图1-56

<3>历史记录艺术画笔工具

与“历史记录画笔工具”一样，“历史记录艺术画笔工具”也可以将标记的历史记录状态或快照用作源数据对图像进行修改。但是“历史记录画笔工具”只能通过重新创建指定的源数据来绘画，而“历史记录艺术画笔工具”在使用这些数据的同时，还可以为图像创建不同的颜色和艺术风格，如图1-57所示。其选项栏如图1-58所示。

原图像　　使用“历史记录艺术画笔工具”之后

图1-57

图1-58

<4>铅笔工具

“铅笔工具”不同于“画笔工具”，它只能绘制出硬边线条，如图1-59所示。其选项栏如图1-60所示。

图1-59

图1-60

<5>颜色替换工具

“颜色替换工具”可以将选定的颜色替换为其他颜色，如图1-61所示。其选项栏如图1-62所示。

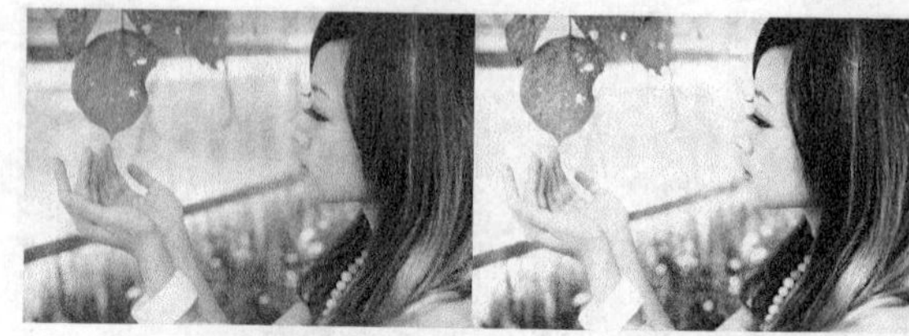

原图像　　替换颜色之后

图1-61

图1-62

<6>混合器画笔工具

“混合器画笔工具”可以模拟真实的绘画效果，并且可以混合画布颜色和使用不同的绘画湿度，如图1-63所示。其选项栏如图1-64所示。

图1-63

图1-64

<7>渐变工具

“渐变工具”的应用非常广泛，它不仅可以填充图像，还可以用来填充图层蒙版、快速蒙版和通道等。“渐变工具”可以在整个文档或选区内填充渐变色，并且可以创建多种颜色的混合效果，如图1-65~图1-69所示。其选项栏如图1-70所示。

图1-65

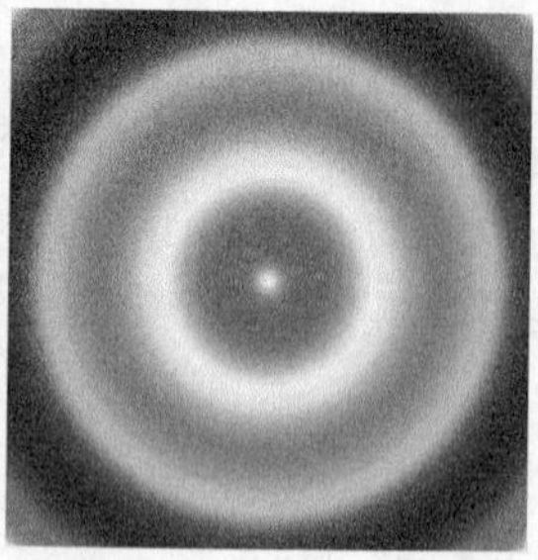

图1-66

图1-67　　图1-68

图1-69

图1-70

<8>油漆桶工具

“油漆桶工具”可以在图像中填充前景色或图案，如图1-71和图1-72所示。如果创建了选区，那么填充的区域为当前选区；如果没有创建选区，那么填充的就是与鼠标单击处颜色相近的区域。“油漆桶工具”的选项栏如图1-73所示。

图1-71

图1-72

图1-73

5.绘画工具

<1>污点修复画笔工具

使用“污点修复画笔工具”可以消除图像中的污点和某个对象，如图1-74所示。“污点修复画笔工具”不需要设置取样点，因为它可以自动从所修饰区域的周围进行取样。其选项栏如图1-75所示。

原图像　　使用“污点修复画笔工具”

图1-74

图1-75

<2>修复画笔工具

“修复画笔工具”可以校正图像的瑕疵，也可以用图像中的像素对样本进行绘制。“修复画笔工具”还可将样本像素的纹理、光照、透明度和阴影与所修复的像素进行匹配，从而使修复后的像素不留痕迹地融入图像的其他部分，如图1-76所示。其选项栏如图1-77所示。

原图像　　使用“修复画笔工具”

图1-76

图1-77

<3>红眼工具

“红眼工具”可以去除由闪光灯导致的红色反光，如图1-78所示。其选项栏如图1-79所示。

原图像　　使用“红眼工具”

图1-78

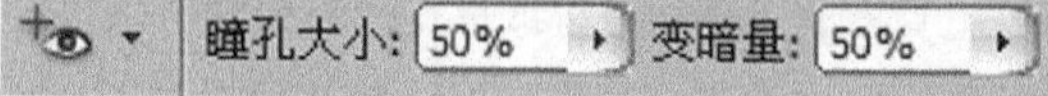

图1-79

<4>修补工具

“修补工具”可以利用样本或图案来修复所选图像区域中不理想的部分，如图1-80所示。其选项栏如图1-81所示。

原图像　　使用“修补工具”之后

图1-80

修补: ◉源 ○目标 □透明 使用图案

图1-81

<5>仿制图章工具

“仿制图章工具”可以将图像的一部分绘制到同一图像的另一个位置上，或绘制到具有相同颜色模式的任何打开的文档中，当然也可以将一个图层的一部分绘制到另一个图层上。“仿制图章工具”对于复制对象或修复图像中的缺陷非常有用，如图1-82所示。其选项栏如图1-83所示。

原图像　　使用“仿制图章工具”之后

图1-82

图1-83

<6>图案图章工具

“图案图章工具”可以使用预设图案或载入的图案进行绘画，如图1-84和图1-85所示。其选项栏如图1-86所示。

勾选“对齐”效果　　未勾选“对齐”效果

图1-84

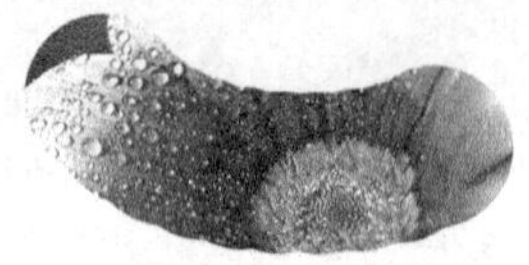

未勾选“印象派”效果　　勾选“印象派”效果

图1-85

图1-86

<7>橡皮擦工具

“橡皮擦工具”可以将像素更改为背景色或透明，其选项栏如图1-87所示。如果使用该工具在“背景”图层或已锁定了透明像素的图层中进行擦除，则擦除的像素将变成背景色，如图1-88所示；如果在普通图层中进行擦除，则擦除的像素将变成透明，如图1-89所示。

图1-87

图1-88

图1-89

<8>背景橡皮擦工具

“背景橡皮擦工具”是一种智能化的橡皮擦。设置好背景色以后，使用该工具可以在抹除背景的同时保留前景对象的边缘，如图1-90所示。其选项栏如图1-91所示。

原图像　　使用“背景橡皮擦”

图1-90

图1-91

<9>魔术橡皮擦工具

“魔术橡皮擦工具”可以将所有相似的像素更改为透明（如果在已锁定了透明像素的图层中工作，这些像素将更改为背景色），如图1-92所示。其选项栏如图1-93所示。

原图像　　使用“魔术橡皮擦工具”之后

图1-92

图1-93

<10>模糊工具

“模糊工具”可柔化硬边缘或减少图像中的细节，如图1-94所示。使用该工具在某个区域上方绘制的次数越多，该区域就越模糊。“模糊工具”的选项栏如图1-95所示。

原图像　　使用“模糊工具”效果

图1-94

图1-95

<11>锐化工具

“锐化工具”可以增强图像中相邻像素之间的对比，以提高图像的清晰度，如图1-96所示。“锐化工具”的选项栏只比“模糊工具”多一个“保护细节选项”，如图1-97所示。勾选该选项后，在进行锐化处理时，将对图像的细节进行保护。

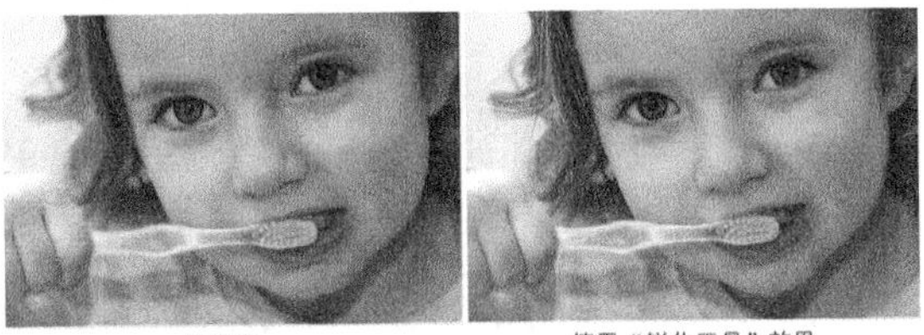

原图像　　使用“锐化工具”效果

图1-96

图1-97

<12>涂抹工具

“涂抹工具”可以模拟手指划过湿油漆时所产生的效果。该工具可以拾取鼠标单击处的颜色，并沿着拖曳的方向展开这种颜色，如图1-98所示。“涂抹工具”的选项栏如图1-99所示。

原图像

使用“涂抹工具”效果

图1-98

模式: 正常　强度: 50%　对所有图层取样　手指绘画

图1-99

<13>减淡工具

“减淡工具”可以对图像进行减淡处理，如图1-100~图1-102所示，其选项栏如图1-103所示。用其在某个区域上方绘制的次数越多，该区域就会变得越亮。

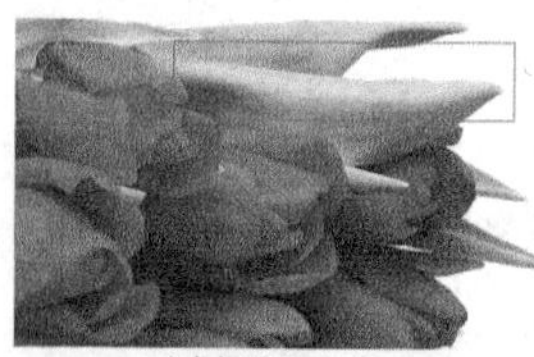

“中间调”方式

图1-100

“阴影”方式

图1-101

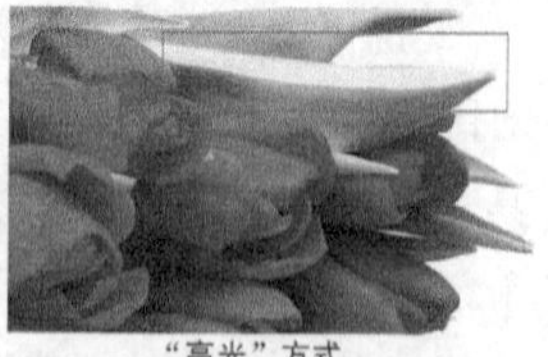

“高光”方式

图1-102

图1-103

<14>加深工具

“加深工具”可以对图像进行加深处理，用在某个区域上方绘制的次数越多，该区域就会变得越暗，如图1-104所示；其选项栏如图1-105所示。

原图像　　使用“加深工具”之后

图1-104

范围: 中间调　曝光度: 50%　保护色调

图1-105

<15>海绵工具

“海绵工具”可以精确地更改图像某个区域的色彩饱和度，如图1-106和图1-107所示，其选项栏如图1-108所示。如果是灰度图像，该工具将通过灰阶远离或靠近中间灰色来增加或降低对比度。

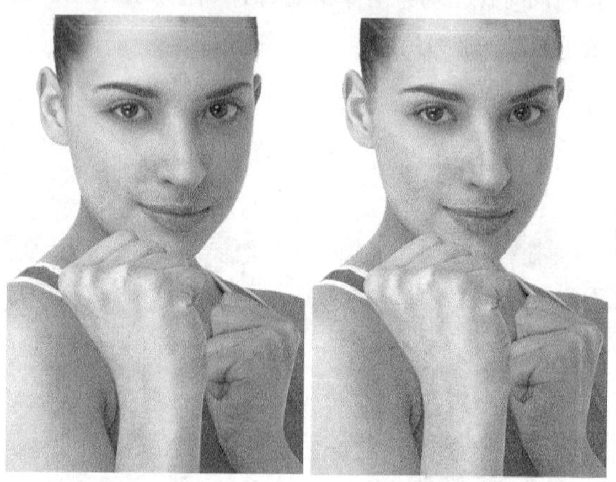

原图像　　“饱和”模式

图1-106

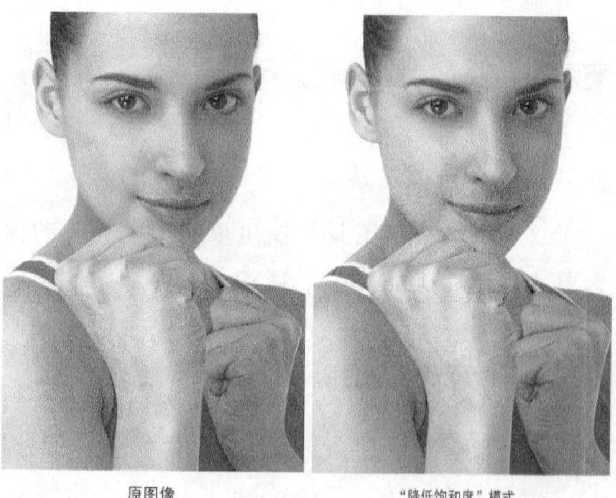

原图像　　“降低饱和度”模式

图1-107

模式: 降低饱和度　流量: 50%　自然饱和度

图1-108

6.路径与矢量工具

<1>钢笔工具

“钢笔工具”是最基本、最常用的路径绘制工具，使用该工具可以绘制任意形状的直线或曲线路径，其选项栏如图1-109所示。“钢笔工具”的选项栏中有一个“橡皮带”选项，勾选该选项以后，可以在绘制路径的同时观察到路径的走向。

图1-109

<2>自由钢笔工具

使用“自由钢笔工具”可以绘制出比较随意的图形，就像用铅笔在纸上绘图一样，如图1-110所示。在绘图时，“自由钢笔工具”将自动添加锚点，无需确定锚点的位置，完成路径后可进一步对其进行调整。

图1-110

<3>添加锚点工具

使用“添加锚点工具”可以在路径上添加锚点。将光标放在路径上，如图1-111所示，当光标变成形状时，在路径上单击鼠标左键即可添加一个锚点，如图1-112所示。

图1-111

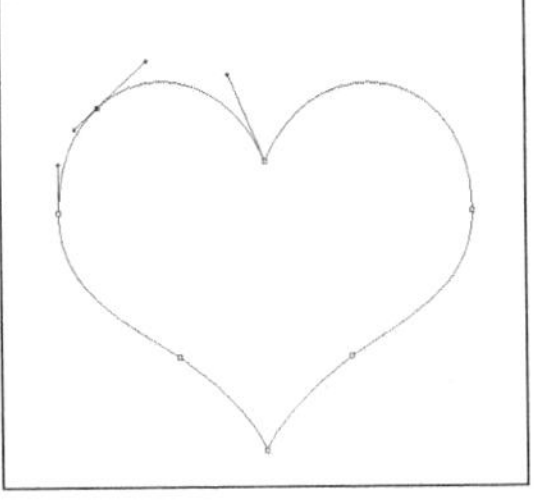

图1-112

<4>删除锚点工具

使用“删除锚点工具”可以删除路径上的锚点。将光标放在锚点上，如图1-113所示，当光标变成形状时，单击鼠标左键即可删除锚点，如图1-114所示。

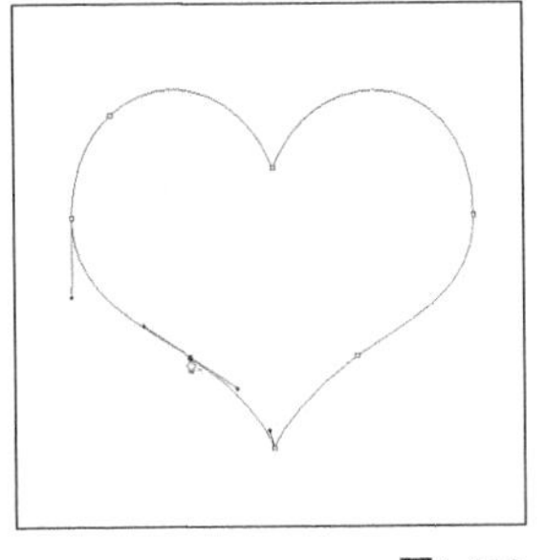

图1-113

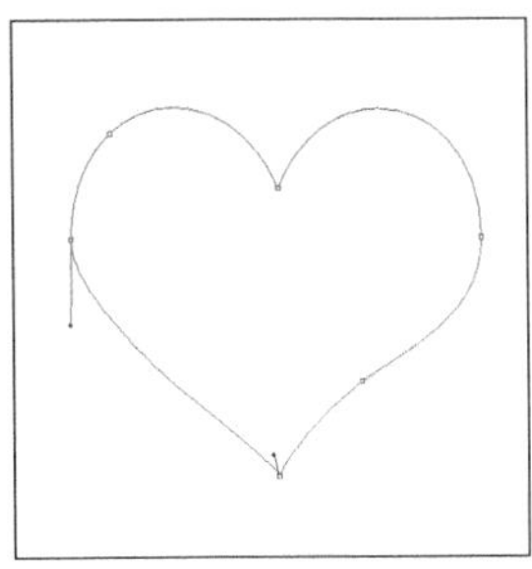

图1-114

<5>转换为点工具

“转换为点工具”主要用来转换锚点的类型。在平滑点上单击鼠标左键，可以将平滑点转换为角点，如图1-115和图1-116所示；在角点上单击鼠标左键，可以将角点转换为平滑点，如图1-117所示。

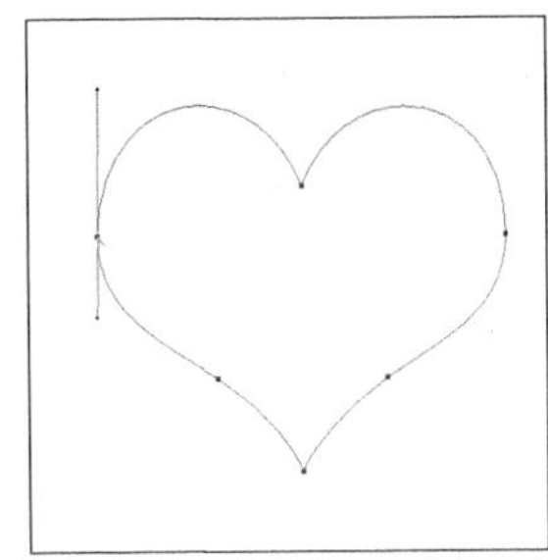

图1-115

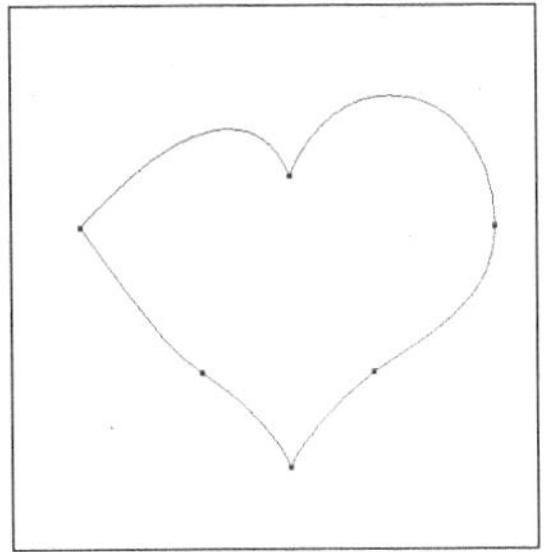

图1-116

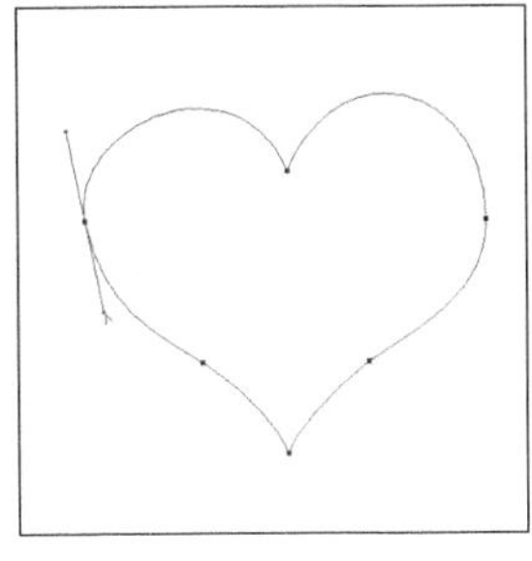

图1-117

<6>路径选择工具

使用“路径选择工具”可以选择单个的路径，也可以选择多个路径，还可以用来组合、对齐和分布路径，其选项栏如图1-118所示。

图1-118

<7>直接选择工具

“直接选择工具”主要用来选择路径上的单个或多个锚点，还可以用来移动锚点、调整方向线，如图1-119所示。

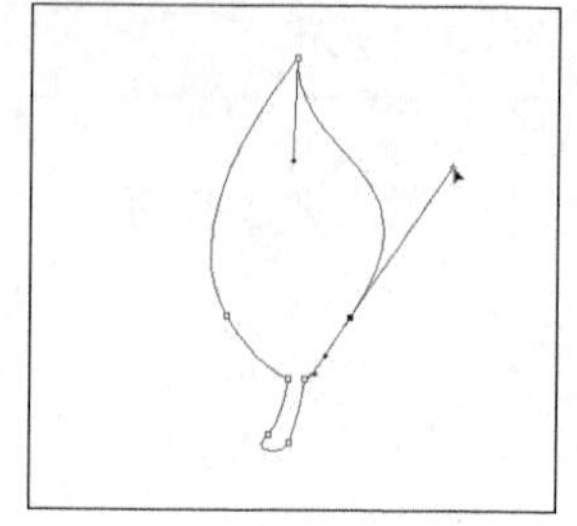

图1-119

<8>矩形工具

使用“矩形工具”可以绘制出正方形和矩形，其使用方法与“矩形选框工具”类似。在绘制时，按住Shift键可以绘制出正方形，如图1-120所示；按住Alt键可以以鼠标单击点为中心绘制矩形，如图1-121所示；按住Shift+Alt组合键可以以鼠标单击点为中心绘制正方形，如图1-122所示。

图1-120

图1-121

图1-122

<9>圆角矩形工具

使用“圆角矩形工具”可以创建出具有圆角效果的矩形，如图1-123所示；其创建方法和选项与矩形完全相同，只不过多了一个“半径”选项，如图1-124所示。“半径”选项用来设置圆角的半径（以“像素”为单位），值越大，圆角越大。

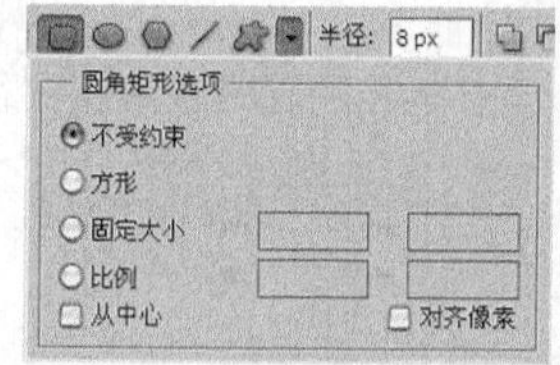

图1-123

图1-124

<10>椭圆工具

使用“椭圆工具”可以创建出椭圆和圆形，如图1-125所示，其设置选项如图1-126所示。如果要创建椭圆，拖曳鼠标进行创建即可；如果要创建圆形，可以按住Shift键或Shift+Alt组合键（以鼠标单击点为中心）进行创建。

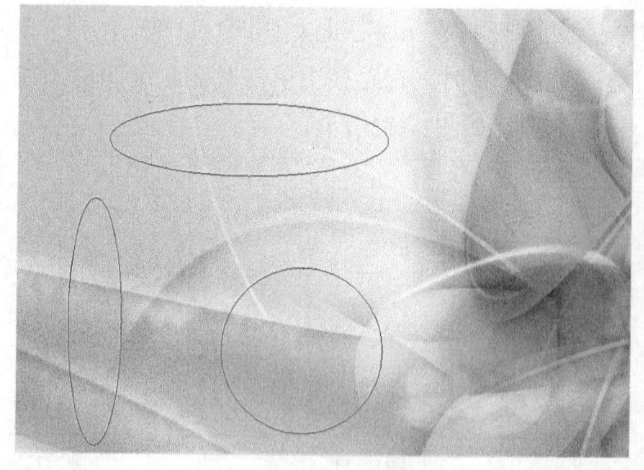

图1-125

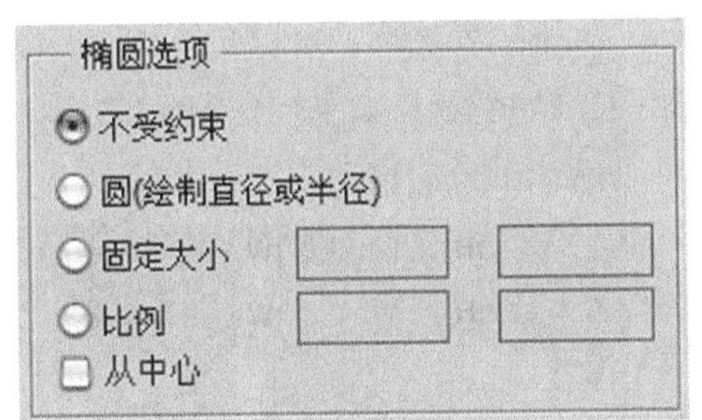

图1-126

<11>多边形工具

使用“多边形工具”可以创建出正多边形（最少为3条边）和星形，其设置选项如图1-127所示。

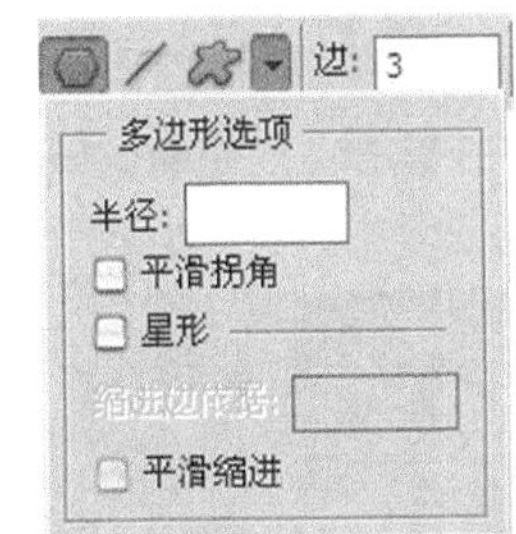

图1-127

<12>直线工具

使用“直线工具”可以创建出直线和带有箭头的路径，其设置选项如图1-128所示。

图1-128

<13>自定形状工具

使用“自定形状工具”可以创建出非常多的形状，其设置选项如图1-129所示。这些形状既可以是Photoshop的预设，也可以是自定义或加载的外部形状。

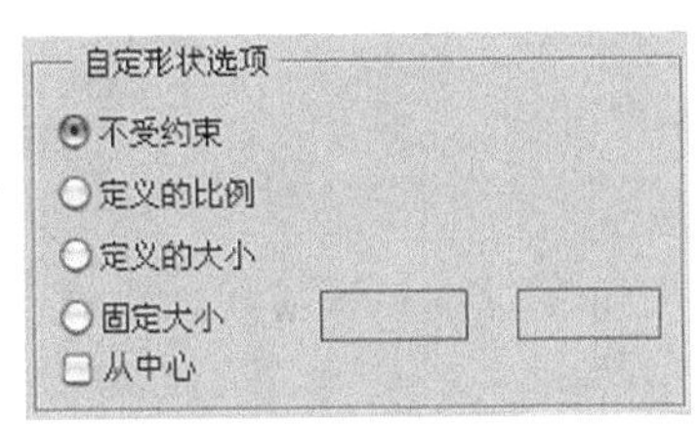

图1-129

7.文字工具

<1>横排文字工具与直排文字工具

Photoshop提供了两种输入文字的工具，分别是“横排文字工具”和“直排文字工具”。“横排文字工具”可以用来输入横向排列的文字；“直排文字工具”可以用来输入竖向排列的文字。

下面以“横排文字工具”为例来讲解文字工具的参数选项。在“横排文字工具”的选项栏中可以设置字体的系列、样式、大小、颜色和对齐方式等，如图1-130所示。

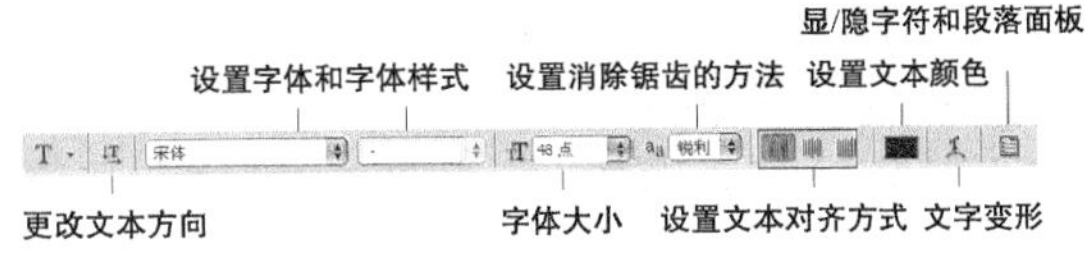

图1-130

<2>横排文字蒙版工具

文字蒙版工具包含“横排文字蒙版工具”和“直排文字蒙版工具”两种。使用文字蒙版工具输入文字以后，文字将以选区的形式出现，如图1-131所示。在文字选区中，可以填充前景色、背景色以及渐变色等，如图1-132所示。

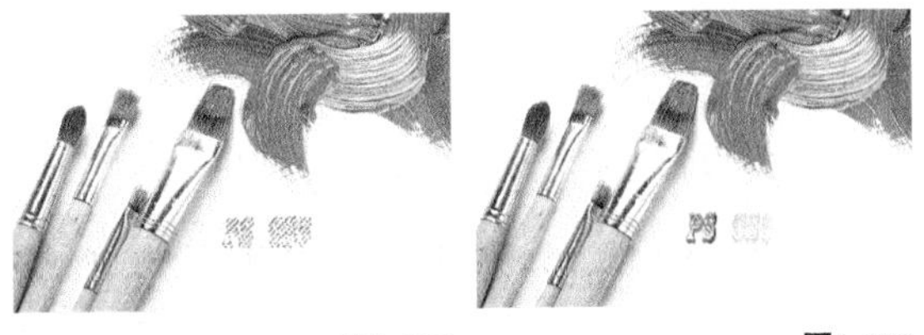

图1-131 图1-132

8. 3D工具

<1>3D对象工具

使用3D对象工具选择、缩放模型或调整模型的位置，工具类型如图1-133所示。当操作3D模型时，相机视图将保持固定。

3D 对象旋转工具 K
3D 对象滚动工具 K
3D 对象平移工具 K
3D 对象滑动工具 K
3D 对象比例工具 K

图1-133

打开一个3D模型文件，如图1-134所示，选择一种3D对象工具，其选项栏如图1-135所示。

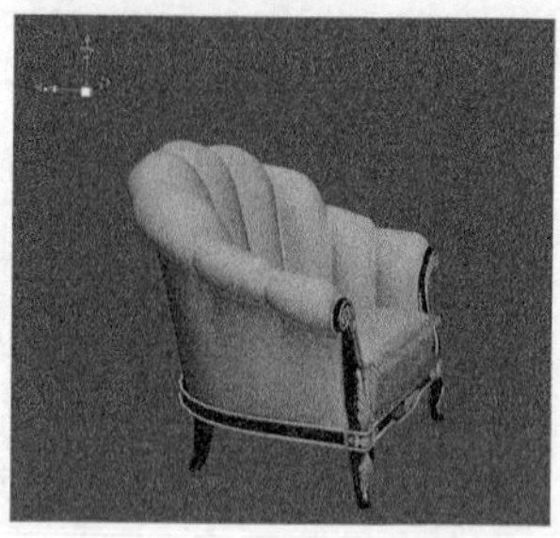

图1-134

位置：默认视图 方向：X: 0 Y: 0 Z: 0

图1-135

使用“3D对象旋转工具”上下拖曳光标，可以围绕*x*轴旋转模型，如图1-136所示；在两侧拖曳光标，可以围绕*y*轴旋转模型，如图1-137所示；如果按住Alt键的同时拖曳光标，可以滚动模型。

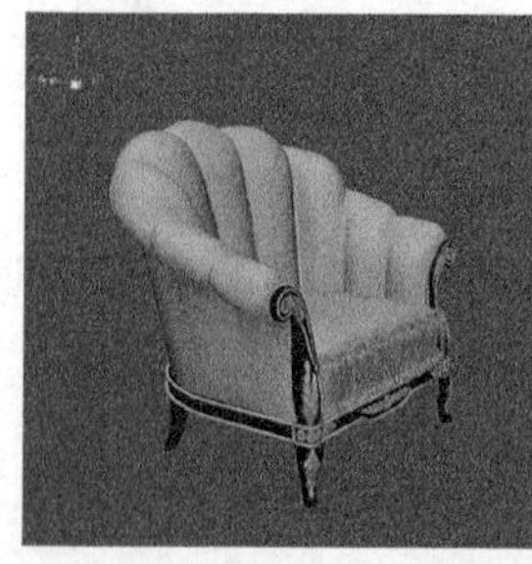

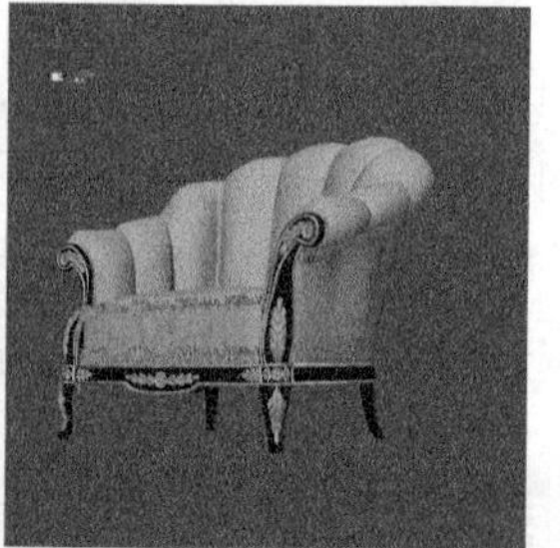

图1-136 图1-137

使用“3D对象滚动工具”在两侧拖曳光标，可以围绕*z*轴旋转模型，如图1-138所示。

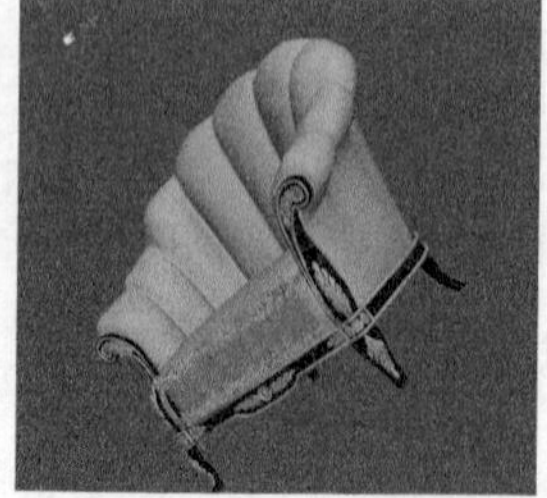

图1-138

使用“3D对象平移工具”在两侧拖曳光标，可以在水平方向上移动模型，如图1-139所示；上下拖曳光标，可以在垂直方向上移动模型，如图1-140所示；如果按住Alt键的同时拖曳光标，可以沿*x*/*z*轴方向移动模型。

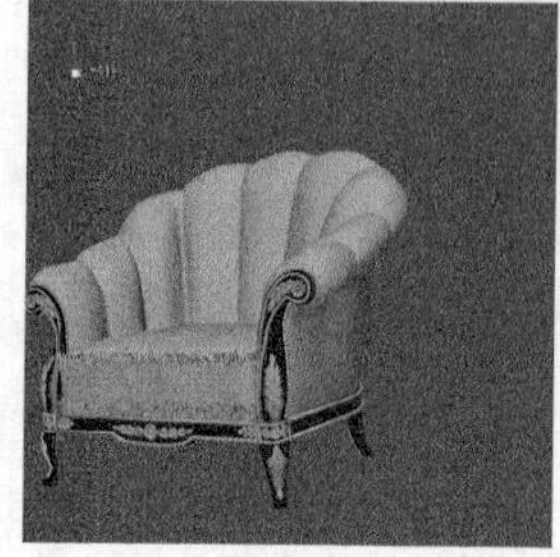

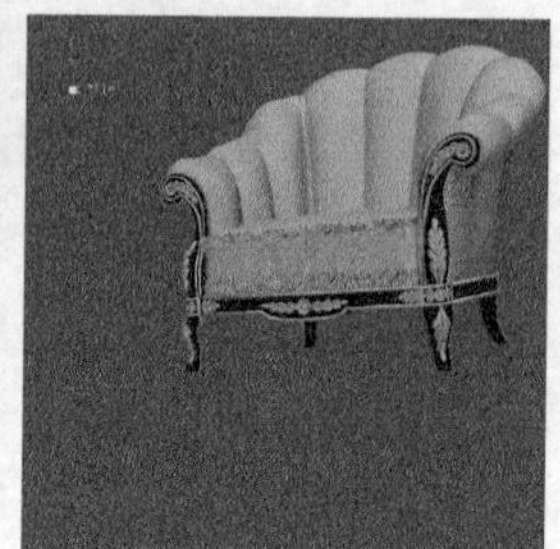

图1-139 图1-140

使用“3D对象滑动工具”在两侧拖曳光标，可以在水平方向上移动模型，如图1-141所示；上下拖曳光标，可以将模型移近或移远，如图1-142所示；如果按住Alt键的同时拖曳光标，可以沿*x*/*y*轴方向移动模型。

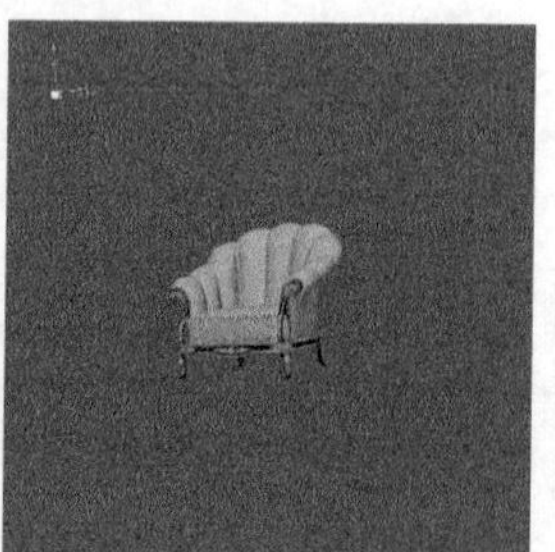

图1-141 图1-142

使用“3D对象比例工具”上下拖曳光标，可以放大或缩小模型，如图1-143所示；如果按住Alt键的同时拖曳光标，可以沿*z*轴方向缩放模型，如图1-144所示。

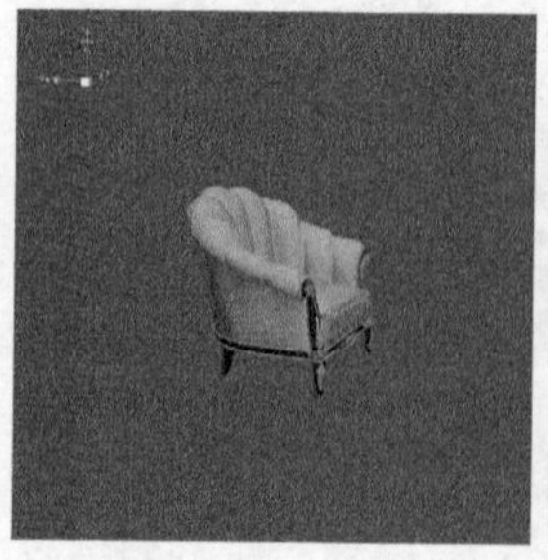

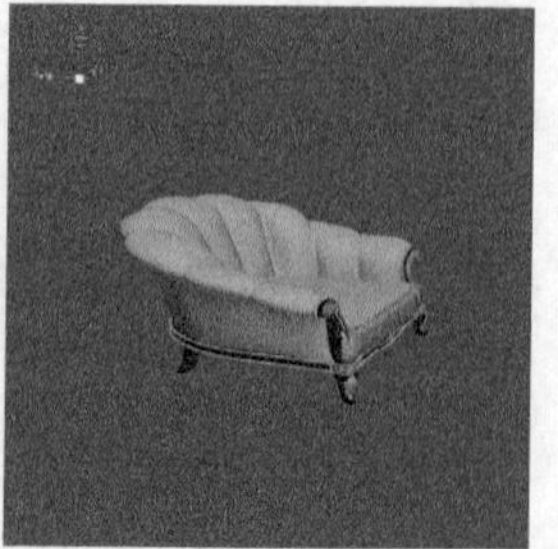

图1-143 图1-144

<2>3D相机工具

使用3D相机工具可以移动相机视图，工具类型如图1-145所示，工具选项栏如图1-146所示。当操作3D视图时，将保持3D对象的位置固定不变。

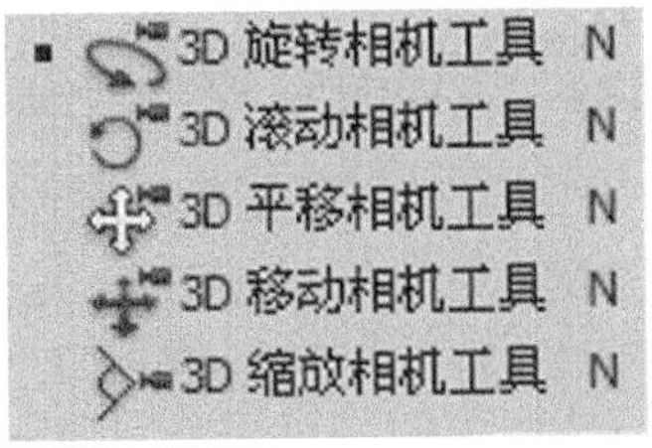

3D 旋转相机工具 N
3D 滚动相机工具 N
3D 平移相机工具 N
3D 移动相机工具 N
3D 缩放相机工具 N

图1-145

图1-146

使用“3D旋转相机工具”拖曳光标，可以沿x轴或y轴方向环绕移动相机，如图1-147所示；如果按住Alt键的同时拖曳光标，可以滚动相机。

图1-147

使用“3D滚动相机工具”拖曳光标，可以滚动相机，如图1-148所示。

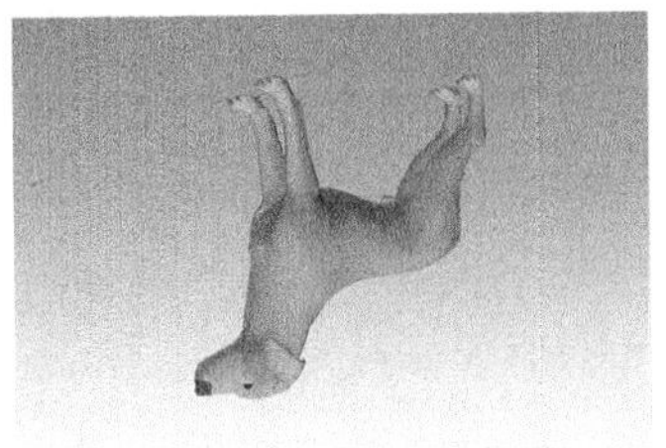

图1-148

使用“3D平移相机工具”拖曳光标，可以沿x轴或y轴方向平移相机，如图1-149所示；如果按住Alt键的同时拖曳光标，可以沿x轴或z轴方向平移相机。

图1-149

使用“3D移动相机工具”拖曳光标，可以步进相机（z轴转换和y轴旋转），如图1-150所示；如果按住Alt键的同时拖曳光标，可以沿z/x轴方向步览（z轴平移和x轴旋转）。

图1-150

使用“3D缩放相机工具”拖曳光标，可以更改3D相机的视角（最大视角为 180°），如图1-151所示。

图1-151

9.导航工具

<1>抓手工具

在“工具箱”中单击“抓手工具”按钮，可以激活“抓手工具”，“抓手工具”在实际工作中的使用频率相当高。当放大一个图像后，可以使用“抓手工具”将图像移动到特定的区域内查看图像，如图1-152所示。图1-153所示为“抓手工具”的选项栏。

原图像　　使用“抓手工具”之后

图1-152

滚动所有窗口　实际像素　适合屏幕　填充屏幕　打印尺寸

图1-153

<2>缩放工具

使用“缩放工具”可以将图像进行放大和缩小，如图1-154所示。图1-155所示为“缩放工具”的选项栏。

图1-154

调整窗口大小以满屏显示 缩放所有窗口 细微缩放 实际像素 适合屏幕 填充屏幕 打印尺寸

图1-155

10. 前景色与背景色

在Photoshop“工具箱”的底部有一组前景色和背景色的设置按钮，如图1-156所示。在默认情况下，前景色为黑色，背景色为白色。

前景色——切换前景色和背景色
默认前景色和背景色——背景色

图1-156

11.以快速蒙版模式编辑

单击“工具箱”中的“以快速蒙版模式编辑”按钮，可以进入快速蒙版状态。在快速蒙版状态下，可以使用各种绘画工具和滤镜对选区进行细致的处理。

“以快速蒙版模式编辑”工具是一种用于创建和编辑选区的工具，其功能非常实用，可调性也非常强。在快速蒙版状态下，可以使用Photoshop的任何工具或滤镜来修改蒙版，如图1-157所示。

图1-157

1.2.6 选项栏

选项栏主要用来设置工具的参数选项，不同工具的选项栏也不同。例如，当选择“移动工具”时，其选项栏会显示如图1-158所示的内容。

自动选择: 组 显示变换控件

图1-158

1.2.7 状态栏

状态栏位于工作界面的最底部，可以显示当前文档的大小、文档尺寸、当前工具和窗口缩放比例等信息。单击状态栏中的三角形图标，可以设置要显示的内容，如图1-159所示。

图1-159

1.2.8 面板

Photoshop CS5一共有26个面板，这些面板主要用来配合图像的编辑、对操作进行控制以及设置参数等。执行“窗口”菜单下的命令可以打开面板，如图1-160所示。例如，执行“窗口>色板”菜单命令，使“色板”命令处于勾选状态，那么就可以在工作界面中显示出“色板”面板。

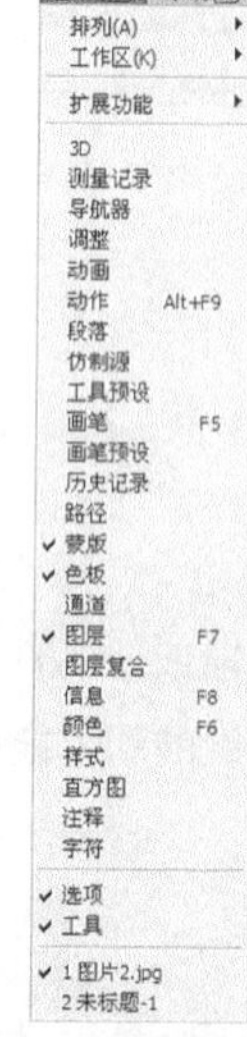

图1-160

1.3 本章小结

在完成本章的学习以后，大家应该对Photoshop的发展史和应用领域有一个初步的了解，应该熟悉了Photoshop CS5的工作界面，对整个Photoshop CS5也有了整体的认识。

第2章 平面设计的相关知识

本章将对平面设计的概念、特征等相关知识做一个系统的讲解。这些理论知识是平面设计的基础，对读者的实践操作起到一个宏观的指导作用。

课堂学习目标

平面设计的概念与特征
平面设计元素创意技法
平面设计创意表现技法
印刷常识

2.1 平面设计理论知识

2.1.1 平面设计的概念与特征

1.平面设计的概念

设计是有目的的策划，平面设计是这些策划将要采取的形式之一。在平面设计中需要用视觉元素来传播设计师的设想和计划，用文字和图形将信息传达给观众，让观众通过这些视觉元素来了解设计师的设想和计划。

一幅视觉作品的生存底线，应该看该作品是否具有感动观众的能力，是否能顺利传递出背后的信息，就像人际关系学一样，平面设计是依靠魅力来征服对象的。也就是说平面设计师担任的是多重角色，需要知己知彼才能设计出让客户满意的作品。

2.平面设计的特征

设计是科技与艺术的结合，是商业社会的产物，在商业社会中需要艺术设计与创作理想相互平衡。

设计与美术不同，因为设计既要符合审美性又要具有实用性，总之设计是一门替人设想、以人为本的艺术。

设计没有完整的概念，需要精益求精，不断完善，不断挑战自我。设计的关键在于发现，只有不断深入感受优秀的设计作品和积累设计经验，才能设计出令人满意的作品。

2.1.2 平面设计之路

设计的学习之路有很多种，这是由设计的多元化知识结构决定的，而设计多元化的知识结构要求设计师具有多元化的知识及信息获取方式。

第1步：从点、线、面的认识开始，学习掌握平面构成、色彩构成、立体构成和透视学等基础知识。

第2步：学会设计草图，这个步骤很重要，因为绘画是平面设计的基础。

第3步：学习传统课程，如陶艺、版画、水彩、油画、摄影、书法、国画和黑白画等，这些课程将在不同层次上加强设计师的动手能力、表现能力和审美能力，而最关键的是这些能让设计师明白什么是艺术。

第4步：知道自己要设计什么，作为一名优秀的设计师，必须了解周围的环境，了解何种设计元素最吸引人们的眼球。

第5步：辨别设计的好坏，当设计师能设计出一定层次的作品时，必须知道这幅作品的优劣在何处，这是迈向成熟设计师的必经之路，也是一个经验积累的过程。

2.1.3 平面设计的基本构图方式

概念元素：概念元素就是不存在的，但在人们的意识中又能感觉到的东西。概念元素包括点、线、面。

视觉元素：视觉元素是传达设计信息的重要组成部分，包括图形的大小、形状和色彩等。

关系元素：画面中元素的组织和排列是靠关系元素来决定的。关系元素包括方向、位置、空间和重心等。

实用元素：实用元素是指设计所表达的含义、内容、设计目的及功能。

1.点、线、面

形象是物体的外部特征，是可见的，包括视觉元素的各部分以及概念元素中的点、线、面。

在平面设计中，一组相同或相似的图形组合在一起可以获得意想不到的效果。而每一个组成单位就是一个基本形状，基本形状是一个最小的单位，利用它可以根据一定的构成原则来排列或组合成图形，图2-1~图2-3所示为点、线、面的构图效果。

图2-1

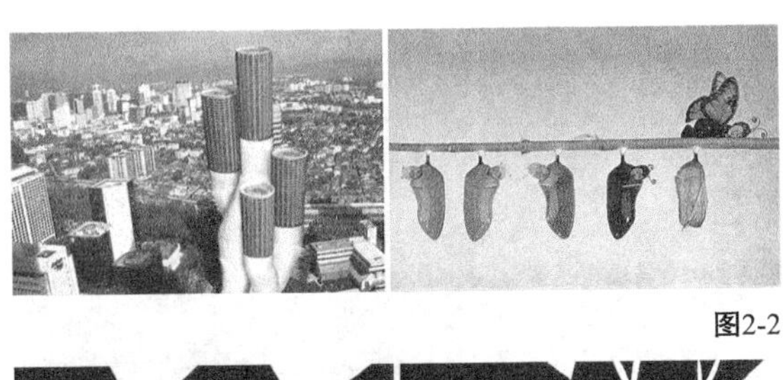

图2-2

图2-3

在平面设计中，点、线、面的构图方式主要有以下9种。

① 组形：由基本的组合来产生形与形之间的组合关系。

② 分离：形与形之间不接触，但有一定距离。

③ 接触：形与形之间的边缘正好相切。

④ 复叠：形与形之间是复叠关系，由此产生上、下、前、后、左、右的空间关系。

⑤ 透叠：形与形之间透明性的相互交叠，但不产生上、下、前、后的空间关系。

⑥ 结合：形与形之间相互结合成新的形状。

⑦ 减缺：形与形之间相互覆盖，覆盖的地方被剪掉。

⑧ 差叠：形与形之间相互交叠，交叠的地方产生新的形状。

⑨ 重合：形与形之间相互重合，变为一体。

2.渐变

渐变是一种效果，在自然界中能亲身体验到，如行驶在车道上会感到树木由近到远、由大到小的渐变，效果如图2-4所示。

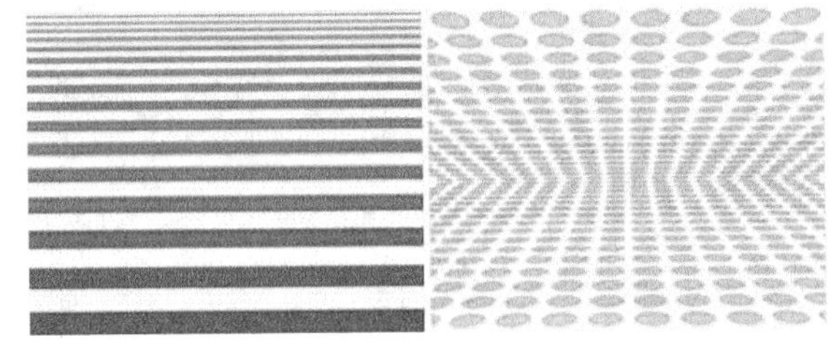

图2-4

渐变的类型主要有以下6种。

① 形状渐变：一个基本形状渐变到另一个基本形状。基本形状可以由完整到残缺，也可以由简单到复杂或由抽象到具象。

② 方向渐变：基本形状在平面上进行方向渐变。

③ 位置渐变：基本形状进行位置渐变时需用骨架作为参照，因为基本形状随着位置的渐变而产生整体变形，超出骨架的部分会被切掉。

④ 大小渐变：基本形状由大到小的渐变进行排列，可产生远近深度及空间感。

⑤ 色彩渐变：在色彩中，色相、明度和纯度都可以表现出渐变效果，而且可产生层次感。

⑥ 骨骼渐变：是指骨骼有规律的变化，使基本形状在形状、大小和方向上进行变化。划分骨骼的线可以是水平线、垂直线、斜线、折线和曲线等。

3. 重复

重复是指在同一设计中，相同或相似的形状出现两次以上，如图2-5所示。重复是设计中比较常用的手法，可产生有规律的节奏感，使画面统一起来。

图2-5

重复的类型主要有以下7种。

① 基本形状重复：在构成设计中使用同一个基本形状来构成的图面称为基本形状重复，这种重复在日常生活中到处可见，如高楼上的窗户。

② 骨骼重复：如果每个单位的形状和面积完全相同，这就是一个重复的骨骼，重复骨骼是规律骨骼的一种，也是最简单的一种。

③ 形状重复：形状是最常用的重复元素，在

整个构成中，重复的形状可在大小和色彩等方面进行变动。

④ 大小重复：相似或相同的形状在大小上进行重复。

⑤ 色彩重复：在色彩相同的条件下，对形状和大小进行重复。

⑥ 肌理重复：在肌理相同的条件下，对大小和色彩进行重复。

⑦ 方向重复：将基本形状在方向上进行重复。

4.近似

近似是指构图在形状、大小、色彩和肌理等方面具有共同的特征，近似的程度可大可小。如果近似的程度大就会产生重复感，如果近似的程度小就会破坏画面的统一性，如图2-6所示。

图2-6

近似的种类主要有以下两种。

① 形状近似：如果两个形状属同一种类，那么它们的形状就是近似的，如成年男性和成年女性。

② 骨骼近似：骨骼可以是重复的，但在一般情况下是近似的，主要体现在骨骼的形状和大小上。

技巧与提示

近似与渐变的区别在于渐变的变化规律性很强，基本形状的排列非常严谨，而近似的变化规律性较差，基本形状排列得比较随意。

5.骨骼

骨骼决定了基本形状在构图中彼此的关系。在某些时候，骨骼也是形象的一部分，而骨骼的变化会使整体构图发生变化，如图2-7所示。

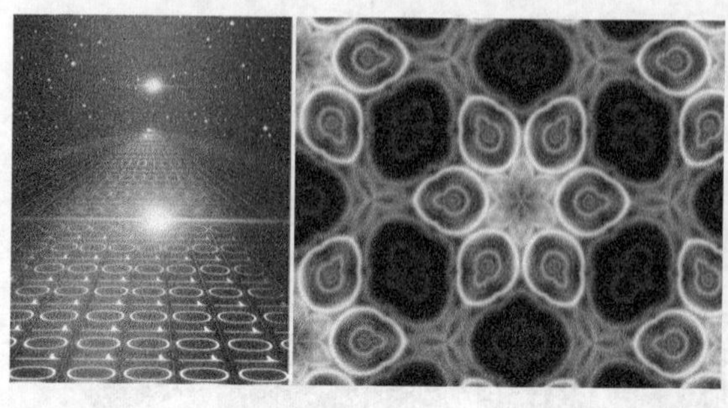

图2-7

骨骼的种类主要有以下5种。

① 规律性骨骼：规律性骨骼有精确严谨的骨骼线和数字关系，基本形状按照骨骼进行排列。规律性骨骼包括重复骨骼、渐变骨骼和发射骨骼等。

② 非规律性骨骼：非规律性骨骼一般没有严谨的骨骼线，构图方式比较自由。

③ 作用性骨骼：作用性骨骼可使基本形状彼此之间分成各自相对独立的骨骼单位，为形象定位准确的空间，并且基本形状可在骨骼单位内自由改变位置和方向，甚至越出骨骼线。

④ 非作用性骨骼：非作用性骨骼是一种概念性的东西，它有助于基本形状的排列，但不会影响它们的形状，也不会将空间分割为相对独立的骨骼单位。

⑤ 重复性骨骼：是指骨骼线分割的空间单位在形状和大小上完全相同，它是最有规律性的骨骼，其基本形状按骨骼连续性进行排列。

6.发射

发射是一种常见的自然现象，太阳发出光芒就属于发射。发射的方向具有很强的规律性，发射中心是最重要的视觉焦点，所有的形状均向中心集中，或由中心散开，有时可造成光学动感，会产生爆炸的感觉，给人以强烈的视觉效果，如图2-8所示。

图2-8

发射的种类主要有以下3种。

① 中心点发射：由中心点向外或由外向内集中的发射。

② 螺旋式发射：围绕一个中心点以螺旋状逐渐扩大的发射。

③ 同心式发射：以一个焦点为中心层层环绕的发射（如箭靶图形）。

7.特异

特异是指构成要素在有次序的关系里，有意违反次序，突出少数个别的重要元素，以打破规律性，如图2-9所示。

图2-9

特异的种类主要有以下5种。

① 形状特异：在许多重复或近似的基本形状中，出现一小部分特异的形状，以形成差异对比，成为画面中的视觉焦点。

② 大小特异：在相同的基本形状构成中，只在大小上进行某些特异对比，但应注意基本形状在大小上的特异要适中，不能差距过大或太相似。

③ 色彩特异：在同类色彩构成中，加入某些对比成分，以打破单调的格局。

④ 方向特异：大多数基本形状在方向上保持一致，而少数基本形状在方向上有所变化以形成特异效果。

⑤ 肌理特异：在相同的肌理质感中，加入不同的肌理来产生特异效果。

技巧与提示

在平面设计中，除了以上7种构图方式外，还有对比、密集、肌理、空间、图与底、打散、韵律、分割和平衡等构图方式，在这里就不多加讲解了，大家可以自行摸索、练习，这样才能设计出传神奇异的优秀作品。

2.1.4 平面设计的流程

平面设计的流程主要分为以下6个步骤。

第1步：双方进行意向沟通。

① 双方沟通确定基本意向。

② 客户提出制作的基本要求，设计方提供报价。

③ 客户对设计方报价基本认可后，应提供相关设计资料。

④ 设计方可应客户要求，免费提供部分设计，供客户用以确定设计风格。

第2步：确认制作。

① 双方签订协议的。

② 客户提供具体资料。

③ 客户支付预付款。

第3步：方案设计。

① 根据客户意见，设计方对设计稿进行相应调整，客户审核确认后定稿。

② 设计方全部设计完成后，提供给客户确认。

第4步：制作完稿。

① 设计方设计完成并经客户确认后，向客户提交黑白稿。

② 客户审核并校对文案内容，确认后签字。

③ 设计方根据客户校对结果对设计稿进行修正，并出彩色喷墨稿。

④ 客户再次审核，校对色彩，确认后签字。

⑤ 完成制作，出片打样，客户确认签字。

⑥ 印刷制作。

第5步：交货验收。

① 客户根据合同验收，支付余款。

② 客户档案录入。

第6步：客服跟踪。

① 客户可通过电话或E-mail与设计公司联系。

② 合同完成后，客户如需其他服务，可另签订合同进行合作。

2.2 平面设计元素创意技法

2.2.1 用色创意

我们很难想象如果在一个没有色彩的世界里

将会是什么样子。在平面设计中，色彩的重要性不言而喻，色彩不仅能焕发出人们的情感，而且可以描述人们的思想。因此在平面设计里，有见解且适当地使用色彩是很受关注的。

在平面设计创意技法中，有创意地用色可以体现出画面的重点以及传达设计主题，给人过目不忘的效果。创意用色其实讲究的是色彩搭配，下表是平面设计中最常见的10种配色的基本原则和方法。

<table>
<tr><td>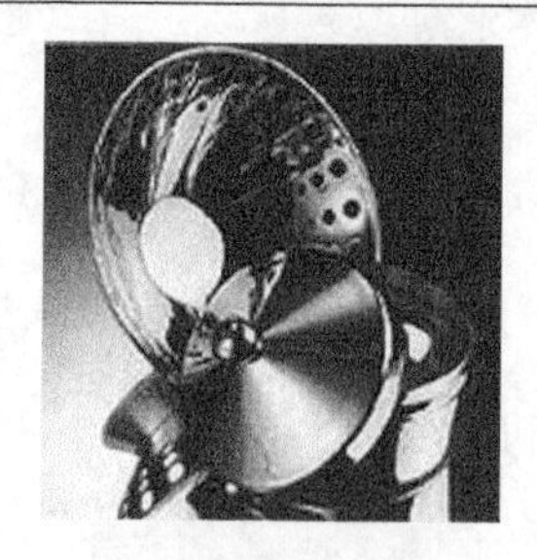</td><td>105 101 98
105 101 98
无色设计：不用彩色，只用黑、白、灰色</td><td></td><td>92 88
92 88 73
类比设计：在色相环上任选3个连续的色彩或任意的明色与暗色</td></tr>
<tr><td></td><td>4 68
4 68
冲突设计：将一种颜色与其补色配合起来</td><td></td><td>92 44
92 44
互补设计：使用色相环上全然相反的颜色</td></tr>
<tr><td></td><td>85 88
81 85 88
单色设计：将一个颜色与任一种颜色或与其所有的明色、暗色配合起来</td><td></td><td>17 32 26
17 32 26
中性设计：加入一种颜色的补色或黑色，使其色彩处于消失或中性化状态</td></tr>
<tr><td></td><td>20 57
20 57 73
分裂补色设计：将一种颜色与其补色的任一边的颜色组合起来</td><td>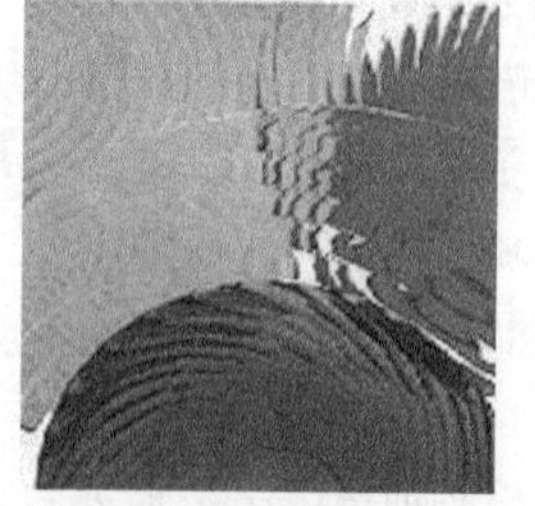</td><td>92 44
92 44
原色设计：将纯原色红、黄、蓝结合起来</td></tr>
<tr><td></td><td>53 86 20
53 86 20
二次色设计：将二次色绿、紫、橙结合起来</td><td></td><td>57 28 95
57 28 95
三次色三色设计：三次色三色设计是红橙、黄绿、蓝紫色或蓝绿、黄橙、红紫色中的一种，并且在色相环上每个颜色彼此都有相等的距离</td></tr>
</table>

下面讲解在平面设计中6种最基本的配色方法，同时也是最基本的用色创意方法。

1.基本配色——强烈

最有力的色彩组合在一起就形成了最刺激的色彩。在色彩世界中，红色永远是最强烈、最大胆和最极端的色彩。在平面设计中，强烈色彩可用来传达最重要的信息，并且总能吸引众人的目光，如图2-10所示。

图2-10

2.基本配色——丰富

要表现色彩里的浓烈与丰富感，可用强而有力的色彩来搭配画面。如在酒红色中加入黑色来象征法国葡萄酒的纯美与品质，如图2-11所示。

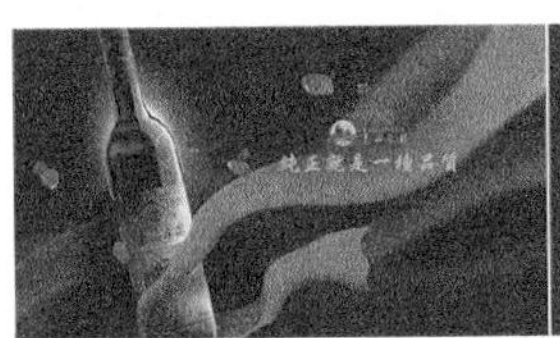
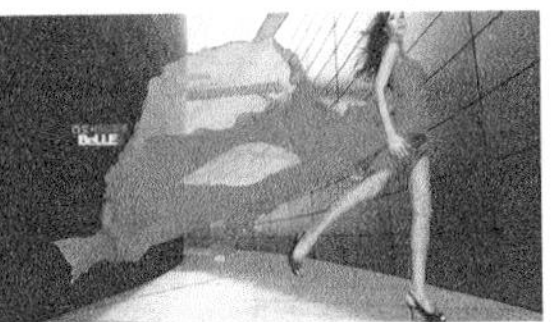

图2-11

3.基本配色——浪漫

一般情况下，采用粉红色来突出浪漫气氛，粉红色是将数量不一的白色加到红色中，形成一种明亮的红。粉红色与红色一样，可引起人的兴趣与快感，如图2-12所示。

图2-12

4.基本配色——奔放

在平面设计中，一般采用朱红色、红橙色和蓝绿色来突出奔放效果，再配以明色和暗色来装饰画面。奔放的配色效果有助于展现青春、朝气、活泼与顽皮的气氛，如图2-13所示。

图2-13

5.基本配色——土性

深色与鲜明的红橙色搭配叫赤土色，在平面设计中，常用赤土色来组合设计出鲜艳、温暖与充满活力的色彩，令人联想到悠闲、舒适的生活，如图2-14所示。

图2-14

6.基本配色——友善

在平面设计中，常用橙色来表达友善的氛围，这种色彩组合可以体现出开放、随和的情感，如图2-15所示。

图2-15

2.2.2 文字创意设计常用技法

随着计算机的不断普及，文字设计已经由计算机来完成（创意仍是靠人脑来完成），下面来讲解在文字设计中需要注意的几点问题。

1.文字的可读性

文字的主要功能是传达设计的理念和各种信息，要达到这一目的必须考虑文字的整体诉求效果，给人以清晰的视觉印象。因此，文字设计应避免繁杂零乱，尽量使人易认、易懂，切忌为了设计而设计，如图2-16所示。

图2-16

2.赋予文字个性

文字设计要服从于作品的风格特征，不能脱离作品的整体风格，更不能与之相冲突，否则会破坏文字的诉求效果，如图2-17所示。

图2-17

技巧与提示

在平面设计中，文字的个性类型主要包括端庄秀丽型、格调高雅型、华丽高贵型、坚固挺拔型、简洁爽朗型、追随潮流型、深沉厚重型、庄严雄伟型、欢快轻盈型、跳跃明快型、生机盎然型、苍劲古朴型和新颖独特型。

3.在视觉上体现美感

在视觉传达的过程中，文字作为画面的形象要素之一，具有传达情感的功能，因此它必须具有视觉上的美感，才能给人以美的感受，如图2-18所示。

图2-18

技巧与提示

精美的字体可给人带来愉快的心情，留下美好的印象，从而获得良好的心理反应；反之则很难传达出设计的理念与意图。

4.要富于创造性

在平面设计中，需要根据作品主题的要求来突出文字的个性与色彩，创造出与众不同的文字效果，以独特与新颖的风格为观众带来视觉享受，如图2-19所示。

图2-19

2.2.3 文字的组合

文字设计成功与否，不仅取决于字体本身的形状，同时取决于文字排列是否得当，如图2-20和图2-21所示。如果一幅作品中的文字排列不当，不仅会影响作品本身的美感，而且不利于人们阅读，这样就不能产生良好的视觉传达效果。

图2-20

图2-21

技巧与提示

为了使组合在一起的文字统一，需要从文字的风格、大小、方向和明暗度等方面来进行设计，并将对比元素与协调元素恰当地运用在文字设计中，这样才能设计出优秀的文字组合效果。

2.2.4 常用版式结构

版式设计是设计艺术的重要组成部分，是视觉传达的重要手段。所谓版式设计，就是在版面上将有限的视觉元素进行有机排列组合，将理性思维个性化表现出来，从而突出作品的风格与艺术特色。

版面结构是指能够让读者清楚、容易地理解作品所传达信息的一种排列方式。

1.骨骼型

骨骼型是一种规范的理性分割方法。常见的骨骼有竖向通栏、双栏、三栏、四栏和横向通栏、双栏、三栏和四栏等，一般以竖向分栏居多。在图片和文字的编排上严格按照骨骼比例进行排列，从而给人以严谨美、和谐美与理性美的视觉效果，如图2-22所示。

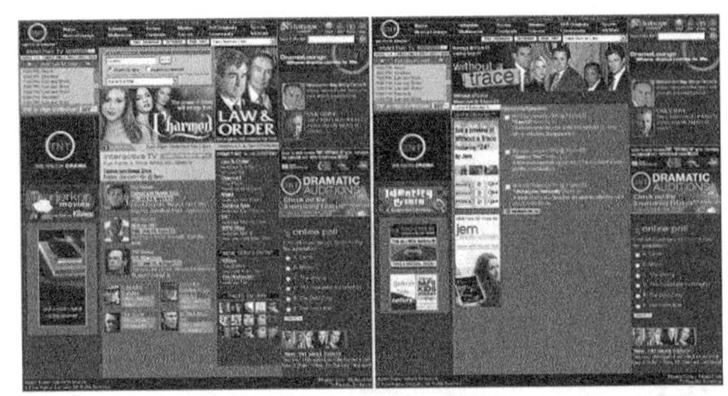

图2-22

2.满版型

满版型版面主要以图像为诉求，视觉传达直观而强烈，文字主要配置在上下、左右或中部的图像上，从而给人以大方、舒展的感觉。满版型是商品广告常用的一种版面形式，如图2-23所示。

图2-23

3.上下分割型

上下分割型版式结构是将整个版面分为上、下两个部分，在上半部或下半部配置图片，另一部分则配置文案。图片部分感性而有活力，而文案部分理性而沉稳，如图2-24所示。

图2-24

4.左右分割型

左右分割型版式结构是将整个版面分割为左、右两个部分，分别在左或右区域配置文案，如图2-25所示。当左、右两部分形成强烈对比时，会造成视觉上的不平衡；倘若将分割线进行虚化处理，或用文字进行左、右重复或穿插，那么左、右图文可变得自然和谐一些。

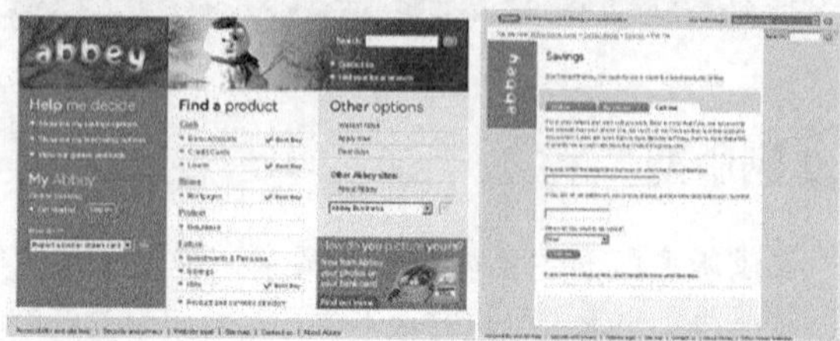

图2-25

5.中轴型

中轴型版式结构是将图形在水平或垂直方向进行排列，并将文案配置在上下或左右区域，如图2-26所示。水平排列的版面可以给人带来稳定、安静、和平与含蓄的感觉，而垂直排列的版面可给人带来强烈的动感。

图2-26

6.曲线型

曲线型版式结构是将图片或文字在版面结构上进行曲线式编排，以产生节奏感和韵律感，如图2-27所示。

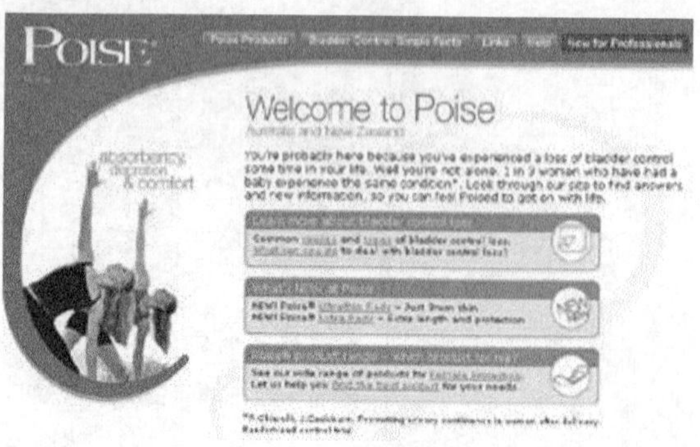

图2-27

7.倾斜型

倾斜型版式结构是将主体形象在画面中进行倾斜编排，以产生强烈的动感，从而吸引观众的眼球，如图2-28所示。

图2-28

8.对称型

对称型版式结构给人以稳定、庄重的感觉。对称有绝对对称和相对对称两种类型，在平面设计中，一般采用相对对称来进行设计，如图2-29所示。

图2-29

技巧与提示

在平面设计中，除了以上常用的版式结构外，还有中心型版式结构、三角形版式结构、并置型版式结构、自由型版式结构和四角型版式结构等。

2.3 平面设计创意表现技法

2.3.1 直接展示法

直接展示法是平面设计中最常见的表现手法，它是将产品或主题直接展示在广告版面上，充分运用摄影或绘画等技术来突出主题元素，如图2-30所示。

图2-30

技巧与提示

由于直接展示法是直接将产品推向消费者，所以要十分注意画面上产品的组合与展示角度，并应着力突出产品的品牌和产品本身最容易打动人心的部位，然后运用色光和背景进行烘托，使产品置于最具感染力的空间内。

2.3.2 突出特征法

突出特征法也是表现广告主题的重要手法之一。运用这种手法方可强调产品或主题本身与众不同的特征，并且能将这些特征鲜明地表现出来，如图2-31所示。

图2-31

2.3.3 对比衬托法

对比衬托法是对立冲突艺术中最常用的一种表现手法，它将作品中所描绘事物的性质与特点进行鲜明的对比与衬托，从而给消费者带来深刻的视觉印象，如图2-32所示。

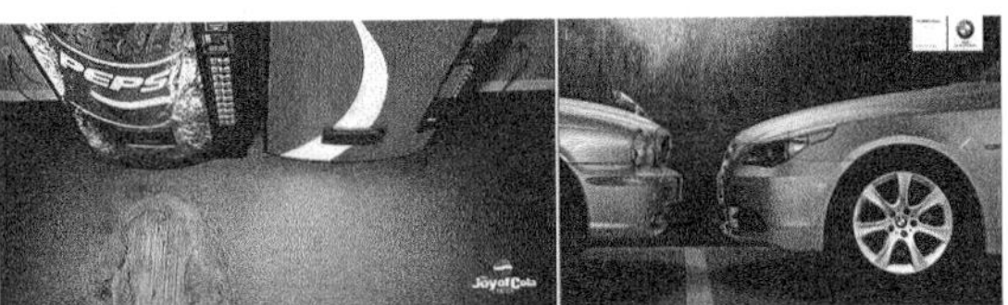

图2-32

技巧与提示

对比手法的运用不仅能使广告主题加强表现的力度，而且饱含情趣，扩大了广告作品的感染力。对比手法运用成功，能使平凡的画面饱含丰富的韵味，从而展示出广告主题的不同层次和深度。

2.3.4 合理夸张法

合理夸张法是借助想象来对广告作品中所宣传对象的品质或特性的某个方面进行合理夸张，以加深或扩大观众对这些特征的认识，如图2-33所示。

图2-33

技巧与提示

按夸张的表现特征来分可将其分为形态夸张和神情夸张两种类型，前者主要表现对象的形状，后者主要表现对象的神情。

2.3.5 以小见大法

在平面设计中经常会对立体形象进行强调、取舍和浓缩，以独特的形象来突出画面的主题元素，这种表现手法就是以小见大法。以小见大法中的“小”是画面中的焦点和视觉中心，同时也是广告创意的浓缩，如图2-34所示。

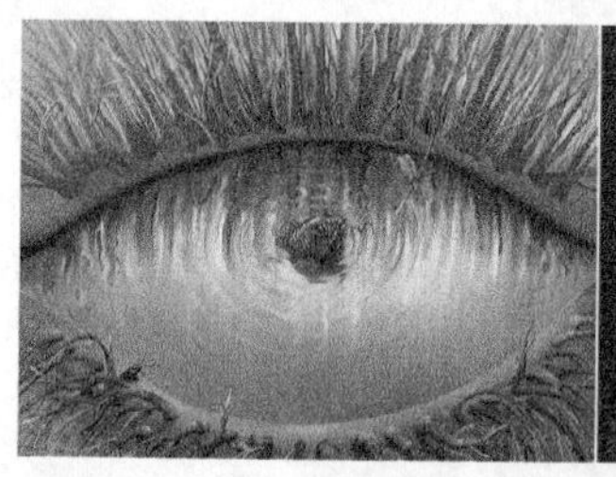

图2-34

2.3.6 运用联想法

在审美过程中通过丰富的联想，能突破时空的界限，扩大艺术形象的容量，加深画面的意境；从而使审美对象与审美心理融为一体，在产生联想的过程中引发美感共鸣，如图2-35所示。

图2-35

2.3.7 富于幽默法

幽默法是指在广告作品中巧妙地再现喜剧性特征，抓住生活中的局部现象，运用饶有风趣的情节，巧妙地安排，将某种需要肯定的事物无限延伸到漫画的程度，形成一种充满情趣，引人发笑而又耐人寻味的幽默意境，如图2-36和图2-37所示。

图2-36

图2-37

2.3.8 借用比喻法

比喻法是指在设计过程中选择两个互不相干，而在某些方面又有些相似的事物，此物与主题没有直接的关系，但是在某一点上与主题的某些特征又有相似之处，如图2-38和图2-39所示。

图2-38

图2-39

2.3.9 以情托物法

艺术有传达感情的特征，“感人心者，莫先于情”，这句话已表明了感情因素在艺术创造中的作用，在表现手法上侧重选择具有感情倾向的内容，以美好的情感来烘托主题，发挥出艺术感染力，这就是现代广告设计中经常遇到的以情托物法，如图2-40和图2-41所示。

图2-40

图2-41

2.3.10 悬念安排法

悬念安排法是在表现手法上故弄玄虚，布下疑阵，使人对广告画面怎么看都不解题意，从而造成一种猜疑和紧张的心理状态，以产生夸张的效果，触发消费者的好奇心和购买欲望，如图2-42所示。

图2-42

技巧与提示

悬念手法有相当高的艺术价值，它可以加深矛盾冲突，吸引观众的兴趣和注意力，并且能产生引人入胜的艺术效果。

2.3.11 选择偶像法

选择偶像法是抓住人们对名人偶像的仰慕心理，选择观众心目中崇拜的偶像来配合产品信息传达给观众。由于名人偶像有很强的心理感召力，故借助名人偶像的陪衬来提高产品的印象程度与销售地位，如图2-43和图2-44所示。

图2-43

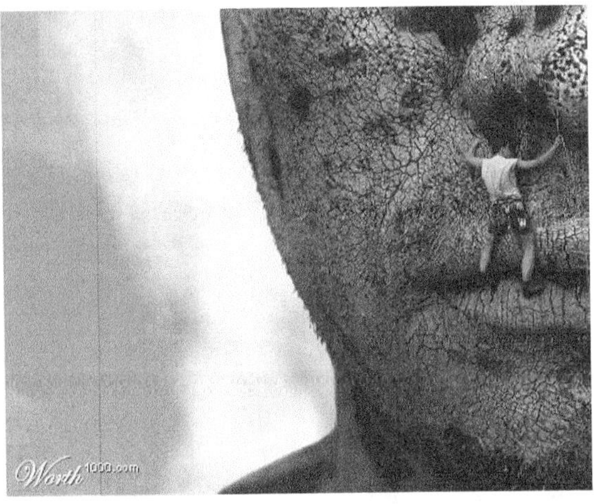

图2-44

2.3.12 谐趣模仿法

谐趣模仿法是一种创意引喻手法，别有意味地采用以新换旧的借名方式，将大众所熟悉的名画等艺术品和社会名流等作为谐趣的对象，然后经过巧妙地整形让对象产生谐趣感，给消费者一种崭新奇特的视觉印象，如图2-45所示。

图2-45

2.3.13 神奇迷幻法

神奇迷幻法是运用畸形的夸张，以无限丰富的想象构织出神话与童话般的画面，在一种奇幻的情景中再现现实生活的某种距离，如图2-46所示。

图2-46

技巧与提示

神奇迷幻法是一种充满浓郁的浪漫主义，用写意多于写实的表现手法，以突然出现某种神奇的视觉效果来感染观众，从而满足人们喜好奇异多变的审美情趣。

2.3.14 连续系列法

连续系列法是通过画面和文字来传达清晰、突出和有力的广告信息，广告画面本身有生动的直观形象，通过多次画面的重复来加深消费者对产品的印象，以获得良好的宣传效果，如图2-47和图2-48所示。

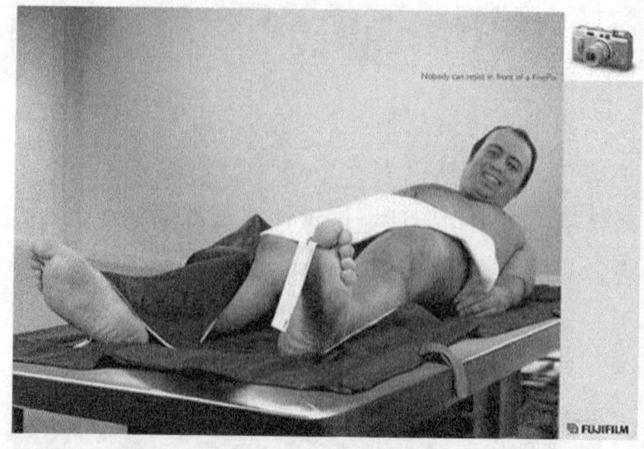

图2-47

图2-48

2.4 印刷常识

印前作业是指印刷工艺的前期工作，包括排版拼版、分色扫描等工作。对于印前作业的设计人员来说，首要的任务就是在接触印前工作之后，要不惜一切代价掌控印刷的专业知识，否则就有可能无法开展工作。

2.4.1 字符

字符是用来记录和传达语言的书写符号，印刷中用到的字符可分为字种、字体和字号等。

1.字体

在国内印刷行业中，字种主要有汉字、外文字和民族字3种。汉字如宋体、楷体和黑体等；外文字可以根据字的粗细分为白体和黑体，或根据外形分为正体、斜体和花体等；民族字是指少数民族所使用的文字，如蒙古文、藏文、维吾尔文等，下面主要讲解汉字在印刷中的运用。

宋体：宋体是印刷行业应用最广泛的字体，根据字体外形的不同，又分为书宋和报宋两种。宋体字的主要特点是字形方正、笔画横平竖直、横细竖粗、棱角分明、结构严谨、整齐均匀，有极强的笔画规律性，在现代印刷中主要用于书刊或报纸的正文部分。

楷体：楷体又称活体，是一种模仿手写习惯的字体，其笔画挺秀均匀、字形端正，广泛应用于学生课本、通俗读物以及批注等。

黑体：黑体又称方体或等线体，是一种呈正方形的粗壮字体，其字形端庄、笔画横平竖直、粗细均匀，结构醒目严密，主要运用在标题或需要引起注意的醒目部分，但是字体过于粗壮，所以不适合用在正文部分。

仿宋体：仿宋体是采用宋体结构、楷书笔画的一种较为清秀挺拔的字体，其笔画粗细均匀，常用于排印副标题、诗词短文、批注和引文等，在一些读物中也用来排印正文。

美术体：美术体（如汉鼎和文鼎）是指一些非正常的特殊印刷字体，一般都用来美化版面。美术体的笔画和结构一般都进行了形象化处理，常用于书刊封面或版面上的标题部分，如果应用适当，可以有效地提高印刷品的艺术品位。

2.字号

字号是区分文字大小的一种衡量标准，国际上通用的是点制，在国内则是以号制为主，点制为辅。

号制是采用互不成倍数的几种活字为标准，根据加倍或减半的换算关系而自成系统，可以分为四号字系统、五号字系统和六号字系统等。字号的标称数越小，字形越大，如四号字比五号字要大，五号字又要比六号字大等。

点制又称为磅制（P），是通过计算字的外形的“点”值为衡量标准。根据印刷行业标准的规定，字号的每一个点值的大小等于0.35mm，误差不得超过0.005mm，如五号字换成点制等于10.5点，也就是3.675mm。外文字全部都以点来计算，每点的大小约等于1/72英寸，即0.35146mm。

字号的大小除了号制和点制外，在传统照排文字中，则以mm为计算单位，俗称为“级”（J或K），每一级等于0.25mm，1mm等于4级。照排文字能排出的大小一般从7级~62级，也可以从7级~100级。在印刷排版时，如遇到以号数为标注的字符时，必须将号数的数值转换算成级数，才能掌握字符的正确大小，号数与级数的换算关系如下：

1J = 1K =0.25mm = 0.714点（P）

1点（P）=0.35mm=1.4级（J或K）

3.版面设计与排版规格

排版时应根据印刷版面的要求来设计版面，如一列书册的印制，制作时需要注意开本的大小，排版的形式（横排或竖排），正文的字体字号，每页的行数，每行的字数，字与字及行与行之间的空隙，页面的栏数和每栏的字数，栏与栏之间的间距，页码及页码的摆放位置，页眉页脚的位置及大小等。

在排版文字时，还要注意一些禁排规定，如在每段的开头要空两个字符，在行首不能排句号、逗号、顿号、分号、冒号、问号、感叹号以及下引号、下括号和下书名号等标点符号；在行末不能排上引号、上括号、上书名号以及中文中的序号（如①、②、③）；数字中的分数、年份、化学分子式、数字前的正负号、温度标识符以及单音节的外文单词等都不应该分开排在上下两行。

2.4.2 纸张

纸张是印前工作人员必须注意的一个重要内容之一，它决定着印刷成品的最终效果。

1.纸张的构成

纸张是由植物纤维加入填料、胶料和色料等成分加工提炼出来的一种物质材料。

填料：加入填料是为了增强纸张的柔韧性、减小纸张的透明度和伸缩性，如一般印刷纸用到的滑石粉，高级印刷纸用到的高岭土和硫酸钡等。填料的使用量一般占纸张部分的20%左右，用量过多则会降低纸张的抵抗力和柔韧性，并且会阻碍油墨的吸收，从而造成印刷时出现掉粉现象。

胶料：加入胶料是为了填塞纸张中的小孔隙，以提高纸张的抗水性，同时也可以改善纸张的光泽度和强度。常用的胶料有松香、明矾和淀粉等。

色料：加入色料是为了增强纸张的色泽纯度，在印刷行业中，一般使用无机颜料或有机染料作为色料。

2.纸张的规格

纸张根据印刷用途的不同可以分为平板纸和卷筒纸两种，平板纸适用于一般印刷机，而卷筒纸一般用于高速轮转印刷机。

在印刷行业中，书写及绘图类用纸的原纸尺寸是：卷筒纸宽度分为1575mm、1092mm、880mm和787mm 4种；平板纸的原纸尺寸按大小分为880mm×1230mm、850mm×1168mm、880mm×1092mm、787mm×1092mm、787mm×960mm和690mm×960mm等。

图书杂志的开本印刷尺寸有3种：880mm ×1230mm、900mm×1280mm和1000mm×1400mm。由于设备、生产和供应等原因，原787mm×1092mm和850mm×1168mm大小的纸张现在仍可继续使用。

在沿海地区，很多印刷机构还在广泛采用一些老版纸张，纸张的重量以定量（也称“克重”）和令重来表示。定量是指纸张单位面积的质量关系，用g/m²来表示，如150g的纸是指该种纸每平方米的单张重量为150g。凡重量在200g/m²以下（含200g/m²）的纸张称为“纸”，超过200g/m²的纸张称为“纸板”；令重是指每令（500张纸为1令）纸量的总质量，单位是kg（千克），根据纸张的定量和幅面尺寸，令重可以采用令重（kg）= 纸张的幅面（m²）×500 ×定量（g/m²）的公式计算出来。

2.5 本章小结

通过本章的学习，读者对平面设计的概念与特征、平面设计元素的创意技法和创意的表现技法有了一定的了解与认识，最后简单地对印刷知识进行了学习。

这些知识将在以后的学习中得到具体的应用，作为一个平面设计的学习者更应该熟记和熟练运用本章所讲的概念和知识点。通过不断练习把这些理论知识运用到实践中，是学习本章的根本目的。

第3章

卡片的设计与制作

卡片设计是日常工作中最为常见的设计类型，其应用领域非常广泛。在卡片设计中，前期创意思考是非常重要的一环，卡片设计再绚丽，如果不能吸引观众的眼球，不能与主题思想联系起来，注定是不成功的设计。因此，对于卡片设计，创意是非常重要的。

课堂学习目标

个性名片的制作方法
贵宾卡的制作方法
邀请函的制作方法

3.1 课堂案例——个性名片

案例位置	案例文件>CH03>课堂案例——个性名片.psd
视频位置	多媒体教学>CH03>课堂案例——个性名片.flv
难易指数	★★☆☆☆
学习目标	学习"钢笔工具"的使用、"路径"的调节、"自定形状工具"的使用

个性名片首先要突出"个性"，在设计时，首先要分析设计对象要表达的含义。本案例是为"海燕设计工作室"设计的名片，该名片使用了一幅具有艺术性的海面作为意境与"海燕"图文相呼应。个性名片的最终效果如图3-1所示。

图 3-1

相关知识

个性名片设计需要掌握以下6个要点。

第1点：名片的大小一般为90mm×50mm或者90mm×55mm。

第2点：有横向和纵向两种排版方式。

第3点：制作成品时，要考虑四边的出血量，一般为1mm。

第4点：超出部分要裁剪掉，勿用白色色块遮掩。

第5点：切记界面不能过于花哨和复杂，要达到"简而不凡"的效果。

第6点：裁切名片一般用专门的切卡机，也可以用美工刀配以直尺、垫板等进行裁切。

核心步骤

① 利用"圆角矩形工具"绘制圆角矩形，然后使用"矩形选框工具"选中保留的圆角，再反选选区并填充白色制作出背景。

② 利用"钢笔工具"绘制出海浪效果中的3条主线，并对其填充不同的颜色。

③ 利用图层相减的方法制作出图像的相交部分，然后填充不同的颜色。

④ 使用"钢笔工具"绘制出标志，利用"自定形状工具"绘制出飞鸟。

⑤ 输入名片的一些文字信息。

3.1.1 绘制背景效果

01 启动Photoshop CS5，执行"文件>新建"菜单命令或按Ctrl+N组合键新建一个名为"个性名片"的文件，具体参数设置为"宽度"9cm、"高度"5cm、"分辨率"300像素/英寸、"颜色模式"CMYK颜色，如图3-2所示。设置完毕后，单击"确定"按钮，进入图形操作界面。

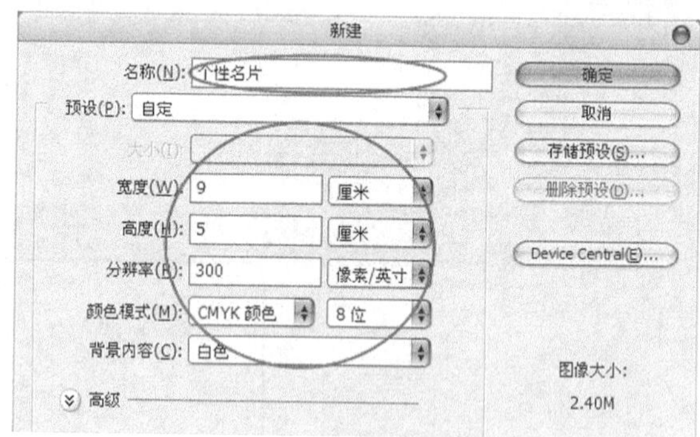

图 3-2

技巧与提示

因为此设计不需要印刷出图，所以没有必要考虑出血量，但在实际设计时需要根据实际情况来设置不同尺寸的出血量。

02 按D键还原默认的前景色和背景色，然后按Alt+Delete组合键用前景色填充选区，效果如图3-3所示。

图 3-3

03 按X键交换前景色和背景色，然后单击“工具箱”中的“圆角矩形工具”按钮，在选项栏中单击“形状图层”按钮，并设置“半径”为100px，接着在绘图区域中绘制一个如图3-4所示的圆角矩形，此时系统会自动生成一个新的矢量图层“形状1”，如图3-5所示。

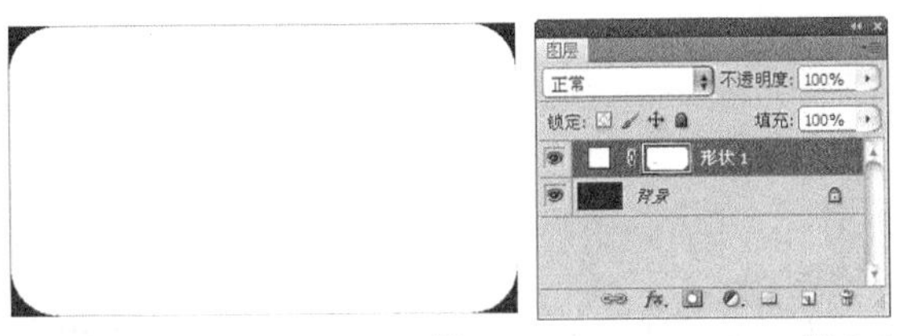

图 3-4　　图 3-5

04 在图层“形状1”的右侧单击鼠标右键，然后在弹出的菜单中选择“栅格化图层”命令，如图3-6所示；接着单击“工具箱”中的“矩形选框工具”按钮，最后在图像的左上角绘制一个如图3-7所示的矩形选区。

图 3-6

图 3-7

知识点

注意，对于文字图层和形状图层，“锁定透明像素”按钮和“锁定图像像素”按钮在默认情况下处于激活状态，而且不能对其更改，只有将其栅格化以后才能解锁透明像素和图像像素。

05 执行“选择>反选”菜单命令或者按Ctrl+Shift+I组合键反选选区，然后按Alt+Delete组合键用前景色填充选区，并按Ctrl+D组合键取消选区，效果如图3-8所示。

图 3-8

3.1.2 绘制海浪

01 单击“图层”面板下方的“创建新图层”按钮，创建一个新图层“图层1”，然后单击“工具箱”中的“钢笔工具”按钮，并在选项栏中单击“路径”按钮，接着在绘图区域中绘制一个如图3-9所示的路径。

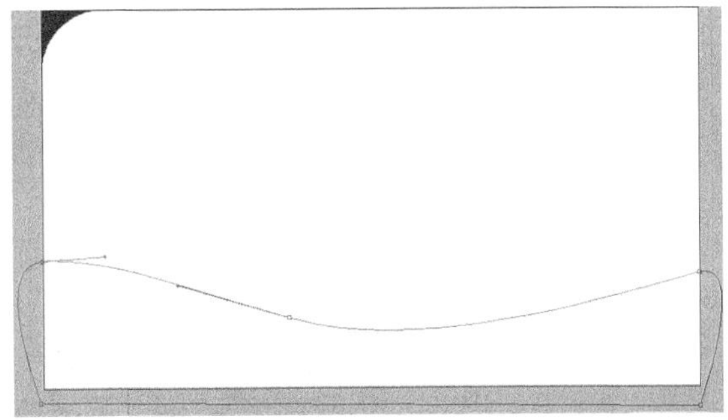

图 3-9

知识点

使用“钢笔工具”绘制好曲线路径后，按住Ctrl键可调整最近绘制的路径的形状；按住Ctrl+Shift组合键可以按照一定角度调整最近绘制的路径的形状；按住Ctrl+Alt组合键可移动复制出一条新的路径；对于复杂的图形，在绘制的时候如果没有一次到位可以使用“直接选择工具”对其进行调节。

02 单击“工具箱”中的“前景色”按钮，设置颜色（R:64、G:137、B:146），然后切换到“路径”面板，接着单击该面板下面的“用前景色填充路径”按钮，效果如图3-10所示，最后单击

“路径”面板下面的“创建新路径”按钮，创建一个新路径“路径1”。

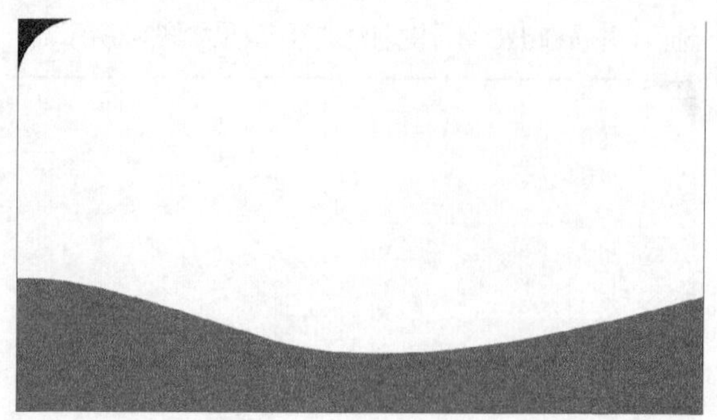

图 3-10

技巧与提示

创建新路径是因为在后面的操作中绘制的路径将覆盖原来的路径，而原来的路径也就不存在了。为了方便修改，最好保留绘制的路径，所以要创建一个新路径，这样原来的路径就保留下来了。

03 创建一个新图层“图层2”，并将其拖曳到“图层1”的下面一层，确定“图层2”为当前图层，然后单击“工具箱”中的“钢笔工具”按钮，并在选项栏中单击“路径”按钮，接着在绘图区域中绘制一个如图3-11所示的路径。

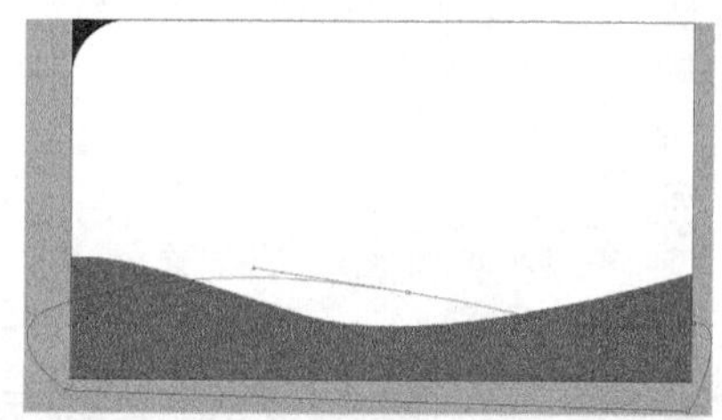

图 3-11

04 单击“工具箱”中的“前景色”按钮，设置颜色（R:211、G:225、B:225），然后切换到“路径”面板，接着单击该面板下面的“用前景色填充路径”按钮，效果如图3-12所示，并创建一个新路径“路径2”。

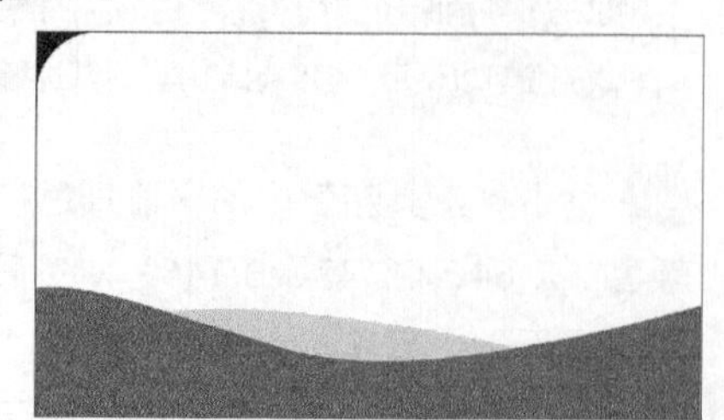

图 3-12

05 创建一个新图层“图层3”，并将其拖曳到“图层2”的下面一层，确定“图层3”为当前图层，然后单击“工具箱”中的“钢笔工具”按钮，接着在选项栏中单击“路径”按钮，最后在绘图区域中绘制一个如图3-13所示的路径。

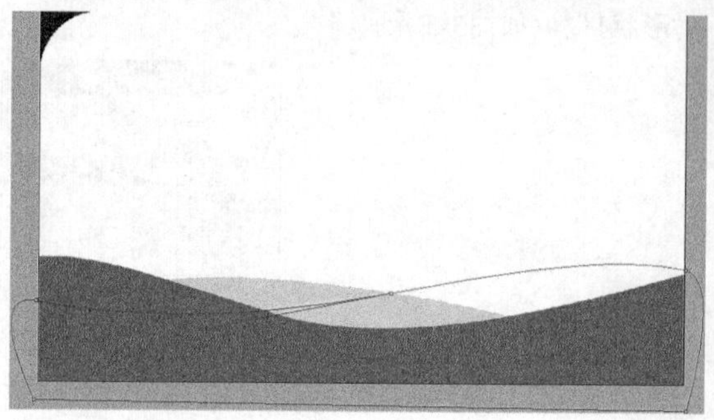

图 3-13

06 设置前景色（R:161、G:199、B:202），然后单击“路径”面板下面的“用前景色填充路径”按钮，效果如图3-14所示。

图 3-14

07 将“图层2”拖曳到“图层”面板下面的“创建新图层”按钮上，系统会自动生成一个新图层“图层2 副本”，然后按住Ctrl键单击“图层3”的缩略图，载入图层选区，效果如图3-15所示。

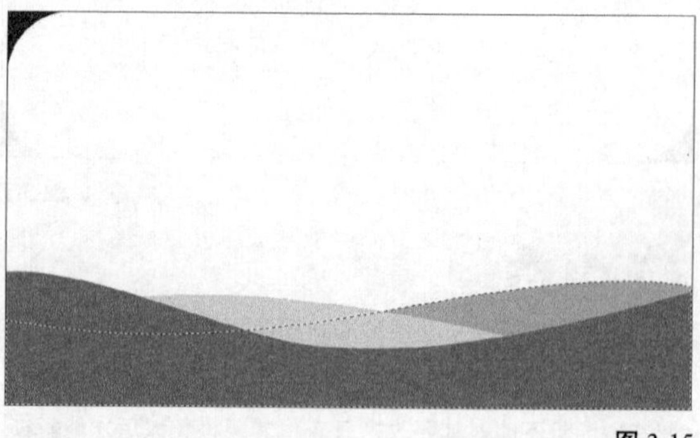

图 3-15

08 确定“图层2 副本”为当前图层，按Delete键删除选区中的图像，然后按Ctrl+D组合键取消选区（这样“图层2 副本”的图像就是“图层2”和“图层3”所在图像的交叉部分），接着按住Ctrl键的同时单击“图层2 副本”的缩略图，载入该图层的选区，效果如图3-16所示。

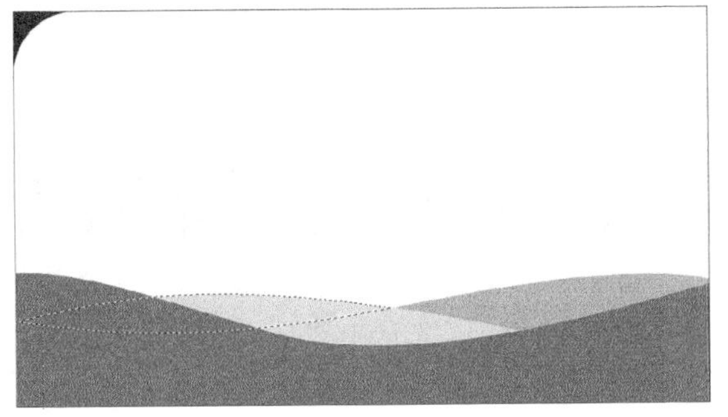

图 3-16

09 设置前景色（R:161、G:199、B:202），然后按Alt+Delete组合键用前景色填充选区，接着按Ctrl+D组合键取消选区，效果如图3-17所示。

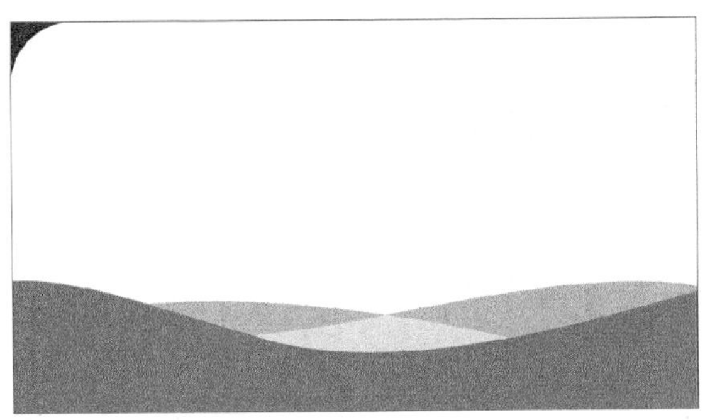

图 3-17

10 创建一个新图层“图层1 副本”，然后按住Ctrl键单击“图层2”的缩略图，载入图层选区，效果如图3-18所示。

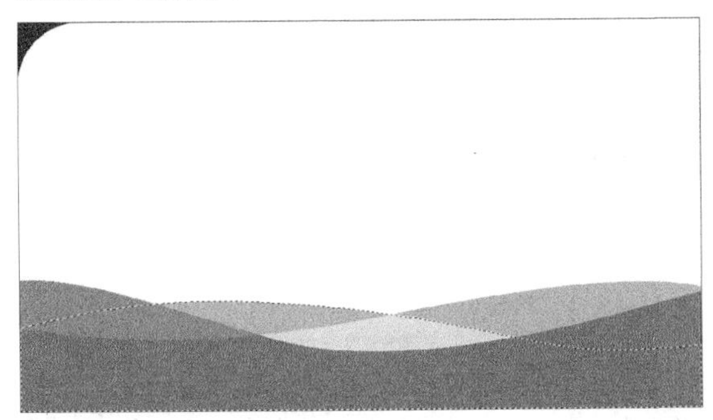

图 3-18

11 确定“图层1 副本”为当前图层，按Delete键删除选区中的图像，然后按Ctrl+D组合键取消选区，接着按住Ctrl键单击“图层1 副本”的缩略图，载入图层选区，效果如图3-19所示。

图 3-19

12 设置前景色（R:210、G:224、B:225），然后按Alt+Delete组合键用前景色填充选区，接着按Ctrl+D组合键取消选区，效果如图3-20所示。

图 3-20

13 创建一个新图层“图层1 副本2”，然后按住Ctrl键，并单击“图层3”的缩略图，接着载入该图层的选区，效果如图3-21所示。

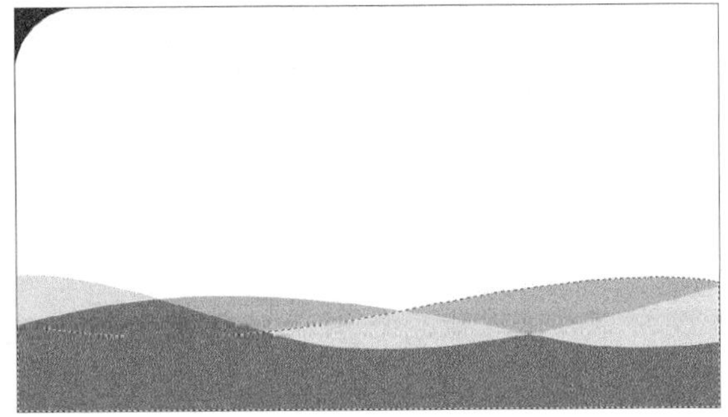

图 3-21

14 确定“图层1 副本2”为当前图层，并按Delete键删除选区中的图像，然后按Ctrl+D组合键取消选区，接着按住Ctrl键单击“图层1 副本2”的缩略图，并载入该图层的选区，效果如图3-22所示。

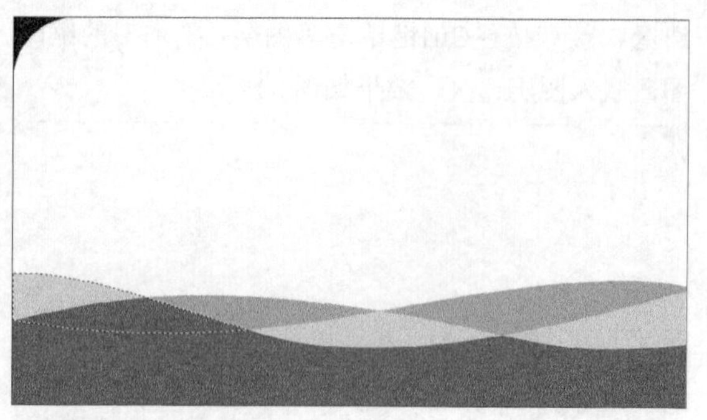

图 3-22

15 设置前景色（R:101、G:161、B:167），然后按Alt+Delete组合键用前景色填充选区，接着按Ctrl+D组合键取消选区，并将图层“图层1 副本2”拖曳到“图层1 副本”的上面，效果如图3-23所示。

图 3-23

16 创建一个新图层“图层1 副本3”，并将该图层拖曳到“图层1 副本2”的上面一层，使“图层1 副本3”处于最上层；然后设置前景色（R:161、G:199、B:202），接着按住Ctrl键单击“图层1 副本3”的缩略图，载入该图层的选区，最后按Alt+Delete组合键用前景色填充选区并按Ctrl+D组合键取消选区，效果如图3-24所示。

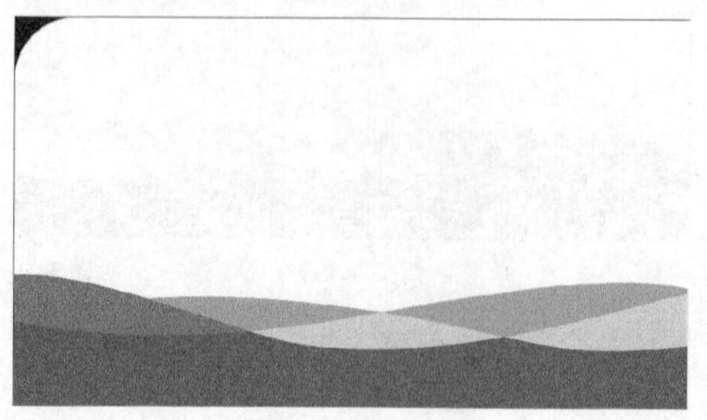

图 3-24

17 由于上一步操作把之前制作的右边灰白色部分挡住了，现在要把这部分删除掉，单击“工具箱”中的“矩形选框工具”按钮，在右边部分拉出选区，效果如图3-25所示。

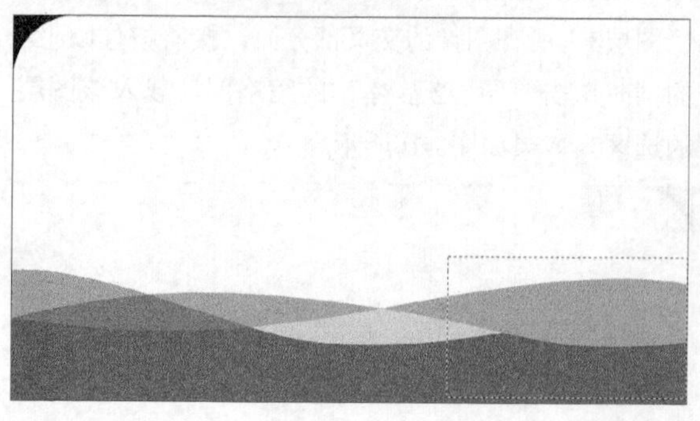

图 3-25

18 按Delete键删除选区中的图像，然后按Ctrl+D组合键取消选区，效果如图3-26所示。

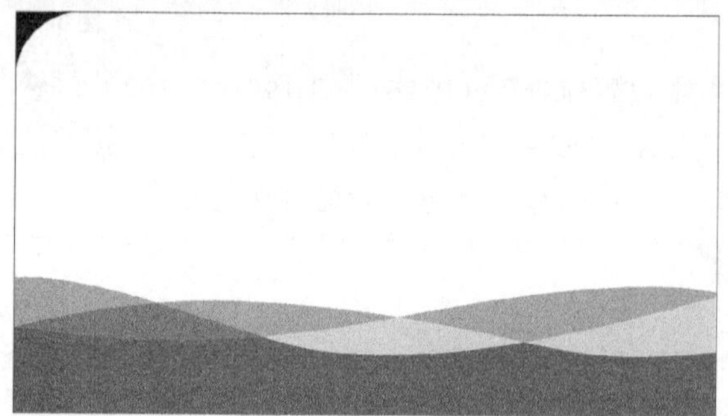

图 3-26

3.1.3 绘制标志

01 设置前景色（R:67、G:137、B:145），然后单击“工具箱”中的“钢笔工具”按钮，并在选项栏中单击“形状图层”按钮，接着在绘图区域中绘制一个如图3-27所示的形状图层，此时系统会自动生成新的图层“形状2”，如图3-28所示。

图 3-27

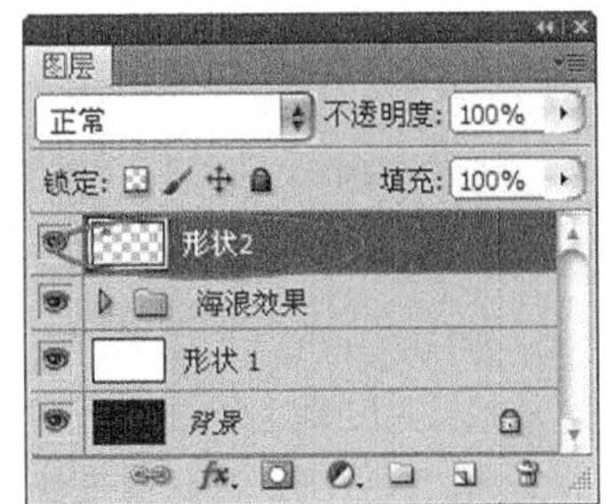

图3-28

知识点

在使用“钢笔工具”的时候，使用“形状图层”按钮直接绘制的图形和使用“路径”按钮在“路径”面板中填充颜色达到的效果是一样的。在绘制简单图像的时候可以使用第1种方法，而绘制复杂图像最好使用第2种方法。因为第1种方法在绘制的时候系统会自动填充颜色，这样会影响“直接选择工具”的使用，同时也会降低系统的反应速度。

02 设置前景色（R:255、G:255、B:255），单击“工具箱”中的“钢笔工具”按钮，然后在选项栏中单击“形状图层”按钮，接着在绘图区域中绘制一个如图3-29所示的形状图层，此时系统会自动生成新的图层“形状3”，如图3-30所示。

图 3-29

图 3-30

03 设置前景色（R:119、G:160、B:192），然后单击“工具箱”中的“钢笔工具”按钮，并在选项栏中单击“形状图层”按钮，接着在绘图区域中绘制一个如图3-31所示的形状图层，此时系统会自动生成新的图层“形状4”，如图3-32所示。

图 3-31

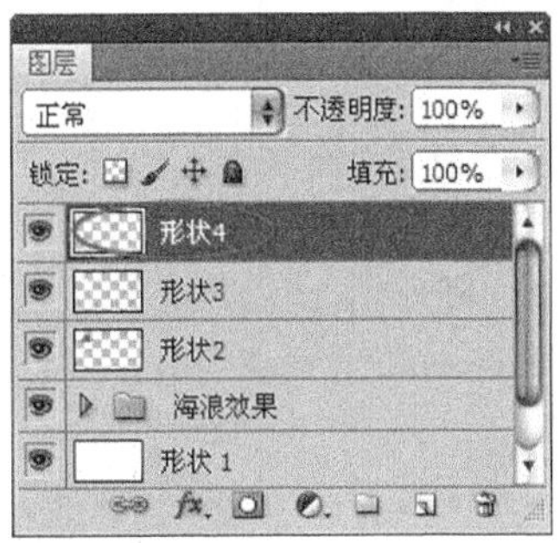

图 3-32

04 在“形状4”图层右侧单击鼠标右键，然后在弹出的菜单中选择“栅格化图层”命令，接着单击“工具箱”中的“移动工具”按钮，并按住Alt键的同时将图像往上拖曳复制出一个新的图像，此时系统会自动生成一个新图层“形状4 副本”，最后按Ctrl+T组合键将图像进行如图3-33所示的变形，变形完成后，按Enter键完成操作。

图 3-33

05 按住Ctrl键单击“形状4 副本”图层的缩略图，并载入该图层的选区，然后设置前景色（R:5、G:117、B:158），接着按Alt+Delete组合键用前景色填充选区，最后按Ctrl+D组合键取消选区，效果如图3-34所示。

图 3-34

06 按住Alt键拖曳“形状4 副本”图层复制一个新图像，此时系统会自动生成新的图层“形状4 副本2”，然后按Ctrl+T组合键将图像进行如图3-35所示的变形，变形完成后，按Enter键完成操作。

图 3-35

07 单击“工具箱”中的“自定义形状工具”按钮，然后在选项栏中单击“形状图层”按钮，接着单击“形状”右侧的三角形按钮，并在弹出的对话框中选择“飞鸟”图形，如图3-36所示。

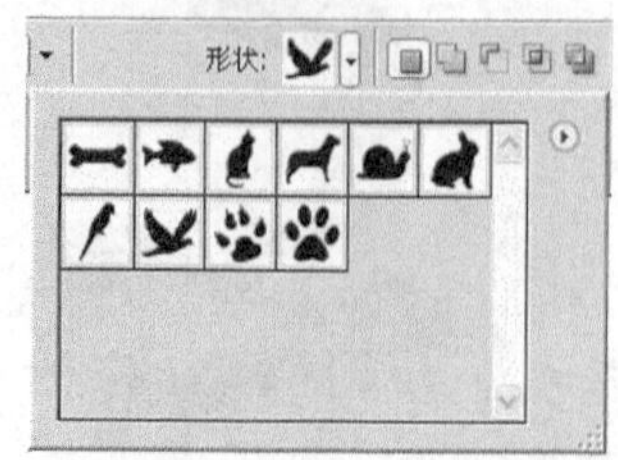

图 3-36

技巧与提示

Photoshop为我们提供了很多图形，可供大家在设计中选择使用。在图3-36中单击三角形按钮，在弹出的菜单中选择“载入形状”可载入需要的图形。

08 按住Shift键在绘图区域中等比例绘制出图像，效果如图3-37所示，此时系统会自动生成一个新图层“形状5”，如图3-38所示。

图 3-37

图 3-38

09 单击“工具箱”中的“移动工具”按钮，然后执行“编辑>变换路径>水平翻转”菜单命令，效果如图3-39所示。

图 3-39

10 在“形状5”图层右侧单击鼠标右键，然后在弹出的菜单中选择“栅格化图层”命令，接着单击“工具箱”中的“自定义形状工具”按钮，并在选项栏中单击“形状图层”按钮，最后设置前景色为白色，在绘图区域中再绘制一只白色的飞鸟，效果如图3-40所示。

图 3-40

⑪ 单击“工具箱”中的“移动工具”按钮，然后单击“编辑>变换路径>水平翻转”菜单命令，效果如图3-41所示。

图 3-41

3.1.4 输入文字信息

在“工具箱”中单击“横排文字工具”按钮 T，在绘图区域中为个性名片输入相关文字信息，最终效果如图3-42所示。

图 3-42

3.2 课堂案例——贵宾卡

案例位置	案例文件>CH03>课堂案例——贵宾卡.psd
视频位置	多媒体教学>CH03>课堂案例——贵宾卡.flv
难易指数	★★☆☆☆
学习目标	学习“圆角矩形工具”“渐变工具”“钢笔工具”的使用

本案例是为“纯印婚礼顾问机构”设计的贵宾卡，选用温馨的紫红色搭配玫瑰花，既显大气又符合主题。贵宾卡的最终效果如图3-43所示。

图 3-43

相关知识

贵宾卡也称VIP卡，是公司、企业向重要客户分发的一种卡片，在服务性行业中使用得较多。贵宾卡的设计需主要掌握以下两个要点。

第1点：贵宾卡的形状多数采用矩形，当然也有不规则的形态，这点要结合企业和公司的性质来决定。

第2点：贵宾卡设计应具有视觉冲击力、较强的审美性和可识别性。

核心步骤

① 使用“参考线”确定贵宾卡的分割点。

② 使用“圆角矩形工具”确定贵宾卡的外形，然后使用“渐变工具”填充颜色。

③ 添加鲜花素材，并为文字添加“图层样式”。

④ 使用“钢笔工具”制作星星特效。

⑤ 使用“钢笔工具”和“自由变换”功能制作轻纱。

⑥ 使用“矩形选框工具”和“横排文字工具”制作背面效果。

⑦ 使用“添加杂色”滤镜和“光照效果”滤镜制作背景。

⑧ 使用“图层样式”和“自由变换”功能制作效果图。

3.2.1 确定分割点

01 启动Photoshop CS5，按Ctrl+N组合键新建一个“贵宾卡”文件，具体参数设置为“宽度”3000像素、“高度”2000像素、“分辨率”300像素/英寸、“颜色模式”RGB颜色，如图3-44所示。

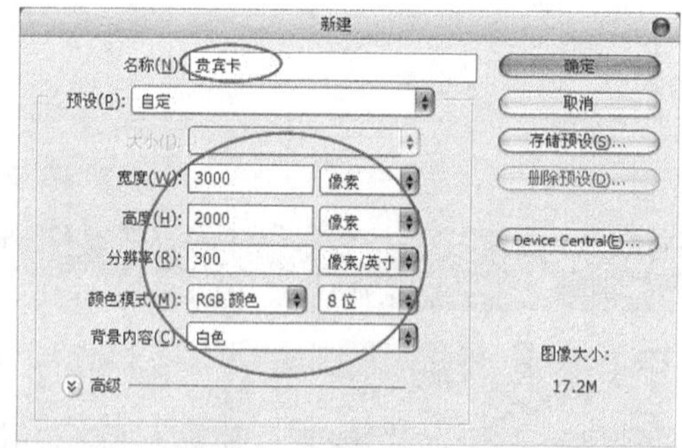

图 3-44

02 执行6次“视图>新建参考线”菜单命令，在弹出的“新建参考线”对话框中分别进行如图3-45所示的设置，效果如图3-46所示。

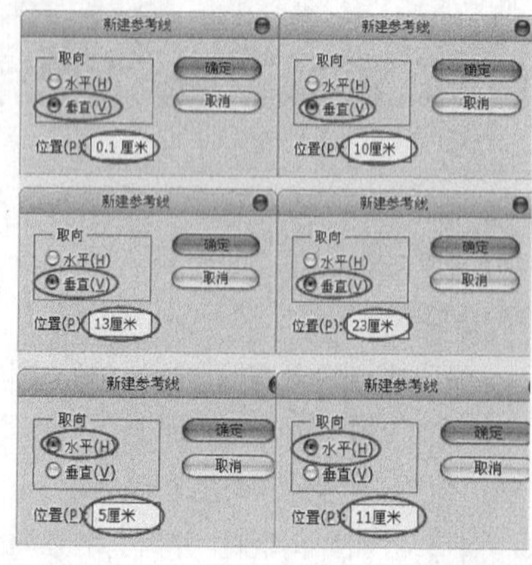

图 3-45

图 3-46

3.2.2 确定贵宾卡基本造型

01 单击“背景”图层缩览图前面的“指示图层可见性”图标，暂时隐藏该图层，然后新建一个“卡片正面”图层，接着单击“工具箱”中的“圆角矩形工具”按钮，并在属性栏中进行如图3-47所示的设置，最后在绘图区域绘制出如图3-48所示的区域。

图 3-47

图 3-48

02 载入“卡片正面”图层的选区，然后打开“渐变编辑器”对话框，分别设置第1个色标（位置为0）的颜色（R:254、G:64、B:167）和第2个色标（位置为100%）的颜色（R:153、G:20、B:114），如图3-49所示；接着使用“径向渐变”从右向左为选区填充渐变色，效果如图3-50所示。

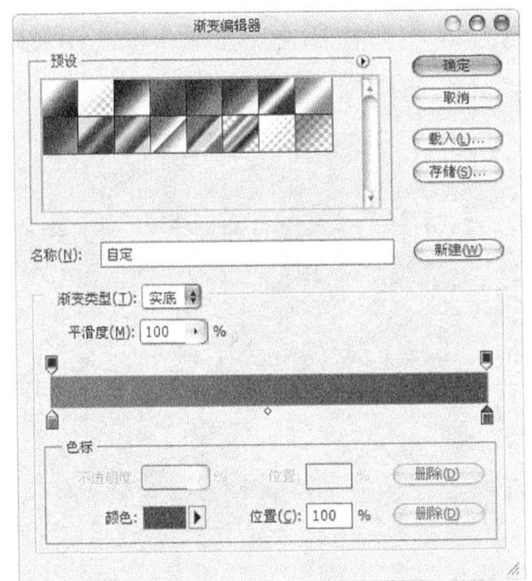

图 3-49

图 3-50

技巧与提示

图层选区的载入方法很简单，只需按住Ctrl键的同时单击该图层的缩览图即可。

3.2.3 素材与文字处理

01 打开本书配套资源中的“素材文件>CH03>课堂案例——贵宾卡>素材01.psd”文件，然后将其拖曳到当前文件中的合适位置，如图3-51所示。

图 3-51

02 载入“卡片正面”图层的选区，然后选择“鲜花”图层，并按Ctrl+Shift+I组合键反选选区，接着按Delete键删除选区内的像素，效果如图3-52所示。

图 3-52

03 使用“横排文字工具”T（字体大小和样式可根据实际情况而定）在绘图区域中输入“贵宾卡”3个字，效果如图3-53所示。

图 3-53

技巧与提示

“贵宾卡”是整个设计中是最主体的文字，消费者第一眼看到的也是这3个字，因此在设计时应该尽量让其美观，这样才能体现出“贵宾”的感觉。这种文字的处理方式一般是先手绘出字体样式，然后将其扫描到电脑中，接着导入到Photoshop中，最后利用“钢笔工具”将字体样式勾画出来。

04 双击文字图层的缩览图，打开“图层样式”对话框，然后单击“投影”样式，具体参数设置如图3-54所示，接着单击“外发光”样式，具体参数设置如图3-55所示，效果如图3-56所示。

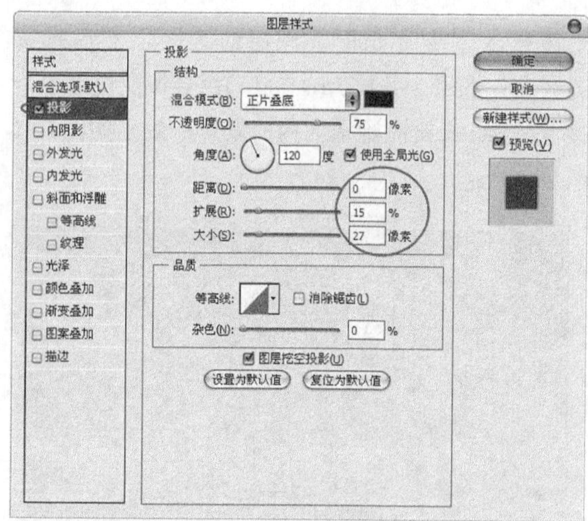

图 3-54

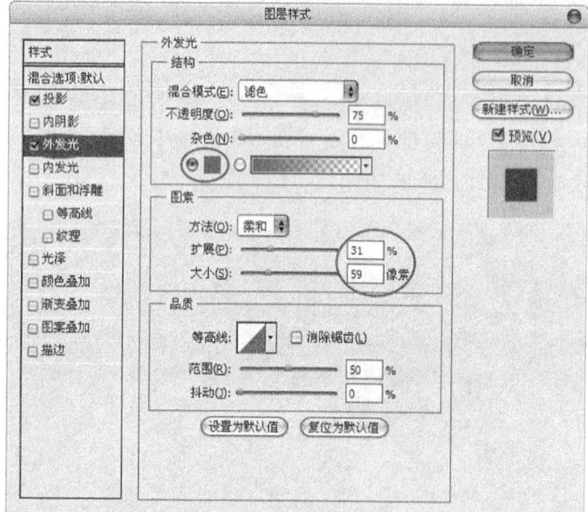

图 3-55

图 3-56

05 打开“图层样式”对话框的方法主要有两种：一是双击当前图层的缩览图；二是单击“图层”面板下面的“添加图层样式”按钮 fx，在弹出的菜单中选择相应的命令即可打开与之对应的“图层样式”对话框。

06 使用“横排文字工具” T 在图像中输入“纯印婚礼顾问机构”，如图3-57所示。

图 3-57

3.2.4 添加星星特效

01 新建一个“星星”图层，然后使用“钢笔工具” 绘制出星星的路径，并按Ctrl+Enter组合键载入该路径的选区，接着用白色填充选区，效果如图3-58所示。

图 3-58

02 设置“星星”图层的“不透明度”为40%，效果如图3-59所示，复制出7个副本图层到如图3-60所示的位置。

图 3-59

图 3-60

技巧与提示
复制“星星”图层是为了丰富画面效果，若只存在一个星星，画面看起来就很单调。

3.2.5 制作轻纱

01 新建一个“背景花纹”图层，然后使用“钢笔工具”绘制一条柔美的曲线路径，并载入该路径的选区，接着设置前景色（R:252、G:73、B:174），按Alt+Delete组合键用前景色填充选区，效果如图3-61所示。

图 3-61

02 复制一个“背景花纹副本”图层，将其更名为“背景花纹1”，并按Ctrl+T组合键进入自由变换状态，然后在绘图区域中单击鼠标右键，接着在弹出的菜单中选择“垂直反转”命令，最后采用相同的方法执行“水平翻转”命令，效果如图3-62所示。

图 3-62

03 载入“卡片正面”图层的选区，然后选择“背景花纹1”图层，并按Ctrl+Shift+I组合键反选选区，接着按Delete键删除选区内的像素，效果如图3-63所示。

图 3-63

04 复制一个“背景花纹副本”图层，将其更名为“背景花纹2”图层，然后执行“编辑>自由变换”菜单命令，接着将其进行适当的自由变换，效果如图3-64所示。

图 3-64

05 载入“卡片正面”图层的选区，然后选择“背景花纹2”图层，并按Ctrl+Shift+I组合键反选选区，接着按Delete键删除选区内的像素，效果如图3-65所示。

图 3-65

06 载入“背景花纹2”图层的选区，并设置前景色（R:227、G:52、B:152），然后用前景色填充选区，接着使用“横排文字工具”在右下角输入贵宾卡的编号，效果如图3-66所示。

源下载验证码：70650

图3-66

3.2.6 背面制作

01 复制一个“卡片正面副本”图层到右侧的合适区域，然后将其更名为“卡片背面”图层，接着载入该图层的选区，最后用白色填充选区，效果如图3-67所示。

图3-67

技巧与提示

一般此类的贵宾卡背面都是磁条，并配有卡的使用说明和注意事项等，不必放太多的设计元素在里面，需要注意的是文字的大小及版式。

02 新建一个“磁条”图层，然后设置前景色（R:125、G:125、B:125），接着使用“矩形选框工具”绘制一个大小合适的矩形选区，最后用前景色填充选区，效果如图3-68所示。

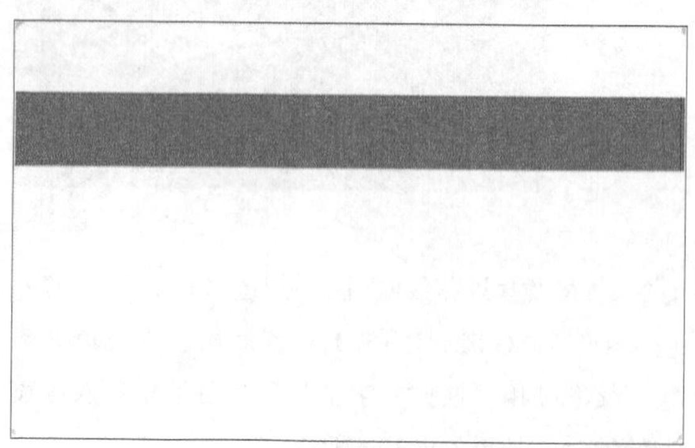

图3-68

03 使用“横排文字工具”在磁条下面输入相关文字信息，效果如图3-69所示。

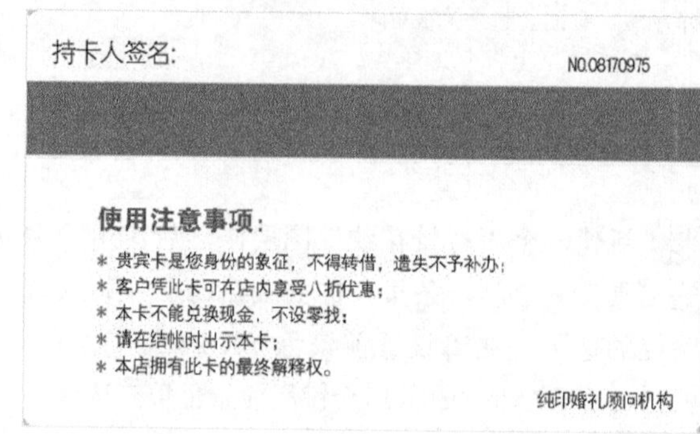

图3-69

3.2.7 背景制作

01 按Ctrl+N组合键新建一个“贵宾卡效果图”文件，具体参数设置如图3-70所示。

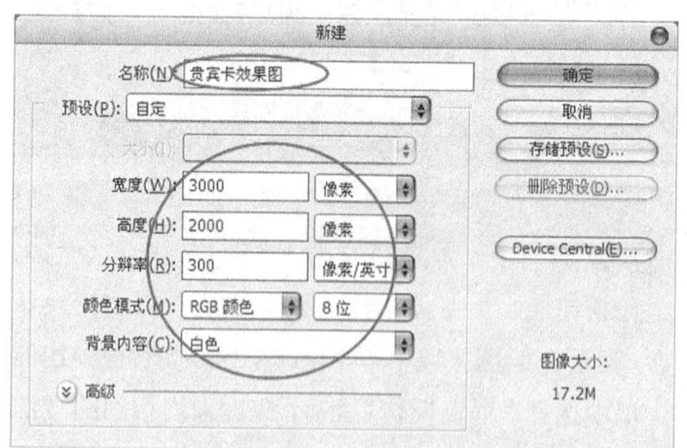

图3-70

02 按住Alt键的同时双击“背景”图层的缩览图，并将其转换为可操作“图层0”，然后执行“滤镜>杂色>添加杂色”菜单命令，接着在弹出的对话框进行如图3-71所示的设置，效果如图3-72所示。

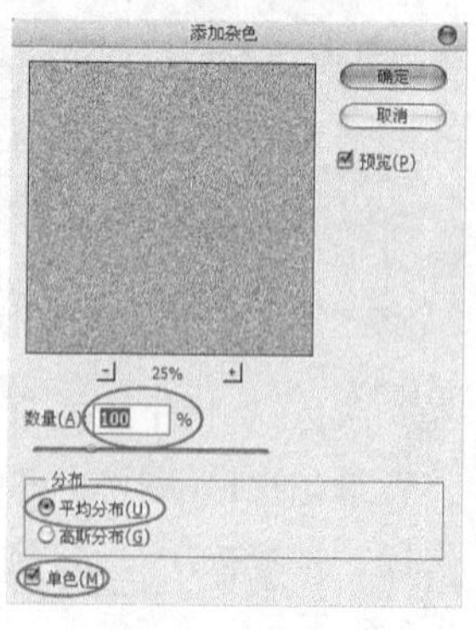

图3-71

图3-72

03 执行“滤镜>渲染>光照效果”菜单命令，然后在弹出对话框中进行如图3-73所示的设置，效果如图3-74所示。

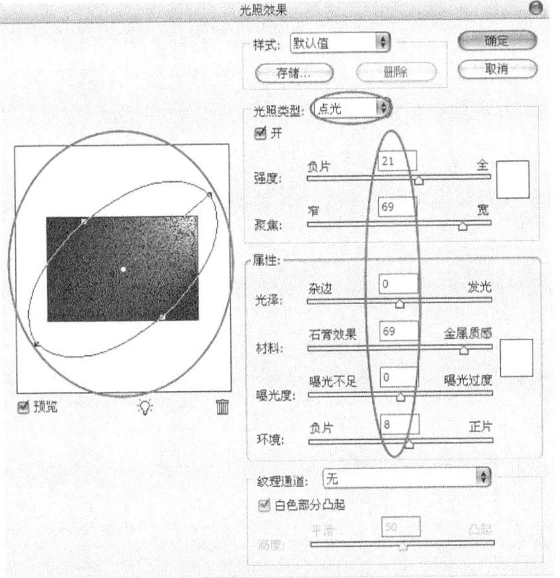

图3-73

图3-74

3.2.8 效果图制作

01 将前面制作好的贵宾卡正面图拖曳到当前操作界面中，如图3-75所示，然后将新生成的图层更名为“卡片正面”，接着按Ctrl+T组合键进行自由变换，最后将其进行如图3-76所示的变换。

图3-75

图3-76

技巧与提示

在自由变换时，需要使贵宾卡的角度与光线的照射角度保持一致。

02 双击“卡片正面”图层的缩览图，然后在弹出的“图层样式”对话框中单击“投影”样式，具体参数设置如图3-77所示，接着单击“斜面和浮雕”样式，具体参数设置如图3-78所示，效果如图3-79所示。

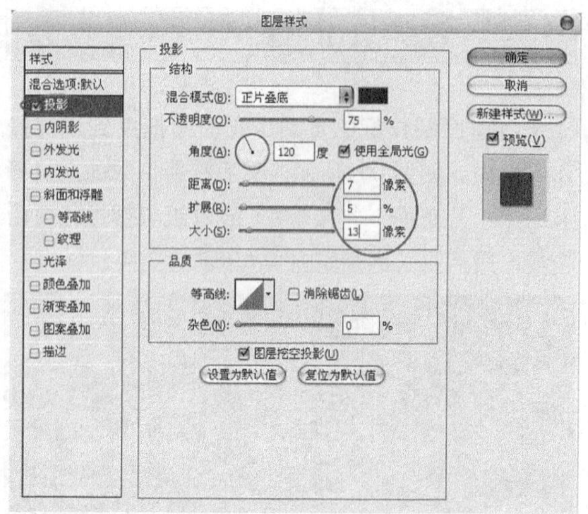

图 3-77

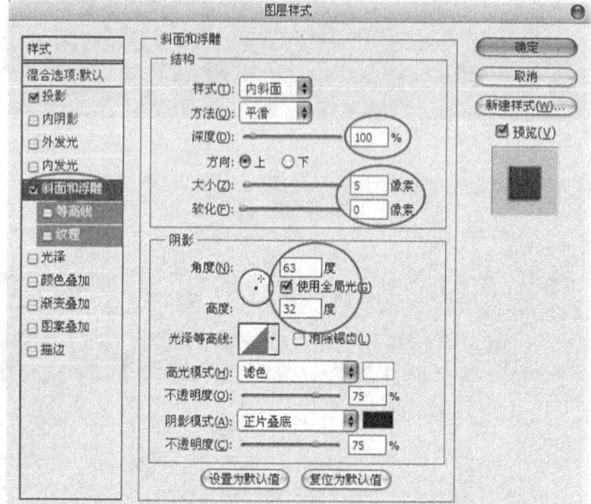

图 3-78

图 3-79

技巧与提示

添加“斜面和浮雕”样式效果是为了让贵宾卡有一定的厚度，若不添加该效果，贵宾卡看起来就像是一张薄薄的纸。

03 将贵宾卡的背面图拖曳到当前操作界面中，然后将新生成的图层更名为“卡片背面”，接着执行“编辑>自由变换”菜单命令，最后对其进行如图3-80所示的调整。

图 3-80

04 双击“卡片背面”图层的缩览图，然后在弹出的“图层样式”对话框中单击“投影”样式，具体参数设置如图3-81所示，接着单击“斜面和浮雕”样式，具体参数设置如图3-82所示，效果如图3-83所示。

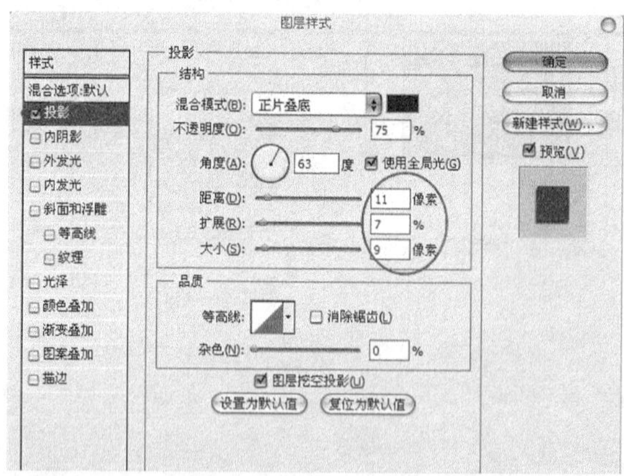

图 3-81

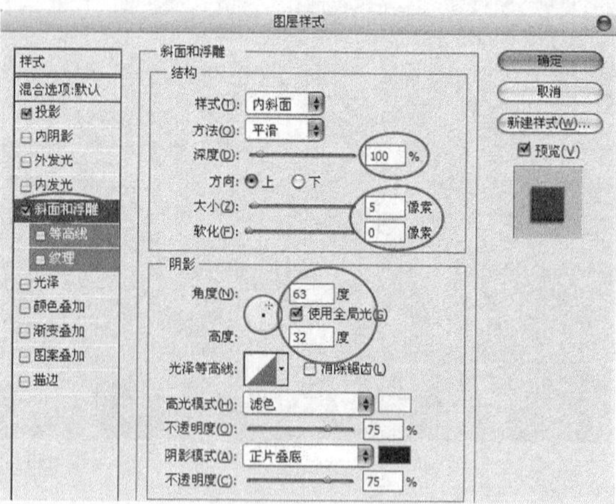

图 3-82

图 3-83

05 单击“工具箱”中的“加深工具”按钮，并在属性栏中进行如图3-84所示的设置，然后在“卡片背面”图层的左下角涂抹，最终效果如图3-85所示。

图 3-84

图 3-85

技巧与提示

由于光线是从右上方照射下来，因此贵宾卡的背面有个明暗过度，所以需要使用“加深工具”对“卡片背面”图层进行加深处理。

3.3 课堂案例——邀请函

案例位置	案例文件>CH03>课堂案例——邀请函.psd
视频位置	多媒体教学>CH03>课堂案例——邀请函.flv
难易指数	★★★☆☆
学习目标	学习“圆角矩形工具”“渐变工具”“钢笔工具”的使用

邀请函是扩大公司影响力的很好的展示方式，在设计时一定要注重表现细节，力求给客户留下良好的印象。本案例是为“芙蓉园开盘盛典”设计的邀请函，结构具有地产行业的相关设计的特性，同时选用红色作为主色调，与设计主体相符合。邀请函的最终效果如图3-86所示。

图 3-86

相关知识

邀请函主要是运用在大型的会议和活动中，例如，一家房地产公司开盘邀请客户去参观，这时就需要用到邀请函。邀请函的设计主要掌握以下两个要点。

第1点：应具有较强的审美性质和可识别性。

第2点：应结合企业和公司的性质做出新颖的样式，避免千篇一律，墨守成规。

核心步骤

① 使用“参考线”确定邀请函的分割点。

② 使用“矩形选框工具”和“钢笔工具”确定邀请函的外形，然后调出墨迹效果。

③ 运用素材和“图层蒙版”功能制作荷花。

④ 使用“直排文字工具”“横排文字工具”和“图层样式”处理文字效果。

⑤ 利用图层的复制功能制作内页效果。

⑥ 利用“图层样式”“自由变换”和“光照效果”滤镜制作效果图。

3.3.1 确定分割点

01 启动Photoshop CS5，按Ctrl+N组合键新建一个“邀请函”文件，具体参数设置为“宽度”4000像素、“高度”2000像素、“分辨率”300像素/英寸、“颜色模式”RGB颜色，如图3-87所示。

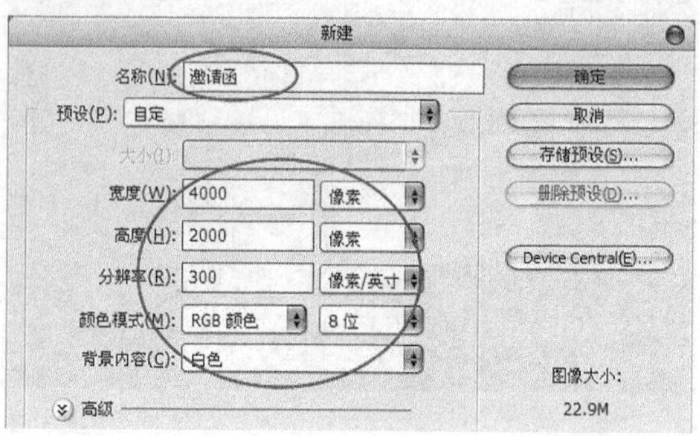

图 3-87

02 执行8次“视图>新建参考线”菜单命令，然后在弹出的“新建参考线”对话框中分别进行如图3-88所示的设置，效果如图3-89所示。

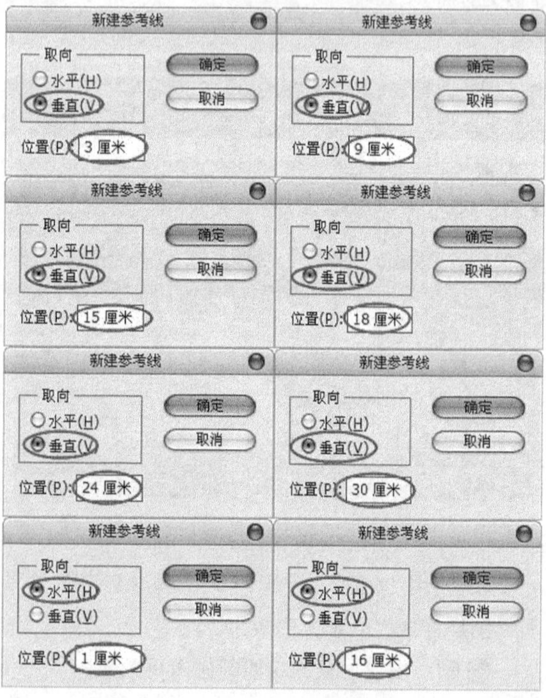

图3-88

图3-89

3.3.2 调出墨迹效果

01 新建一个“背景色”图层，使用“矩形选框工具”绘制一个如图3-90所示的矩形选区。

图 3-90

02 打开“渐变编辑器”对话框，然后分别设置第1个色标（位置为0%）的颜色（R:230、G:0、B:18）和第2个色标（位置为100%）的颜色（R:145、G:0、B:0），如图3-91所示。

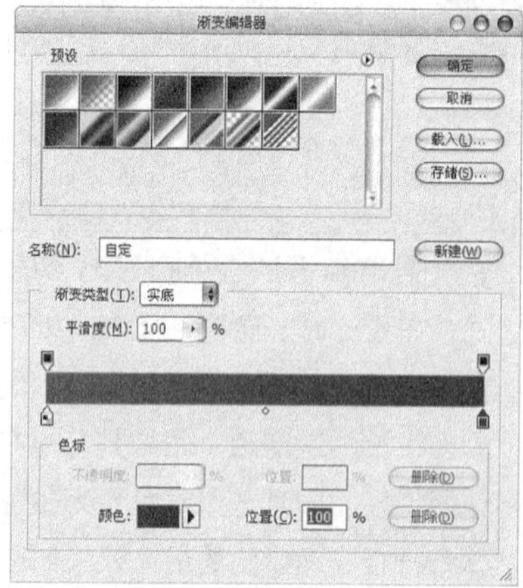

图3-91

03 保持对“渐变工具”的选择，然后单击属性栏中的“径向渐变”按钮，接着按照如图3-92所示的方向为选区填充渐变色，效果如图3-93所示。

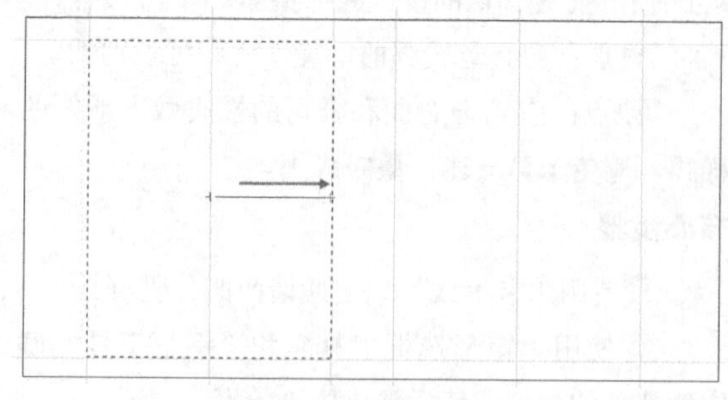

图3-92

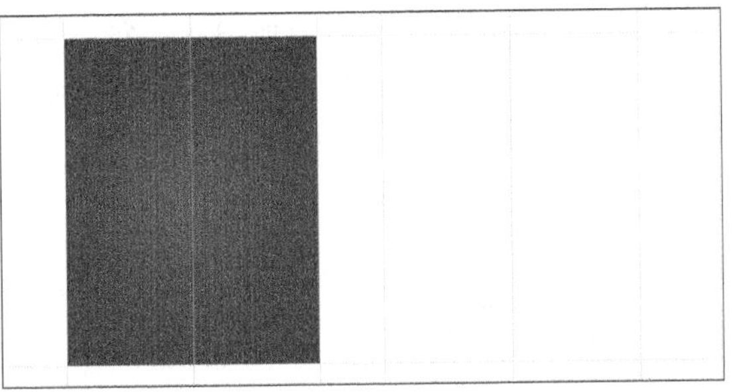

图3-93

技巧与提示

在设计“邀请函”的时候，可以先将外页部分的底色制作出来，这样更加方便后面的设计。

04 打开本书配套资源中的“素材文件>CH03>课堂安案例——邀请函>素材01.psd”文件，然后将其拖曳到当前操作界面中，如图3-94所示，接着将新生成的图层更名为“文字”。

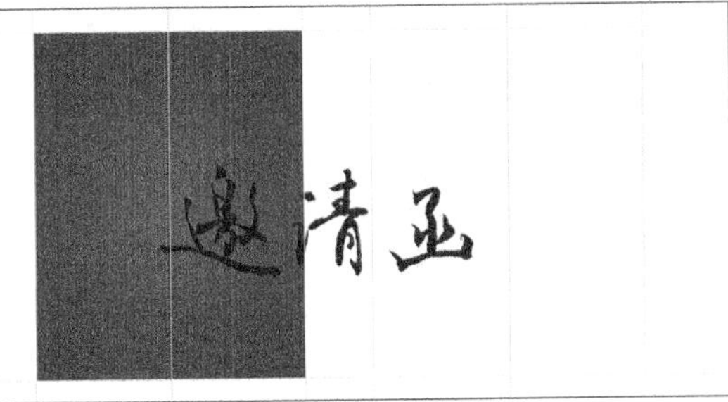

图3-94

05 使用“矩形选框工具”绘制一个大小合适的矩形选区，并将“邀”字框选出来，如图3-95所示，然后单击“工具箱”中的“移动工具”按钮，将其拖曳到合适的位置，接着将“邀”字大小进行适当的变换，最后采用相同的方法处理好另外两个字，完成后的效果如图3-96所示。

图3-95

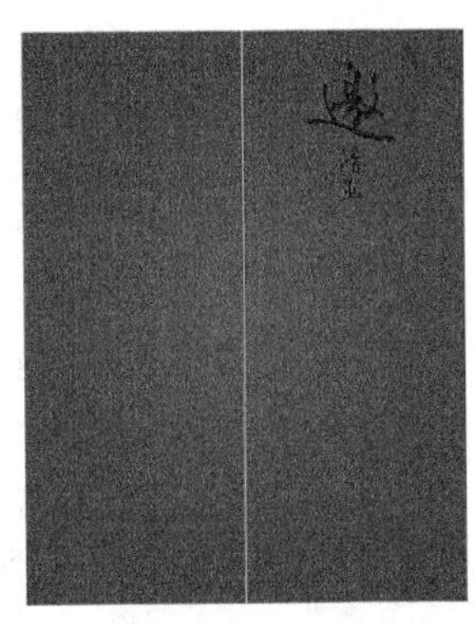

图3-96

技巧与提示

当文件中存在选区，并且当前工具为选区工具，那么移动选区时不会移动选区中的像素；若当前工具为“移动工具”，那么移动选区时就会同时移动选区和选区中的像素。

06 打开本书配套资源中的“素材文件>CH03>课堂案例——邀请函>素材02.psd”文件，然后将其拖曳到当前操作界面中，如图3-97所示，接着将新生成的图层更名为“毛笔”。

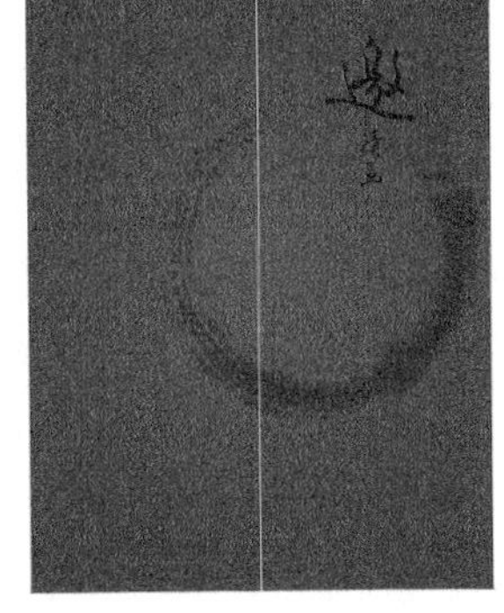

图3-97

07 执行“编辑>自由变换”菜单命令，然后将其进行如图3-98所示的变换，接着将其拖曳到如图3-99所示的位置。

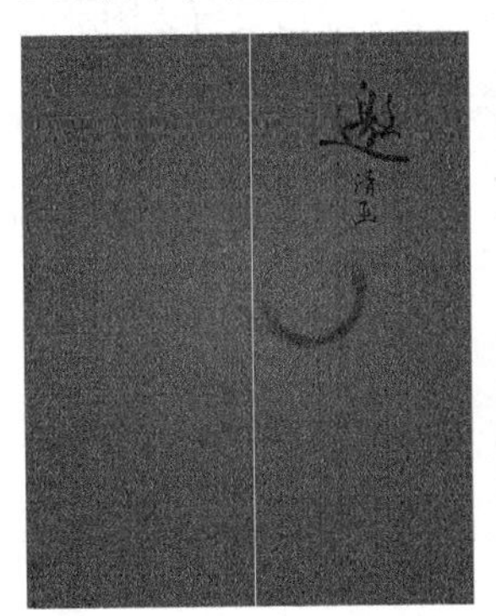

图3-98

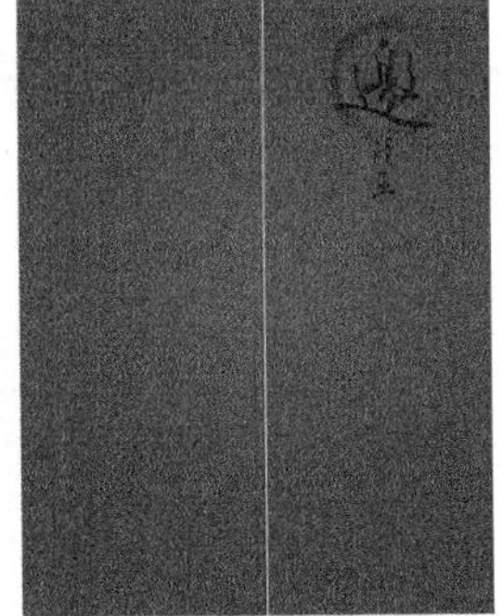

图3-99

3.3.3 添加荷花

01 确定“背景色”图层为当前图层，使用“钢笔工具”绘制一条如图3-100所示的路径，然后按Ctrl+Enter组合键载入该路径的选区，接着按Delete键删除选区内的像素，效果如图3-101所示。

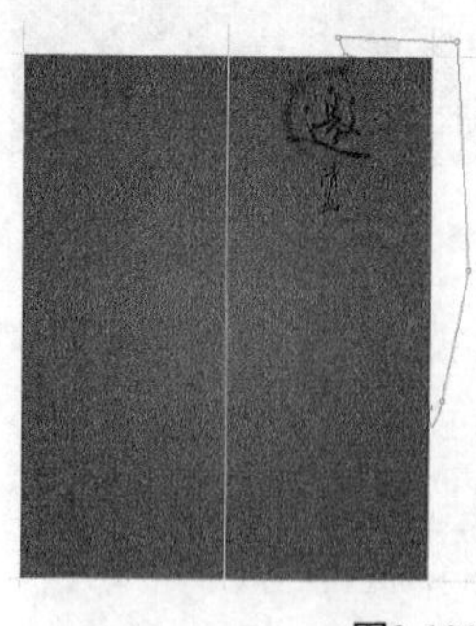

图3-100

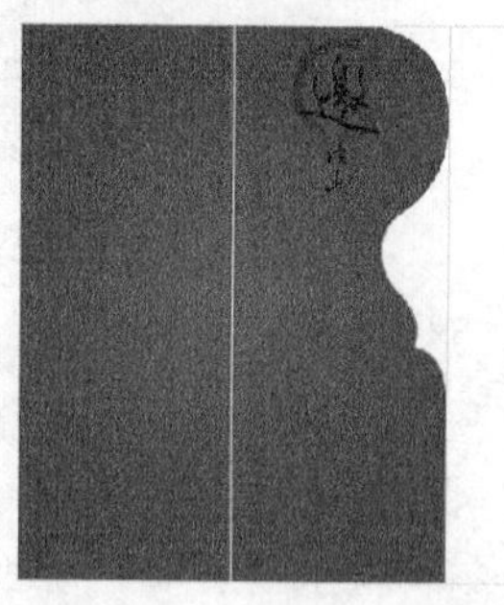

图3-101

02 打开本书配套资源中的“素材文件>CH03>课堂案例——邀请函>素材03.psd”文件，将其拖曳到当前操作界面中，如图3-102所示，将新生成的图层更名为“底纹”。

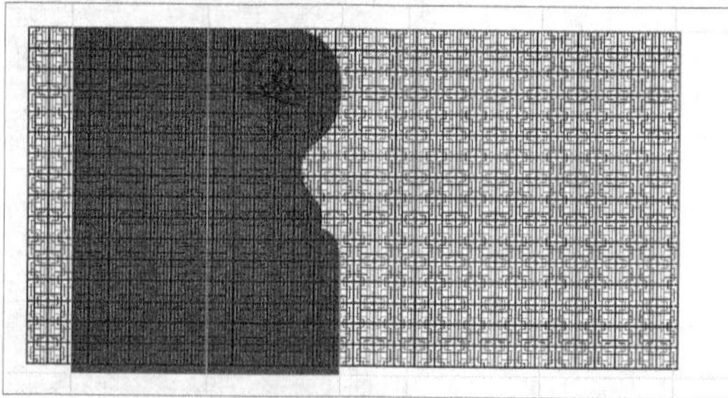

图3-102

03 按住Ctrl键的同时单击“底纹”图层的缩览图，载入该图层的选区，然后设置前景色（R:230、G:0、B:18），接着用前景色填充选区，最后设置该图层的“混合模式”为“颜色加深”，效果如图3-103所示。

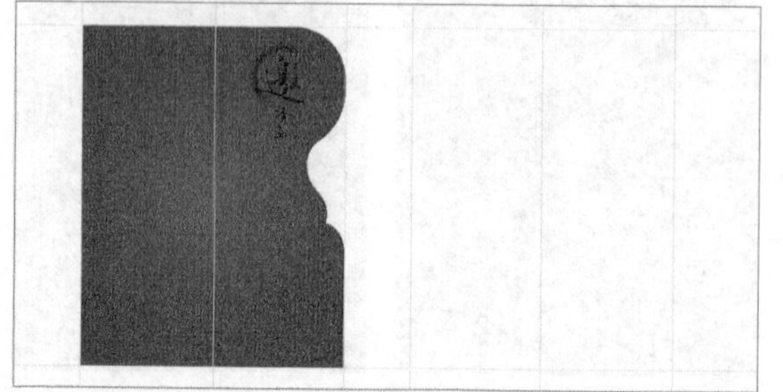

图3-103

04 确定“底纹”图层为当前图层，然后执行“编辑>自由变换”菜单命令，接着按住Shift键的同时进行如图3-104所示的变换。

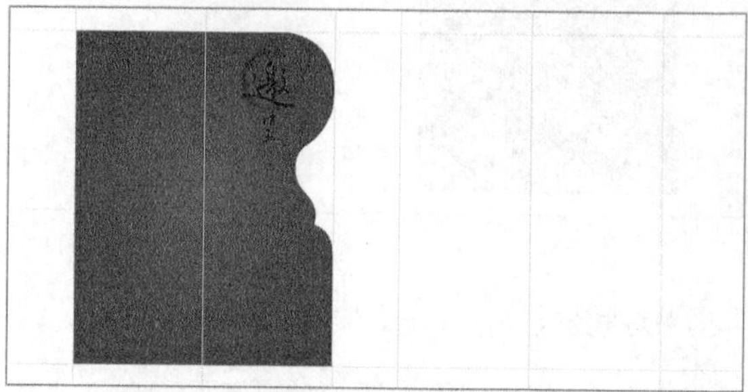

图 3-104

05 按住Ctrl键的同时单击“背景色”图层的缩览图，并载入该图层的选区，然后选择“底纹”图层，接着按Shift+Ctrl+I组合键反选选区，最后按Delete键删除选区内的像素，效果如图3-105所示。

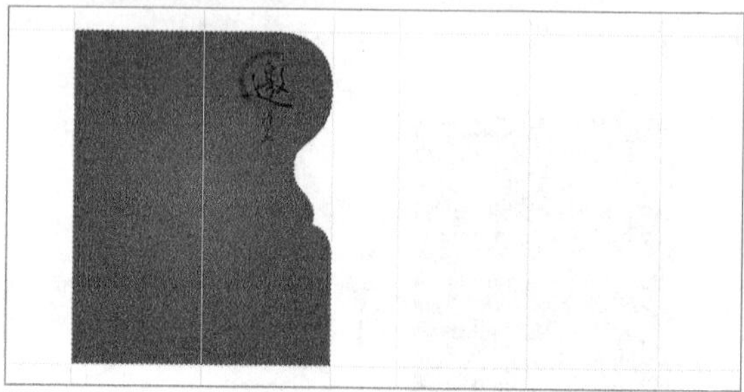

图 3-105

06 打开本书配套资源中的“素材文件>CH03>课堂案例——邀请函>素材04.psd”文件，然后将其拖曳到当前操作界面中，如图3-106所示，接着将新生成的图层更名为“花纹”图层。

图 3-106

07 确定“花纹”图层为当前图层，然后执行“编辑>自由变换”菜单命令，接着在绘图区域中单击鼠标右键，最后在弹出的菜单中选择“水平翻转”命令，效果如图3-107所示。

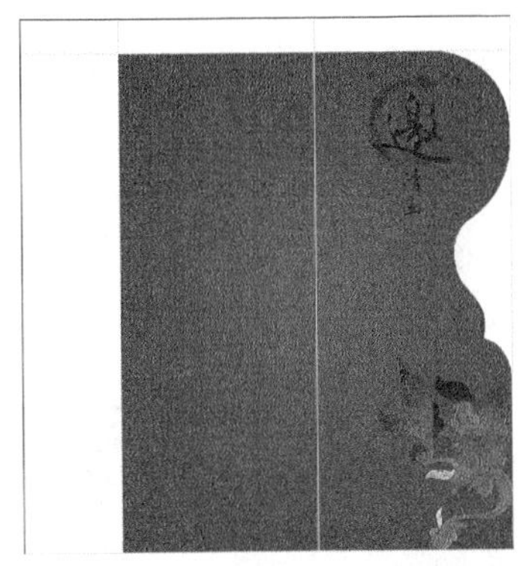

图 3-107

08 复制一个“花纹副本”图层，将其更名为“花纹2”，然后将其放置在左下角，并载入该图层的选区，接着按Delete键删除选区内的像素，效果如图3-108所示。

图 3-108

09 保持选区状态，然后执行“编辑>描边”菜单命令，接着在弹出的对话框中进行如图3-109所示的设置，效果如图3-110所示。

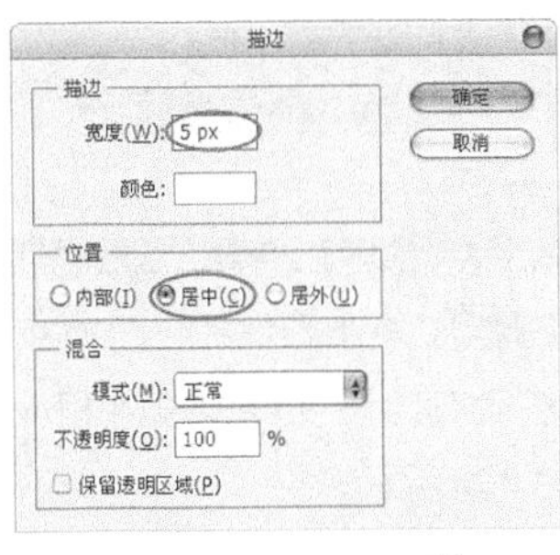

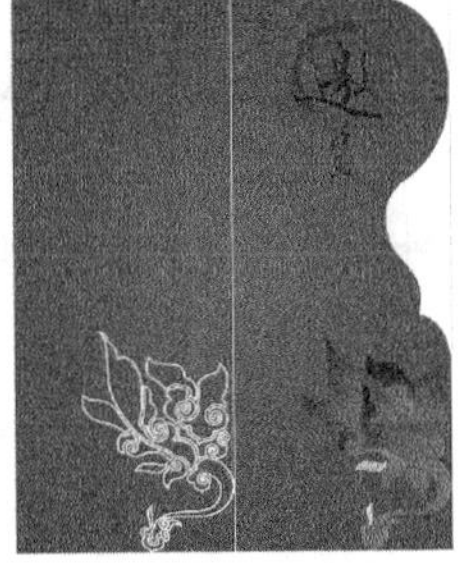

图 3-109 图 3-110

10 载入“花纹2”图层的选区，然后打开“渐变编辑器”对话框，分别设置第1个色标（位置为0）的颜色（R:255、G:110、B:2）、第2个色标（位置为50%）的颜色（R:230、G:230、B:72）和第3个色标（位置为100%）的颜色（R:255、G:110、B:2），如图3-111所示，接着使用“径向渐变”从左上角向右下角为选区填充渐变色，效果如图3-112所示。

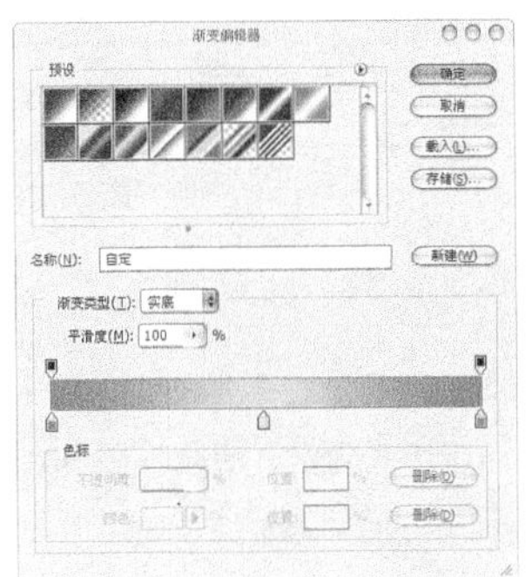

图 3-111 图 3-112

11 使用“矩形选框工具”将底部多余的部分勾选出来，然后按Delete键删除多余的像素，完成后的效果如图3-113所示。

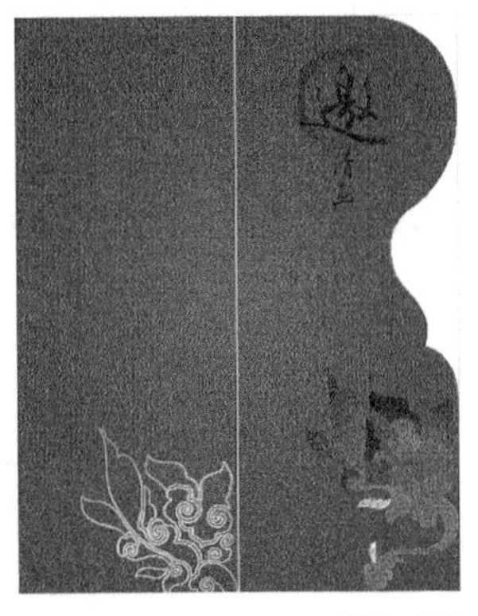

图 3-113

12 打开本书配套资源中的“素材文件>CH03>课堂案例——邀请函>素材05.psd”文件，将其拖曳到当前操作界面中，如图3-114所示，然后将新生成的图层更名为“荷花”，接着执行“编辑>自由变换”菜单命令，最后按住Shift键的同时将其等比例缩小到如图3-115所示的大小。

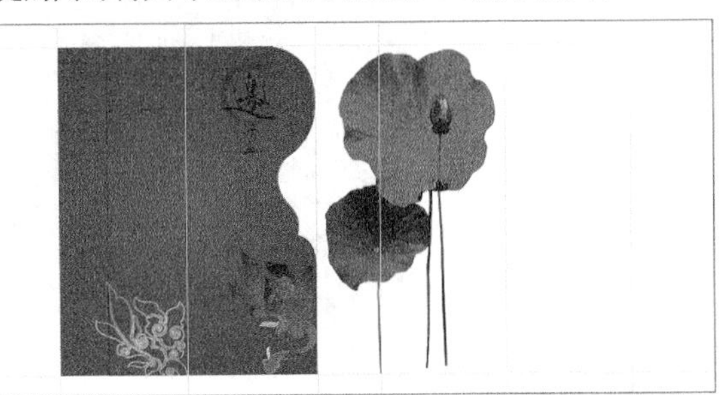

图 3-114

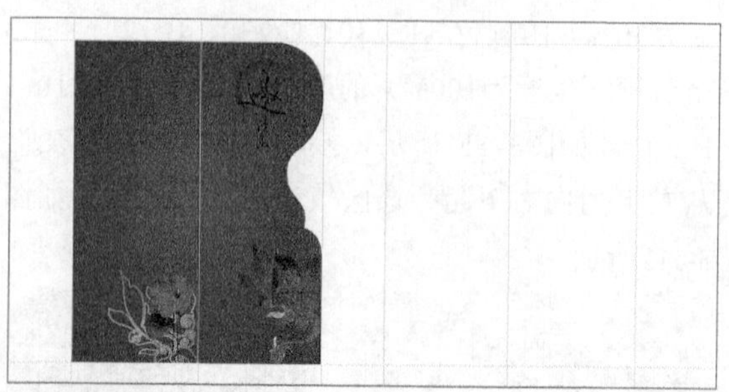

图 3-115

技巧与提示

仔细观察荷花的茎与背景之间的过渡部分，可以发现效果不是很自然，如图3-116所示。确定“荷花”图层为当前图层，单击“图层”面板下方的“添加图层蒙版”按钮 ，然后打开“渐变编辑器”对话框，并设置如图3-117所示的渐变色，再按照如图3-118所示的1~2的方向在蒙版中填充渐变色，效果如图3-119所示。

图 3-116　　图 3-117

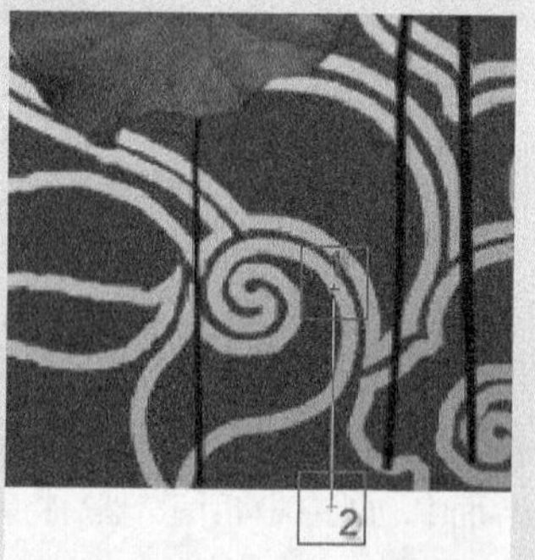

图 3-118

图 3-119

13 复制出一个“花纹”副本图层，将其更名为“花纹3”，然后载入该图层的选区，并用白色填充选区，效果如图3-120所示，执行“编辑>自由变换”菜单命令，再对其进行如图3-121所示的变换。

图 3-120

图 3-121

14 载入“背景色”图层的选区，然后选择“花纹3”图层，并执行“选择>反选”菜单命令，再按Delete键删除选区内的像素，效果如图3-122所示。

图 3-122

3.3.4 文字处理

01 设置前景色（R:125、G:0、B:0），单击“工具箱”中的“直排文字工具”按钮，并在属性栏中进行如图3-123所示的设置，然后在绘图区域中输入相应的文字信息，效果如图3-124所示。

图 3-123

图 3-124

02 设置前景色为白色，然后单击“工具箱”中的“横排文字工具”按钮，并在属性栏中进行如图3-125所示的设置，接着在绘图区域中输入相应的文字信息，如图3-126所示，最后将该文字图层栅格化，并将其更名为“文字1”。

图 3-125

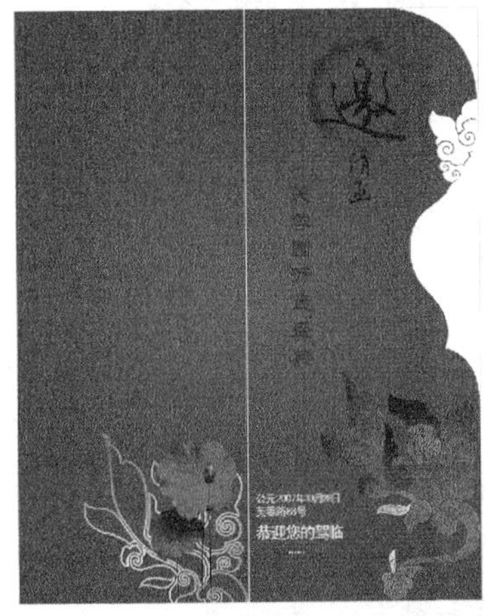

图 3-126

03 载入“文字1”图层的选区，然后打开“渐变编辑器”对话框，分别设置第1个色标（位置为0）的颜色（R:255、G:110、B:2）、第2个色标（位置为50%）的颜色（R:230、G:230、B:72）和第3个色标（位置为100%）的颜色（R:255、G:110、B:2），如图3-127所示；接着使用“径向渐变”从右向左为选区填充渐变色，效果如图3-128所示。

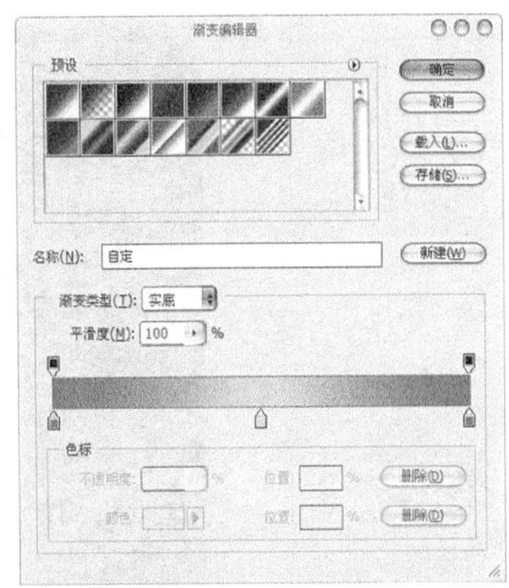

图 3-127

图 3-128

04 双击“文字1”图层的缩览图，然后在弹出的“图层样式”对话框中单击“投影”样式，具体参数设置如图3-129所示，效果如图3-130所示。

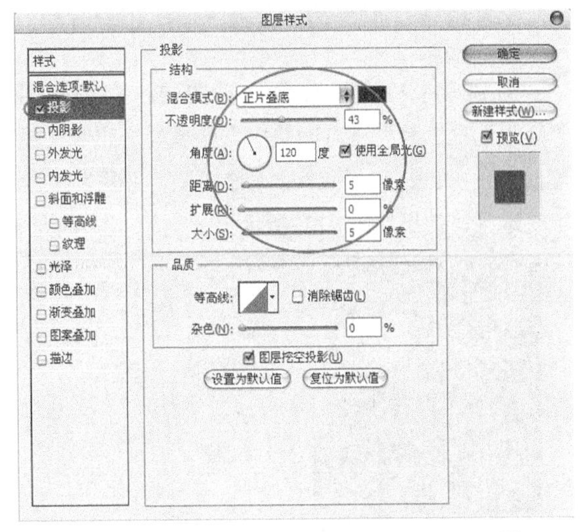

图 3-129

图3-130

05 使用“横排文字工具”输入背面的文字信息（字体样式和大小可根据实际情况而定），效果如图3-131所示。

图3-131

3.3.5 内页制作

01 新建一个“内页背景色”图层，然后使用“矩形选框工具”将右侧的内页区域勾选出来，设置前景色（R:254、G:236、B:210），并用前景色填充选区，效果如图3-132所示。

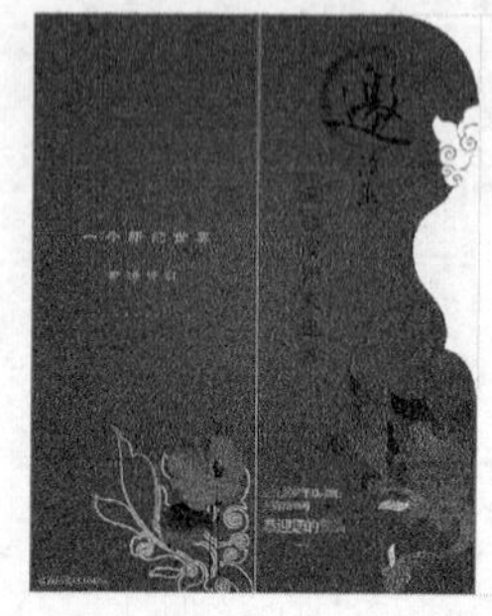

图3-132

02 按住Ctrl键的同时单击“背景色”图层的缩览图，并载入该图层的选区，然后使用“矩形选框工具”将选区拖曳到如图3-133所示的位置，接着选择“内页背景色”图层，并按Shift+Ctrl+I组合键反选选区，最后按Delete键删除选区内的像素，效果如图3-134所示。

图 3-133

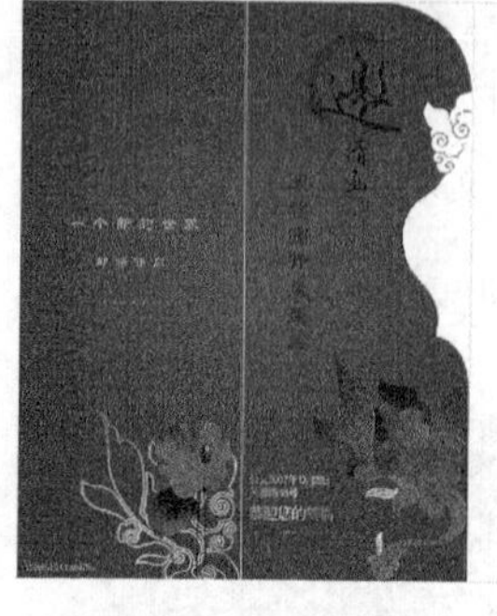

图 3-134

03 确定“内页背景色”图层为当前图层，然后执行“编辑>自由变换”菜单命令，接着在绘图区域中单击鼠标右键，最后在弹出的菜单中选择“水平翻转”命令，效果如图3-135所示。

图 3-135

04 复制一个“花纹副本”图层，然后将其更名为“花纹4”，并将其放置在“内页背景色”图层的上一层，接着载入“花纹4”图层的选区，设置前景色为白色，并用前景色填充选区，最后将其拖曳到如图3-136所示的位置。

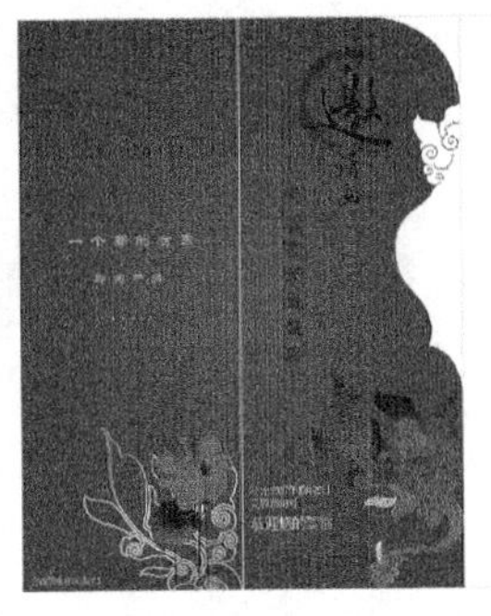

图 3-136

05 载入“内页背景色”图层的选区，然后选择“花纹4”图层，接着按Shift+Ctrl+I组合键反选选区，最后按Delete键删除选区内的像素，效果如图3-137所示。

图 3-137

06 复制出一个“底纹”图层，将其更名为“内页底纹”图层，并将其拖曳到内页区域，然后将该图层放置在“内页背景色”图层的上一图层，接着执行“编辑>自由变换”菜单命令，并在绘图区域中单击鼠标右键，再在弹出的菜单中选择“水平翻转”命令，最后设置该图层的“混合模式”为“叠加”，“不透明度”为50%，效果如图3-138所示。

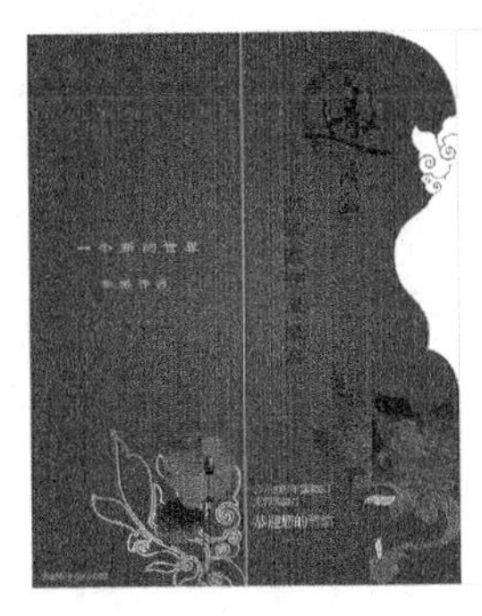

图 3-138

07 载入“背景色”图层的选区，然后选择“内页底纹”图层，接着执行“选择>反向”菜单命令，最后按Delete键删除选区内的像素，效果如图3-139所示。

图 3-139

08 打开本书配套资源中的“素材文件>CH03>课堂案例——邀请函>素材06.psd”文件，然后将其拖曳到当前操作界面中，如图3-140所示，并将新生成的图层更名为“门环”。

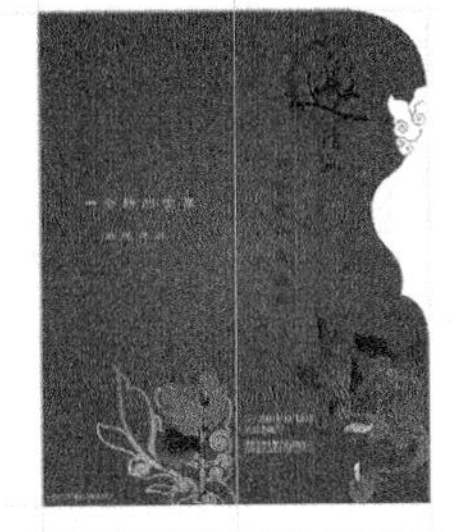

图 3-140

09 确定“门环”图层为当前图层，然后执行“编辑>自由变换”菜单命令，接着按住Shift键的同时将其等比例缩小到如图3-141所示的大小。

图 3-141

10 双击“门环”图层的缩览图，然后在弹出的

“图层样式”对话框中单击“投影”样式，具体参数设置如图3-142所示，效果如图3-143所示。

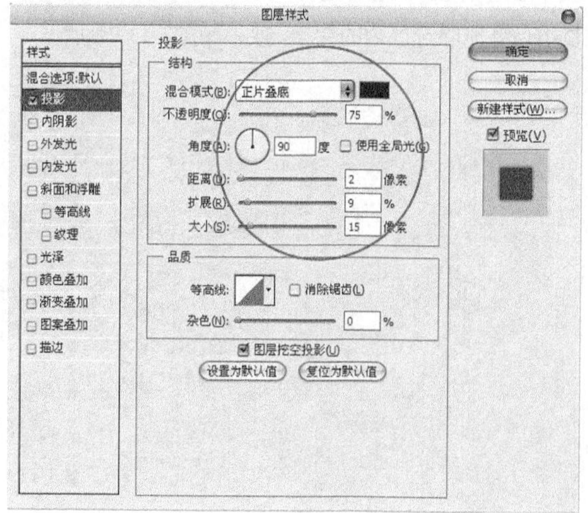

图 3-142

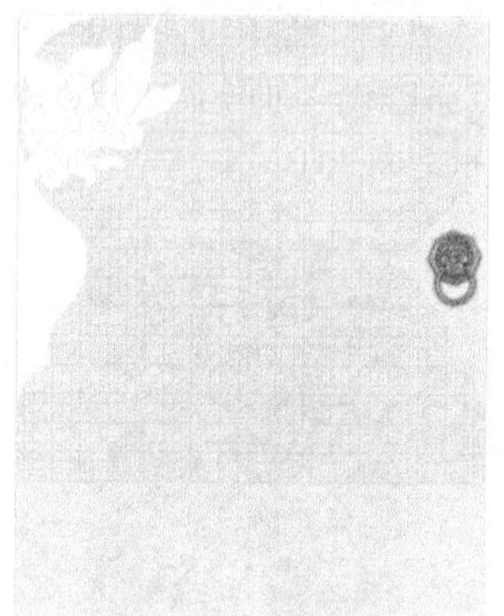

图 3-143

11 复制一个“花纹副本”图层，并将其更名为“花纹5”图层，然后将其放置在“花纹4”图层的下一层，接着设置该图层的“不透明度”为10%，并执行“编辑>自由变换”菜单命令，最后按住Shift键的同时将其等比例缩小到如图3-144所示的大小。

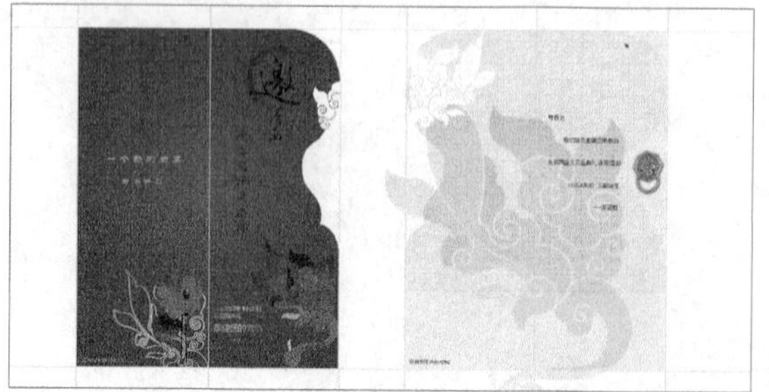

图 3-144

12 载入“内页背景色”图层的选区，然后选择“花纹5”图层，接着执行“选择>反向”菜单命令，最后按Delete键删除选区内的像素，效果如图3-145所示。

图 3-145

13 使用“横排文字工具” T 在绘图区域输入相应的文字信息，效果如图3-146所示。到此，内页就设计完成了，效果如图3-147所示。

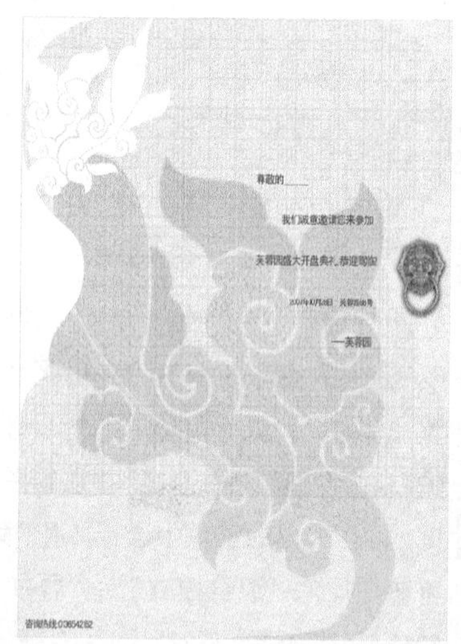

图 3-146

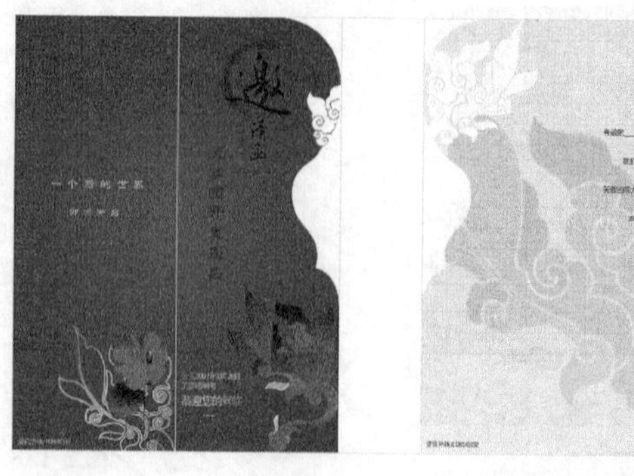

图 3-147

技巧与提示

版面的装饰元素是由文字、图形和色彩等通过点、线、面的组合与排列构成的，采用夸张、比喻和象征的手法来表现视觉效果，这样既美化了版面，又提高了传达信息的功能。不同类型的版面信息，具有不同方式的装饰形式，它不仅起到突出版面信息的作用，而且又能使读者从中获得美的享受。

3.3.6 效果图制作

01 按Ctrl+N组合键，新建一个“邀请函效果图”文件，具体参数设置如图3-148所示。

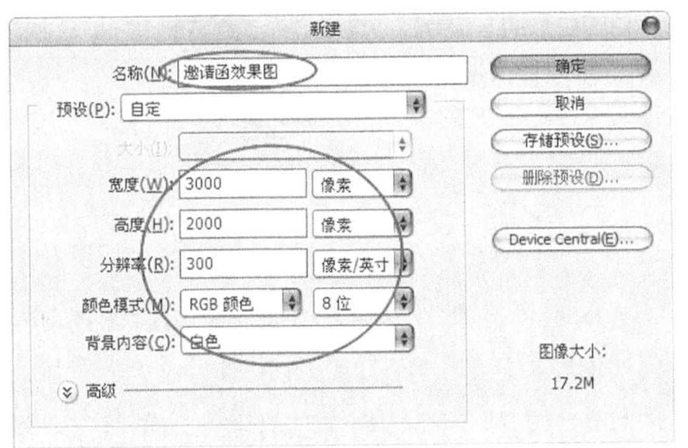

图3-148

02 将邀请函的正面拖曳到当前操作界面中，如图3-149所示，并将新生成的图层更名为“正面”。

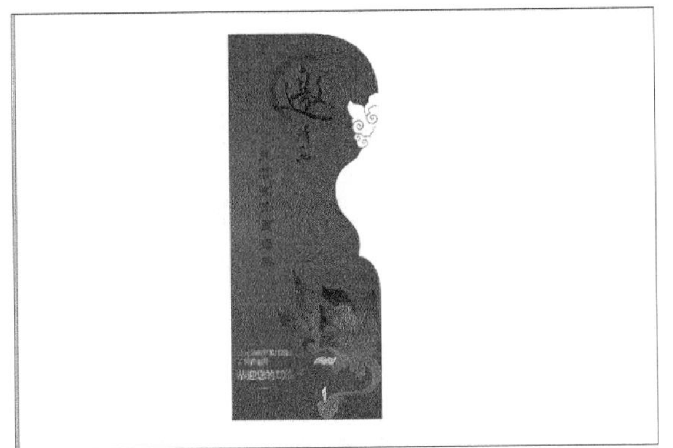

图3-149

03 将邀请函的背面拖曳到当前操作界面中，并将新生成的图层更名为“背面”，然后将其放置在“正面”图层的下一层，效果如图3-150所示，接着将“底面”图层拖曳到如图3-151所示的位置。

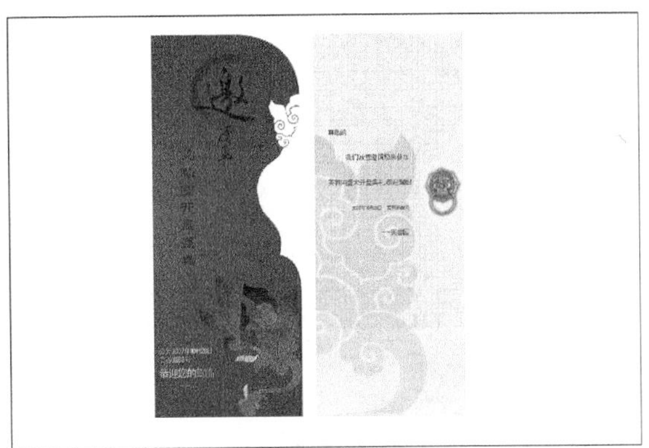

图 3-150

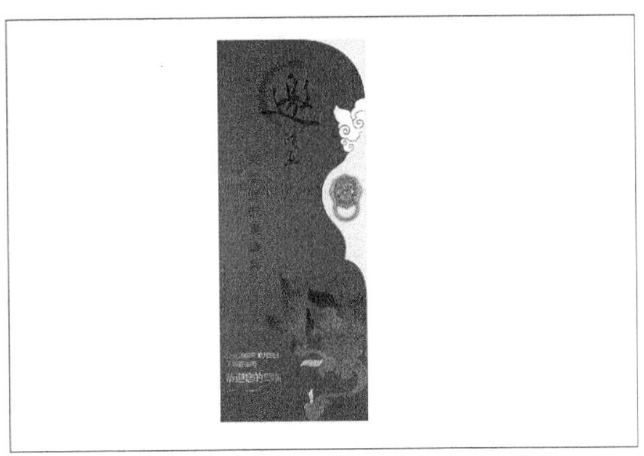

图 3-151

04 双击“正面”图层的缩览图，然后在弹出的“图层样式”对话框中单击“投影”样式，具体参数设置如图3-152所示，接着单击“斜面和浮雕”样式，具体参数设置如图3-153所示，效果如图3-154所示。

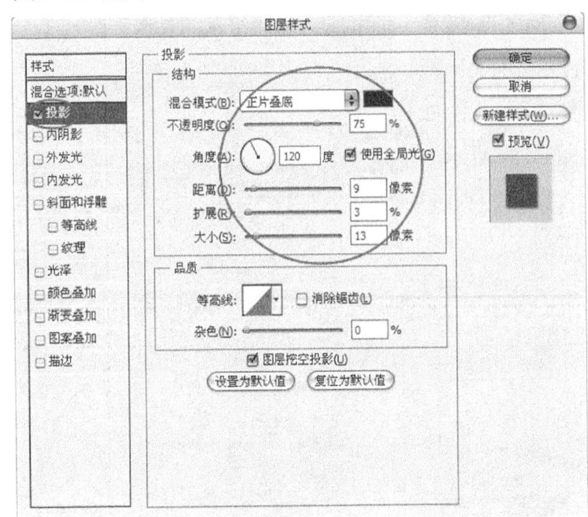

图 3-152

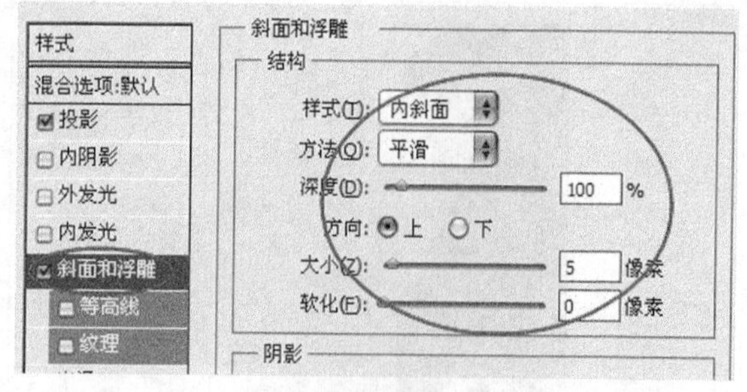

图3-153

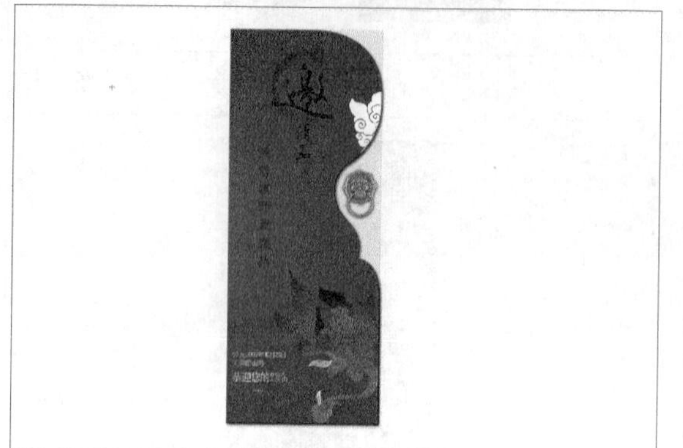

图3-154

技巧与提示

该步骤的主要意图就是加强正面效果的立体感，使其看起来更加真实。

05 双击“背面”图层的缩览图，然后在弹出的“图层样式”对话框中单击“投影”样式，具体参数设置如图3-155所示，接着单击“斜面和浮雕”样式，具体参数设置如图3-156所示，效果如图3-157所示。

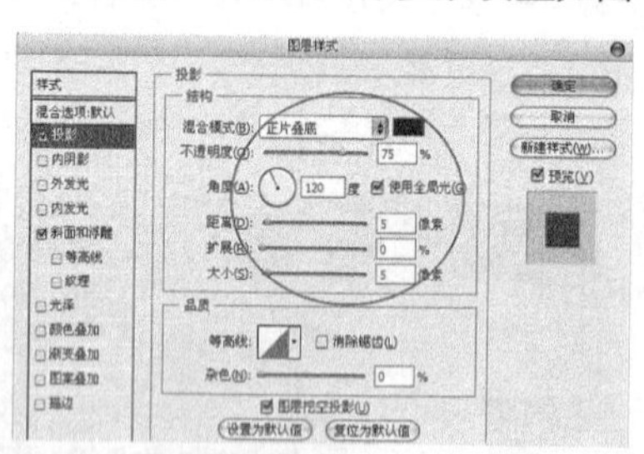

图 3-155

图3-156

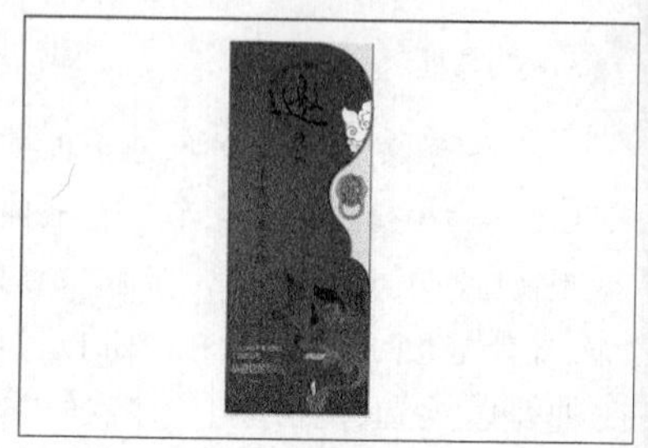

图 3-157

06 确定“背面”图层为当前图层，然后按住Ctrl键的同时单击“正面”图层的缩览图，同时选中“正面”和“背面”两个图层，接着执行“编辑>自由变换”菜单命令，按住Ctrl键的同时向下拖曳左上角的角手柄，效果如图3-158所示。

图 3-158

07 确定“背景”图层为当前层，然后设置前景色（R:57、G:57、B:57），并用前景色填充背景；接着执行“滤镜>渲染>光照效果”菜单命令，最后在弹出的对话框进行如图3-159所示的设置，效果如图3-160所示。

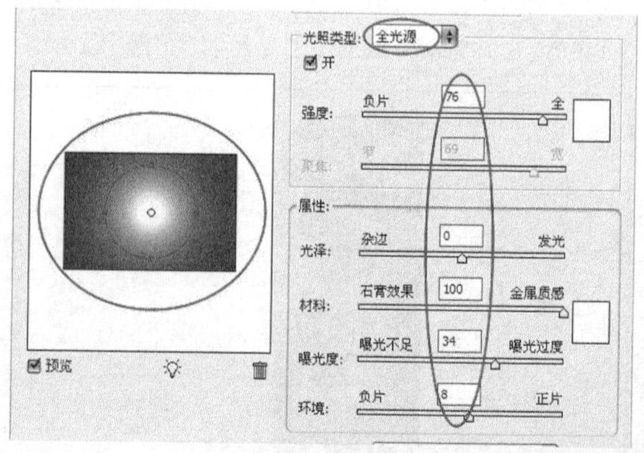

图 3-159

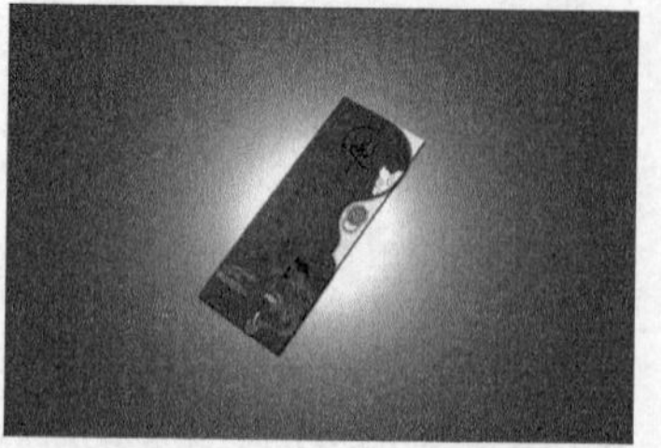

图 3-160

08 按Ctrl+U组合键打开“色相/饱和度”对话框，具体参数设置如图3-161所示，效果如图3-162所示。

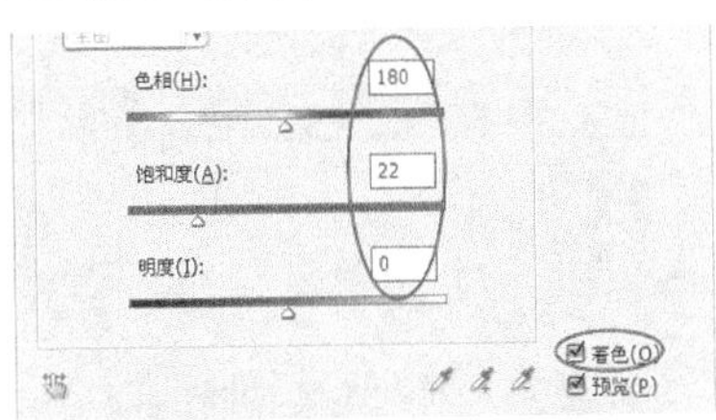

图 3-161

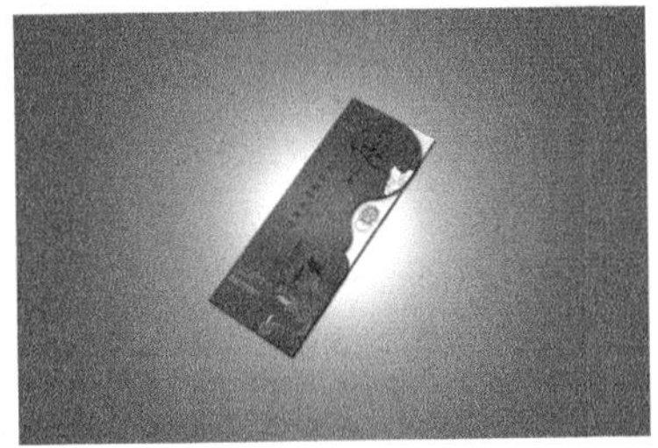

图 3-162

09 单击“工具箱”中的“减淡工具”按钮，并在其属性栏中进行如图3-163所示的设置，然后在“正面”图层和“背面”图层的受光部分进行涂抹，最终效果如图3-164所示。

图 3-163

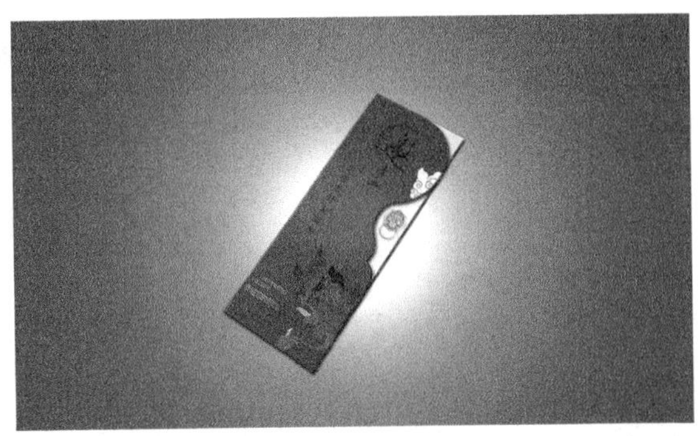

图3-164

3.4 本章小结

通过对本章内容的学习，读者应该掌握Photoshop CS5中经常用于卡片设计的相关工具，应该对各种卡片设计的相关知识、关键步骤和创作思想有一个整体的概念，并熟悉卡片设计的相关流程。

3.5 课后习题

鉴于卡片设计的重要性，本章有针对性地安排了3个卡片设计案例作为课后习题以供练习，用于强化前面所学知识，提升设计能力。

3.5.1 课后习题1——个人名片

习题位置	案例文件>CH03>课后习题1——个人名片.psd
视频位置	多媒体教学>CH03>课后习题1——个人名片.flv
难易指数	★★★☆☆
练习目标	练习“钢笔工具”“渐变工具”“横排文字工具”的用法

本案例是为个人设计的名片，整体给人简洁、大方的感觉。个人名片的最终效果如图3-165所示。

图 3-165

步骤分解如图3-166所示。

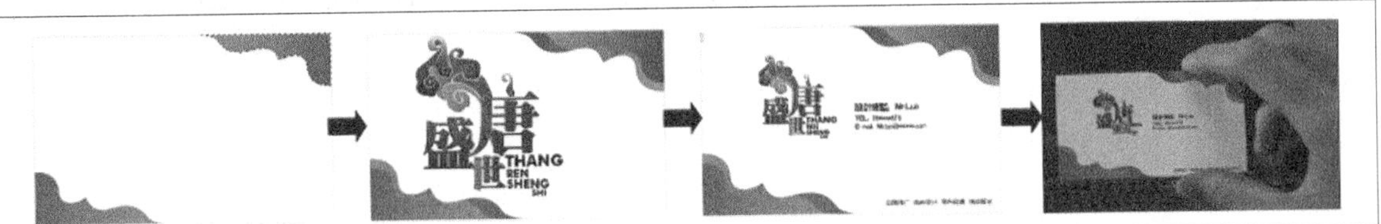

图 3-166

3.5.2 课后习题2——优惠卡

习题位置 案例文件>CH03>课后习题2——优惠卡.psd
视频位置 多媒体教学>CH03>课后习题2——优惠卡.flv
难易指数 ★★★☆☆
练习目标 练习“钢笔工具”“渐变工具”、滤镜“光照效果”的用法

本案例是为“重庆金沙音乐会所”设计的优惠卡，整个卡片以金色为主，以体现金卡的特点。优惠卡最终效果如图3-167所示。

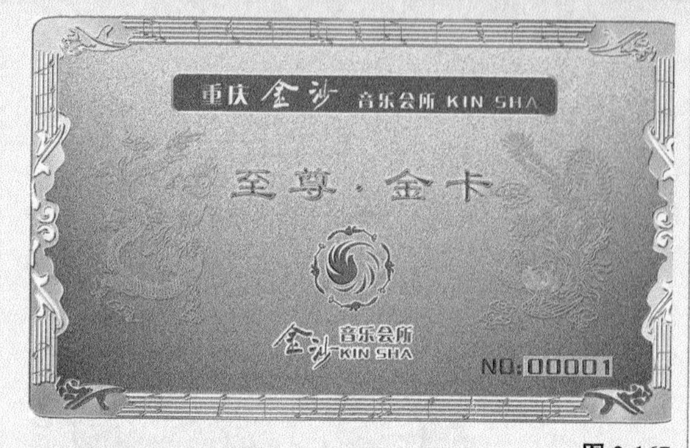

图 3-167

步骤分解如图3-168所示。

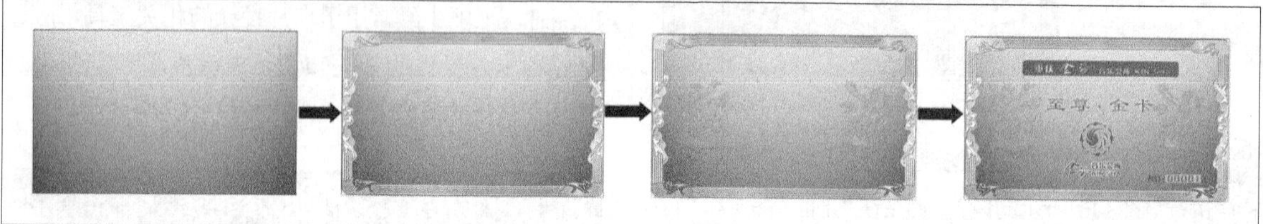

图 3-168

3.5.3 课后习题3——门票

习题位置 案例文件>CH03>课后习题3——门票.psd
视频位置 多媒体教学>CH03>课后习题3——门票.flv
难易指数 ★★★☆☆
练习目标 练习添加不同效果的蒙版技巧运用和使用“画笔工具”描边路径

本案例是为“植物园”设计的门票，在门票的正面选用了植物园最具特色的植物，体现了植物园的优美景色。门票的最终效果如图3-169所示。

图 3-169

步骤分解如图3-170所示。

图 3-170

第4章

DM单的设计与制作

DM是Direct Mail 的缩写，意思是“快讯商品广告”。DM广告主要包括信件、海报 、图表、产品目录、折页、名片、订货单、挂历、明信片、宣传册、折价券、家庭杂志、传单、请柬、销售手册、公司指南、立体卡片和小包装实物等。在设计时，需要考虑两点：一是出血量，即设计尺寸，一般4条边各设置3mm的出血量，如果有特殊要求，可以在整个DM版面向外延伸5mm；二是要突出主题。

课堂学习目标

三折页广告的设计方法

单页广告的设计方法

直邮广告的设计方法

4.1 课堂案例——三折页广告

案例位置	案例文件>CH04>课堂案例——三折页广告.psd
视频位置	多媒体教学>CH04>课堂案例——三折页广告.flv
难易指数	★★☆☆☆
学习目标	学习“钢笔工具”“椭圆工具”的使用

无论是三折页设计还是其他广告设计，背景制作都是很重要的。本案例是一款“月饼”三折页广告，整体颜色采用米黄色，框架采用弧形设计，主要是为了使整个界面更加轻松活跃，同时设计元素简洁突出。三折页广告的最终效果如图4-1所示。

图 4-1

相关知识

三折页的意思是可以折叠三次，这种形式的DM单便于携带。三折页广告的设计需要注意以下6点。

第1点：要体现活动主题、产品宣传主题或服务主题。

第2点：注意活动广告语的设计。

第3点：注意主图的设计要与产品相符合。

第4点：注意Logo的摆放位置。

第5点：合理安排活动内容、产品介绍和服务介绍等。

第6点：联系方式是必不可少的项目。

核心步骤

① 使用“钢笔工具”绘制出三折页的整体轮廓，并利用颜色渐变定位整体颜色基调。

② 利用“椭圆工具”绘制出月饼背景高光部分的轮廓，再通过多次羽化达到最佳效果。

③ 添加右页的文字内容，再将导入的矢量图转换为位图，完成右页设计。

④ 复制图案，添加企业Logo和企业信息，完成中页设计。

⑤ 排列左页文字，然后添加图案，完成左页设计。

4.1.1 绘制轮廓

01 启动Photoshop CS5，执行“文件>新建”菜单命令或按Ctrl+N组合键新建一个文件，具体参数设置为“宽度”23.7cm、“高度”17cm、“分辨率”300像素/英寸、“颜色模式”RGB颜色，如图4-2所示。

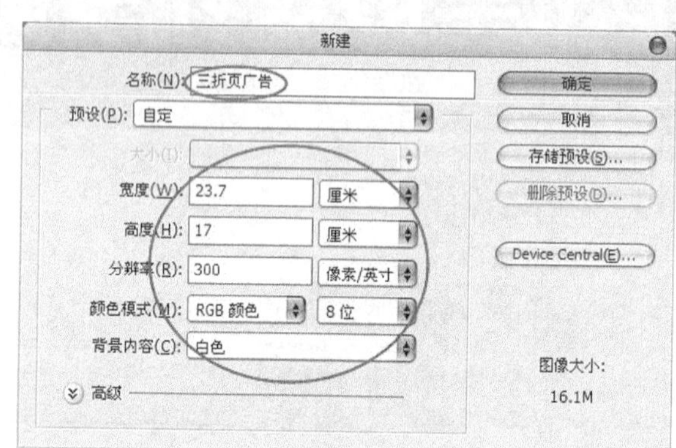

图 4-2

知识点

设置为RGB模式是为了更好地使用Photoshop中RGB模式下的一些功能。在CMYK模式下有些功能是受到限制的，在印刷之前再将其调整为CMYK模式。另外在设置“宽度”和“高度”的时候，没有加上出血量的尺寸，主要是因为不同的纸张、设计类型和印刷机有不同的出血量尺寸，但是总的来说，一般是3mm~5mm之间。

02 执行“视图>新建参考线”菜单命令，然后在弹出的“新建参考线”对话框中，设置“位置”为7.7cm，接着重复执行该命令，设置“位置”为15.7cm，效果如图4-3所示。

图 4-3

技巧与提示

参考线可以准确地将整个界面分成3部分，其中最左边是三折页的内翻页，所以尺寸要比中间和右边的尺寸要稍微小一些。左边的宽度为7.7cm，中间（封底）和右边（封面）两个宽度都是8cm。

03 单击“工具箱”中的“钢笔工具”按钮，并单击属性栏中的“路径”按钮，然后在图形操作绘图区域中绘制一个如图4-4所示的路径。

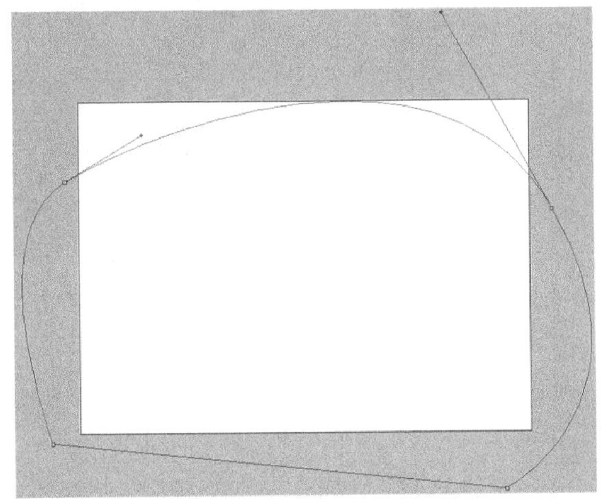

图 4-4

04 单击“工具箱”中的“前景色”，设置颜色（R:160、G:160、B:160），然后单击“图层”面板下方的“创建新图层”按钮，创建一个新的图层“图层1”，接着切换到“路径”控制面板，并单击该面板“用前景色填充选区”按钮，最后按Delete键删除路径，效果如图4-5所示。

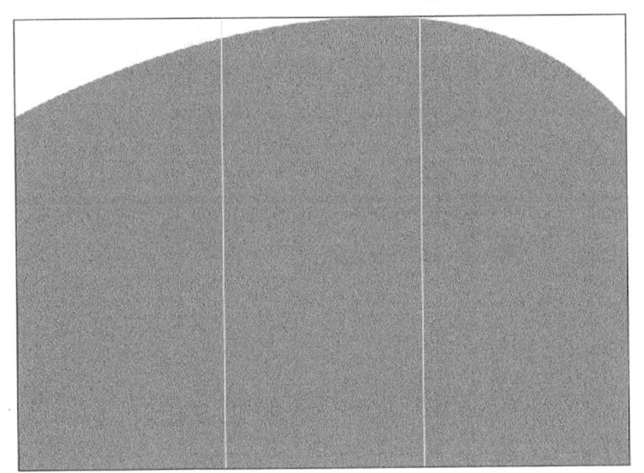

图 4-5

05 选中“背景图层”，单击“工具箱”中的“前景色”，并设置颜色为黑色（为了增强显示效果），然后按Alt+Delete组合键，用前景色填充背景图层，效果如图4-6所示。

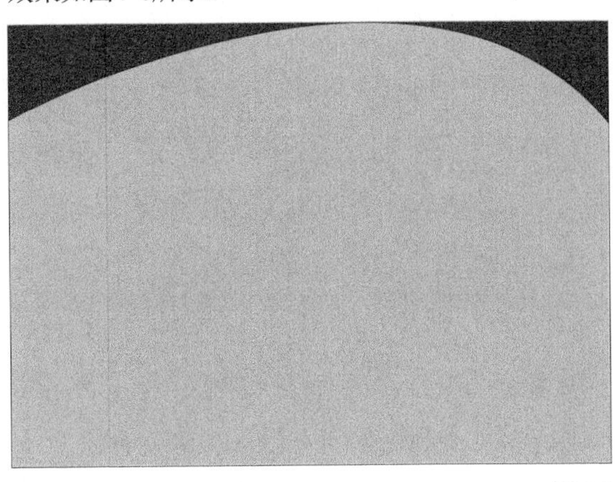

图 4-6

4.1.2 绘制页面效果

01 新建一个图层“图层2”，单击“工具箱”中的“矩形选框工具”按钮，然后以界面的左上角为起点，以第一条参考线的下端点为终点拉出一个矩形选框，效果如图4-7所示。

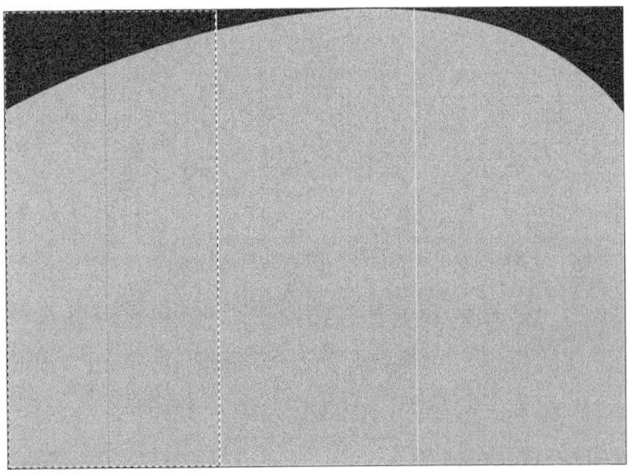

图 4-7

02 分别单击“工具箱”中的“前景色”和“背景色”，设置颜色（R: 255、G:253、B:214和R: 160、G:159、B:135）；然后单击“工具箱”中的“渐变工具”按钮，接着单击属性栏左边的“编辑渐变框”按钮，选择“前景到背景”渐变；最后按住Shift键的同时在矩形选区内从左边缘到右边缘水平拉出渐变，效果如图4-8所示。

图 4-8

03 按住Ctrl键的同时单击“图层1”缩略图，载入图层选区，并确定“图层2”为当前图层；然后按Ctrl+Shift+I组合键反选选区，接着按Delete键删除选区内的图像；最后按Ctrl+D组合键取消选区，效果如图4-9所示。

图 4-9

04 创建一个新图层“图层3”，单击“工具箱”中的“矩形选框工具”按钮，然后在两条参考线之间拉出一个矩形选区，接着按Alt+Delete组合键用前景色填充选区，效果如图4-10所示。

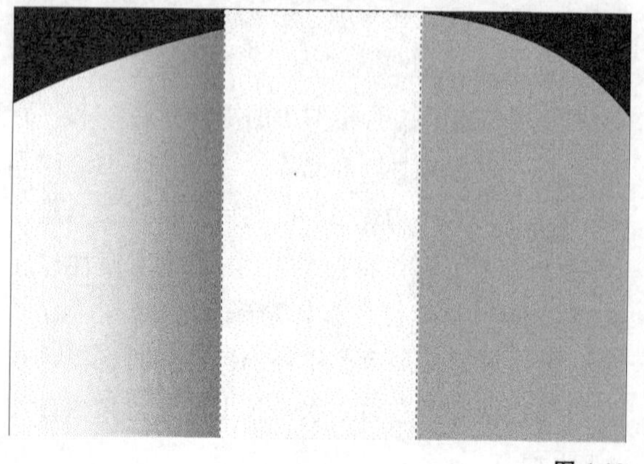

图 4-10

05 按住Ctrl键的同时单击“图层1”缩略图，并载入图层选区，确定“图层3”为当前图层；然后按Ctrl+Shift+I组合键反选选区，接着按Delete键删除选区内的图像；最后按Ctrl+D组合键取消选区效果，如图4-11所示。

图 4-11

06 创建一个新图层“图层4”，单击“工具箱”中的“矩形选框工具”按钮，并以第2条参考线的上端点为起点，操作界面的右下角为终点拉出一个矩形选区；然后单击“工具箱”中的“渐变工具”按钮，同样使用“前景到背景”的渐变方式，并按住Shift键的同时从矩形选区的右边缘往左边缘水平拉出一个渐变，效果如图4-12所示。

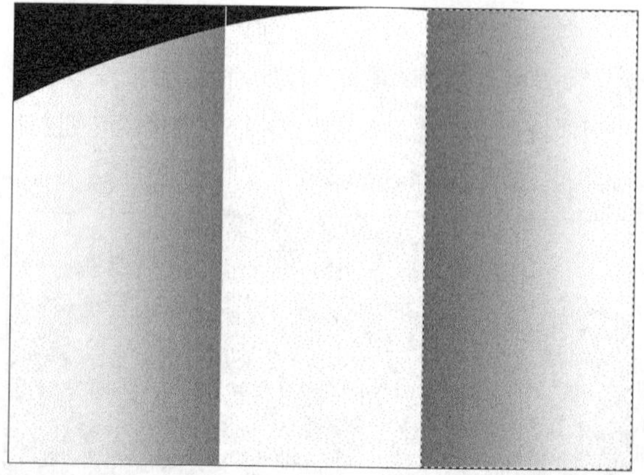

图 4-12

07 按住Ctrl键的同时单击“图层1”缩略图，载入图层选区，并确定“图层4”为当前图层；然后按Ctrl+Shift+I组合键反选选区，接着按Delete键删除选区内的图像；最后按Ctrl+D组合键取消选区，效果如图4-13所示。

图 4-13

4.1.3 绘制中间页和右页背景

01 创建一个新图层“图层5”，然后单击“工具箱”中的“钢笔工具”按钮，接着单击属性栏中的“路径”按钮，并在图形操作界面上绘制一个如图4-14所示的路径。

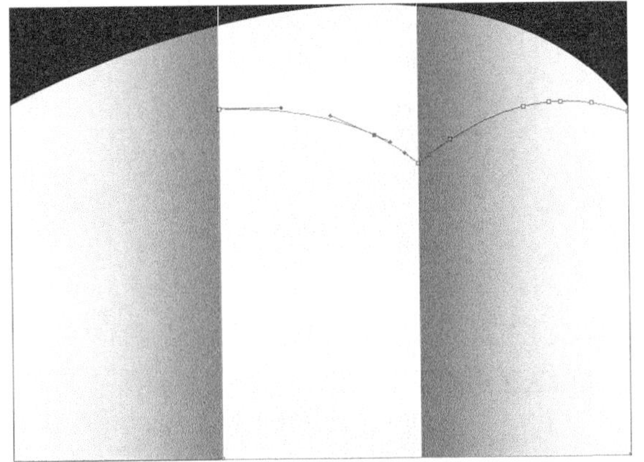

图 4-14

02 分别单击“工具箱”中的“前景色”和“背景色”，设置颜色（R: 219、G:197、B:109和R: 255、G:253、B:214）；然后打开“路径”控制面板，按住Ctrl键的同时单击路径缩略图，将路径转换为选区，接着单击“工具箱”中的“渐变工具”按钮，并单击属性栏左边的“编辑渐变框”按钮，选择“前景到背景”渐变，按住Shift键的同时在选区内从上到下垂直拉出渐变，最后按Ctrl+D组合键取消选区，效果如图4-15所示。

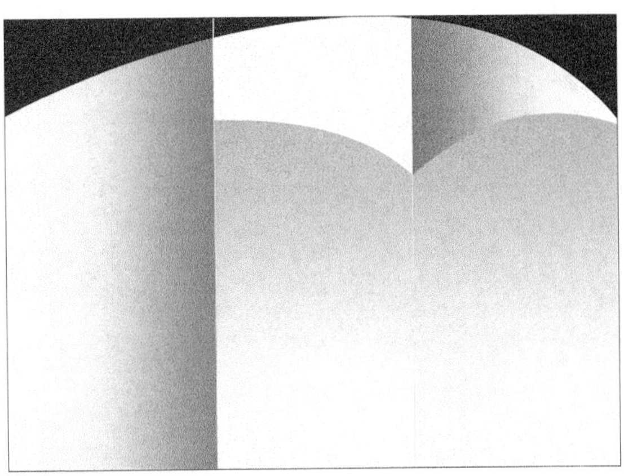

图 4-15

03 单击“图层5”，并将其拖曳到“图层”面板下方的“创建新图层”按钮上，此时系统会自动生成新的图层“图层5 副本”；接着载入“图层4”的选区，确定“图层5 副本”为当前图层，并按Ctrl+Shift+I组合键反选选区；最后按Delete键删除选区内的图像，并调出“图层5 副本”的选区，效果如图4-16所示。

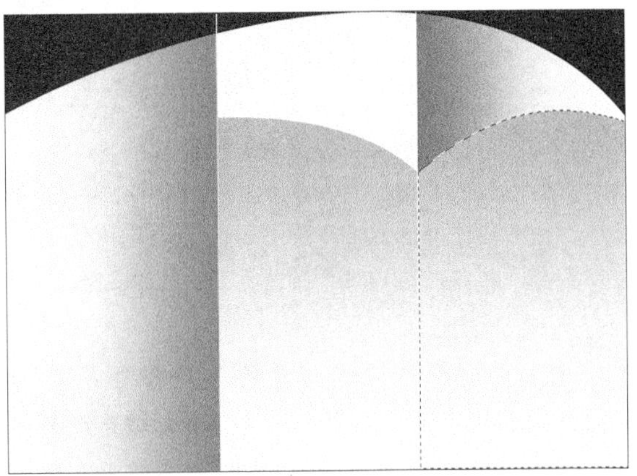

图 4-16

04 分别单击“工具箱”中的“前景色”和“背景色”，设置颜色（R: 219、G:197、B:109和R: 255、G:253、B:214）；然后单击“工具箱”中的“渐变工具”按钮，并单击属性栏左边的“编辑渐变框”按钮，接着选择“前景到背景”渐变，并按住Shift键的同时在选区内从左到右水平拉出渐变，最后设置“图层5 副本”的“混合模式”为“正片叠底”，效果如图4-17所示。

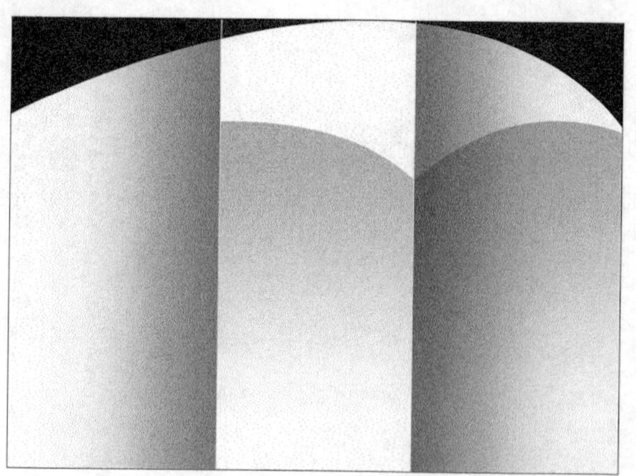

图 4-17

4.1.4 绘制月饼

01 创建一个新图层，并将其名称更改为“亮光效果1”，单击“工具箱”中的“椭圆选框工具”按钮，按住Shift+Alt组合键，然后在绘图区域中拉出一个如图4-18所示的圆形选区。

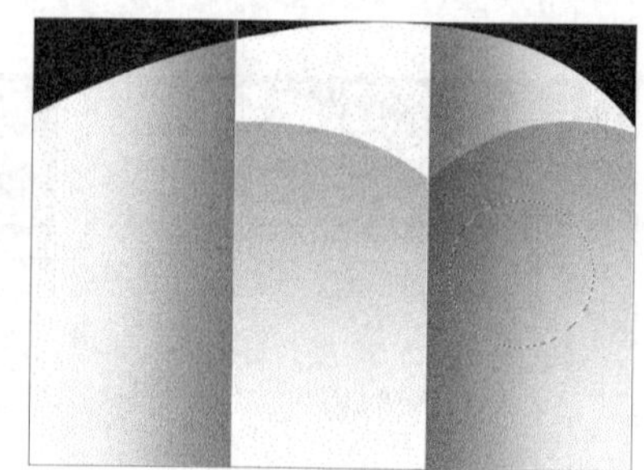

图 4-18

02 按D键还原默认的前景色和背景色，再按Ctrl+Delete组合键，用背景色（白色）填充选区，然后设置该图层“亮光效果1”的“不透明度”为8%，效果如图4-19所示。

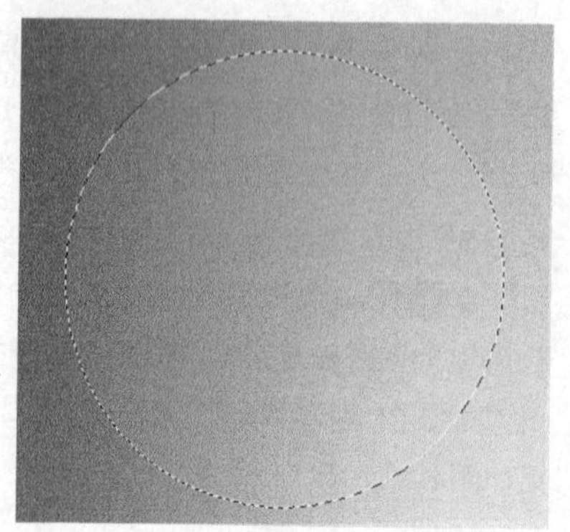

图 4-19

03 保持选区被选中的状态，创建一个新图层“亮光效果2”，然后按Ctrl+Delete组合键用背景色（白色）填充选区，效果如图4-20所示。

图 4-20

04 执行“选择>变换选区”菜单命令，将选区进行如图4-21所示的调整。

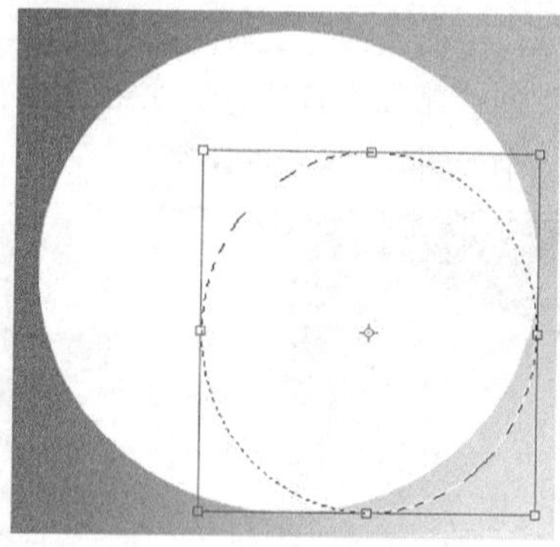

图 4-21

05 变形完毕后，按Enter键应用操作，再按Delete键删除选区中的图像，效果如图4-22所示。

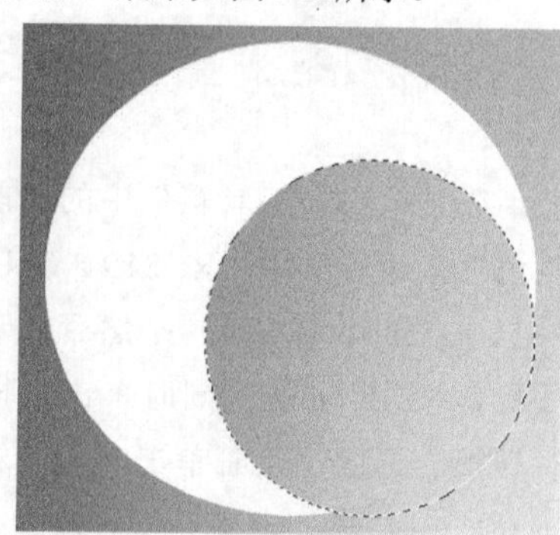

图 4-22

06 执行“选择>修改>羽化”菜单命令或者按Shift+F6组合键打开“羽化选区”对话框，设置“羽化半径”为100像素，效果如图4-23所示；然后连续按7次Delete键，效果如图4-24所示。

图 4-23

图 4-24

07 执行“滤镜>模糊>高斯模糊”菜单命令，打开“高斯模糊”设置对话框，设置“半径”为6像素，效果如图4-25所示。

图 4-25

08 打开本书配套资源中的“素材文件>CH04>课堂案例——三折页广告>素材01.jpg”文件，然后将“红色图腾”拖曳到当前文件中，此时系统会自动生成新的图层，并将其更名为“图腾”，先按Ctrl+T组合键，再按住Shift键将图形等比例缩放到和亮光背景一样大小，效果如图4-26所示；最后设置该图层的“不透明度”为15%，效果如图4-27所示。

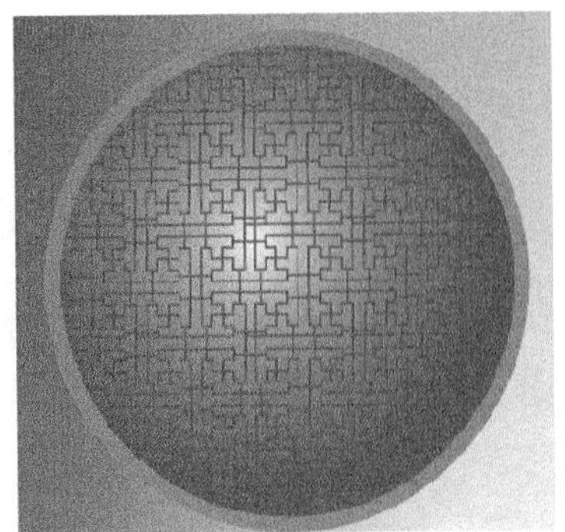

图 4-26

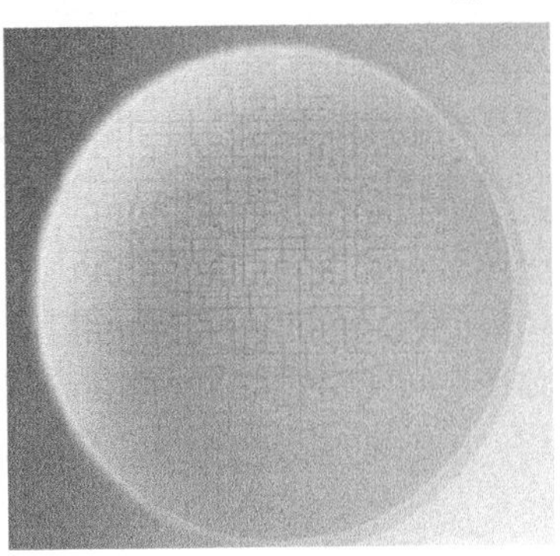

图 4-27

技巧与提示

“红色图腾”是用CorelDRAW绘制成的，也可以在Photoshop中先用“钢笔工具”绘制出一组基本线条；然后移动复制出整个背景线条，用一个红色渐变制作遮罩；最后用“光照效果”滤镜制作高光。

09 按住Alt键并拖曳图腾，即可复制出一个新的图腾，此时系统会自动生成一个新图层“图腾副本”，设置该图层的“不透明度”为100%，然后按Ctrl+T组合键，再按住Shift键将图形等比例缩小，效果如图4-28所示；再复制一个新图腾，效果如图4-29所示。

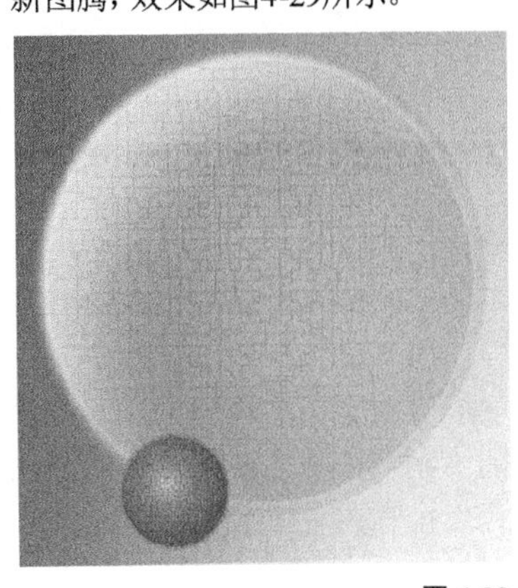

图 4-28

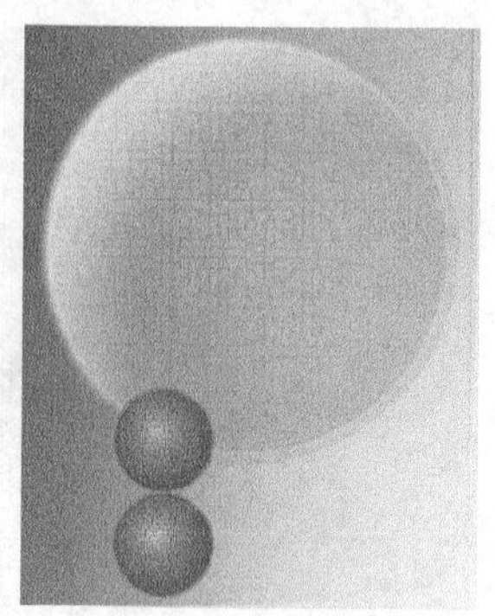

图 4-29

10 打开本书配套资源中的“素材文件>CH04>课堂案例——三折页广告>素材02.psd”文件，然后将“月饼”拖曳到当前文件中，此时系统会自动生成一个新图层，并将其更名为“月饼”，先按Ctrl+T组合键，再按住Shift键将图形等比例缩小到如图4-30所示的尺寸；然后设置该图层的“不透明度”为45%，效果如图4-31所示；再将图层“月饼”拖曳到图层“红色图腾副本”的下面一层。

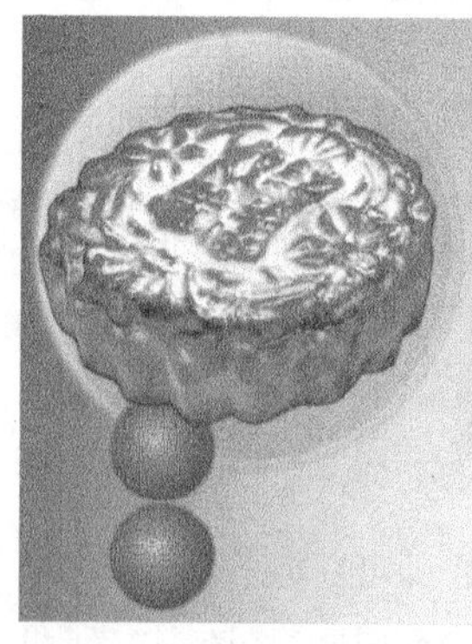

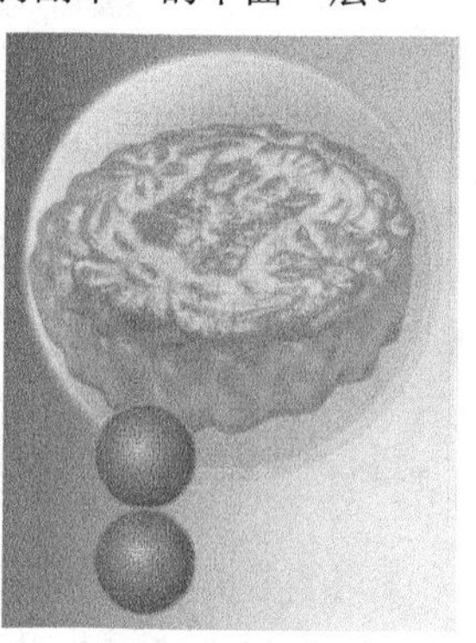

图 4-30　　图 4-31

技巧与提示

“月饼”是用3ds Max 绘制的，由此可见一个好的设计作品往往需要几款软件来绘制不同的部分，很多初级用户可能还没有掌握多门软件的应用，但是多准备一些素材，同样也可以做出优秀的设计作品。

4.1.5 绘制特效字体

01 创建一个新图层“月”，单击“工具箱”中的“钢笔工具”按钮，再单击属性栏中的“路径”按钮，在绘图区域中绘制一个如图4-32所示的路径。

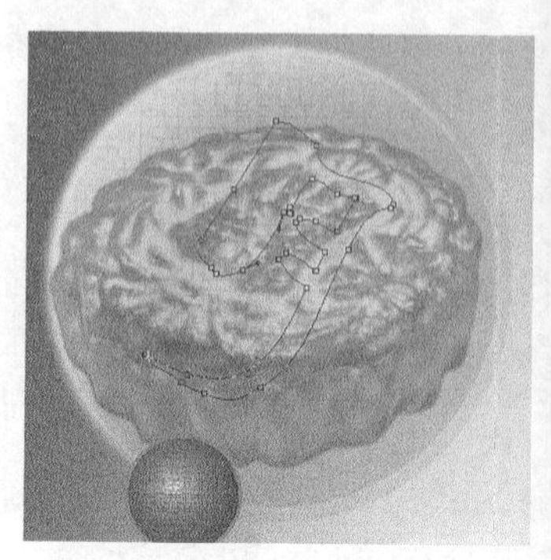

图 4-32

技巧与提示

“钢笔工具”是一个比较难掌握的工具，但是这又是一个绘制图形必用的工具，只有多加练习，掌握其使用技巧后，才能运用自如。

02 设置前景色（R:251、G:143、B:0），切换到“路径”面板，然后单击该面板下面的“用前景色填充路径”按钮，再按Delete键删除路径，效果如图4-33所示。

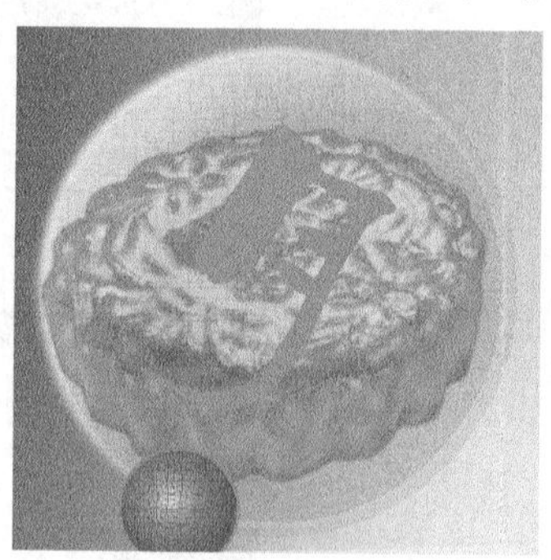

图 4-33

03 单击“图层”面板下面的“添加图层样式”按钮 fx，在弹出的菜单中选择“外发光”命令，打开“图层样式”对话框，具体参数设置如图4-34所示；设置完毕后单击“确定”按钮，效果如图4-35所示。

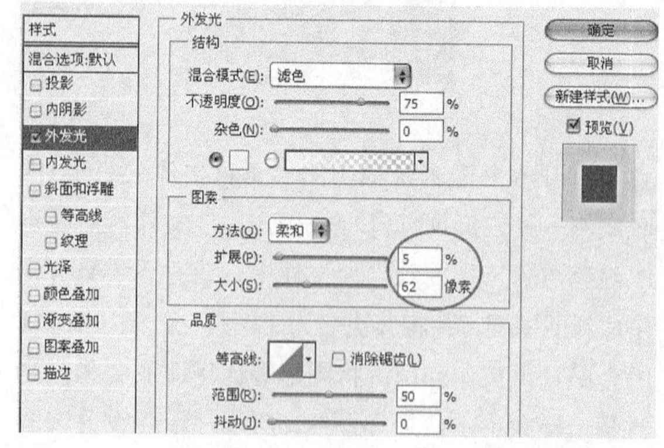

图 4-34

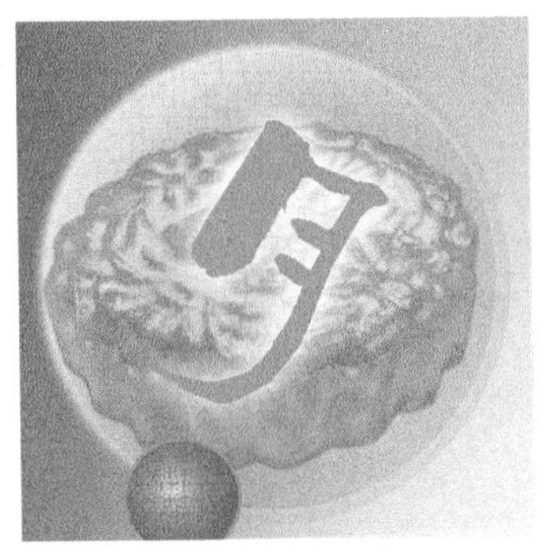

图 4-35

04 按D键还原默认的前景色和背景色，单击“工具箱”中的“横排文字工具”按钮，在属性栏中设置文字的具体参数，如图4-36所示；设置完毕后，在操作绘图区域中的适当位置输入文字“韵”，效果如图4-37所示。

图 4-36

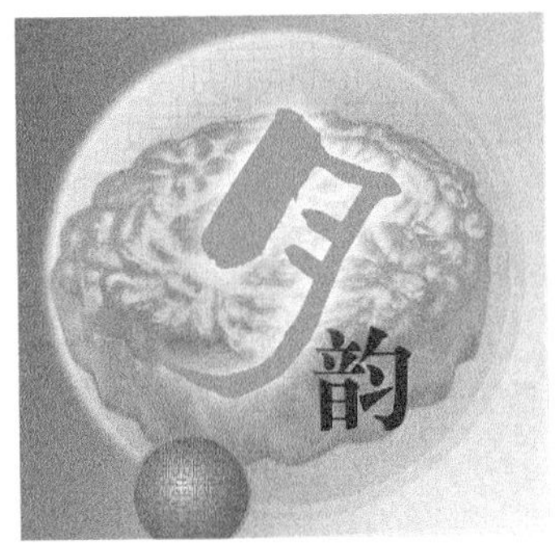

图 4-37

05 单击“横排文字工具”按钮，在属性栏中选择字体为“方正粗倩简体”，设置文本大小为25点，选择消除锯齿的方式为“锐利”，然后在操作绘图区域中输入文字“月”，效果如图4-38所示；使用同样的方法输入文字“饼”，效果如图4-39所示。

图 4-38

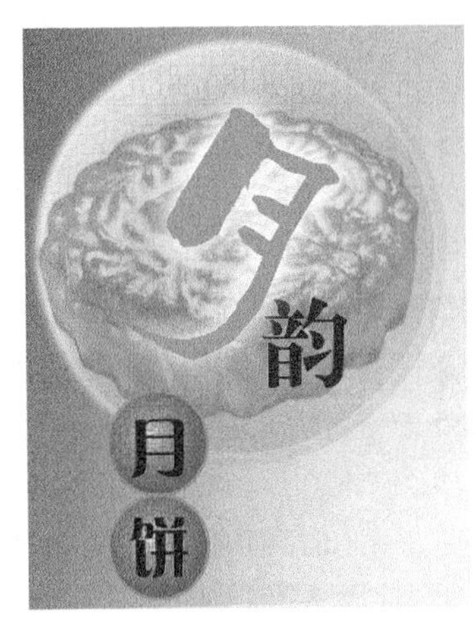

图 4-39

06 按Ctrl+G组合键组合“亮光”“图腾”“月韵”和“月饼”图层；然后单击“工具箱”中的“横排文字工具”按钮，在属性栏中单击“更改文本方向”按钮，这样输入的文字就是竖排形式了，再单击“切换字符和段落面板”按钮，在弹出的对话框中设置字体，如图4-40所示。

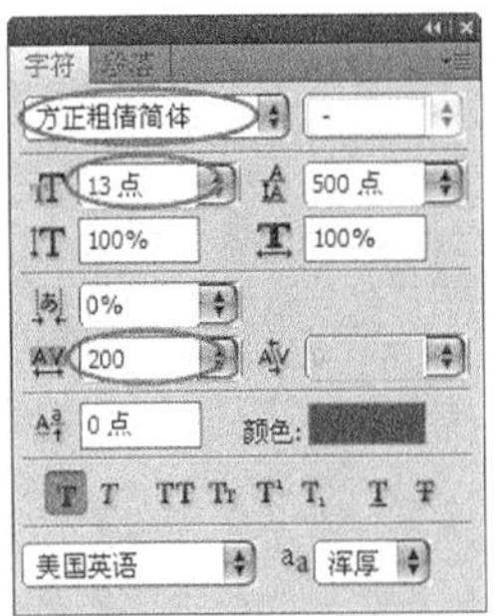

图 4-40

07 在图形操作界面的相应位置输入文字“【月是故乡明 饼是月韵亲】”，效果如图4-41所示。

图 4-41

4.1.6 绘制荷花

01 打开本书配套资源中的“素材文件>CH04>课堂案例——三折页广告>素材03.psd”文件，将其拖曳到当前文件中，此时系统会自动生成一个新的图层，并将其更名为“荷花”。先按Ctrl+T组合键，再按住Shift键将图形等比例缩小到如图4-42所示的大小，然后在该图层缩略图右侧的空白区域单击鼠标右键，并在弹出的菜单中选择“栅格化图层”命令。

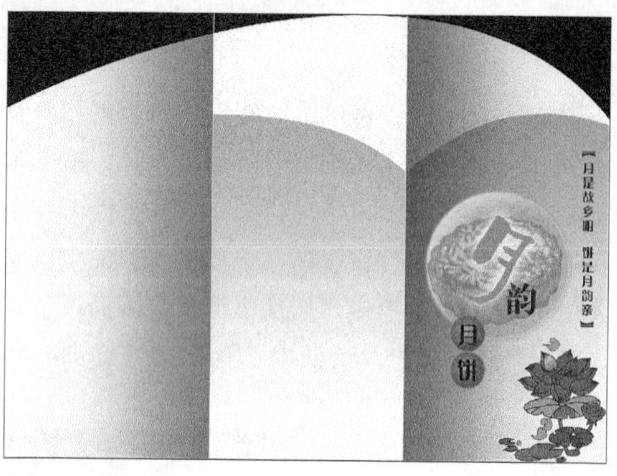

图 4-42

技巧与提示

“荷花”是用Adobe Illustrator CS绘制的矢量图，制作完毕后，选中所有图形，按Ctrl+C组合键复制；然后在Photoshop中，新建一个文件，这个文件的大小就是在Illustrator中复制的图形大小，按Ctrl+V组合键粘贴到图形操作绘图区域中，图形会变成“智能矢量图形”，这样就可以任意将其放大缩小，且图形边缘不会出现锯齿，对图形进行“栅格化”处理是因为要更改图像的颜色，所以必须把矢量图变成位图。

02 执行“图像>调整>色相/饱和度”菜单命令或者按Ctrl+U组合键打开“色相/饱和度”设置对话框，具体参数设置如图4-43所示；效果如图4-44所示。

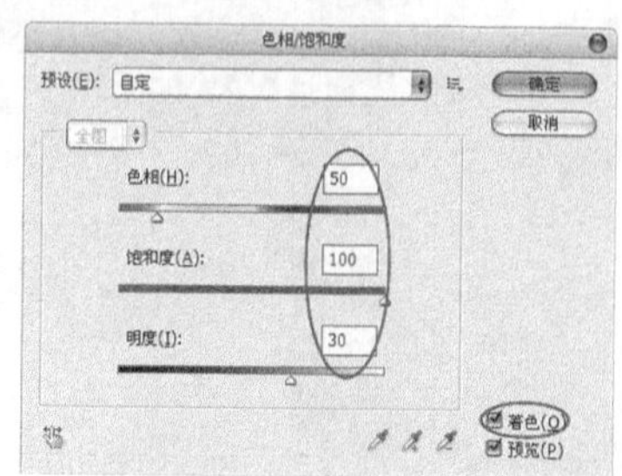

图 4-43

图 4-44

知识点

按Ctrl+U组合键可以重新调整“色相/饱和度”；按Ctrl+Alt+U组合键可以继续使用之前设置的“色相/饱和度”参数。

03 将“荷花”图层缩略图拖曳到图层组“组1”的缩略图上，即将图层“荷花”归入“组1”中；将“组1”复制，得到一个新的图层组“组1 副本”，先按Ctrl+T组合键，再按住Shift键等比例缩小图像，效果如图4-45所示。

图 4-45

4.1.7 制作Logo

01 打开本书配套资源中的“素材文件>CH04>课堂案例——三折页广告>素材04.psd”文件，然后将其拖曳到当前文件中，此时系统会自动生成一个新的图层，并将其更名为“Logo”，再按Ctrl+T组合键将图形等比例缩小到如图4-46所示的大小。

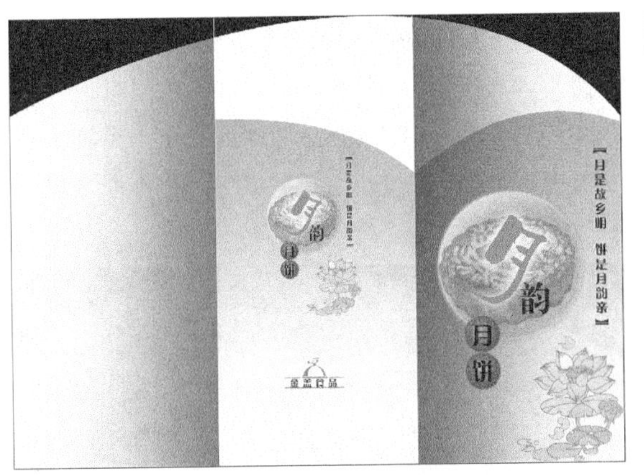

图 4-46

02 在Logo下面输入公司信息，效果如图4-47所示。

图 4-47

4.1.8 绘制左页效果

01 单击“工具箱”中的“横排文字工具”按钮，在属性栏中单击“更改文本方向”按钮，再单击“切换字符和段落面板”按钮，在弹出的对话框中设置具体参数，如图4-48所示；然后在左页中输入相应的文字，效果如图4-49所示。

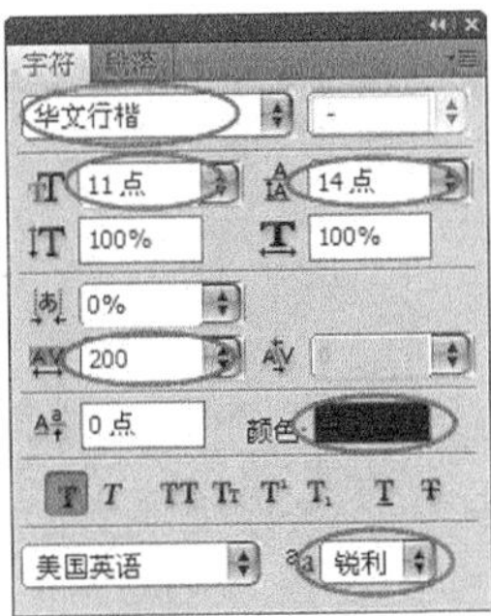

图 4-48

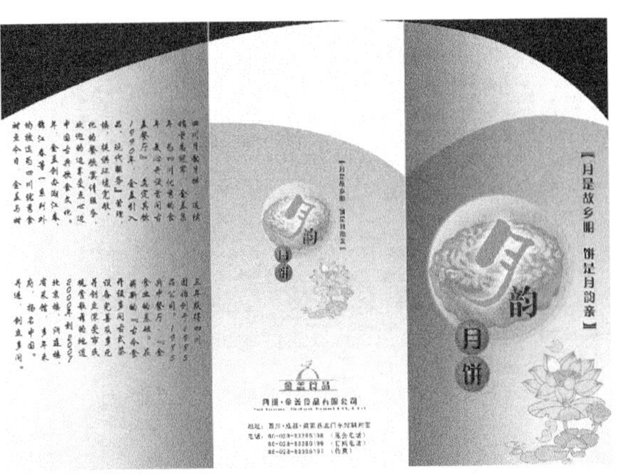

图 4-49

知识点

无论是广告设计还是网页设计，文字排列都是一个很重要的环节，文字排列的协调与否直接影响整个界面的美观。由于标点符号的使用，许多地方会出现不能对齐的现象，如说文字结尾处，按照正常的输入是肯定不会对齐的，选中部分文字或者空格部分，按Alt+方向键组合键，就可以对文字进行微调。

02 单击“图层”面板下面的“添加图层样式”按钮，选择“外发光”命令，在弹出的“图层样式”对话框设置“外发光”的具体参数，如图4-50所示。

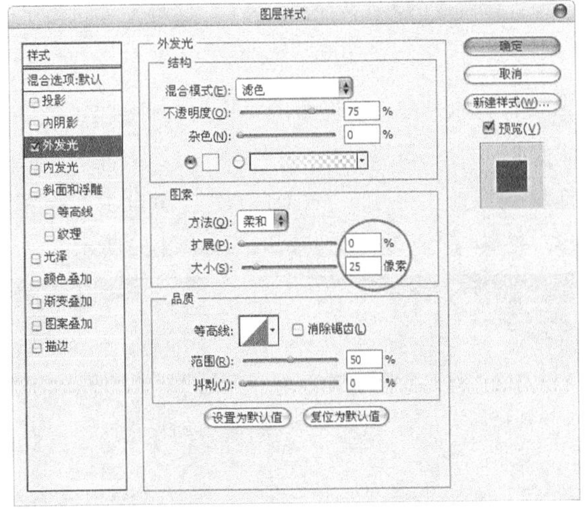

图 4-50

03 执行“内发光”命令，在“图层样式”对话框中设置“内发光”的具体参数，如图4-51所示。

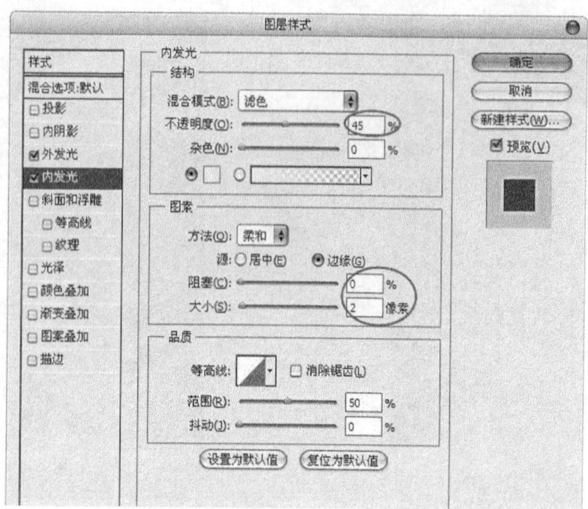

图 4-51

04 设置完毕后，单击“确定”按钮，效果如图4-52所示。

图 4-52

05 打开本书配套资源中的“素材文件>CH04>课堂案例——三折页广告>素材04.psd”文件，将其拖曳到当前文件中，按Ctrl+T组合键自由变换图形，使其与上下文字对齐，效果如图4-53所示。

图 4-53

06 按住Ctrl键的同时在“图层”面板中单击“月”“韵”和“月饼”的图层名，同时选中这些图层，然后按住Alt键并移动复制出一个副本到左页中，再按Ctrl+T组合键将其等比例缩小，如图4-54所示。

图 4-54

07 确定图层“荷花”为当前图层，然后按住Alt键并一定复制出一个副本到左页中，再按Ctrl+T组合键将其等比例缩小，这样就完成了三折页“月饼”广告的设计，最终效果如图4-55所示。

图 4-55

4.2 课堂案例——单页广告

案例位置　案例文件>CH04>课堂案例——单页广告.psd
视频位置　多媒体教学>CH04>课堂案例——单页广告.flv
难易指数　★★★☆☆
学习目标　学习"钢笔工具""羽化"功能的使用以及怎样使用文字工具添加文字

本案例是为城市宣传设计的单页广告，整个基调为土黄色，符合城市宣传的主题，同时搭配鲜花素材显得大方喜庆，特别是在整个构图中，时尚美女处于最显眼的位置，恰到好处地体现了这座城市的时尚与活力，最终效果如图4-56所示。

图 4-56

相关知识

单页广告是一种成本较低的推销方式，适用于中小企业的宣传。单页广告的设计需主要掌握以下5点。

第1点：设计单页广告时要透彻了解商品，熟知消费者的心理习性和规律。

第2点：设计思路要新颖，印刷要精致美观，以吸引更多人的眼球。

第3点：单页广告的设计形式是无规则的，可根据具体情况灵活掌握。

第4点：单页广告设计要充分考虑其折叠方式、尺寸大小和实际重量。

第5点：单页广告设计强调多选择与所传递信息有强烈关联的图案，以刺激人们的记忆。

核心步骤

① 使用"钢笔工具"、复制和自由变换功能制作花纹。

② 利用选区和自由变换功能制作横条。

③ 利用外部笔刷添加背景花纹。

④ 利用"钢笔工具"和"羽化"功能处理人物素材。

⑤ 使用"横排文字工具"和"直排文字工具"添加文字信息。

4.2.1 制作花纹

01 启动Photoshop CS5，按Ctrl+N组合键新建一个"单页广告"文件，具体参数设置为"宽度"2953像素、"高度"4961像素、"分辨率"300像素/英寸、"颜色模式"RGB颜色，如图4-57所示。

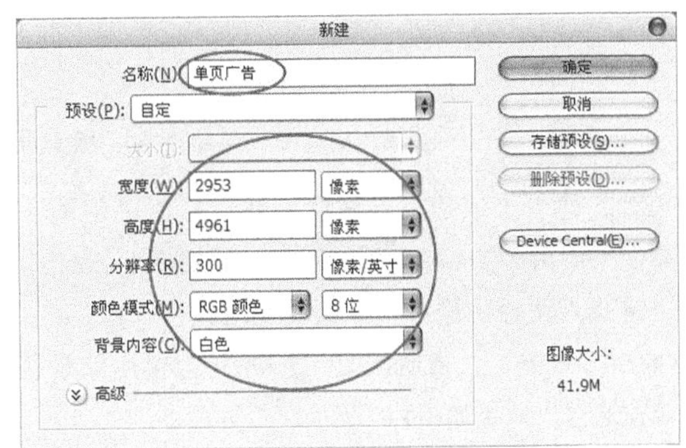

图 4-57

02 打开本书配套资源中的"素材文件>CH04>课堂案例——单页广告>素材01.jpg"文件，然后将其拖曳到当前操作界面中的合适位置，如图4-58所示，并将新生成的图层更名为"底色"。

图 4-58

03 执行“编辑>自由变换”菜单命令，然后按住Shift+Alt组合键的同时将其等比例缩小到如图4-59所示的大小，再按Ctrl+J组合键复制出一个“底色副本”图层。

图 4-59

04 新建一个“边框”图层，然后使用“钢笔工具”绘制出如图4-60所示的路径，并按Ctrl+Enter组合键载入路径的选区，接着设置前景色（R:190、G:160、B:95），最后按Alt+Delete组合键用前景色填充选区，效果如图4-61所示。

图 4-60

图 4-61

技巧与提示

若图形的外位置摆放不合理，可使用“多边形套索工具”勾选出如图4-62（左）所示的选区，然后使用“移动工具”将选区内的像素放置到合适的区域即可，如图4-62（右）和图4-63所示。

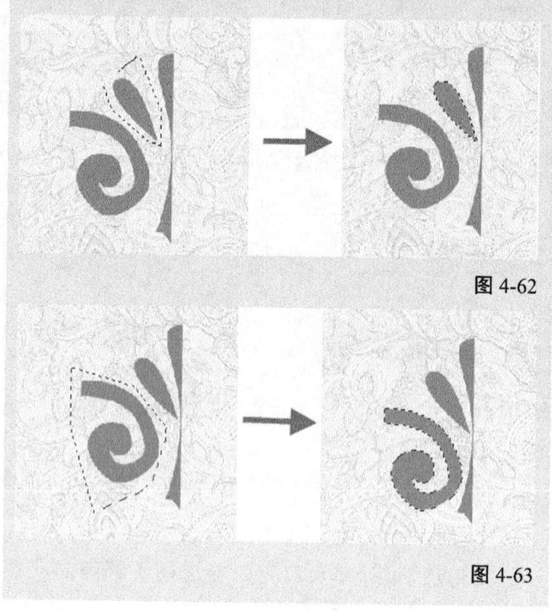

图 4-62

图 4-63

05 确定“边框”图层为当前层，按Ctrl+J组合键复制出一个“边框副本”图层，然后按Ctrl+T组合键进入自由变换状态，在绘图区域中单击鼠标右键，并在弹出的菜单中选择“水平翻转”命令，再将其拖曳到如图4-64所示的位置。

图 4-64

06 选择“边框”图层，然后按住Ctrl键的同时单击“边框副本”图层缩览图右侧的空白区域，这样就同时选择了这两个图层，再按Ctrl+E组合键将其合并为“边框”图层，最后将其进行如图4-65所示的调整。

图 4-65

07 确定“边框”图层为当前层，然后复制出3个副本图层，分别将其命名为“边框2”“边框3”和“边框4”图层，然后将其放置在如图4-66所示的位置。

图 4-66

4.2.2 制作横条

01 新建一个“横条”图层，使用“矩形选框工具”绘制一个大小合适的矩形选区，然后按住Shift键的同时再绘制一个如图4-67所示的选区，然后设置前景色（R:190、G:160、B:95），接着按Alt+Delete组合键用前景色填充选区，效果如图4-68所示。

图 4-67　　图 4-68

知识点

选区的编辑方法主要包括以下内容。

① 新选区

该选项是选择工具的默认选项，在该状态下，可以创建一个新的选区，若在同一图像中创建第二个选区，则第一个选区将被第二个选区所替代，如图4-69所示。

图 4-69

② 添加到选区

如果当前文件中已存在选区，单击该按钮可进入“添加到选区”工作模式，也就是在原有选区的基础上添加当前所创建的新选区，从而得到两个或两个以上的选区的集合，如图4-70所示。

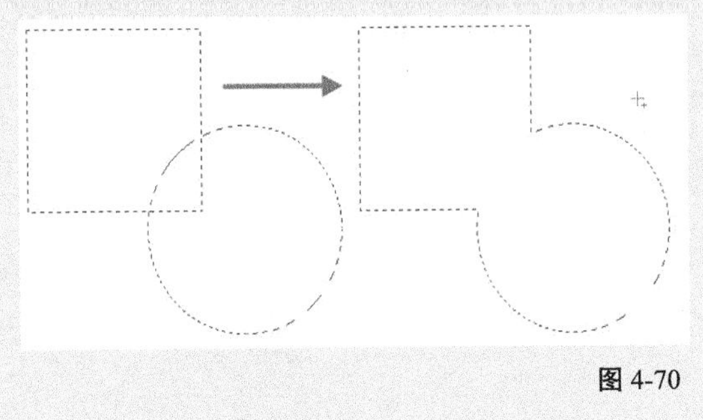

图 4-70

③ 从选区减去

如果当前文件中已存在选区，单击该按钮可进入“从选区减去”工作模式，也就是在原有选区的基础上减去当前所创建的新选区，从而得到选区的差集，如图4-71所示。

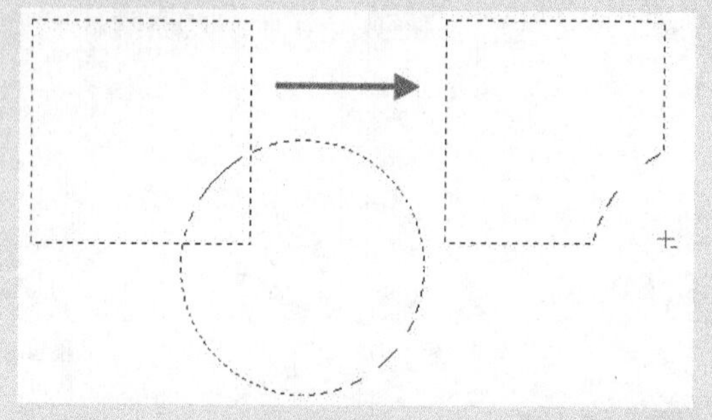

图 4-71

④ 与选区交叉

如果当前文件中已存在选区，单击该按钮可以进入“与选区交叉”工作模式，也就是在原有选区的基础上只保留两个选区相交的部分，从而得到两个或两个以上的选区的交集，如图4-72所示。

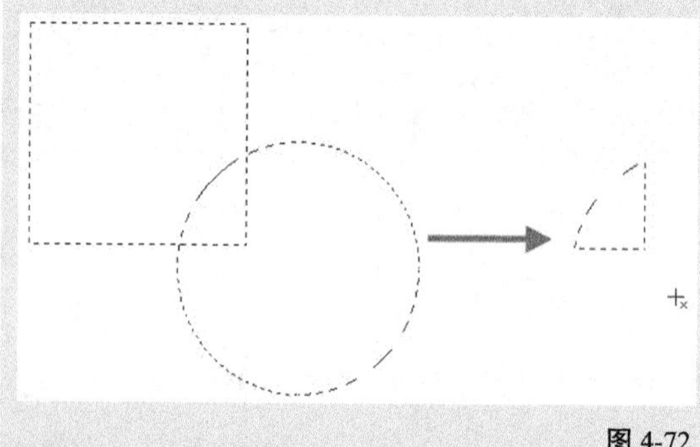

图 4-72

02 确定“横条”图层为当前层，复制出一个副本图层，并将其更名为“横条2”，执行“编辑>自由变换”菜单命令；然后在绘图区域中单击鼠标右键，接着在弹出的菜单中选择“水平翻转”命令；最后将其拖曳到如图4-73所示的位置。

图 4-73

03 确定“横条”图层为当前层，复制出一个副本图层，并将其更名为“横条3”，再按Ctrl+T组合键进入自由变换状态，然后在绘图区域中单击鼠标右键，并在弹出的菜单中选择“顺时针旋转90度”命令，最后按Shift键的同时将其等比例放大到如图4-74所示的大小。

图 4-74

04 使用“矩形选框工具”将横条与花纹交叉的地方框选出来，然后按Delete键删除多余的像素，效果如图4-75所示，再采用相同的方法制作出右边的横条效果，如图4-76所示。

图 4-75　　图 4-76

05 同时选择“边框”“边框2”“边框3”“边框4”“横条”“横条2”“横条3”和“横条4”图层，然后按Ctrl+E组合键将其合并为“花纹边框”图层，再将其进行如图4-77所示的调整。

图 4-77

06 使用“矩形选框工具”绘制一个如图4-78所示的选区，然后使用“移动工具”将选区内的像素拖曳到如图4-79所示的位置。

图 4-78　　图 4-79

07 使用“矩形选框工具”绘制一个如图4-80所示的选区，然后按Ctrl+T组合键进入自由变换状态，接着按住Shift键的同时向右拖曳边手柄到如图4-81所示的位置。

图 4-80

图 4-81

技巧与提示

在变换选区内的图形时，必须保证当前工具为“选择工具”，否则变换的将是选区，而并非选区内的像素。

08 使用“矩形选框工具”绘制一个如图4-82所示的选区，然后使用“移动工具”将选区内的像素拖曳到如图4-83所示的位置。

图 4-82　　图 4-83

09 使用“矩形选框工具”绘制一个如图4-84所示的选区，然后按Ctrl+T组合键进入自由变换状态，接着按住Shift键的同时向下拖曳边手柄到如图4-85所示的位置。

图 4-84

图 4-85

4.2.3 添加背景花纹

01 单击“工具箱”中的“画笔工具”按钮，并在属性栏上单击“画笔”预设；然后单击面板右侧的三角形按钮，接着在弹出的菜单中选择“载入画笔”命令，如图4-86所示，这时系统会弹出“载入”对话框；最后打开本书配套资源中的“素材文件>CH04>课堂案例——单页广告>素材02.abr”文件，这样就将外部的画笔载入到Photoshop中了，如图4-87所示。

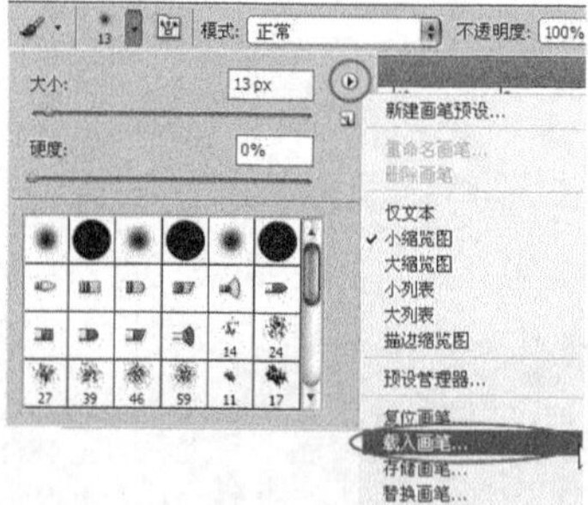

图 4-86

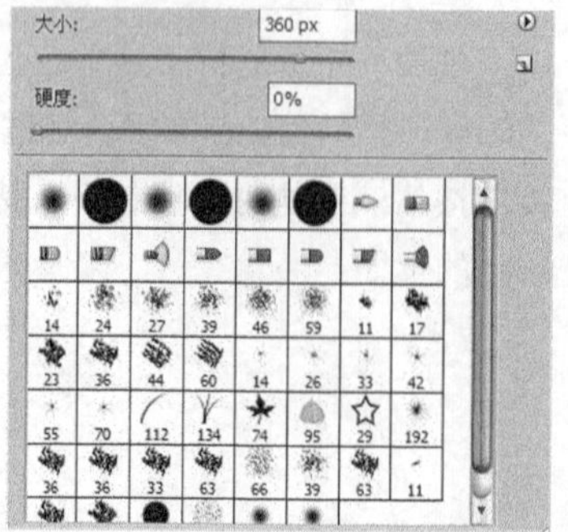

图 4-87

02 打开本书配套资源中的“素材文件>CH04>课堂案例——单页广告>素材03.jpg”文件，如图4-88所示；然后将其拖曳到当前操作界面中如图4-89所示的位置，接着将新生成的图层更名为“背景图”。

图 4-88

图 4-89

03 确定“背景图”图层为当前层，并单击“工具箱”中的“橡皮擦工具”按钮，然后在属性栏中进行如图4-90所示的设置，接着在图像的边缘细致涂抹，完成后的效果如图4-91所示。

图 4-90

图 4-91

04 保持对“橡皮擦工具”的选择，并在属性栏中进行如图4-92所示的设置；然后在如图4-93所示的位置单击鼠标左键，效果如图4-94所示。

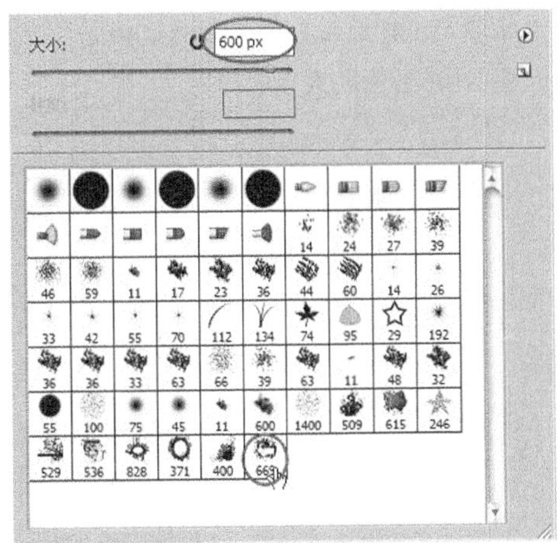

图 4-92

图 4-93　　图 4-94

05 保持对“橡皮擦工具”的选择，并在属性栏中进行如图4-95所示的设置；然后在左侧的边缘处单击鼠标左键，绘制出花纹效果，如图4-96所示。

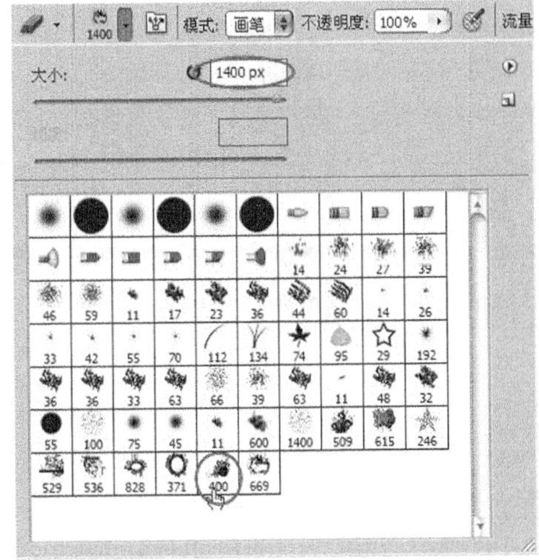

图 4-95

图 4-96

技巧与提示

花纹笔刷效果已经制作出来了，这里是利用了“橡皮擦工具”与笔刷结合的方式来制作花纹，当然还可以通过调整“橡皮擦工具”的透明度来实现一些若隐若现的效果。

06 保持对“橡皮擦工具”的选择，并在属性栏中进行如图4-97所示的设置；然后在右侧的中间位置单击鼠标左键，绘制出花纹效果，如图4-98所示。

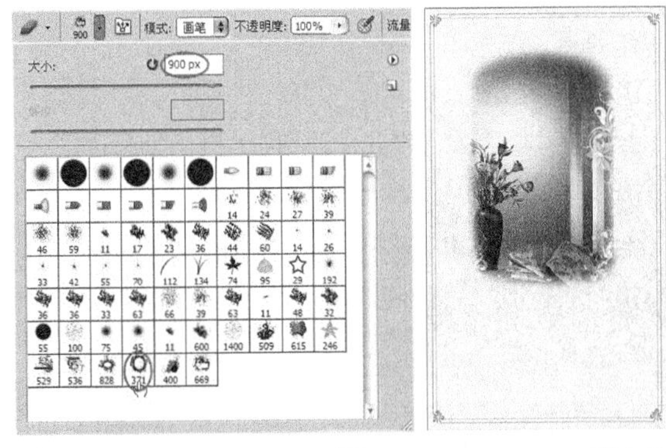

图 4-97　　图 4-98

技巧与提示

这几个步骤都是利用橡皮擦中的笔刷来对图像边缘进行处理，当然也不能随便选择一个笔刷在任意处涂抹，要观察哪个地方需要处理，再利用笔刷进行点缀，这样才能使画面更加漂亮。

07 保持对“橡皮擦工具”的选择，并在属性栏中进行如图4-99所示的设置；然后在左上部单击鼠标左键，绘制出花纹效果，如图4-100所示。

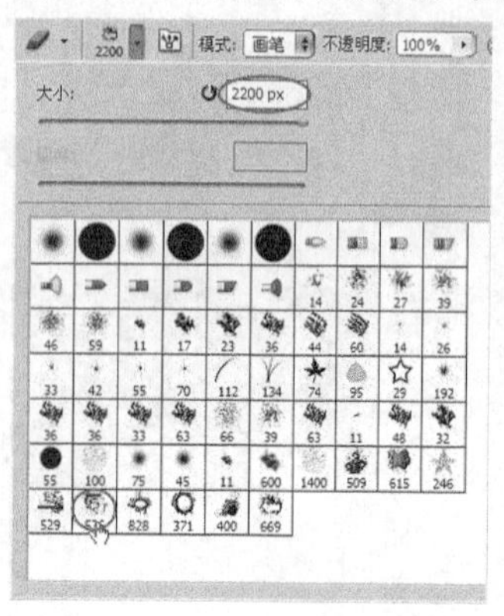

图 4-99　　图 4-100

08 使用“橡皮擦工具”，并在属性栏中进行如图4-101所示的设置；然后在中上部单击鼠标左键，绘制出花纹效果，如图4-102所示。

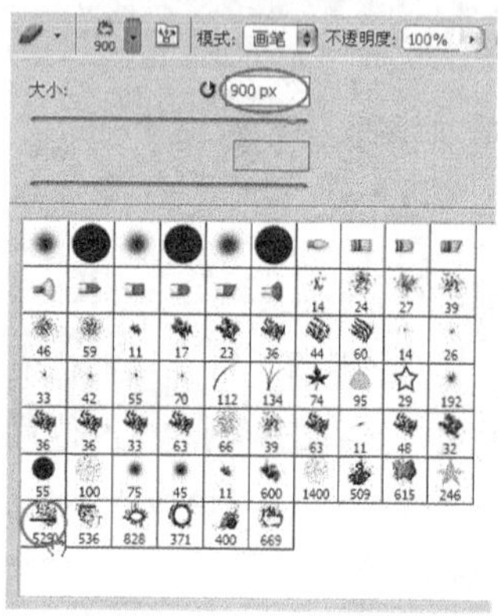

图 4-101　　图 4-102

09 保持对“橡皮擦工具”的选择，并在属性栏中进行如图4-103所示的设置；然后在右上部单击鼠标左键，绘制出花纹效果，如图4-104所示。

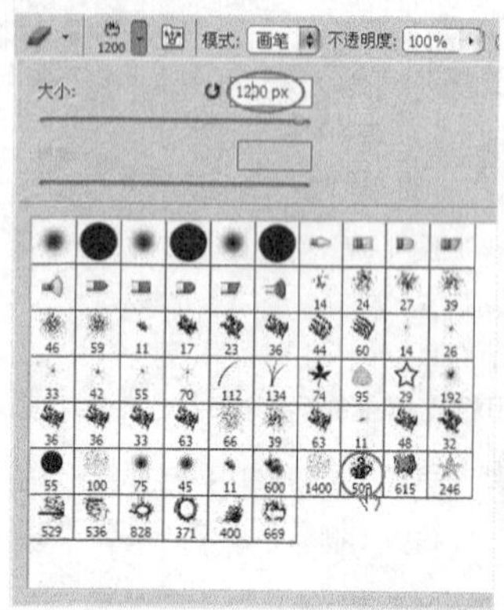

图 4-103　　图 4-104

10 采用相同的方法绘制出其他的花纹效果，如图4-105所示，然后选择“背景图”图层，执行“编辑>自由变换”菜单命令，将其等比例放大到如图4-106所示的大小。

图 4-105　　图 4-106

技巧与提示

在调整画面时，要随时调整“橡皮擦工具”的“不透明度”参数，这样可以使整个背景画面更有层次感。

4.2.4 添加人物

01 打开本书配套资源中的“素材文件>CH04>课堂案例——单页广告>素材04.jpg”文件，如图4-107所示；然后将其拖曳到当前操作界面中如图4-108所示的位置，接着将新生成的图层更名为“人物”。

图 4-107　　图 4-108

02 使用“钢笔工具”将人物及阴影区域勾选出来；然后按Ctrl+Enter组合键载入该路径的选区，如图4-109所示，接着按Ctrl+Shift+I组合键反选选区，并按Delete键删除选区内的像素，效果如图4-110所示。

图 4-109

图 4-110

技巧与提示

这一步涉及“钢笔工具”的抠图技术，使用“钢笔工具”来抠图其实不难，平时多做一些抠图方面的练习，自然就能很快地抠出图像了。

03 单击“工具箱”中的“魔棒工具”按钮，并在属性栏进行如图4-111所示的设置，然后选择如图4-112所示的区域，再按Shift+F6组合键打开“羽化选区”对话框，设置“半径”为2像素，最后按Delete键删除选区内的像素，效果如图4-113所示。

图 4-111

图 4-112

图 4-113

04 载入“人物”图层的选区，如图4-114所示，然后按Shift+F6组合键打开“羽化选区”对话框，设置“半径”为2像素，再按Ctrl+Shift+I组合键反选选区，最后按Delete键删除选区内的像素，效果如图4-115所示。

图 4-114

图 4-115

05 单击“工具箱”中的“橡皮擦工具”按钮，并在属性栏中进行如图4-116所示的设置；然后对人物的局部进行柔化处理，效果如图4-117所示。

图 4-116

06 保持对“橡皮擦工具”的选择，并在属性栏中进行如图4-118所示的设置；然后在阴影处细细涂抹，效果如图4-119所示。

图 4-117

图 4-118

07 确定“人物”图层为当前层，然后单击“工具箱”中的“魔棒工具”按钮，并在属性栏中进行如图4-120所示的设置，接着选择如图4-121所示的区域。

图 4-119

图 4-120

图 4-121

技巧与提示

下面的步骤主要就是调整图像的色调，因为每张照片的光源、色调和环境都是不同的，如本张人物的背景阴影与背景图的色调不统一，所以要对其加以处理。

08 确定“人物”图层为当前层，执行“图像>调整>色彩平衡”菜单命令，然后在弹出的“色彩平衡”对话框做如图4-122所示的设置，效果如图4-123所示，接着按Ctrl+T组合键进入自由变换状态，并将其等比例放大到如图4-124所示的大小。

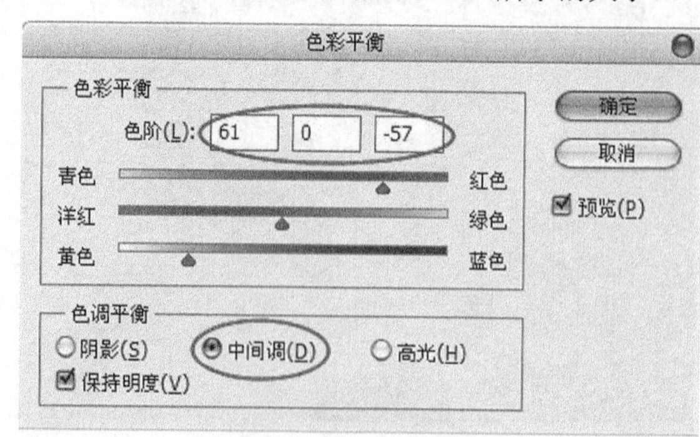

图 4-122

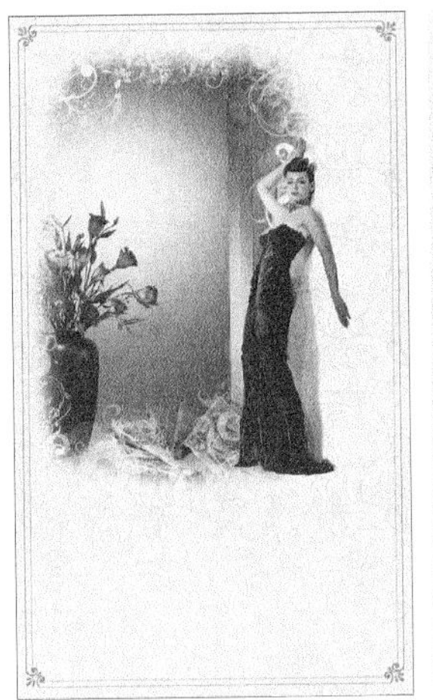

图 4-123

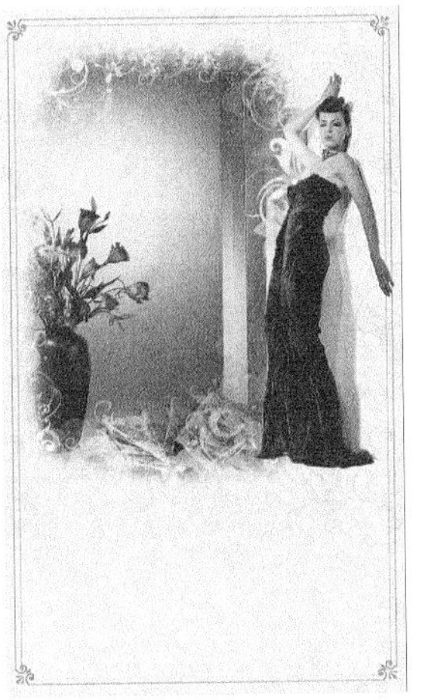

图 4-124

技巧与提示

因为背景图的色调是暖色的，所以在调整色调时应对红色和黄色进行调整。

09 打开本书配套资源中的“素材文件>CH04>课堂案例——单页广告>素材05.psd”文件；然后将其拖曳到当前操作界面中如图4-125所示的位置，接着将新生成的图层更名为“花”；最后执行“编辑>自由变换”菜单命令，并将其等比例缩小到如图4-126所示的大小。

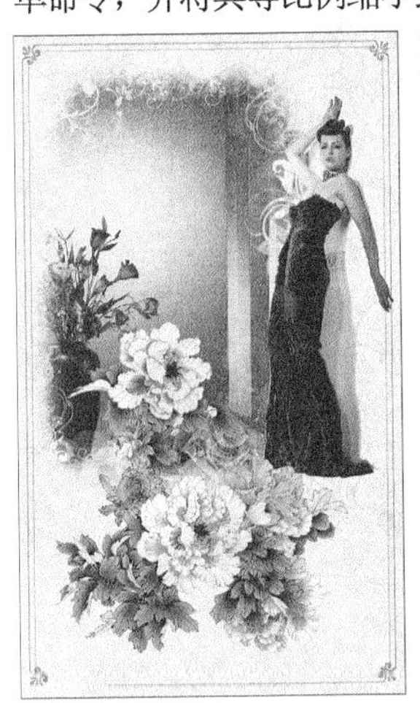

图 4-125

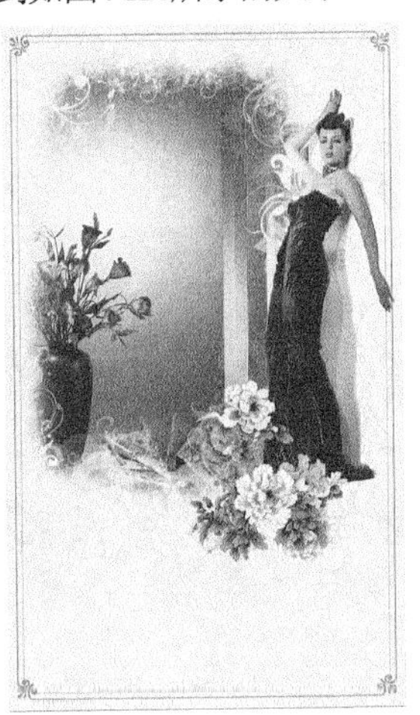

图 4-126

4.2.5 添加文字信息

01 设置前景色（R:153、G:120、B:76），然后单击“工具箱”中的“横排文字工具”按钮T，接着在属性栏中进行如图4-127所示的设置；最后在左下部输入相应的文字信息，如图4-128所示。

Kuenst480 BT
Roman
22.8 点
锐利

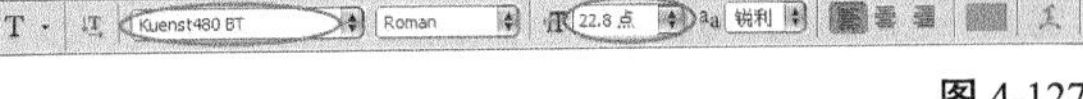

图 4-127

02 单击“工具箱”中的“横排文字工具”按钮T，并在属性栏中进行如图4-129所示的设置，然后在如图4-130所示的位置输入相应的文字信息。

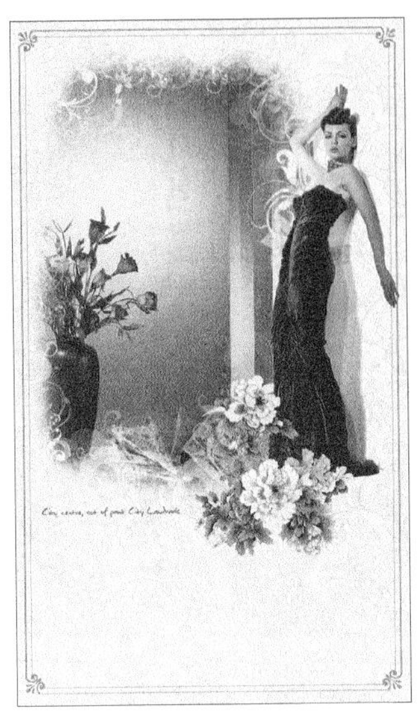

图 4-128

宋体
18 点
锐利

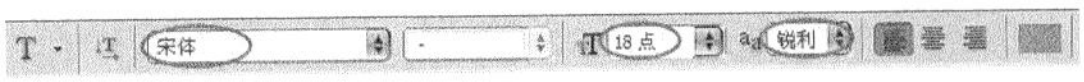

图 4-129

03 新建一个“横线”图层，使用“矩形选框工具”在绘图区域中绘制一个如图4-131所示的选区，设置前景色（R:153、G:120、B:76），然后用前景色填充选区，效果如图4-132所示。

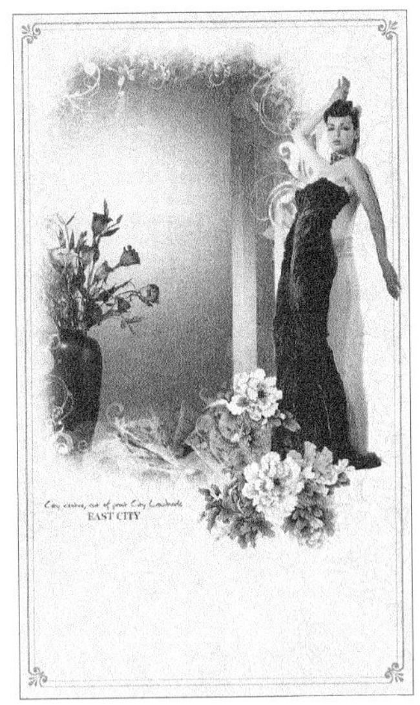

图 4-130

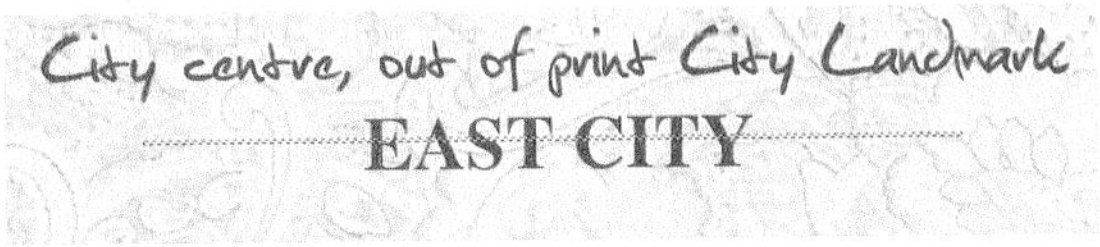

City centre, out of print City Landmark
EAST CITY

图 4-131

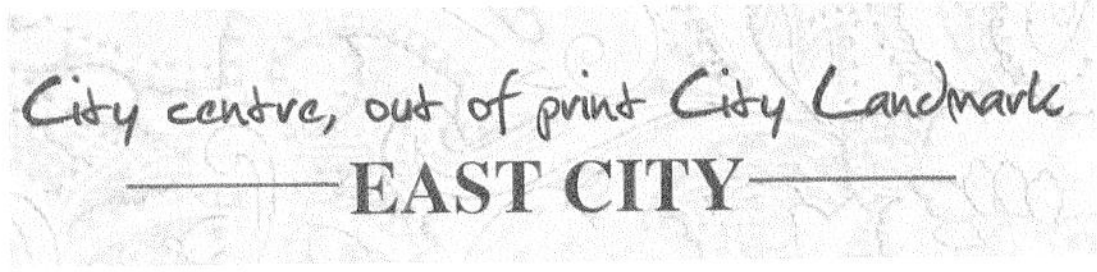

City centre, out of print City Landmark
EAST CITY

图 4-132

04 设置前景色（R:153、G:120、B:76），然后单击“工具箱”中的“横排文字工具”按钮T，并在属性栏中进行如图4-133所示的设置，接着在绘图区域中输入相应的文字信息，如图4-134所示；最后采用相同的方法输入其他文字信息，效果如图4-135所示。

图 4-133

图 4-134

图 4-135

05 设置前景色（R:153、G:120、B:76），然后单击“工具箱”中的“横排文字工具”按钮T，并在属性栏中进行如图4-136所示的设置，接着在绘图区域中的合适位置输入相应的文字信息，如图4-137所示；最后采用相同的方法输入其他文字信息，效果如图4-138所示。

图 4-136

图 4-137

图 4-138

06 选择英文信息所在的图层，然后将其栅格化，并使用“多边形套索工具”将Y字母勾选出来，如图4-139所示，接着执行“编辑>自由变换”菜单命令，最后将其等比例放大到如图4-140所示的大小。

图 4-139

图 4-140

07 到此，“单面广告”就制作完成了，最终效果如图4-141所示。

图 4-141

4.3 课堂案例——直邮广告

案例位置 案例文件>CH04>课堂案例——直邮广告.psd
视频位置 多媒体教学>CH04>课堂案例——直邮广告.flv
难易指数 ★★☆☆☆
学习目标 学习“渐变工具”“钢笔工具”“加深工具”和“减淡工具”的使用

本案例是为MP3做的直邮广告，针对这款白色MP3，主要采用的是一些亮丽的色彩和清晰的画面来突出这款MP3的音乐功能。直邮广告的最终效果如图4-142所示。

图 4-142

相关知识

直邮广告是通过邮寄、直投等方式发布的广告，具有以下4个特点。

第1点：很强的针对性，同时成本低廉。

第2点：一定的灵活性。

第3点：准确的信息表达。

第4点：直接邮递各种形式的印刷品。

核心步骤

① 使用“渐变工具”绘制灰色背景。

② 使用单色填充背景的上面部分，然后绘制出3种不同颜色的小面积背景，再通过“高斯模糊”制作出特效。

③ 使用“钢笔工具”绘制音符。

④ 使用“矩形工具”“钢笔工具”和“椭圆选框工具”等制作出MP3的基本形状，然后使用“渐变工具”“加深工具”和“减淡工具”制作出MP3的立体效果。

⑤ 输入相关文字信息。

4.3.1 绘制背景

01 启动Photoshop CS5，执行“文件>新建”菜单命令或按Ctrl+N组合键新建一个“直邮广告”文件，具体参数设置为“宽度”24像素、“高度”16像素、“分辨率”300像素/每英寸、“颜色模式”CMYK颜色，如图4-143所示。

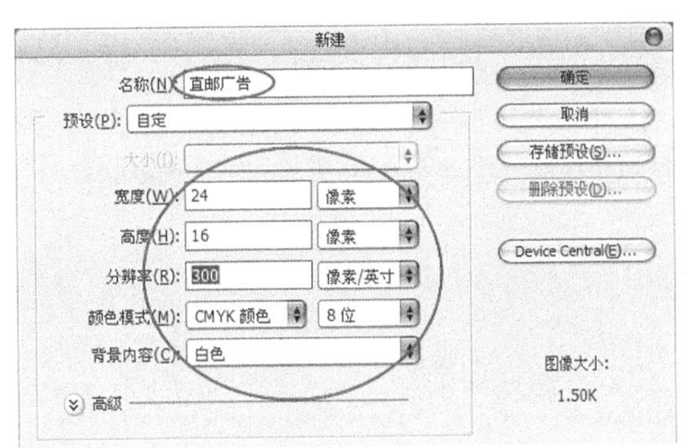

图 4-143

02 单击“图层”面板下方的“创建新图层”按钮，创建一个新图层“图层1”；然后单击“工具箱”中的“矩形选框工具”按钮，并在绘图区域中绘制一个如图4-144所示的矩形选框。

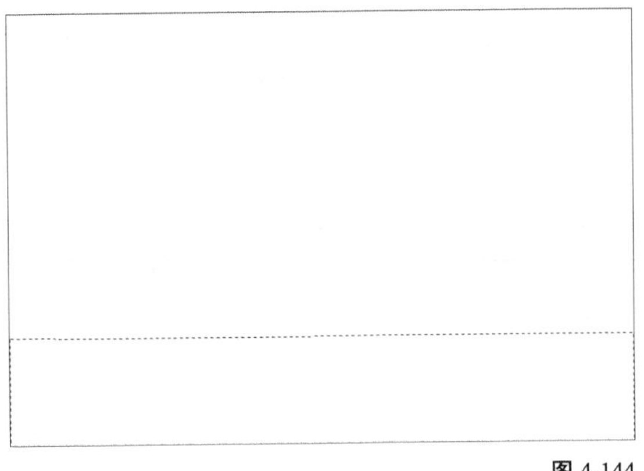

图 4-144

03 按D键还原默认的前景色和背景色设置，然后设置前景色（R:237、G:237、B:237），并单击“工具箱”中的“渐变工具”按钮，接着在属性栏中单击左边的“编辑渐变框”按钮，并选择“前景到背景”渐变，最后按住Shift键的同时在选框中从上往下垂直拉出渐变，并按Ctrl+D组合键取消选区，效果如图4-145所示。

图 4-145

04 创建一个新图层“图层2”，然后单击“工具箱”中的“矩形选框工具”按钮，接着在绘图区域中绘制一个如图4-146所示的矩形选框。

图 4-146

05 单击“工具箱”中的前景色，并设置颜色（R:237、G:29、B:140），然后按Alt+Delete组合键用前景色填充选区，并按Ctrl+D组合键取消选区，效果如图4-147所示。

图 4-147

06 创建一个新图层“图层3”，然后单击“工具箱”中的“多边形套索工具”按钮，在绘图区域中绘制一个如图4-148所示的选区。

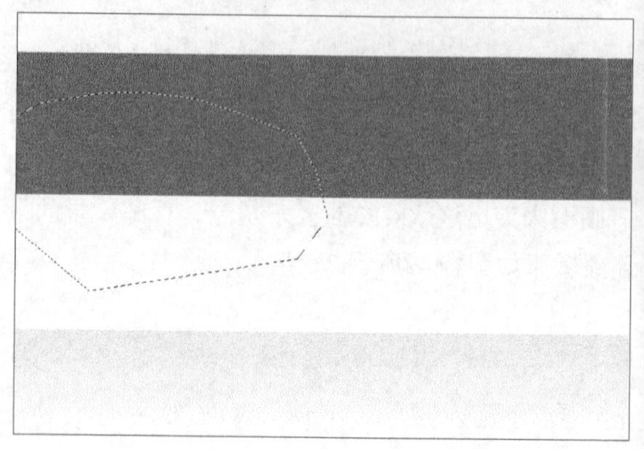

图 4-148

07 单击“工具箱”中的前景色，设置颜色（R:244、G:125、B:71），然后按Alt+Delete组合键用前景色填充选区，并按Ctrl+D组合键取消选区，效果如图4-149所示。

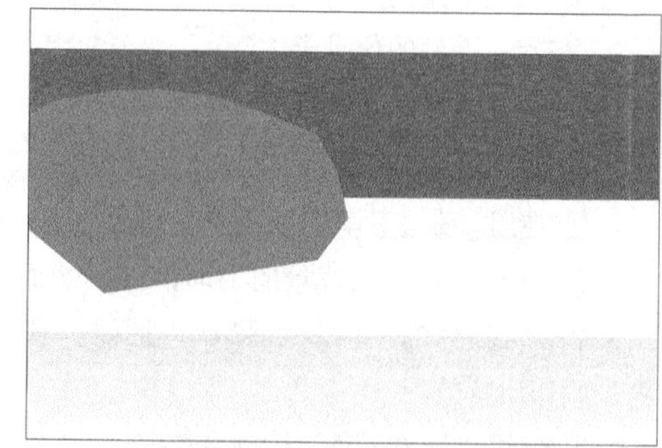

图 4-149

08 执行“滤镜>模糊>高斯模糊”菜单命令，然后在弹出的“高斯模糊”对话框中设置“半径”为80像素，接着单击“工具箱”中的“移动工具”按钮，将图形往下移动一些像素，效果如图4-150所示。

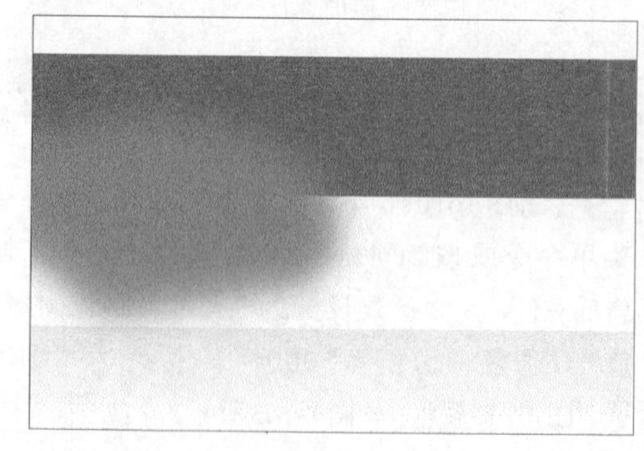

图 4-150

09 确定“图层3”为当前图层，按住Ctrl键并单击“图层2”缩略图，载入图层选区，然后按Ctrl+Shift+I组合键反选选区，并按Delete键删除选区中的图像，接着按Ctrl+D组合键取消选区并设置该图层的“不透明度”为90%，效果如图4-151所示。

图 4-151

10 创建一个新图层“图层4”，然后单击“工具箱”中的“椭圆选框工具”按钮，接着在绘图区域中绘制一个如图4-152所示的椭圆形选区。

图 4-152

11 设置前景色（R:187、G:27、B:141），然后按Alt+Delete组合键用前景色填充选区，并按Ctrl+D组合键取消选区，效果如图4-153所示。

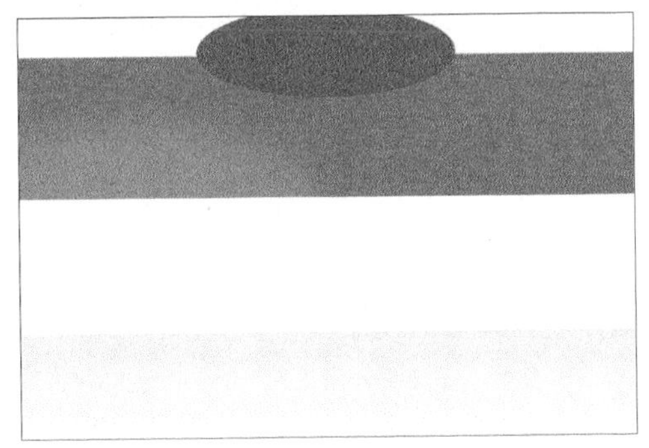

图 4-153

12 按Ctrl+F组合键重复使用“高斯模糊”效果，然后单击“工具箱”中的“移动工具”按钮，将图形往下移动一些像素，效果如图4-154所示。

图 4-154

13 确定“图层4”为当前图层，然后按住Ctrl键并单击“图层2”缩略图，载入图层选区，按Ctrl+Shift+I组合键反选选区并按Delete键删除选区中的图像，接着按Ctrl+D组合键取消选区，并设置该图层的“不透明度”为80%，效果如图4-155所示。

图 4-155

14 创建一个新图层“图层5”，然后单击“工具箱”中的“多边形套索工具”按钮，接着在绘图区域中绘制一个如图4-156所示的选区。

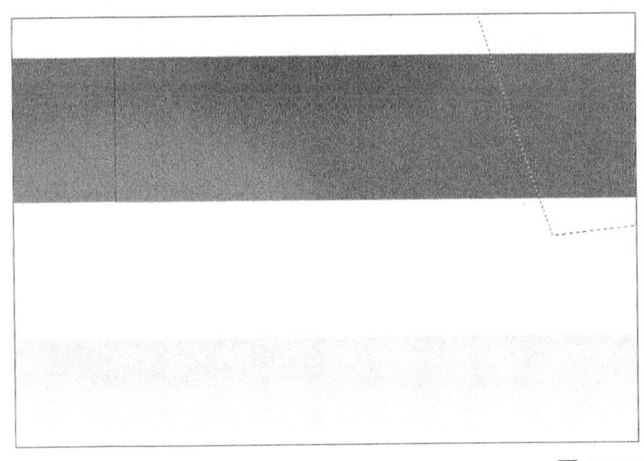

图 4-156

15 设置前景色和背景色（R:237、G:91、B:148和R:248、G:135、B:123）；然后单击“工具箱”中的“渐变工具”按钮，并在属性栏中单击左边的“编辑渐变框”按钮，接着选择“前景到背景”渐变；最后在选区中从左往右拉出渐变，效果如图4-157所示。

图 4-157

16 按Ctrl+F组合键重复使用“高斯模糊”滤镜，如图4-158所示。

图 4-158

17 确定“图层5”为当前层，载入“图层2”的选区，然后按Ctrl+Shift+I组合键反选选区，并按Delete键删除选区中的图像，接着按Ctrl+D组合键取消选区，并设置该图层的“不透明度”为90%，效果如图4-159所示。

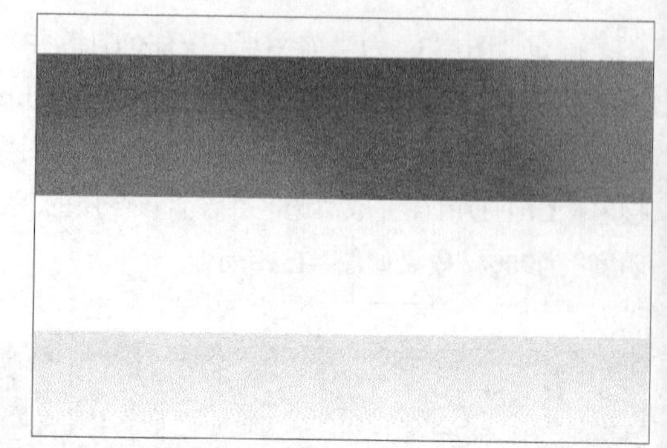

图 4-159

18 创建一个新图层“图层6”，单击“工具箱”中的“多边形套索工具”按钮，然后在绘图区域中绘制如图4-160所示的选区。

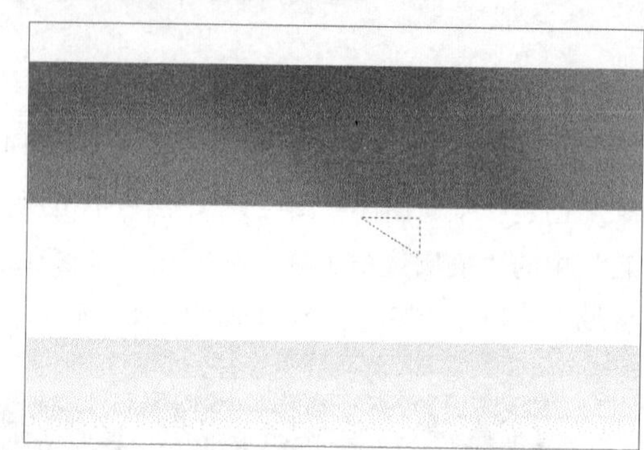

图 4-160

19 设前景色（R:234、G:27、B:142），然后按Alt+Delete组合键用前景色填充选区，接着按Ctrl+D组合键取消选区，并将图像向上移动到如图4-161所示的位置。

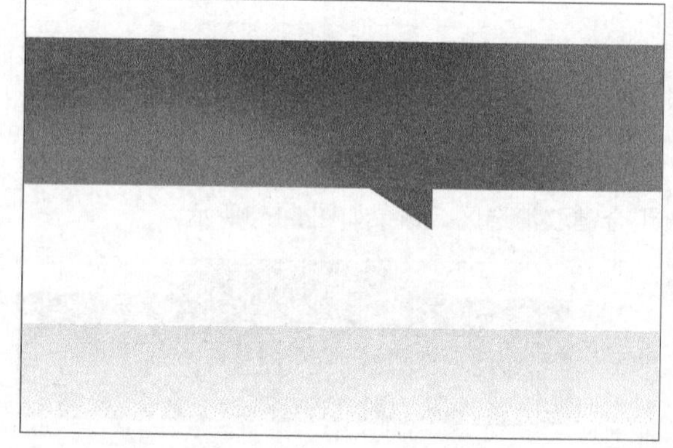

图 4-161

技巧与提示

在使用“多边形套索工具”时，按住Shift键可以按照一定的角度以直线方式勾出选区。

4.3.2 绘制音符

01 创建一个新图层“图层7”，单击“工具箱”中的“钢笔工具”按钮，然后单击属性栏中的“路径”按钮，在绘图区域中绘制一个如图4-162所示的路径。

图 4-162

技巧与提示

先不删除掉该路径，在后面的步骤中会再次被使用到。

02 设置前景色（R:255、G:255、B:255），切换到“路径”面板，然后单击该面板下面的“用前景色填充路径”按钮填充路径，效果如图4-163所示。

图 4-163

03 按住Alt键拖曳图形，即可复制出一个新的图形，然后按Ctrl+T组合键将其等比例缩小到如图4-164所示的大小。

图 4-164

04 执行“编辑>变换>垂直翻转”菜单命令，然后执行“编辑>变换>水平翻转”菜单命令，将新图形进行变换，效果如图4-165所示。

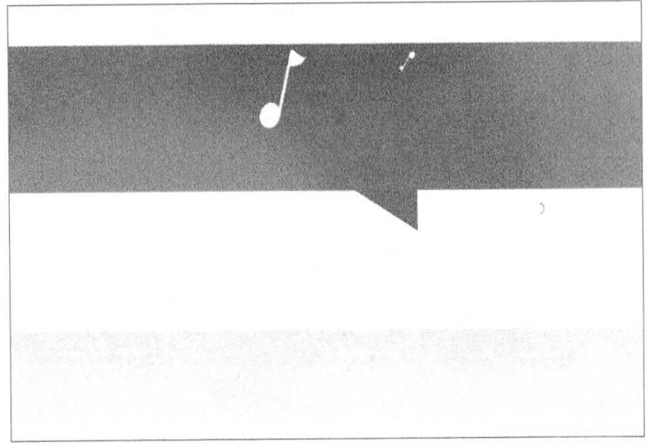

图 4-165

05 执行“滤镜>模糊>高斯模糊”菜单命令，在弹出的“高斯模糊”对话框中设置“半径”为6像素，效果如图4-166所示。

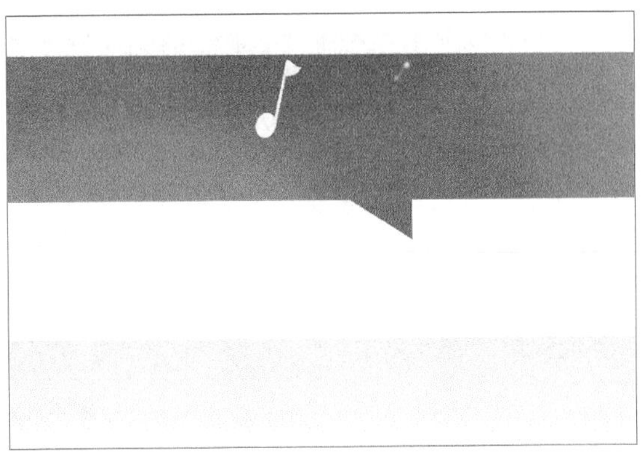

图 4-166

06 切换到“路径”面板，单击路径缩略图，即可把之前绘制的路径调出来，然后单击“工具箱”

中的“直接选择工具”按钮调整路径，如图4-167所示。

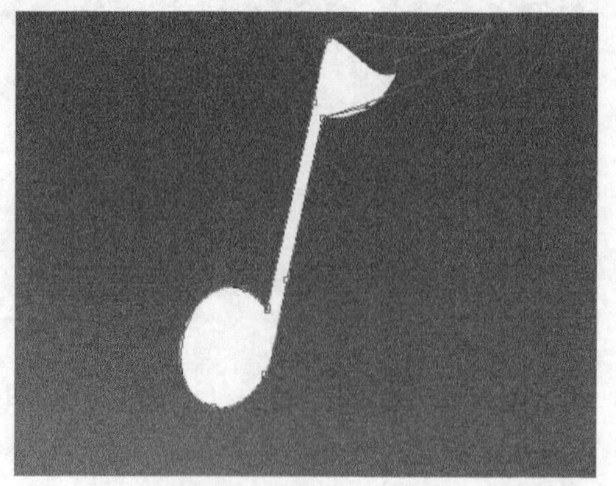

图 4-167

07 创建一个新图层“图层8”，切换到“路径”面板，并单击面板下面的“用前景色填充路径”按钮填充路径，然后按Ctrl+T组合键将图形变大，并将其移动到如图4-168所示的位置，接着设置该图层的“不透明度”为60%，效果如图4-169所示。

图 4-168

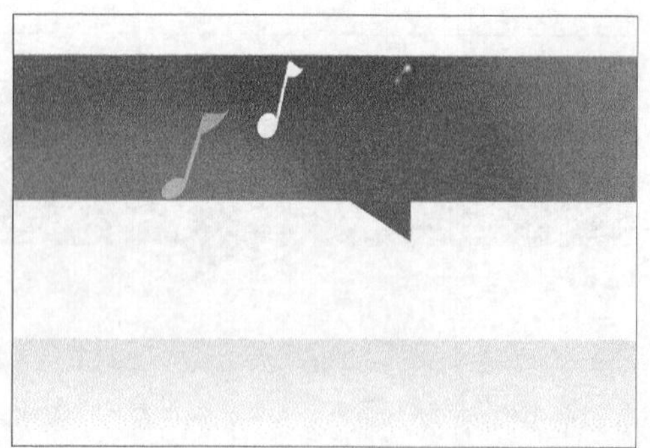

图 4-169

08 按住Alt键的同时拖曳图形，复制出一个新图形，然后按Ctrl+T组合键自由变换图形，将图形缩小，接着设置该图层的“不透明度”为30%，效果如图4-170所示。

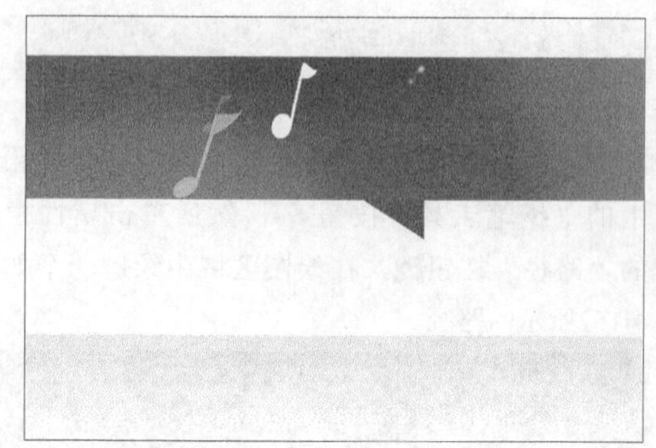

图 4-170

09 重复步骤8并复制出5个副本（复制出的每个副本图形的大小均不相同），效果如图4-171所示。

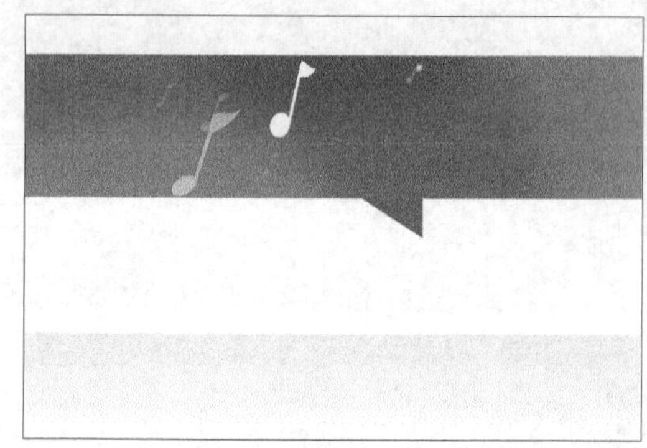

图 4-171

10 单击“工具箱”中的“自定形状工具”按钮，然后在属性栏中单击“形状图层”按钮，并单击“形状”右侧的“点按可打开自定形状拾色器”按钮，打开“自定形状拾色器”对话框，接着单击对话框右侧的三角形按钮，并在弹出的菜单中选择“全部”选项，最后在对话框中选择“双八分音符”图形，并在绘图区域中绘制出如图4-172所示的图形，此时系统会自动生成一个新图层“形状1”。

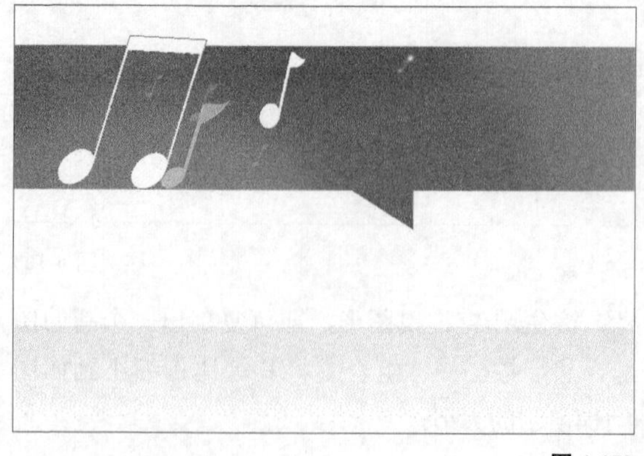

图 4-172

⑪ 单击“工具箱”中的“直接选择工具”按钮调整路径，如图4-173所示。

图 4-173

⑫ 用鼠标右键单击图层“形状1”右侧的空白处，并在弹出的菜单中选择“栅格化图层”命令，效果如图4-174所示。

图 4-174

⑬ 按住Alt键，拖曳图形复制出一个形状副本，然后按Ctrl+T组合键将图形等比例缩小，并设置图层的“不透明度”为50%，效果如图4-175所示。

图 4-175

⑭ 按Ctrl+F组合键，重复使用“高斯模糊”滤镜，效果如图4-176所示。

图 4-176

⑮ 单击图层“形状1”，按Alt键的同时拖曳图形复制出一个新图形，然后按Ctrl+T组合键自由变换图形，并设置该图层的“不透明度”为30%，效果如图4-177所示。

图 4-177

⑯ 重复步骤15，再复制出几个形状副本，效果如图4-178所示。

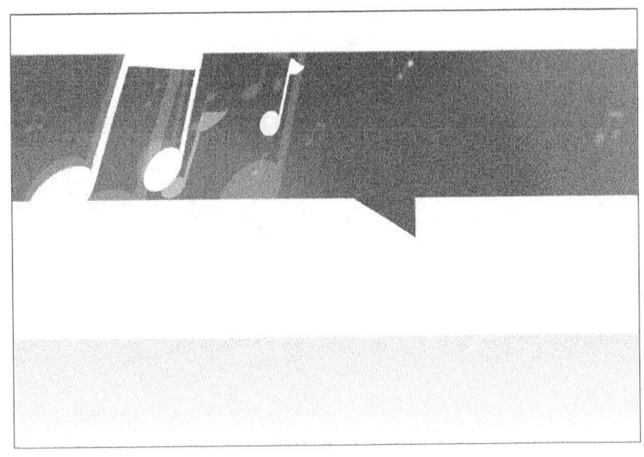

图 4-178

17 使用“双八分音符”图形在绘图区域中绘制出一个如图4-179所示的图形，此时系统会自动生成新的图层“形状2”。

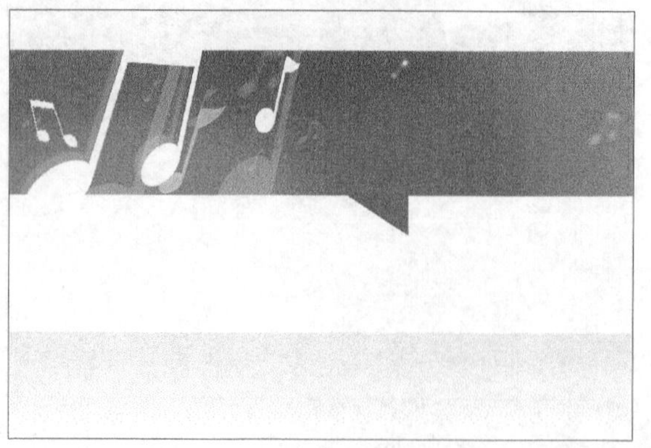

图 4-179

18 在图层“形状2”右侧的空白处单击鼠标右键，在弹出的菜单中选择“栅格化图层”命令，再设置该图层的“不透明度”为60%，效果如图4-180所示。

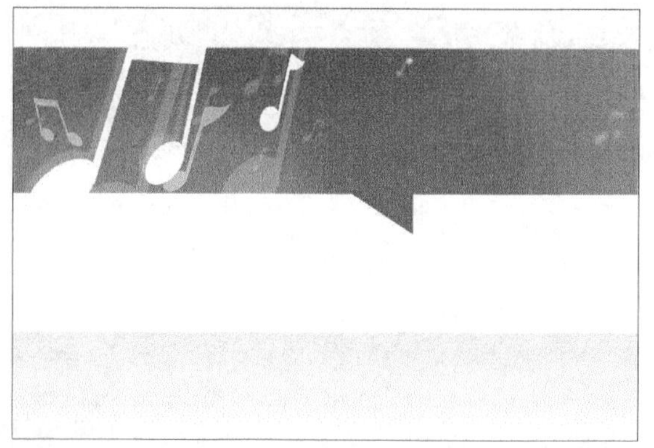

图 4-180

19 复制出4个图层“形状2”的副本，效果如图4-181所示。

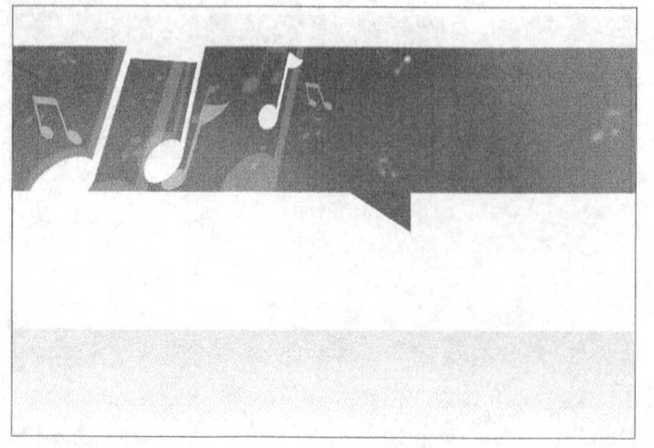

图 4-181

技巧与提示

复制出的几个副本的大小最好不要相同，图层的“不透明度”可不变，小一点的图形可使用“高斯模糊”效果，主要目的是为了让整个画面更有层次感；自由变换这些副本的时候也可以根据自己的想象来变换。

4.3.3 绘制飘带

01 单击“工具箱”中的“钢笔工具”按钮，然后在属性栏中单击“路径”按钮，在绘图区域中绘制一个如图4-182所示的路径。

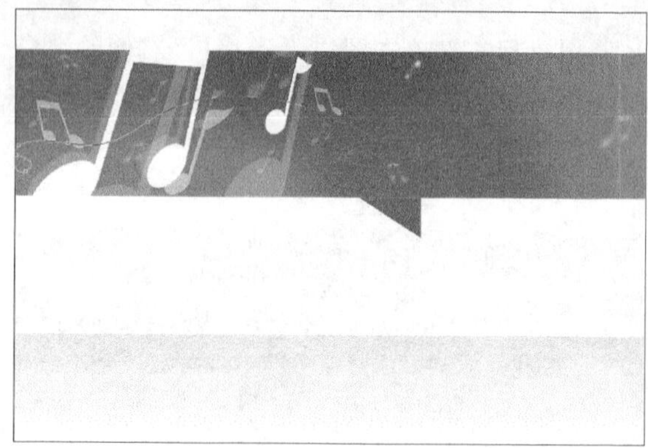

图 4-182

技巧与提示

由于是制作线条，所以绘制单线条的路径就行了，不需要绘制封闭路径，绘制完毕，可以用“直接选择工具”对线条进行调整。

02 设置“前景色”为纯白色，创建一个新图层“一条线段”；然后单击“工具箱”中的“画笔工具”按钮，在属性栏中设置画笔的“大小”为2px，接着切换到“路径”面板，并用鼠标右键单击“工具路径”缩略图，在弹出的菜单中选择“描边路径”命令，使用“描边路径”对话框中的默认设置即可，效果如图4-183所示。

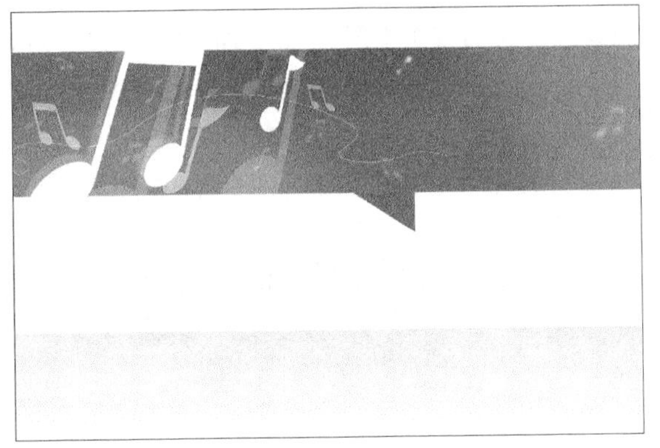

图 4-183

03 单击“工具箱”中的“移动工具”按钮，然后按住Alt+Shift组合键同时按两次键盘上的“向右方向键”→，这样就可以水平向右复制出一根新的线条，并采用相同的方法复制出7根线条，效果如图4-184所示。

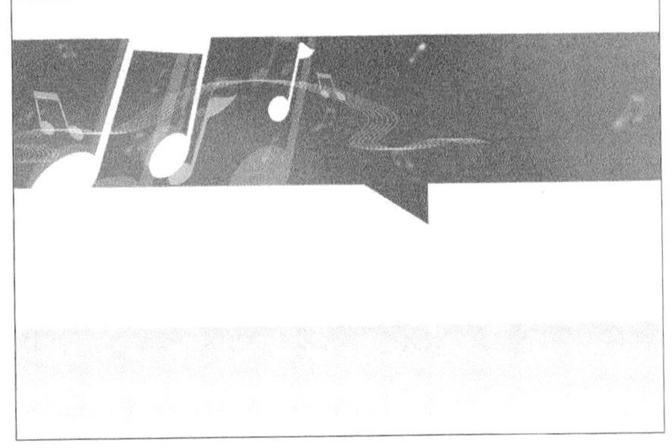

图 4-184

技巧与提示

同时按住Alt键和Shift键是因为这样可使图形向右以每单位10像素移动，按了两次向右方向键，图形也就向右移动了20像素。

04 按Ctrl+E组合键合并7根线条所在的图层，并更改图层组名称为“飘带”，然后单击“工具箱”中的“减淡工具”按钮，拖曳光标在飘带尾部来回涂抹，使其产生模糊效果，如图4-185所示。

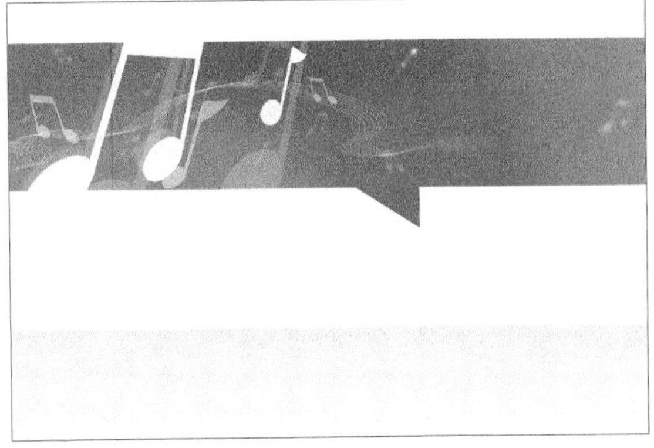

图 4-185

05 单击“工具箱”中的“移动工具”按钮，按住Alt键并向上移动光标复制出一个图形副本，效果如图4-186所示，然后执行“编辑>变换>水平翻转”菜单命令，变换新图形，效果如图4-187所示。

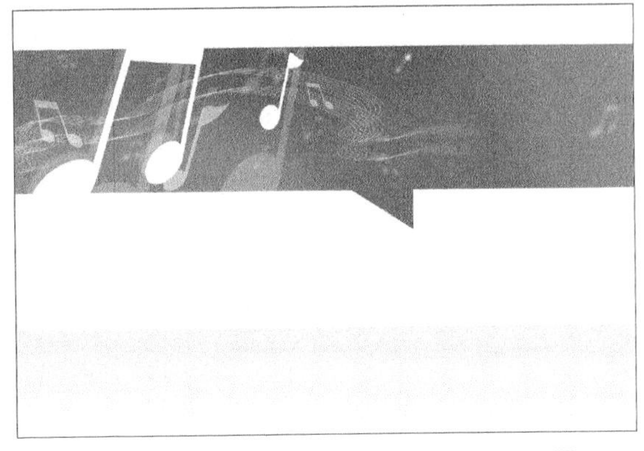

图 4-186

图 4-187

06 按Ctrl+F组合键，重复使用“高斯迷糊”滤镜，效果如图4-188所示。

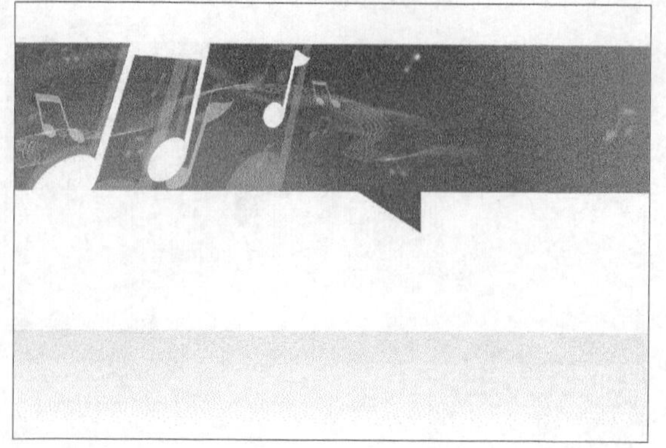

图 4-188

07 单击“飘带”图层，并将其复制出一个副本，效果如图4-189所示。

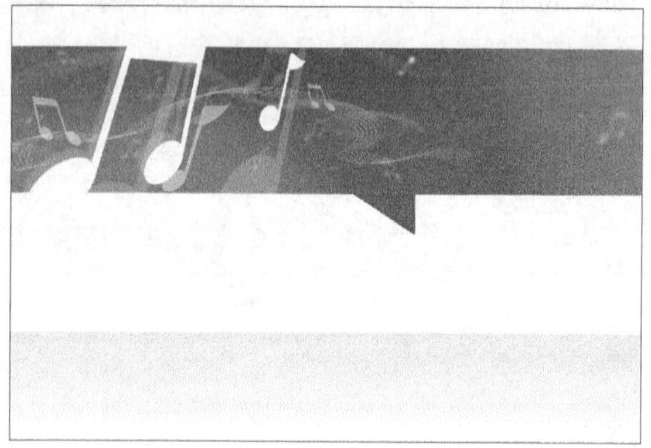

图 4-189

4.3.4 绘制MP3

01 确定前景色为纯白色，然后单击“工具箱”中的“圆角矩形工具”按钮，并在属性栏中单击“路径图层”按钮，接着在属性栏中设置“半径”为40px，然后在绘图区域中绘制一个如图4-190所示的圆角矩形，此时系统会自动生成一个新的图层，将图层更名为“MP3正面”。

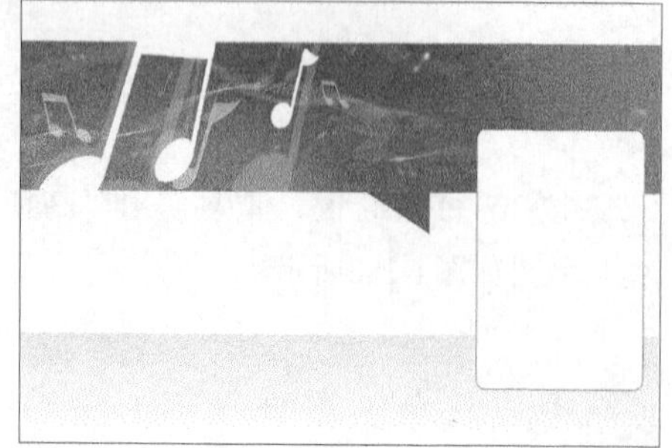

图 4-190

02 用鼠标右键单击图层“MP3正面”右侧的空白处，然后在弹出的菜单中选择“栅格化图层”命令，接着单击“工具箱”中的“移动工具”按钮，并按Ctrl+T组合键对图形进行如图4-191所示的变形。

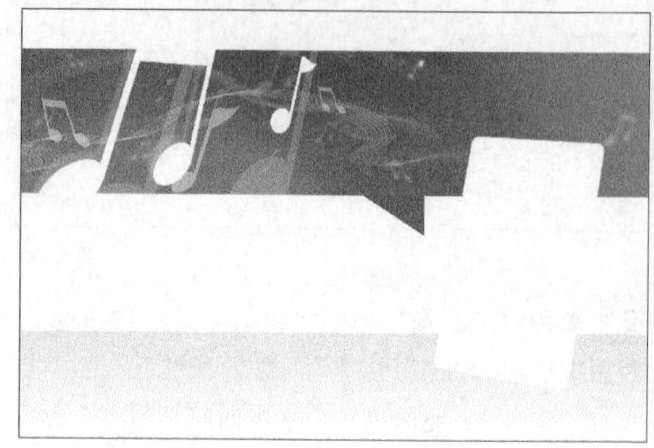

图 4-191

技巧与提示

在自由变形图形的时候，先按住Ctrl键，然后拖曳某个控制点可将图形进行自由变形。

03 载入图层“MP3正面”的选区，然后单击“工具箱”中的“多边形套索工具”按钮，并按住Alt键，绘制一个如图4-192所示的新选区，此时系统会自动将这个选区从原来的选区中减去，如图4-193所示。

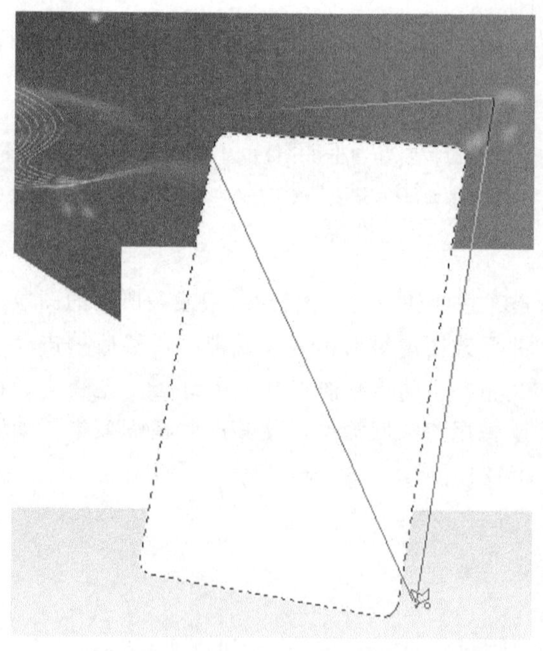

图 4-192

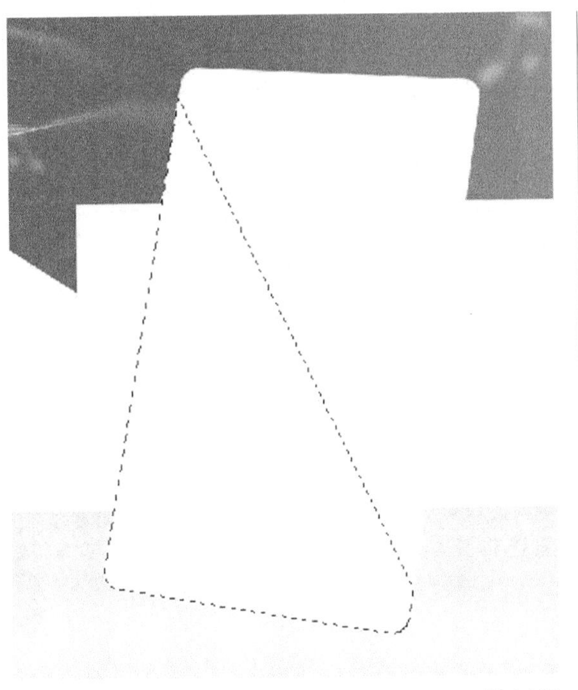

图 4-193

04 设置背景色（R:224、G:224、B:224），然后单击“工具箱”中的“渐变工具”按钮，并单击属性栏左边的“编辑渐变框”按钮，选择“前景到背景”渐变，按照如图4-194所示的方向拉出渐变，效果如图4-195所示。

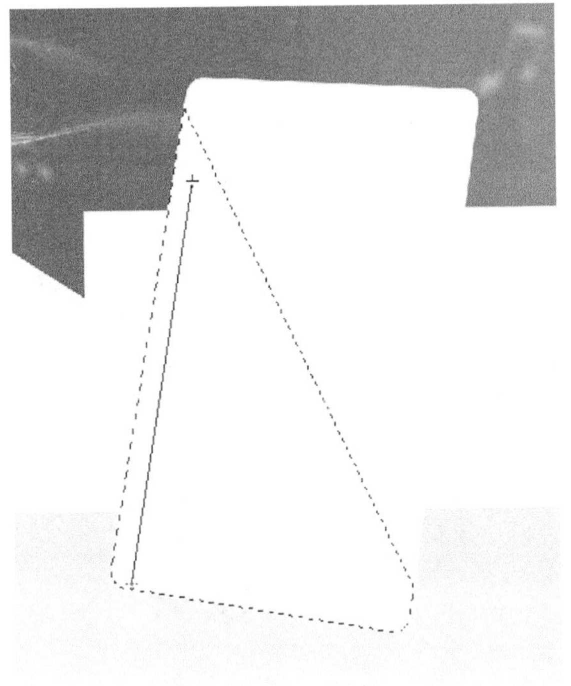

图 4-194

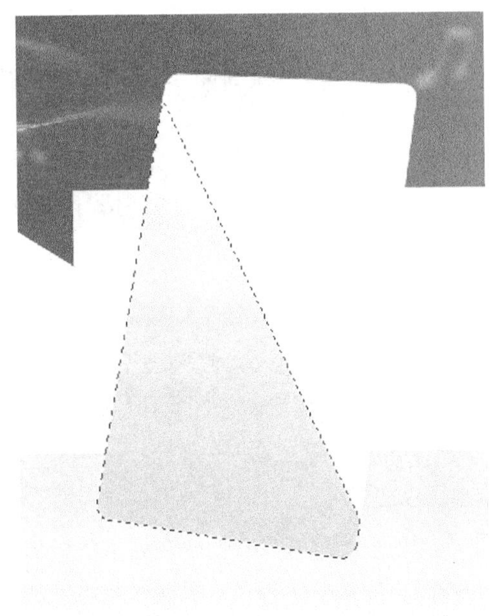

图 4-195

05 单击“工具箱”中的“加深工具”按钮，在属性栏中设置画笔的“大小”为80px，“曝光度”为20%，然后在选区下部来回涂抹，以增强MP3的立体效果，效果如图4-196所示。

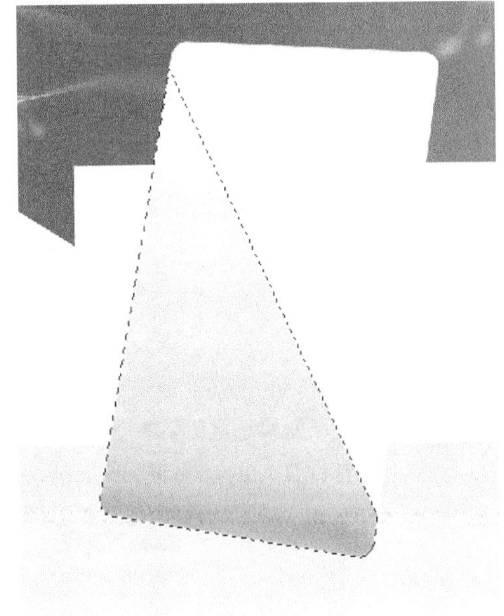

图 4-196

06 按D键还原默认的前景色和背景色，单击“工具箱”中的“圆角矩形工具”按钮，在属性栏中设置“半径”为30px，然后在绘图区域中绘制出一个如图4-197所示的圆角矩形，此时系统会自动生成一个新的图层，并更改其名称为“屏幕”。

图 4-197

07 在图层“屏幕”右侧空白处单击鼠标右键，并在弹出的菜单中选择“栅格化图层”命令，然后单击“工具箱”中的“移动工具”按钮，按Ctrl+T组合键将图形进行如图4-198所示的变形。

图 4-198

08 执行“选择>变换选区”菜单命令，然后在属性栏中将宽和高都设置为96%，效果如图4-199所示。

图 4-199

09 设置前景色和背景色（R:241、G:241、B:241和R:222、G:223、B:224），然后单击“工具箱”中的“渐变工具”按钮，继续使用“前景到背景”渐变方式，在绘图区域中拉出如图4-200所示的渐变。

图 4-200

10 创建一个新图层“按钮”，然后单击“工具箱”中的“椭圆选框工具”按钮，在绘图区域中绘制出一个如图4-201所示的椭圆形选区。

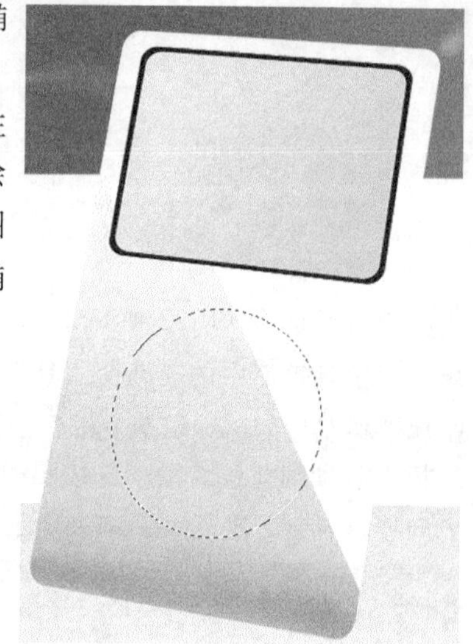

图 4-201

11 设置前景色和背景色（R:249、G:133、B:110和R:241、G:87、B:70），然后单击“工具箱”中的“渐变工具”按钮，并在属性栏中单击“径向渐变”按钮，接着使用“前景到背景”渐变方式，从选区的中心点向边缘拉出渐变，效果如图4-202所示。

图 4-202

⑫ 执行“选择>变换选区”菜单命令，并在属性栏中将宽和高都设置为35%，然后按Delete键删除选区中的图像，再按Ctrl+D组合键取消选区，效果如图4-203所示。

图 4-203

⑬ 按Ctrl+Shift+N组合键创建一个新图层“侧面”，然后单击“工具箱”中的“钢笔工具”按钮，并在属性栏中单击“路径”按钮，接着在绘图区域中绘制一个如图4-204所示的路径。

图 4-204

⑭ 将图层“侧面”拖曳到图层“MP3正面”的下面一层，切换到“路径”面板，单击该面板下面的“将路径作为选区载入”按钮，效果如图4-205所示。

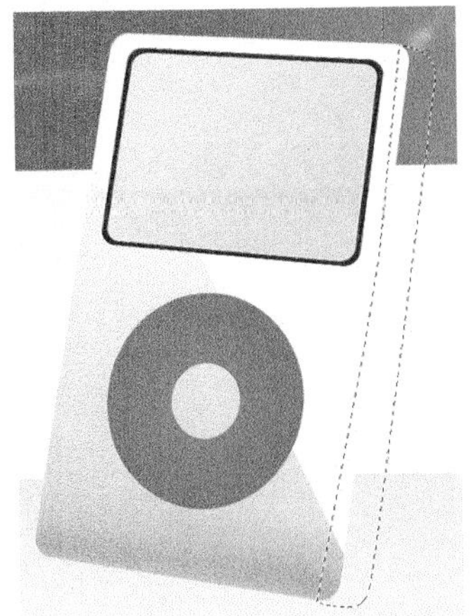

图 4-205

⑮ 设置前景色（R:107、G:108、B:111），然后按Alt+Delete组合键用前景色填充选区，效果如图4-206所示。

图 4-206

⑯ 使用“加深工具”和“减淡工具”处理边缘部分，使其更具有立体感，效果如图4-207所示，然后按Ctrl+D组合键取消选区。

图 4-207

⑰ 创建一个新图层“白线”，然后单击“工具箱”中的“多边形套索工具”按钮，在绘图区域中绘制一个如图4-208所示的矩形选区。

图 4-208

18 设置前景色为纯白色，按Alt+Delete组合键用前景色填充选区，然后按Ctrl+D组合键取消选区，并设置该图层的“不透明度”为40%，效果如图4-209所示。

图 4-209

4.3.5 输入文字

01 在MP3的屏幕中输入相关文字，然后绘制相关按钮，效果如图4-210所示。

图 4-210

02 选择绘制MP3相关的所有图层，然后按Ctrl+E组合键合并选择的图层，并将合并后的图层更名为MP3，接着单击“工具箱”中的“移动工具”按钮，按住Alt键的同时往下拖曳MP3复制一个副本，此时系统会自动生成一个新图层“MP3副本”，最后执行“编辑>变换>垂直翻转”菜单命令，效果如图4-211所示。

图 4-211

03 确定图层“MP3副本”为当前图层，并单击“图层”面板下面的“添加图层蒙版”按钮；然后单击“工具箱”中的“渐变工具”按钮，接着单击属性栏中的“线性渐变”按钮，并按照如图4-212所示的方向拉出渐变，再设置该图层的“不透明度”为20%，效果如图4-213所示。

图 4-212

04 在“直邮广告”中输入相关文字信息，最终效果如图4-214所示。

图 4-213

图 4-214

4.4 本章小结

本章主要学习了常用DM单的制作方法，DM单作为最常用的宣传广告方式，以其独特的优势长盛不衰，受到广大中小企业以及私营单位的喜爱。通过对本章内容的学习，读者应该完全掌握DM单的整个设计流程以及制作方法，加强自身的设计素养，在实践中检验自己的设计水平。

4.5 课后习题

本章安排了3个课后习题供读者练习，以此来提高读者的设计水平，强化自身的设计能力。

4.5.1 课后习题1——单页DM单

习题位置	案例文件>CH04>课后习题1——单页DM单.psd
视频位置	多媒体教学>CH04>课后习题1——单页DM单.flv
难易指数	★★☆☆☆
练习目标	练习“加深工具”“魔棒工具”“图层样式”的使用

本案例是一款香水产品设计的单页广告，消费人群主要是针对性感成熟的女性，所以主调色采用橙灰色，再以黑色作为辅助色彩使整个界面更具有支撑力和深度，选择此基调色也是为了和产品的颜色相统一。其中使用两块隔板作为框架，既突出了界面的两个核心部分，又起到了结合背景的效果，最终效果如图4-215所示。

图 4-215

步骤分解如图4-216所示。

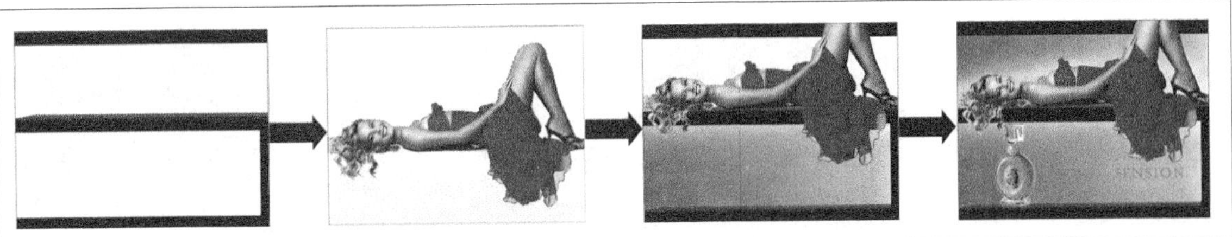

图 4-216

4.5.2 课后习题2——双页DM单

习题位置	案例文件>CH04>课后习题2——双页DM单.psd
视频位置	多媒体教学>CH04>课后习题2——双页DM单.flv
难易指数	★★☆☆☆
练习目标	练习"选区功能""图层样式"和"橡皮擦工具"的使用

本案例作为房产形象宣传的DM单，画面要简洁华丽，并且需要将楼盘信息体现出来，为消费者提供最精确的信息。双页DM单的最终效果如图4-217所示。

图 4-217

步骤分解如图4-218所示。

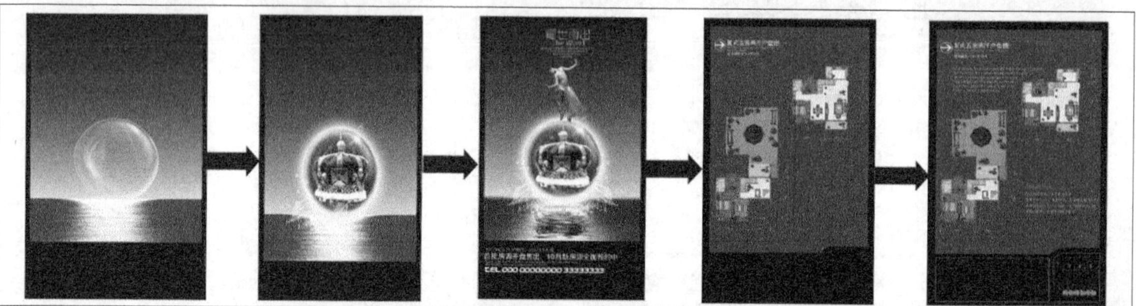

图 4-218

4.5.3 课后习题3——三折页DM单

习题位置	案例文件>CH04>课后习题3——三折页DM单.psd
视频位置	多媒体教学>CH04>课后习题3——三折页DM单.flv
难易指数	★★★★☆
练习目标	练习"曲线"调整功能和"蒙版"功能的使用

本案例是为一场音乐演唱会设计的宣传单，整个设计选用金黄色作为整体的基调，显示出这场音乐会的高贵与奢华，完美地展现出设计的主题思想，三折页DM单的最终效果如图4-219所示。

图 4-219

步骤分解如图4-220所示。

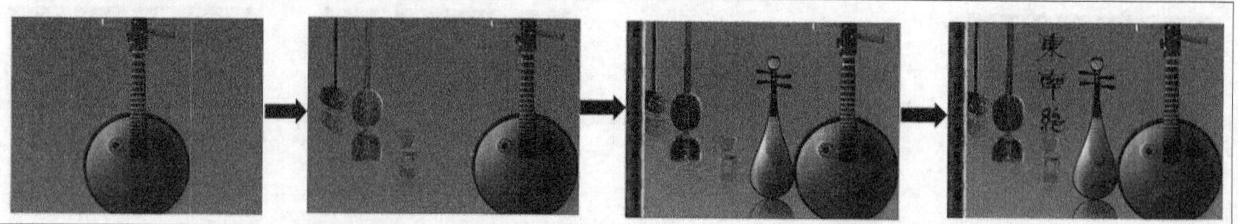

图 4-220

第5章 报纸杂志广告的设计与制作

本章将讲解报纸杂志广告的设计方法以及整体的设计思路。广告根据其内容简介、费用及媒介许可的不同，可以有不同的版面空间，如整版广告、半版广告、半版以内（1/4、2/3版）广告和小广告等。报纸是应用最广的宣传媒介，而设计新颖的广告必然会引起读者的关注，在报纸上刊登广告是一个非常直接也非常实用的宣传途径。

课堂学习目标

单色报纸广告的设计方法
彩色报纸广告的设计方法
宣传海报的设计方法
报版的设计方法
杂志广告的设计方法

5.1 课堂案例——单色报纸广告

案例位置	案例文件>CH05>课堂案例——单色报纸广告.psd
视频位置	多媒体教学>CH05>课堂案例——单色报纸广告.flv
难易指数	★★☆☆☆
学习目标	学习立体文字效果的绘制，以及钢笔工具的使用

本案例采用1/2黑白横版，是关于楼盘开盘典礼宣传的报版，其意重在宣传，所以不需要过多的文字信息，能够达到视觉冲击力就可以了。单色报版最终效果如图5-1所示。

图 5-1

相关知识

完整的报纸广告设计主要掌握以下6点。

第1点：大标题、辅助大标题和副标题。

第2点：正文——广告的中心部分。

第3点：图形说明要简洁概括。

第4点：商品名称要放在突出、显要位置上。

第5点：品牌、商标图形一般与商品名称放在一个位置。

第6点：广告主题的名称和联系方式。

核心步骤

① 利用“矩形选框工具”绘制出整体轮廓，通过“描边”制作边框。

② 利用“横排文字工具”输入文字和“渐变工具”改变文字颜色，再用“加深工具”制作细节。

③ 利用“多边形套索工具”制作出立体文字侧面轮廓，然后通过渐变和“加深工具”制作出特效。

④ 利用“钢笔工具”绘制出Logo的基本形状，然后通过“图层样式”制作出特效。

⑤ 输入文字信息。

5.1.1 设置描边效果

01 启动Photoshop CS5，执行“文件>新建”菜单命令或按Ctrl+N组合键新建一个文件“单色报纸广告”文件，具体参数设置为“宽度”24.81cm、“高度”34cm、“分辨率”300像素/英寸、“颜色模式”灰度，如图5-2所示。

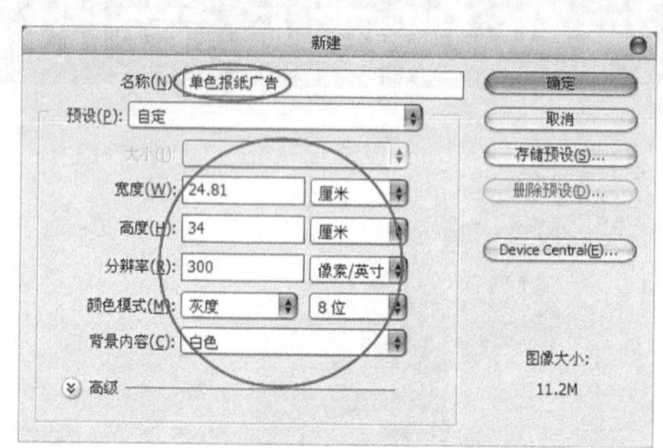

图 5-2

技巧与提示

不同类型报版的版面尺寸是不同的，在设计的时候一定要先了解清楚尺寸、出血量。有些报版是不需要考虑这些的，如果需要考虑的话，也要了解清楚。单色报版设计首先要设置“颜色模式”为“灰度”，这样可以直接在设计中使图片素材去色，会节省很多操作步骤。

02 创建一个新图层“图层1”，单击“工具箱”中的“矩形选框工具”按钮，在绘图区域中拉出如图5-3所示的矩形选框，然后按D键，还原默认的前景色和背景色，接着执行“编辑>描边”菜单命令，打开“描边”对话框，具体参数设置如图5-4所示，描边后的效果如图5-5所示。

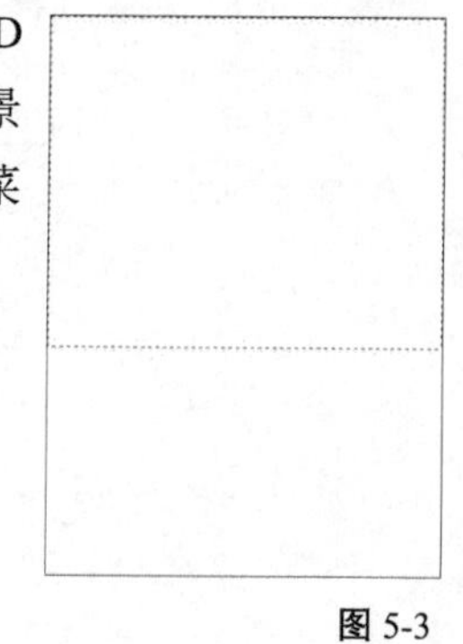

图 5-3

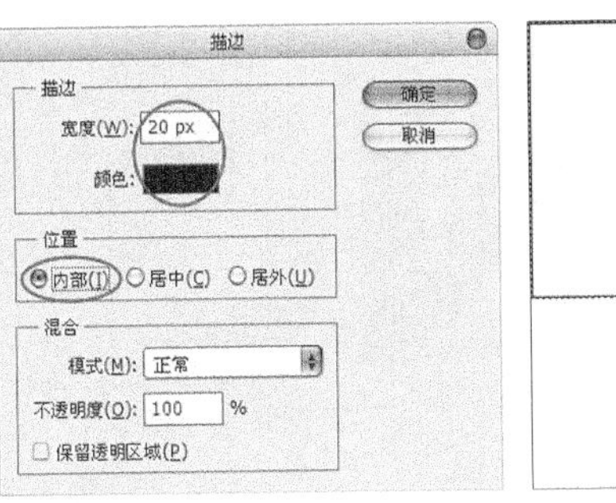

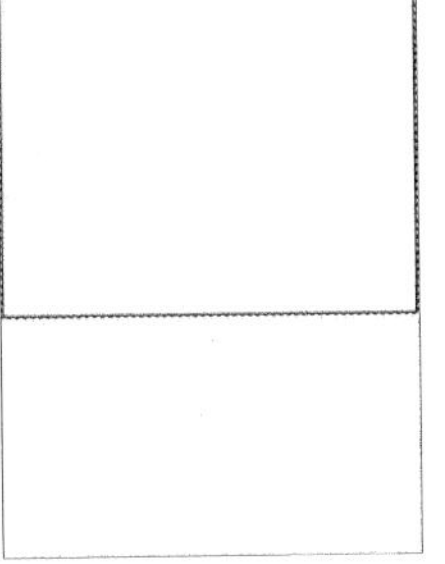

图 5-4　　图 5-5

03 保持选区状态，创建一个新图层“图层2”，然后在“图层”面板中将其拖曳到“图层1”的下面，接着执行“编辑>描边”菜单命令，打开“描边”对话框，并单击“颜色”右侧的颜色按钮，在弹出的“选取描边颜色”对话框中，设置颜色（R:70、G:70、B:70），具体参数设置如图5-6所示，描边后效果如图5-7所示。

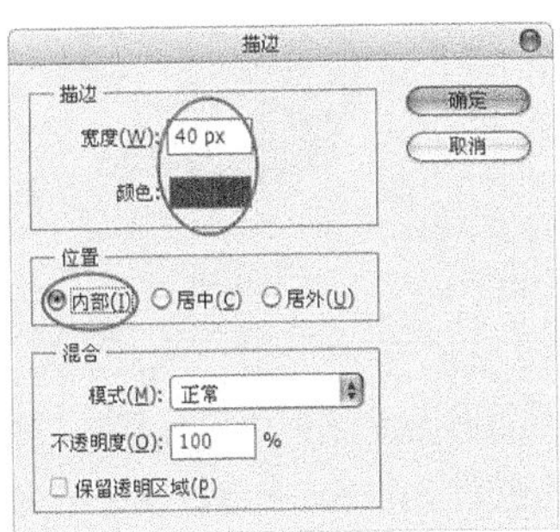

图 5-6　　图 5-7

5.1.2 渐变字母

01 打开本书配套资源中的“素材文件>CH05>课堂案例——单色报纸广告>素材01.jpg”文件，然后将其拖曳到当前文件中，此时系统会自动生成一个新图层“图层3”，接着按Ctrl+T组合键变换图形，并按住Shift键将图形等比例扩大，将图形往上移动到合适位置，效果如图5-8所示。最后将“图层3”拖曳到“图层2”的下方。

图 5-8

02 单击“工具箱”中的“横排文字工具”按钮T，并在属性栏中设置其具体参数，如图5-9所示，然后在绘图区域中输入英文字母“NO”，效果如图5-10所示，此时系统将自动生成一个新图层NO。

图 5-9

图 5-10

03 在图层NO右侧的空白处单击鼠标右键，并在弹出的菜单中选择“栅格化图层”命令，然后单击“工具箱”中的“矩形选框工具”按钮，将字母O框选，接着在选区中单击鼠标右键，并在弹出的菜单中选择“通过剪切的图层”命令，这样就把N和O分到两个图层了，此时的“图层”面板如图5-11所示。

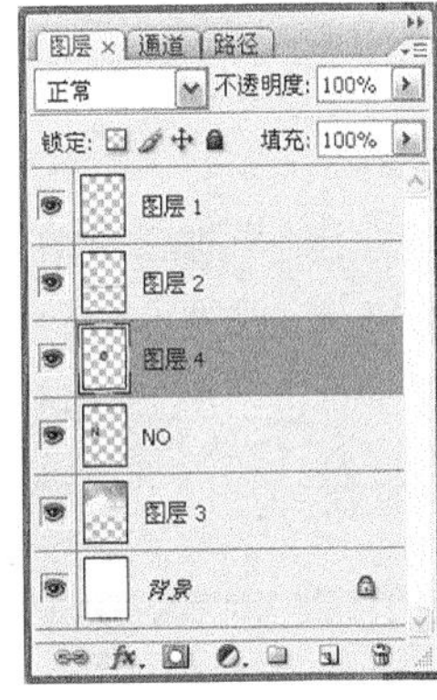

图 5-11

技巧与提示

将文字图层栅格化的目的是后面要对文字进行自由变形。如果没有栅格化，虽然也能够自由变形，但是很多变形操作无法实现，这样就很难达到预期的效果；将字母N和O分到两个图层的目的是要将两个字母渐变成不同的效果。

04 按住Ctrl键并单击“图层4”的缩略图，载入该图层的选区，然后单击“工具箱”中的“渐变工具”按钮，并在属性栏中单击“编辑渐变框”按钮，接着在弹出的“渐变编辑器”对话框中设置渐变颜色：在第1个点（位置为0%），设置色标颜色（R:55、G:55、B:55）；在第2点（位置20%），设置色标颜色（R:136、G:136、B:136）；在第3个点（位置50%），设置色标颜色（R:244、G:244、B:244）；在第4个点（位置80%），设置色标颜色（R:166、G:166、B:166）；第5个点（位置100%），设置色标颜色（R:100、G:100、B:100），如图5-12所示。设置完成后单击“确定”按钮，最后从选区的左下角往右上角拉出渐变，效果如图5-13所示。

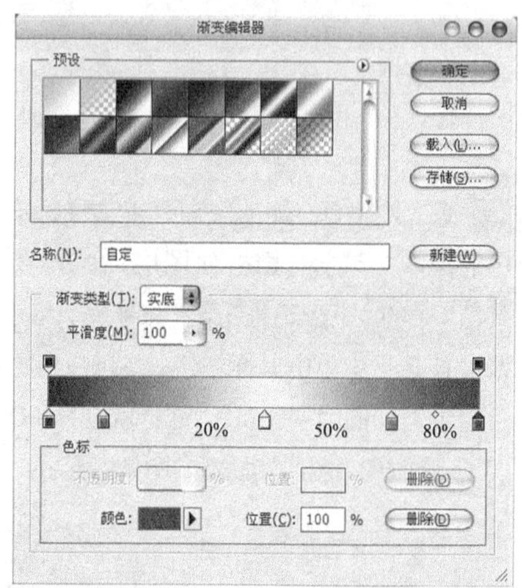

图 5-12

图 5-13

05 单击“工具箱”中的“加深工具”按钮，并在属性栏中设置“曝光度”为10%、画笔“大小”为125 px，然后在选区的左下角和右上角反复涂抹几次，加深颜色，效果如图5-14所示。

图 5-14

06 确定图层NO为当前层，并载入图层NO的选区，然后单击“工具箱”中的“渐变工具”按钮，从选区的左下角往右上角拉出渐变，效果如图5-15所示。

图 5-15

07 单击“工具箱”中的“加深工具”按钮，并在属性栏中设置“曝光度”为15%，画笔“大小”为125px，然后在选区的左上角和右下角之间的部分来回涂抹几次以加深颜色深度，效果如图5-16所示。

图 5-16

技巧与提示

有些读者可能会认为在制作渐变效果的时候用“加深工具”来处理有点多余，其实这些都是细节操作，在设计中“细节决定优劣”，只有把这些细节处理好了，才能做出优秀的设计。

08 按Ctrl+E组合键合并图层NO和图层“图层4”，并将其更名为“立体文字”。单击“工具箱”中的“移动工具”按钮，按Ctrl+T组合键，然后按住Ctrl键，将图形进行如图5-17所示的变形处理，变形后的效果如图5-18所示。

图 5-17

图 5-18

5.1.3 制作文字特效

01 创建一个新图层“图层5”，并将其拖曳到图层“立体文字”的下面一层，然后单击“工具箱”中的“多边形套索工具”按钮，在绘图区域绘制一个如图5-19所示的选区。

图 5-19

知识点

在使用“多边形套索工具”的时候，按住Shift键可按照一定的角度以直线的方式勾选出选区。

02 单击“工具箱”中的“渐变工具”按钮，然后按住Shift键的同时从上往下垂直拉出渐变，再按Ctrl+D组合键取消选区，效果如图5-20所示。

图 5-20

03 单击“工具箱”中的“加深工具”按钮，并在属性栏中设置“曝光度”为15%，画笔“大小”为100px，然后加深颜色，效果如图5-21所示。

图 5-21

04 创建一个新图层“图层6”，将其拖曳到图层“立体文字”的下面一层，然后用“多边形套索工具”在绘图区域中绘制一个如图5-22所示的选区。

图 5-22

05 设置前景色（R:134、G:134、B:134），然后按Alt+Delete组合键用前景色填充选区，效果如图5-23所示。

图 5-23

06 单击“工具箱”中的“加深工具”按钮，加深右下角的颜色，效果如图5-24所示。

图 5-24

07 创建一个新图层“图层7”，然后用“多边形套索工具”在绘图区域中绘制一个如图5-25所示的选区。

图 5-25

08 按Alt+Delete组合键用前景色填充选区，效果如图5-26所示，然后单击“工具箱”中的“加深工具”按钮，加深左下角的颜色，效果如图5-27所示。

图 5-26

图 5-27

09 按Ctrl+E组合键合并制作特效文字的所有图层，并将其更名为“组1”，然后将“组1”移动到如 图5-28所示的位置。

图 5-28

5.1.4 制作Logo

01 打开本书配套资源中的“素材文件>CH05>课堂案例——单色报纸广告>素材02.psd”文件，将其拖曳到当前文件中，此时系统会自动生成一个新图层，将其更名为“楼”，然后将该图层拖曳到图层组“组1”的下面一层，效果如图5-29所示。

图 5-29

02 打开本书配套资源中的“素材文件>CH05>课堂案例——单色报纸广告>素材03.psd”文件，将其拖曳到当前文件中，此时系统会自动生成一个新图层，将其更名为“地球”，然后按Ctrl+T组合键变换图形，并按住Shift键的同时将图片等比例缩小到如图5-30所示的大小。

图 5-30

03 创建一个新图层Logo1，然后单击“工具箱”中的“钢笔工具”按钮，并在属性栏中单击“路径”按钮，在单色报版下面的白色背景部分绘制一个如图5-31所示的路径。

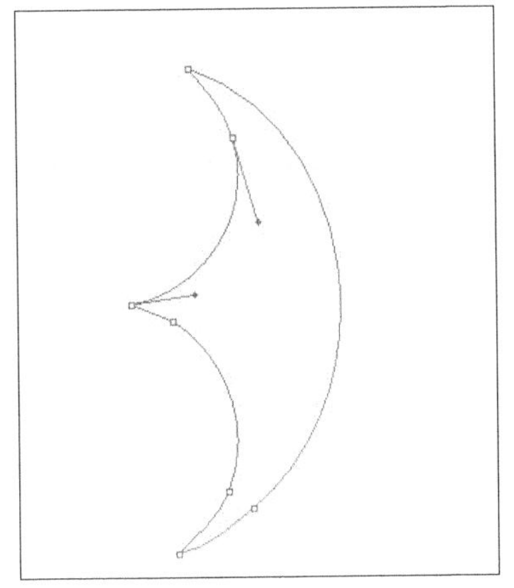

图 5-31

04 设置前景色（R:155、G:155、B:155），然后切换到“路径”面板，并单击该面板下面的“用前景色填充路径”按钮，按Delete键删除路径，效果如图5-32所示。

图 5-32

技巧与提示

在实际的广告设计中，Logo设计几乎是不可避免的，主要原因是客户一般不会提供Logo的矢量图，所以需要设计师利用“钢笔工具”绘制一个合适的Logo。在使用“钢笔工具”绘制路径的时候，绘制出大体轮廓后，可单击“工具箱”中的“直接选择工具”按钮，然后配合相应的快捷键来调整各个点的位置。

05 使用“钢笔工具”在Logo1 的右侧绘制一个如图5-33所示的路径，然后设置前景色（R:110、G:110、B:110），接着切换到“路径”面板，并单击面板下面的“用前景色填充路径”按钮，按Delete键删除路径，效果如图5-34所示。

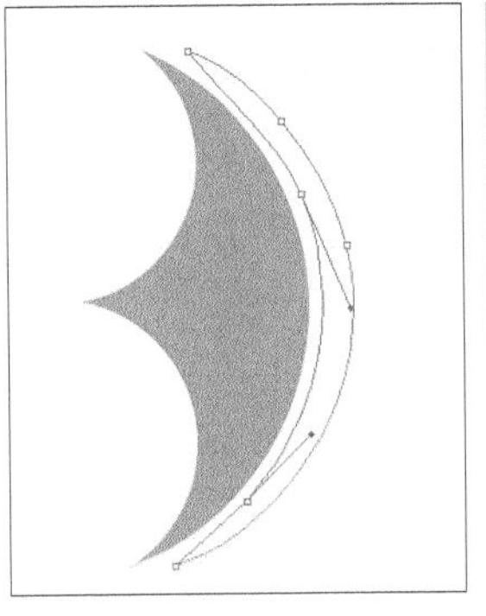

图 5-33

图 5-34

06 确定图层Logo2为当前层，然后单击“工具箱”中的“移动工具”按钮，按住Alt+Shift组合键的同时向右拖曳图形，复制出一个新的Logo2，效果如图5-35所示；单击图层Logo1，按住Alt+Shift组合键的同时向右拖曳图形，复制出一个新的Logo1，效果如图5-36所示。

图 5-35

图 5-36

07 按Ctrl+E组合键合并绘制的Logo的所有图层，将合并后的图层更名为Logo，并单击“图层”面板下面的“添加图层样式”按钮 fx.，然后在弹出的菜单中选择“投影”命令，保持“投影”样式为默认设置；接着单击“外发光”样式，设置“外发光”的具体参数，如图5-37所示；最后单击“渐变叠加”样式，设置“渐变叠加”的具体参数，如图5-38所示。

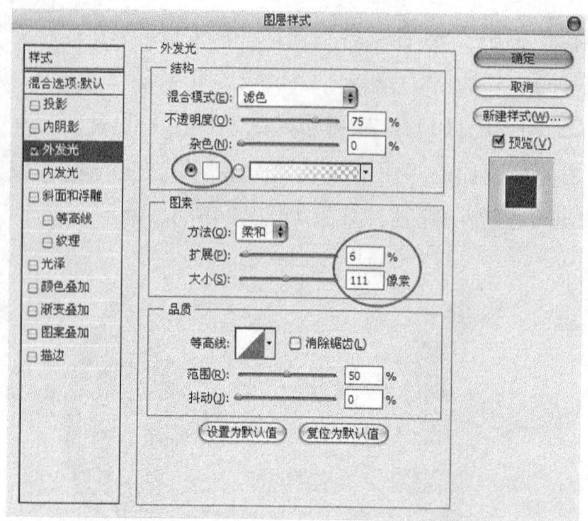

图 5-37

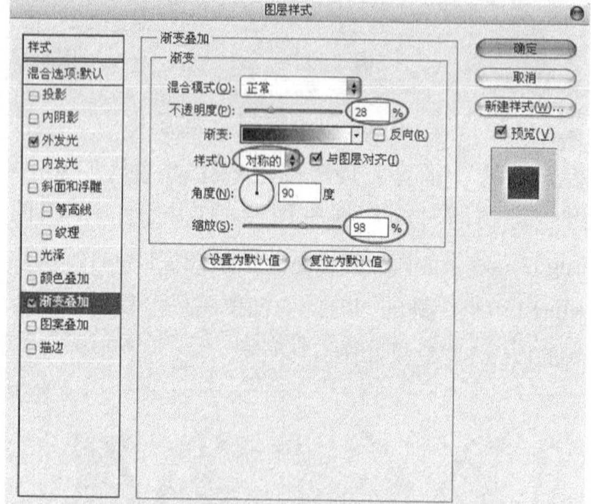

图 5-38

08 设置完毕后单击“确定”按钮，效果如图5-39所示，然后按Ctrl+T组合键自由变换Logo，并将Logo移动到如图5-40所示的位置。

图 5-39

图 5-40

09 单击“工具箱”中的“横排文字工具”按钮T，并在Logo下面输入相应的文字信息，如图5-41所示。

图 5-41

技巧与提示

广告设计中的中、英文名字也是独创的字体，需要使用“钢笔工具”绘制出相应的字体。

10 创建一个新图层“黑色背景”，按D键还原默认的前景色和背景色，然后单击“工具箱”中的“矩形选框工具”按钮，在绘图区域中绘制一个如图5-42所示的矩形选框，接着按Alt+Delete组合键用前景色填充选区，效果如图5-43所示。

图 5-42

图 5-43

11 使用“矩形选框工具”在绘图区域绘制一个如图5-44所示的矩形选框，然后按Delete键删除选区中的图形，效果如图5-45所示。

图 5-44

图 5-45

5.1.5 输入文字

在绘图区域中输入相关的文字信息，最终效果如图5-46所示。

图 5-46

5.2 课堂案例——彩色报纸广告

案例位置	案例文件>CH05>课堂案例——彩色报纸广告.psd
视频位置	多媒体教学>CH05>课堂案例——彩色报纸广告.flv
难易指数	★★☆☆☆
学习目标	学习“图层蒙版”的使用和“渐变编辑器”的高级技巧的使用

本案例为SMART琴行设计的整版彩色报版，主色调采用的是金黄色，体现了琴行的一种现代气息；整个背景框架采用的是弧形造型，体现出音乐的一种柔美，同时也起到衬托乐器的弧线造型的作用。彩色报版的最终效果如图5-47所示。

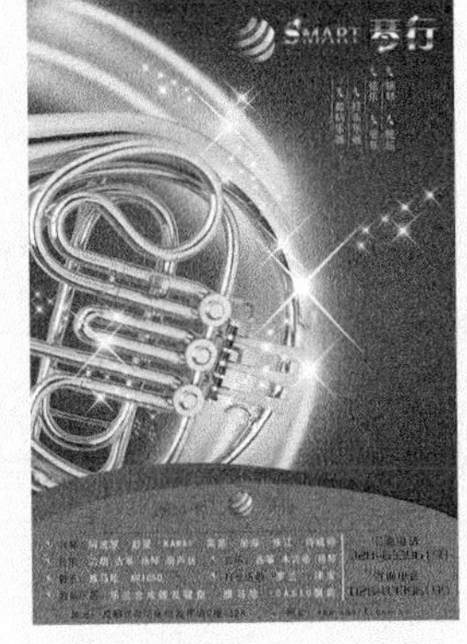

图 5-47

相关知识

彩色报纸广告主要包括整版广告、跨页广告、折页广告、多页广告、连券广告和中缝广告等。彩色报纸广告最重要的是广告版位，广告版位是指广告在不同版面或同一版面上所处的位置。广告版位的不同直接影响广告的效益、广告费及广告的受关注程度。彩色报纸广告的设计主要掌握以下4点。

第1点：封面——杂志、书籍正面的最外一层，即杂志、书籍的门面。

第2点：封面二——杂志、书籍封面的背面，是刊登广告的重要位置。

第3点：封面三——杂志、书籍封底的背面。

第4点：封底——杂志、书籍背面的最外一层，又称封四。

核心步骤：

① 使用“径向渐变”绘制出整体背景。

② 使用“矩形选框工具”和“椭圆选框工具”制作出亮光部分的轮廓，再使用“通道蒙版”制作特效。

③ 使用“三角”形状制作出星光的基本形体，然后使用“渐变工具”制作发光体。

④ 使用“钢笔工具”制作出Logo的基本形体，然后通过图层特效的控制来制作出Logo的整体效果。

⑤ 使用渐变的高级编辑制作出文字特效。

⑥ 排列文字信息和基本图案。

5.2.1 绘制整体背景

01 启动Photoshop CS5，单击“文件>新建”菜单命令或按Ctrl+N组合键新建一个文件 “彩色报纸广告”，具体参数设置为“宽度”32cm、“高度”31cm、“分辨率”300像素/英寸、“颜色模式”CMYK颜色，如图5-48所示。

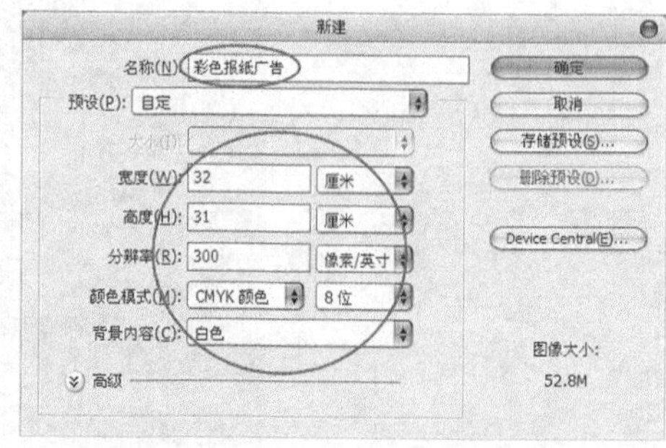

图 5-48

02 单击“工具箱”中的“前景色”按钮，设置颜色（R:255、G:0、B:0），单击“背景色”按钮，设置颜色（R:0、G:0、B:0），然后单击“工具箱”中的“渐变工具”按钮，在属性栏中单击“径向渐变”按钮，接着在“渐变拾色器中”选择“前景到背景”渐变；最后在绘图区域中从中心往右边缘拉出渐变，效果如图5-49所示。

图 5-49

03 单击“图层”面板下方的“创建新图层” 按钮，创建一个新图层“图层1”，然后单击“工具箱”中的“矩形选框工具”按钮，在绘图区域中绘制一个如图5-50所示的矩形选框。

图 5-50

04 设置前景色（R:255、G:255、B:88），单击“工具箱”中的“渐变工具”按钮，并在属性栏中单击“线性渐变”按钮，然后选择“前景到透明”渐变，单击渐变编辑栏上一排第1个“色标”按钮，设置“不透明度”为0，然后在上一排50%位置单击左键，即可出现一个新的“色标”按钮，设置“不透明度”为100，具体参数设置如图5-51所示。

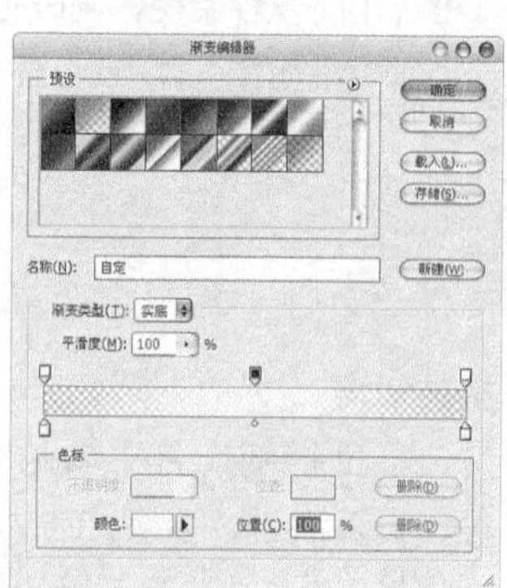

图 5-51

05 在矩形选框中从左往右水平拉出渐变，然后按Ctrl+D组合键取消选区，效果如图5-52所示。

图 5-52

06 创建一个新图层“图层2”，单击“工具箱”中的“椭圆选框工具”按钮，在绘图区域中绘制一个如图5-53所示的椭圆选框，再按Alt+Delete组合键用前景色填充选区，效果如图5-54所示。

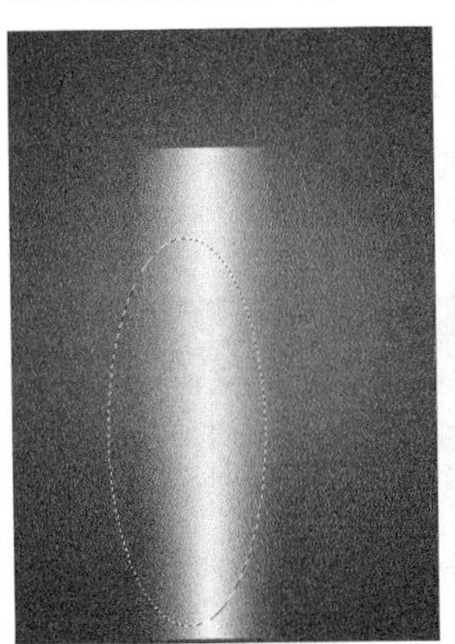
图 5-53

图 5-54

07 保持椭圆形选区，执行“选择>变换选区”菜单命令，然后按住Shift键，将选区水平往右移动到如图5-55所示的位置，接着按Enter键完成操作，最后按Delete键删除选区中的图像，效果如图5-56所示。

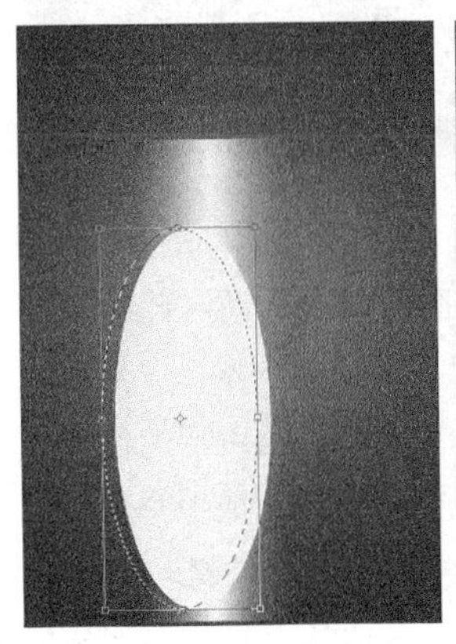
图 5-55

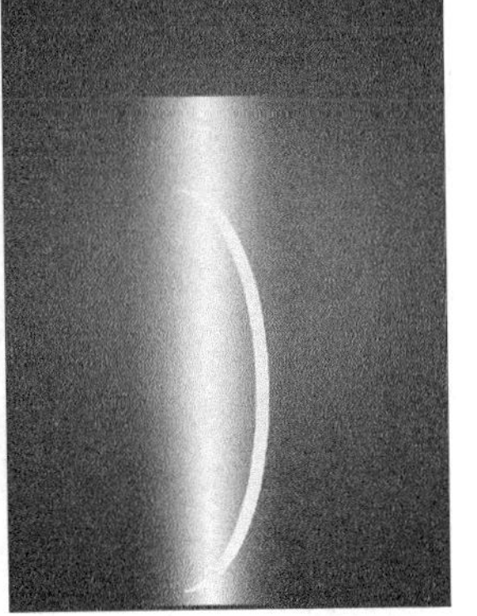
图 5-56

08 执行“滤镜>模糊>高斯模糊”菜单命令，并在弹出的“高斯模糊”对话框中设置“半径”为13像素，效果如图5-57所示。

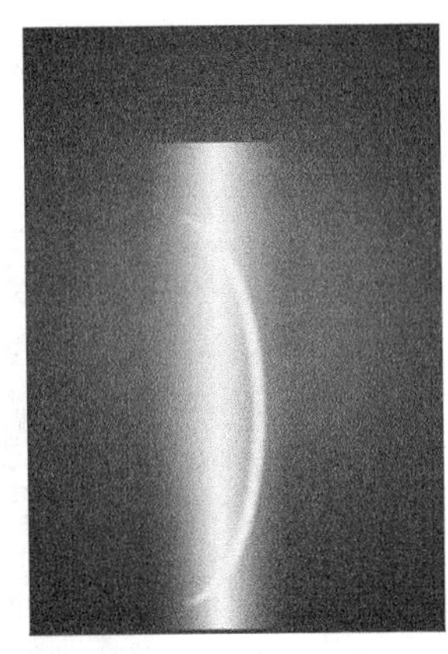
图 5-57

09 单击“工具箱”中的“橡皮擦工具”按钮，并在属性栏中设置画笔“大小”为170px，设置“不透明度”为30%，然后在图形的上部和下部涂抹，使其与背景相融合，效果如图5-58所示。

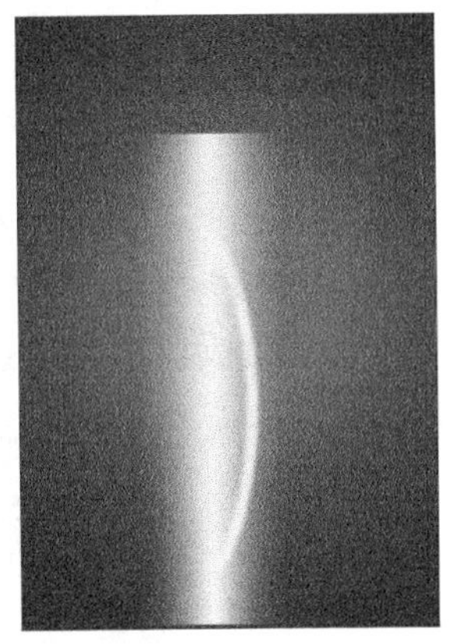
图 5-58

10 按Ctrl+E组合键合并“图层1”和“图层2”，并将其更名为“高光背景”，然后单击“工具箱”中的“移动工具”按钮，接着按Ctrl+T组合键自由变换图形，将图形旋转到如图5-59所示的位置。

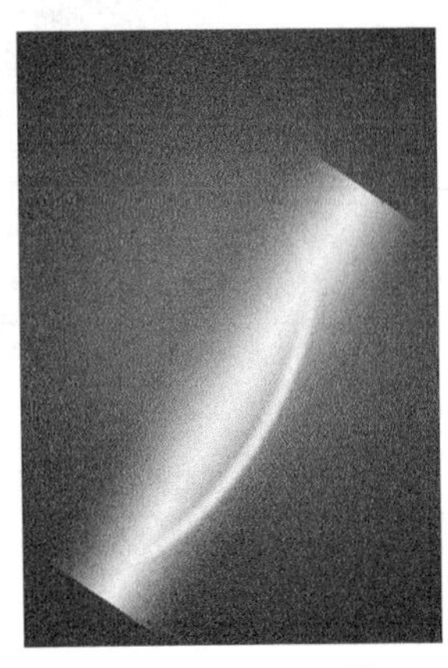
图 5-59

5.2.2 绘制高亮背景

01 单击“图层”面板下方的“添加矢量蒙版”按钮，然后单击“工具箱”中的“钢笔工具”按钮，并单击属性栏中的“路径”按钮，在绘图区域中绘制3个如图5-60所示的路径。

图 5-60

02 切换到“路径”面板，在该面板下面单击“将路径作为选区载入”按钮，载入路径选区，然后按Delete键删除选区中的图像，效果如图5-61所示。

图 5-61

03 执行“滤镜>模糊>高斯模糊”菜单命令，在弹出的“高斯模糊”对话框中设置“半径”为30像素，效果如图5-62所示。

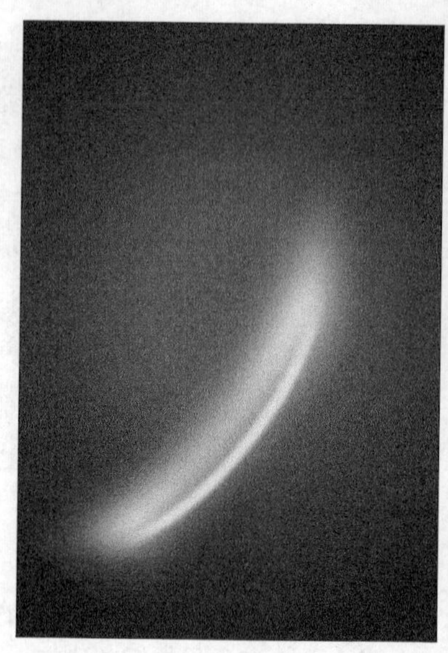

图 5-62

技巧与提示

如果使用“高斯模糊”效果后顶端有白色边缘，可单击“工具箱”中的 “橡皮擦工具”按钮将其擦除，然后将其移动到如图5-63所示的位置。

图 5-63

04 按住Alt键的同时将图形向右移动，此时系统会自动生成一个新图层“高光背景副本”；然后按Ctrl+T组合键将图形旋转到如图5-64所示的位置，再次复制一个新图形，系统会自动生成一个新的图层“高光背景副本2”，接着执行“编辑>变换>垂直翻转”菜单命令，并按Ctrl+T组合键将图形旋转到如图5-65所示的位置。

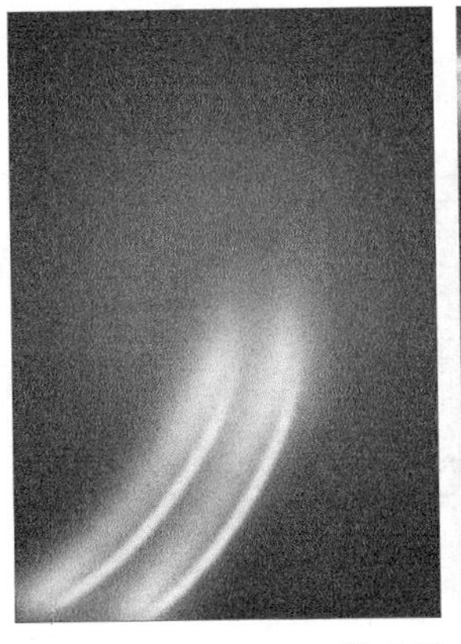
图 5-64

图 5-65

05 确定图层“高光背景 副本2”为当前层，复制出一个新的图形，此时系统会自动生成一个新图层“高光背景副本3”，然后按Ctrl+T组合键将图形旋转到如图5-66所示的位置。

图 5-66

5.2.3 制作星光

01 打开本书配套资源中的“素材文件>CH05>课堂案例——彩色报纸广告>素材01.psd”文件，将其拖曳到当前文件中的合适位置，如图5-67所示。此时系统会自动生成一个新图层，将其更名为“乐器”。

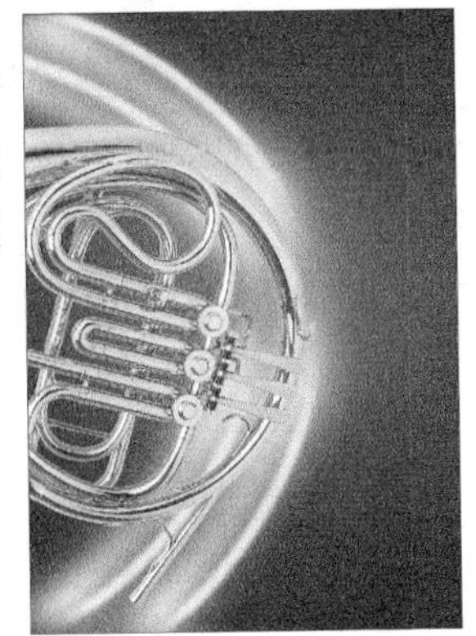
图 5-67

技巧与提示

“乐器”是采用多次“光照效果”和“曲线”功能制作出来的，由于这两个功能在第1章中的“优惠卡”设计中讲解得比较多，所以在这里就不再重复了。

02 设置前景色（R:255、G:255、B:255），单击“工具箱”中的“自定形状工具”按钮；然后单击属性栏中的“形状图层”按钮，并单击属性栏右侧的“形状”按钮，接着在“自定形状拾色器”中选择“三角”形状；最后在绘图区域中绘制如图5-68所示的形状，此时系统会自动生成一个新图层“形状1”。

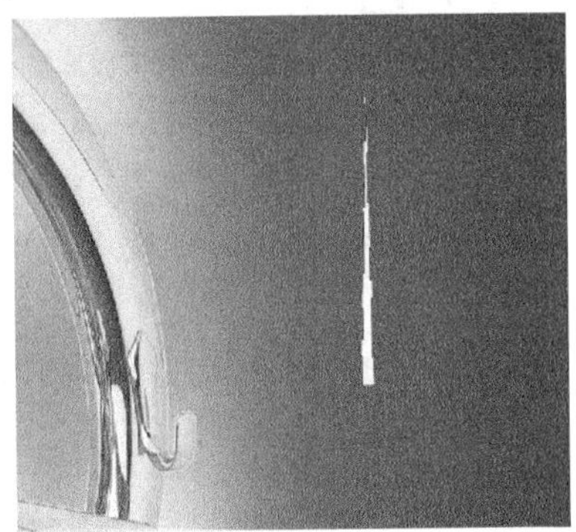
图 5-68

03 在图层“形状1”右侧的空白处单击鼠标右键，并在弹出的菜单中选择“栅格化图层”命令，效果如图5-69所示。

图 5-69

04 拖曳图层“形状1”到“图层”面板下面的“创建新图层”按钮上，复制出一个“形状1 副本”，然后执行“编辑>变换>垂直翻转”菜单命令，再将图形向下移动到如图5-70所示的位置。

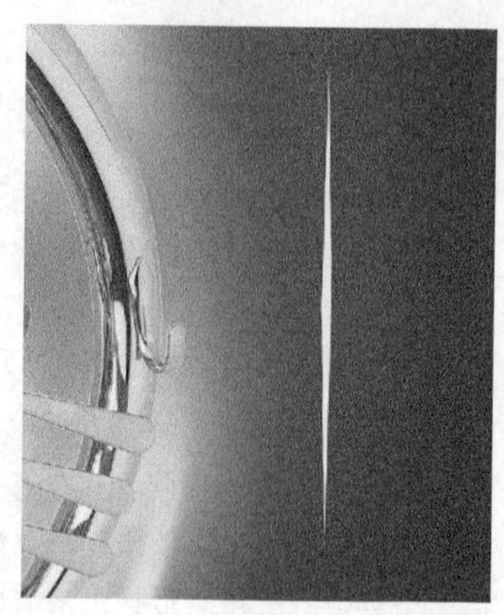
图 5-70

知识点

绘制星光的方法很多，如可以用“矩形选框工具”绘制出基本形状后再将其变形；也可以使用“椭圆选框工具”绘制基本形状后再将其自由变形；还可以直接在“自定形状拾色器中”选择星形来绘制。

05 按Ctrl+E组合键合并图层“形状1”和图层“形状1 副本”，并将该图层的名称更改为“形状”，然后复制一个图层“形状副本”，并按Ctrl+T组合键将其旋转90°，效果如图5-71所示，接着将图形移动到如图5-72所示的位置。

图 5-71

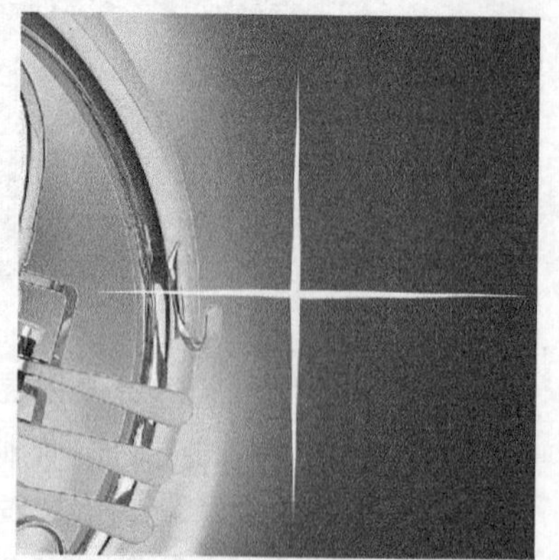
图 5-72

06 创建一个新图层“光”，单击“工具箱”中的“椭圆选框工具”按钮，按住Shift键在绘图区域中绘制一个如图5-73所示的圆形选区。

图 5-73

07 单击“工具箱”中的“渐变工具”按钮，在属性栏中单击“径向渐变”按钮，然后选择“前景到透明”渐变，并在绘图区域中从选区的中心点往边缘处拉出渐变，接着按Ctrl+D组合键取消选区，效果如图5-74所示。

图 5-74

08 按Ctrl+E组合键合并图层“形状”“形状副本”和“光”，将合并后的图层更名为“星光”，然后按Ctrl+T组合键旋转图形，如图5-75所示。

图 5-75

09 复制一个“星光副本”，然后按Ctrl+T组合键将其等比例缩小，效果如图5-76所示。

图 5-76

10 重复步骤9，复制出多个“星光”并将其等比例缩小，效果如图5-77所示。

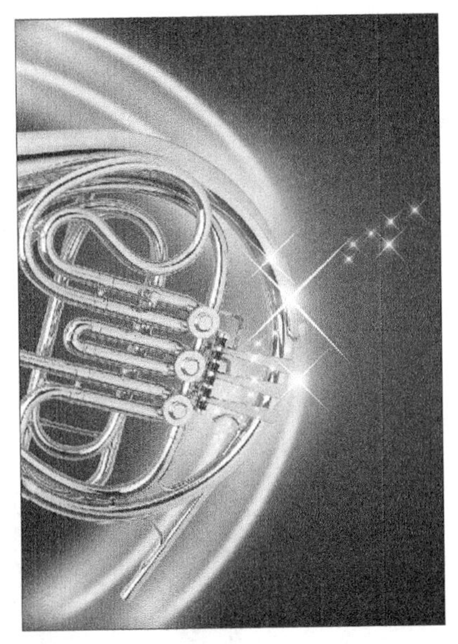

图 5-77

11 选择图层“星光”，复制一个新图层“星光备份”，然后单击该图层名称前面的“指示图层可视性”按钮将其暂时隐藏，并按Ctrl+E组合键合并与“星光”效果制作有关的所有图层，接着复制3组“星光副本”，再按Ctrl+T组合键自由变换图形并将其移动到相应的位置，完成效果如图5-78所示。

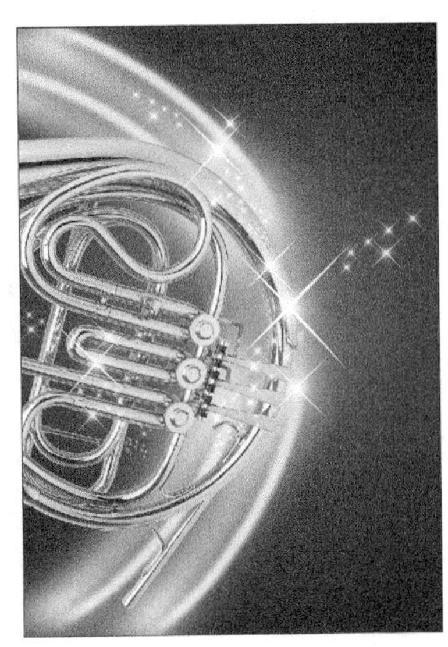

图 5-78

5.2.4 绘制文字背景层

01 创建一个新图层“弧形背景”，然后单击“工具箱”中的“椭圆选框工具”按钮，在绘图区域中绘制一个如图5-79所示的椭圆形选区。

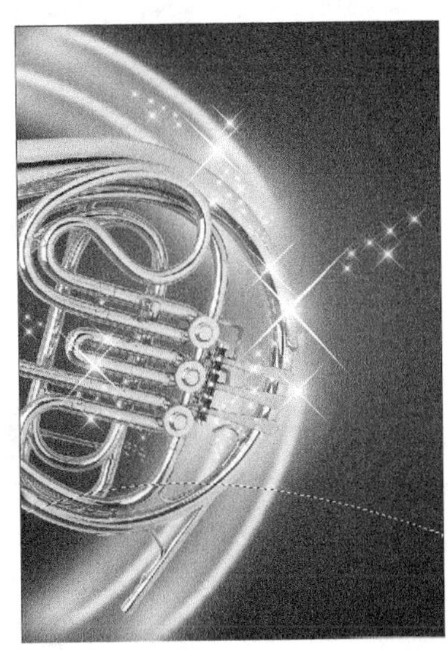

图 5-79

02 分别设置前景色和背景色（R:228、G:54、B:67和R:77、G:11、B:43），单击“工具箱”中的“渐变工具”按钮，然后单击属性栏中的“线性渐变”按钮，并选择“前景到背景”渐变，按住Shift键在选区中从左往右水平拉出渐变，效果如图5-80所示。

图 5-80

03 执行“选择>变换选区”菜单命令，按住Ctrl键，将左上角和右上角的控制点垂直往下拖曳，如图5-81所示，然后按Enter键确定操作。

图 5-81

04 设置前景色（R:173、G:127、B:44），按Alt+Delete组合键用前景色填充选区，效果如图5-82所示。

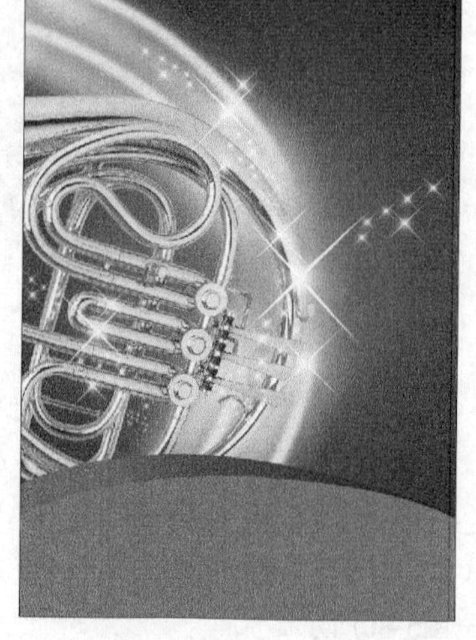

图 5-82

5.2.5 绘制Logo和名字特效

01 创建新一个图层Logo，单击“工具箱”中的“钢笔工具”按钮，单击属性栏中的“路径”按钮，在绘图区域中绘制4个如图5-83所示的路径。

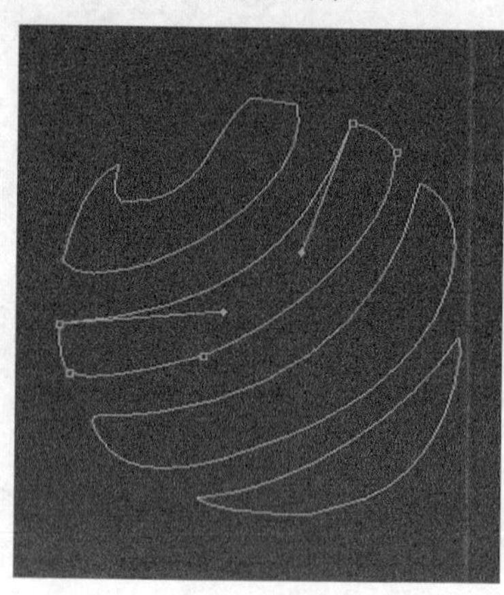

图 5-83

技巧与提示

绘制路径的时候，可以先绘制一个椭圆作为参照，Logo的制作主要是利用Photoshop中的特效功能。在网页设计和广告设计中会经常使用到Logo，所以Logo的制作方法必须掌握。

02 设置前景色（R:255、G:255、B:255），然后切换到“路径”面板，接着单击该面板下面的“用前景色填充路径”按钮，效果如图5-84所示。

图 5-84

03 单击“图层”面板下面的“添加图层样式”按钮 fx，然后在弹出的菜单中选择“投影”命令，接着在弹出的“图层样式”对话框中设置具体参数，如图5-85所示。

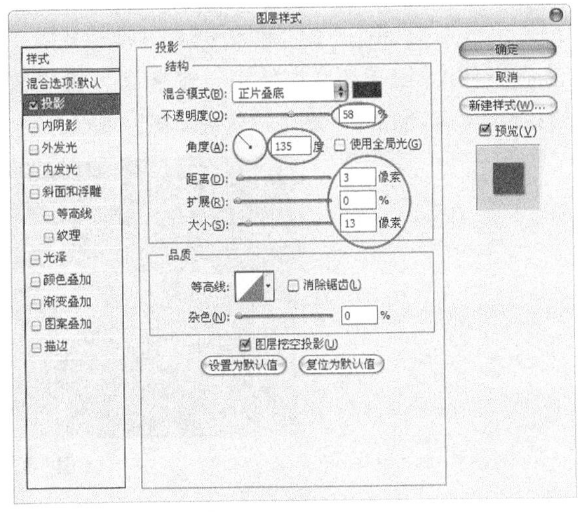

图 5-85

04 单击“渐变叠加”样式，然后单击该对话框中的“渐变编辑框”，接着在弹出的“渐变编辑器”对话框中选择“透明彩虹”渐变，如图5-86所示，并单击“确定”按钮返回“图层样式”对话框设置其他参数，如图5-87所示。

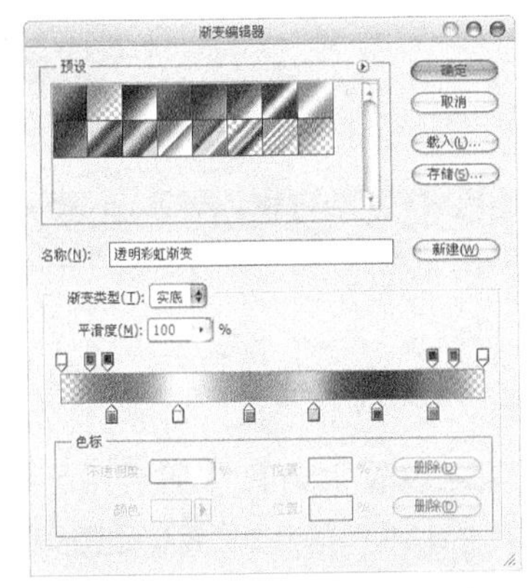

图 5-86

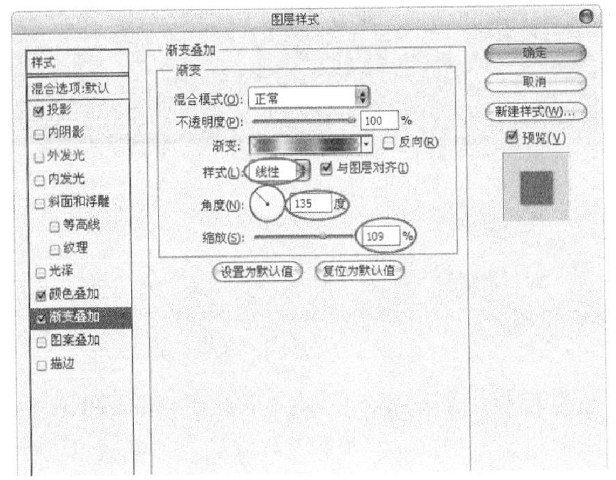

图 5-87

05 设置完毕后单击“确定”按钮，效果如图5-88所示。

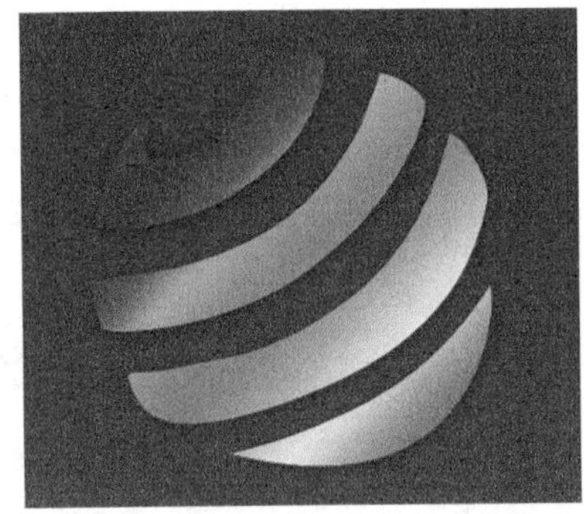

图 5-88

06 复制出一个“Logo 副本”，然后在图层名称右侧单击鼠标右键，接着在弹出的菜单中选择“清除图层样式”命令，效果如图5-89所示。

图 5-89

07 分别设置前景色和背景色（R:118、G:49、B:44和R:255、G:255、B:25），然后执行“选择>载入选区”菜单命令载入“Logo副本”选区，接着单击“工具箱”中的“渐变工具”按钮，在属性栏中选择“前景到背景”渐变，然后在选区中从左向右水平拉出渐变，效果如图5-90所示。

图 5-90

08 执行“滤镜>模糊>高斯模糊”菜单命令，在弹出的“高斯模糊”对话框中设置“半径”为1.8像素，效果如图5-91所示，然后按Ctrl+T组合键将图像等比例缩小，再设置该图层的“不透明度”为50%，混合模式设置为“变亮”，效果如图5-92所示。

图 5-91

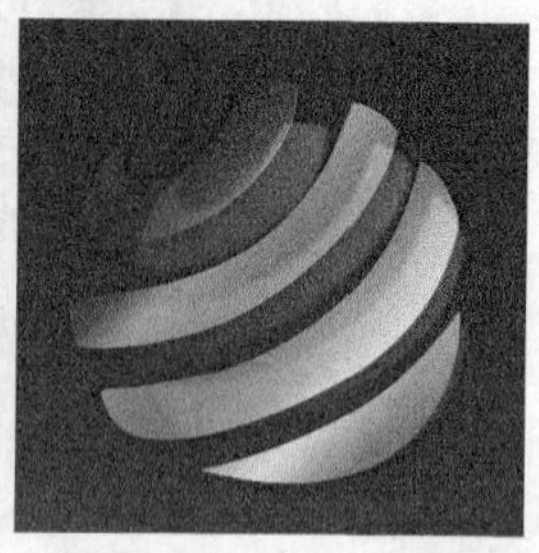

图 5-92

09 复制一个新图层“Logo副本2”，然后按Ctrl+T组合键将其等比例放大一些，再设置该图层的“混合模式”为“正常”，“不透明度”为100%，效果如图5-93所示。

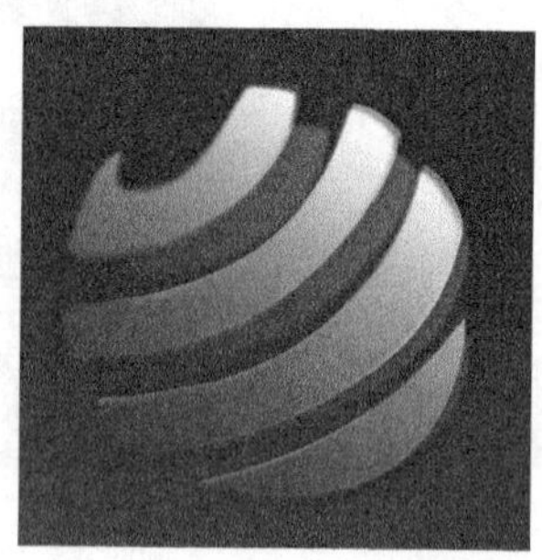

图 5-93

10 按住Ctrl键并单击图层“Logo 副本2”缩略图，载入图层选区，然后设置前景色和背景色（R:114、G:36、B:39和R:78、G:61、B:60），接着单击“工具箱”中的“渐变工具”按钮，使用“前景到背景”渐变方式在选区中从左向右拉出渐变，效果如图5-94所示。

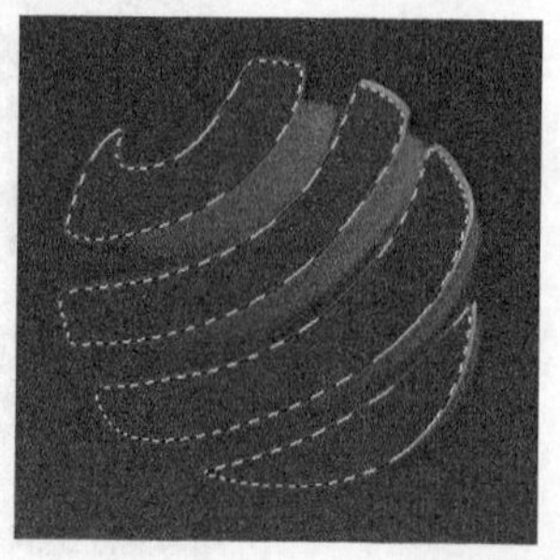

图 5-94

11 单击“工具箱”中的“椭圆选框工具”按钮，然后按住Alt键在选区中绘制一个椭圆，接着按Delete键删除选区中的图像，效果如图5-95所示。

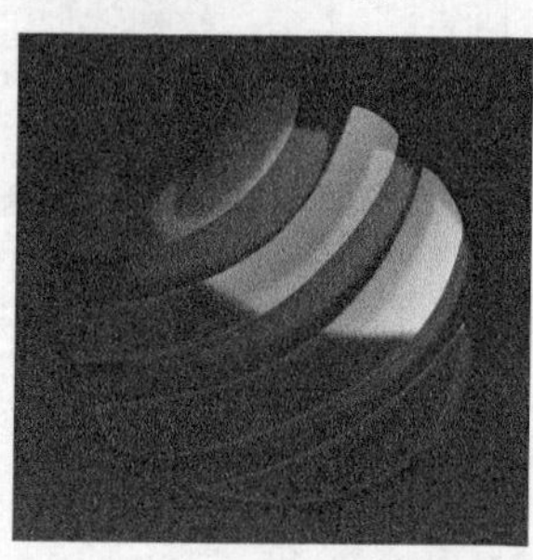

图 5-95

12 设置图层的“混合模式”为“滤色”，效果如图5-96所示。

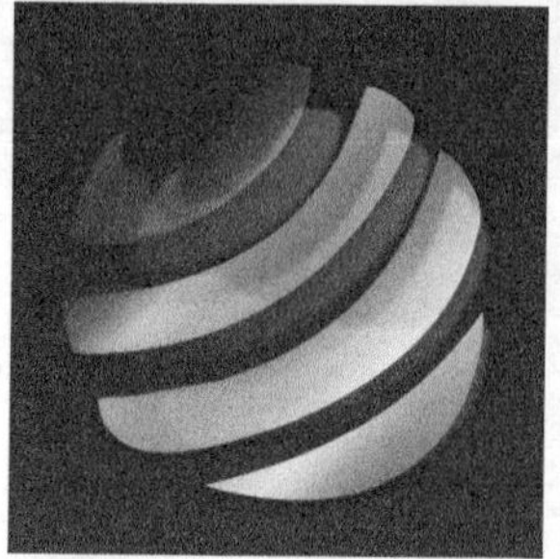

图 5-96

5.2.6 制作文字特效

01 单击“工具箱”中的“横排文字工具”按钮，随意选择一种字体，大小设置为32点，颜色设置为白色，然后在绘图区域中输入文字“SMART琴行”，效果如图5-97所示。

图 5-97

技巧与提示

为了增强视觉效果，SMART和“琴行”可用不同的字体和字号。

02 打开“图层样式”对话框，在该对话框中单击“投影”样式，“投影”样式的具体参数设置如图5-98所示。

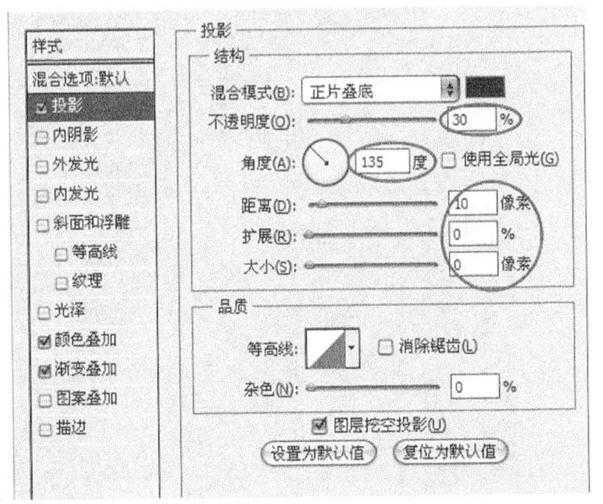

图 5-98

03 单击“渐变叠加”样式，然后单击该对话框中的“渐变编辑框”按钮，并在弹出的“渐变编辑器”对话框中设置色标颜色：在第1个点（位置0%）设置色标颜色（R:255、G:255、B:255）；在第2个点（位置18%），设置色标颜色（R:76、G:87、B:95），接着将左侧的“菱形”按钮拖到第2个色标位置；在第3个点（位置43%）设置色标颜色（R:184、G:194、B:216），再将该左侧的“菱形”按钮往右边拖曳一小段距离，并将右侧的“菱形”按钮拖到第3个色标的位置；在第4个点（位置61%）设置色标颜色（R:34、G:39、B:40），将右侧的“菱形”按钮拖到第4个色标的位置；在第5个点（位置61%），使其与前一个色标重合，设置色标颜色为白色；在第6个点（位置82%）设置色标颜色为（R:184、G:194、B:216）；在第7个点（位置100%）设置色标颜色为白色，如图5-99所示。

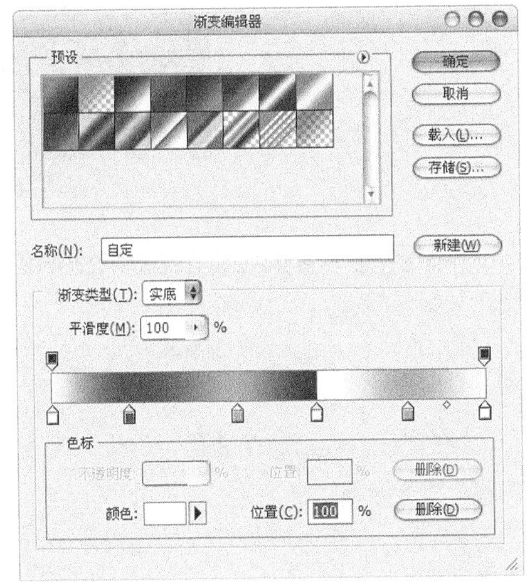

图 5-99

技巧与提示

该渐变颜色编辑属于较高难度的，必须多加琢磨和练习才能将图像渐变出最佳效果。

04 渐变颜色设置完毕后，回到“图层样式”对话框，设置其他参数，如图5-100所示，文字效果如图5-101所示。

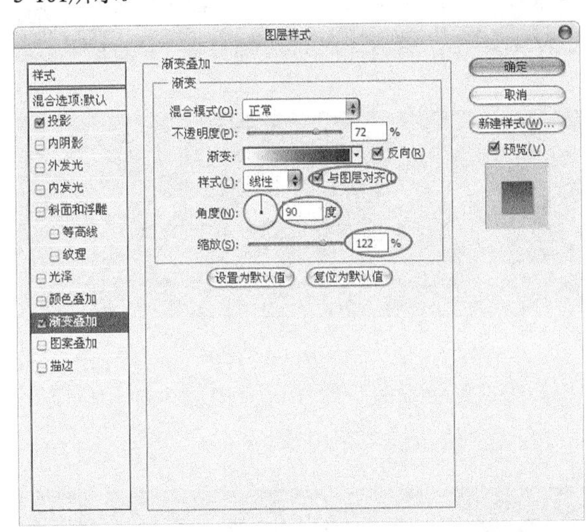

图 5-100

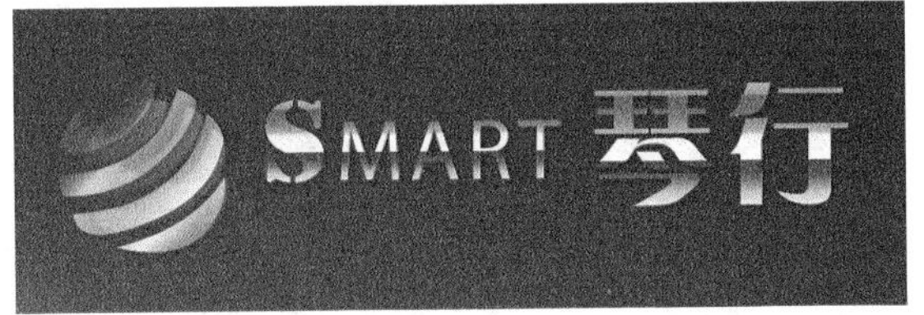

图 5-101

05 单击图层“星光备份”名称前面的“矩形框”，使该图层变成可见状态，然后将该图形复制6个副本，并将其旋转一定角度，如图5-102所示。

图 5-102

06 合并制作光线星光使用到的图层，按Ctrl+T组合键将图形等比例缩小，然后将其移动到如图5-103所示的位置，再复制两个星光效果，将其移动到如图5-104所示的位置。

图 5-103

图 5-104

07 在“彩色报版”绘图区域中输入相应的文字信息，最终效果如图5-105所示。

图 5-105

5.3 课堂案例——宣传海报

案例位置　案例文件>CH05>课堂案例——宣传海报.psd
视频位置　多媒体教学>CH05>课堂案例——宣传海报.flv
难易指数　★★★☆☆
学习目标　学习“钢笔工具”“仿制图章工具”的使用

本案例是为法拉利新推出的一款跑车设计的宣传海报，采用了撕裂旧车呈现新车的独特创意，恰到好处地展现了新款跑车速度与全新的驾驶体验，宣传海报的最终效果如图5-106所示。

图 5-106

相关知识

宣传海报是应用最早和最广泛的宣传品，它展示面积大，视觉冲击力强，最能突出企业的口号和用意。宣传海报的设计主要掌握以下7点。

第1点：使用的色彩不要太杂，要尽量能够突出字体效果。

第2点：使用容易看明白的字体，避免出现龙飞凤舞，不易看懂的文字。

第3点：尽量以既定的视觉效果图案色彩与文案作为制作题材。

第4点：价格数字要使用令顾客感到高雅悦目的字体。

第5点：以诉求产品名称、价格、风味、组合内容及活动期限为主。

第6点：海报内容最好采用通俗易懂的文字与图案来表现。

第7点：采取大范围的制作方法，以响应本地区大型项目活动。

核心步骤

① 导入背景素材，然后使用“仿制图章工具”制作出抽象背景。

② 导入相关素材，然后使用“钢笔工具”和调色功能制作出撕边特效。

③ 导入相关素材，然后使用滤镜功能制作出动感特效，接着使用“钢笔工具”和调色功能制作出撕边特效。

④ 导入汽车素材，然后删除重叠部分，接着使用“画笔工具”绘制出汽车的阴影。

5.3.1 制作海报背景

01 启动Photoshop CS5，按Ctrl+N组合键新建一个“宣传海报设计”文件，具体参数设置为“宽度”10cm、“高度”15cm、“分辨率”200像素/英寸、“颜色模式”RGB颜色，如图5-107所示。

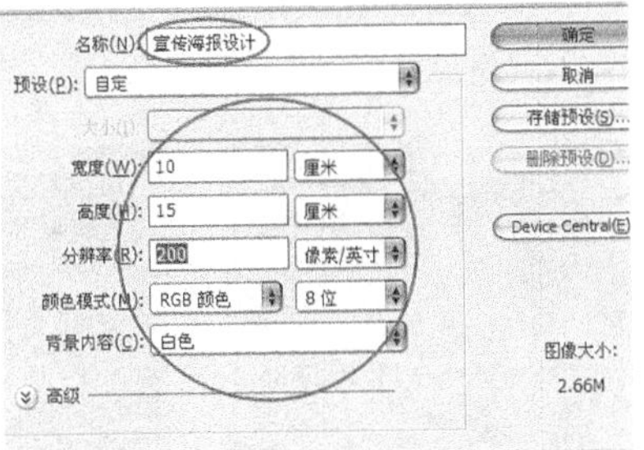

图 5-107

02 打开本书配套资源中的“素材文件>CH05>课堂案例——宣传海报>素材01.jpg”文件，然后将其拖曳到“宣传海报设计”操作界面中，如图5-108所示，接着将新生成的图层更名为“蓝天草地”图层。

图 5-108

技巧与提示

该海报界面通过两个撕边效果将其分为3部分，并且每部分体现的主题思想有所不同，中间部分是整个界面的视觉中心，也是界面的视觉延伸，所以选择的素材要颜色鲜艳，并且具有视觉距离感。

03 单击“工具箱”中的“仿制图章工具”按钮，并在属性栏中设置“大小”为50px，“不透明度”为100%，然后按住Alt键的同时单击图像下部分的草地，吸取仿制源，接着松开Alt键，在图像下部分空白处从左到右来回涂抹，完成后的效果如图5-109所示。

图 5-109

知识点

按理说步骤3中仿制的图像应该布满整个草地界面，但是下面的草地部分要作为海报的信息栏，因此需要将图像进行抽象化处理，这样才能和界面的上部分形成不同的视觉效果。

“仿制图章工具”的使用方法比较简单，只需要按住Alt键的同时使用鼠标左键吸取需要仿制的源图像，然后在需要仿制的区域涂抹即可。需要说明的是“仿制图章工具”可以吸取多个仿制源，可以对多个点和面进行仿制，这个方法将在后面的案例中进行详细讲解。

04 确定“蓝天草地”图层为当前图层，然后使用“矩形选框工具”绘制一个如图5-110所示的矩形选区，接着按Ctrl+Shift+I组合键反选选区，再按

Delete键删除选区中的图像，效果如图5-111所示。

图 5-110

图 5-111

5.3.2 制作撕边特效

01 打开本书配套资源中的“素材文件>CH05>课堂案例——宣传海报>素材02.jpg”文件，然后将其拖曳到“宣传海报设计”操作界面中，并将新生成的图层更名为“城市街道”图层，接着按Ctrl+T组合键进入自由变换状态，并在属性栏中进行如图5-112所示的设置，效果如图5-113所示。

图 5-112

图 5-113

02 执行“编辑>变换>水平翻转”菜单命令，然后将图像拖曳到如图5-114所示的位置。

图 5-114

03 新建一个“左边撕边”图层，设置前景色（R:235、G:240、B:250），然后使用“钢笔工具”绘制一条如图5-115所示的路径，接着按Ctrl+Enter组合键载入该路径的选区，再按Alt+Delete组合键用前景色填充选区，效果如图5-116所示。

图 5-115

图 5-116

技巧与提示

在使用“钢笔工具”绘制路径时，只要绘制的路径能表现出纸张的撕裂效果即可。

04 确定“城市街道”图层为当前图层，然后使用“仿制图章工具”仿制出左下部分的街道图像，完成后的效果如图5-117所示。

图 5-117

05 确定“城市街道”图层为当前图层，按住Ctrl键的同时单击“左边撕边”图层的缩览图，载入该图层的选区，然后按Delete键删除选区中的图像，接着使用“多边形套索工具”勾选一个如图5-118所示的选区，再按Delete键删除选区中的图像，效果如图5-119所示。

图 5-118

图 5-119

06 确定“城市街道”图层为当前图层，单击“工具箱”中的“减淡工具”按钮，并在属性栏中设置“大小”为65px，“曝光度”为50%，然后在图像右侧的撕裂边缘部分来回涂抹，完成后的效果如图5-120所示。

图 5-120

07 确定“城市街道”图层为当前图层，并执行“图像>调整>亮度/对比度”菜单命令，然后在弹出的“亮度/对比度”对话框中进行如图5-121所示的设置，效果如图5-122所示。

图 5-121

图 5-122

08 按Ctrl+J组合键复制一个“城市街道副本”图层，然后按Ctrl+U组合键打开“色相/饱和度”对话框，具体参数设置如图5-123所示，效果如图5-124所示。

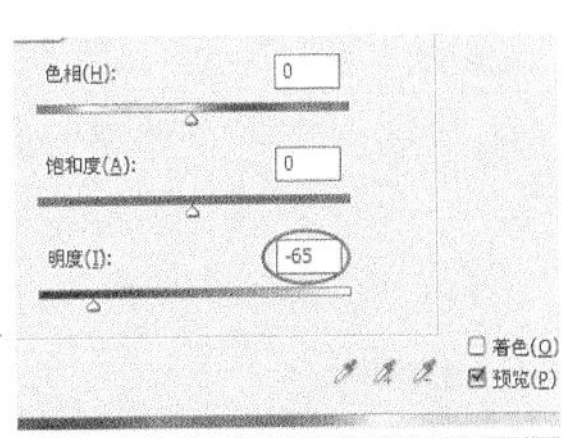

图 5-123

图 5-124

技巧与提示

在调整图像“明度”分布时，若当前图层的下面有相同的图像，要尽量将“明度”调低一些，即使在完成后感觉图像偏暗，也可以通过调整图层的“不透明度”来增强图像的亮度。

09 为“城市街道副本”图层添加一个“图层蒙版”，然后按D键还原前景色和背景色，接着使用“前景色到透明渐变”在蒙版中从下向上拉出渐变，效果如图5-125所示。

图 5-125

知识点

调整图像“明度”分布的3大技法

① 使用“加深工具”和“减淡工具”在需要提高或降低图像“明度”的区域涂抹。这种方法容易控制需要调整的“明度”方向，但很难控制“明度”的分布。

② 在需要降低或提高图像“明度”的区域使用渐变蒙版。这种方法容易控制“明度”的分布，但很难控制“明度”的方向。

③ 使用“曲线”功能调整图像的“明度”。这种方法容易控制“明度”的方向和分布，但曲线的编辑比较难控制。

10 同时选中“城市街道”图层和“城市街道副本”图层，然后按Ctrl+E组合键将其合并为“城市街道”图层，接着双击该图层的缩览图，打开“图层样式”对话框，并单击“投影”样式，具体参数设置如图5-126所示，效果如图5-127所示。

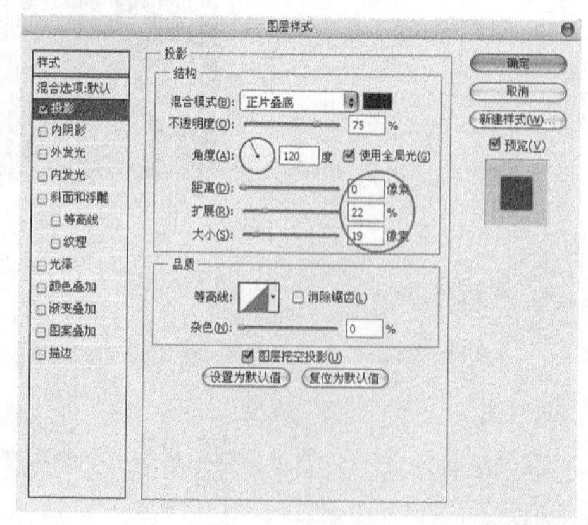

图 5-126

图 5-127

5.3.3 制作动感特效

01 下面制作右侧的背景图像。打开本书配套资源中的“素材文件>CH05>课堂案例——宣传海报>素材03.jpg”文件，然后将其拖曳到“宣传海报设计”操作界面中，并将新生成的图层更名为“海”图层，接着按Ctrl+T组合键进入自由变换状态，再将图像进行如图5-128所示的变形。

图 5-128

02 使用“矩形选框工具”绘制一个如图5-129所示的矩形选区，然后按Ctrl+J组合键将选区中的图像复制到一个新的图层中，并将该图层更名为“动感”图层。

图 5-129

03 确定“动感”图层为当前图层，然后执行“滤镜>杂色>添加杂色”菜单命令，接着在弹出的“添加杂色”对话框中进行如图5-130所示的设置，效果如图5-131所示。

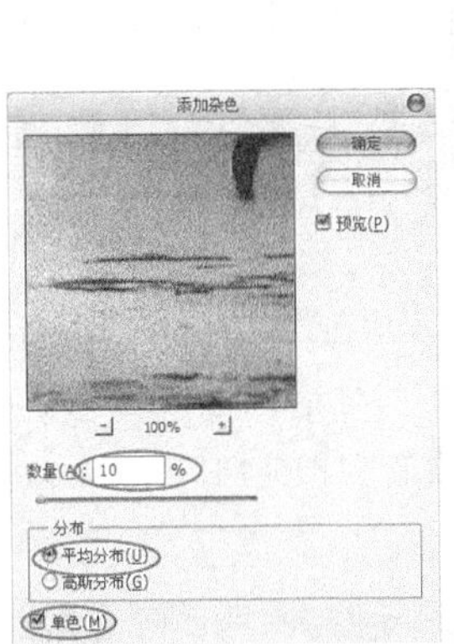

图 5-130

图 5-131

04 确定“动感”图层为当前图层，然后执行“滤镜>模糊>动感模糊”菜单命令，接着在弹出的“动感模糊”对话框中进行如图5-132所示的设置，并设置“动感”图层的“不透明度”为90%，效果如图5-133所示。

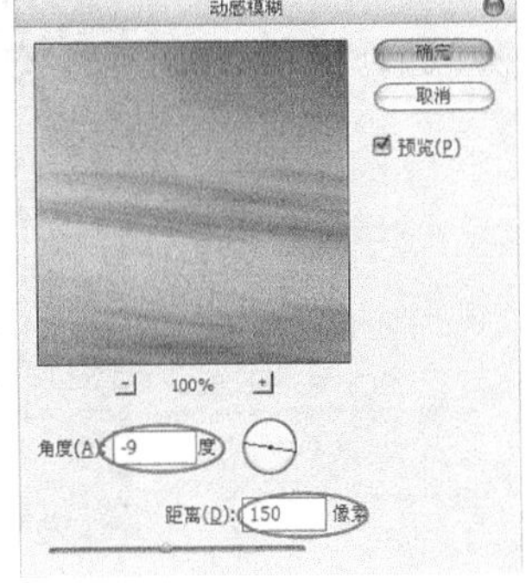

图 5-132

图 5-133

05 同时选中“海”图层和“动感”图层，然后按Ctrl+E组合键将其合并为“海夜景”图层，接着使用“仿制图章工具”将动感图像复制到如图5-134所示的位置。

图 5-134

06 新建一个“右边撕边”图层，然后使用“钢笔工具”绘制一条如图5-135所示的路径，接着按Ctrl+Enter组合键载入该路径的选区，设置前景色（R:225、G:222、B:222）；最后按Alt+Delete组合键用前景色填充选区，按Ctrl+D组合键取消选择，效果如图5-136所示。

图 5-135

图 5-136

07 确定“海夜景”图层为当前图层，然后按住Ctrl键的同时单击“右边撕边”图层的缩览图，载入该图层的选区，接着按Delete键删除选区中的图像，再使用“多边形套索工具”勾选出如图5-137所示的选区，最后按Delete键删除选区中的图像，效果如图5-138所示。

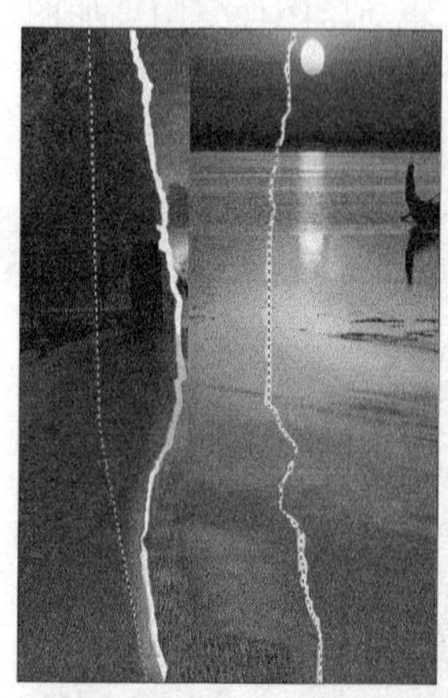

图 5-137

图 5-138

知识点

Photoshop CS5提供了一些浏览图像和控制界面的方法，灵活运用这些方法可以节省大量的操作时间。

缩放界面：按Ctrl++组合键可放大界面，按Ctrl+-组合键可缩小界面。也可以单击“工具箱”中的“缩放工具”按钮或按Z键选择该工具进行缩放，系统默认的是放大工具，按住Alt键可切换到缩小工具。

快速查看某个区域的放大图像：当多次放大一个图像时，如果要从一个区域移动到另外一个区域查看放大后的图像，这时可单击“工具箱”中的“抓手工具”按钮或按H键选择该工具，然后拖曳光标到需要查看的区域即可。

08 在“城市街道”图层右侧的空白处单击鼠标右键，并在弹出的菜单中选择“拷贝图层样式”命令，然后在“海夜景”图层的右侧单击鼠标右键，接着在弹出的菜单中选择“粘贴图层样式”命令，效果如图5-139所示。

图 5-139

09 确定“城市街道”图层为当前图层，按Ctrl+U组合键打开“色相/饱和度”对话框，然后勾选“着色”选项，具体参数设置如图5-140所示，效果如图5-141所示。

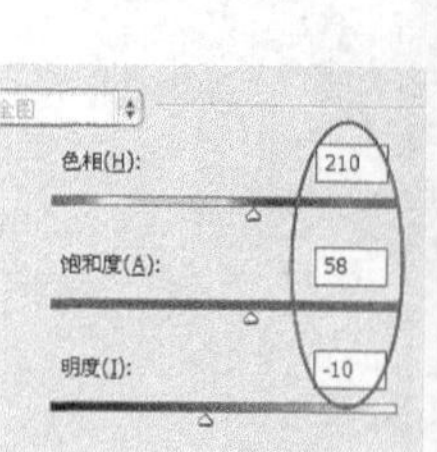

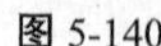

图 5-140

图 5-141

技巧与提示

在使用“色相/饱和度”后，如果下次要使用同样的设置，可直接按Ctrl+Alt+U组合键，这个方法同样适用于“曲线”（Ctrl+Alt+M组合键）功能、“色阶”（Ctrl+Alt+L组合键）功能和“色彩平衡”（Ctrl+Alt+B组合键）功能。

5.3.4 汽车合成

01 打开本书配套资源中的“素材文件>CH05>课堂案例——宣传海报>素材04.psd”文件，然后将其拖曳到“宣传海报设计”操作界面中，并将新生成的图层更名为“车中”图层，接着执行“编辑>变换>水平翻转”菜单命令，再按Ctrl+T组合键进入自由变换状态，最后将图像进行如图5-142所示的变形。

图 5-142

02 设置前景色为黑色，然后在“车中”图层的下一层新建一个“阴影”图层，接着使用“画笔工具”在车的底部绘制出阴影，效果如图5-143所示。

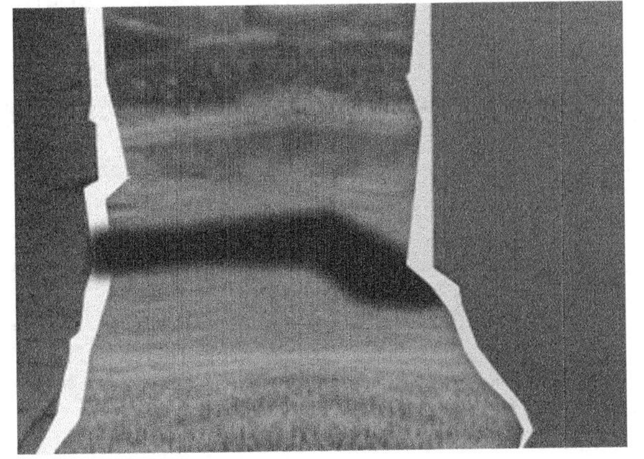

图 5-143

03 打开本书配套资源中的“素材文件>CH05>课堂案例——宣传海报>素材05.psd”文件，然后将其拖曳到“宣传海报设计”操作界面中，并将新生成的图层更名为“车右”图层，接着将该图层放置在“右边撕边”的下一层，效果如图5-144所示。

图 5-144

04 确定“车右”图层为当前图层，使用“多边形套索工具”勾选出如图5-145所示的选区，然后按Delete键删除选区中的图像，效果如图5-146所示。

图 5-145

图 5-146

05 在“车右”图层的下一层新建一个“车右阴影”图层，然后使用“画笔工具”将车的底部绘制出如图5-147所示的阴影。

图 5-147

技巧与提示

在绘制该部分阴影时，可适当调整“画笔工具”的“不透明度”和“大小”，以绘制出真实的阴影效果。

06 暂时隐藏“车中”图层，然后使用“多边形套索工具”勾选出如图5-148所示的选区，接着显示出该图层，再按Delete键删除选区中的图像，效果如图5-149所示。

图 5-148

图 5-149

技巧与提示

在实际工作中，如果制作比较复杂的作品，可能会使用到很多图层，这时可暂时隐藏一些图层来进行操作，等到合适的时候再显示出隐藏的图层。

07 将“车中”图层拖曳到“左边撕边”图层的下一层，然后将“阴影”图层拖曳到“车中”图层的下一层，此时的效果如图5-150所示。

图 5-150

08 确定“车中”图层为当前图层，使用“多边形套索工具”将玻璃勾选出来，如图5-151所示，然后单击“工具箱”中的“移动工具”按钮，接着各按一次向下键↓和向上键↑，这样就可以勾选出玻璃的轮廓，如图5-152所示。

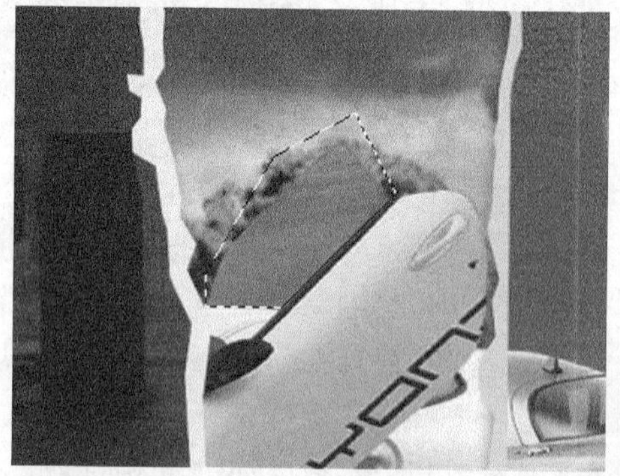

图 5-151

图 5-152

技巧与提示

步骤8中的方法很适合于选取局部图像，对于分布比较均匀的色块，也可以使用“快速选择工具”和“魔棒工具”来选取。

09 保持选区状态，按Shift+Ctrl+J组合键将选区中的图像剪切到一个新的图层中，然后设置该图层的“不透明度”为70%，效果如图5-153所示。

图 5-153

10 打开本书配套资源中的“素材文件>CH05>课堂案例——宣传海报>素材06.psd”文件，然后将其拖曳到“宣传海报设计”操作界面中，并将新生成的图层更名为“车左”图层，接着将图层拖曳到“左边撕边”图层的下一层，效果如图5-154所示。

图 5-154

11 确定“车左”图层为当前图层，使用“多边形套索工具”勾选出如图5-155所示的选区，然后按Delete键删除选区中的图像，效果如图5-156所示。

图 5-155

图 5-156

12 在“车左”图层的下一层新建一个“车左阴影”图层，然后使用“画笔工具”在车的底部绘制出如图5-157所示的阴影。

图 5-157

13 使用“横排文字工具”在画面中输入相关文字说明，最终效果如图5-158所示。

图 5-158

5.4 课堂案例——报版

案例位置	案例文件>CH05>课堂案例——报版.psd
视频位置	多媒体教学>CH05>课堂案例——报版.flv
难易指数	★★★★☆
学习目标	学习滤镜功能、调色功能的使用以及对“图层样式”和“画笔工具”的使用

本案例同样采用黑白两色作为整个设计的主色调，完美地呈现了金属的质感和轿车的优雅与时尚，是平面设计中的精品。报版设计的最终效果如图5-159所示。

图 5-159

相关知识

单色报版主要用在广告专刊中，比起新闻专刊，它要更多地顾及广告客户的利益，并且很注重版面的利用率及收益。由此可见，单色报版的版面设计限制和要求比其他报版更加苛刻，版面设计师可发挥的空间也十分有限。总之，在设计单色报版时主要掌握以下7点。

第1点：风格——结合载体，保持一致。

第2点：设计——熟悉印刷，科学设计。

第3点：架构——方便阅读，合理布局。

第4点：字体——避繁就简，易读易懂。

第5点：图片——注重质量，精挑细选。

第6点：色彩——以墨为主，惜色如金。

第7点：装饰——衬托主体，宜少而精。

核心步骤

① 使用滤镜功能、调色功能和自由变换功能制作金属拉丝背景。

② 使用“图层样式”功能制作太空舱，然后导入相关素材，接着制作出太空行走效果。

③ 导入汽车素材，然后使用“画笔工具”绘制出阴影，接着使用“横排文字工具”输入相关文字说明。

5.4.1 制作金属拉丝背景

01 启动Photoshop CS5，按Ctrl+N组合键新建一个“报版设计”文件，具体参数设置为“宽度”11cm、“高度”7.8cm、“分辨率”300像素/英寸、“颜色模式”为灰度，如图5-160所示。

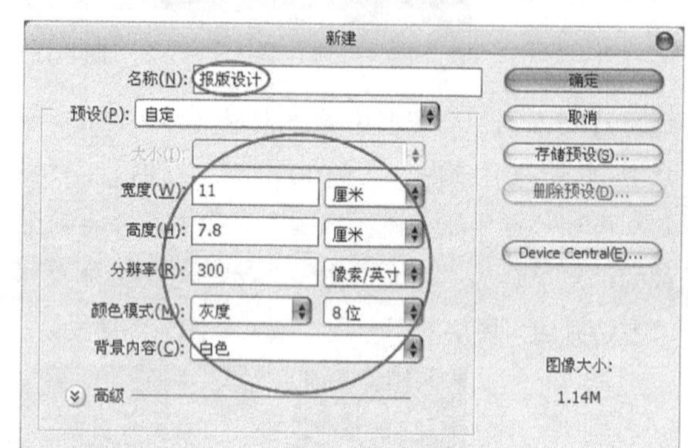

图 5-160

02 新建一个“图层1”，设置前景色（R:138、G:138、B:138），然后按Alt+Delete组合键用前景色填充“图层1”，效果如图5-161所示。

图 5-161

03 执行“滤镜>杂色>添加杂色”菜单命令，然后在弹出的“添加杂色”对话框中进行如图5-162所示的设置，效果如图5-163所示。

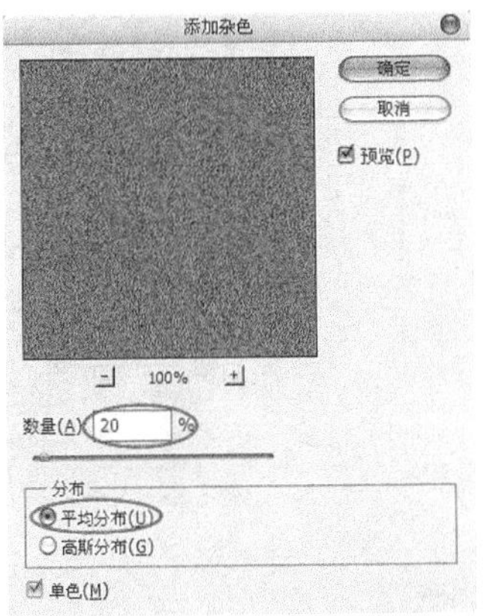

图 5-162

图 5-163

04 执行“滤镜>画笔描边>成角的线条”菜单命令，然后在弹出的“成角的线条”对话框中进行如图5-164所示的设置，效果如图5-165所示。

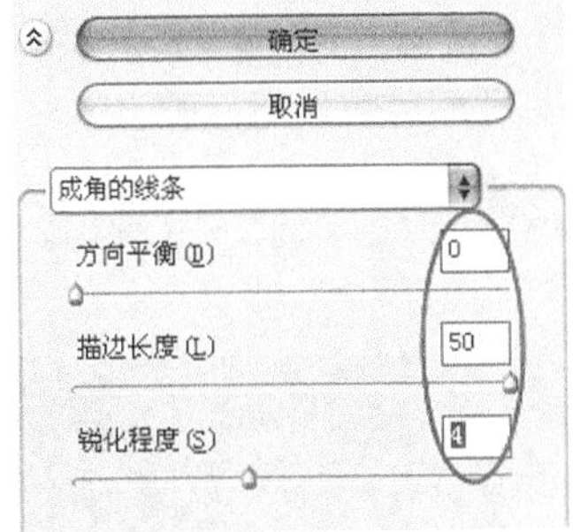

图 5-164

图 5-165

05 执行“滤镜>模糊>动感模糊”菜单命令，然后在弹出的“动感模糊”对话框中进行如图5-166所示的设置，效果如图5-167所示。

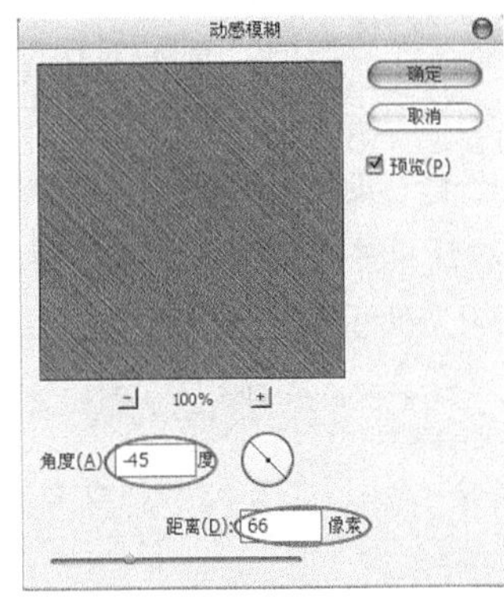

图 5-166

图 5-167

技巧与提示

使用“成角的线条”滤镜后，拉丝初步效果的方向是-45°，因此使用“动感模糊”滤镜时也要设置“角度”为-45°。

06 连续按4次Ctrl+F组合键使用步骤5中的“动感模糊”滤镜，效果如图5-168所示。

图 5-168

技巧与提示

拉丝效果的制作方法有很多种，在本例中，为了统一方向以及体现拉丝金属的细腻感，所以选择了上面的方法来制作。

07 执行“图像>调整>亮度/对比度”菜单命令，然后在弹出的“亮度/对比度”对话框中进行如图5-169所示的设置，再次执行“图像>调整>亮度/对比度”菜单命令，接着在弹出的“亮度/对比度”对话框中进行如图5-170所示的设置，效果如图5-171所示。

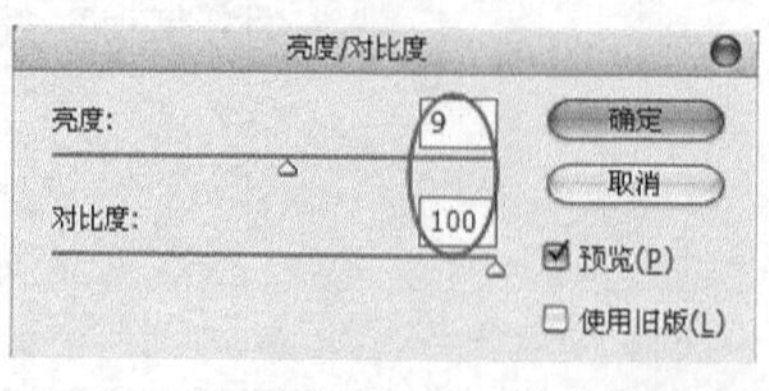

图 5-169

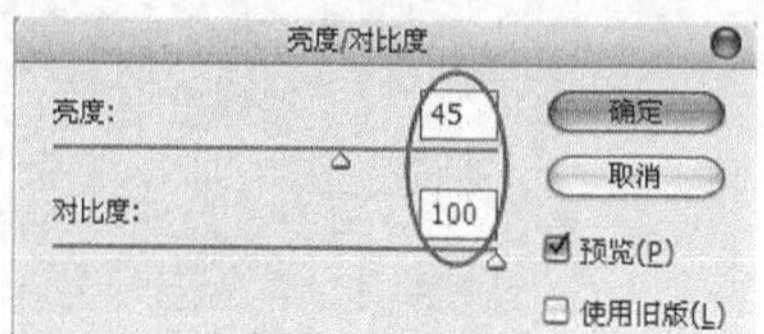

图 5-170

图 5-171

技巧与提示

由于调整一次“亮度/对比度”并不能达到最佳的对比效果，因此在步骤7中调整了两次“亮度/对比度”。

08 按Ctrl+J组合键复制一个“图层1副本”，然后暂时隐藏“图层1”，接着按Ctrl+T组合键进入自由变换状态，并在属性栏中进行如图5-172所示的设置，效果如图5-173所示。

图 5-172

图 5-173

09 使用“移动工具”将图像向左拖曳到如图5-174所示的位置。

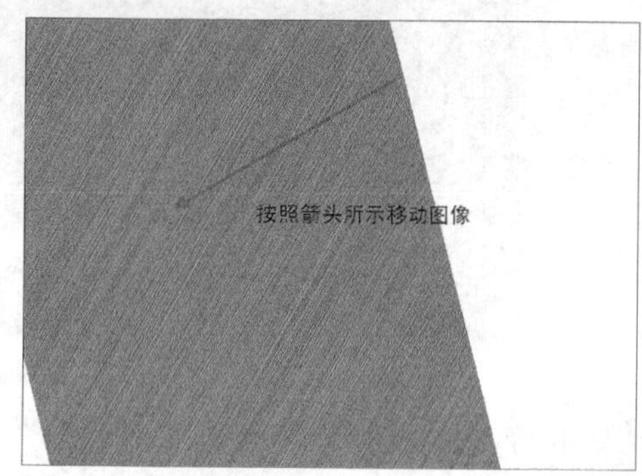

图 5-174

10 按Ctrl+T组合键进入自由变换状态，然后在属性栏中进行如图5-175所示的设置，接着将图像拖曳到如图5-176所示的位置。

图 5-175

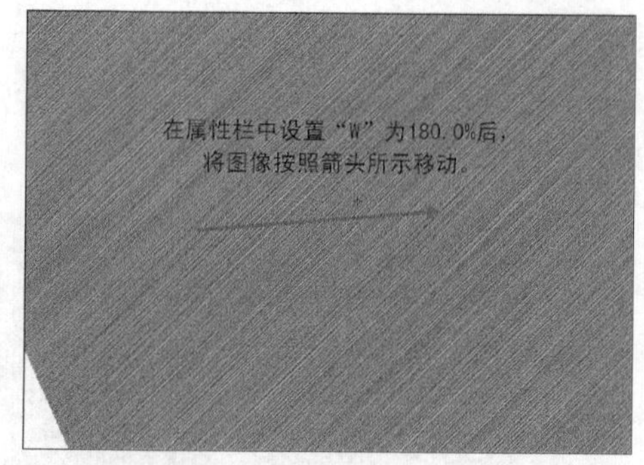

图 5-176

11 按Ctrl+T组合键进入自由变换状态，然后单击属性栏中的“在自由变换和变形模式之间切换”按钮，接着将图像进行如图5-177所示的变形，效果如图5-178所示。

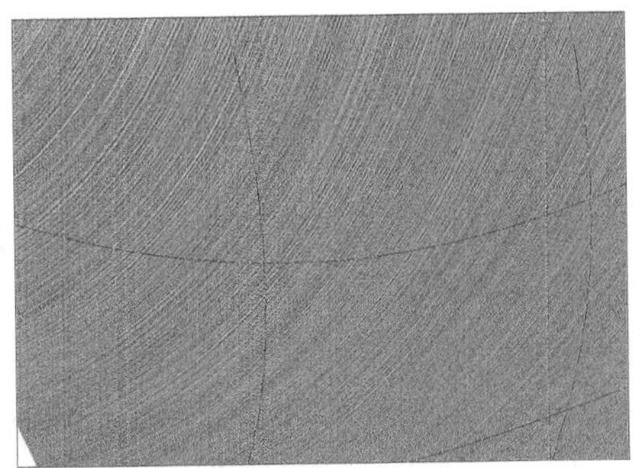

图 5-177

图 5-178

12 使用“多边形套索工具”勾选出如图5-179所示的选区，然后按Delete键删除选区中的图像，效果如图5-180所示。

图 5-179

图 5-180

13 单击“工具箱”中的“减淡工具”按钮，并在属性栏中设置“大小”为250px，“曝光度”为50%，然后在如图5-181所示的区域涂抹，减淡该部分图像，完成后的效果如图5-182所示。

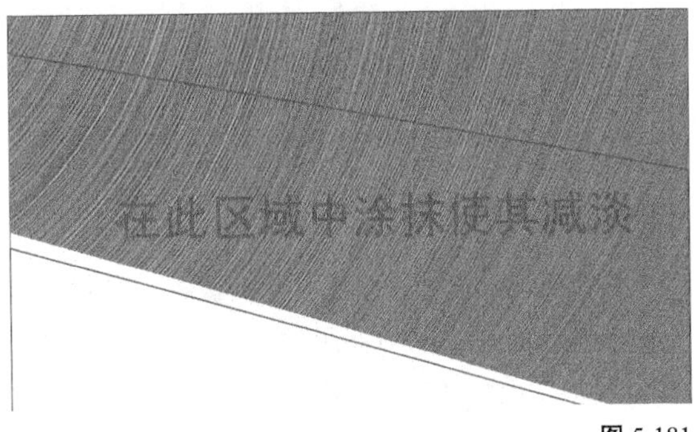

图 5-181

图 5-182

14 显示“图层1”，然后执行“编辑>变换>水平翻转”菜单命令，效果如图5-183所示。

图 5-183

15 由于该部分拉丝效果用来模拟车道，因此界面方向应更接近于水平。按Ctrl+T组合键进入自由变换状态，然后在属性栏中进行如图5-184所示的设置，效果如图5-185所示。

图 5-184

图 5-185

16 按Ctrl+T组合键进入自由变换状态，然后将图像放大到满屏，如图5-186所示。

图 5-186

17 执行“亮度/对比度”菜单命令，然后在弹出的“亮度/对比度”对话框中进行如图5-187所示的设置，效果如图5-188所示。

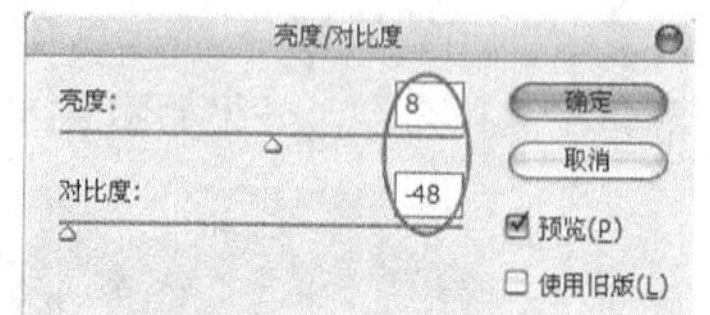

图 5-187

图 5-188

技巧与提示

从图5-188所示中可以观察到调整“亮度/对比度”后的对比效果仍然不明显，因此下面制作一条分隔线来增强对比效果。

18 新建一个“图层2”，然后使用“多边形套索工具”勾选出如图5-189所示的选区，接着按Shift+F6组合键打开“羽化选区”对话框，设置“羽化半径”为10像素，再设置前景色为白色，最后按Alt+Delete组合键用前景色填充选区，效果如图5-190所示。

图 5-189

图 5-190

技巧与提示

下面将制作一个太空舱来表现驾驶汽车的轻巧与舒适感，这部分版面的寓意很特别，可以用“醉翁之意不在酒”来形容，即用太空行走的感觉来形容汽车的性能。

5.4.2 制作太空舱

01 在最上层新建一个“底纹”图层，然后单击“工具箱”中的“圆角矩形工具”按钮，并在属性栏进行如图5-191所示的设置，接着绘制出如图5-192所示的路径。

图 5-191

图 5-192

02 按Ctrl+Enter组合键载入路径的选区，然后设置前景色（R:225、G:225、B:225），接着执行“编辑>描边”菜单命令，并在弹出的“描边”对话框中进行如图5-193所示的设置，效果如图5-194所示。

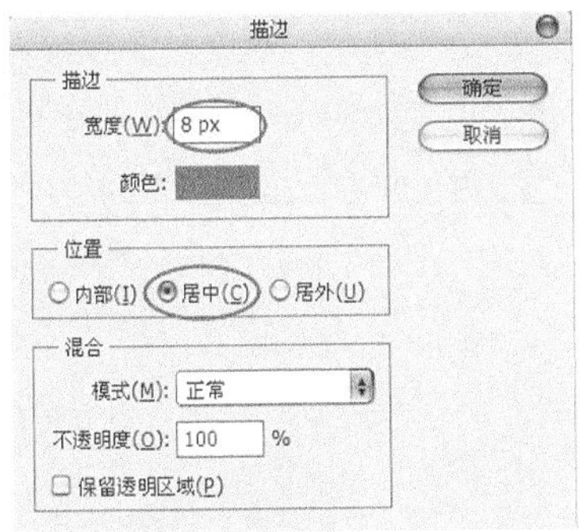

图 5-193

图 5-194

03 按Ctrl+T组合键进入自由变换状态，先将图像旋转到合适的角度，然后按住Ctrl键的同时将右下角的角手柄向右拖曳到如图5-195所示的位置。

图 5-195

04 按Ctrl+J组合键复制一个“底纹副本”图层，然后使用“移动工具”将其拖曳到如图5-196所示的位置。

图 5-196

05 确定“底纹副本”图层为当前图层，按Ctrl+T组合键进入自由变换状态，然后按住Ctrl键的同时将左下角的角手柄向左拖曳到合适的位置，完成后的效果如图5-197所示。

图 5-197

06 新建一个“椭圆底纹”图层，然后使用“椭圆选框工具”绘制一个如图5-198所示的椭圆选区。

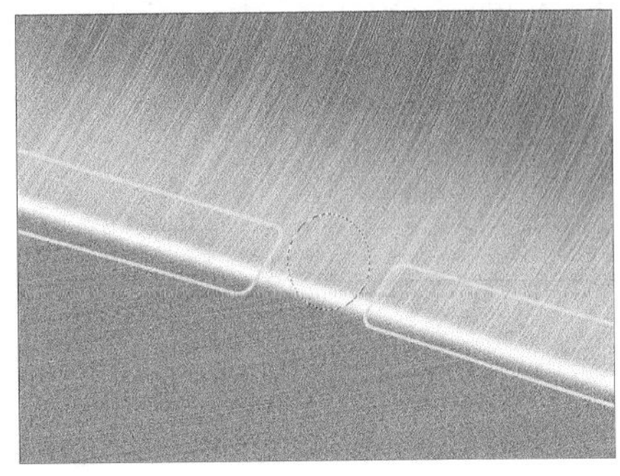

图 5-198

07 执行“选择>变换选区”菜单命令，然后将选区调整成如图5-199所示的效果。

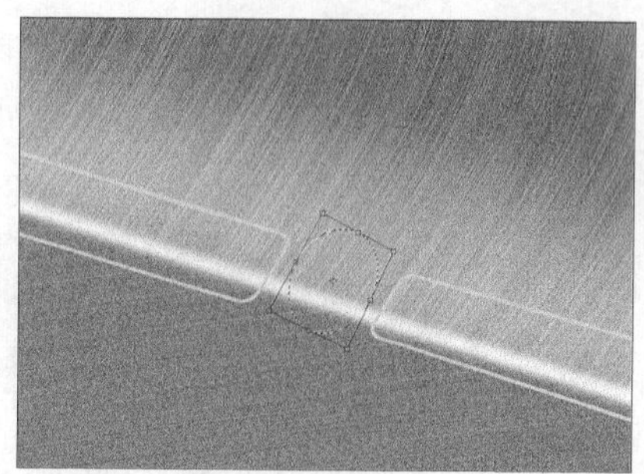

图 5-199

08 执行“编辑>描边”菜单命令，然后在弹出的“描边”对话框中保持默认设置，效果如图5-200所示。

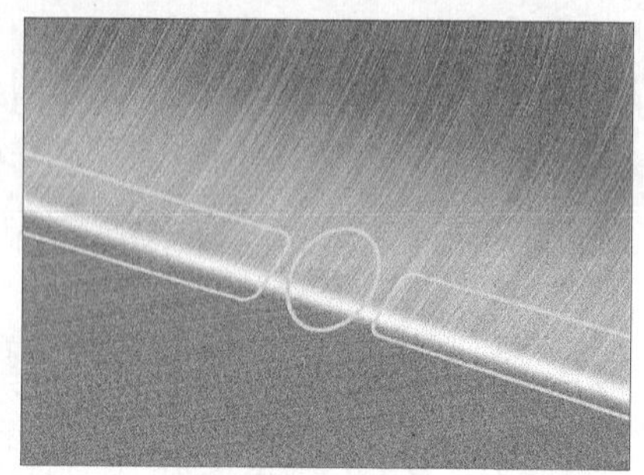

图 5-200

09 同时选中“底纹”图层、“底纹副本”图层和“椭圆底纹”图层，按Ctrl+E组合键将其合并为“线条底纹”图层，然后双击该图层的缩览图，打开“图层样式”对话框，单击“斜面和浮雕”样式，接着单击“光泽等高线”右侧的等高线预览框，打开“等高线编辑器”对话框，并设置第1个控制点的“输入”和“输出”为0%；第2个控制点的“输入”为29%，“输出”为99%；第3个控制点的“输入”为54%，“输出”为51%；第4个控制点的“输入”为100%，“输出”为0%，如图5-201所示，回到“图层样式”对话框，具体参数设置如图5-202所示。

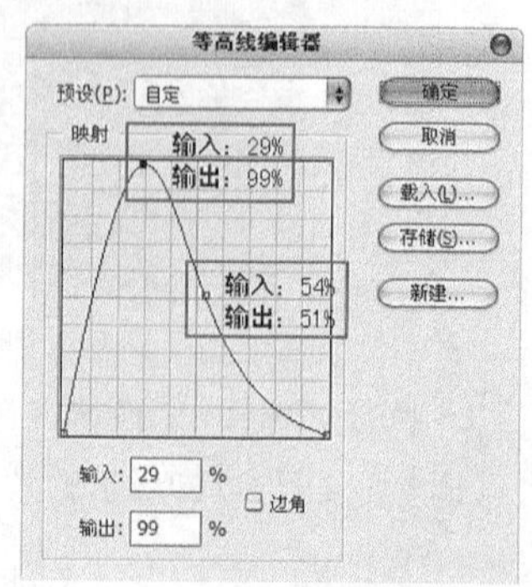

图 5-201

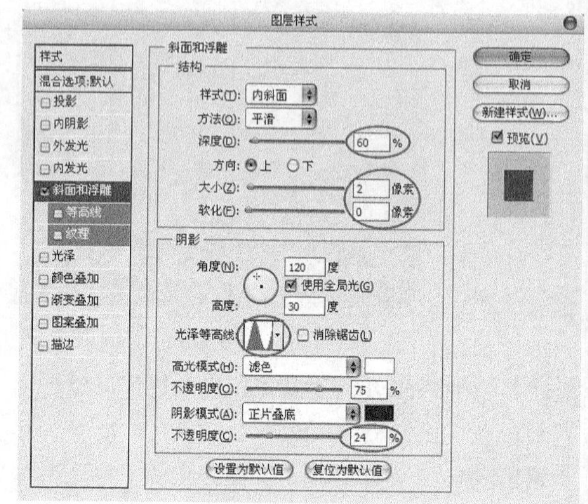

图 5-202

10 设置“线条底纹”图层的“混合模式”为“颜色加深”，效果如图5-203所示。

图 5-203

11 为“线条底纹”图层添加一个“图层蒙版”，设置前景色为黑色，然后使用“画笔工具”在分隔线下面的边框上涂抹，完成后的效果如图5-204所示。

图 5-204

12 新建一个“船窗”图层，设置前景色为黑色，然后单击“工具箱”中的“圆角矩形工具”按钮，并在属性栏中进行如图5-205所示的设置，接着绘制一个如图5-206所示的圆角矩形。

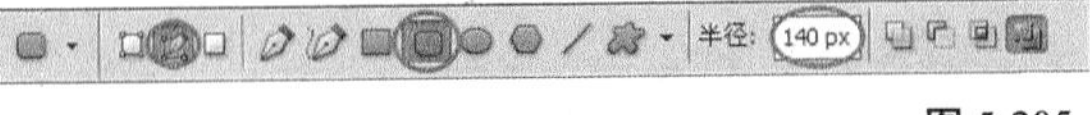

图 5-205

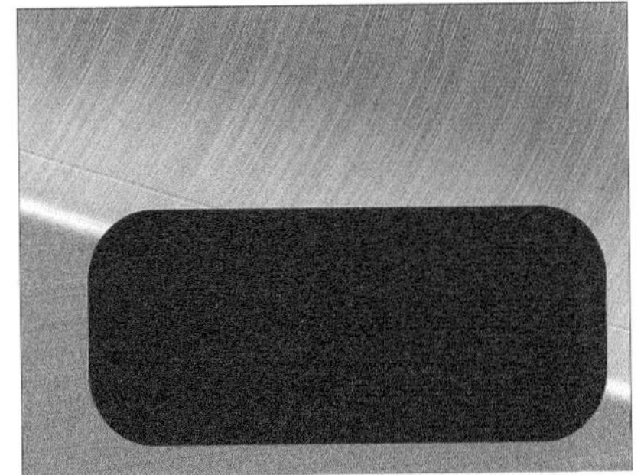

图 5-206

⑬ 按Ctrl+T组合键进入自由变换状态，然后将图像进行如图5-207所示的变形。

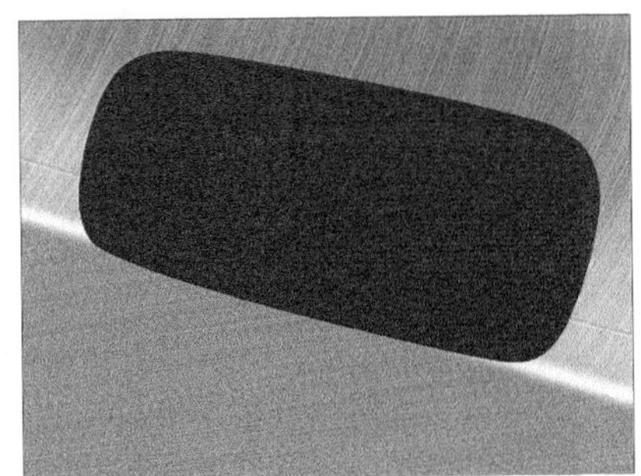

图 5-207

⑭ 双击“船窗”图层的缩览图，打开“图层样式”对话框，然后单击“投影”样式，具体参数设置如图5-208所示。

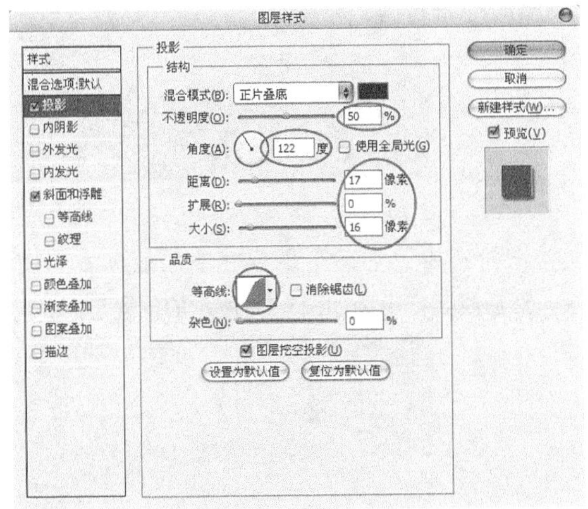

图 5-208

⑮ 单击“斜面和浮雕”样式，具体参数设置如图5-209所示。

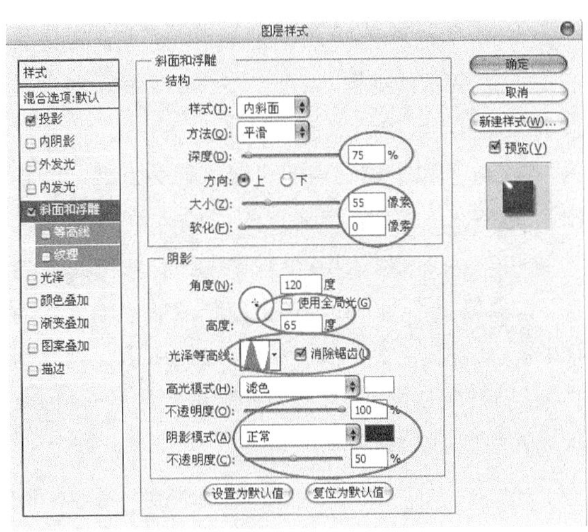

图 5-209

⑯ 单击“斜面和浮雕”样式下面的“等高线”样式，然后单击“等高线”右侧的等高线预览框，打开“等高线编辑器”对话框，接着设置第1个控制点的“输入”为0%，“输出”为73%，第2个控制点的“输入”为100%，“输出”为100%，如图5-210所示。返回到“图层样式”对话框，具体参数设置如图5-211所示。

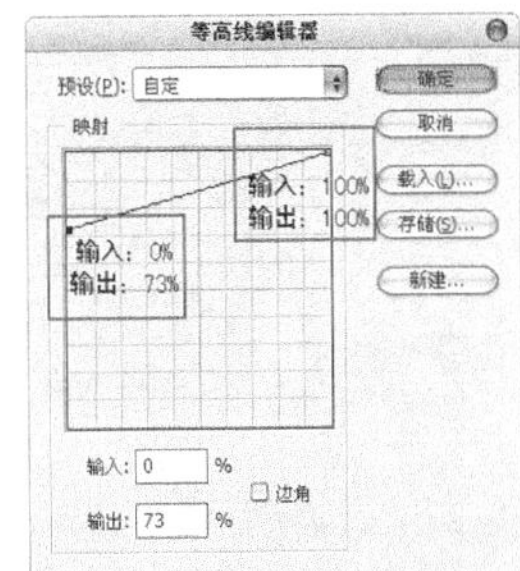

图 5-210

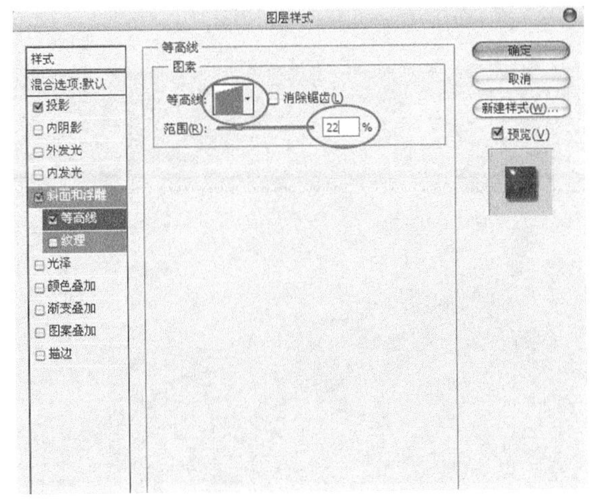

图 5-211

17 单击“光泽”样式，然后单击“等高线”右侧的等高线预览框，打开“等高线编辑器”，接着设置第1个控制点的“输入”为0%，“输出为”74%；第2个控制点的“输入”为26%，“输出”为13%；第3个控制点的“输入”为50%，“输出”为26%；第4个控制点的“输入”为76%，“输出”为0%；第5个控制点的“输入”为100%，“输出”为64%，如图5-212所示。返回到“图层样式”对话框，具体参数设置如图5-213所示，效果如图5-214所示。

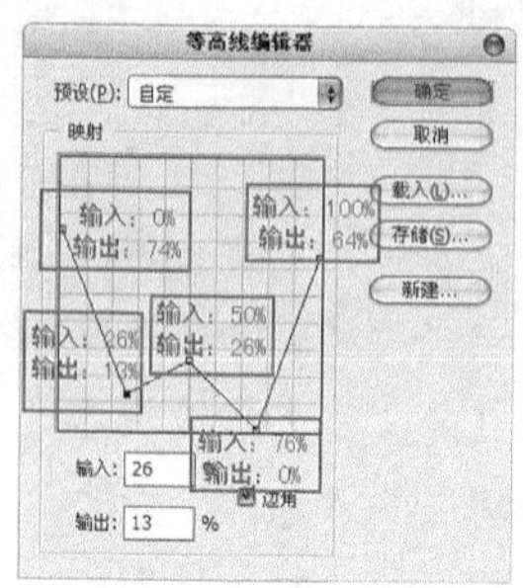

图 5-212

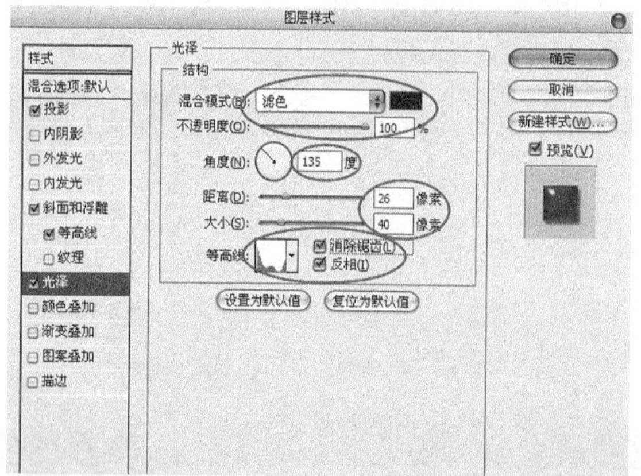

图 5-213

图 5-214

技巧与提示

该金属框效果完全通过“图层样式”制作而成，没有使用任何滤镜，整个“图层样式”属于高级控制。如果要一次性达到最佳效果不太现实，因此用户可反复调整“图层样式”中的各个样式参数，直至达到最佳效果为止。

18 按Ctrl+J组合键复制一个“船舱副本”图层，然后按Ctrl+T组合键进入自由变换状态，接着按住Shift+Alt组合键的同时将图像等比例缩小到如图5-215所示的大小。

图 5-215

19 确定“船舱副本”图层为当前图层，单击该图层缩览图下面的“投影”样式前面的“切换单一图层效果可见性”图标，隐藏“投影”样式，效果如图5-216所示。

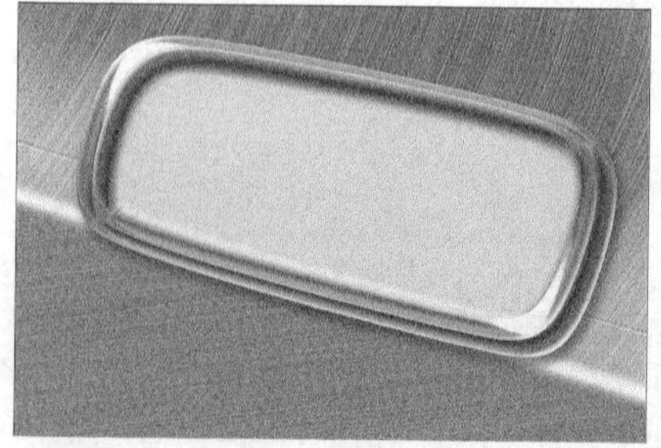

图 5-216

20 同时选中“船舱”图层和“船舱副本”图层，然后将其拖曳到如图5-217所示的位置。

图 5-217

21 打开本书配套资源中的“素材文件>CH05>课堂案例——报版>素材01.jpg”文件，然后将其拖曳到“单色报版设计”操作界面中，并将新生成的图层更名为“太空”图层，效果如图5-218所示。

图 5-218

22 按住Ctrl键的同时单击“船舱副本”图层的缩览图，载入该图层的选区，然后执行“选择>修改>收缩”菜单命令，并在弹出的“收缩选区”对话框中进行如图5-219所示的设置，选区效果如图5-220所示。

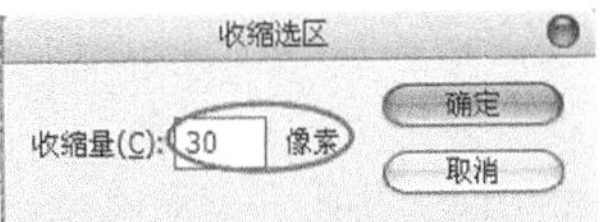

图 5-219

图 5-220

23 为“太空”图层添加一个“图层蒙版”，效果如图5-221所示，然后设置前景色为黑色，接着使用“画笔工具”在图像边缘涂抹，完成后的效果如图5-222所示。

图 5-221

图 5-222

24 按住Ctrl键的同时单击“太空”图层的蒙版缩览图，载入蒙版的选区，然后按Shift+F6组合键打开“羽化选区”对话框，设置“羽化半径”为60像素，选区效果如图5-223所示。

图 5-223

25 设置前景色（R:204、G:204、B:204），然后在最上层新建一个“光效果”图层，接着按Alt+Delete组合键用前景色填充选区，效果如图5-224所示。

图 5-224

26 使用“矩形选框工具”绘制一个如图5-225所示的矩形选区，然后按Ctrl+Shift+I组合键反选选区。

图 5-225

27 保持选区状态，为“光效果”图层添加一个“图层蒙版”，然后按住Ctrl键的同时单击“光效果”图层的蒙版缩览图，载入蒙版的选区，接着按Ctrl+Shift+I组合键反选选区，再使用“前景色到背景色渐变”按照如图5-226所示的方向拉出渐变，效果如图5-227所示。

图 5-226

图 5-227

5.4.3 汽车合成

01 打开本书配套资源中的“素材文件>CH05>课堂案例——报版>素材02.psd”文件，然后将其拖曳到“单色报版设计”操作界面中，并将新生成的图层更名为“车”图层，效果如图5-228所示。

图 5-228

02 在“车”图层的下一层新建一个“车阴影”图层，然后单击“工具箱”中的“画笔工具”按钮，并在属性栏中进行如图5-229所示的设置，接着沿着汽车的轮廓绘制出阴影，效果如图5-230所示。

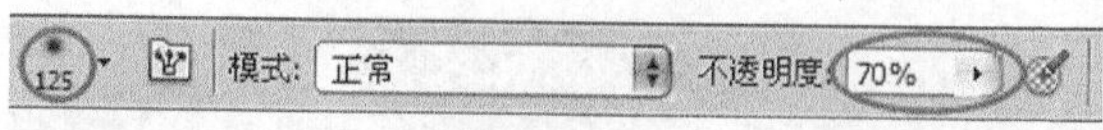

图 5-229

图 5-230

03 使用“横排文字工具”在画面中添加相关文字说明，最终效果如图5-231所示。

图 5-231

5.5 课堂案例——杂志广告

案例位置　案例文件>CH05>课堂案例——杂志广告.psd
视频位置　多媒体教学>CH05>课堂案例——杂志广告.flv
难易指数　★★☆☆☆
学习目标　学习颜色的搭配、光影效果和金属光泽文字的制作方法

本案例是为“Jelry手表”在TOM杂志上做的杂志广告设计，因为该杂志的主要读者是美国人，所以文字采用的是英文。在设计风格上要求要尊贵典雅，而整体黑色，局部白色以及金黄色的搭配，显得大方时尚。杂志广告的最终效果如图5-232所示。

图 5-232

相关知识

杂志广告作为信息传播的媒体，以特定的对象（目标市场）为目标，以专见长，主要掌握以下4点。

第1点：选择性强，易取得理想宣传对象。

第2点：阅读期限长，有较长的保存阅读期。

第3点：印刷精美，有较强的视觉冲击力。

第4点：主题突出，不受版面影响。

核心步骤

① 使用“渐变工具”将背景分割成为左右两部分。

② 使用“钢笔工具”绘制出青梨的基本形状，然后使用“纹理化”滤镜制作出斑点效果，再通过“光照效果”制作出亮光部分。

③ 通过添加“图层样式”使手表与梨相融合。

④ 使用“加深工具”“减淡工具”“模糊工具”和“画笔工具”对梨进行后期处理。

⑤ 使用“椭圆选框工具”绘制出水珠的基本轮廓后，通过添加“图层样式”制作出特效。

⑥ 使用“高斯模糊”制作出梨左边的光影效果，然后使用渐变制作出梨下面部分的光影效果。

⑦ 使用选区的添加、减去功能制作出分割背景的边框，然后添加“图层样式”并对其进行“描边”处理。

⑧ 制作标志和文字，然后使用“图层样式”制作出金属质感。

⑨ 使用“径向渐变”制作出产品图片的发光背景，再添加相关文字信息和图片。

5.5.1 制作分割背景

01 启动Photoshop CS5，执行“文件>新建”菜单命令或按Ctrl+N组合键新建一个“杂志广告”文件，具体参数设置为“宽度”21cm、“高度”29.7cm、“分辨率”72像素/英寸、“颜色模式”RGB颜色，如图5-233所示。

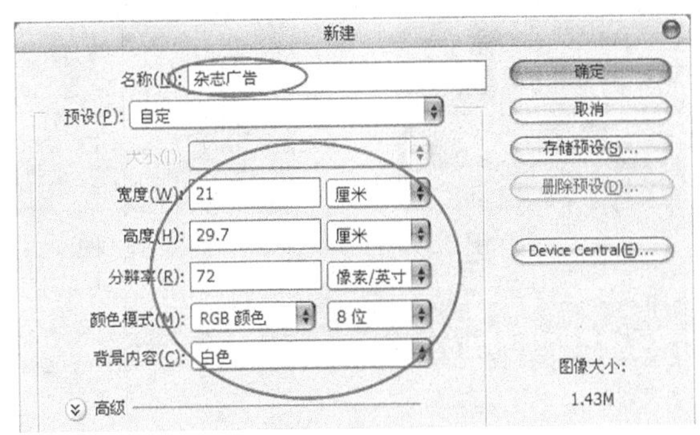

图 5-233

技巧与提示

设置72像素/英寸的分辨率，主要是为了加快系统的运行速度。如果需要印刷生产的话，分辨率必须设置在300像素/英寸以上，“颜色模式”最终也要调整为CMYK模式。

02 按D键还原默认的前景色和背景色，然后按Alt+Delete组合键用前景色填充画布，效果如图5-234所示。

03 创建一个新图层“图层1”，然后单击“工具箱”中的“矩形选框工具”按钮，在绘图区域中绘制一个如图5-235所示的矩形选框。

图 5-234

图 5-235

04 设置前景色（R:31、G:3、B:0），然后单击“工具箱”中的“渐变工具”按钮，并在属性栏中选择“前景到透明”渐变，接着按住Shift键的同时在矩形选框中从右往左水平拉出渐变，效果如图5-236所示，再将该图层的“不透明度”设置为70%，效果如图5-237所示。

图 5-236

图 5-237

5.5.2 绘制青梨

01 创建一个新图层“图层2”，单击“工具箱”中的“钢笔工具”按钮，然后单击属性栏中的“路径”按钮，并在绘图区域中绘制一个如图5-238所示的路径。

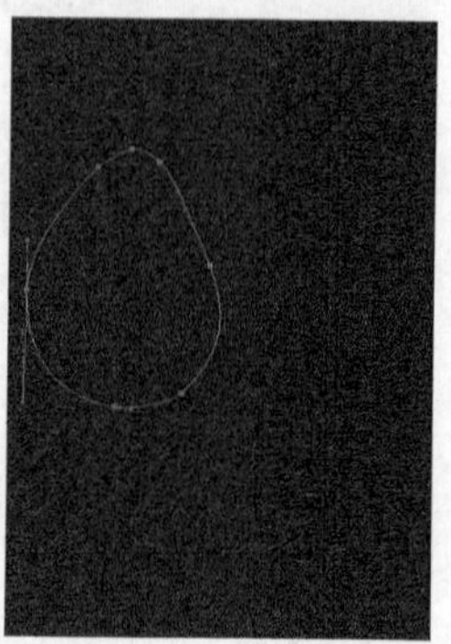
图 5-238

02 设置前景色（R:116、G:147、B:19），然后切换到“路径”面板，接着单击该面板下面的“用前景色填充路径”按钮，效果如图5-239所示。

图 5-239

03 创建一个新图层“图层2副本”，然后执行“滤镜>纹理>纹理化”菜单命令，接着在弹出的“纹理化”对话框中设置其具体参数，如图5-240所示，纹理化效果如图5-241所示。

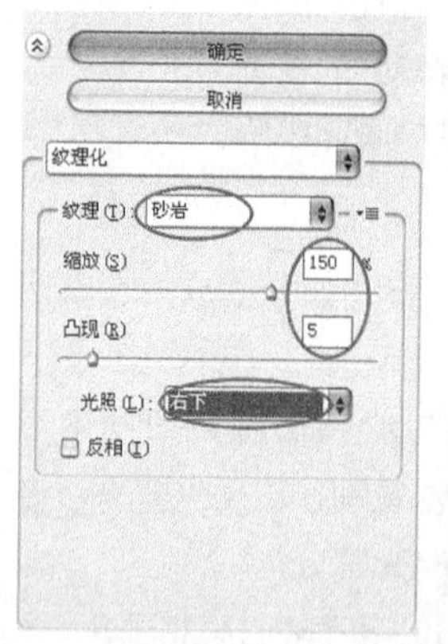

图 5-240

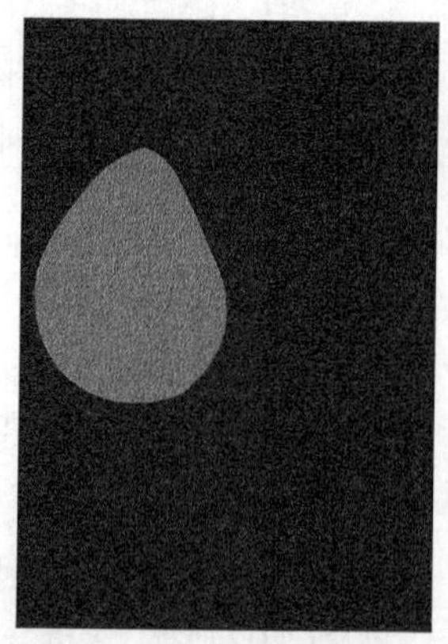
图 5-241

04 将“图层2 副本”的“混合模式”设置为“变暗”，效果如图5-242所示。然后执行“滤镜>模糊>模糊”菜单命令，接着连续按6次Ctrl+F组合键重复使用之前使用的滤镜，效果如图5-243所示。

图 5-242

图 5-243

05 按Ctrl+E组合键合并“图层2”和“图层2 副本”，然后执行“滤镜>渲染>光照效果”菜单命令，打开“光照效果”对话框，接着将光照控制点调整为如图5-244所示的位置，并单击“强度”最右侧的“光照颜色”按钮，最后在弹出的“选择光照颜色”对话框中设置颜色（R:251、G:242、B:102），调整完毕后的效果如图5-245所示。

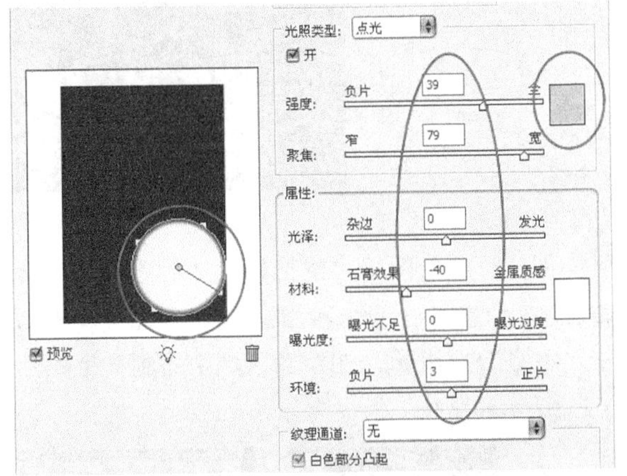

图 5-244

图 5-245

5.5.3 制作手表特效和梨特效

01 打开本书配套资源中的“素材文件>CH05>课堂案例——杂志广告>素材01.jpg”，然后将其拖曳到当前文件中如图5-246所示的位置，此时系统会自动生成一个新图层，将其更名为“手表”。

图 5-246

技巧与提示

先将“手表”添加进来可以确定手表和梨的重合部分，在后面对梨进行处理时，重合部分就不需要再处理了，这样有利于整体空间的把握。

02 单击“图层”面板下面的“添加图层样式”按钮 fx.，然后在弹出的菜单中选择“投影”命令，接着在弹出的“图层样式”对话框中单击“设置阴影颜色”按钮，设置其颜色（R:52、G:58、B:3），具体参数设置如图5-247所示；最后单击“斜面和浮雕”样式，具体参数设置如图5-248所示。

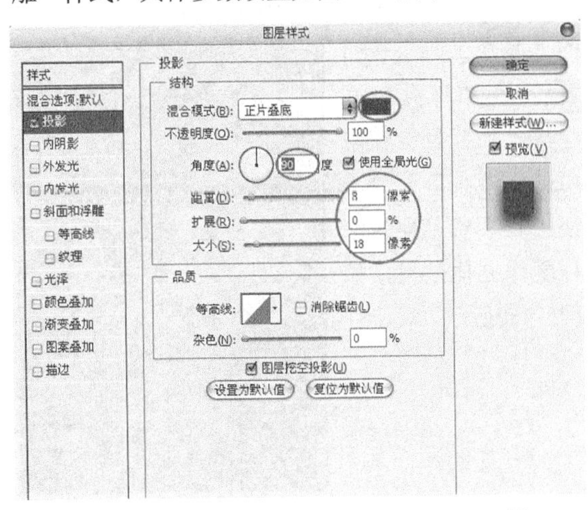

图 5-247

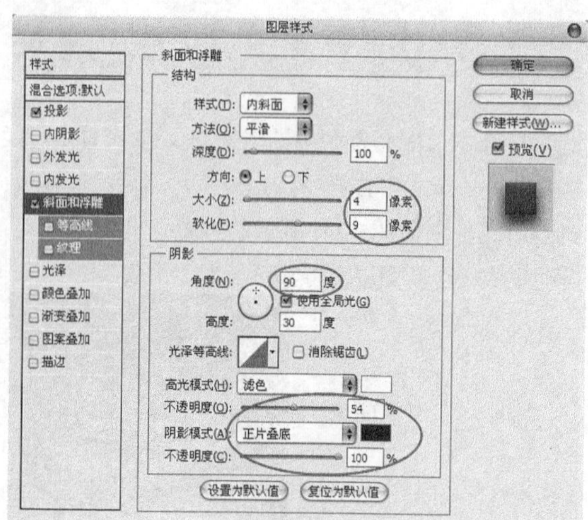

图 5-248

03 设置完毕后单击“确定”按钮，效果如图5-249所示。

图 5-249

04 确定图层“梨”为当前层，然后单击“工具箱”中的“加深工具”按钮，并在“梨”边缘部分和下部来回涂抹，接着单击“工具箱”中的“减淡工具”按钮，在加深处来回涂抹，如此反复使用“加深工具”和“减淡工具”对“梨”涂抹制作立体效果，如图5-250所示。

图 5-250

知识点

在使用“加深工具”和“减淡工具”的时候，按]键，可加大画笔的大小，按[键，可减小画笔的大小；处理暗调区域时要把“曝光度”设置高一些，处理淡调区域时要把“曝光度”设置低一些；“画笔”的大小和“曝光度”的大小都不是固定的，要根据各部分光泽和明暗的不同来设定。步骤4的操作是一个很细腻、很重要的操作，需要多次尝试和摸索才能够达到最佳效果。

05 单击“工具箱”中的“模糊工具”按钮，在“梨”的明暗交接的边缘部分反复涂抹，使其模糊而具有立体感，如图5-251所示。

图 5-251

06 创建一个新图层“梨把”，然后单击“工具箱”中的“钢笔工具”按钮，并在属性栏中单击“路径”按钮，在绘图区域中绘制一个如图5-252所示的路径。

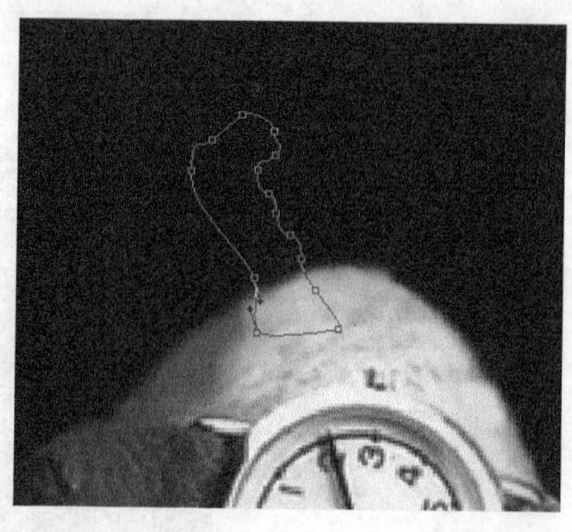

图 5-252

07 设置前景色（R:95、G:86、B:17），然后切换到“路径”面板，并单击该面板下面的“用前景色填充路径”按钮 ，填充效果如图5-253所示。

图 5-253

08 单击“工具箱”中的“加深工具”按钮，并在属性栏中设置“曝光度”为50%，然后在梨把的左半部分涂抹，将其颜色加深一些，效果如图5-254所示。

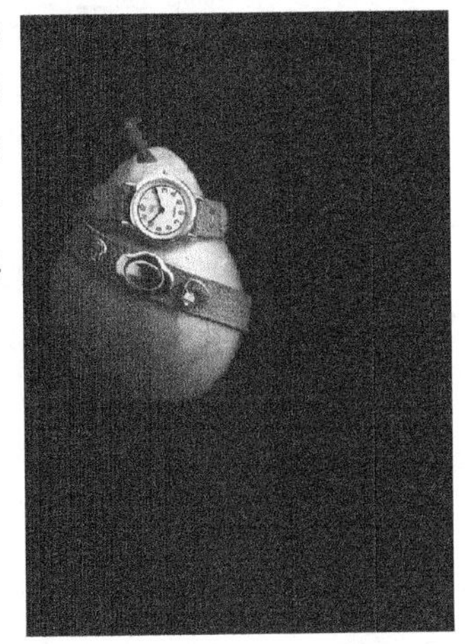

图 5-254

09 单击“工具箱”中的“画笔工具”按钮，并在属性栏中设置画笔的“大小”为4px，“不透明度”为35%，然后设置前景色（R:186、G:135、B:38），接着在梨把上从上部到下部绘制几条不规则的曲线，效果如图5-255所示。

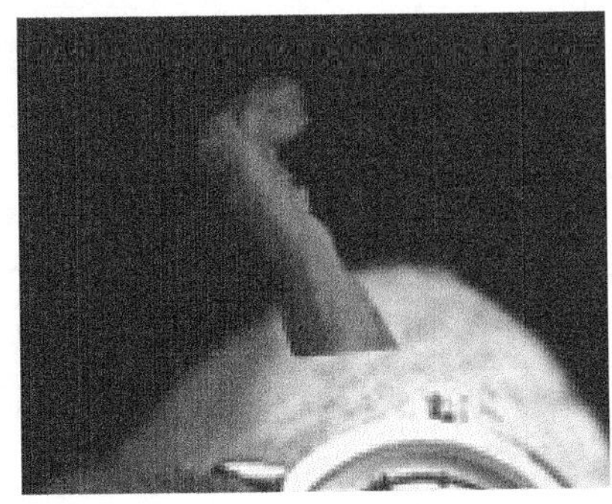

图 5-255

10 设置前景色（R:39、G:40、B:8），继续使用“画笔工具”绘制梨把的上部（画笔的“大小”可按[键作适当调节），绘制出的效果如图5-256所示。

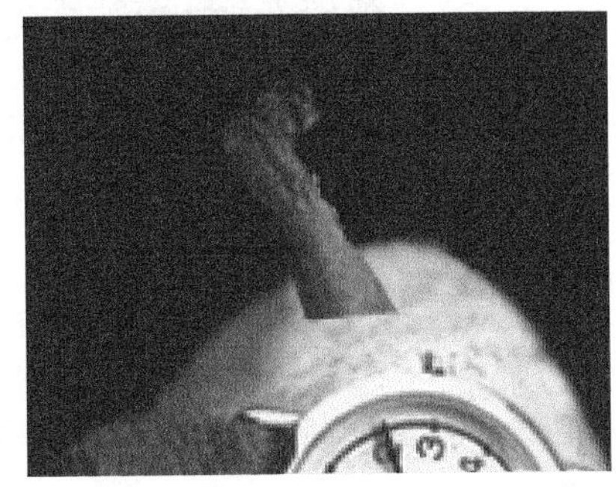

图 5-256

11 确定图层“梨”为当前层，按住Ctrl键的同时单击图层“梨”的缩略图，载入图层选区，然后设置前景色（R:186、G:158、B:38），接着继续使用“画笔工具”，并在属性栏中设置画笔的“大小”为8px，“不透明度”设置为30%，从梨把下部往梨的边缘部分绘制一个凹凸效果，如图5-257所示。

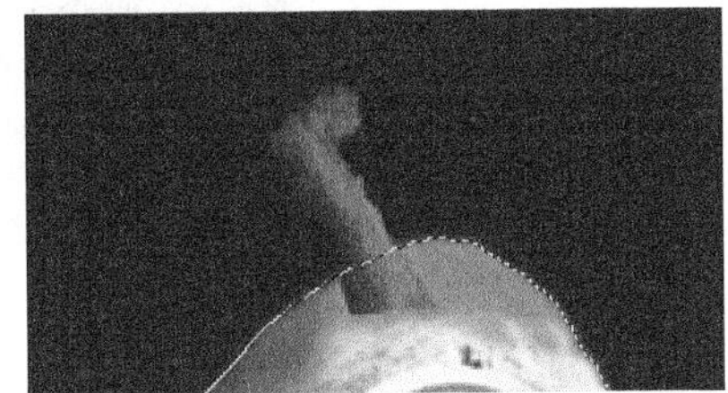

图 5-257

技巧与提示

在使用“画笔工具”之前先将图层“梨”转换为选区是为了不让“画笔工具”作用于选区之外。

12 设置前景色（R:134、G:122、B:41），再次使用“画笔工具”（画笔“大小”在绘制时可以根据不同部位设置不同大小，一般在2px～6px，“不透明度”设置在10%～40%），在凹凸部分绘制出如图5-258所示的效果。

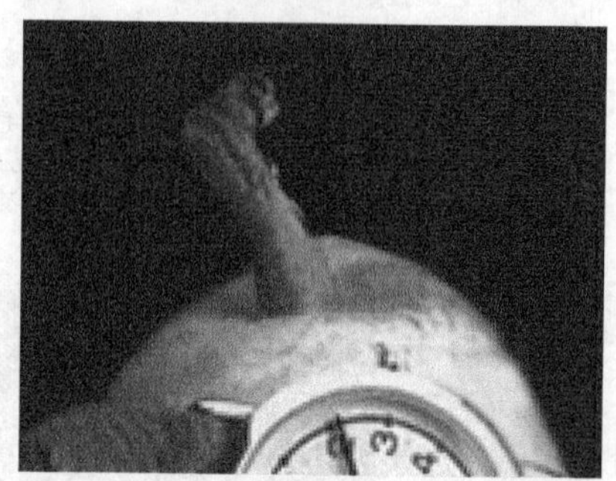

图 5-258

⑬ 创建一个新图层“水珠”，然后单击“工具箱”中的“椭圆选框工具”按钮，接着在梨的中下部位绘制一个水珠大小的椭圆形选区，如图5-259所示。

图 5-259

⑭ 按Alt+Delete组合键用前景色填充选区，下面通过添加“图层样式”达到水珠效果，单击“图层”面板下面的“添加图层样式”按钮 fx，在弹出的菜单中选择“投影”命令，在弹出的“图层样式”对话框中选择“投影”样式，具体参数设置如图5-260所示。

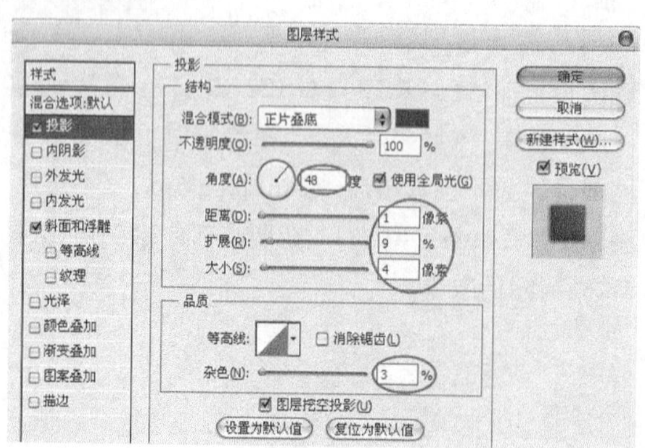

图 5-260

⑮ 在“图层样式”对话框中单击“斜面和浮雕”样式，“斜面和浮雕”样式的具体参数设置如图5-261所示。再单击“斜面和浮雕”下面的“等高线”样式，选择“等高线”和“半圆”，“范围”设置为100%。

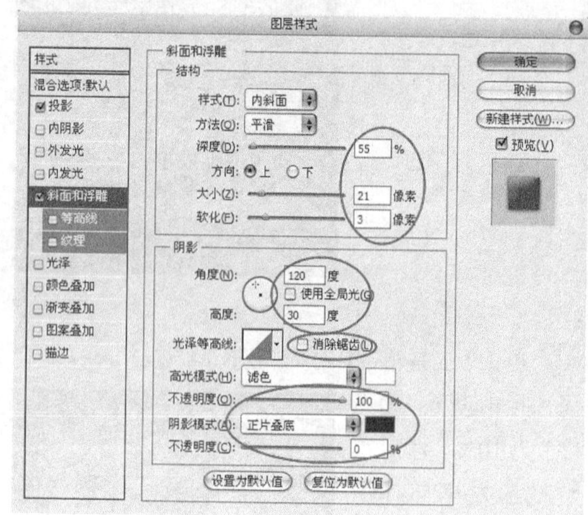

图 5-261

⑯ 在“图层样式”对话框中单击“光泽”样式，然后单击“混合模式”右侧的“设置效果颜色”按钮，在弹出的“选取光泽颜色”对话框中设置颜色为白色，“光泽”样式具体参数设置如图5-262所示。

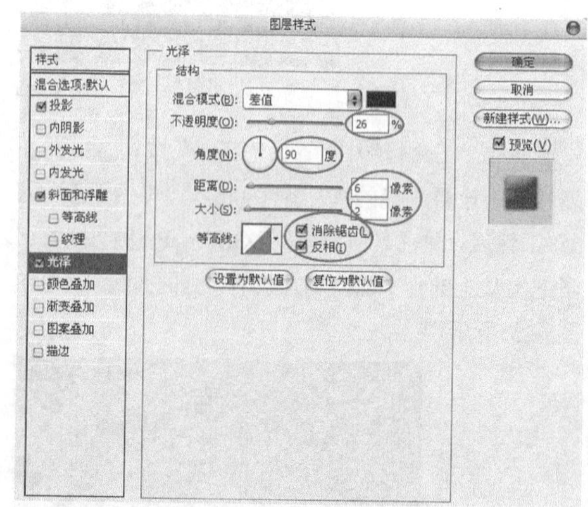

图 5-262

⑰ 在“图层样式”对话框中单击“渐变叠加”，然后单击“渐变”右侧的“编辑渐变”按钮，接着在弹出的“渐变编辑器”中，分别设置第1个色标的颜色（R:72、G:90、B:18）和

第2个色标的颜色（R:167、G:208、B:35），“渐变叠加”样式具体参数设置如图5-263所示。

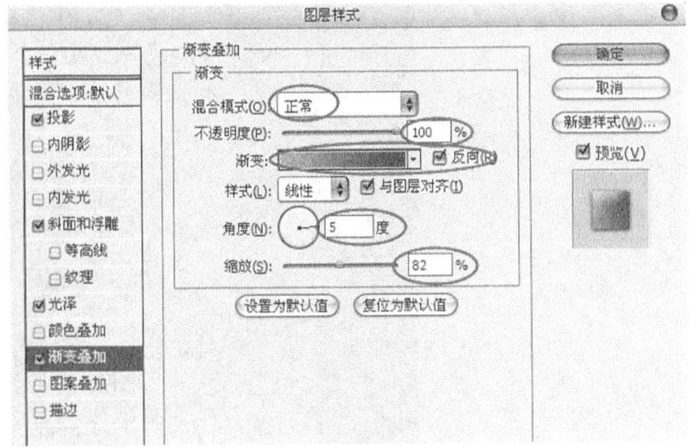

图 5-263

18 设置完“图层样式”后，单击“确定”按钮，“水珠”效果如图5-264所示。

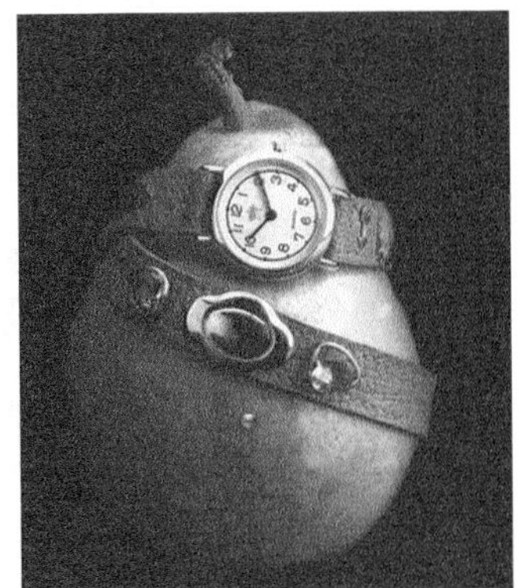

图 5-264

19 单击“工具箱”中的“移动工具”按钮，然后按住Alt键的同时移动“水珠”，复制出一个新“水珠”，接着按Ctrl+T组合键变形新“水珠”，并重复执行“复制”“变形”命令，完成后的“水珠”效果如图5-265所示。

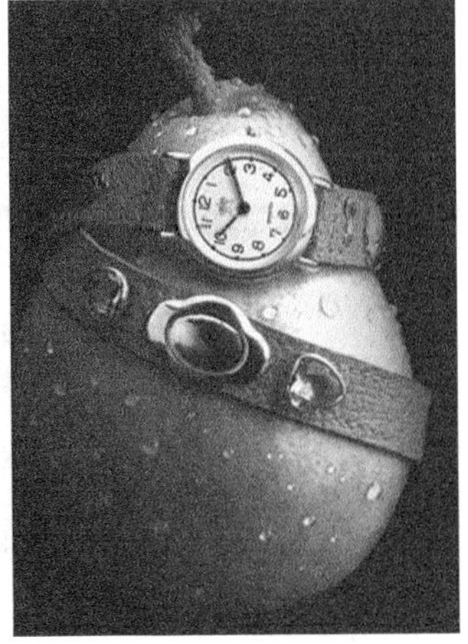

图 5-265

技巧与提示

在制作梨上的“水珠”效果时，要尽量保证每个水珠的形状和大小不相同，有些“水珠”可以通过改变图层的“不透明度”来达到逼真效果。

20 按Ctrl+E 组合键合并制作“青梨”“手表”和“水珠”所涉及的所有图层，将合并后的图层更名为“手表、梨、水珠”。

5.5.4 制作外光影和投影效果

01 创建一个新图层“外光影”，并将该图层拖曳到图层“手表、梨、水珠”的下一层，然后单击“工具箱”中的“椭圆选框工具”按钮，在绘图区域中绘制一个如图5-266所示的椭圆形选区，接着执行“选择>变换选区”菜单命令，将选区顺时针旋转一定角度，效果如图5-267所示。

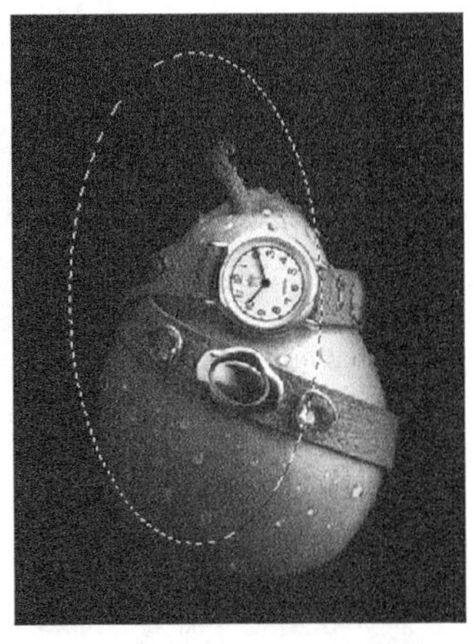

图 5-266

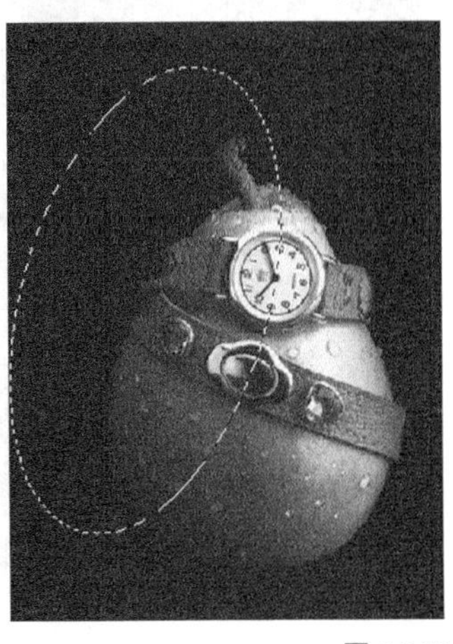

图 5-267

02 设置前景色（R:50、G:59、B:26），然后按Alt+Delete组合键用前景色填充选区，效果如图5-268所示。

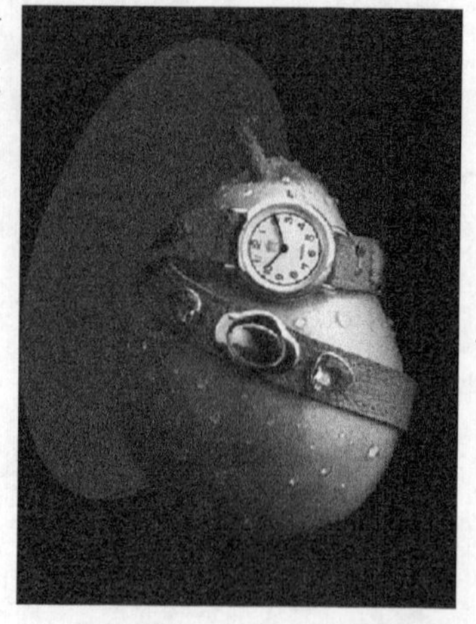

图 5-268

03 执行“滤镜>模糊>高斯模糊”菜单命令，打开“高斯模糊”对话框，设置“半径”为45像素，然后将该图层的“不透明度”设置为80%，效果如图5-269所示。

图 5-269

04 确定图层“手表、梨、水珠”为当前层，然后创建一个新图层“手表、梨、水珠副本”，接着执行“编辑>变换>垂直翻转”菜单命令，效果如图5-270所示，最后按住Shift键的同时将图像垂直往下拖曳到如图5-271所示的位置。

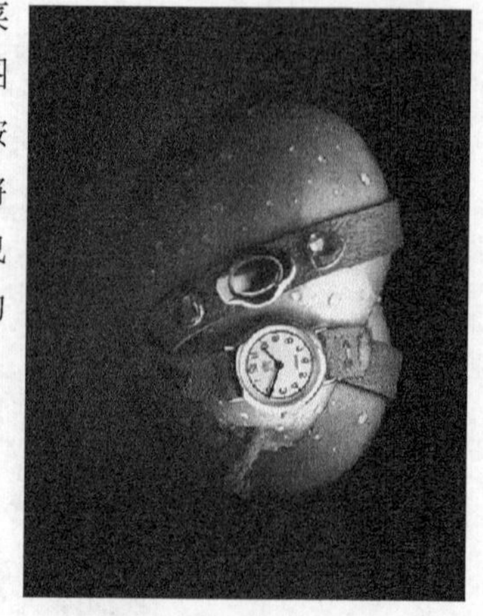

图 5-270

图 5-271

05 确定图层“手表、梨、水珠 副本”为当前层，单击“图层”面板下面的“添加图层蒙版”按钮，然后单击“工具箱”中的“渐变工具”按钮，并将前景色设置为黑色，接着在属性栏中单击“编辑渐变框”按钮，并在弹出的“渐变编辑器”对话框中选择“前景到透明”渐变。最后从图像副本的中心位置垂直往上拉出渐变，效果如图5-272所示。再设置该图层的“不透明度”为45%，效果如图5-273所示。

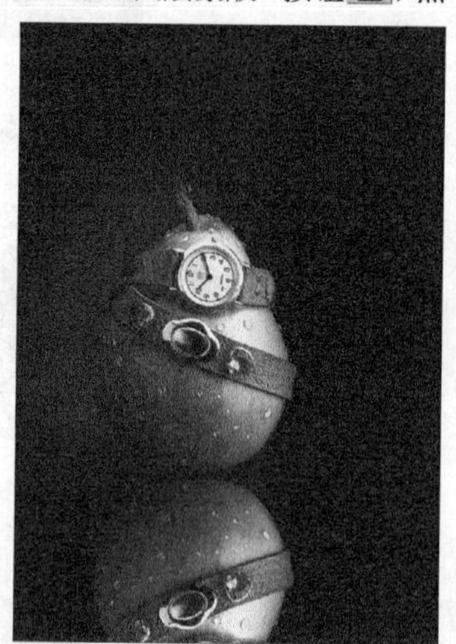

图 5-272

图 5-273

5.5.5 制作分割特效

01 创建一个新图层“分割背景”，并确定该图层为当前最上层，然后单击“工具箱”中的“矩形选框工具”按钮，并在绘图区域中绘制一个如图5-274所示的矩形选框，接着单击“工具箱”中的“椭圆选框工具”按钮，按住Alt键的同时从矩形选区外向内绘制一个椭圆形选区，此时这个椭圆形选区将从矩形选区中减去，效果如图5-275所示。

图 5-274

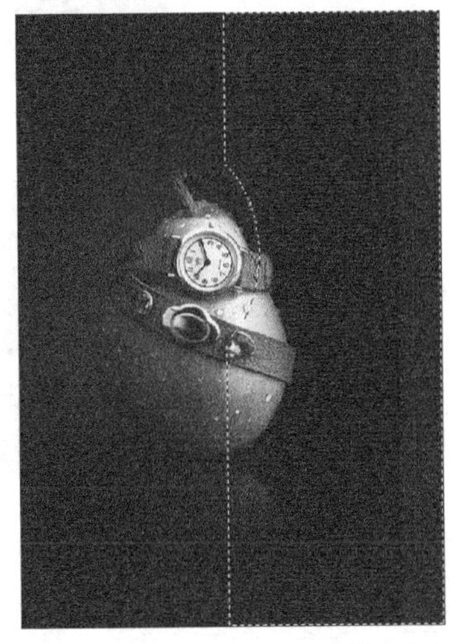

图 5-275

02 继续使用“椭圆选框工具”，按住Shift键的同时从矩形选区内向外绘制一个椭圆形选区，效果如图5-276所示。然后单击“工具箱”中的“矩形选框工具”按钮，按住Shift键的同时在矩形选区的下部向外绘制一个新矩形选区，效果如图5-277所示。

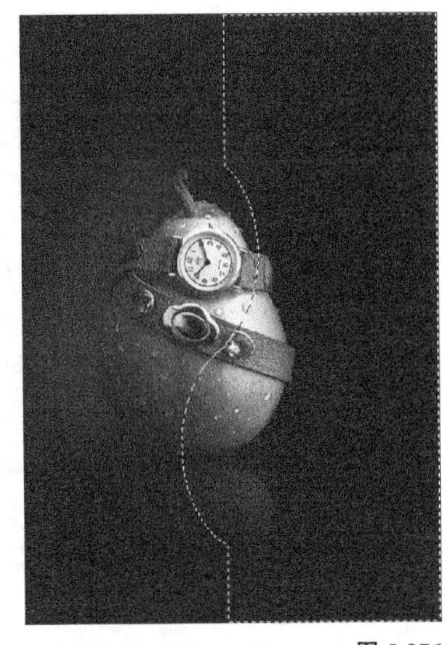

图 5-276

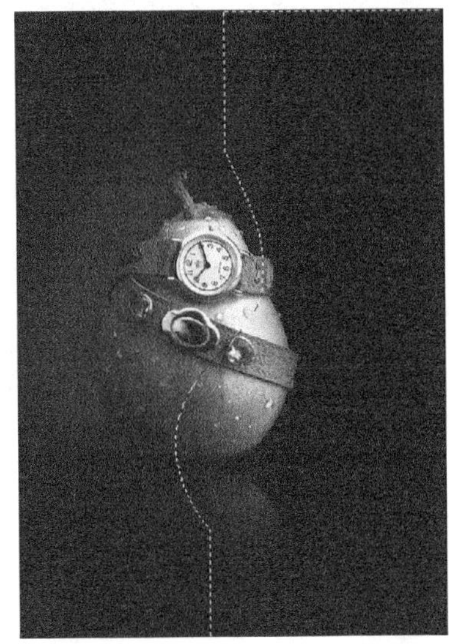

图 5-277

技巧与提示

在绘制新椭圆形选区时，一定要保证其边缘与上面的椭圆形选区的边缘呈流线型结合，如果不能一次性绘好，可按Ctrl+Shift+Z组合键返回上一步操作。

03 设置前景色为黑色，然后按Alt+Delete组合键用前景色填充选区，效果如图5-278所示。

图 5-278

04 单击“图层”面板下面的“添加图层样式”按钮 fx ，然后在弹出的菜单中选择“投影”命令，并在弹出的“图层样式”对话框中选择“投影”样式，具体参数设置如图5-279所示。设置完成后单击“确定”按钮，添加“投影”后的效果如图5-280所示。

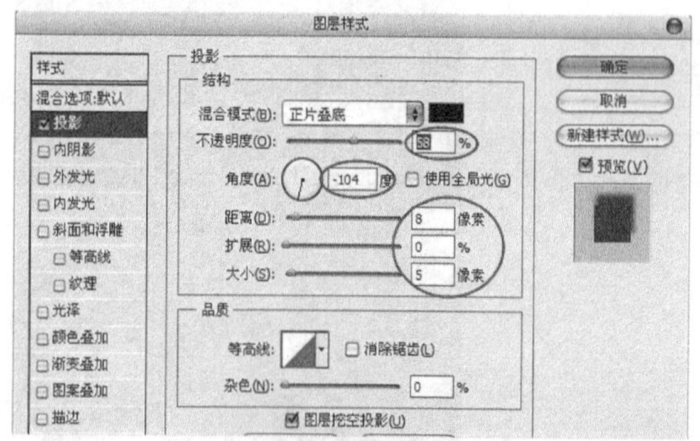

图 5-279

图 5-280

05 按住Ctrl键的同时单击图层“分割背景”的缩略图，载入图层选区，然后创建一个新图层“分割线条”，并设置前景色（R:74、G:74、B:0），再执行“编辑>描边”菜单命令，打开“描边”对话框，设置“宽度”为2像素、“位置”为“居内”，效果如图5-281所示。在按住Shift键的同时将线条水平往右移动到如图5-282所示的位置。

图 5-281

图 5-282

5.5.6 绘制右页部分

01 创建一个新图层Logo，在绘图区域中绘制一个表盘；创建一个新图层Jelry，在表盘的右边输入字母Jelry；创建一个新图层Watches，在字母Jelry右边输入字母Watches，然后按Ctrl+E组合键合并图层Logo和Watches，并将合并后的图层更名为

"文字"，效果如图5-283所示。

图 5-283

技巧与提示

可使用"钢笔工具"来绘制表盘，由于操作比较简单，所以就不再细述了。文字的颜色可随意使用，因为要对其添加"渐变叠加"图层样式。

02 确定图层"文字"为当前层，然后单击"图层"面板下面的"添加图层样式"按钮 fx.，在弹出的菜单中选择"投影"命令，接着在弹出的"图层样式"对话框中单击"混合模式"右侧的"设置投影颜色"按钮，在弹出的"选择阴影颜色"对话框中设置颜色（R:72、G:110、B:42），具体参数设置如图5-284所示。

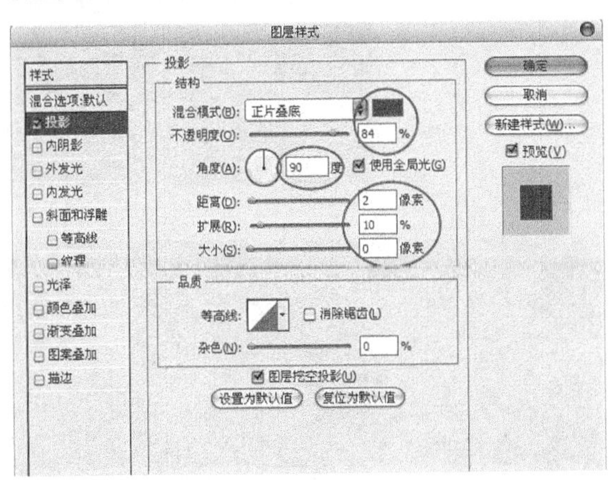

图 5-284

03 在"图层样式"对话框中单击"外发光"样式，然后单击"杂色"下面的"设置发光颜色"按钮，接着在弹出的"拾色器"对话框中设置颜色（R:96、G:5、B:5），具体参数设置如图5-285所示。

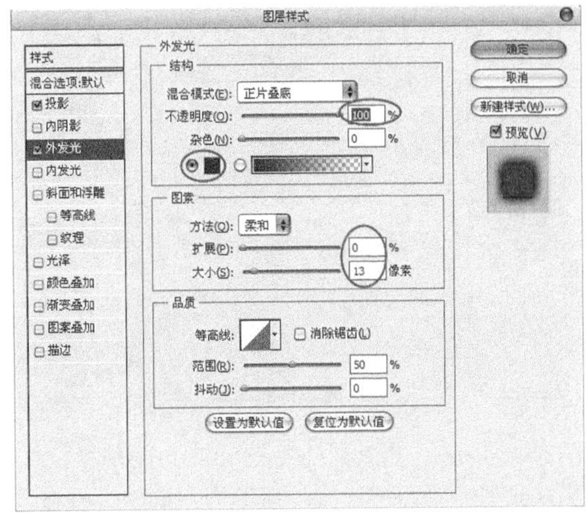

图 5-285

04 在"图层样式"对话框中单击"颜色叠加"样式，然后单击"混合模式"右侧的"设置叠加颜色"按钮，接着在弹出的"选取叠加颜色"对话框中设置颜色（R:207、G:193、B:96），具体参数设置如图5-286所示。

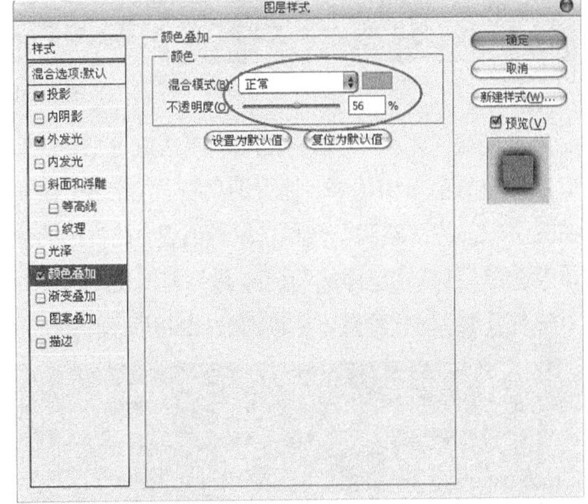

图 5-286

05 在"图层样式"对话框中单击"渐变叠加"，然后单击"渐变"右侧的"编辑渐变"按钮 ，接着在弹出的"渐变编辑器"中，分别设置第1个色标的颜色（R:161、G:161、B:161）和第2个色标的颜色（R:255、G:255、B:255），具体参数设置如图5-287所示。

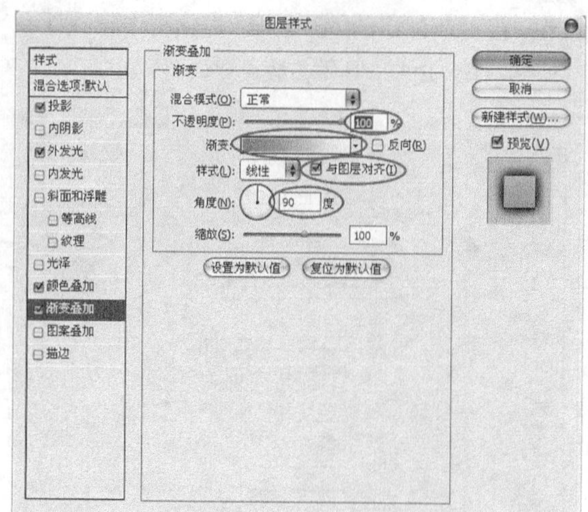

图 5-287

06 设置完“图层样式”后单击“确定”按钮，效果如图5-288所示。

图 5-288

07 在图层“文字”的缩略图右侧单击鼠标右键，然后在弹出的菜单中选择“拷贝图层样式”命令，接着在图层Jelry的缩略图右侧单击鼠标右键，在弹出的菜单中选择“粘贴图层样式”命令，最后将图层Jelry中的“颜色叠加”样式隐藏，效果如图5-289所示。

图 5-289

08 下面为Logo和“文字”添加星光效果，如图5-290所示。

图 5-290

技巧与提示

星光效果的制作方法在3.2.4小节中已经做了详细的讲解，在这里就不再详细阐述了。

09 创建一个新图层“图片背景”，然后单击“工具箱”中的“矩形选框工具”按钮，接着在绘图区域中绘制一个如图5-291所示的矩形选框，并设置前景色为（R:71、G:71、B:71），最后按Alt+Delete组合键用前景色填充选区，并将该图层的“不透明度”设置为16%，效果如图5-292所示。

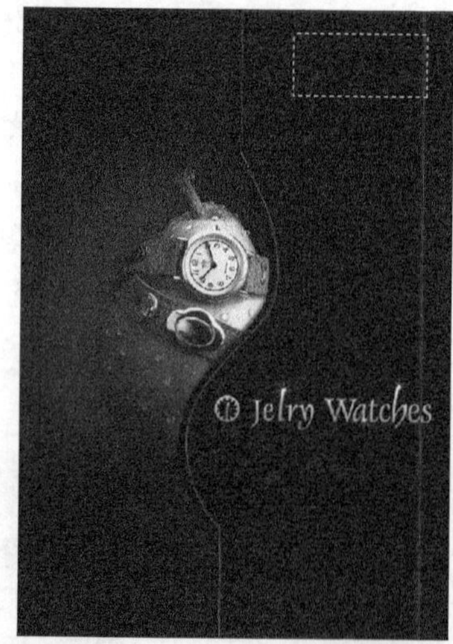

图 5-291

图 5-292

⑩ 创建一个新图层“光”，并单击“工具箱”中的“椭圆选框工具”按钮，按住Ctrl+Shift组合键的同时在绘图区域中绘制如图5-293所示的圆形选区。

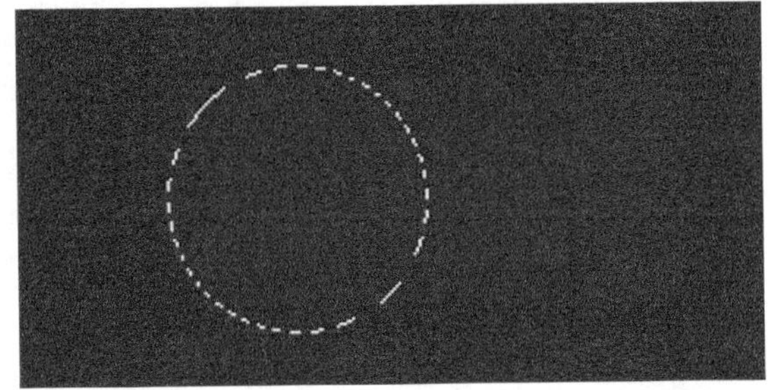

图 5-293

⑪ 设置前景色（R:114、G:114、B:114），然后单击“工具箱”中的“渐变工具”按钮，并在属性栏中选择从“前景到透明”渐变，接着单击属性栏中的“径向渐变”按钮，并在选区中从中心向边缘处拉出径向渐变，效果如图5-294所示。

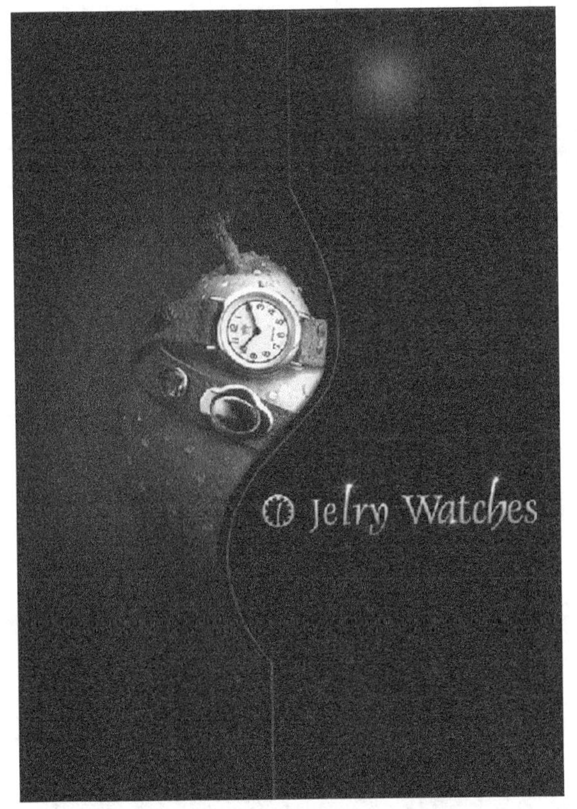

图 5-294

⑫ 为“杂志广告”添加相关文字信息和产品图片，最终完成效果如图5-295所示。

图 5-295

5.6　本章小结

通过对本章内容的学习，读者应该对报纸杂志广告以及海报设计有一个完整的概念，在设计中要求画面和文字传达的宣传信息要清晰、突出和有力。报纸杂志广告以及海报中的插图本身具有生动的直观形象，能加深消费者对产品的印象，起到良好的宣传作用，对扩大销售、树立名牌、刺激购买欲与增强竞争力有很大的作用，如何更加生动形象地表现出设计的主题，是设计的重点。

5.7　课后习题

报纸、杂志和海报所包含的范围非常广泛。在本章我们所学的只是其中的一部分，还有更多的知识需要在实践中锻炼，通过不断地练习来积累经验。本章将安排5个课后习题供读者练习。

5.7.1 课后习题1——企业海报

习题位置 案例文件>CH05>课后习题1——企业海报.psd
视频位置 多媒体教学>CH05>课后习题1——企业海报.flv
难易指数 ★★☆☆☆
练习目标 练习“图层蒙版”“钢笔工具”和“液化”滤镜的使用

本案例采用水墨淡彩作为整个设计的基调，给人悠然、宁静的感觉，以体现江南水乡的优美和清秀，犹如一个世外桃源。企业海报的最终效果如图5-296所示。

图 5-296

步骤分解如图5-297所示。

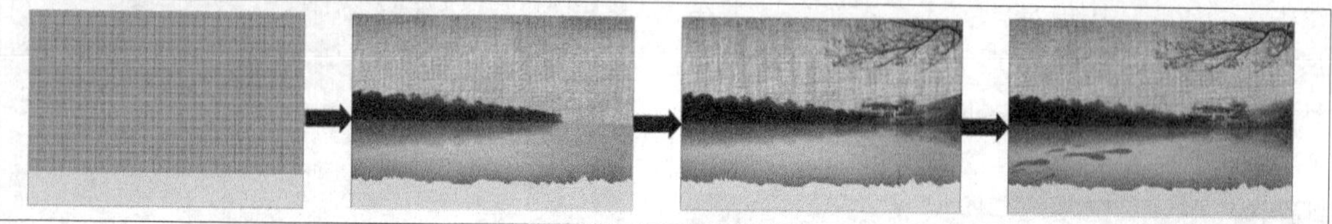

图 5-297

5.7.2 课后习题2——彩色报版

习题位置 案例文件>CH05>课后习题2——彩色报版.psd
视频位置 多媒体教学>CH05>课后习题2——彩色报版.flv
难易指数 ★★☆☆☆
练习目标 练习“加深工具”“减淡工具”以及羽化选区功能的使用

本案例是为“雁栖湖”设计的地产宣传报纸广告。选用正在静心养神的少女作为主体，搭配云端的群山和飞翔的大雁，给人一种超脱尘世的感觉，完美地体现了舒适的居住环境。报版的最终效果如图5-298所示。

图 5-298

步骤分解如图5-299所示。

图 5-299

5.7.3 课后习题3——红酒广告

习题位置　案例文件>CH05>课后习题3——红酒广告.psd
视频位置　多媒体教学>CH05>课后习题3——红酒广告.flv
难易指数　★★★☆☆
练习目标　练习"钢笔工具"与路径变形功能的使用

本案例是为"葡萄园红酒"设计的一个宣传广告。以红酒的颜色作为整个设计的主色调，在素材上选用新鲜的葡萄，体现了葡萄酒的健康与原生态，与产品所要表达的意思交相呼应。红酒广告的最终效果如图5-300所示。

图 5-300

步骤分解如图5-301所示。

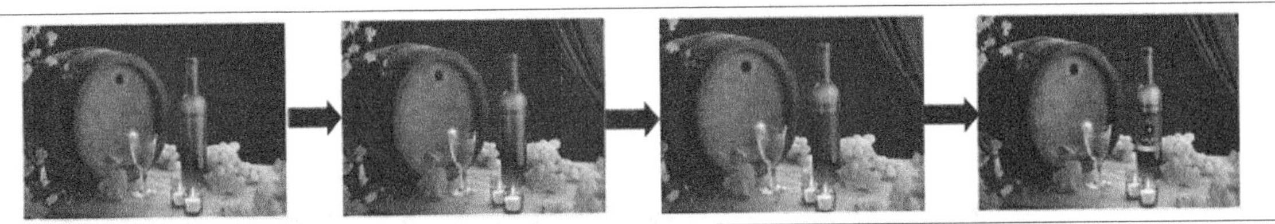
图 5-301

5.7.4 课后习题4——化妆品广告

习题位置　案例文件>CH05>课后习题4——化妆品广告.psd
视频位置　多媒体教学>CH05>课后习题4——化妆品广告.flv
难易指数　★★★☆☆
练习目标　练习"钢笔工具""魔棒工具"的使用

本案例是为国外FOYCE化妆品牌设计的广告。颜色艳丽，主体人物时尚高贵，整个广告给人一种时尚华丽的气质，彰显出此产品的高档豪华。化妆品广告的最终效果如图5-302所示。

图 5-302

步骤分解如图5-303所示。

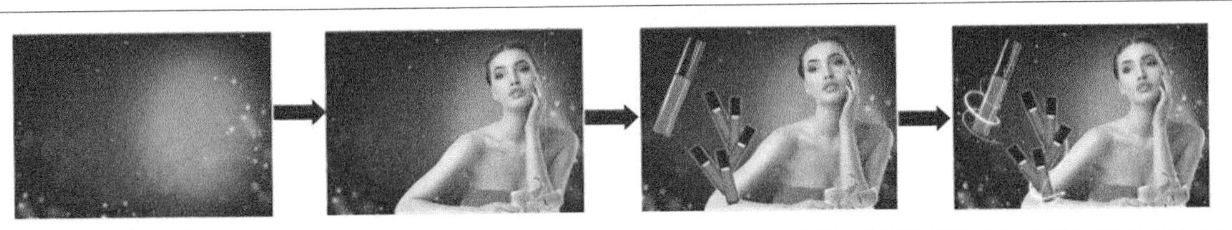
图 5-303

5.7.5 课后习题5——时尚音乐手机广告

习题位置 案例文件>CH05>课后习题5——时尚音乐手机广告.psd
视频位置 多媒体教学>CH05>课后习题5——时尚音乐手机广告.flv
难易指数 ★★★☆☆
练习目标 练习使用自由变换功能变形文字和使用图层样式制作文字特效

本案例是为手机品牌设计的宣传广告。整个设计给人感觉轻松自然，宛如美妙的音乐萦绕耳旁，使人产生无限的遐想，完美地体现了这款手机所特有的功能。时尚音乐手机的最终效果如图5-304所示。

图 5-304

步骤分解如图5-305所示。

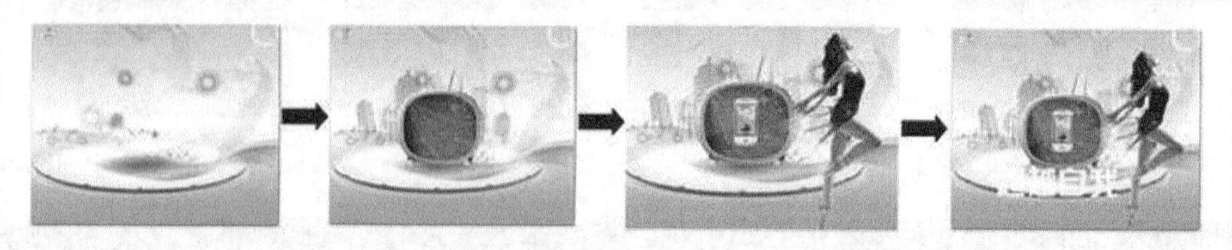

图 5-305

第6章

户外广告的设计与制作

本章我们将接触户外广告的设计，户外广告是指利用公共或自由场地的建筑物、空间和交通工具等方式以悬挂或张贴的形式来宣传的广告。户外广告最大的特点是界面非常大，对于设计尺寸的把握以及在多大的视线范围内能看清楚，是很重要的。

课堂学习目标

广告牌的制作方法
户外海报的制作方法
户外灯箱的制作方法
公交广告的制作方法
霓虹灯广告牌的制作方法

6.1 课堂案例——广告牌

案例位置　案例文件>CH06>课堂案例——广告牌.psd
视频位置　多媒体教学>CH06>课堂案例——广告牌.flv
难易指数　★★★☆☆
学习目标　学习"钢笔工具""图层蒙版"的使用以及"图层样式"的调节

本案例制作的是商业大厦的户外广告牌。界面要求气势宏大，因此选择了"大海"和"天空"作为背景；颜色要具有喜庆特点，所以整个界面采用红色为主调色。广告牌的最终效果如图6-1所示。

图 6-1

相关知识

广告牌是利用艺术为载体推销商品的一种手段，是品牌或商品与消费者之间沟通的桥梁，它以形象、图案和色彩等视觉元素传递商品的信息和商家的诉求。其最主要的目的就是推广、促进销售或消费，广告牌的设计主要掌握以下4点。

第1点：广告牌分为多面自动翻转广告牌、射灯广告牌、霓虹灯广告牌和单立柱广告牌等。

第2点：广告牌内容必须符合广告法和地方行政法规的要求。

第3点：广告牌要考虑画面、文字和联系信息的辨识度和可视性。

第4点：广告牌的制作要根据广告牌的尺寸、媒体位置（室内、户外）、是否打光（内打光、外打光）和画面精细度来选择合理的材质和工艺。

核心步骤

① 使用"天空"和"海"两张素材图片合成背景，再通过对"图层蒙版"使用渐变使两张图片相融合，然后调整"色相/饱和度"使其颜色统一，最后使用"加深工具"对"海"进行加深处理。

② 添加相关文字信息，然后制作立体文字效果。

③ 使用"椭圆选框工具"制作出光线效果。

④ 使用"钢笔工具"绘制出"吉祥如意"和"恭贺新禧"的基本形状，然后使用"光照效果"滤镜完成效果。

⑤ 使用"钢笔工具"绘制出印章的外框，再通过粘贴图层样式来完成印章效果。

⑥ 添加企业Logo和名称。

6.1.1 制作海效果

01 启动Photoshop CS5，执行"文件>新建"菜单命令或按Ctrl+N组合键新建一个"广告牌设计"文件，具体参数设置为"宽度"21cm、"高度"12cm、"分辨率"300像素/英寸、"颜色模式"RGB颜色，如图6-2所示。

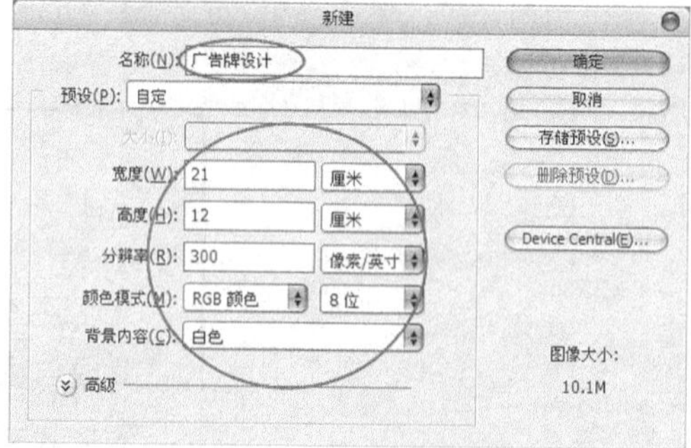

图 6-2

02 打开本书配套资源中的"素材文件>CH06>课堂案例——广告牌>素材01.jpg"，将其拖曳到如图6-3所示的位置。此时系统会自动生成一个新图层，将其更名为"海"。

图 6-3

03 按Ctrl+T组合键，在属性栏中单击“保持长宽比”按钮，设置“宽度”（W）和“高度”（H）为84%，再将图片移动到如图6-4所示的位置。

图 6-4

04 单击“图层”面板下面的“添加图层蒙版”按钮，然后单击“工具箱”中的“渐变工具”按钮，并在属性栏中选择“前景到背景”渐变，接着在绘图区域中如图6-5所示绘制渐变，效果如图6-6所示。

图 6-5

图 6-6

05 按Ctrl+U组合键打开“色相/饱和度”对话框，具体参数设置如图6-7所示，效果如图6-8所示。

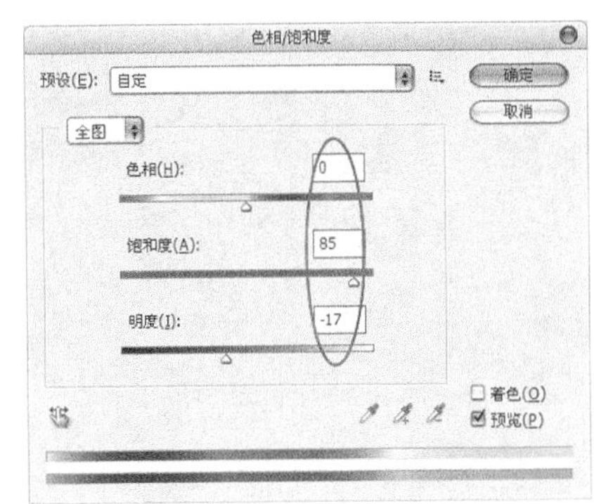

图 6-7

图 6-8

06 单击“工具箱”中的“加深工具”按钮，然后在属性栏中设置画笔“大小”为250px，“曝光度”为80%，将图片处理成远景效果，如图6-9所示。

图 6-9

6.1.2 制作天空效果

01 打开本书配套资源中的“素材文件>CH06>课堂案例——广告牌>素材02.jpg”，然后将其拖曳到如图6-10所示的位置，此时系统会自动生成一个新图层，接着将其更名为“天空”，并按Ctrl+T组合键将图片缩小到如图6-11所示的大小。

图 6-10

图 6-11

技巧与提示

变形图像时如果缩小图片，图像的清晰度将会变高；如果放大图片，图像的清晰度将会降低，所以在放大或缩小图片时要把握好大小尺寸。

02 执行“编辑>变换>水平翻转”菜单命令将图片水平翻转过来，使其与“海”的风向相对应，效果如图6-12所示。

图 6-12

03 确定图层“天空”为当前层，并单击“图层”面板下面的“添加图层蒙版”按钮，然后单击“工具箱”中的“渐变工具”按钮，并在属性栏中选择“前景到背景”渐变，接着在绘图区域中如图6-13所示绘制渐变，最后将该图层拖曳到图层“海”的下面一层，效果如图6-14所示。

图 6-13

图 6-14

技巧与提示

按理说把图层“天空”移动到图层“海”的下一层就会被“海”遮挡了，但是在这里对“天空”也使用图层蒙版渐变是为了达到海天一线的效果，这样可以使两张图结合得更加自然。此外需要注意的是，在使用图层蒙版渐变之前，最好先将“天空”隐藏，然后在“海”的边缘部分添加一条辅助线作为参照。

04 按Ctrl+U组合键打开“色相/饱和度”对话框，具体参数设置如图6-15所示，调整“色相/饱和度”后的效果如图6-16所示。

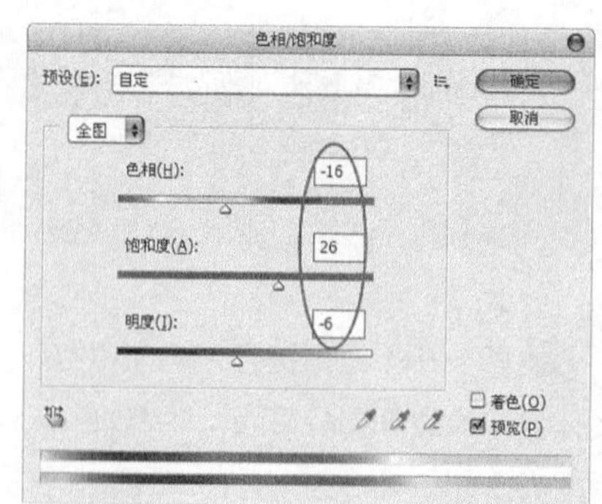

图 6-15

图 6-16

技巧与提示

按Ctrl+U组合键是重新设置"色相/饱和度"参数，按Ctrl+Alt+U组合键是使用之前使用过的"色相/饱和度"参数。

6.1.3 制作立体文字效果

01 单击"工具箱"中的"横排文字工具"按钮，在属性栏中的具体参数设置如图6-17所示。在绘图区域中输入文字"2008年"，然后选中"年"字，在属性栏中设置字体"大小"为215点，效果如图6-18所示。

图 6-17

图 6-18

02 在图层"2008年"右侧的空白区域单击鼠标右键，然后在弹出的菜单中选择"栅格化文字"命令，再按Ctrl+T组合键将文字进行如图6-19所示的变形。

图 6-19

技巧与提示

要将文字自由变形必须先将其栅格化，否则只能对其进行做规则变形。

03 按住Ctrl键并单击图层"2008年"的缩略图，载入该图层的选区，再将该图层删除，效果如图6-20所示。

图 6-20

04 切换到"路径"面板，然后单击该面板下面的"从选区生成工作路径"按钮将选区转换为路径，如图6-21所示。

图 6-21

知识点

将选区转换为工作路径是快速绘制路径的方法，如加入的一些图片素材，要将图片的各个部分做不同的处理，就可以采用此种方法。将转换的路径修改成需要的路径，该方法适合于绘画基础不是很好的读者；不使用这个文字来制作艺术效果的原因是直接将文字变形后的效果是很差的，再加上后面要制作成立体文字，直接变形就更不适合了。

05 单击"工具箱"中的"直接选择工具"按钮，将路径调整成如图6-22所示的效果。

图 6-22

技巧与提示

选区转换成的路径后有许多锚点，在修改路径的时候要采用“删除锚点工具”将其删除，尽量将转角比较大的点处理得圆滑一些。锚点多是该方法的一个缺点，之所以没有在前面章节讲解这个方法是因为必须对“钢笔工具”熟练了后才能够更好地掌握这个新方法。

06 单击“路径”面板下面的“将路径作为选区载入”按钮，载入路径的选区，创建一个新图层“文字”；然后设置前景色（R:252、G:8、B:16），按Alt+Delete组合键用前景色填充选区，效果如图6-23所示。

图 6-23

07 单击“工具箱”中的“加深工具”按钮，在属性栏中设置画笔“大小”为125px，“曝光度”为20%；然后在文字下部来回涂抹，效果如图6-24所示；接着设置图层“文字”的属性为“叠加”，效果如图6-25所示。

图 6-24

图 6-25

08 复制一个新图层“文字副本”，设置该图层的属性为“正常”；然后单击“工具箱”中的“移动工具”按钮，按住Alt键的同时按住（向右方向键）→，当复制到25个副本图层时松开Alt键，效果如图6-26所示。

图 6-26

09 按Ctrl+E组合键合并图层“文字副本”和上一步复制的所有图层，将合并后的图层更名为“文字侧面”，然后载入“文字”图层的选区，选择“文字侧面”并按Delete键删除选区中重合部分的图像，取消选择效果如图6-27所示。

图 6-27

技巧与提示

这种制作立体文字的方法和在“第5章　单色报纸广告”案例中讲述的制作立体文字的方法都是Photoshop中最常用的方法。

⑩ 载入图层“文字侧面”的选区，并单击“工具箱”中的“渐变工具”按钮，然后在属性栏中单击“编辑渐变框”按钮，接着在弹出的“渐变编辑器”对话框中设置渐变颜色：在第1个点（位置0%）设置色标的颜色（R:106、G:12、B:30）；在第2个点（位置20%）设置色标的颜色（R:227、G:71、B:102）；在第3个点（位置40%）设置色标的颜色（R:255、G:255、B:255）；在第4个点（位置65%）设置色标的颜色（R:227、G:71、B:102）；在第5个点（位置83%）设置色标的颜色（R:126、G:15、B:37）；在第6个点（位置100%）设置色标的颜色（R:106、G:11、B:31），如图6-28所示。

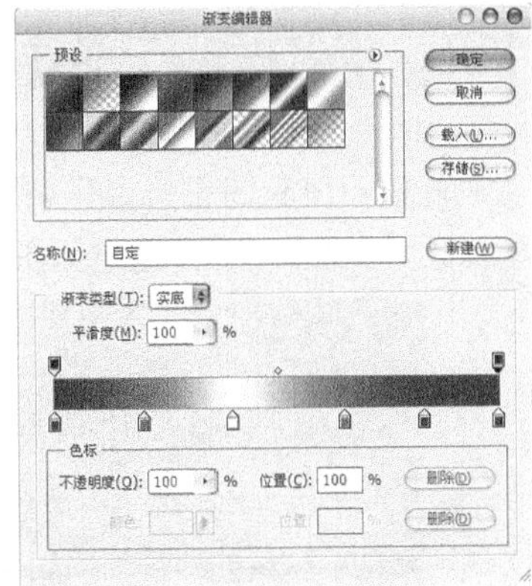

图 6-28

⑪ 设置完成后单击“确定”按钮，然后拖曳光标在选区中从上往下拉出渐变，效果如图6-29所示。

图 6-29

⑫ 设置图层“文字侧面”的属性为“强光”，效果如图6-30所示，然后使用“加深工具”在上部和下部反复涂抹，效果如图6-31所示。

图 6-30

图 6-31

技巧与提示

更改图层属性后在文字侧面会有淡淡的背景图片的阴影，这就是更改图层属性的目的。

⑬ 使用“减淡工具”在8字的转角处来回涂抹，然后使用“加深工具”在“年”字的下部来回涂抹，达到更真实的效果，如图6-32所示。

图 6-32

技巧与提示

由于“文字侧面”使用了渐变效果并且更改了图层属性，所以在使用“加深工具”对亮光部分加深时效果不明显，而且还会出现色斑。这时可使用“画笔工具”来处理，在属性栏中设置相应的颜色，“不透明度”可以设置低一点，然后在亮光部分涂抹，效果就很明显了。

6.1.4 制作光线效果

01 单击“工具箱”中的“横排文字工具”按钮T，然后在属性栏中设置字体为“综艺体”、大小为“30点”，消除锯齿的方法为“锐利”，文本颜色为“白色”，并在绘图区域中输入如图6-33所示的文字。

图 6-33

技巧与提示

为了使上下两排的文字有所区别，可以将下面一排文字的高度缩小一点。

02 创建一个新图层“白色光线”，然后单击“工具箱”中的“椭圆选框工具”按钮，并在绘图区域中绘制一个接近于线的椭圆，如图6-34所示。

图 6-34

03 设置前景色为白色，按Alt+Delete组合键用前景色填充选区并按Ctrl+D组合键取消选区，再按Ctrl+T组合键图像旋转到如图6-35所示的位置。

图 6-35

04 复制出4条新的光线，然后按Ctrl+T组合键将这4条新光线旋转一定的角度，效果如图6-36所示。

图 6-36

6.1.5 制作金色字体效果

01 创建一个新图层“吉祥如意”，再使用“钢笔工具”在绘图区域中绘制如图6-37所示的路径。

图 6-37

02 设置前景色（R:255、G:255、B:0），然后切换到“路径”面板，并单击该面板下面的“用前景色填充路径”按钮，效果如图6-38所示。

图 6-38

03 单击“图层”面板下面的“添加图层样式”按钮 fx.，然后在弹出的菜单中选择“投影”命令，接着在弹出的“图层样式”对话框中设置“投影”的具体参数，如图6-39所示。

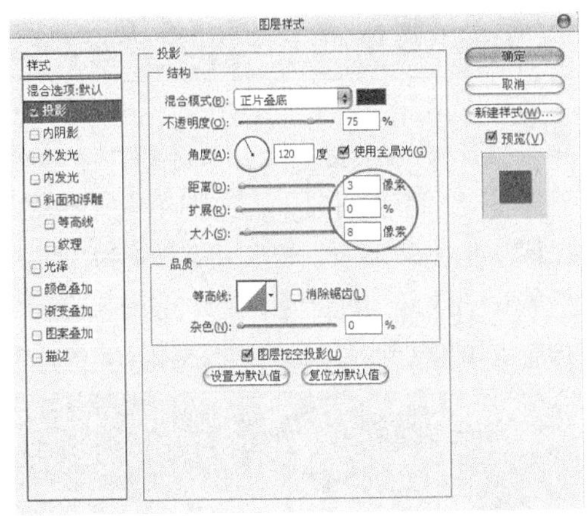

图 6-39

04 单击“斜面和浮雕”样式，具体参数设置如图6-40所示。最后单击“确定”按钮，效果如图6-41所示。

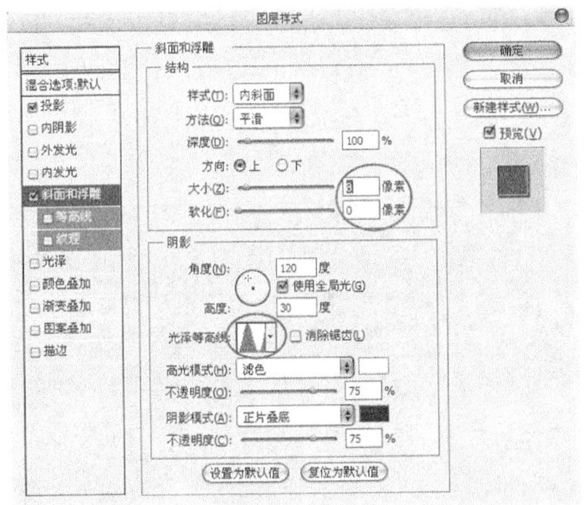

图 6-40

图 6-41

05 对图层“吉祥如意”使用“光照效果”滤镜，具体参数设置可根据实际情况而定。使用“光照效果”滤镜后的效果如图6-42所示。

图 6-42

06 单击“工具箱”中的“横排文字工具”按钮T，然后在属性栏中设置字体为“汉鼎繁古印”，并单击“更改文本方向”按钮，设置文字大小为“14点”，文本颜色为“黄色”，接着在绘图区域中输入“恭贺新禧”4个字，效果如图6-43所示。

图 6-43

07 在图层“吉祥如意”右侧的空白处单击鼠标右键，然后在弹出的菜单中选择“拷贝图层样式”命令，接着在图层“恭贺新禧”右侧单击鼠标右键，并在弹出的菜单中选择“粘贴图层样式”命令，效果如图6-44所示。

图 6-44

技巧与提示

由于之前设置的“图层样式”针对的是比较大的字体，现在要添加“图层样式”的对象比较小，因此在粘贴“图层样式”后可再对其中的一些参数设置得小一些。

08 创建一个新图层“印章外框”，然后使用“钢笔工具”在绘图区域中绘制一个如图6-45所示的路径。

图 6-45

09 切换到“路径”面板，然后单击“将路径转换为选区”按钮，接着执行“编辑>描边”菜单命令打开“描边”对话框，设置“半径”为3像素，效果如图6-46所示。

图 6-46

10 在图层“印章外框”右侧的空白处单击鼠标右键，然后在弹出的菜单中选择“粘贴图层样式”命令，效果如图6-47所示。

图 6-47

6.1.6 添加Logo和企业名称

01 打开本书配套资源中的“素材文件>CH06>课堂案例——广告牌>素材03.jpg”文件，按住Alt键的同时用鼠标左键双击“背景”图层，将其转换为“图层0”，然后单击“工具箱”中的“魔棒工具”按钮，选中标志，接着将其拖曳到绘图区域中如图6-48所示的位置。

图 6-48

02 按Ctrl+T组合键将标志等比例缩小到如图6-49所示的大小。

图 6-49

03 为标志添加“光照效果”滤镜，具体参数可以根据实际情况来设置，效果如图6-50所示。

图 6-50

04 单击“图层”面板下面的“添加图层样式”按钮 fx.，然后在弹出的菜单中选择“投影”命令，接着在弹出的“图层样式”对话框中设置“投影”的具体参数，如图6-51所示。

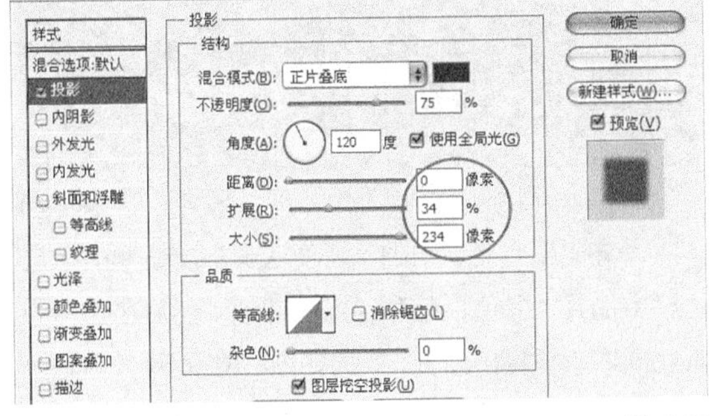

图 6-51

05 单击“外发光”样式，具体参数设置如图6-52所示。

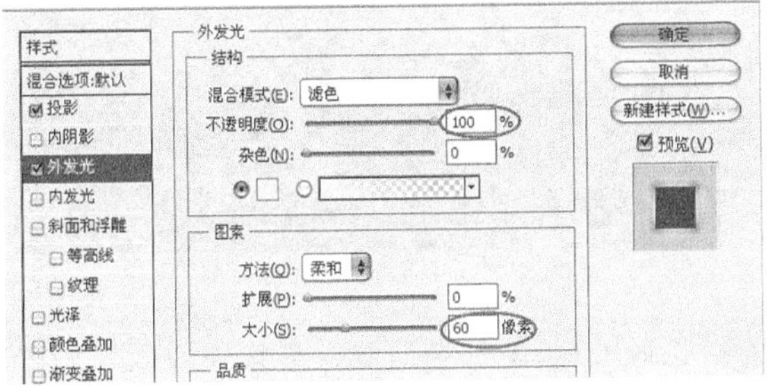

图 6-52

06 单击“斜面和浮雕”样式，并单击“阴影模式”最右侧的“设置阴影颜色”按钮，然后在弹出的“选择阴影颜色”对话框中设置颜色为红色，具体参数设置如图6-53所示，添加“图层样式”后的效果如图6-54所示。

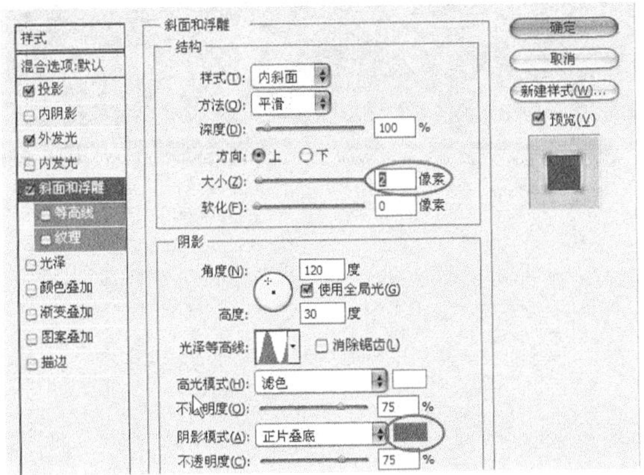

图 6-53

图 6-54

07 单击“工具箱”中的“横排文字工具”按钮 T，然后在属性栏中设置字体为“方正粗倩简体”，字体大小为“30像素”，消除锯齿的方法为“浑厚”，字体颜色为“白色”，接着在绘图区域中输入相应的文字，效果如图6-55所示。

图 6-55

08 单击“图层”面板下面的“添加图层样式”按钮 fx.，在弹出的菜单中选择“投影”命令，然后在弹出的“图层样式”中设置“投影”的具体参数，如图6-56所示。

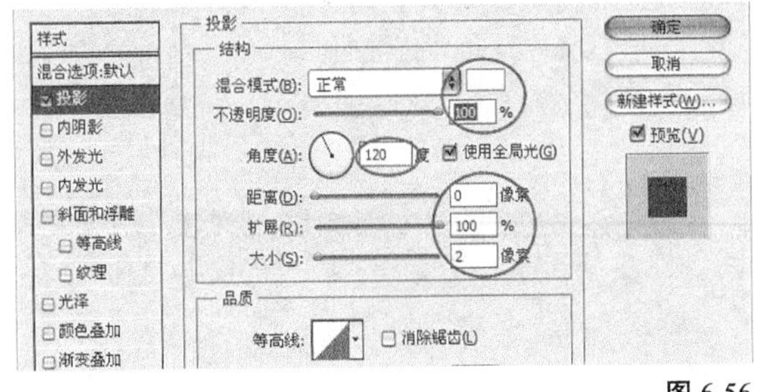

图 6-56

09 单击“斜面和浮雕”样式，并单击“阴影模式”最右侧的“选择阴影颜色”按钮，然后在弹出的“选择阴影颜色”对话框中设置颜色（R:111、G:8、B:8），具体参数设置如图6-57所示。

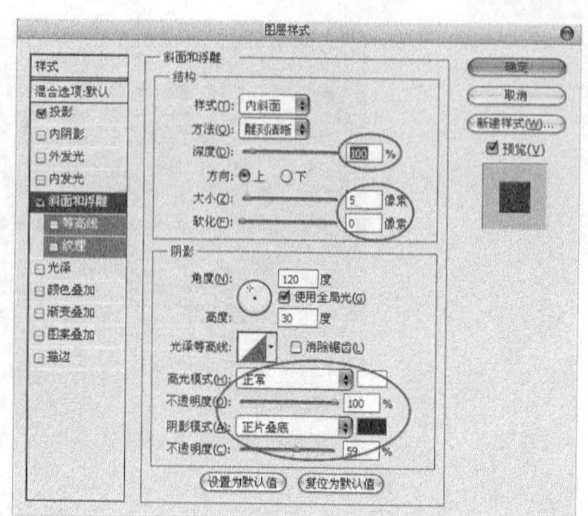
图 6-57

⑩ 打开“渐变叠加”样式对话框，然后设置“不透明度”为100%，接着单击“渐变”右侧的“编辑渐变颜色”按钮，并在弹出的“渐变编辑器”对话框中分别设置第1个色标的颜色（R:245、G:96、B:96）和第2个色标的颜色（R:255、G:255、B:255），具体参数设置如图6-58所示，添加图层样式后的效果如图6-59所示。

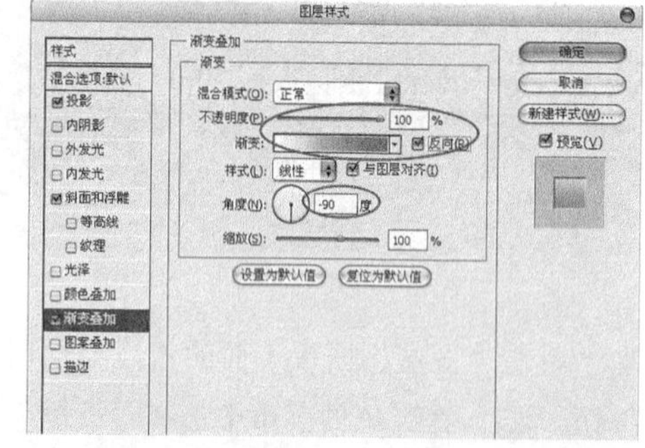
图 6-58

图 6-59

⑪ 创建一个新图层“渐变线”，然后单击“工具箱”中的“矩形选框工具”按钮，接着在企业文字的上部绘制一个如图6-60所示的矩形选框。

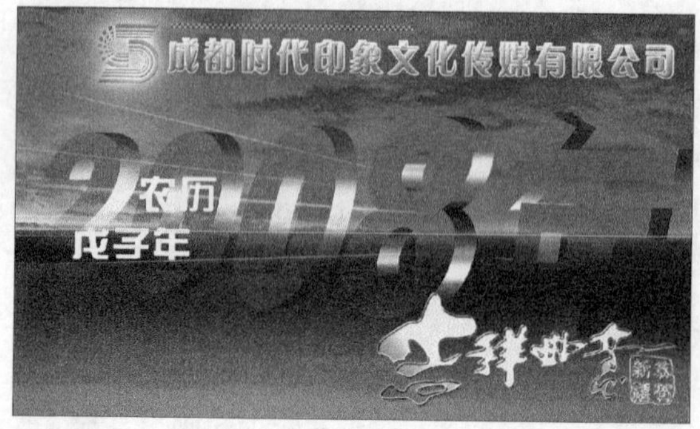

图 6-60

⑫ 单击“工具箱”中的“渐变工具”按钮，在属性栏中选择“橙色、黄色、橙色”渐变，然后在选区中从左向右水平拉出渐变，效果如图6-61所示。

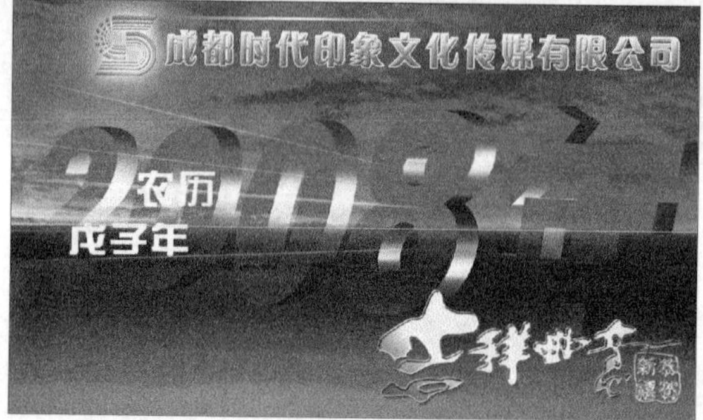

图 6-61

⑬ 复制出3条新的渐变线，最终完成效果如图6-62所示。

图 6-62

6.2 课堂案例——户外海报

案例位置	案例文件>CH06>课堂案例——户外海报.psd
视频位置	多媒体教学>CH06>课堂案例——户外海报.flv
难易指数	★★★☆☆
学习目标	学习"加深工具"和"减淡工具"的使用

本案例最大的特点是画面清晰大气、对比鲜明，在制作上为体现浪漫的氛围，采用了玫瑰花瓣点缀画面。同时使用了各种飘带来突出葡萄酒的质感，整体画面采用深红色和亮红色为主调色以衬托葡萄酒的酒色和酒瓶颜色。户外海报的最终效果如图6-63所示。

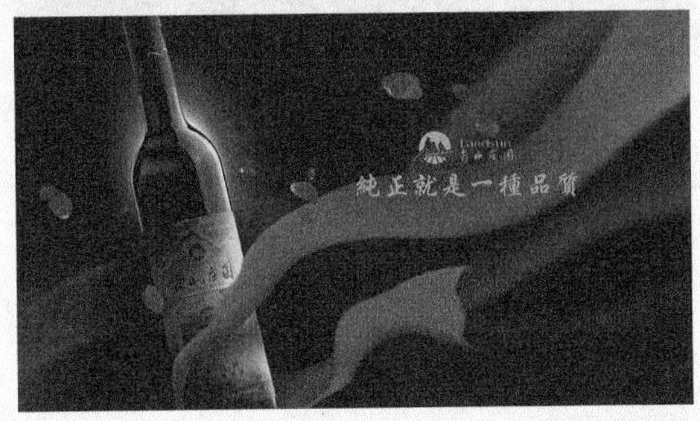

图 6-63

相关知识

海报是传播信息的一种重要手段，海报的设计主要掌握以下4点。

第1点：标准尺寸为508mm×762mm。

第2点：按照纸张开度又可分为：全开、4开和8开3种。

第3点：多数是以制版印刷方式制成的。

第4点：传播信息快，成本费用低，制作简便。

核心步骤

① 使用"钢笔工具"绘制出第1个背景飘带的基本形状，再根据形状制作出两个有像素位差的飘带。

② 使用"钢笔工具"绘制第2个飘带的基本形状，再使用"加深工具"制作深色部分。

③ 使用"钢笔工具"绘制第3个亮光飘带的基本形状，再根据形状制作出两个有像素位差的亮光飘带。

④ 使用"钢笔工具"和"加深工具"制作"葡萄酒"特效。

⑤ 使用"钢笔工具"绘制出"玫瑰花瓣"的基本形状，然后使用"加深工具""减淡工具""画笔工具""模糊工具"和"高斯模糊"滤镜制作出不同效果的"玫瑰花瓣"。

⑥ 添加相关的文字信息和标志。

6.2.1 制作暗调飘带

01 启动Photoshop CS5，执行"文件>新建"菜单命令或按Ctrl+N组合键新建一个"户外海报设计"文件，具体参数设置为"宽度"88cm、"高度"50cm、"分辨率"100像素/英寸、"颜色模式"RGB颜色，如图6-64所示。

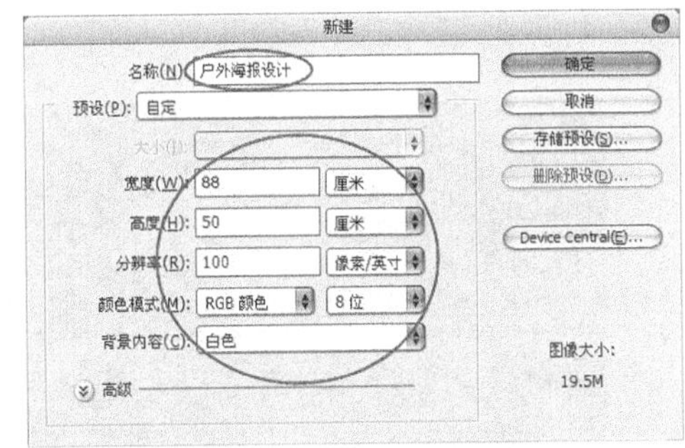

图 6-64

02 设置前景色（R:90、G:0、B:0），然后按Alt+Delete组合键用前景色填充背景图层，效果如图6-65所示。

图 6-65

03 创建一个新图层"图层1"，单击"工具箱"中的"钢笔工具"按钮，在属性栏中单击"路径"按钮，然后在绘图区域中绘制一个如图6-66所示的路径。

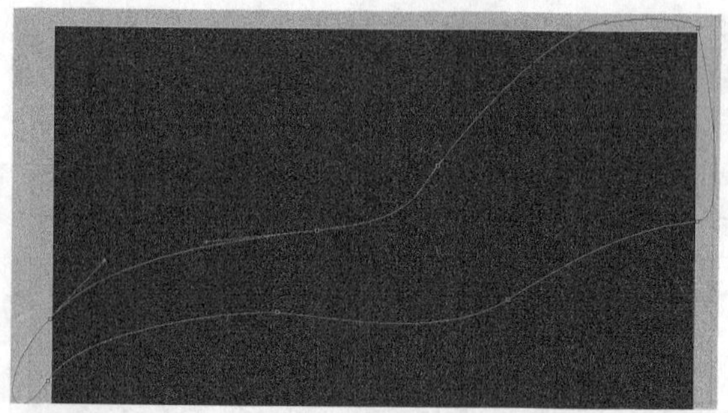

图 6-66

技巧与提示

本案例中将详细讲述“飘带”和“玫瑰花瓣”的制作方法，这两个元素在酒类广告设计和房地产广告设计中都是很流行、漂亮的衬托元素。

04 设置前景色（R:174、G:16、B:22），切换到“路径”面板，单击该面板下面的“用前景色填充路径”按钮，效果如图6-67所示。

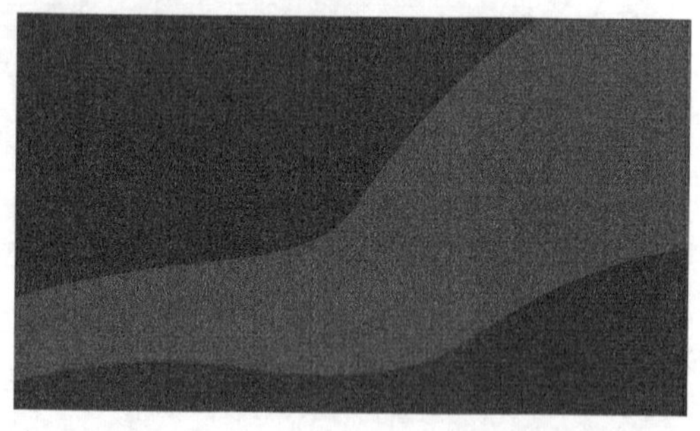

图 6-67

05 创建一个新图层“图层2”，切换到“路径”面板，然后单击“工作路径”的缩略图，接着单击“工具箱”中的“路径选择工具”按钮，并在绘图区域中选中该路径，最后连续按4次键盘上的向下方向键↓将路径往下移动4个像素，并单击“路径”面板下面的“用前景色填充路径”按钮，效果如图6-68所示。

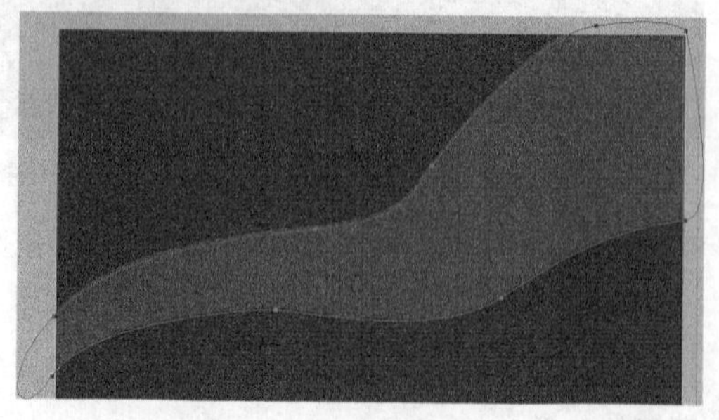

图 6-68

知识点

步骤（5）中的操作也可以直接将“图层1”往下移动、复制来完成。之所以要介绍这种方法主要是为了介绍一下“路径选择工具”的使用方法，该工具可以将整个路径全部选中进行调整，如果要填充不同的颜色，最好采用此方法，这样填充的不同颜色才会更加纯正，才不会出现杂色边框。

06 确定图层“图层2”为当前层，然后按住Ctrl键并单击“图层2”的缩略图，并将其载入该图层的选区，接着单击“工具箱”中的“加深工具”按钮，并在属性栏中设置“曝光度”为8%（画笔“大小”在300～600px之间），最后在“图层2”的上尾部和中间部分来回涂抹，效果如图6-69所示。

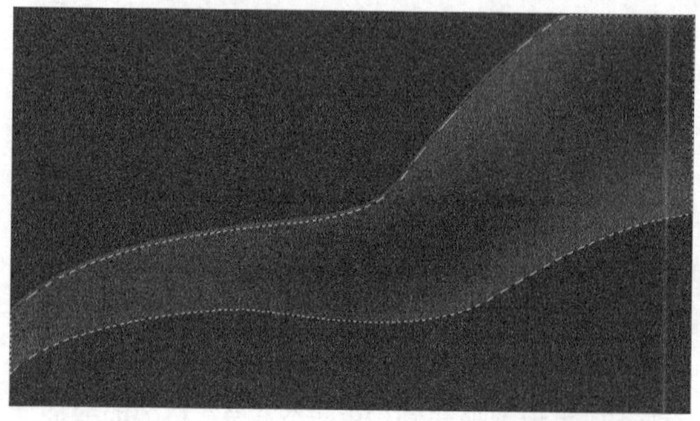

图 6-69

07 复制一个新图层“图层2副本”，然后执行“滤镜>模糊>高斯模糊”菜单命令打开“高斯模糊”对话框，使用“高斯模糊”滤镜后的效果如图6-70所示。

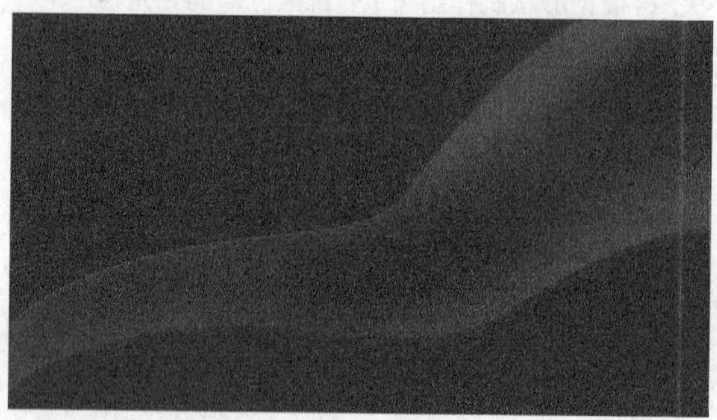

图 6-70

08 确定“图层1”为当前层，然后单击“图层”面板下面的“添加图层蒙版”按钮，并按下X键交换前景色和背景色，接着单击“工具箱”中的“渐变工具”按钮，在属性栏中选择“前景到背景”渐变，最后按住Shift键的同时拉出如图6-71所示方向的渐变，效果如图6-72所示。

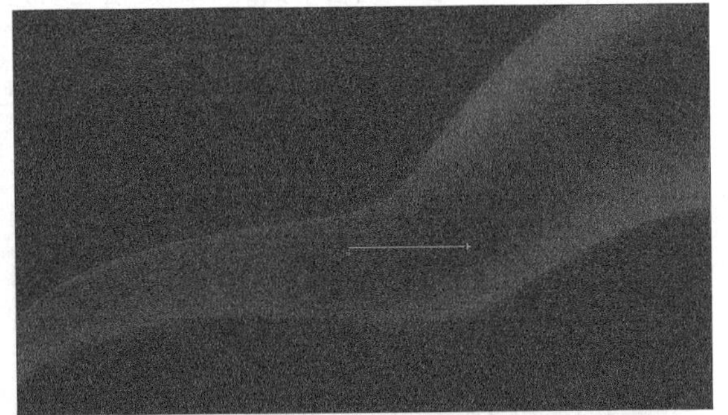

图 6-71

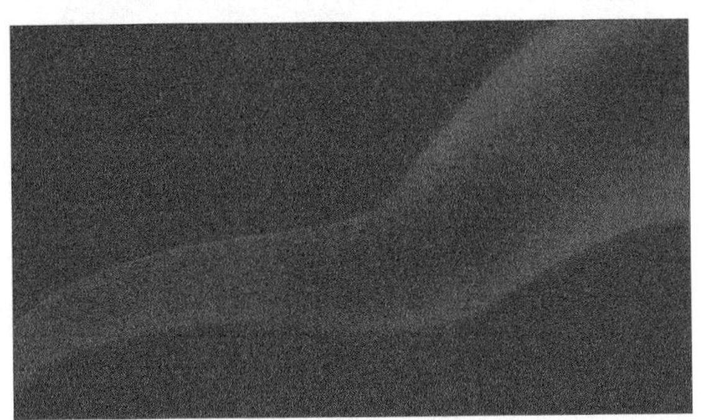

图 6-72

09 确定“图层2”为当前层，继续执行上一步骤，效果如图6-73所示。

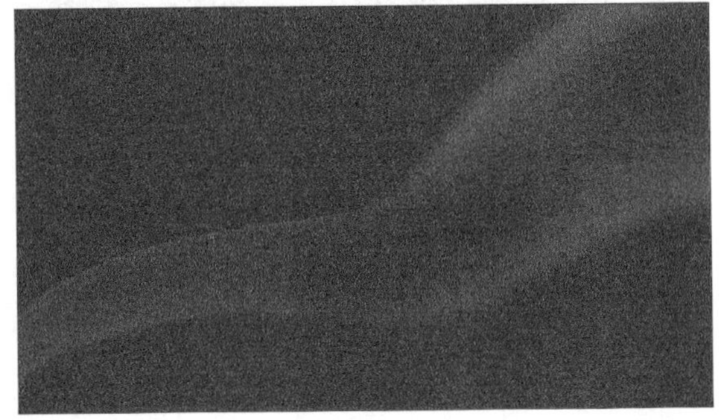

图 6-73

技巧与提示

在制作完暗调“飘带”后，如果效果还不明显，可以使用“模糊工具”在“图层1”和“图层2”的下面边框部分来回涂抹使其更加模糊。

6.2.2 制作模糊飘带

01 创建一个新图层“图层3”，然后将该图层拖曳到“图层1”的下面一层，接着使用“钢笔工具”按钮在绘图区域中绘制一个如图6-74所示的路径。

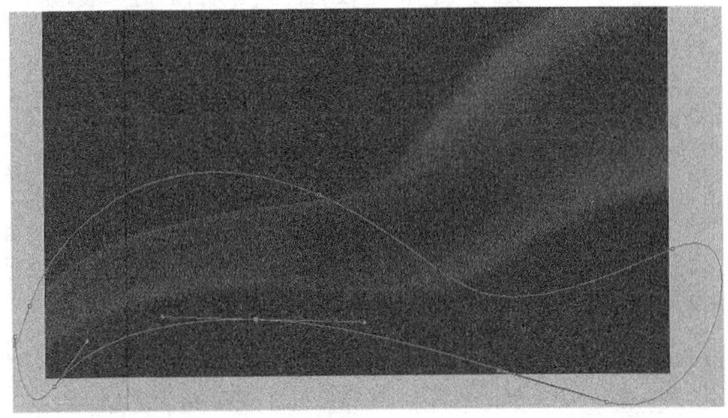

图 6-74

02 设置前景色（R:104、G:0、B:0），并切换到“路径”面板，然后单击该面板下面的“用前景色填充路径”按钮，效果如图6-75所示。

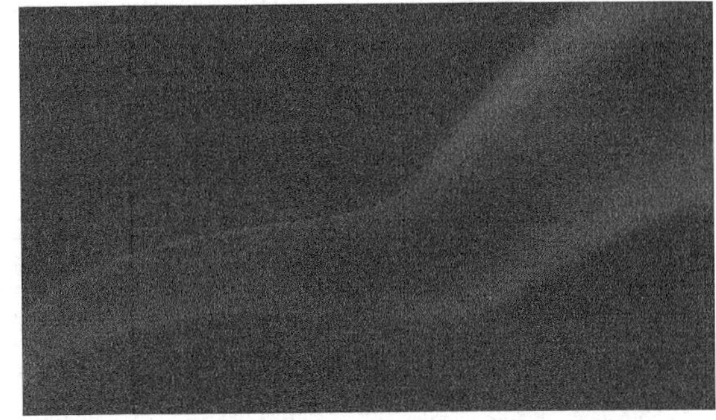

图 6-75

03 载入“图层3”的选区，然后单击“工具箱”中的“加深工具”按钮，并在属性栏中设置“曝光度”为20%，画笔“大小”为300px，接着在选区的左部和右下部反复涂抹，效果如图6-76所示。

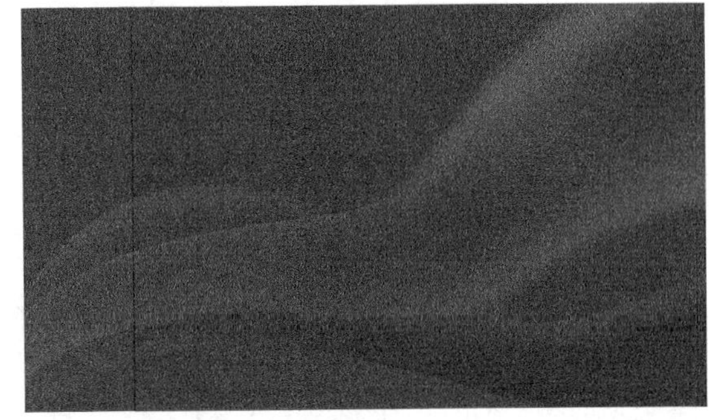

图 6-76

技巧与提示

在使用“加深工具”处理后，如果色彩不协调可以使用“减淡工具”对其边缘部分进行适当处理。

04 按Ctrl+F组合键重复使用“高斯模糊”滤镜，效果如图6-77所示。

图 6-77

05 确定图层“背景”为当前层，然后单击“工具箱”中的“加深工具”按钮，接着在属性栏中设置“曝光度”为15%，画笔“大小”为300px，最后在边缘部分和与飘带重合部分反复涂抹，效果如图6-78所示。

图 6-78

6.2.3 制作亮光飘带1

01 创建一个新图层“图层4”，并将其拖曳到最上层，单击“工具箱”中的“钢笔工具”按钮，然后在属性栏中单击“路径”按钮，在绘图区域中绘制一个如图6-79所示的路径。

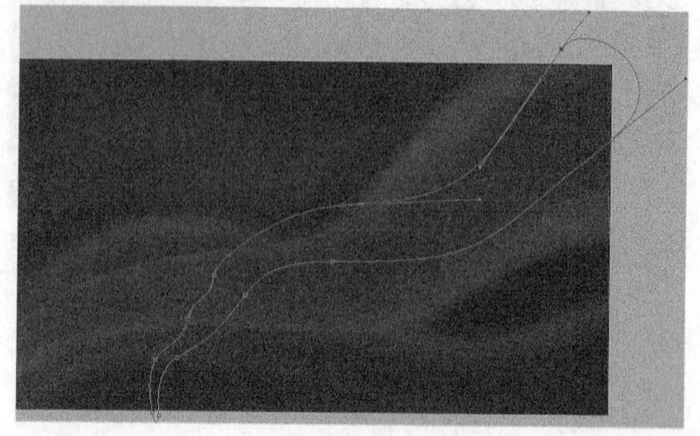
图 6-79

02 设置前景色（R:240、G:71、B:35），切换到“路径”面板，单击该面板下面的“用前景色填充路径”按钮，效果如图6-80所示。

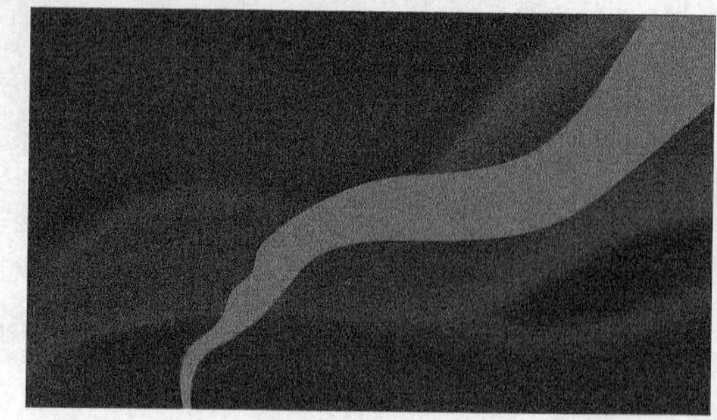
图 6-80

03 创建一个新图层“图层5”，并切换到“路径”面板，然后单击“工作路径”的缩略图，并单击“工具箱”中的“路径选择工具”按钮，在绘图区域中选中该路径，接着连续按3次键盘上的向下方向键↓将路径往下移动3个像素，并单击“路径”面板下面的“用前景色填充路径”按钮，效果如图6-81所示。

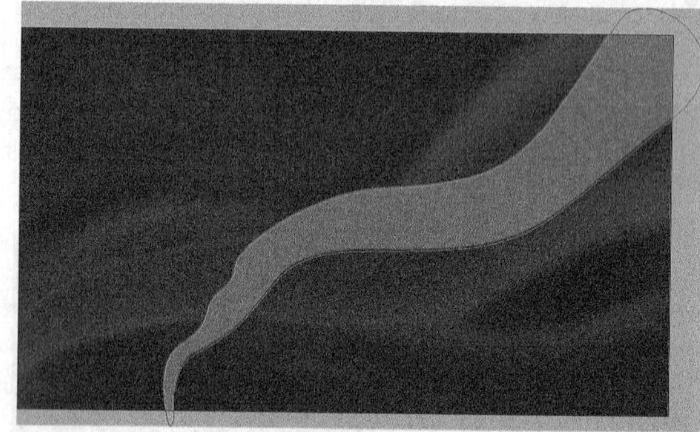
图 6-81

04 确定“图层5”为当前层，然后单击“工具箱”中的“加深工具”按钮，接着在属性栏中设置“曝光度”为20%，画笔“大小”为200px，并在该图层的右上部分反复涂抹，效果如图6-82所示。

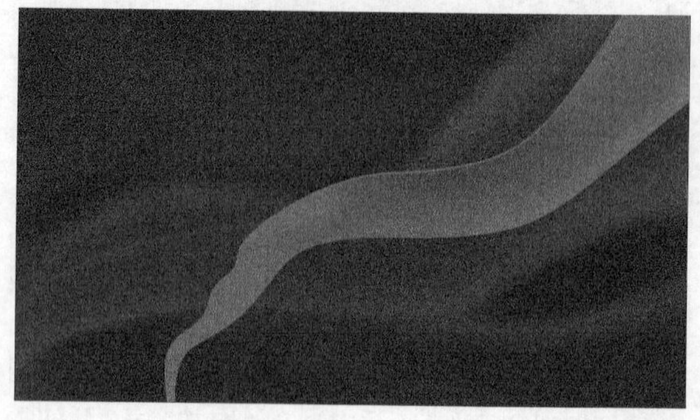
图 6-82

05 分别使用“加深工具”和“减淡工具”在飘带的左下部分反复涂抹，效果如图6-83所示。

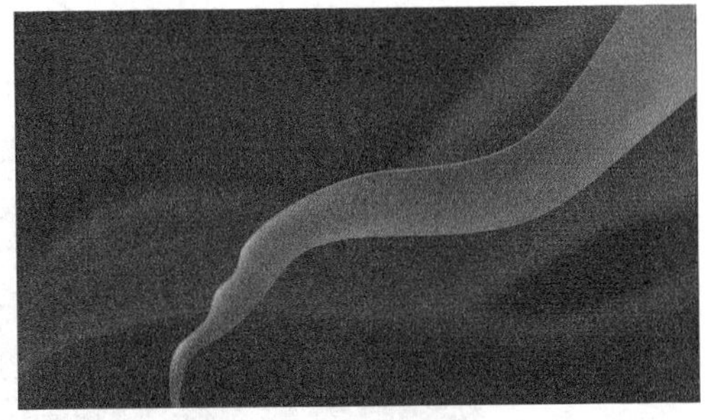

图 6-83

技巧与提示

左下部分的处理比较细腻，可以先用“减淡工具”涂抹高光部分，然后再用“加深工具”涂抹暗调部分，画笔的“大小”设置在150px左右比较合适，“曝光度”设置在10%～20%比较合适。

06 确定“图层5”为当前层，使用“加深工具”在上面的边线部分反复涂抹，弱化其轮廓，效果如图6-84所示。

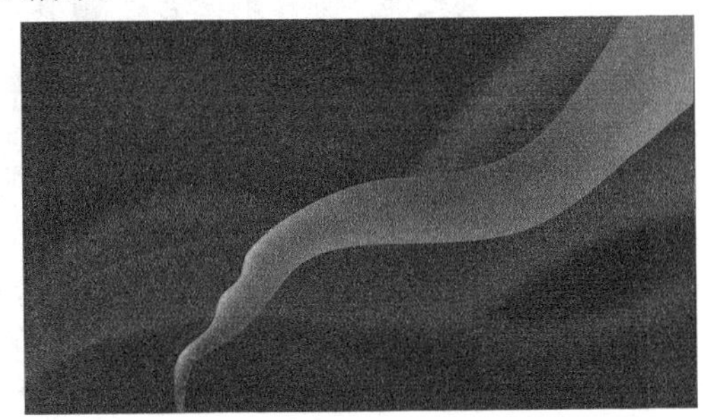

图 6-84

07 按Ctrl+E组合键合并“图层4”和“图层5”，将合并后的图层更名为“亮光飘带”，然后执行“滤镜>渲染>高斯模糊”菜单命令，打开“高斯模糊”对话框，设置“半径”为6像素，效果如图6-85所示。

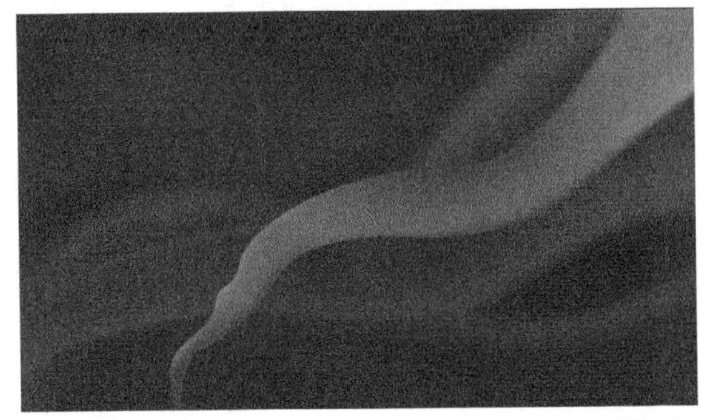

图 6-85

技巧与提示

在使用“高斯模糊”滤镜后，可以继续使用“模糊工具”在右上部分反复涂抹使其更模糊一些，还可以使用“加深工具”和“减淡工具”对合并后的图层进行细节处理，往往一幅好的作品都是经过无数次精细的加工后才能达到最佳效果。

6.2.4 制作亮光飘带2

01 打开本书配套资源中的“素材文件>CH06>课堂案例——户外海报>素材01.psd”文件，并将其拖曳到如图6-86所示的位置，此时系统会自动生成一个新图层，然后将其更名为“葡萄酒”，接着将该图层拖曳到图层“亮光飘带”的下面一层，此时的“图层”面板如图6-87所示。

图 6-86

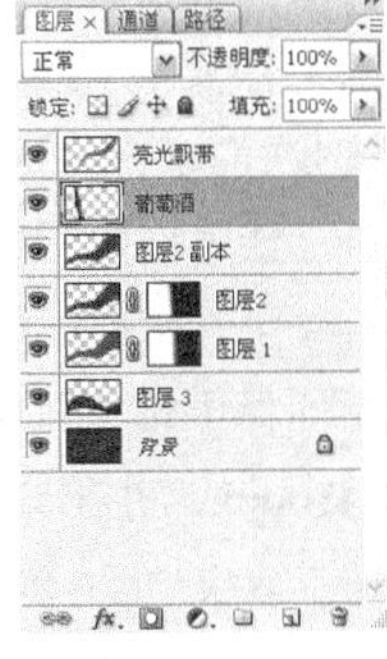

图 6-87

技巧与提示

由于后面许多图像的绘制都要根据界面的核心部分——“葡萄酒”来制作，所以提前将“葡萄酒”图片添加到当前文件中。此“葡萄酒”是对原始图片进行高光处理后得到的，主要是利用“钢笔工具”勾选出需要制作高光的地方，然后填充颜色并使用“高斯模糊”滤镜模糊高光，再更改图层的“不透明度”即可。

02 创建一个新图层“亮光飘带2”，然后单击“工具箱”中的“钢笔工具”按钮，接着单击属性栏中的“路径”按钮，并在绘图区域中绘制一个如图6-88所示的路径。

图 6-88

03 设置前景色（R:237、G:28、B:36），切换到“路径”面板，然后单击该面板下面的“用前景色填充路径”按钮，效果如图6-89所示。

图 6-89

04 复制一个新图层“亮光飘带2副本”，然后将该图层拖曳到图层“亮光飘带2”的下面一层，确定图层“亮光飘带2副本”为当前层，并连续按3次向下方向键（↓）将该图层向下移动3个像素，接着确定图层“亮光飘带2”为当前层，并单击“工具箱”中的“加深工具”按钮，最后在属性栏中设置“曝光度”为20%，画笔“大小”为100px，并在该图层的下边缘的弯曲部分反复涂抹，效果如图6-90所示。

图 6-90

05 按Ctrl+F组合键重复使用“高斯模糊”滤镜，然后选中图层“亮光飘带2”，并再次按Ctrl+F组合键重复使用“高斯模糊”滤镜，效果如图6-91所示。

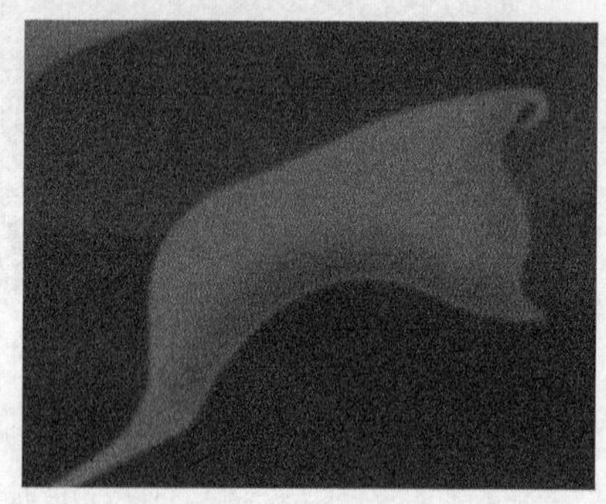

图 6-91

06 确定“亮光飘带2”为当前层，设置前景色（R:251、G:128、B:45），单击“工具箱”中的“画笔工具”按钮，在属性栏中设置画笔“大小”为35px，“不透明度”为20%，然后在该图层的上边缘部分绘制出高光效果，如图6-92所示。

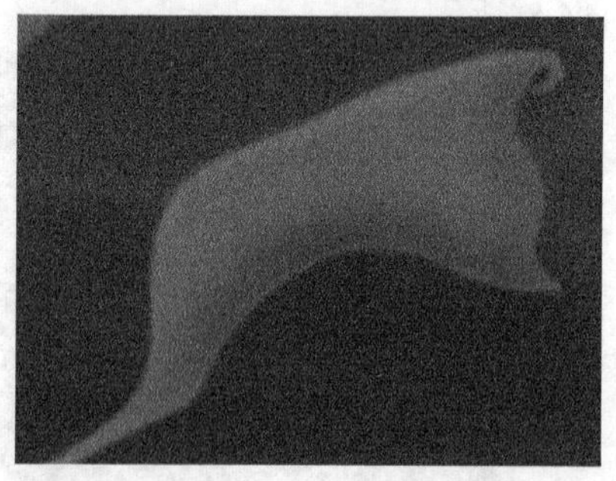

图 6-92

07 继续使用“画笔工具”在图层“亮光飘带”的边缘部分绘制高光效果，再使用“加深工具”在图层“亮光飘带”和“亮光飘带2”的右上角的弧形处反复涂抹，效果如图6-93所示。

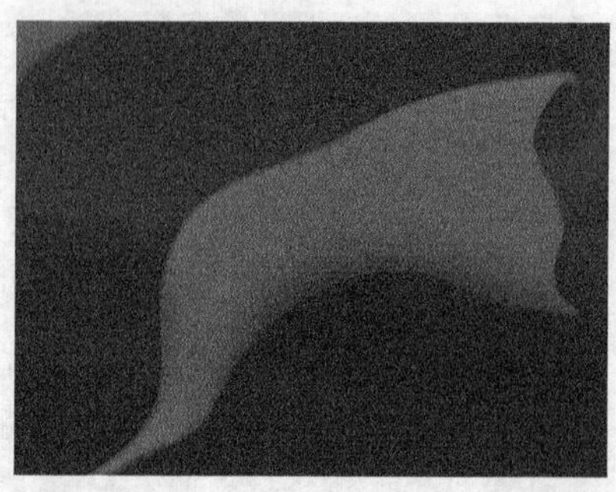

图 6-93

08 创建一个新图层“亮光飘带3”，并将该图层拖曳到图层“亮光飘带2副本”的下面一层，然后使用“钢笔工具”在绘图区域中绘制一个如图6-94所示的路径。

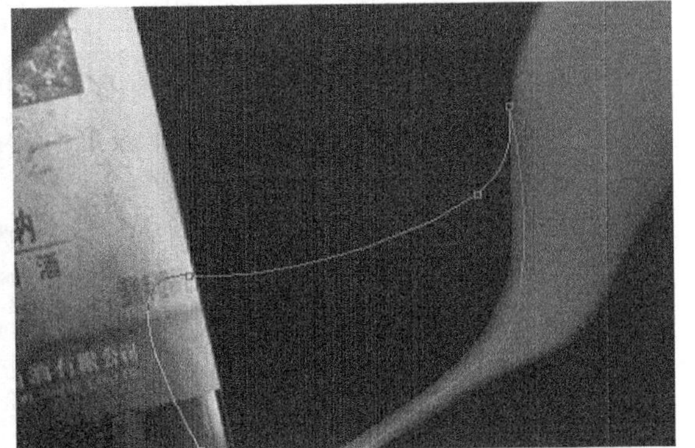

图 6-94

09 设置前景色（R:159、G:11、B:15），并切换到“路径”面板，然后单击该面板下面的“用前景色填充路径”按钮，效果如图6-95所示。

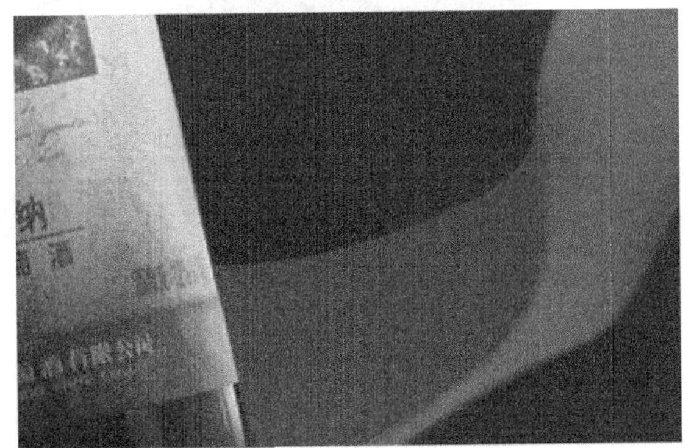

图 6-95

10 使用“加深工具”和“高斯模糊”滤镜对图层“亮光飘带3”进行加深和模糊处理，效果如图6-96所示。

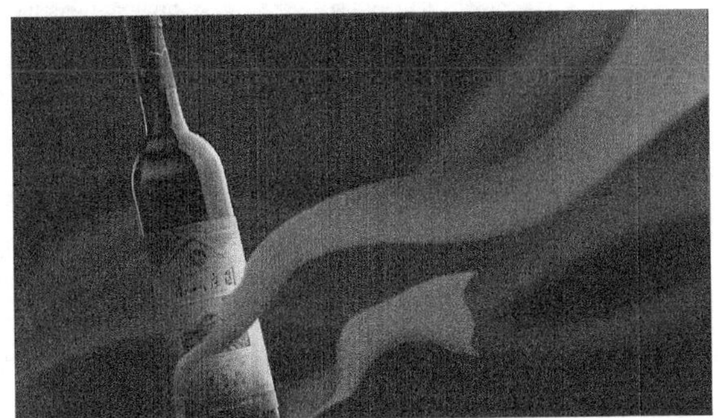

图 6-96

6.2.5 制作发光球

01 创建一个新图层“光球”，然后使用“椭圆选框工具”在绘图区域中绘制一个如图6-97所示的椭圆选框。

图 6-97

02 设置前景色（R:241、G:231、B:200），按Alt+Delete组合键用前景色填充选区，然后按Ctrl+T组合键将图像进行如图6-98所示的变形。

图 6-98

03 执行“滤镜>模糊>高斯模糊”菜单命令打开“高斯模糊”对话框，设置“半径”为38像素，效果如图6-99所示。

图 6-99

04 单击“图层”面板下面的“添加图层样式”

按钮 fx ，然后在弹出的菜单中选择“外发光”样式，并在弹出的“图层样式”对话框中设置“大小”为250像素，接着将该图层拖曳到图层“葡萄酒”的下面一层，添加“外发光”样式后的效果如图6-100所示。

图 6-100

05 创建一个新图层“飘带投影”，然后将该图层拖曳到图层“葡萄酒”的上面一层，接着单击“工具箱”中的“多边形套索工具”按钮，在绘图区域中勾选出一个如图6-101所示的选区。

图 6-101

06 设置前景色（R:164、G:86、B:48），然后按Alt+Delete组合键用前景色填充选区，接着使用“加深工具”在该选区的左下部分反复涂抹，效果如图6-102所示。

图 6-102

6.2.6 制作玫瑰花瓣

01 创建的新图层名称为“花瓣1”，然后使用“钢笔工具”在绘图区域中绘制一个如图6-103所示的路径。

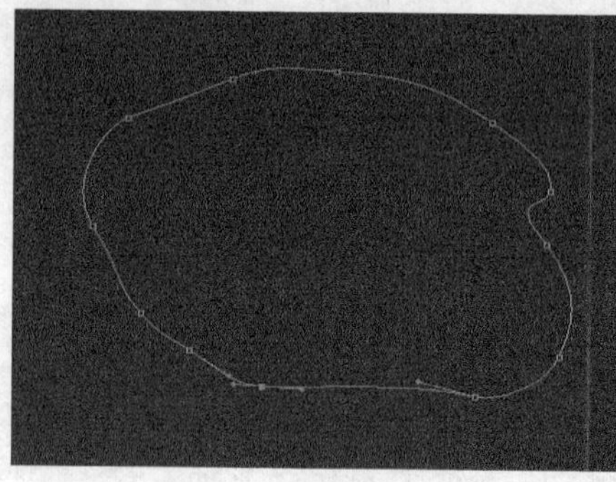

图 6-103

02 设置前景色（R:175、G:20、B:25），并切换到“路径”面板，然后单击该面板下面的“用前景色填充路径”按钮，效果如图6-104所示。

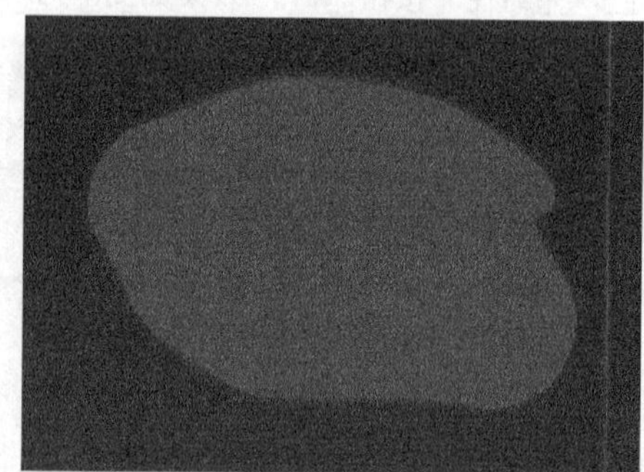

图 6-104

03 使用“加深工具”制作出“花瓣1”弯曲部分，然后使用“减淡工具”制作出轮廓线，接着执行“滤镜>模糊>高斯模糊”菜单命令打开“高斯模糊”对话框，设置“半径”为40像素，效果如图6-105所示。

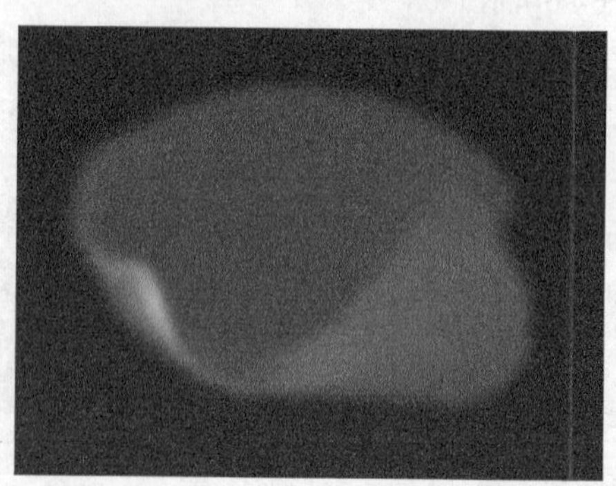

图 6-105

04 创建一个新图层“花瓣2”，然后使用“钢笔工具”在绘图区域中绘制一个如图6-106所示的路径。

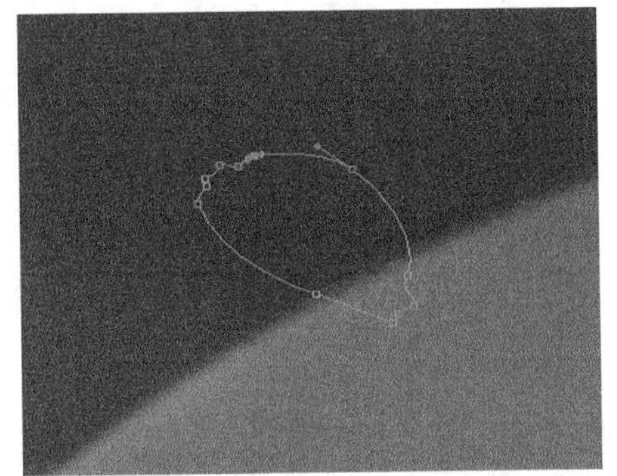

图 6-106

05 设置前景色（R:200、G:23、B:29），并切换到“路径”面板，然后单击该面板下面的“用前景色填充路径”按钮，效果如图6-107所示。

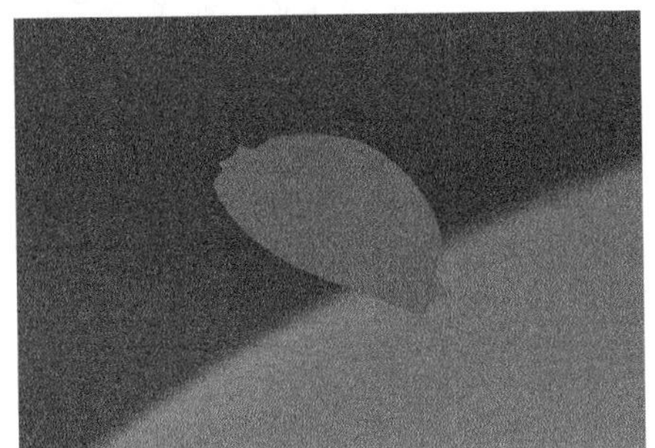

图 6-107

06 使用“加深工具”在“花瓣2”的下边缘部分来回涂抹，然后用“减淡工具”在左上部分反复涂抹，效果如图6-108所示。

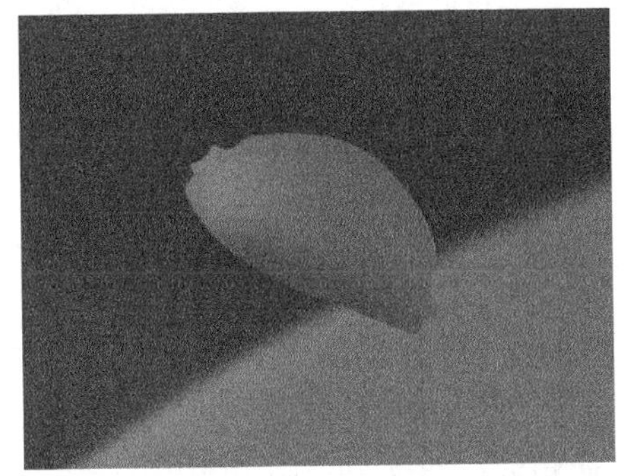

图 6-108

07 单击“工具箱”中的“画笔工具”按钮，设置前景色为白色，在属性栏中设置“不透明度”为15%，画笔“大小”为15px，然后在“花瓣2”的左上部绘制出白色高光效果；接着设置前景色（R:206、G:130、B:93），在属性栏中设置“不透明度”为15%（画笔“大小”在绘制时可设置为5px～15px之间），最后在“花瓣2”的左上部绘制出高光效果，如图6-109所示。

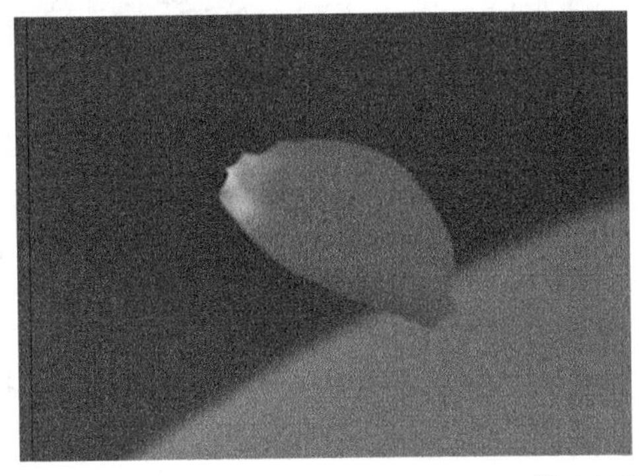

图 6-109

08 采用相同的方法绘制出其他“花瓣”，效果如图6-110所示，然后按Ctrl+E组合键合并绘制花瓣的所有图层，将合并后的图层更名为“玫瑰花瓣”。

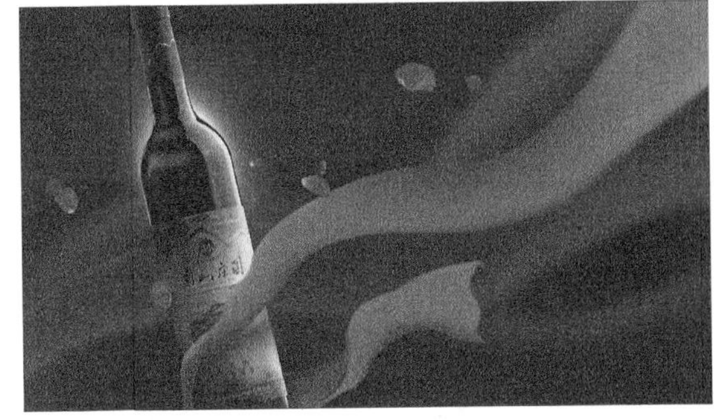

图 6-110

技巧与提示

在绘制其他“花瓣”时需要注意3点：使用“钢笔工具”绘制出的基本形状一定要圆滑；使用“加深工具”和“减淡工具”时要注意“曝光度”和画笔“大小”的调节，涂抹的时候尽量保证均匀；如果对于花瓣的形体把握不准，可参照现实中一些花瓣的形体，要尽量保证每个花瓣形体不相同。

09 按Ctrl+E组合键合并除了“葡萄酒”“亮光飘带”和“玫瑰花瓣”外的所有图层，然后将合并的图层更名为“背景”，接着使用“加深工具”在“葡萄酒”周围部分、亮光飘带周围部分和无图像处反复涂抹，效果如图6-111所示。

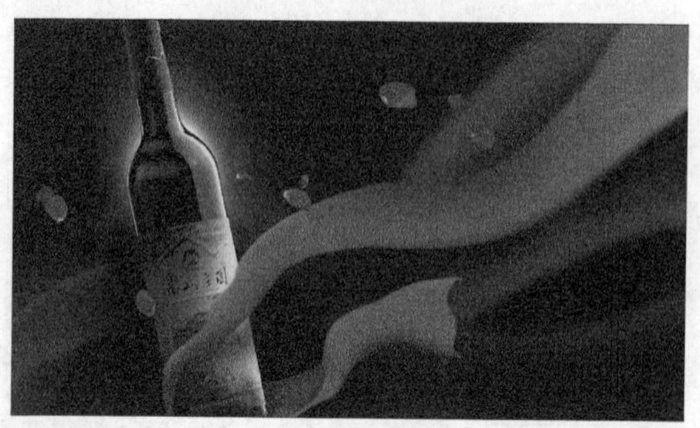

图 6-111

10 添加相关的文字信息和标志，最终效果如图6-112所示。

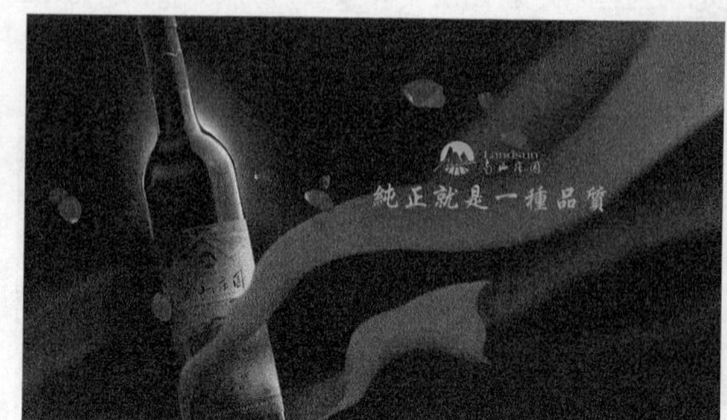

图 6-112

6.3 课堂案例——户外灯箱

案例位置　案例文件>CH06>课堂案例——户外灯箱.psd
视频位置　多媒体教学>CH06>课堂案例——户外灯箱.flv
难易指数　★★★☆☆
学习目标　学习“钢笔工具”“椭圆工具”的使用

灯箱广告应用场所分布在道路、街道两旁、影剧院、展览（销）会、商业闹市区、车站、机场、码头和公园等公共场所。户外灯箱设计的最终效果如图6-113所示。

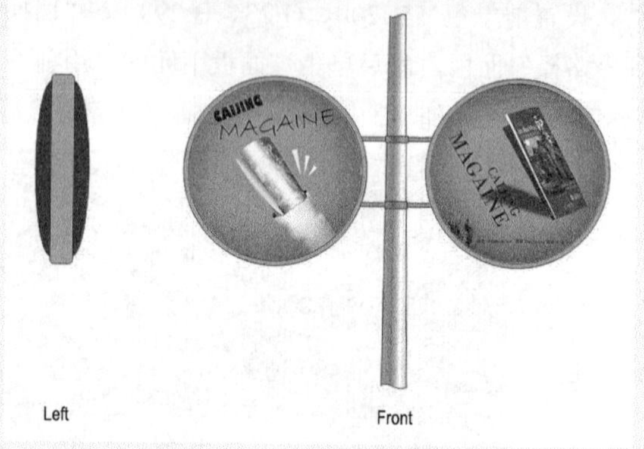

图 6-113

相关知识

灯箱广告又名“灯箱海报”或“夜明宣传画”，国外称之为“半永久”街头艺术。户外灯箱广告的设计需要掌握以下5个要点。

第1点：画面大。众多的平面广告媒体都供室内或小范围传达，幅面较小，而户外灯箱广告通过门头、布告（宣传）栏和立杆灯箱画的形式展示广告内容，比其他平面广告插图大、字体也大，十分引人注目。

第2点：远视强。户外灯箱广告通过自然光（白天）和辅助光（夜晚）两种形式向远距离的人们传达信息。

第3点：适用性广。户外灯箱广告不仅可以用在公共场所，还可以用在商业和文教场所。

第4点：兼具性。户外灯箱广告的展示形式有很多种，具有文字和色彩兼备功能，从产品商标、品名、实物照片、色彩及企业意图到文化、经济、风俗、信仰和观念无所不包。

第5点：固定性和复杂性。户外灯箱广告无论是采用何种形式，都有相应的要求。由于作为半永久展示装置，其基本结构较其他广告形式复杂，包括框架、复面材料、图案印刷层和防风防雨雪构造，以及夜晚作为照明的发光设施，使得其单件制造成本高于其他类型广告。

核心步骤

① 使用“椭圆选框工具”和滤镜制作背景。

② 使用“钢笔工具”和滤镜绘制出卷筒模型，然后导入素材，接着将其调整成卷筒报。

③ 导入素材，然后将其调整成立体效果，接着使用选区填充功能制作出阴影。

6.3.1 左平面设计

01 启动Photoshop CS5，按Ctrl+N组合键新建

一个“户外灯箱左设计”文件，具体参数设置为“宽度”20cm、“高度”20cm、“分辨率”300像素/英寸、“颜色模式”CMYK颜色，如图6-114所示。

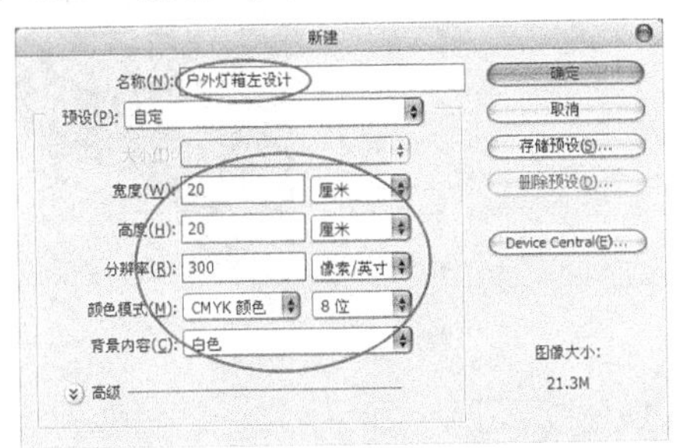

图 6-114

02 新建一个“图层1”，然后使用“椭圆选框工具”绘制一个如图6-115所示圆形选区，设置前景色（R:245、G:167、B:0），接着按Alt+Delete组合键用前景色填充选区，效果如图6-116所示。

图 6-115

图 6-116

03 执行“滤镜>杂色>添加杂色”菜单命令，然后在弹出的“添加杂色”对话框中进行如图6-117所示的设置，效果如图6-118所示。

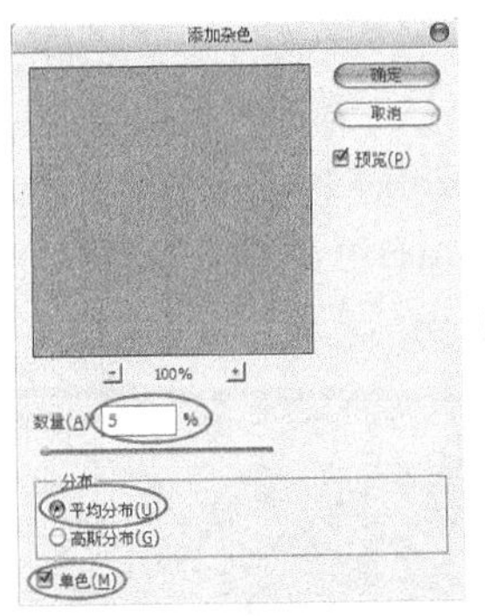

图 6-117

图 6-118

6.3.2 制作卷筒报

01 新建一个“卷筒”图层，然后使用“钢笔工具”绘制出如图6-119所示的路径，接着用白色填充该路径，效果如图6-120所示。

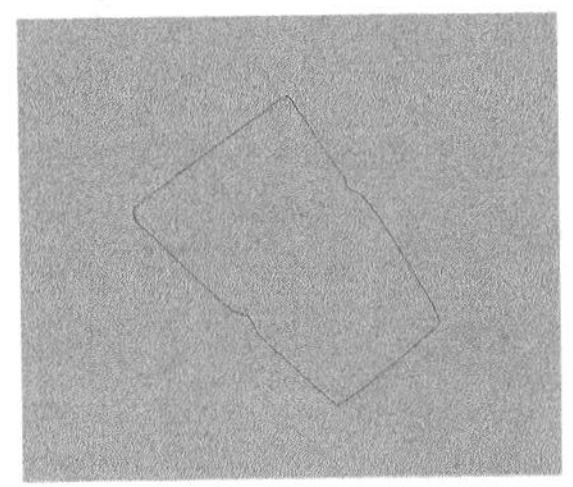

图 6-119

图 6-120

02 执行“滤镜>杂色>添加杂色”菜单命令，然后在弹出的“添加杂色”对话框中进行如图6-121所示的设置。

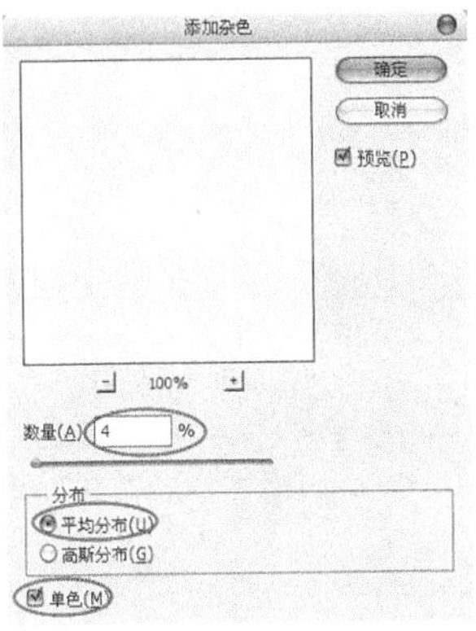

图 6-121

03 确定“卷筒”图层为当前图层，使用“加深工具”（具体参数设置如图6-122所示）将图像涂抹成如图6-123所示的效果。

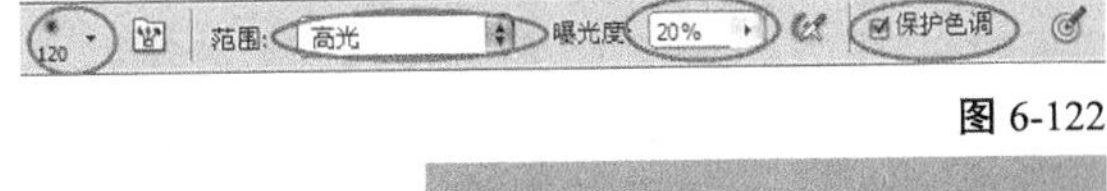

图 6-122

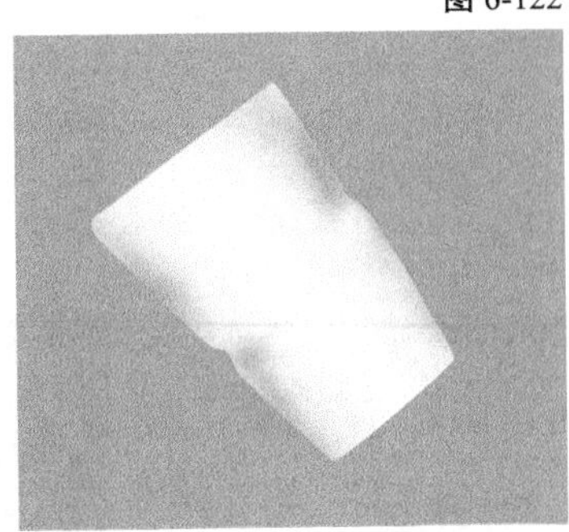

图 6-123

技巧与提示

在涂抹暗部时，需要随时调整“加深工具”的“大小”和“曝光度”。

04 确定“卷筒”图层为当前图层，使用“模糊工具”将图像边缘涂抹成如图6-124所示的效果，然后将其拖曳到如图6-125所示的位置，接着按Ctrl+Alt+G组合键将该图层创建为下一个图层的剪贴图层，效果如图6-126所示。

图 6-124

图 6-125

图 6-126

05 新建一个“卷口”图层，然后使用“钢笔工具”绘制出如图6-127所示的路径，设置前景色（R:0、G:17、B:28），接着用前景色填充该路径，效果如图6-128所示，最后使用“模糊工具”将断口部分涂抹成如图6-129所示的效果。

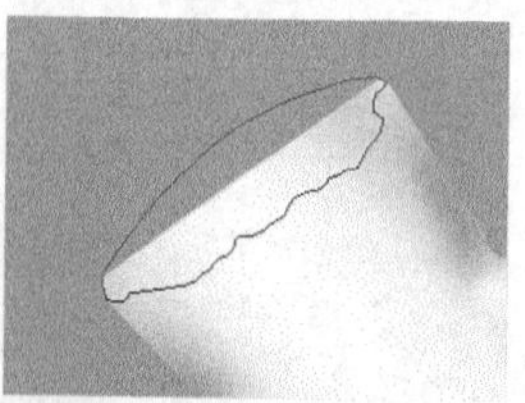

图 6-127

图 6-128

图 6-129

06 设置“画笔工具”的“大小”为8px，“不透明度”为80%，“流量”为80%，然后设置前景色为黑色，接着单击“路径”面板下面的“用画笔描边路径”按钮，效果如图6-130所示。

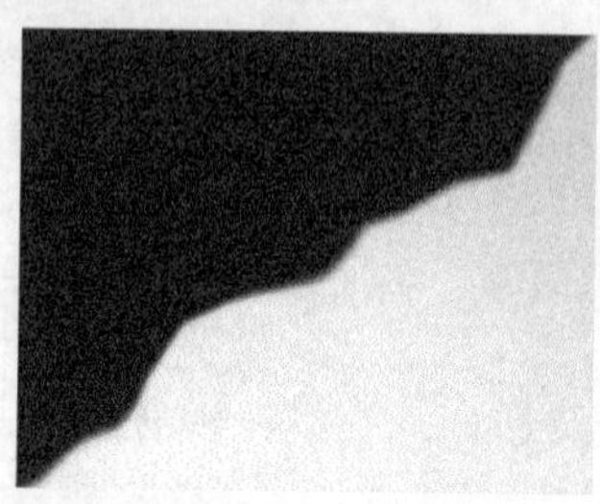

图 6-130

技巧与提示

由于填充的颜色是黑色，而描边颜色也是黑色，所以如图6-130所示的描边效果并不明显，但是在后面添加书本图像后，厚度轮廓线就很明显了。

07 打开本书配套资源中的“素材文件>CH06>课堂案例——户外灯箱>素材01.psd”文件，然后将其拖曳到“户外灯箱左设计”操作界面中，接着将新生成的图层更名为“书模”图层，效果如图6-131所示。

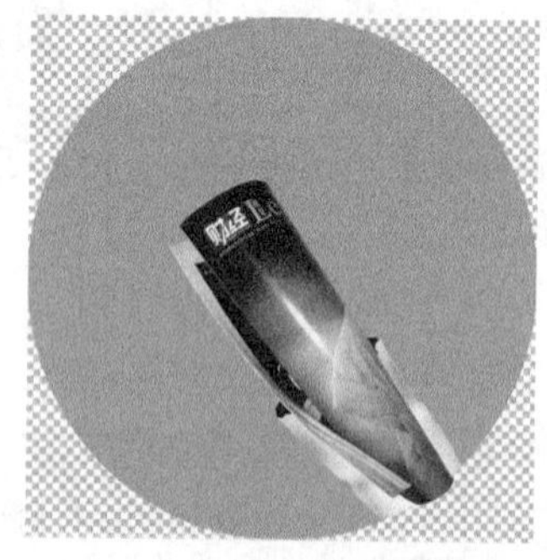

图 6-131

08 载入“卷筒”图层的选区，然后按住Ctrl+Alt组合键的同时载入“卷口”图层的选区，效果如图6-132所示，接着按Ctrl+Shift+I组合键反选选区，为“书模”图层添加一个“图层蒙版”，效果如图6-133所示。

图 6-132

图 6-133

09 新建一个“正面bg”图层，然后使用“钢笔工具”绘制出如图6-134所示的路径，接着用白色填充该路径，效果如图6-135所示。

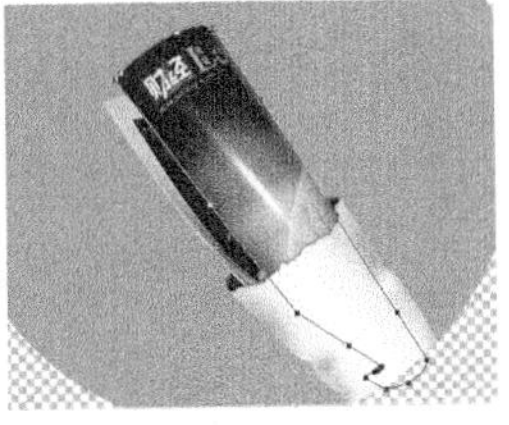
图 6-134

图 6-135

10 确定“正面bg”图层为当前图层，使用“加深工具”（具体参数设置如图6-136所示）将图像涂抹成如图6-137所示的效果。

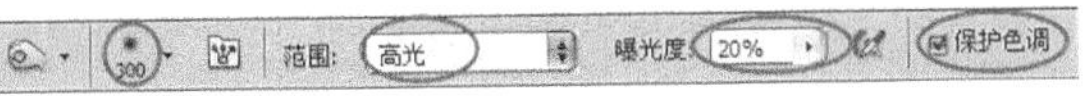

图 6-136

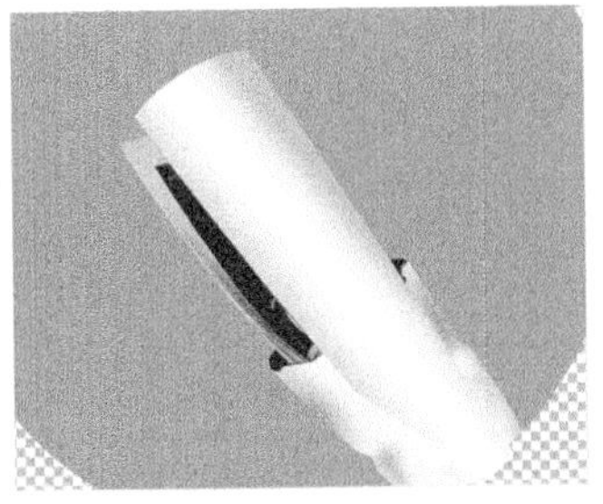
图 6-137

11 载入“卷筒”图层的选区，然后按住Ctrl+Alt组合键的同时载入“卷口”图层的选区，效果如图6-138所示，接着按Ctrl+Shift+I组合键反选选区，最后为“正面bg”图层添加一个“图层蒙版”，效果如图6-139所示。

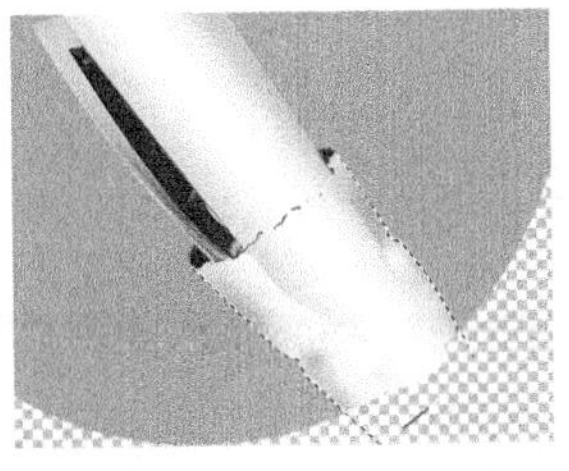
图 6-138

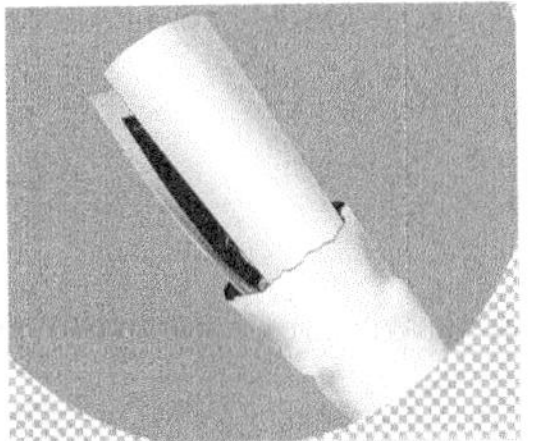
图 6-139

12 采用相同的方法制作出“背面bg”图层，完成后的效果如图6-140所示。

图 6-140

13 打开本书配套资源中的“素材文件>CH06>课堂案例——户外灯箱>素材02.jpg”文件，然后将其拖曳到“户外灯箱左设计”操作界面中，如图6-141所示，并将新生成的图层更名为“封面”图层。

图 6-141

14 确定“封面”图层为当前图层，按Ctrl+T组合键进入自由变换状态，然后单击属性栏中的“在自由变换和变形模式之间切换”按钮，接着将图像调整成如图6-142所示的效果。

图 6-142

15 载入“正面bg”图层的选区，然后按住Alt键的同时使用“多边形套索工具”勾选出卷口区域，选区效果如图6-143所示，接着按住Ctrl+Shift组合键的同时载入“卷口”图层的选区，选区效果如图6-144所示。

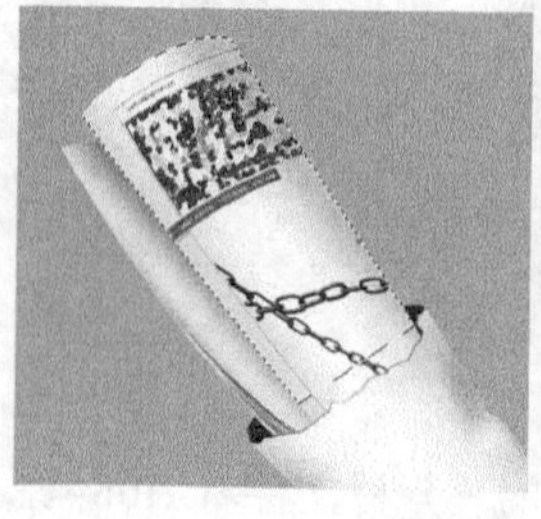

图 6-143

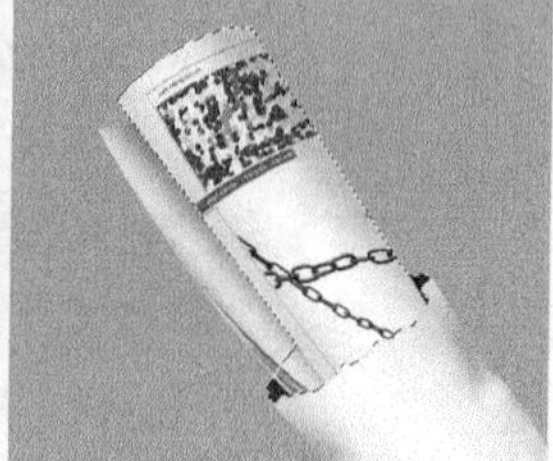

图 6-144

16 保持选区状态，按Ctrl+Shift+I组合键反选选区，然后为“封面”图层添加一个“图层蒙版”，效果如图6-145所示，接着设置该图层的“混合模式”为“颜色加深”，效果如图6-146所示。

图 6-145

图 6-146

17 使用“横排文字工具”在画面中输入相关文字信息，然后制作一些装饰元素来衬托画面，最终效果如图6-147所示。

图 6-147

6.3.3 右平面设计

01 按Ctrl+N组合键新建一个“户外灯箱右”文件，具体参数设置为“宽度”20cm、“高度”20cm、“分辨率”300像素/英寸、“颜色模式”CMYK颜色，如图6-148所示。

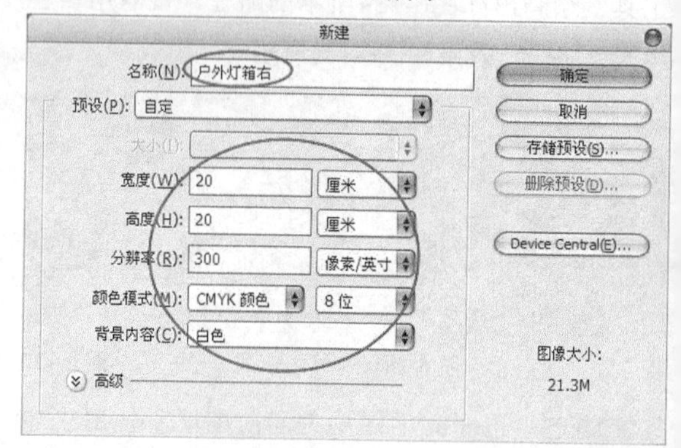

图 6-148

02 新建一个“图层1”，然后使用“椭圆选框工具”绘制一个如图6-149所示的圆形选区，接着设置前景（R:185、G:185、B:195），最后按Alt+Delete组合键用前景色填充选区，效果如图6-150所示。

图 6-149

图 6-150

03 打开本书配套资源中的“素材文件>CH06>课堂案例——户外灯箱>素材03.psd”文件，然后将其拖曳到“户外灯箱右”操作界面中，并将其放置在如图6-151所示的位置，接着将新生成的图层更名为“书模”图层。

图 6-151

04 打开本书配套资源中的“素材文件>CH06>课堂案例——户外灯箱>素材02.jpg”文件，然后将其拖曳到“户外灯箱右”操作界面中，并将新生成的图层更名为“封面”图层，效果如图6-152所示，接着按Ctrl+T组合键进入自由变换状态，最后将图像调整成如图6-153所示的效果。

图 6-152

图 6-153

05 确定“封面”图层为当前图层，载入“书模”图层的选区，然后按Ctrl+Shift+I组合键反选选区，接着为该图层添加一个“图层蒙版”，效果如图6-154所示，最后设置该图层的“混合模式”为“明度”，效果如图6-155所示。

图 6-154

图 6-155

06 打开本书配套资源中的“素材文件>CH06>课堂案例——户外灯箱>素材02.jpg”文件，然后将其拖曳到“户外灯箱右”操作界面中，并将新生成的图层更名为“封底”图层，接着将该图层放置在“封面”图层的下一层，最后将其调整成如图6-156所示的效果。

图 6-156

07 确定“封底”图层为当前图层，使用“多边形套索工具”勾选出如图6-157所示的选区，然后按Ctrl+Shift+I组合键反选选区，接着为该图层添加一个“图层蒙版”，效果如图6-158所示。最后设置该图层的“混合模式”为“明度”，效果如图6-159所示。

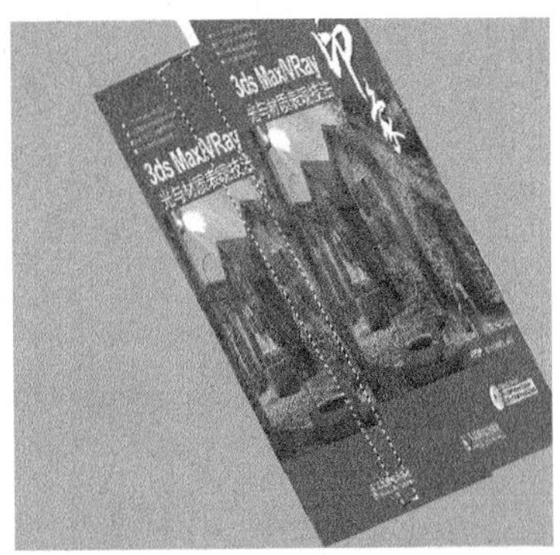

图 6-157

图 6-158

图 6-159

技巧与提示

为了更方便、准确地勾选出选区，可暂时隐藏“封底”图层。

08 新建一个“封底暗部”图层，然后载入“封底”图层的选区，并用黑色填充选区，接着设置该图层的“不透明度”为20%，效果如图6-160所示。

图 6-160

09 新建一个“杂志投影”图层，然后使用“多边形套索工具”勾选出如图6-161所示的选区，并将选区羽化20像素，接着用黑色填充选区，效果如图6-162所示。

图 6-161

图 6-162

10 设置“杂志投影”图层的“不透明度”为50%，“混合模式”为“正片叠底”，效果如图6-163所示。

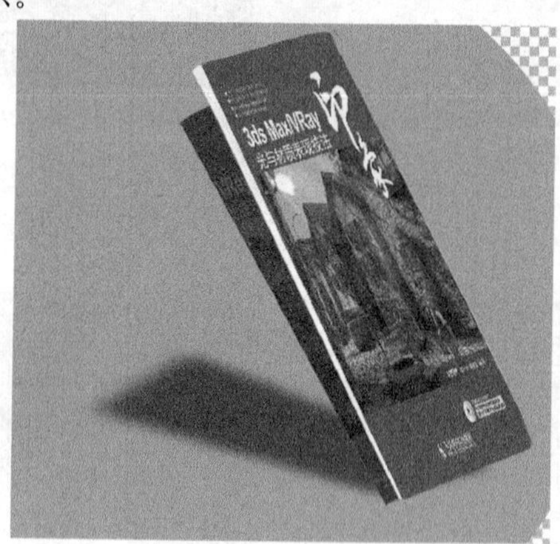

图 6-163

11 使用“横排文字工具”在画面中输入相关文字信息，然后制作一些装饰元素来衬托画面，最终效果如图6-164所示。

图 6-164

6.4 课堂案例——公交广告

案例位置　案例文件>CH06>课堂案例——公交广告.psd
视频位置　多媒体教学>CH06>课堂案例——公交广告.flv
难易指数　★★☆☆☆
学习目标　学习“钢笔工具”“椭圆工具”的使用

公交车作为最主要的交通工具，整日穿梭在城市中的各个角落，无疑成了很好的移动广告牌。但车体广告在设计上存在很大的局限性，如在不规则的形状中设计图案等。“公交广告”效果如图6-165和图6-166所示。

图 6-165

图 6-166

相关知识

公交广告的设计主要掌握以下两点。

第1点：由于车身是不断移动的，所以画面上的图案要简洁大气。

第2点：公交广告上的字体要醒目，颜色要突出。

核心步骤

① 使用“渐变工具”和素材制作车体广告。

② 使用素材合成站台广告。

6.4.1 车体广告

01 打开本书配套资源中的“素材文件>CH06>课堂案例——公交广告>素材01.psd”文件，如图6-167所示。

图 6-167

02 单击“工具箱”中的“钢笔工具”按钮，然后绘制出如图6-168所示的路径，按Ctrl+Enter组合键载入路径的选区，再按Ctrl+J组合键将选区内的像素复制并粘贴到一个新的“图层2”中，载入“图层”的选区，最后用黑色填充选区，效果如图6-169所示。

图 6-168

图 6-169

03 打开“渐变编辑器”对话框，分别设置第1个色标（位置为0%）的颜色（R:0、G:0、B:0）、第2个色标（位置为50%）的颜色（R:61、G:103、B:129）和第3个色标（位置为100%）的颜色（R:0、G:0、B:0），如图6-170所示，然后载入“图层2”的选区，再使用“线性渐变”在选区中从左向右拉出渐变，效果如图6-171所示。

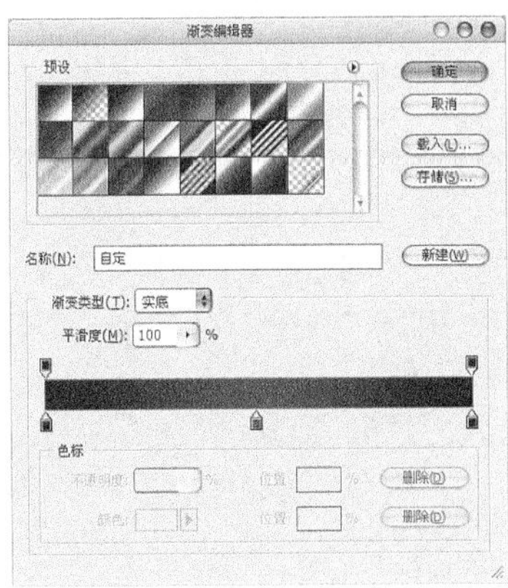

图 6-170

图 6-171

04 打开本书配套资源中的“素材文件>CH06>课堂案例——公交广告>素材02.psd”文件，如图6-172所示，然后将其拖曳到当前操作界面中，并将新生成的图层更名为“图层3”。

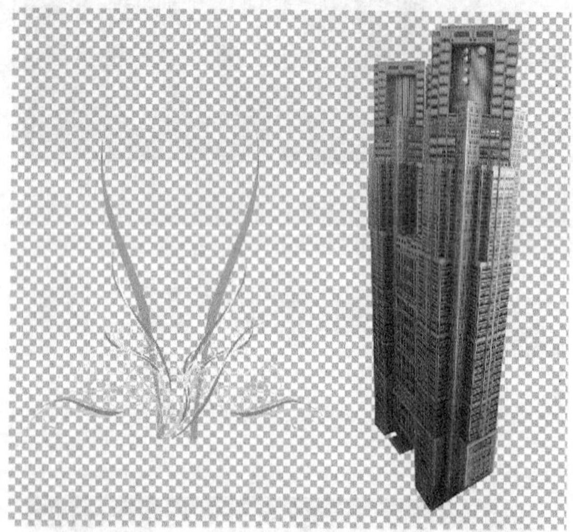
图 6-172

05 使用“矩形选框工具”将花纹勾选出来，如图6-173所示，然后按Shift+Ctrl+J组合键将选区内的图像剪切到一个新的“图层4”中，再将其拖曳到如图6-174所示的位置。

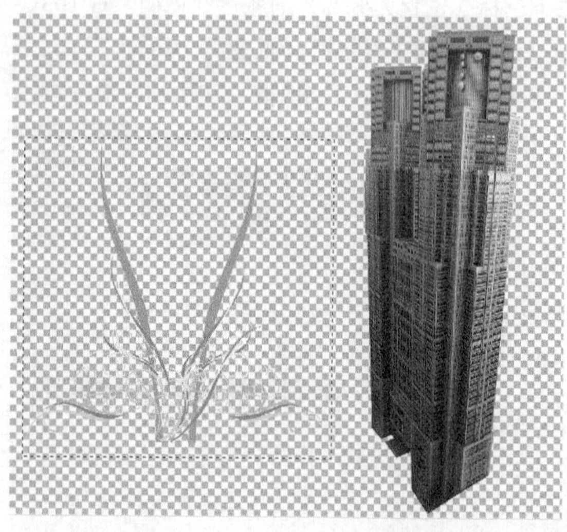
图 6-173

图 6-174

06 同时选择“图层3”和“图层4”，按Ctrl+T组合键进入自由变换状态，然后将其等比例缩小到如图6-175所示的大小。

图 6-175

07 新建一个“图层5”，然后使用“矩形选框工具”在车体上绘制出如图6-176所示的图形。

图 6-176

08 最后使用“横排文字工具”在车体上输入相应的文字信息，最终效果如图6-177所示。

图 6-177

技巧与提示

每辆公交车的颜色和车型都不一样，因此设计颜色时要注意各部分之间的搭配，这样才能引起人们的关注。

6.4.2 站台广告

01 打开本书配套资源中的“素材文件>CH06>课堂案例——公交广告>素材03.jpg”文件，然后使用“钢笔工具”将大楼勾选出来，如图6-178所示，载入路径的选区，再按Ctrl+J组合键将选区内的像素复制并粘贴到“图层1”中。

图 6-178

02 打开本书配套资源中的“素材文件>CH06>课堂案例——公交广告>素材04.jpg”文件，然后将大楼拖曳到当前操作界面中，如图6-179所示。

图 6-179

03 使用“横排文字工具”在绘图区域输入相应的文字信息，然后将所有的图层合并为“背景”图层，如图6-180所示。

图 6-180

04 打开本书配套资源中的“素材文件>CH06>课堂案例——公交广告>素材05.jpg”文件，然后将前面制作好的“背景”图层拖曳到当前操作界面中，并将其更名为“广告”图层，执行“编辑>自由变换”菜单命令进入自由变换状态，再将其做如图6-181所示的变换。

图 6-181

05 新建一个“高光”图层，单击“工具箱”中的“钢笔工具”按钮，然后在绘图区域勾出高光区域的路径，按Ctrl+Enter组合键载入路径的选区，如图6-182所示，再用白色填充选区，最后设置该图层的“不透明度”为10%，效果如图6-183所示。

图 6-182

图 6-183

06 双击“广告”图层的缩览图，然后在弹出的“图层样式”对话框中单击“内阴影”样式，具体参数设置如图6-184所示，最终效果如图6-185所示。

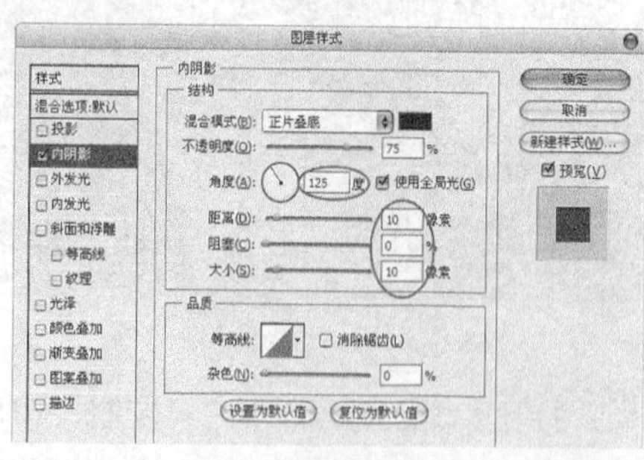

图 6-184

图 6-185

6.5 课堂案例——霓虹灯广告牌

案例位置　案例文件>CH06>课堂案例——霓虹灯广告牌.psd
视频位置　多媒体教学>CH06>课堂案例——霓虹灯广告牌.flv
难易指数　★★☆☆☆
学习目标　学习“钢笔工具”“渐变填充工具”的使用

本节要制作的是酒吧霓虹灯广告牌，作为酒吧广告，首先要突出酒吧的名称，然后采用强烈的颜色来突出视觉效果。“霓虹灯广告牌”效果如图6-186所示。

图 6-186

相关知识

霓虹灯广告牌的设计主要掌握以下两点。

第1点：霓虹灯广告牌的主次要分明，信息传达要准确。

第2点：霓虹灯广告牌的颜色要强烈，以突出视觉效果。

核心步骤

① 使用“钢笔工具”绘制出花纹的样式，然后使用“渐变填充工具”填充颜色。

② 使用“钢笔工具”绘制出文字等造型，用渐变颜色填充并设置“斜面与浮雕”效果和“外发光”等参数。

③ 设置出下面背景的霓虹灯。

6.5.1 调出背景纹理

01 启动Photoshop CS5，按Ctrl+N组合键新建一个“霓虹灯广告牌”文件，具体参数设置为“宽度”1500像素、“高度”1500像素、“分辨率”300像素/英寸、“颜色模式”RGB颜色，如图6-187所示。

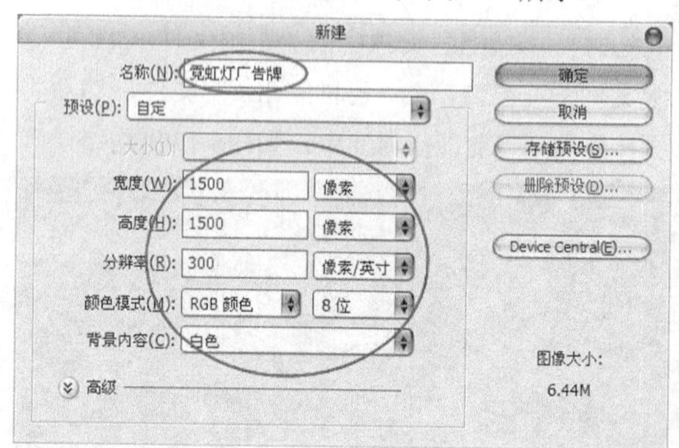

图 6-187

02 打开本书配套资源中的“素材文件>CH06>课堂案例——霓虹灯广告牌>素材01.psd”文件，然后将花纹拖曳到当前操作界面中，并将新生成的图层更名为“图层1”，再用黑色填充“背景”图层，效果如图6-188所示。

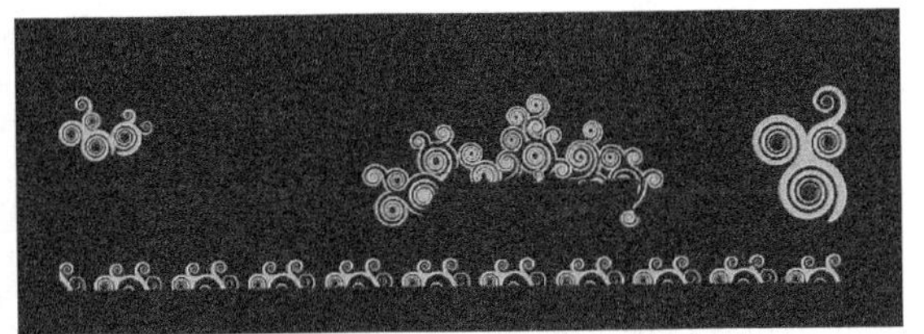

图 6-188

03 载入“图层1”的选区，然后打开“渐变编辑器”对话框，并单击三角形按钮，接着在弹出的菜单中选择“色谱”命令，如图6-189所示，再在“预设”面板中选择“色谱”渐变，如图6-190所示，最后使用“线性渐变”在选区中从左向右拉出渐变，效果如图6-191所示。

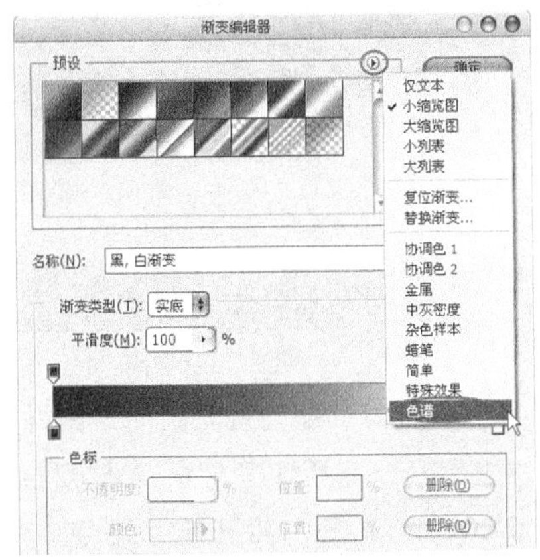

图 6-189

图 6-190

图 6-191

知识点

在默认情况下，“预设”面板下只有15种渐变色，如图6-192所示。

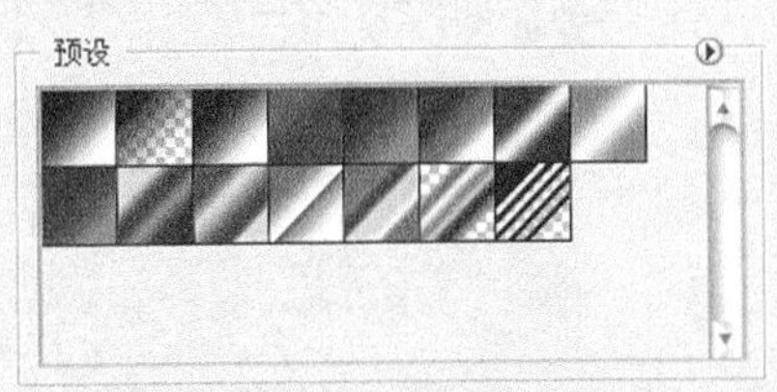

图 6-192

若要选择其他的渐变色，可单击三角形按钮，在弹出的菜单中选择相应的命令即可，系统提供了8种渐变样式，如图6-193所示。执行命令后会弹出“渐变编辑器”对话框，如图6-194所示。若单击“确定”按钮，选择的渐变样式将替换原来的渐变样式，并在“预设”面板中显示出来；若单击“追加”按钮，选择的渐变样式会与原来的渐变样式同时出现在“预设”面板中，如图6-195所示。

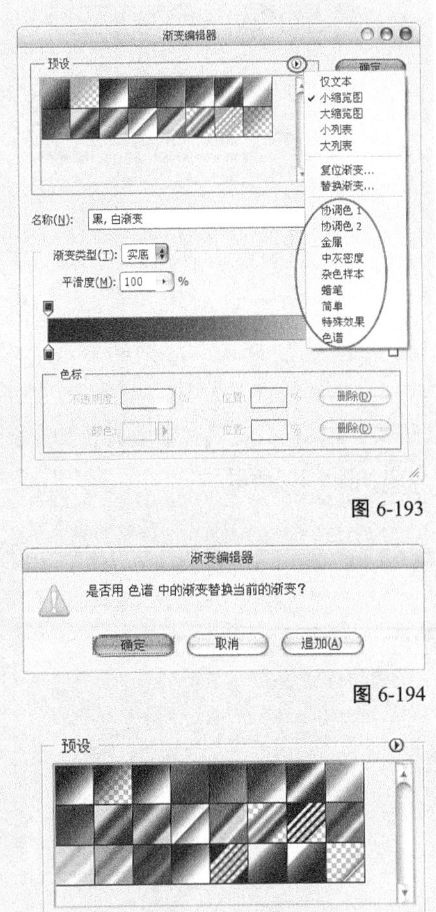

图 6-193

图 6-194

图 6-195

04 双击“图层1”的缩览图，然后在弹出的“图层样式”对话框中单击“投影”样式，具体参数设置如图6-196所示，接着单击“外发光”样式，具体参数设置如图6-197所示。

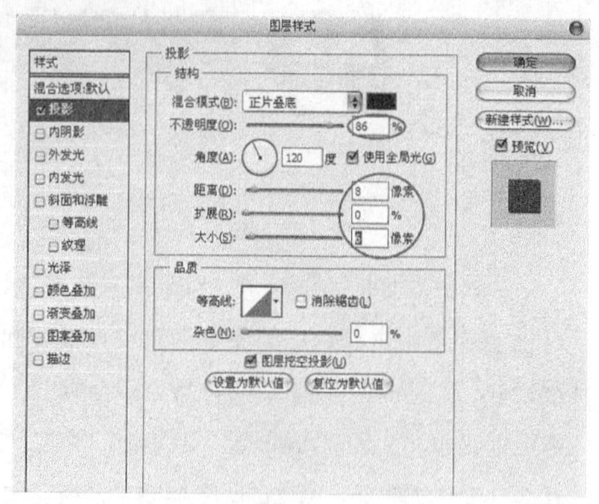

图 6-196

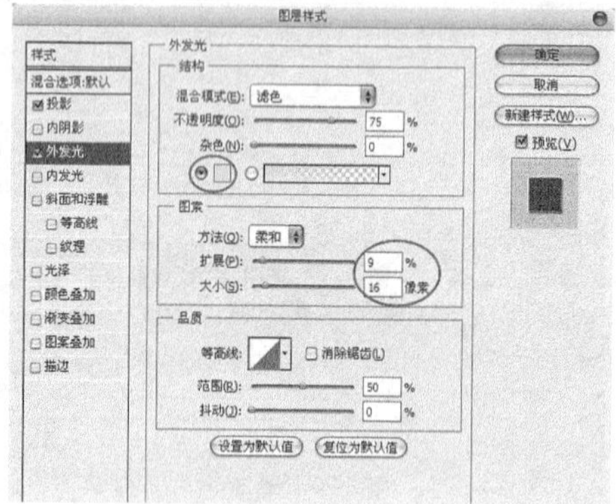

图 6-197

05 在“图层样式”对话框单击“内发光”样式，具体参数设置如图6-198所示。然后单击“斜面和浮雕”样式，具体参数设置如图6-199所示，效果如图6-200所示。

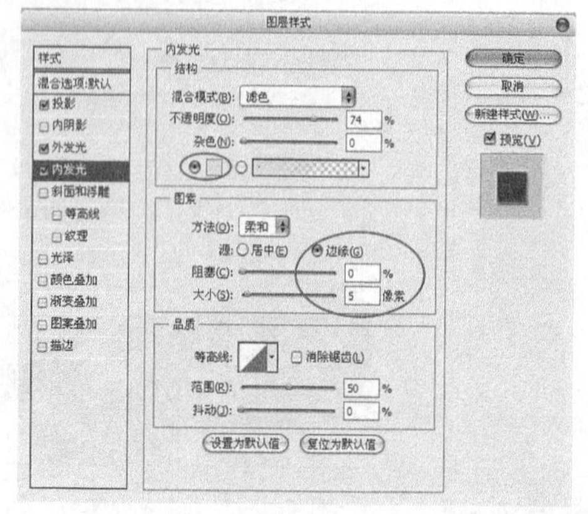

图 6-198

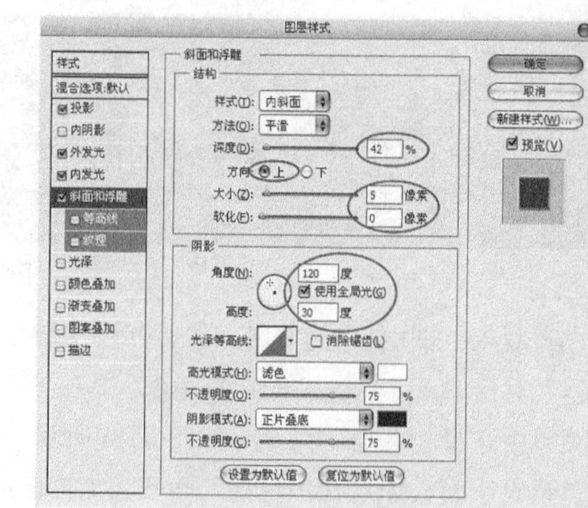

图 6-199

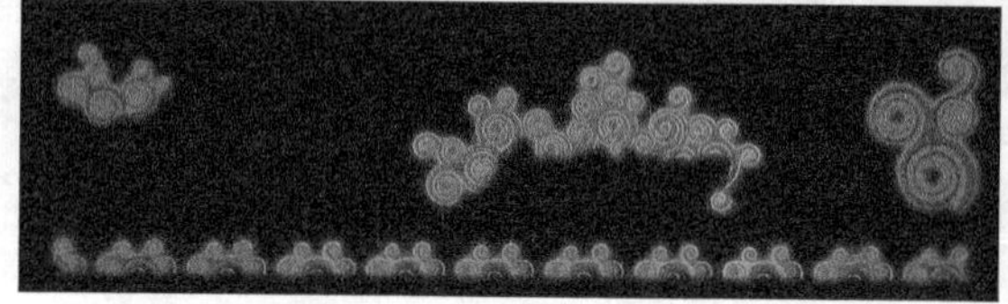

图 6-200

6.5.2 制作文字特效

01 打开本书配套资源中的“素材文件>CH06>课堂案例——霓虹灯广告牌>素材02.psd”文件，如图6-201所示。然后将其拖曳到当前操作界面中，再单击“图层1”缩览图前面的“指示图层可见性”按钮，将“图层1”暂时隐藏掉，最后将新生成的图层更名为“文字”图层。

图 6-201

02 载入“文字”图层的选区，然后使用前面设置好的“色谱”渐变为选区填充渐变色，效果如图6-202所示。

图 6-202

03 在“图层1”缩览图右侧的空白区域单击鼠标右键，并在弹出的菜单中选择“拷贝图层样式”命令，然后在“文字”图层缩览图右侧的空白区域单击鼠标右键，并在弹出的菜单中选择“粘贴图层样式”命令，如图6-203所示，效果如图6-204所示。

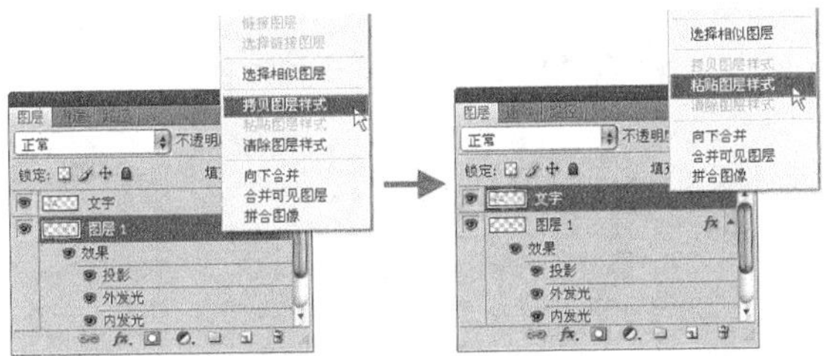

图 6-203

图 6-204

04 新建一个“图层3”，然后使用“矩形选框工具”在绘图区域中绘制出一个大小合适的矩形选区，并用白色填充选区，效果如图6-205所示。

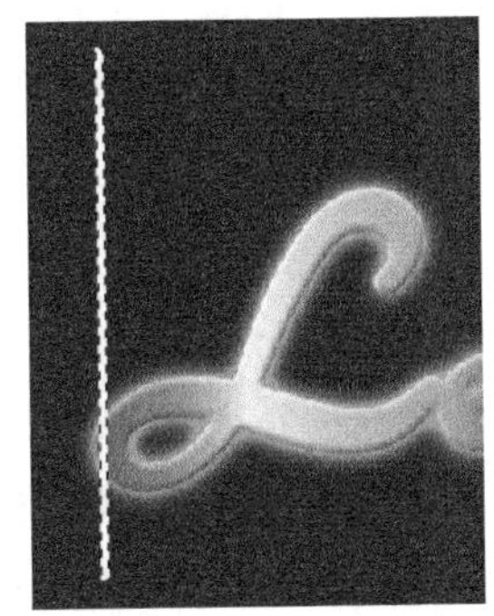

图 6-205

05 确定“图层3”为当前层，按Ctrl+Alt+T组合键进入自由变换并复制状态，然后连续按5次向右方向键→，再按Enter键确认操作，最后按若干次Shift+Ctrl+Alt+T组合键按照这个规律继续复制图形，效果如图6-206所示。

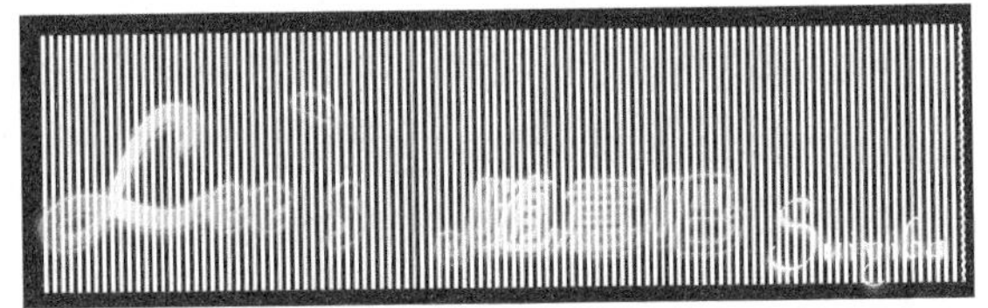

图 6-206

知识点

自由变换并复制是一项很重要的功能，在复制具有一定规律的图形时非常适用。下面以一个小例子来讲解该功能的使用方法。

图6-207所示是一棵树，按Ctrl+Alt+T组合键进入自由变换并复制状态，当对图形进行移动或变换等操作时，“图层”面板中便会出现副本图层，如图6-208所示。

图 6-207

图 6-208

当确定变换操作后，若还需要继续复制图形，可连续按Shift+Ctrl+Alt+T组合键按照前面的复制规律继续复制图形，如图6-209所示。

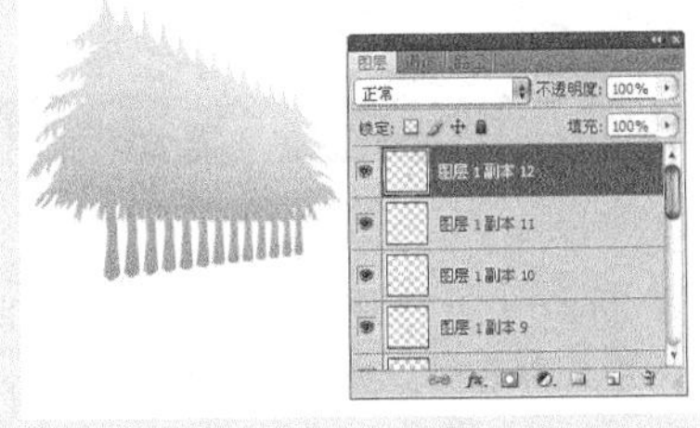

图 6-209

06 确定“图层3”为当前层，载入“文字”图层的选区，然后执行“选择>反向”菜单命令，再按Delete键删除选区中的像素，取消选择，效果如图6-210所示。

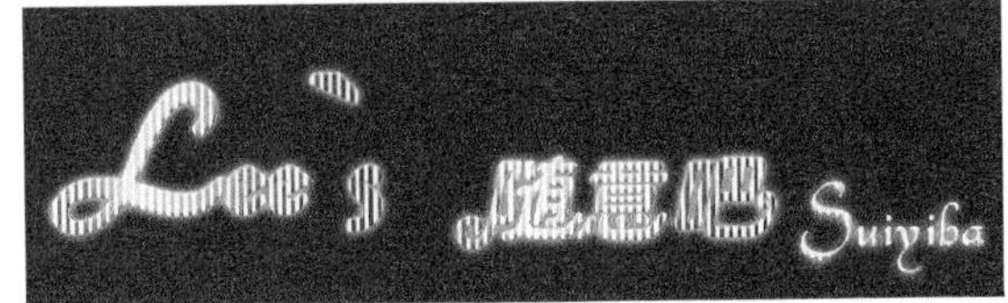

图 6-210

07 双击“图层3”的缩览图，然后在弹出的“图层样式”对话框中单击“外发光”样式，具体参数设置如图6-211所示。再单击“内发光”样式，具体参数设置如图6-212所示，效果如图6-213所示。

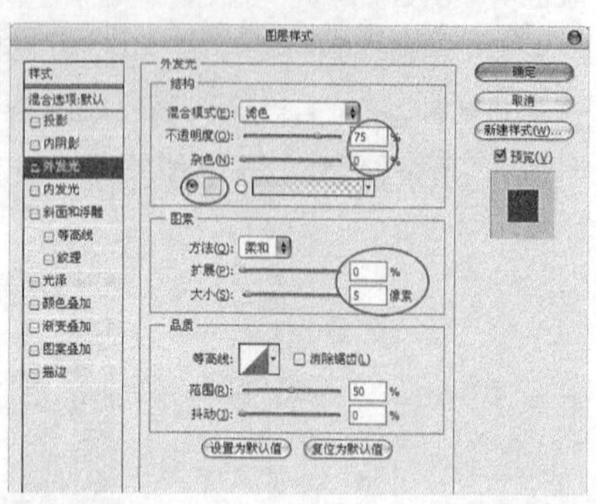

图 6-211

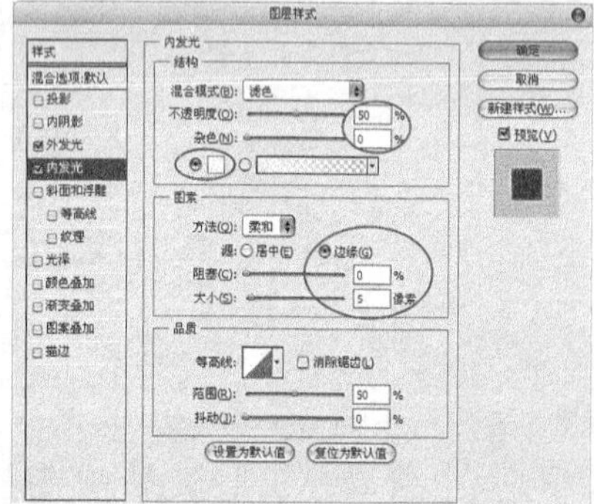

图 6-212

图 6-213

08 新建一个“图层4”，然后载入“文字”图层的选区，执行“编辑>描边”菜单命令，并在弹出的“描边”对话框中设置描边颜色为（R:255、G:0、B:0），具体参数设置如图6-214所示的设置。

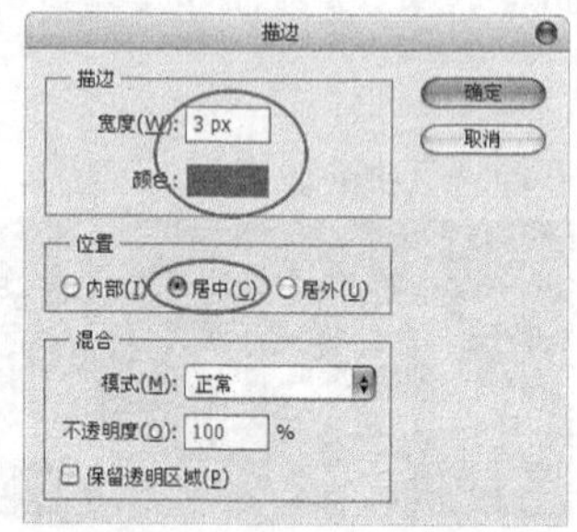

图 6-214

09 双击“图层4”的缩览图，然后在弹出的“图层样式”对话框中单击“投影”样式，具体参数设置如图6-215所示，再单击“外发光”样式，具体参数设置如图6-216所示。

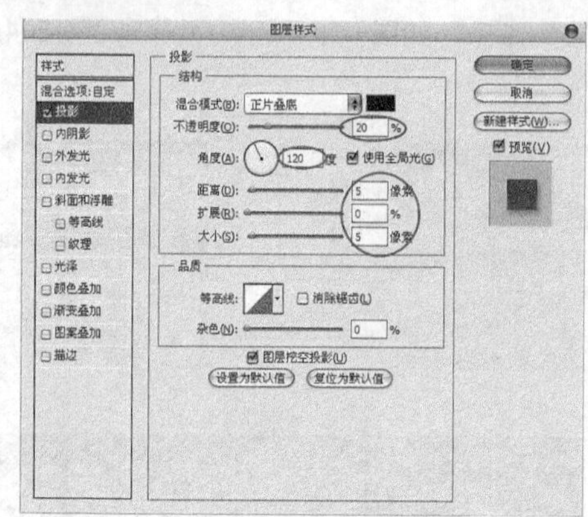

图 6-215

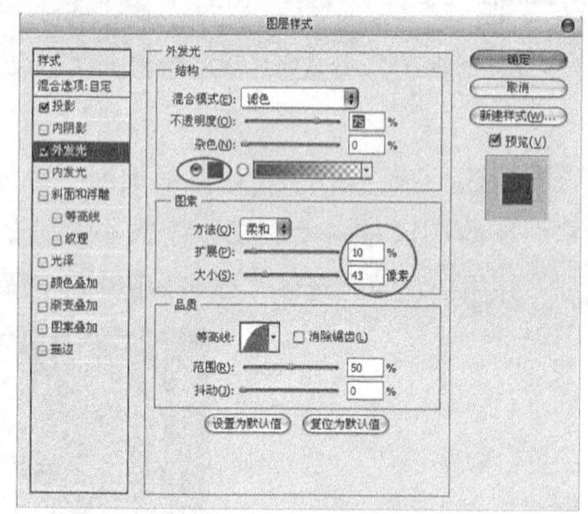

图 6-216

10 继续在“图层样式”对话框中单击“内发光”样式，具体参数设置如图6-217所示，然后单击“斜面和浮雕”样式，具体参数设置如图6-218所示，效果如图6-219所示。

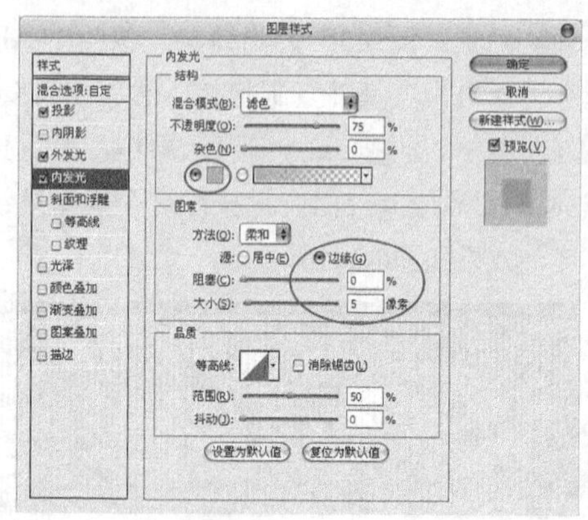

图 6-217

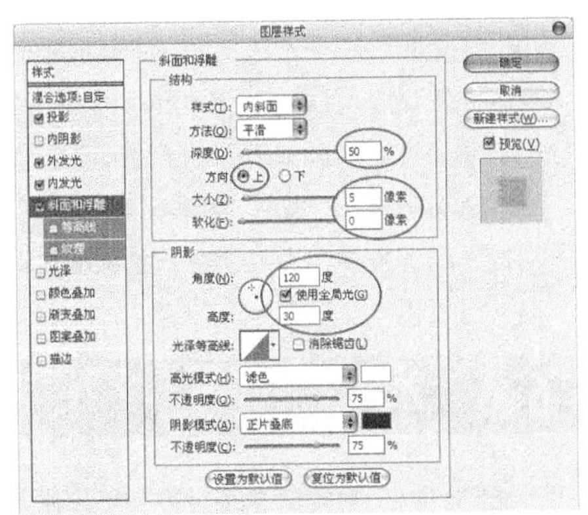

图 6-218

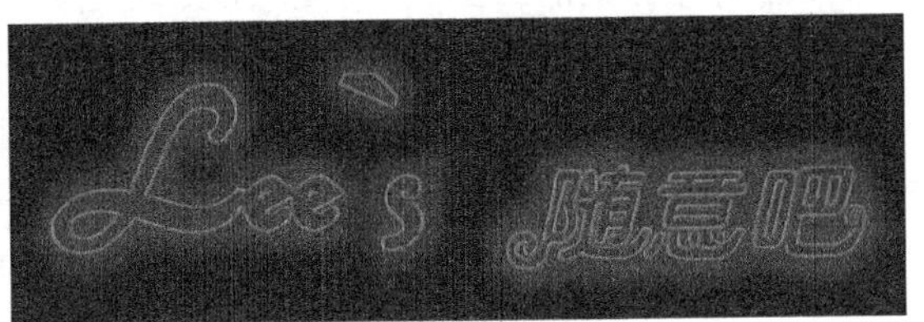

图 6-219

6.5.3 背景合成

01 暂时隐藏其他图层，新建一个“图层5”，然后使用“矩形选框工具”绘制一个大小合适的矩形选区，并设置前景色（R:165、G:238、B:245），接着用前景色填充选区，效果如图6-220所示。最后采用前面所讲的自由变换并复制功能等距离复制出图形，并将“图层5”和所有的副本图层合并为“图层5”。

图 6-220

02 双击“图层5”的缩览图，然后在弹出的“图层样式”对话框中单击“外发光”样式，具体参数设置如图6-221所示，再单击“斜面和浮雕”样式，具体参数设置如图6-222所示，效果如图6-223所示。

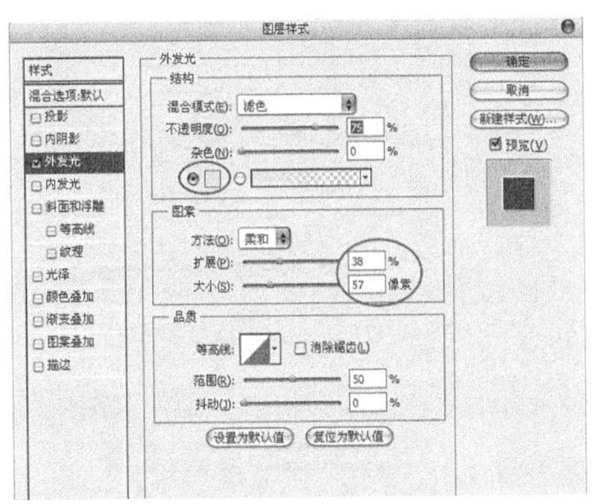

图 6-221

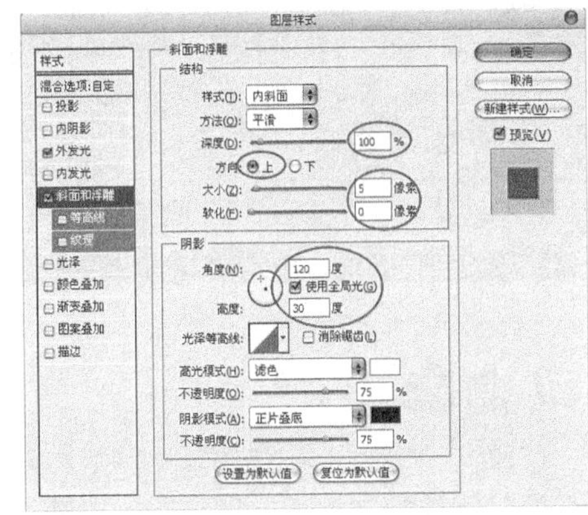

图 6-222

图 6-223

03 显示出其他图层，然后将“图层5”放置在“背景”图层的上一层，效果如图6-224所示。

图 6-224

04 只显示出“图层1”和“图层5”，然后在“图层1”的上一层新建一个“图层6”，再按Shift+Ctrl+Alt+E组合键将可见图层“盖印”到“图层6”中，按Ctrl+U组合键打开“色相/饱和度”对话框，具体参数设置如图6-225所示。最后显示出其他图层，最终效果如图6-226所示。

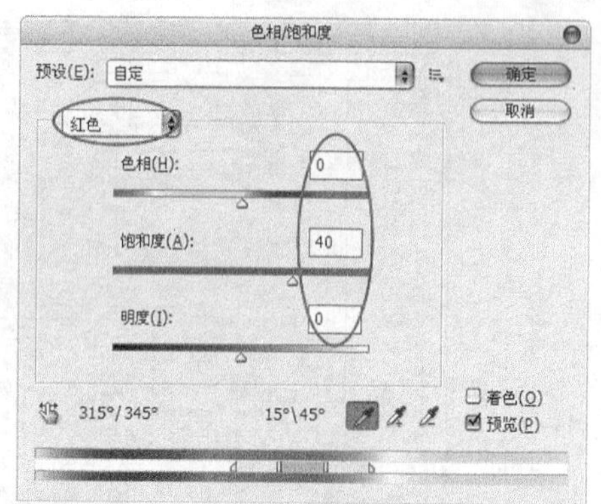

图 6-225

图 6-226

知 识 点

“盖印”图层在实际工作中非常适用，其操作方法就是在最上层新建一个图层，然后隐藏掉不需要“盖印”的图层，再按Shift+Ctrl+Alt+E组合键即可将可见图层“盖印”到新建的图层中。在某些操作中，可能会对一个以上的图层进行同样的校色处理，如果不进行“盖印”操作，就需要对每个图层都进行校色处理，这样会耗费很多时间。但进行“盖印”操作后，只需要对一个图层进行校色处理即可。

6.6 本章小结

日常生活中接触的户外广告非常多，这也为学习提供了非常好的机会。无论是在行走还是乘车都可以多留心一下身边的户外广告，吸取别人的长处与优点，不断地弥补自身的缺陷，这样才能在设计之路上留下自己辉煌的篇章。希望读者能认真领会本章的精髓，并不断实践。

6.7 课后习题

通过对本章知识的学习，读者对户外广告的制作方法有了一定的认识，但是户外广告的类型非常多，鉴于此，在本章将安排5个课后习题供读者练习。

6.7.1 课后习题1——X展架

习题位置	案例文件>CH06>课后习题1——X展架.psd
视频位置	多媒体教学>CH06>课后习题1——X展架.flv
难易指数	★★★☆☆
练习目标	练习“路径工具”“画笔工具”和蒙版功能的使用

本案例是为“阳光新城”别墅设计的户外宣传广告，展架采用高频焊管、铝合金圆芯或电镀套管作为原材料，包装材料采用黑色无纺布。整个设计大方、时尚，携带方便。X展架的最终效果如图6-227所示。

图 6-227

步骤分解如图6-228所示。

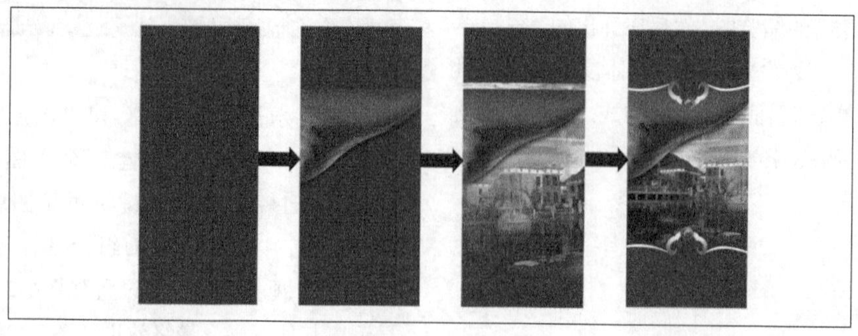

图 6-228

6.7.2 课后习题2——易拉宝

习题位置 案例文件>CH06>课后习题2——易拉宝.psd
视频位置 多媒体教学>CH06>课后习题2——易拉宝.flv
难易指数 ★★★☆☆
练习目标 练习调色功能和蒙版功能的使用

易拉宝适合于各种展销会、展览会和促销会。易拉宝采用塑钢材料为主体，以粘贴式铝合金作为横梁，其支撑杆为铁合金材料，采用三节皮筋连接，最终效果如图6-229所示。

图 6-229

步骤分解如图6-230所示。

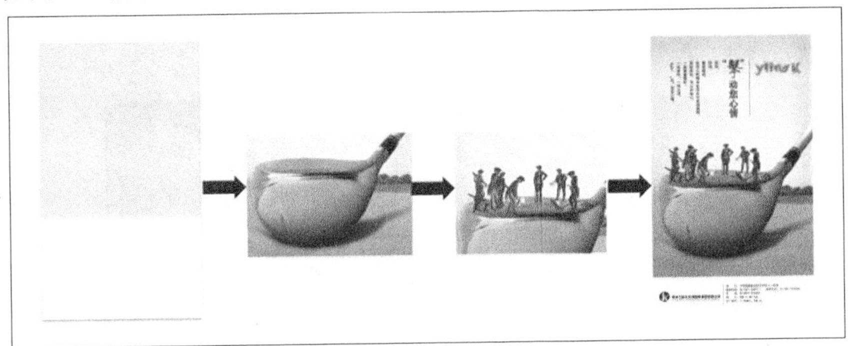

图 6-230

6.7.3 课后习题3——户外广告牌

习题位置 案例文件>CH06>课后习题3——户外广告牌.psd
视频位置 多媒体教学>CH06>课后习题3——户外广告牌.flv
难易指数 ★★★☆☆
练习目标 练习选区工具和“图层蒙版”的使用

本案例是为茶叶公司设计的户外大型广告牌。整个设计给人宏大、宽广的感觉，符合户外广告的特点，同时也体现出了茶叶所带来的清香与芬芳。户外广告牌的最终效果如图6-231所示。

图 6-231

步骤分解如图6-232所示。

图 6-232

6.7.4 课后习题4——企业海报

案例位置　案例文件>CH06>课后习题4——企业海报.psd
视频位置　多媒体教学>CH06>课后习题4——企业海报.flv
难易指数　★★★☆☆
学习目标　练习"渐变工具""图层蒙版"和路径工具功能的使用

本案例是为"西藏金山矿业集团"设计的户外宣传海报。海报的设计相当有号召力与艺术感染力，画面生动形象，色彩与构图形成强烈的视觉效果，并且具有独特的艺术风格和设计特点。企业海报的最终效果如图6-233所示。

图 6-233

步骤分解如图6-234所示。

图 6-234

6.7.5 课后习题5——红酒展架

案例位置　案例文件>CH06>课后习题5——红酒展架.psd
视频位置　多媒体教学>CH06>课后习题5——红酒展架.flv
难易指数　★★★☆☆
学习目标　练习滤镜和"高斯模糊"功能的使用

本案例采用200cm×78cm大规格的X展架设计来宣传葡萄酒。由于展架的尺寸比较特殊，所以只能通过多张素材的拼合来制作出一幅具有葡萄酒传统风味的乡村背景图。为了体现葡萄酒的浪漫气息，所以对背景采用了艺术处理。整体界面不能太规整，要自然圆滑一些，这样才能够体现出葡萄酒的本身特点。红酒展架的最终效果如图6-235所示。

图 6-235

步骤分解如图6-236所示。

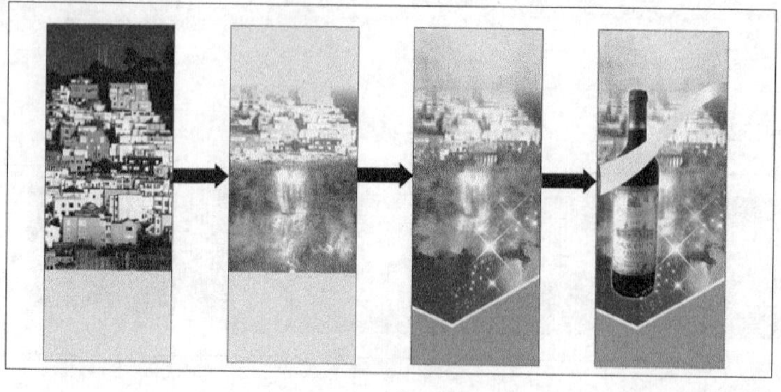

图 6-236

第7章 画册和菜谱的设计与制作

画册设计和菜谱设计是将流畅的线条、和谐的图片与优美的文字组合成一本富有创意，又具有可赏性的精美册子，以全方位立体展示企业的风貌与理念，主要用来宣传产品与品牌形象。但是画册和菜谱又有本质的区别，画册的内容相对较多，可读行更强，而菜谱内容相对较少，主要用来呈现菜品，在设计中应该更注重实用性。

课堂学习目标

时尚画册的设计方法
古典画册的设计方法
菜谱的设计方法

7.1 课堂案例——时尚画册

案例位置　案例文件>CH07>课堂案例——时尚画册.psd
视频位置　多媒体教学>CH07>课堂案例——时尚画册.flv
难易指数　★★★☆☆
学习目标　学习“渐变工具”和“图层样式”的使用

本案例是一本时尚画册的内页，这类画册的阅读对象一般是一些时尚人群，因此在设计时要以时尚、华丽为主线来展开设计。时尚画册的最终效果如图7-1所示。

图 7-1

相关知识

画册是用流畅的线条、和谐的图片，配以优美的文字组合成一本既富有创意，又具有可读性、可赏性的精美册子。时尚画册的设计需主要掌握以下4点。

第1点：时尚画册要具有创意并且兼备可读性和可赏性。

第2点：时尚画册以画为主，文字为辅。

第3点：时尚画册的内容一般以企业核心理念、企业文化和公司简介为主。

第4点：时尚画册的色彩比较突出，构图比较新颖，文字排版新奇多变。

核心步骤

① 利用“长廊”素材制作时尚背景。

② 使用“图层样式”和校色功能将人物素材融合到背景中。

③ 利用选区和滤镜制作灯光效果。

④ 使用文字功能在画面中加入文字信息。

⑤ 利用“渐变工具”和图层的“混合模式”制作反光效果。

7.1.1 表现时尚背景

01 启动Photoshop CS5，按Ctrl+N组合键新建一个“时尚画册”文件，具体参数设置为“宽度”42cm、“高度”29.7cm、“分辨率”300像素/英寸、“颜色模式”RGB颜色，如图7-2所示。

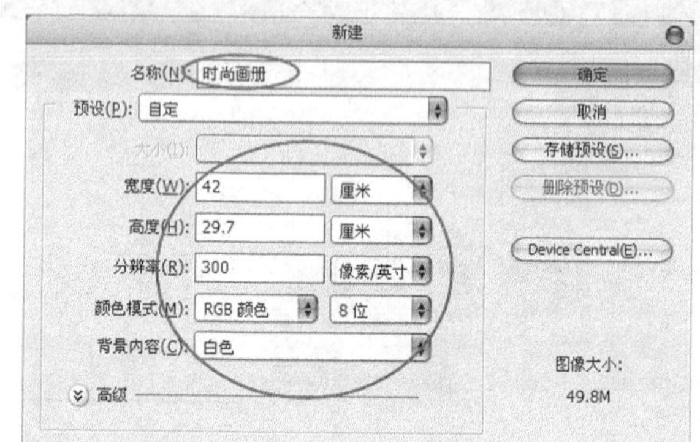

图 7-2

02 执行“视图>新建参考线”菜单命令，然后在弹出的对话框中进行如图7-3所示的设置。

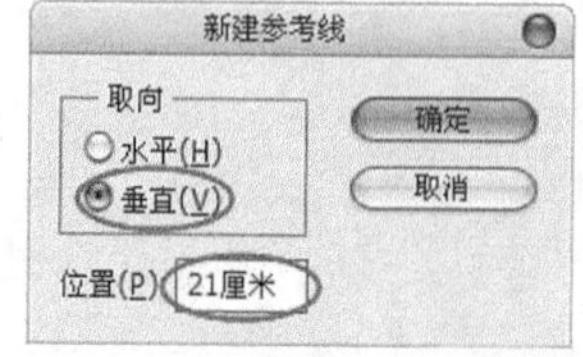

图 7-3

技巧与提示

本例的时尚画册尺寸大小为A3，但由于是设计的两面，也就是两张A4的画面，所以在画面中间新建了一条中心辅助线来分割画面。

03 新建一个“背景色”图层，并用黑色填充该图层。新建一个“背景渐变”图层，然后使用“矩形选框工具”绘制一个如图7-4所示的矩形选区。

图 7-4

04 打开“渐变编辑器”对话框，分别设置第1个色标（位置为0%）的颜色（R:146、G:83、B:29）和第2个色标（位置为100%）的颜色（R:0、G:0、B:0），如图7-5所示。然后使用“线形渐变”从上向下为选区填充渐变色，效果如图7-6所示。再设置该图层的“不透明度”为60%，效果如图7-7所示。

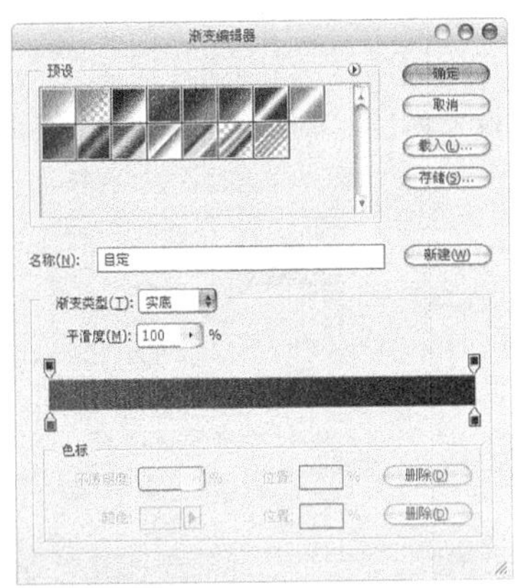

图 7-5

图 7-6

图 7-7

技巧与提示

调整透明度的原因就是让背景暗下来，否则就会与页面上的文字混到一起，所以开始设计的时候应该考虑到这一点。

05 打开本书配套资源中的“素材文件>CH07>课堂案例——时尚画册>素材01.psd”文件，如图7-8所示。然后双击“背景”图层的缩览图，并在弹出的对话框中输入“长廊”，如图7-9所示。此时系统会自动生成一个“长廊”图层。

图 7-8

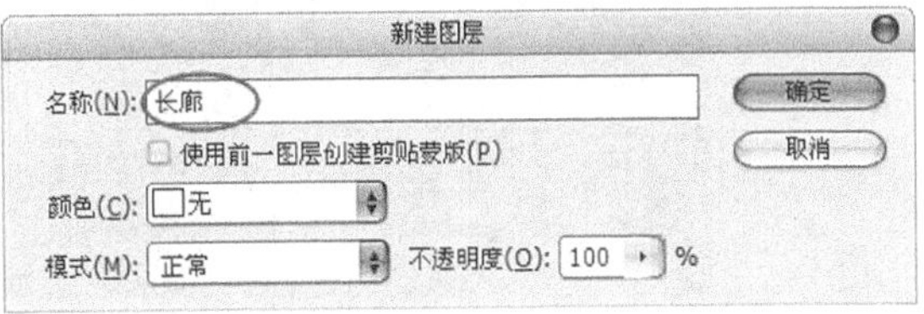

图 7-9

06 单击“图层”面板下面的“添加图层蒙版”按钮，为“长廊”图层添加一个蒙版，然后单击“工具箱”中的“画笔工具”按钮，并设置前景色为黑色，再使用“画笔工具”在蒙版中不需要显示的区域涂抹，这样可以隐藏掉这些区域，效果如图7-10所示。

图 7-10

07 将“长廊”图层拖曳到当前操作界面中的合适位置，如图7-11所示，然后使用“矩形选框工具”绘制一个如图7-12所示的选区，再按Delete键删除选区内的像素，效果如图7-13所示。

图 7-11

图 7-12

图 7-13

08 确定“长廊”图层为当前层，然后按Ctrl+T组合键进入自由变换状态，再将其进行如图7-14所示的调整。

图 7-14

7.1.2 人物处理

01 打开本书配套资源中的“素材文件>CH07>课堂案例——时尚画册>素材02.psd”文件，然后将其拖曳到当前操作界面中如图7-15所示的位置，并将新生成的图层更名为“人物”。

图 7-15

02 双击“人物”图层的缩览图，然后在弹出的“图层样式”对话框单击“投影”样式，具体参数设置如图7-16所示，效果如图7-17所示。

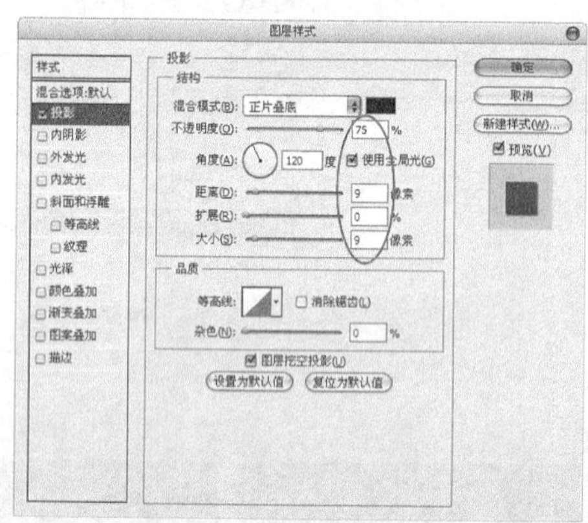

图 7-16

图 7-17

03 确定“长廊”图层为当前层，然后使用“矩形选框工具”绘制一个如图7-18所示的选区。

图 7-18

04 保持选区状态，单击“工具箱”中的“移动工具”按钮，然后按Ctrl+T组合键进入自由变换状态，再将其进行如图7-19所示的调整。

图 7-19

05 执行“图像>调整>色彩平衡”菜单命令，然后在弹出的“色彩平衡”对话框中进行如图7-20所示的设置，效果如图7-21所示。

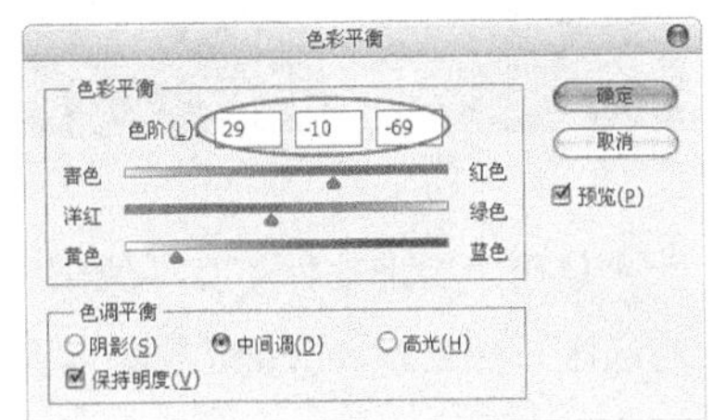

图 7-20

图 7-21

7.1.3 处理建筑素材

01 打开本书配套资源中的“素材文件>CH07>课堂案例——时尚画册>素材03.psd”文件，如图7-22所示，然后将其拖曳到当前操作界面中如图7-23所示的位置，并将新生成的图层更名为“建筑”。

图 7-22

图 7-23

02 使用“矩形选框工具”绘制一个如图7-24所示的选区，再单击“工具箱”中的“移动工具”按钮，然后按住Shift键的同时将其向右拖曳到如图7-25所示的位置。

图 7-24

图 7-25

03 使用“矩形选框工具”绘制一个如图7-26所示的选区，再单击“工具箱”中的“移动工具”按钮，然后按Ctrl+T组合键进入自由变换状态，在绘图区域中单击鼠标右键，并在弹出的菜单中选择“水平翻转”命令，效果如图7-27所示。

图 7-26

图 7-27

04 使用“矩形选框工具”绘制一个如图7-28所示的选区，然后按Delete键删除选区内的像素，使用“矩形选框工具”勾选出左边的区域，再使用“移动工具”将其拖曳到如图7-29所示的位置。

图 7-28

图 7-29

05 使用“矩形选框工具”绘制一个如图7-30所示的选区，然后按Delete键删除选区内的像素，效果如图7-31所示。

图 7-30

图 7-31

06 将“建筑”图层放置在“长廊”图层的下一层，然后按Ctrl+T组合键进入自由变换状态，并将其进行如图7-32所示的调整。

图 7-32

07 新建一个“阴影”图层，然后使用“矩形选框工具”绘制一个如图7-33所示的选区。

图 7-33

08 打开“渐变编辑器”对话框，然后设置第1个色标（位置为0%）的颜色（R:146、G:83、B:29）和第2个色标（位置为100%）的颜色（R:0、G:0、B:0），如图7-34所示，接着使用“径向渐变”从上向下为选区填充渐变色，效果如图7-35所示，最后设置该图层的“不透明度”为70%，效果如图7-36所示。

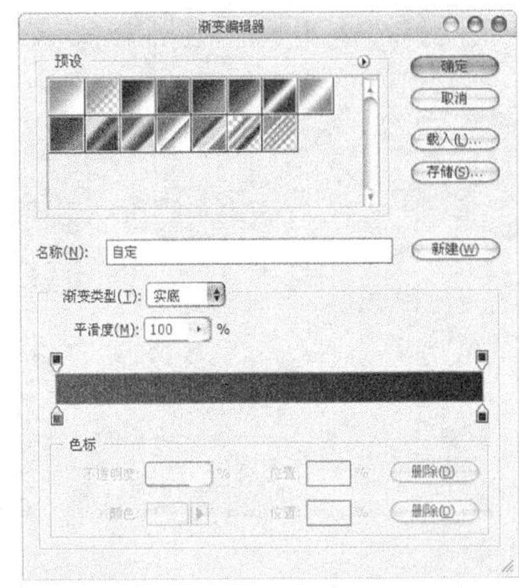

图 7-34

图 7-35

图 7-36

7.1.4 添加灯光特效

01 新建一个“灯光1”图层，然后使用“椭圆选框工具”绘制一个如图7-37所示的选区，接着设置前景色（R:218、G:160、B:84），并用前景色填充该选区，效果如图7-38所示。

图 7-37

图 7-38

02 执行“滤镜>模糊>高斯模糊”菜单命令，在弹出的对话框中设置“半径”为100像素，效果如图7-39所示。

图 7-39

03 按Ctrl+T组合键进入自由变换状态，然后按住Shift键的同时将其调整到合适的大小，效果如图7-40所示。

图 7-40

技巧与提示

在制作画册背景效果时，在背景的底色上面制作几个灯光，这样的画面效果会更加丰富。

04 确定“灯光1”图层为当前层，然后单击“图层”面板下面的“添加图层蒙版”按钮 ，并设置前景色为白色，背景色为黑色，接着使用“前景色到背景色渐变”在蒙版中从上向下拉出渐变，效果如图7-41所示。

图 7-41

05 确定“灯光1”图层为当前层，执行“滤镜>渲染>光照效果”菜单命令，然后在弹出的对话框中进行如图7-42所示的设置，效果如图7-43所示。

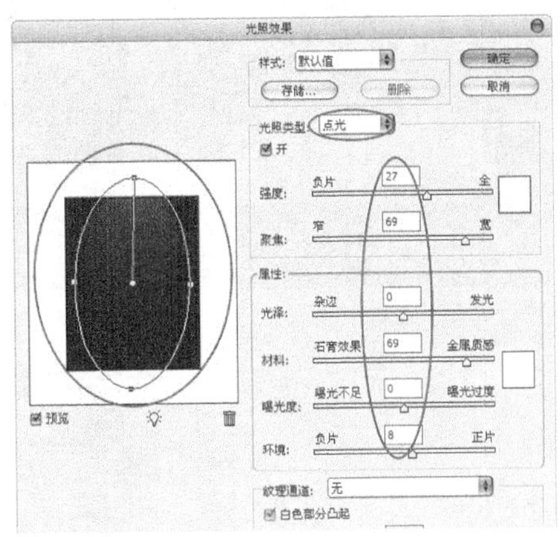

图 7-42

图 7-43

06 确定“灯光1”图层为当前层，然后按3次Ctrl+J组合键复制出3个副本图层，并分别将其命名为“灯光2”“灯光3”和“灯光4”图层，接着将其拖曳到合适的位置，如图7-44所示。

图 7-44

07 确定“灯光1”图层为当前层，然后复制出一个副本图层，并将其更名为“灯光5”，接着将该图层放置在“建筑”图层的下一层，并将其拖曳到如图7-45所示的位置。

图 7-45

08 确定“灯光5”图层为当前层，按Ctrl+T组合键进入自由变换状态，然后将其进行如图7-46所示的变换。

图 7-46

7.1.5 添加文字信息

01 设置前景色（R:218、G:160、B:84），单击“工具箱”中的“横排文字工具”按钮T，然后在属性栏中进行如图7-47所示的设置，接着在绘图区域中输入如图7-48所示的文字信息。

图 7-47

图 7-48

02 选择英文Simplicity（这样文字就处于编辑状态），如图7-49所示，然后按Ctrl+T组合键打开“字符/段落”面板，具体参数设置如图7-50所示，效果如图7-51所示。

图 7-49

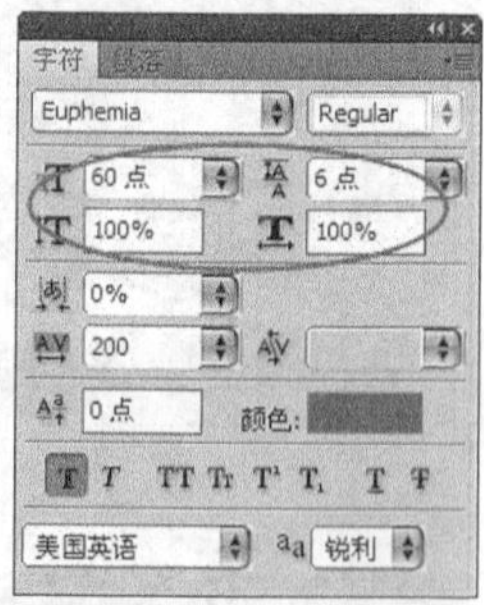

图 7-50

图 7-51

03 选择其他英文字母，如图7-52所示，然后按Ctrl+T组合键打开“字符/段落”面板，具体参数设置如图7-53所示，效果如图7-54所示。

图 7-52

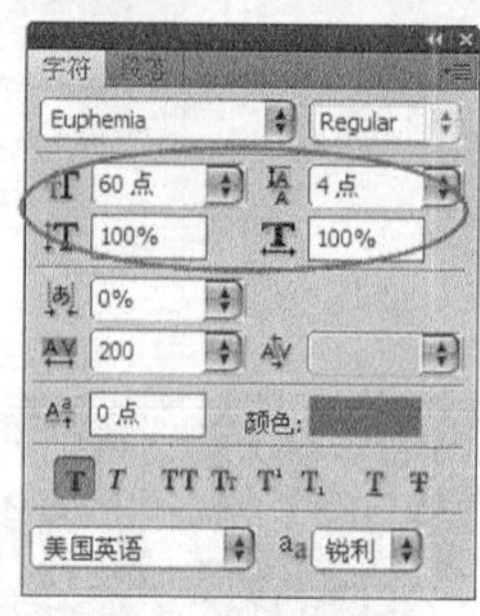

图 7-53

Simplicity equals beauty

图 7-54

04 选择文字图层，然后将其栅格化，并将其更名为“文字”，接着使用“多边形套索工具”绘制一个如图7-55所示的选区。

图 7-55

技巧与提示

栅格化图层的方法在前面已经进行了详细的讲解，首先选择文字图层，然后在该图层缩览图右侧的空白区域单击鼠标右键，在弹出的菜单中选择“栅格化文字”命令即可。

05 保持选区状态，按Ctrl+T组合键进入自由变换状态，然后将其等比例缩小到如图7-56所示的大小。

图 7-56

06 载入“文字”图层的选区，如图7-57所示，然后按住Alt键的同时使用“矩形选框工具”将多余的字母勾选出来，这样就得到如图7-58所示的选区。

图 7-57

图 7-58

07 保持选区状态，并设置前景色（R:246、G:207、B:62），然后用前景色填充选区，效果如图7-59所示，此时的整体效果如图7-60所示。

图 7-59

图 7-60

08 设置前景色（R:218、G:160、B:84），然后单击“工具箱”中的“横排文字工具”按钮T，并在属性栏中进行如图7-61所示的设置，接着在绘图区域中输入“简单即美”，如图7-62所示。

图 7-61

图 7-62

09 选择“简单即美”文字，如图7-63所示，然后按Ctrl+T组合键打开“字符/段落”面板，具体参数设置如图7-64所示，效果如图7-65所示。

图 7-63

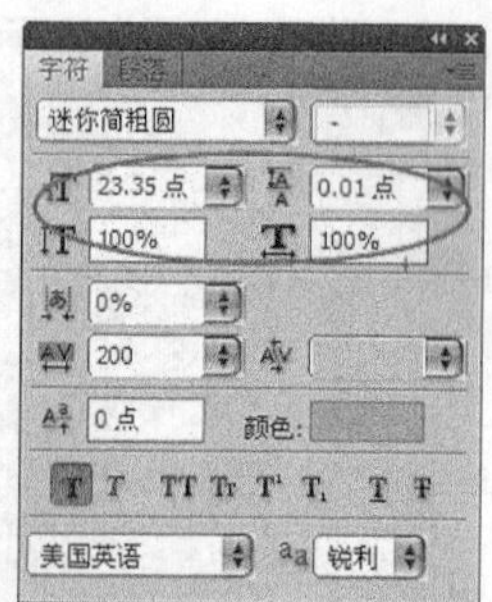

图 7-64

图 7-65

(10) 设置前景色（R:246、G:207、B:62），然后单击“工具箱”中的“横排文字工具”按钮T，并在属性栏中进行如图7-66所示的设置，接着在绘图区域中输入如图7-67所示的英文字母。

图 7-66

图 7-67

(11) 采用上面的方法输入其他文字信息，完成后的效果如图7-68所示，此时的整体效果如图7-69所示。

图 7-68

图 7-69

(12) 单击“工具箱”中的“横排文字工具”按钮T，并在属性栏中进行如图7-70所示的设置，然后在绘图区域中输入相应的文字信息，效果如图7-71所示。

图 7-70

图 7-71

(13) 采用上面的方法输入其他英文信息，完成后的效果如图7-72所示。

图 7-72

14 设置前景色（R:218、G:160、B:84），然后单击“工具箱”中的“横排文字工具”按钮T，并在属性栏中进行如图7-73所示的设置，接着在绘图区域中输入相应的文字信息，效果如图7-74所示。

图 7-73

图 7-74

15 选择如图7-75所示的文字，然后按Ctrl+T组合键打开“字符/段落”面板，具体参数设置如图7-76所示，效果如图7-77所示。

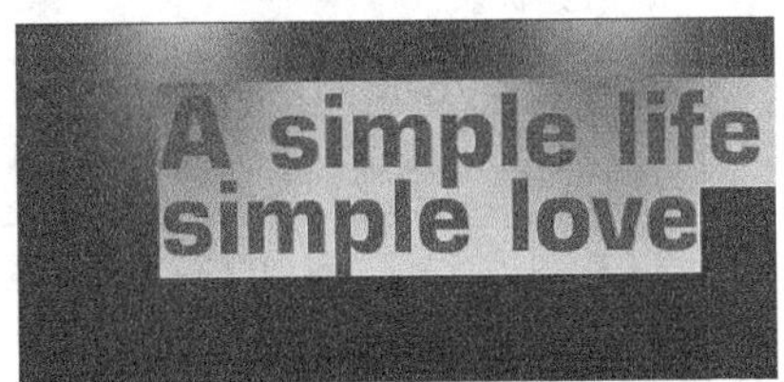

图 7-75

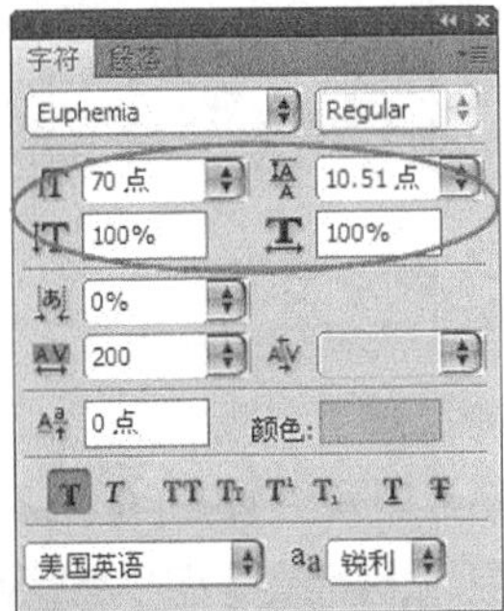

图 7-76

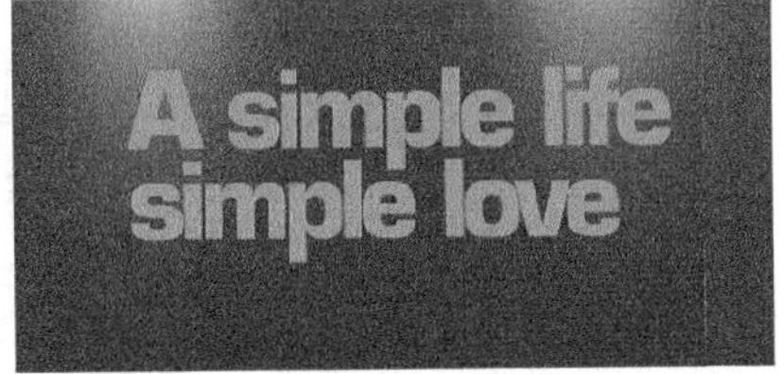

图 7-77

16 选择如图7-78所示的英文字母，然后按Ctrl+T组合键打开“字符/段落”面板，并在弹出的“字符/段落”面板中设置字体颜色（R:246、G:207、B:62），具体参数设置如图7-79所示，效果如图7-80所示。

图 7-78

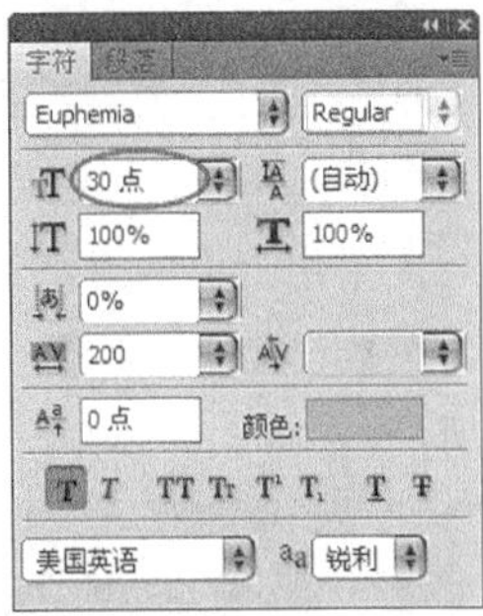

图 7-79

图 7-80

17 采用步骤12的方法输入相应的英文信息，效果如图7-81所示。

图 7-81

18 新建一个“装饰”图层，然后使用“矩形选框工具”在右侧文字的下部绘制一个大小合适的矩形选区，设置前景色（R:246、G:207、B:62），接着用前景色填充选区，效果如图7-82所示。

图 7-82

⑲ 采用上面的方法继续输入其他文字信息（具体参数设置参照步骤12），完成后的效果如图7-83所示。

图 7-83

⑳ 设置前景色（R:218、G:160、B:84），然后单击“工具箱”中的“横排文字工具”按钮T，并在属性栏中进行如图7-84所示的设置，接着在绘图区域中输入相应的文字信息，再选择如图7-85所示的文字，按Ctrl+T组合键打开“字符/段落”面板，具体参数设置如图7-86所示。

图 7-84

图 7-85

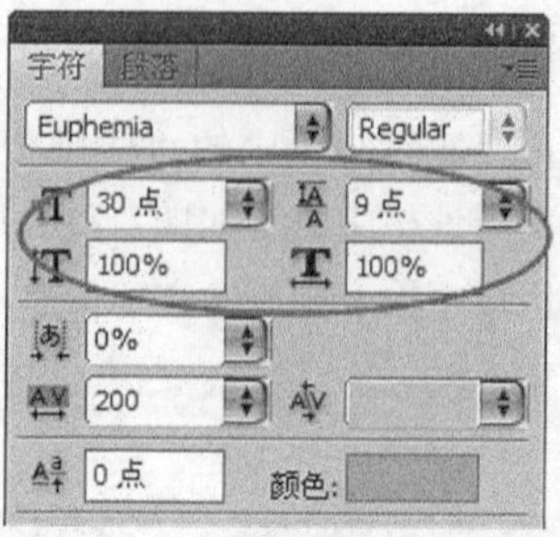

图 7-86

㉑ 选择如图7-87所示的文字，然后按Ctrl+T组合键打开“字符/段落”面板，设置字体颜色（R:246、G:207、B:62），效果如图7-88所示。

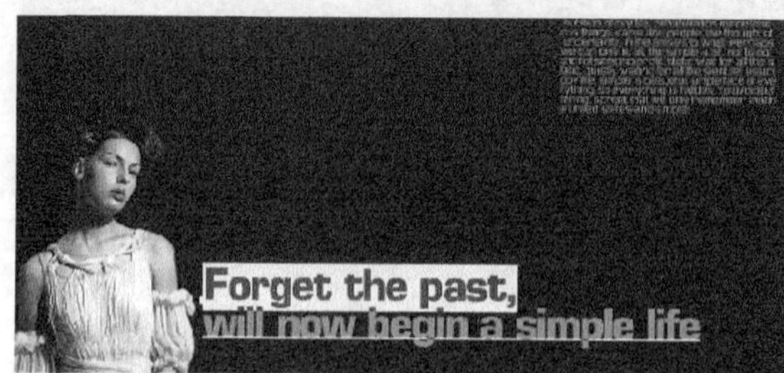

图 7-87

图 7-88

㉒ 选择如图7-89所示的文字，然后按Ctrl+T组合键打开“字符/段落”面板，设置“字体大小”为15点，效果如图7-90所示。

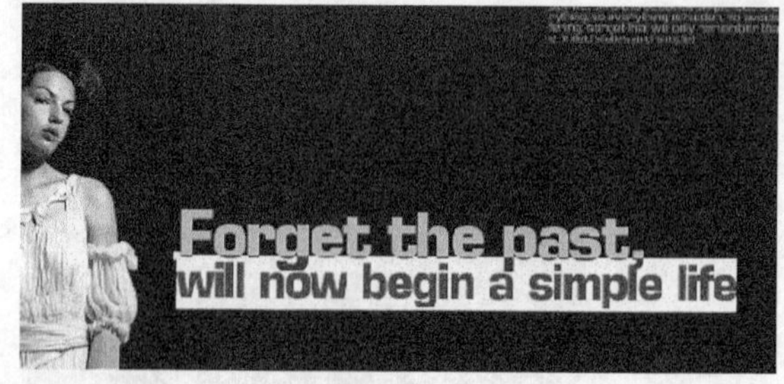

图 7-89

图 7-90

7.1.6 制作反光效果

01 新建一个“反光”图层，然后使用“矩形选框工具”绘制一个如图7-91所示的矩形选区，接着用白色填充选区，效果如图7-92所示。

图 7-91

图 7-92

02 确定“反光”图层为当前层，然后单击“图层”面板下面的“添加图层蒙版”按钮 ，并打开“渐变编辑器”对话框，分别设置第1个色标（位置为0%）的颜色（R:0、G:0、B: 0）、第2个色标（位置为32%）的颜色为（R:255、G:255、B:255）和第3个色标（位置为100%）的颜色（R:0、G:0、B:0），如图7-93所示。

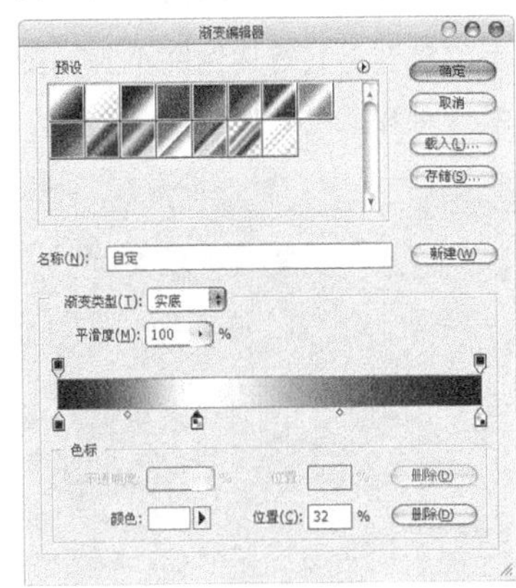

图 7-93

03 保持对“渐变工具”的选择，然后使用“线性渐变”从左向右在蒙版中拉出渐变，效果如图7-94所示，再设置“反光”图层的“混合模式”为“柔光”，效果如图7-95所示。

图 7-94

图 7-95

04 确定“反光”图层为当前层，执行“滤镜>模糊>高斯模糊”菜单命令，并在弹出的对话框中设置“半径”为100像素，然后设置该图层的“不透明度”为65%，并按Ctrl+T组合键进入自由变换状态，接着将其等比例缩小到如图7-96所示的大小，最后将其拖曳到如图7-97所示的位置。

图 7-96

图 7-97

05 复制出一个“反光副本”图层，然后按Ctrl+T组合键进入自由变换状态，在绘图区域中单击鼠标右键，接着在弹出的菜单中选择“水平翻转”命令，并将其拖曳到图7-98所示的位置，最后设置该图层的“不透明度”为80%，最终效果如图7-99所示。

图 7-98

图 7-99

7.2 课堂案例——古典画册封面

案例位置	案例文件>CH07>课堂案例——古典画册封面.psd
视频位置	多媒体教学>CH07>课堂案例——古典画册封面.flv
难易指数	★★★☆☆
学习目标	学习"自由变换"功能和"图层样式"的使用

本案例要制作的是古典画册。古典画册设计首先要能体现出古典的韵味，使用的色纸尽量能够突出字体效果，色彩不要太杂，并且最好是采取大范围的制作方法来响应地区的项目活动。古典画册的最终效果如图7-100所示。

图 7-100

相关知识

古典画册的设计主要掌握以下3点。

第1点：古典画册要体现出古典韵味。

第2点：字体设计以"易懂"为原则，避免出现龙飞凤舞的文字。

第3点：尽量以既定的视觉效果图案色彩、文体为制作题材。

核心步骤

① 使用"定义画笔预设"功能制作封底花纹效果。

② 使用Logo素材和"横排文字工具"制作封面。

③ 利用"自由变换"功能和"图层样式"制作画册的立体效果。

7.2.1 封底设计

01 启动Photoshop CS5，按Ctrl+N组合键新建一个"画册平面图"文件，具体参数设置为"宽度"3508像素、"高度"2480像素、"分辨率"300像素/英寸、"颜色模式"RGB颜色，如图7-101所示。

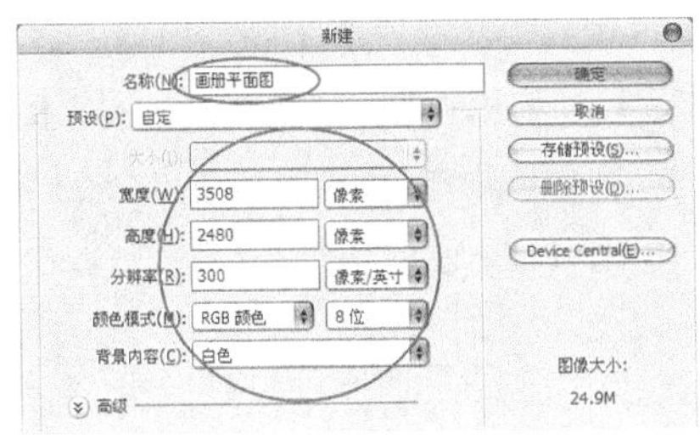

图 7-101

02 新建一个"封底"图层，然后使用"矩形选框工具"绘制一个如图7-102所示的选区，并设置前景色（R:112、G:35、B:45），接着按Alt+Delete组合键用前景色填充选区，效果如图7-103所示。

图 7-102

图 7-103

03 新建一个"花纹"图层，然后使用"椭圆选框工具”绘制一个如图7-104所示的选区，并用前景色填充选区，效果如图7-105所示。

图 7-104

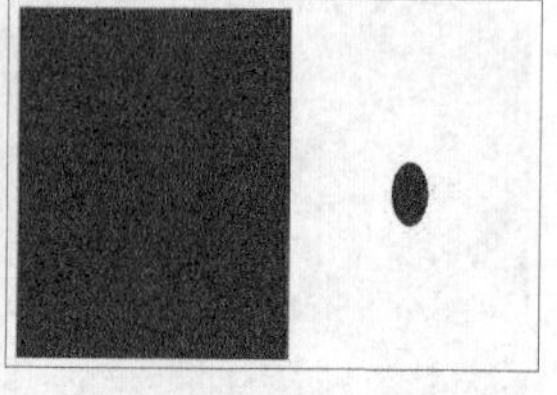

图 7-105

04 新建一个“花纹1”图层，使用“钢笔工具”绘制出花瓣的路径；然后载入该路径的选区，并设置前景色（R:80、G:23、B:31），接着用前景色填充选区，并按Ctrl+J组合键复制出一个“花纹1副本1”图层；最后将其拖曳到如图7-106所示的位置。

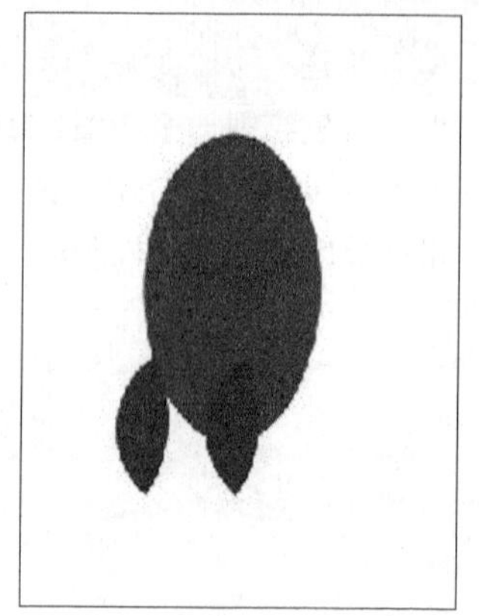

图 7-106

05 确定“花纹1”图层为当前层，执行“编辑>描边”菜单命令，然后在弹出的对话框中进行如图7-107所示的设置，接着采用相同的方法为“花纹1副本”图层描边，效果如图7-108所示。

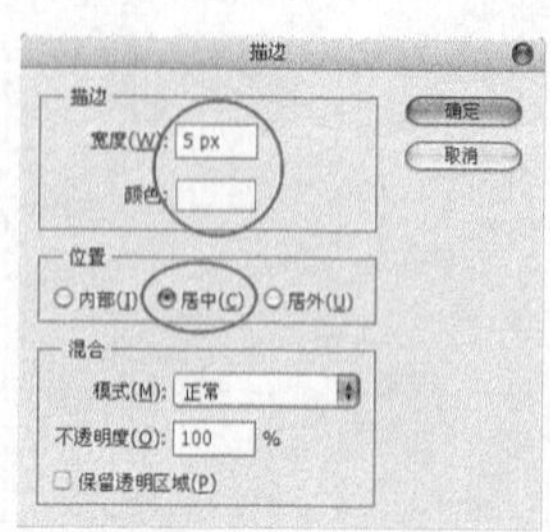

图 7-107

图 7-108

06 复制出一个“花纹1副本2”图层，执行“编辑>自由变化”菜单命令，然后在绘图区域中单击鼠标右键，接着在弹出的菜单中选择“水平翻转”命令，最后将其拖曳到如图7-109所示的位置。

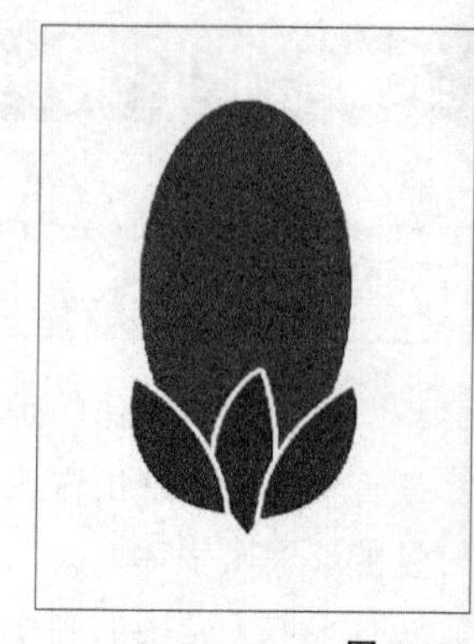

图 7-109

07 新建一个“花纹1副本4”图层，并使用“钢笔工具”绘制一条如图7-110所示的路径，然后载入该路径的选区，接着设置前景色（R:80、G:23、B:31），最后用前景色填充选区，效果如图7-111所示。

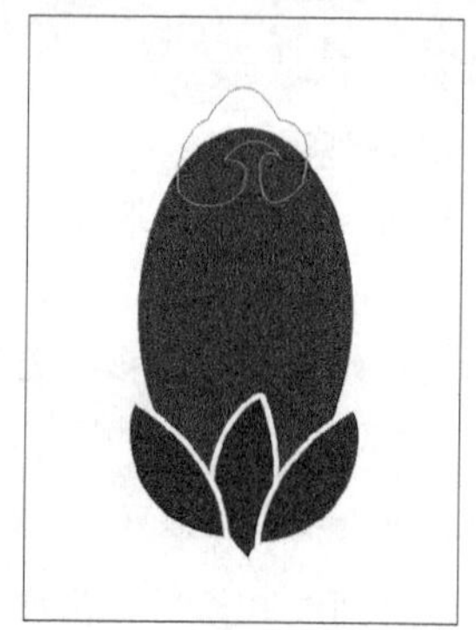

图 7-110

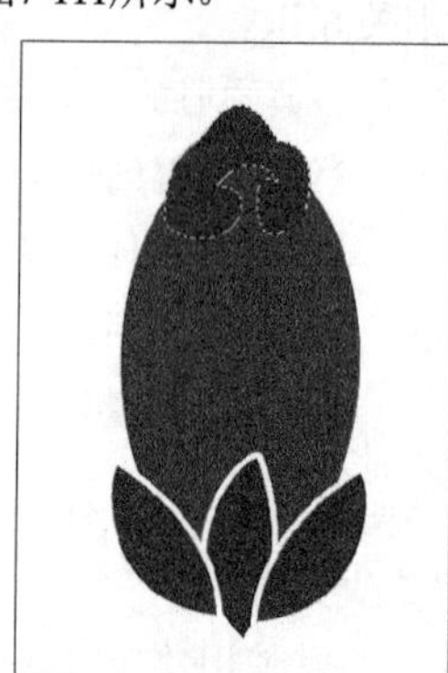

图 7-111

08 保持选区状态，然后执行“编辑>描边”菜单命令，接着在弹出的对话框中进行如图7-112所示的设置，效果如图7-113所示。

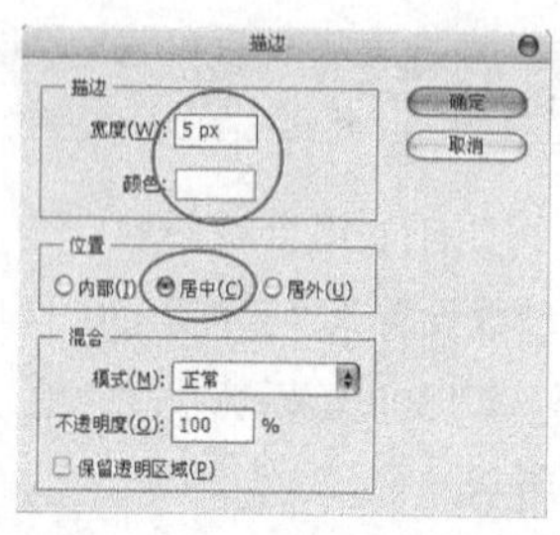

图 7-112

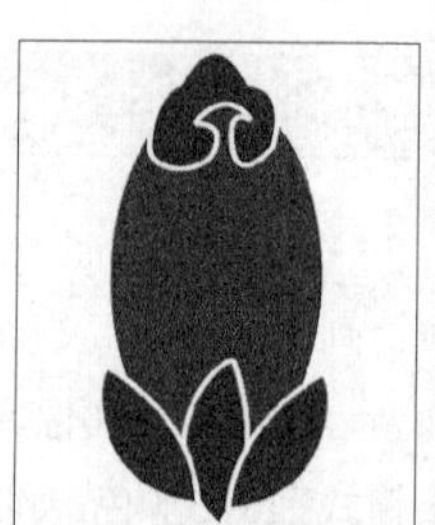

图 7-113

09 复制出一个“花纹1副本4副本”图层，然后执行“编辑>自由变化”菜单命令，接着对其进行如图7-114所示的调整。

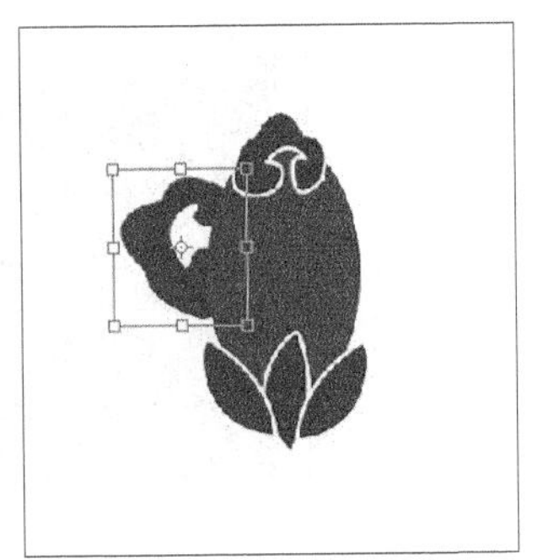

图 7-114

⑩ 复制出一个“花纹1副本4副本2”图层，然后执行“编辑>自由变化”菜单命令，接着对其进行如图7-115所示的调整。

图 7-115

⑪ 设置前景色（R:80、G:23、B:31），并新建一个“花纹1副本5”图层，然后使用“钢笔工具”绘制一条如图7-116所示的路径，接着载入该路径的选区，最后用前景色填充选区，效果如图7-117所示。

图 7-116

图 7-117

⑫ 复制出一个“花纹1 副本6”图层，然后执行“编辑>自由变化”菜单命令，在绘图区域中单击鼠标右键，接着在弹出的菜单中选择“垂直翻转”命令，最后将其等比例缩小到如图7-118所示的大小。

图 7-118

⑬ 选择所有绘制花纹的图层，按Ctrl+E组合键将其合并，更名为“花纹”图层，然后设置该图层的“混合模式”为“正片叠底”，效果如图7-119所示，接着设置该图层的“不透明度”为10%，效果如图7-120所示。

图 7-119

图 7-120

⑭ 单击“工具箱”中的“魔术棒工具”按钮，然后选择花纹中所有的白色区域（描边区域即白色区域），接着按Delete键删除选区内的像素，如图7-121所示。

图 7-121

15 载入“花纹”图层的选区，如图7-122所示，然后执行“编辑>定义画笔预设”菜单命令，并在弹出对话框中进行如图7-123所示的设置。

图 7-122

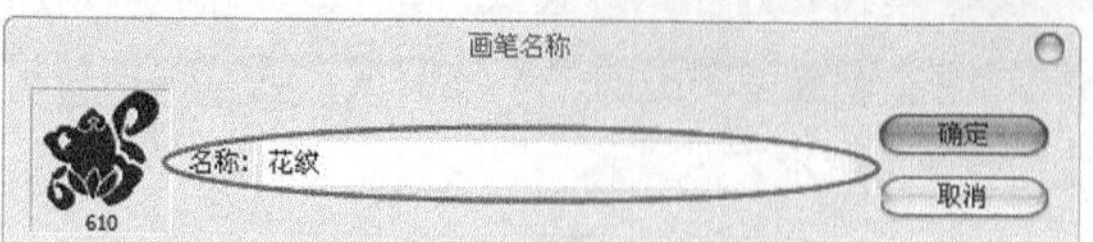

图 7-123

16 设置前景色（R:79、G:24、B:31），然后新建一个“底纹”图层，并单击“工具箱”中的“画笔工具”按钮，接着在属性栏中选择上一步定义的画笔，具体参数设置如图7-124所示。

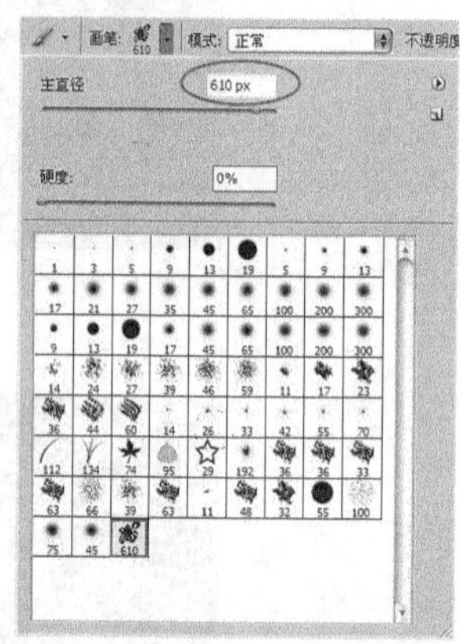

图 7-124

17 保持对“画笔工具”的选择，暂时隐藏“花纹”图层，然后使用“画笔工具”在“底纹”图层中绘制出花纹效果，如图7-125所示，完成后的效果如图7-126所示。

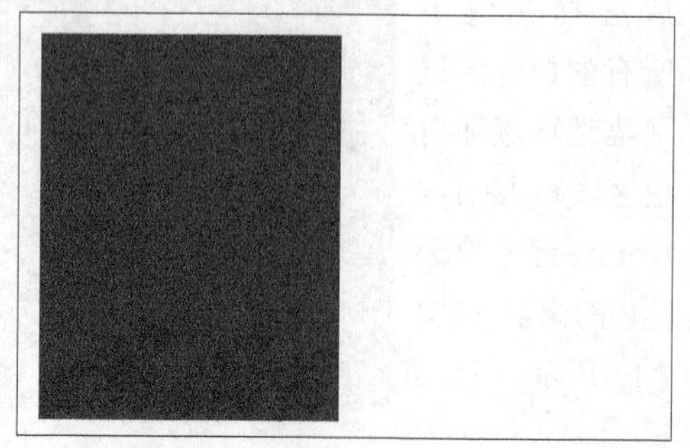
图 7-125

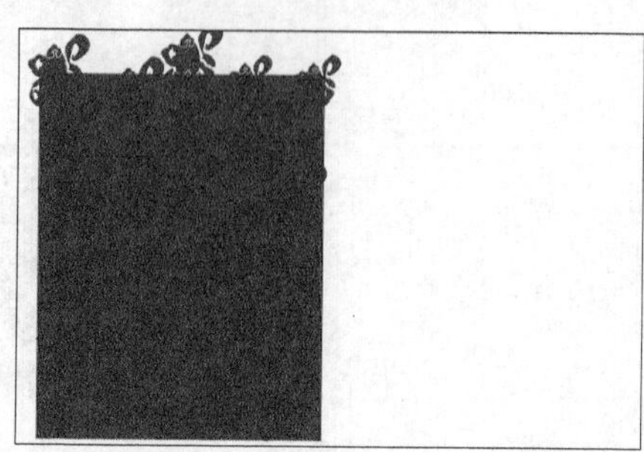
图 7-126

技巧与提示

在绘制花纹时要随时调整画笔的大小，绘制完成后的花纹已经超出了底色的范围，所以需要将多余的部分删除。

18 载入“封底”图层的选区，如图7-127所示，然后选择“底纹”图层，并按Shift+Ctrl+I组合键反选选区，接着按Delete键删除选区内的像素，效果如图7-128所示，最后设置该图层的“不透明度”为20%，效果如图7-129所示。

图 7-127

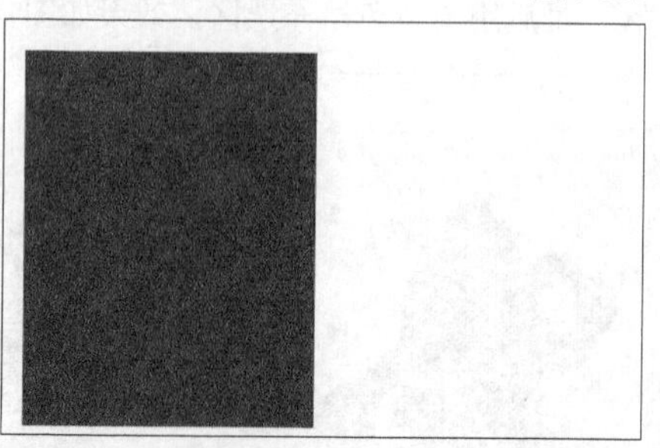
图 7-128

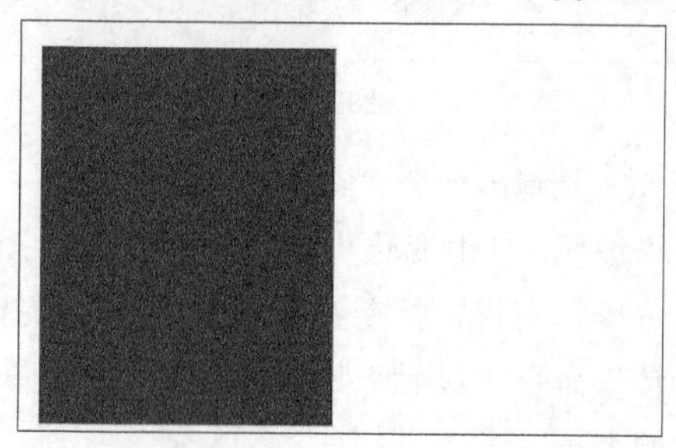
图 7-129

7.2.2 封面设计

01 暂时隐藏"背景"图层和"花纹"图层，然后新建一个"封面"图层，按Ctrl+Shift+Alt+E组合键将可见图层"盖印"到"封面"图层中，接着将其拖曳到如图7-130所示的位置。

图 7-130

02 新建一个"书脊"图层，然后使用"矩形选框工具"在中间区域绘制一个大小合适的矩形选区，设置前景色（R:68、G:12、B:22），接着用前景色填充选区，效果如图7-131所示。

图 7-131

03 打开本书配套资源中的"素材文件>CH07>课堂案例——古典画册封面>素材01.psd"文件，然后将其拖曳到当前操作界面中，如图7-132所示，并将新生成的图层更名为Logo，接着对其进行如图7-133所示的调整。

图 7-132

图 7-133

04 设置前景色（R:227、G:174、B:112），然后单击"工具箱"中的"横排文字工具"按钮T，并在属性栏中进行如图7-134所示的设置，接着在绘图区域输入如图7-135所示的文字。

图 7-134

图 7-135

05 新建一个"圆点"图层，然后按住Shift键的同时使用"椭圆选框工具"绘制一个大小合适的圆形选区，设置前景色（R:227、G:174、B:112），接着用前景色填充选区，效果如图7-136所示。

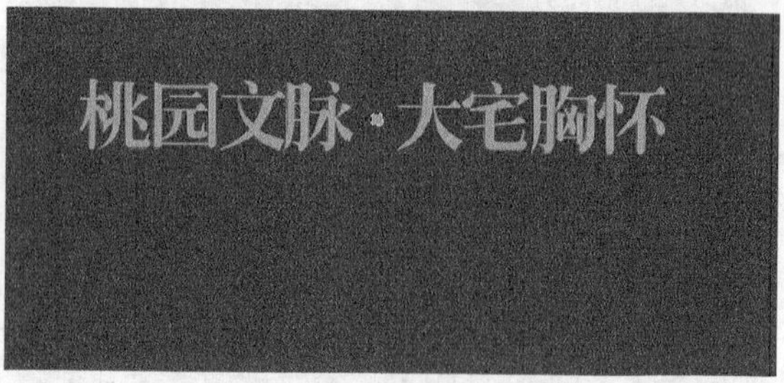

图 7-136

06 单击“工具箱”中的“横排文字工具”按钮T，并在属性栏中进行如图7-137所示的设置，然后在绘图区域输入如图7-138所示的文字。

图 7-137

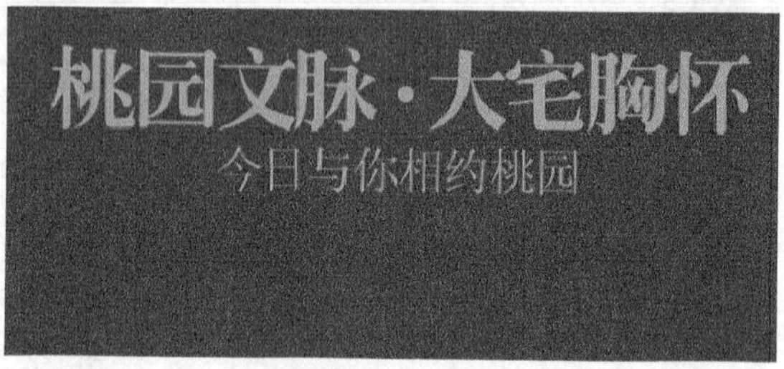

图 7-138

07 选择“圆点”图层，然后使用“多边形套索工具”勾选出一个如图7-139所示的选区，并设置前景色（R:227、G:174、B:112），接着用前景色填充选区，效果如图7-140所示。

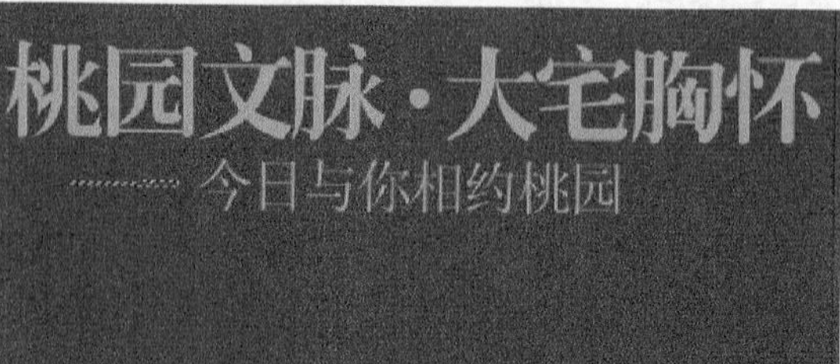

图 7-139

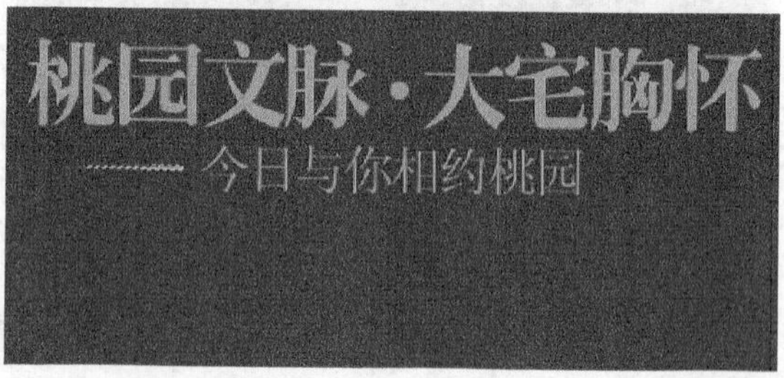

图 7-140

08 保持选区状态，按Ctrl+J组合键将选区内的像素复制到一个新的“圆点副本”图层中，然后执行“编辑>自由变化”菜单命令，接着在绘图区域中单击鼠标右键，并在弹出的菜单中选择“水平翻转”命令，最后将其拖曳到如图7-141所示的位置。

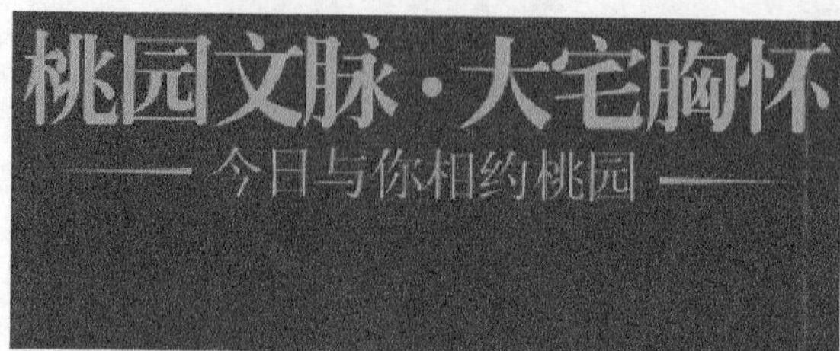

图 7-141

09 设置前景色（R:227、G:174、B:112），然后单击“工具箱”中的“横排文字工具”按钮T，并在属性栏中进行如图7-142所示的设置，接着在绘图区域中输入如图7-143所示的文字信息。

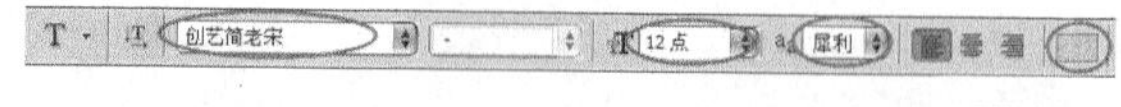

图 7-142

图 7-143

10 新建一个“画册”图层，然后按Ctrl+Shift+Alt+E组合键将可见图层“盖印”到“画册”图层中，效果如图7-144所示。

图 7-144

技巧与提示

由于这本画册整体风格是强调简洁、高贵，所以在设计封底时只需要输入必要的文字信息即可。

7.2.3 立体画册制作

01 按Ctrl+N组合键新建一个“画册效果”文件，具体参数设置为“宽度”35cm、“高度”30cm、“分辨率”300像素/英寸、“颜色模式”RGB颜色，如图7-145所示，然后将“画册”图层拖曳到当前操作界面中，如图7-146所示。

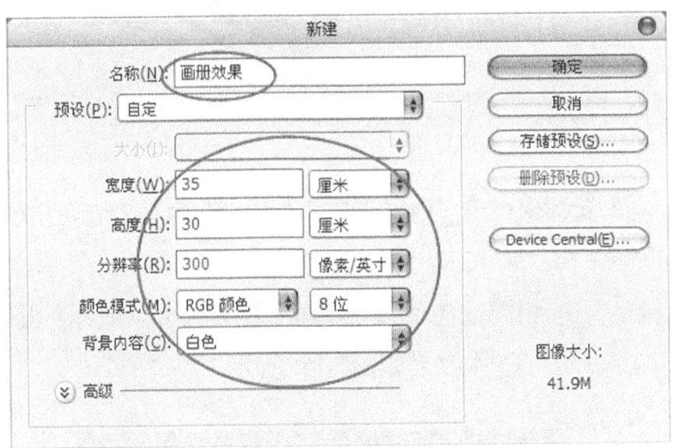

图 7-145

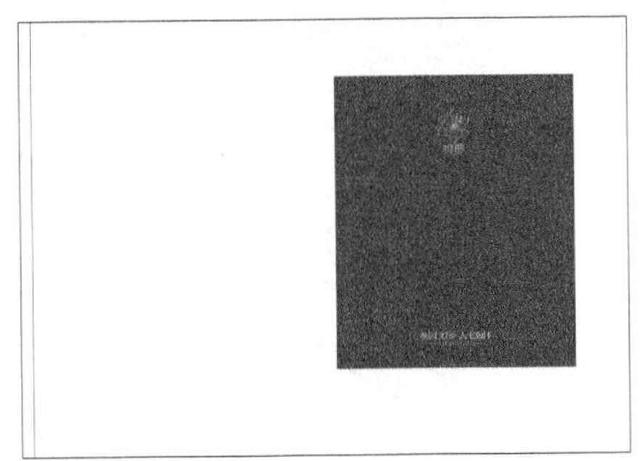

图 7-146

02 执行“编辑>自由变化”菜单命令，然后将其旋转到如图7-147所示的效果。

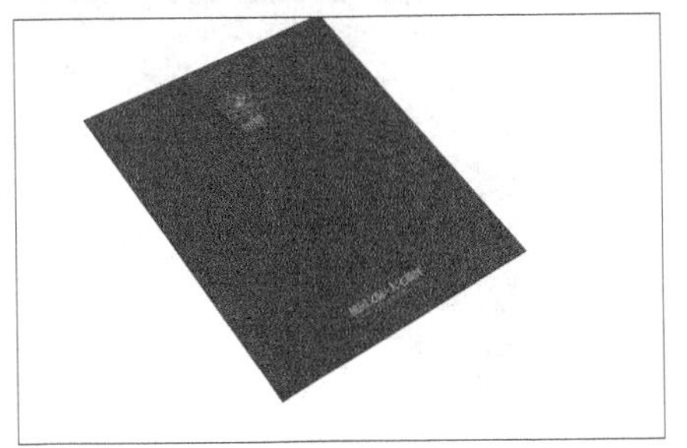

图 7-147

03 将“书脊”图层拖曳到当前操作界面中，如图7-148所示，然后执行“编辑>自由变化”菜单命令，并在绘图区域中单击鼠标右键，接着在弹出的菜单中选择“斜切”命令，并对其进行如图7-149所示的调整，再次在绘图区域中单击鼠标右键，并在弹出的菜单中选择“自由变换”命令，最后将其进行如图7-150所示的调整。

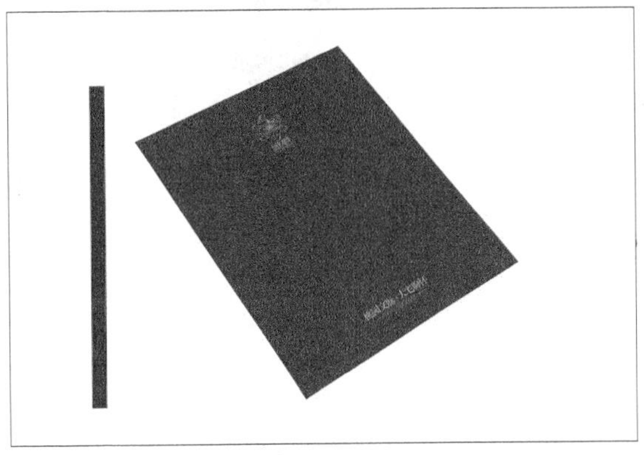

图 7-148

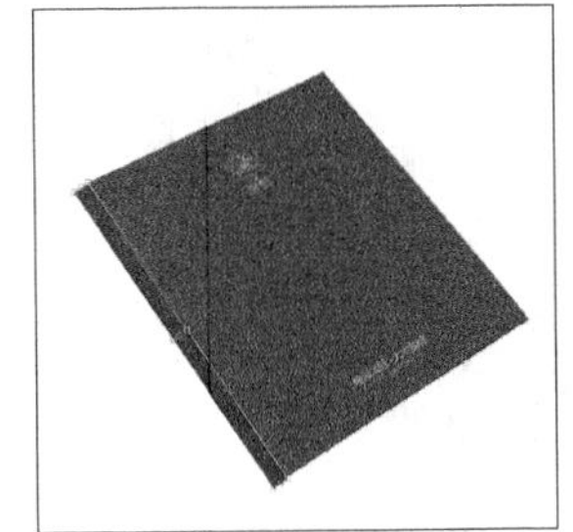

图 7-149　　图 7-150

04 确定“封面”图层为当前层，然后复制出一个副本图层，并将其更名为“封底”，接着执行“图像>调整>色阶”菜单命令，并在弹出的对话框中进行如图7-151所示的设置，效果如图7-152所示。

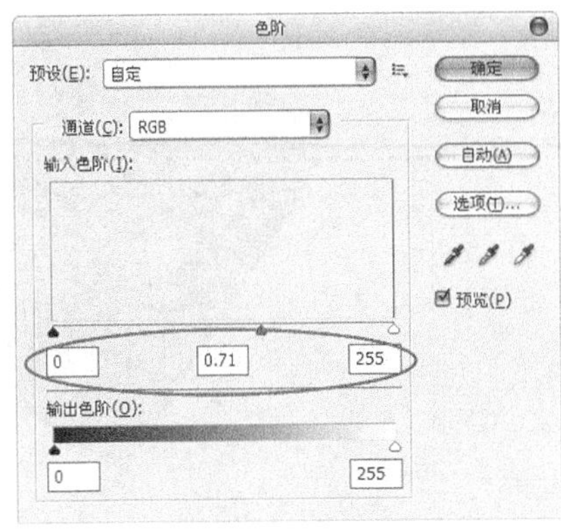

图 7-151

图 7-152

05 将“封底”图层放置在“封面”图层的下一层，然后将其拖曳到如图7-153所示的位置。

图 7-153

06 确定“封底”图层为当前层，复制出一个副本图层，并将其更名为“内页”，然后按载入该图层的选区，再用白色填充选区，效果如图7-154所示。

图 7-154

07 确定“内页”图层为当前层，执行“编辑>自由变化”菜单命令，然后按住Shift+Alt组合键的同时将其等比例缩小到如图7-155所示的大小。

图 7-155

08 复制出一个“内页副本”图层，然后按2次向上方向键（↑），将其向上移动2个像素，如图7-156所示，接着采用相同的方法复制出4个副本图层，效果如图7-157所示，整体效果如图7-158所示。

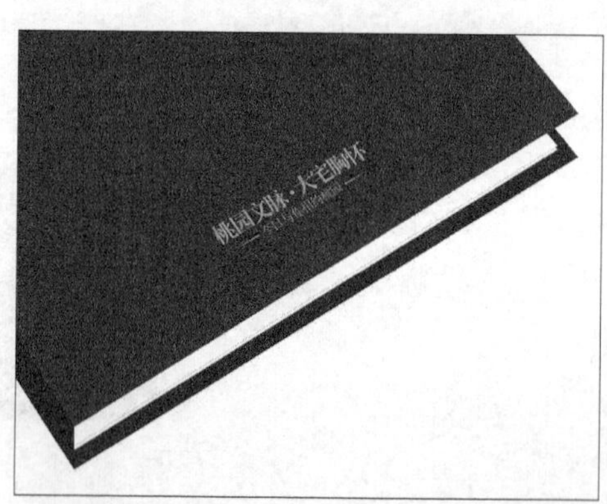

图 7-156

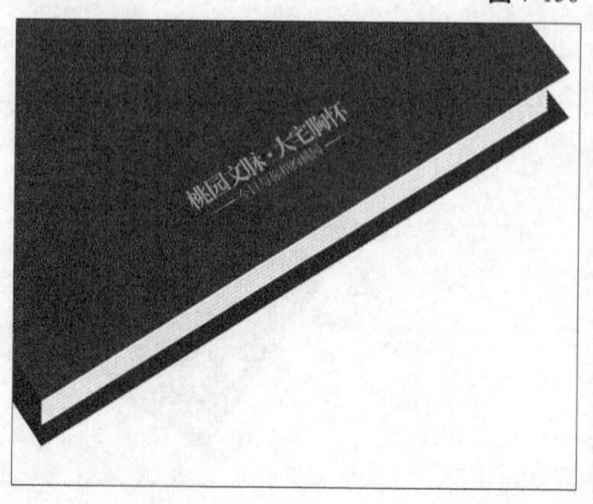

图 7-157

图 7-158

09 同时选择内页所在的所有图层，然后按Ctrl+E组合键将其合并为“内页”图层，并选择“背景”图层，接着打开“渐变编辑器”对话框，分别设置第1个色标（位置为0%）的颜色（R:200、G:203、B:182）、第2个色标（位置为23%）的颜色（R:200、G:203、B:182）和第3个色标（位置为100%）的颜色（R:26、G:28、B:28），如图1-159所示，最后使用“径向渐变”从中心向边缘拉出渐变，效果如图1-160所示。

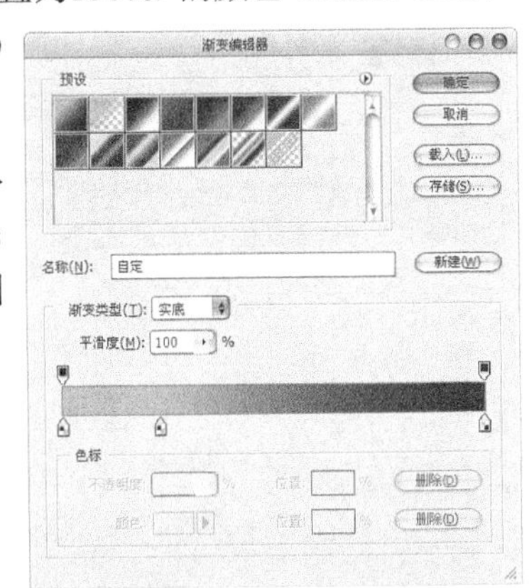

图 7-159

图 7-160

10 执行“滤镜>杂色>添加杂色”菜单命令，然后在弹出的对话框中进行如图7-161所示的设置，效果如图7-162所示。

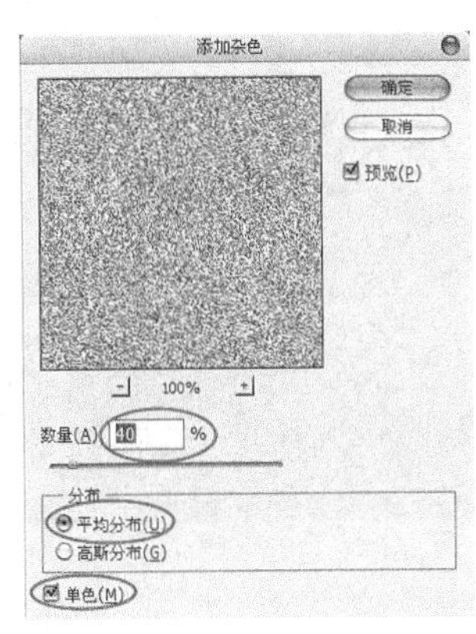

图 7-161

图 7-162

11 确定“封面”图层为当前层，执行“滤镜>渲染>光照效果”菜单命令，然后在弹出的对话框中进行如图7-163所示的设置，效果如图7-164所示。

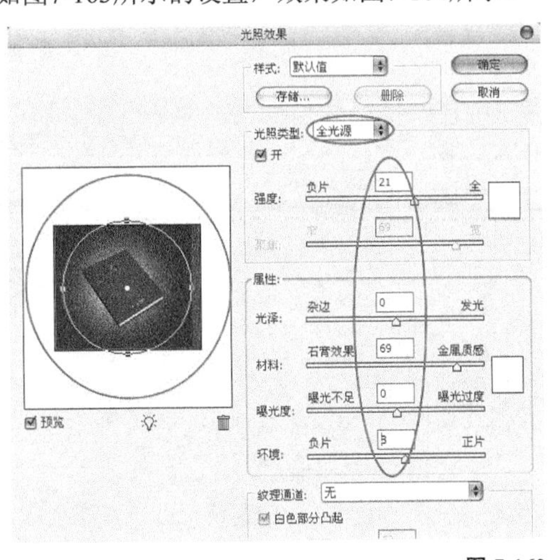

图 7-163

图 7-164

图 7-167

⑫ 双击“封面”图层的缩览图，然后在弹出的对话框中单击“斜面和浮雕”样式，具体参数设置如图7-165所示，接着单击“投影”样式，具体参数设置如图7-166所示，效果如图7-167所示。

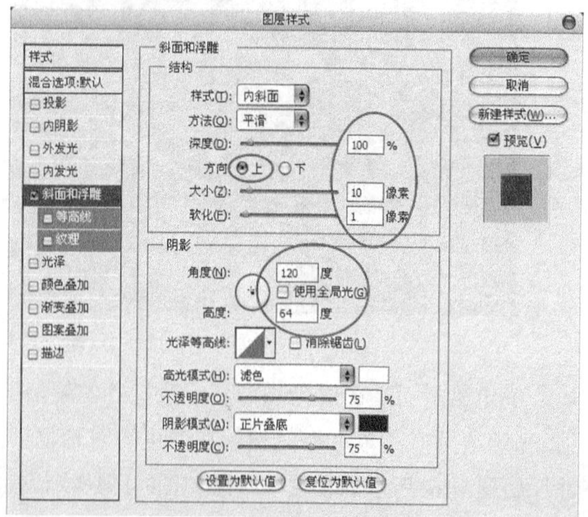

图 7-165

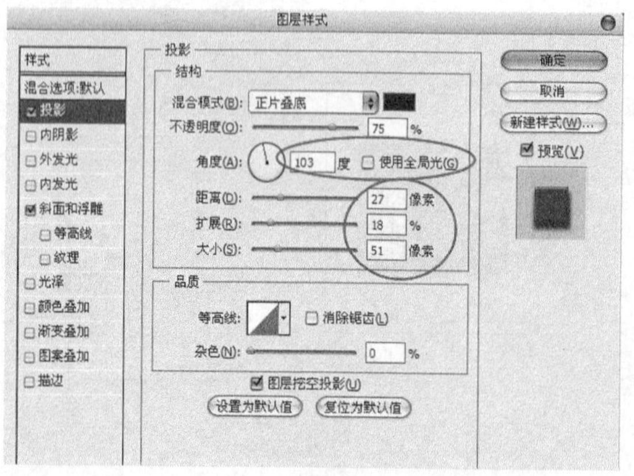

图 7-166

⑬ 双击“封底”图层的缩览图，然后在弹出的对话框中单击“投影”样式，具体参数设置如图7-168所示，接着单击“斜面和浮雕”样式，具体参数设置如图7-169所示，效果如图7-170所示。

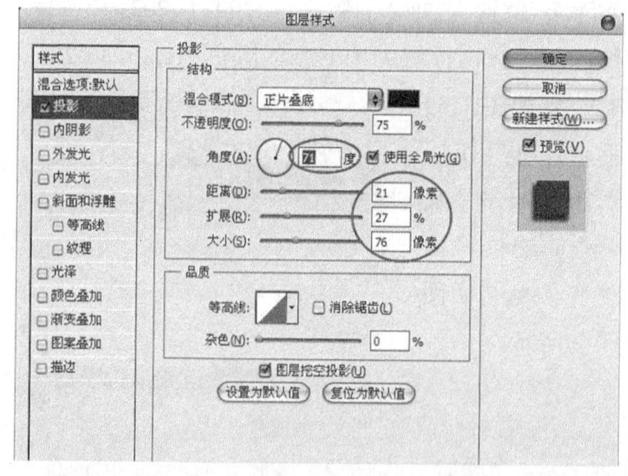

图 7-168

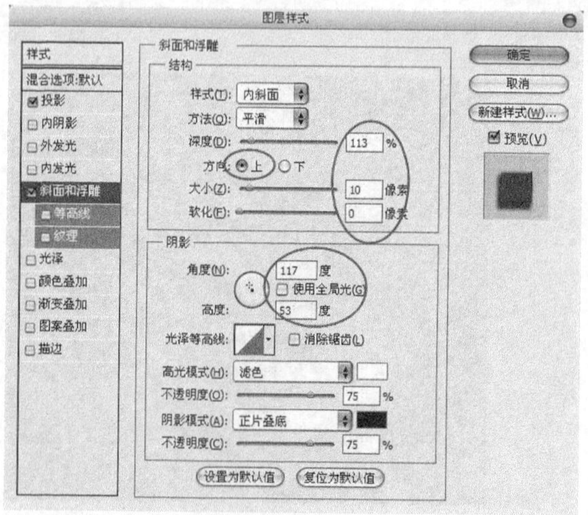

图 7-169

图 7-170

14 使用“多边形套索工具”勾选出一个如图7-171所示的选区，然后按Shift+F6组合键打开“羽化选区”对话框，设置“羽化半径”为10像素。

图 7-171

15 保持选区状态，然后执行“图像>调整>色阶”菜单命令，接着在弹出的对话框中进行如图7-172所示的设置，效果如图7-173所示。

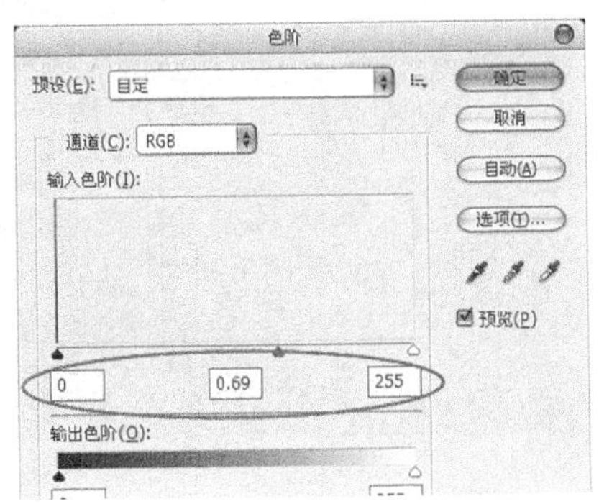

图 7-172

图 7-173

16 使用“橡皮擦工具”将上面的部分擦出一个凹槽，如图7-174所示。

图 7-174

17 设置前景色（R:68、G:12、B:22），然后使用“画笔工具”在下部细细地涂抹，效果如图7-175所示，整体效果如图7-176所示。

图 7-175

图 7-176

18 确定“内页”图层为当前层，然后单击“工具箱”中的“加深工具”按钮，并在属性栏中进行如图7-177所示的设置，接着在内页的左下部细细地涂抹，效果如图7-178所示。

图 7-177

图 7-178

19 双击“内页”图层的缩览图，然后在弹出的对话框中单击“投影”样式，具体参数设置如图7-179所示，效果如图7-180所示。

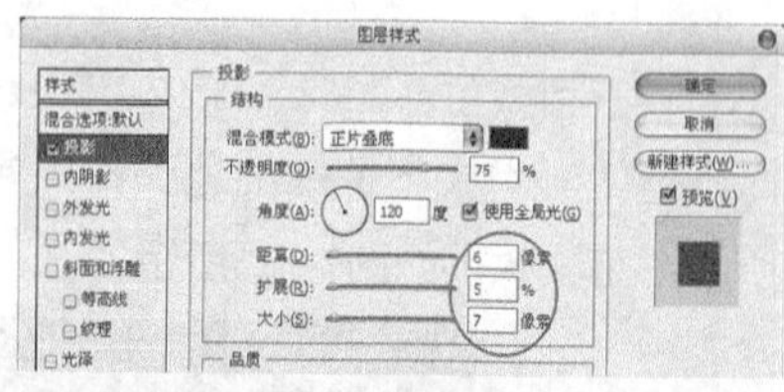

图 7-179

图 7-180

20 确定“封底”图层为当前层，然后单击“工具箱”中的“减淡工具”按钮，并在属性栏中进行如图7-181所示的设置，接着在中下部细细地涂抹，效果如图7-182所示。

图 7-181

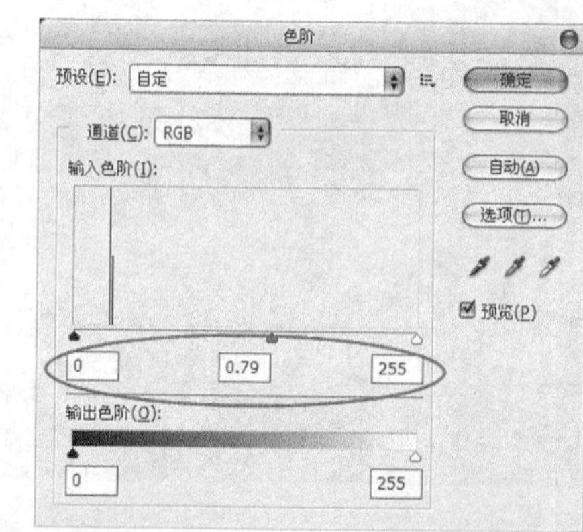

图 7-182

21 确定“书脊”图层为当前层，然后执行“图像>调整>色阶”菜单命令，接着在弹出的对话框中进行如图7-183所示的设置，最终效果如图7-184所示。

图 7-183

图 7-184

7.3 课堂案例——菜谱

案例位置 案例文件>CH07>课堂案例——菜谱.psd
视频位置 多媒体教学>CH07>课堂案例——菜谱.flv
难易指数 ★★★☆☆
学习目标 学习"自由变换"功能和"图层样式"的使用

本案例体现了酒店古典、尊贵的风格。首先以"古代屋檐"花纹作为页眉页脚来体现"古典"的韵味，然后用"日出群山"的气势来体现酒店的豪华尊贵，接着使用一只"金色狮头"来增强封面、封底的视觉冲击力。菜谱的最终效果如图7-185所示。

图 7-185

相关知识

菜谱在餐厅经营中起着很重要的作用，有人甚至把酒店经营管理的成功归结为菜谱设计的好坏，由此可见菜谱的作用之大，在菜谱的设计中主要掌握以下5点。

第1点： 菜谱上要注明餐厅的名称、营业时间、特色菜品、加收费用、支付方式、联系方式和具体地理位置等。

第2点： 菜谱要装帧精美、雅致动人、色调得体且洁净大方。

第3点： 菜谱的设计要体现出餐厅的风格。

第4点： 菜谱的设计要体现出餐厅服务的标准和餐饮成本的高低。

第5点： 菜谱要成为信息反馈的渠道。

核心步骤

① 制作带横条花纹的背景效果。

② 利用"群山"图片制作出"日出群山"的效果。

③ 添加"古代屋檐"花纹和"门花"图片，再制作出文字特效。

④ 绘制"圆点"效果。

⑤ 制作出水墨效果作为"狮头"的背景，再加入"狮头"图片，并将其变为金色。

⑥ 添加相关文字信息完成"菜谱"的平面效果。

⑦ 绘制立体"菜谱"的各个部分，再将其自由变形制作出立体效果。

7.3.1 制作封面背景

01 启动Photoshop CS5，新建一个"菜谱"文件，具体参数设置为"宽度"55.3cm、"高度"40cm、"分辨率"300像素/英寸、"颜色模式"RGB颜色，如图7-186所示。

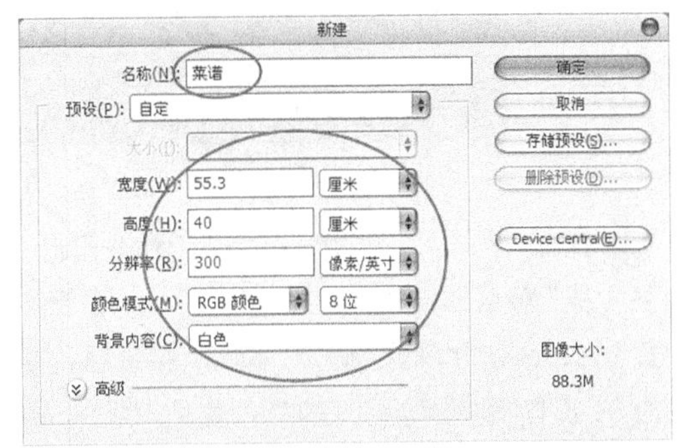

图 7-186

02 创建一个新图层"图层1"，设置前景色(R:186、G:18、B:24)，然后按Alt+Delete组合键用前景色填充图层，效果如图7-187所示。

图 7-187

03 单击“图层”面板下面的“添加图层样式”按钮 fx.，然后在弹出的菜单中选择“图案叠加”命令，接着在弹出的“图层样式”对话框中设置“图案叠加”的具体参数，如图7-188所示，添加“图案叠加”样式后的效果如图7-189所示。

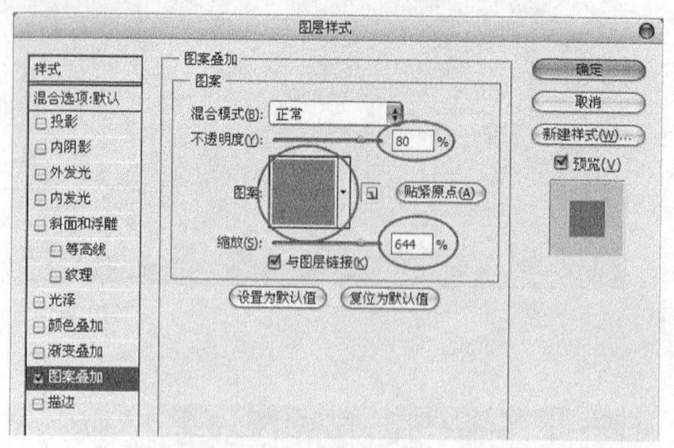

图 7-188

图 7-189

04 执行“视图>新建参考线”菜单命令打开“新建参考线”对话框，然后设置“取向”为“垂直”，“位置”为27cm，并单击“确定”按钮，接着再次执行该命令，设置“取向”为“垂直”，“位置”为28cm，新建参考线后的效果如图7-190所示。

图 7-190

05 创建一个新图层“图层2”，使用“矩形选框工具”在绘图区域中绘制一个如图7-191所示的矩形选框，然后单击“工具箱”中的“多边形套索工具”按钮，按住Alt键的同时在选区的左上角将选区的多余部分勾选出来，效果如图7-192所示。

图 7-191

图 7-192

知识点

在使用“矩形选框工具”时，由于系统默认的是磁性设置，所以在绘制矩形选框时起始点会自动贴近到参考线上，但实际上选框左边缘是在参考线右边5个像素左右。在绘制完选框以后，可以执行“选择>变换选区”菜单命令，再按Ctrl++组合键放大界面后调整选区，在用Photoshop处理图像细节时经常会使用到Ctrl++组合键或Ctrl+-组合键，将界面放大或缩小来对其作精确的处理或整体预览。

06 单击“工具箱”中的“渐变工具”按钮，然后在属性栏中打开“渐变编辑器”对话框，分别设置第1个色标（位置为0%）的颜色（R:215、G:30、B:32）、第2个色标（位置为50%）的颜色（R:230、G:161、B:81）和第3个色标（位置为100%）的颜色（R:215、G:30、B:32），具体参数设置如图7-193所示，接着按住Shift键的同时在选区中从上向下垂直拉出渐变，效果如图7-194所示。

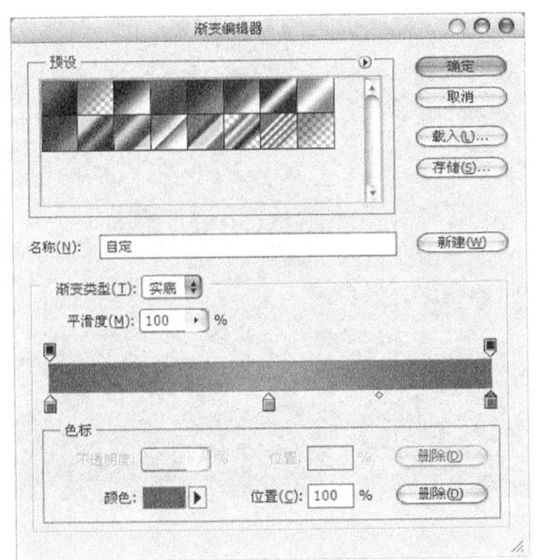

图 7-193

图 7-194

07 设置该图层的"混合模式"为"柔光"，效果如图7-195所示。

图 7-195

7.3.2 制作日出群山效果

01 打开本书配套资源中的"素材文件>CH07>课堂案例——菜谱设计>素材01.jpg"文件，然后按Ctrl+U组合键打开"色相/饱和度"对话框，具体参数设置如图7-196所示，调整"色相/饱和度"后的效果如图7-197所示。

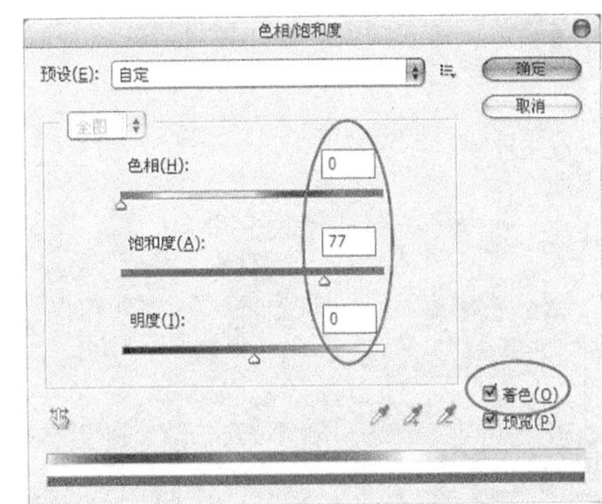

图 7-196

图 7-197

02 执行"滤镜>渲染>光照效果"菜单命令，打开"光照效果"对话框，然后将光照控制点调整为如图7-198所示的位置，并单击"强度"最右侧的"选择光照颜色"按钮打开"选择光照颜色"对话框，接着设置颜色（R:253、G:208、B:0），最后设置其他具体参数，使用"光照效果"滤镜后的效果如图7-199所示。

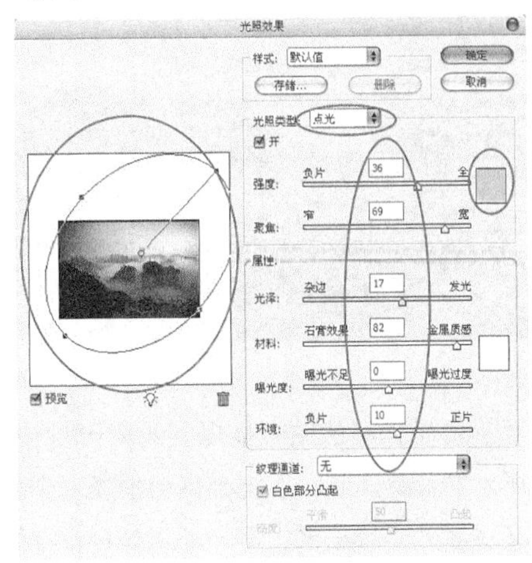

图 7-198

图 7-199

03 执行“滤镜>渲染>镜头光晕”菜单命令打开“镜头光晕”对话框，然后将光晕中心点调整到如图7-200所示的位置，接着设置其他具体参数，使用“镜头光晕”滤镜后的效果如图7-201所示。

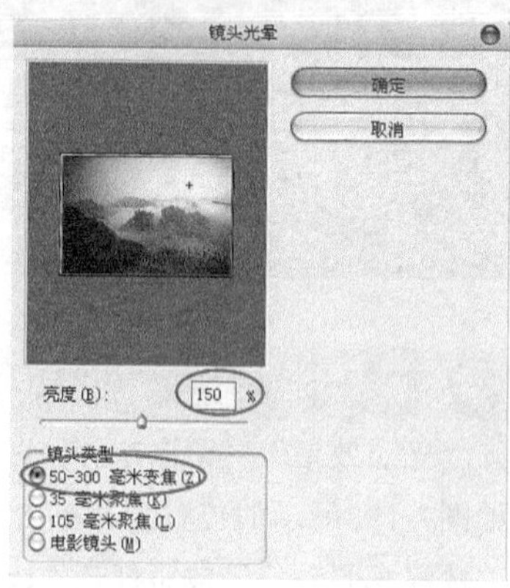

图 7-200

图 7-201

04 将制作好的图像拖曳到绘图区域中如图7-202所示的位置，此时系统会自动生成一个新图层，将其更名为“日出群山”，然后按Ctrl+T组合键将其等比例缩小到如图7-203所示的大小。

图 7-202

图 7-203

05 使用“椭圆选框工具”在绘图区域中绘制一个如图7-204所示的椭圆选框，然后按Ctrl+Shift+I组合键反选选区，接着按Delete键删除选区中的图像，最后按Ctrl+Shift+I组合键反向选中椭圆形选区，效果如图7-205所示。

图 7-204

图 7-205

06 按Shift+F6组合键打开“羽化选区”对话框，设置“半径”为150像素，然后按Ctrl+Shift+I组合键反选选区，接着连续按5次Delete键删除选区中的图像，效果如图7-206所示。

图 7-206

7.3.3 制作花纹和门花效果

01 打开本书配套资源中的“素材文件>CH07>课堂案例——菜谱设计>素材02.psd”文件，然后将其拖曳到绘图区域中如图7-207所示的位置，此时系统会自动生成一个新图层，接着将其更名为“页眉花纹”，最后按Ctrl+T组合键将图像等比例放大到如图7-208所示的大小。

图 7-207

图 7-208

02 复制一个新图层“页眉花纹副本”，然后执行“编辑>变换>水平翻转”菜单命令，接着按住Shift键的同时将其水平拖曳到如图7-209所示的位置。

图 7-209

03 按Ctrl+E组合键合并制作“页眉花纹”的两个图层，然后将合并后的图层更名为“页眉花纹效果”，并设置图层的“混合模式”为“叠加”，效果如图7-210所示，接着复制一个“页眉花纹效果副本”到下边缘，效果如图7-211所示。

图 7-210

图 7-211

04 打开本书配套资源中的“素材文件>CH07>课堂案例——菜谱设计>素材03.psd”文件，然后将其拖曳到绘图区域中如图7-212所示的位置，此时系统会自动生成一个新图层，并将其更名为“门花”，接着复制一个新图层“门花副本”，并执行“编辑>变换>垂直翻转”菜单命令，最后将其拖曳到如图7-213所示的位置。

图 7-212

图 7-213

05 复制一个新图层“门花副本2”到右下角，如图7-214所示，然后使用“矩形选框工具”将“门花副本2”图像和右下角的“页眉花纹”的重合部分勾选出来，按Delete键删除选区中的图像，效果如图7-215所示。

图 7-214

图 7-215

7.3.4 绘制圆点效果

01 新建一个“绘制圆点效果”文件，具体参数为“宽度”104像素、“高度”90像素、“分辨率”300像素/英寸、“颜色模式”RGB颜色，如图7-216所示。

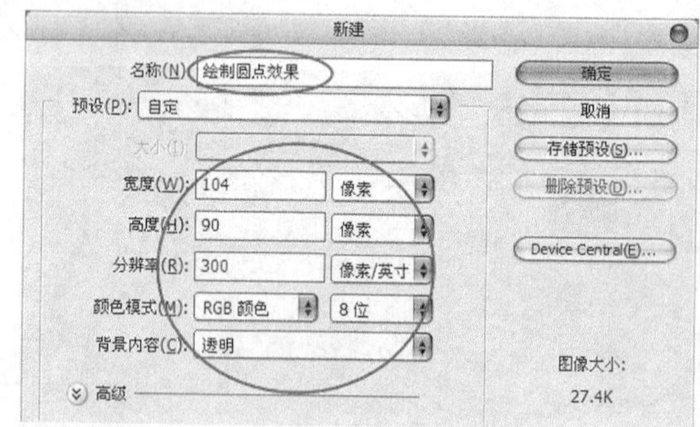

图 7-216

02 执行“视图>新建参考线”菜单命令打开“新建参考线”对话框，然后设置取向为“垂直”，

"位置"为"52像素"，并单击"确定"按钮，接着再次执行该命令，并设置"取向"为"水平"，"位置"为"45像素"，新建参考线后的效果如图7-217所示。

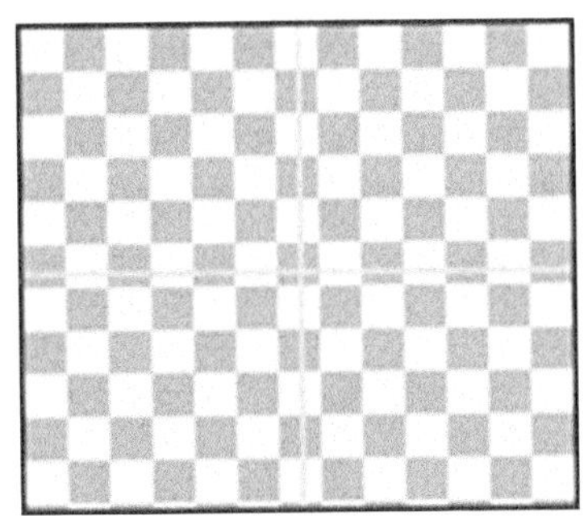

图 7-217

技巧与提示

采用此方法制作图像时需要注意一点，在绘制基本图形之前需要把基本图像之间的上下和左右距离计算好。

03 创建一个新图层"图层1"，然后单击"工具箱"中的"椭圆选框工具"按钮，并在属性栏中设置"样式"为"固定大小"、"宽度"和"高度"为64像素，接着按住Alt键的同时在两条辅助线的交叉点单击鼠标左键绘制一个圆形选区，效果如图7-218所示，最后设置前景色为白色，并按Alt+Delete组合键用前景色填充选区，效果如图7-219所示。

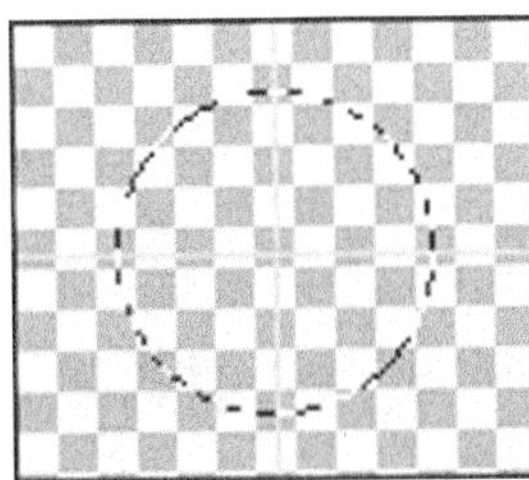

图 7-218

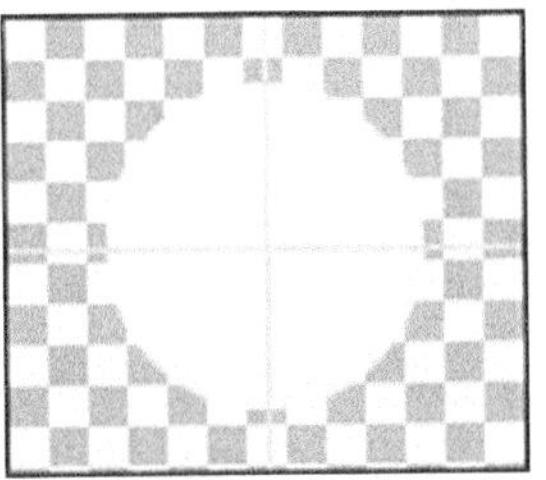

图 7-219

04 执行"编辑>定义图案"菜单命令打开"图案名称"对话框，并保持默认设置，然后切换到"菜谱"操作界面，创建一个新图层"圆点"，接着执行"编辑>填充"菜单命令或按Shift+F5组合键打开"填充"对话框，具体参数设置如图7-220所示，填充图案效果如图7-221所示。

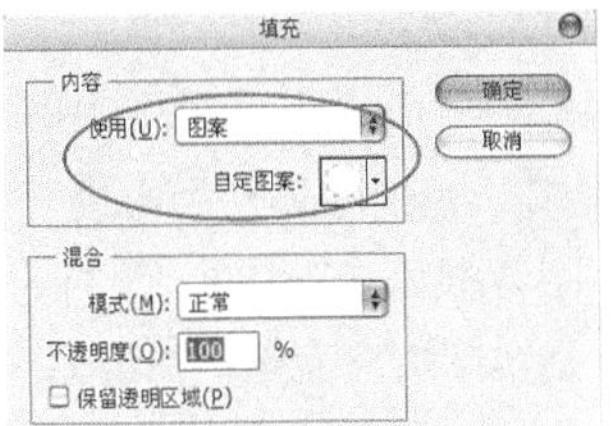

图 7-220

图 7-221

05 使用"矩形选框工具"在绘图区域中绘制一个如图7-222所示的矩形选区，然后按Ctrl+Shift+I组合键反选选区，接着按Delete键删除选区中的图像，效果如图7-223所示。

图 7-222

图 7-223

06 单击"图层"面板下面的"添加图层样式"按钮 fx，然后在弹出的菜单中选择"斜面和浮雕"命令，接着在弹出的"图层样式"对话框中设置“斜面和浮雕”的具体参数，如图7-224所示，添加“斜面和浮雕”样式后的效果如图7-225所示。

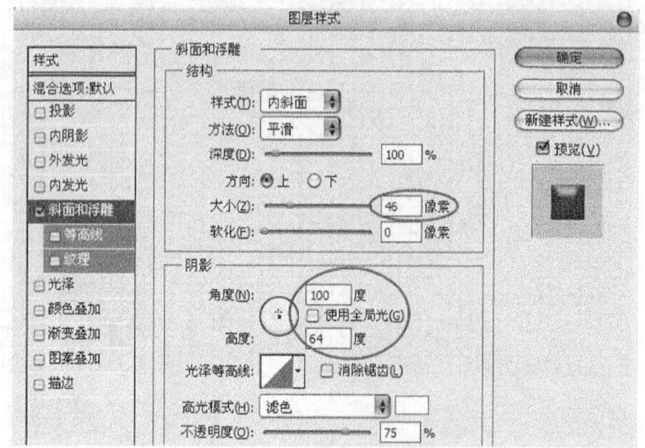

图 7-224

图 7-225

7.3.5 制作酒店名字特效

01 单击“工具箱”中的“横排文字工具”按钮 T，然后在属性栏中设置字体“大小”为283点（字体样式可根据实际情况而定），接着在绘图区域中输入“喜”字，效果如图7-226所示。

图 7-226

02 单击“图层”面板下面的“添加图层样式”按钮 fx，然后在弹出的菜单中选择“渐变叠加”命令，接着在弹出的“图层样式”对话框中打开“渐变编辑器”对话框，并选择“橙色、黄色、橙色”渐变，“渐变叠加”样式具体参数设置如图7-227所示；最后单击“描边”样式，具体参数设置如图7-228所示，添加“图层样式”后的效果如图7-229所示。

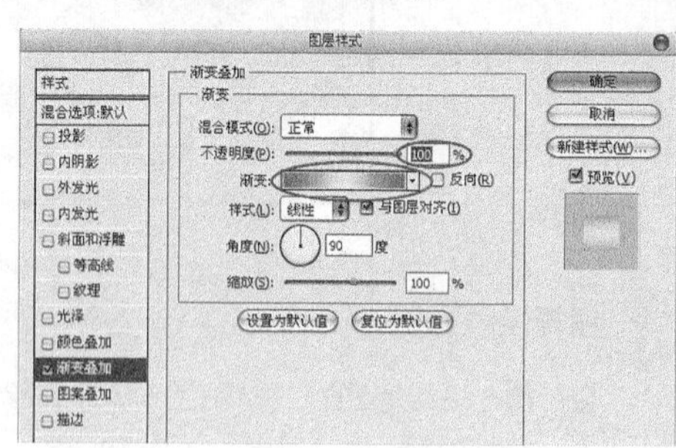

图 7-227

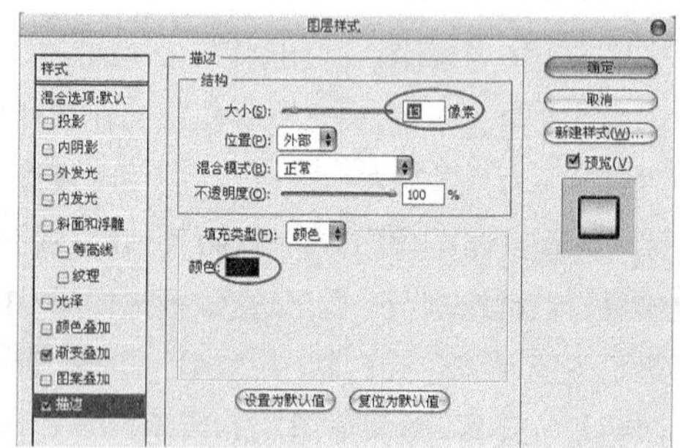

图 7-228

图 7-229

03 单击“工具箱”中的“横排文字工具”按钮 T，然后在属性栏中设置字体“大小”为250点，字体颜色（R:183、G:31、B:37）；字体样式可根据实际情况而定，在绘图区域中输入“纤”字，效果如图7-230所示。

图 7-230

04 单击“图层”面板下面的“添加图层样式”按钮 fx.，然后在弹出的菜单中选择“外发光”命令，接着在弹出的“图层样式”对话框中设置“杂色”下面的“发光颜色”为纯黄色，具体参数设置如图7-231所示，添加“外发光”样式后的效果如图7-232所示。

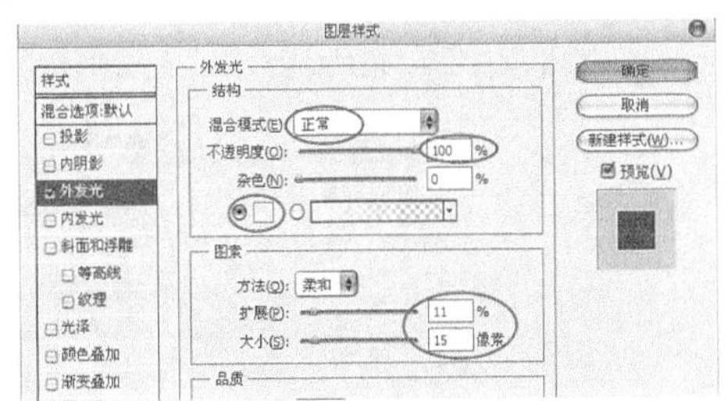

图 7-231

图 7-232

7.3.6 制作水墨底纹背景效果

01 创建一个新图层“水墨底纹”，单击“工具箱”中的“椭圆选框工具”按钮，在属性栏中设置“样式”为“正常”，然后在绘图区域中的右上角绘制一个如图7-233所示的椭圆形选区。

图 7-233

02 按Shift+F6组合键打开“羽化选区”对话框，设置“半径”为70像素，然后设置前景色为黑色，按Alt+Delete组合键用前景色填充选区，效果如图7-234所示。

图 7-234

03 复制出两个新图层“水墨底纹副本”和“水墨底纹副本2”，效果如图7-235所示。

图 7-235

04 确定图层“水墨底纹副本2”为当前图层，然后执行“滤镜>艺术效果>胶片颗粒”菜单命令打开“胶片颗粒”对话框，具体参数设置如图7-236所示，效果如图7-237所示。

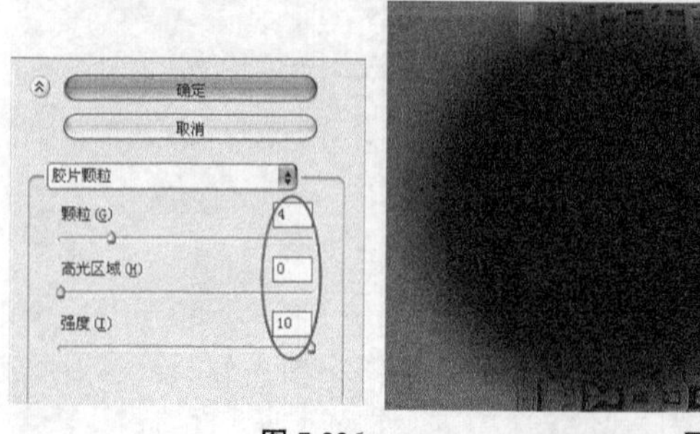

图 7-236　　图 7-237

05 确定“水墨底纹副本”为当前图层，然后执行“滤镜>纹理>纹理化”菜单命令打开“纹理化”对话框，具体参数设置如图7-238所示，效果如图7-239所示。

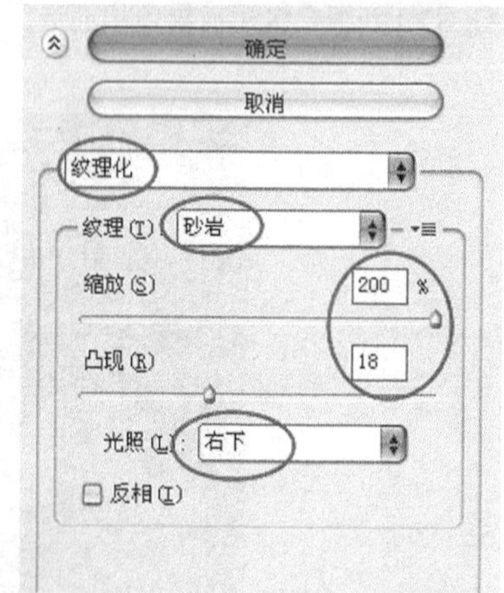

图7-238

图 7-239

06 按Ctrl+E组合键合并制作“水墨底纹”的3个图层，将合并后的图层更名为“底纹效果”，然后按Ctrl+T组合键将图像等比例缩小到如图7-240所示的大小。

图 7-240

07 确定图层“底纹效果”为当前图层，然后按住Ctrl键并单击该图层的缩略图，接着载入该图层的选区，单击“图层”面板下面的“创建新的填充或调整图层”按钮，并在弹出的菜单中选择“色彩平衡”命令，最后在弹出的“色调平衡”对话框中设置“色调平衡”的具体参数，如图7-241所示，效果如图7-242所示。

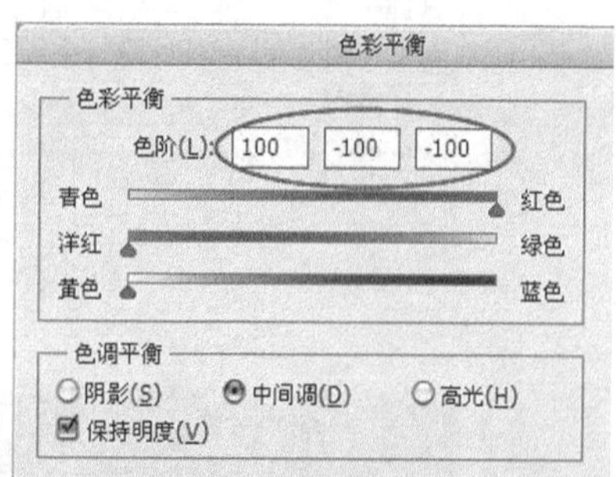

图 7-241

图 7-242

08 打开本书配套资源中的“素材文件>CH07>课堂案例——菜谱设计>素材04.psd”文件，然后将其拖曳到绘图区域中如图7-243所示的位置，此时系统会自动生成一个新图层，并将其更名为“狮头”，接着按Ctrl+T组合键将其等比例放大到如图7-244所示的大小。

图 7-243

图 7-244

09 按Ctrl+U组合键打开“色相/饱和度”对话框，具体参数设置如图7-245所示，效果如图7-246所示。

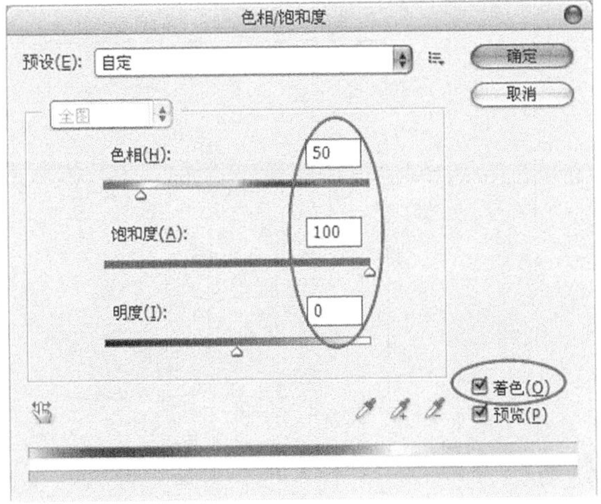

图 7-245

图 7-246

10 在封面上添加的相关文字信息，完成“菜谱”封面的设计，如图7-247所示。

图 7-247

11 在左上角添加一张背景图片到封底的左上角，采用和封面中的“日出群山”图片同样的处理方法处理背景图片，然后复制一个新图层“狮头副本”到封底的中部，接着添加相关文字信息，完成封底的制作，如图7-248所示。

图 7-248

7.3.7 制作菜谱立体效果

01 按Ctrl+Shift+E组合键合并可见图层，然后将其转换为可编辑图层，接着新建一个“菜谱立体效果”文件，具体参数设置为“宽度”16.13cm、“高度”18.39cm、“分辨率”300像素/英寸、“颜色模式”CMYK颜色，如图7-249所示。

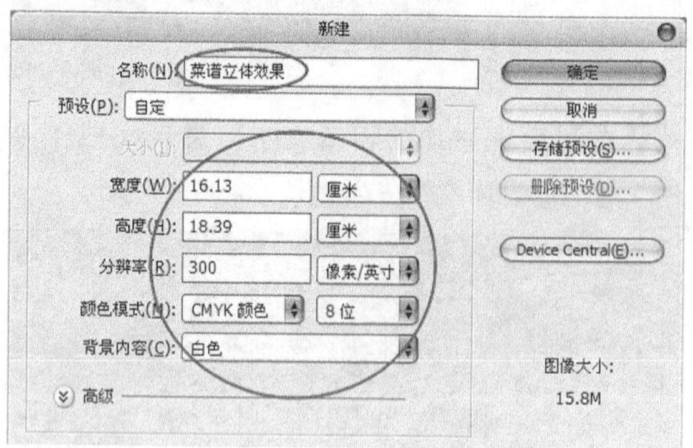

图 7-249

技巧与提示

“菜谱”立体效果的制作在印刷中没有任何作用，但是在为客户设计时可将立体效果制作出来获得客户的认可。

02 创建一个新图层“图层1”，然后使用“矩形选框工具”在绘图区域中绘制一个如图7-250所示的选区，接着设置前景色（R:255、G:227、B:227），最后按Alt+Delete组合键用前景色填充选区，效果如图7-251所示。

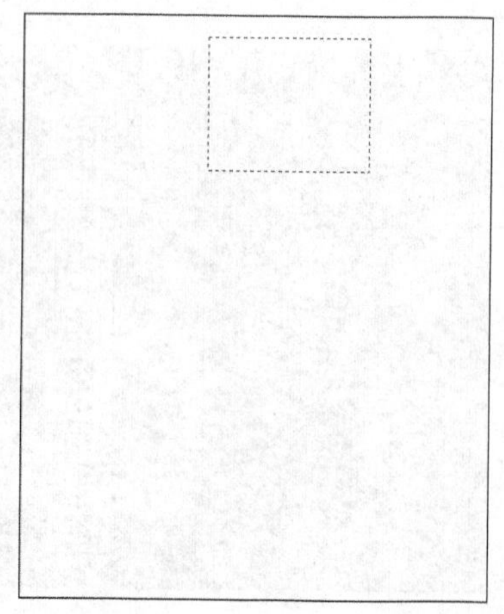

图 7-250

图 7-251

03 按Ctrl+T组合键对图像进行如图7-252所示的变形。

图 7-252

04 创建一个新图层“图层2”，使用“矩形选框工具”在绘图区域中绘制一个如图7-253所示的矩形选区。

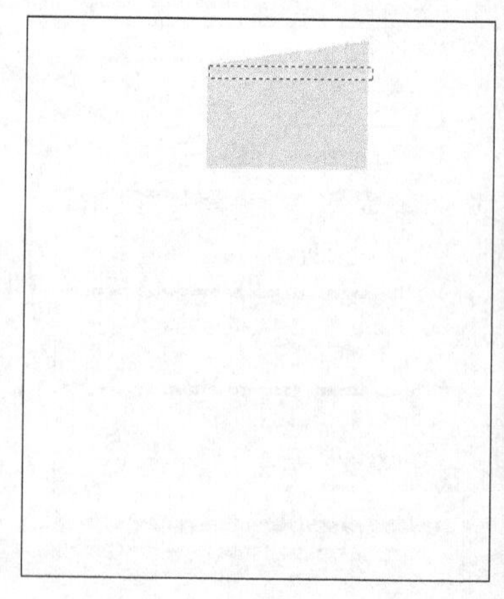

图 7-253

05 设置前景色和背景色（R:219、G:200、B:199和R:244、G:237、B:239），然后使用“前景到背景”渐变在选区中从左向右水平拉出渐变，效果如图7-254所示，接着按Ctrl+T组合键对其进行如图7-255所示的变形。

图 7-254

图 7-255

06 创建一个新图层“图层3”，然后使用“矩形选框工具”在绘图区域中绘制一个如图7-256所示的矩形选区，并设置前景色（R:195、G:174、B:177），接着按Alt+Delete组合键用前景色填充选区，并按Ctrl+D组合键取消选区，最后按Ctrl+T组合键对图像进行如图7-257所示的变形。

图 7-256

图 7-257

07 切换到“菜谱”的操作界面，使用“矩形选框工具”勾选出封面，然后按Ctrl+C组合键复制选区中的图像，并切换到“菜谱立体”的操作界面，接着按Ctrl+V组合键粘贴选区中的图像，效果如图7-258所示，此时系统会自动生成一个新图层，并将其更名为“封面”，最后将其拖曳到合适的位置，按Ctrl+T组合键对其进行如图7-259所示的变形。

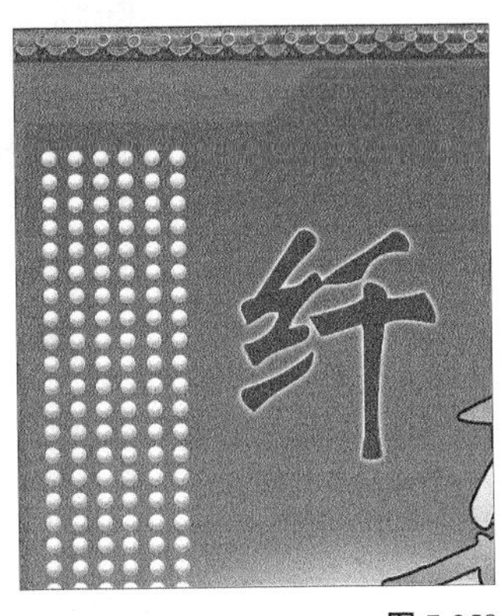

图 7-258

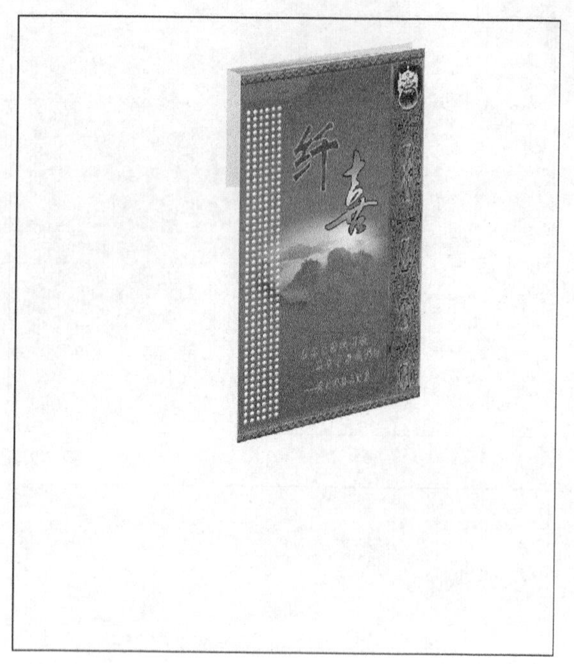

图 7-259

08 切换到“菜谱”操作界面，按Ctrl+D组合键取消封面选区，然后使用“矩形选框工具”勾选出两条参考线之间的图像，并将其复制，粘贴到“菜谱立体”绘图区域中，效果如图7-260所示，此时系统会自动生成一个新图层，再将其更名为“封侧”，接着将其移动到合适的位置，最后按Ctrl+T组合键对其进行如图7-261所示的变形。

图 7-260

图 7-261

09 采用同样的方法制作出展示封底的立体效果，为了增强显示效果和对比度，可将背景制作成渐变效果，再制作出立体倒影，“菜谱”立体最终完成效果如图7-262所示。

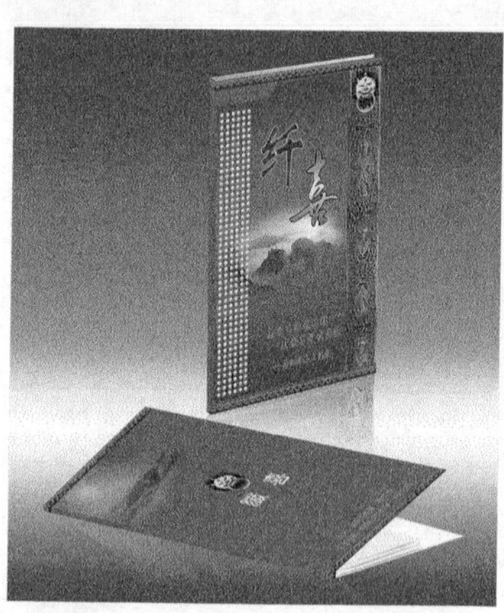

图 7-262

7.4 本章小结

通过对本章内容的学习，读者应该完全掌握画册与菜谱的设计流程和制作方法，更应该知道一个成功的设计一定要找准定位，在设计前要与客户做好前期沟通，具体内容包括设计风格的定位、企业文化及产品特点的分析和行业特点的定位等。

7.5 课后习题

创意是所有优秀设计成功的源泉，当然在前期临摹是最好的学习手段，也是最能收获成效的方式。本章安排了3个课后习题供读者练习，以增强自己的设计水平，激发设计灵感。

7.5.1 课后习题1——企业画册

习题位置　案例文件>CH07>课后习题1——企业画册.psd
视频位置　多媒体教学>CH07>课后习题1——企业画册.flv
难易指数　★★★☆☆
练习目标　练习"渐变工具""钢笔工具""加深工具"和"减淡工具"的使用

本案例是为"东都国际"设计的企业画册。在设计中整体界面颜色定位在红色和黑色，界面设计既简洁又能够体现企业的风格和实力，制作一群"大雁"来体现企业的超越精神。最终效果如图7-263所示。

图 7-263

步骤分解如图7-264所示。

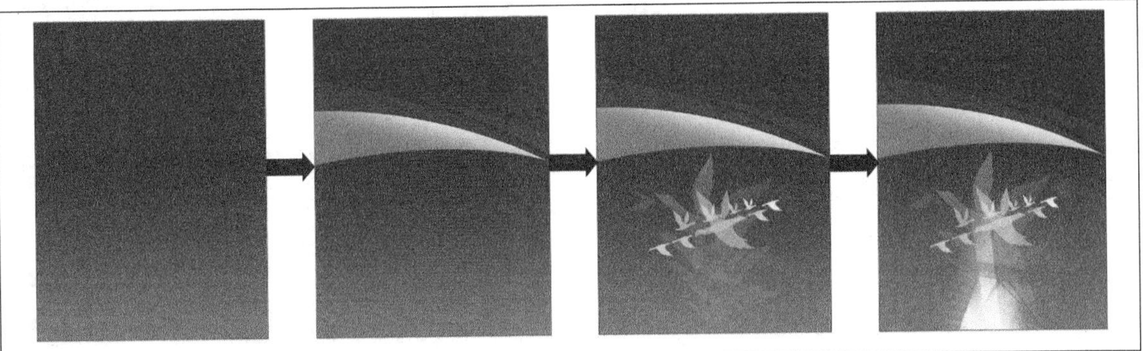

图 7-264

7.5.2 课后习题2——产品画册

习题位置　案例文件>CH07>课后习题2——产品画册.psd
视频位置　多媒体教学>CH07>课后习题2——产品画册.flv
难易指数　★★★☆☆
练习目标　练习羽化选区功能和图层蒙版功能的使用

本案例的整体界面给人一种至尊至美的感觉。首先绘制出"蝴蝶"，再制作出"亮光带"来衬托这些"蝴蝶"，而"蝴蝶"和"亮光带"的结合又衬托了电动车。整个绘图区域中的图像排列有序，这些都是为了衬托唯一的主题——电动车。产品画册的最终效果如图7-265所示。

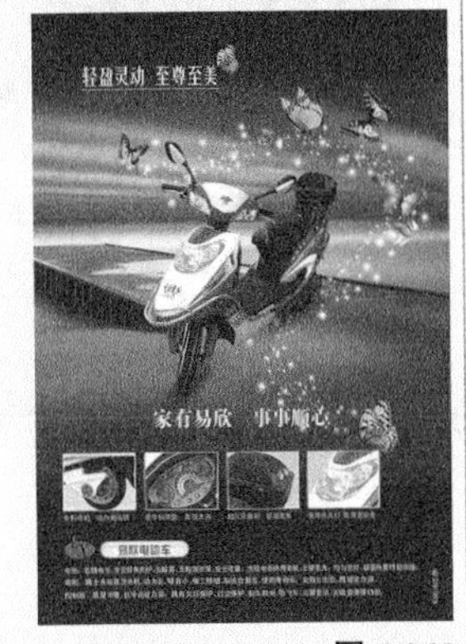

图 7-265

步骤分解如图7-266所示。

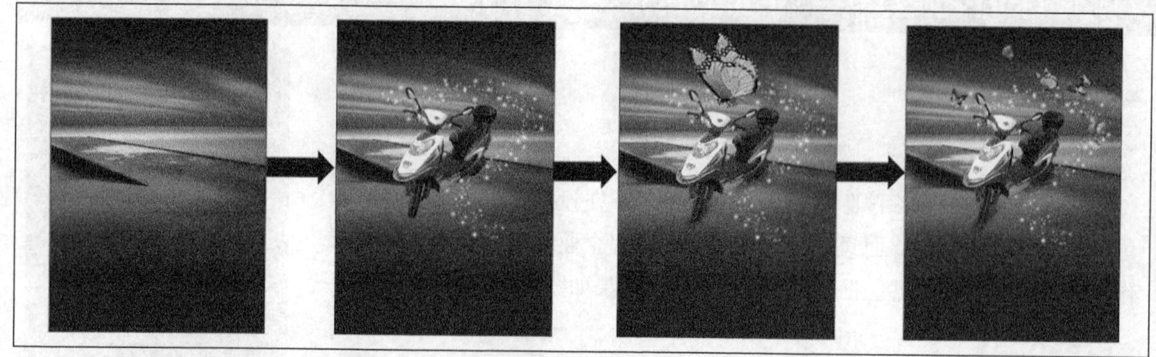

图 7-266

7.5.3 课后习题3——菜谱

习题位置　案例文件>CH07>课后习题3——菜谱.psd
视频位置　多媒体教学>CH07>课后习题3——菜谱.flv
难易指数　★★★☆☆
练习目标　练习"自由变换"功能和"图层样式"的使用

在制作菜谱时要根据酒店的档次和风格来展开设计，这样才能按照不同的要求制作出相应的菜谱。本案例是一家中式酒家的菜谱设计，档次定位比较高，掌握好这些信息后设计起来就更加方便了。菜谱的最终效果如图7-267所示。

图 7-267

步骤分解如图7-268所示。

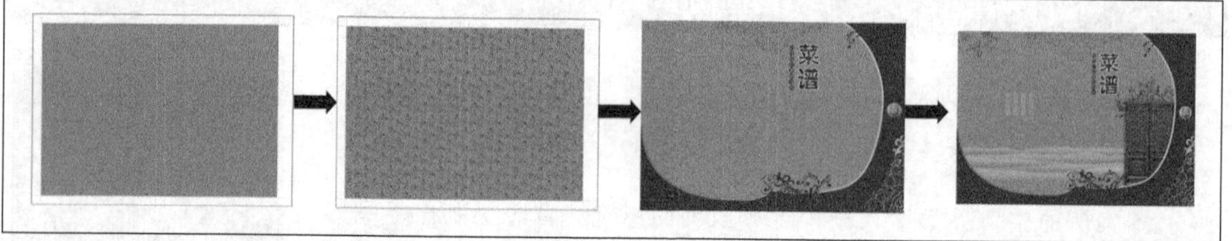

图 7-268

第8章 封面和装帧的设计与制作

本章将学习封面和装帧设计的知识，封面设计是书刊的“门面”，也是作用于读者的第一视觉感观，又是书刊展示自身形象和风貌的窗口。在浩如烟海的刊物市场中脱颖而出，必定是那些有着优秀的封面设计和内容精良的书刊。因此，任何一本书刊对其封面设计都有特殊的要求，需要突出其自身的风格和特色。

课堂学习目标

系列封面的设计方法
宣传封套的设计方法
精装书籍封面的设计方法

8.1 课堂案例——系列封面

案例位置	案例文件>CH08>课堂案例——系列封面.psd
视频位置	多媒体教学>CH08>课堂案例——系列封面.flv
难易指数	★★★☆☆
学习目标	学习“钢笔工具”的使用和特效的制作

本案例是“都市居家”系列丛书中的“居家环境”一书的封面设计。“都市居家”是介绍关于都市生活方面的系列丛书，而“居家环境”一书主要讲述在都市生活中如何选择一个适合自己的生活环境。设计这样的书籍封面，首先要求画面要清新，颜色要柔和，整体不能够太花哨。系列封面设计的最终效果如图8-1所示。

图 8-1

相关知识

书籍是文字和图形的一种载体，书籍装帧的封面设计在一本书的整体设计中具有举足轻重的地位。封面是一本书的脸面，好的封面设计不仅能吸引读者，而且能提升书籍的档次，封面设计一般包括书名、编著者名、出版社名以及书的内容、性质、体裁、色彩和构图等。在书籍封面设计中需要掌握以下4点。

第1点：想象——想象是构思的源泉，想象以造型的知觉为中心，能产生明确的有意味的形象。

第2点：舍弃——在构思时要将多余和重叠部分舍弃掉。

第3点：象征——象征性的手法是艺术表现最得力的语言，用象征性的手法来表达抽象的概念或意境更能为人们所接受。

第4点：探索创新——流行的形式、常用的手法、俗套的语言要尽可能避开不用，构思要新颖和标新立异。

核心步骤

① 使用参考线分割出“封面”“书脊”“封底”“外折页”和“内折页”。

② 制作“荷花”的艺术效果。

③ 制作“鸽子”素材并制作特效。

④ 制作“封底”“外折页”和“内折页”。

⑤ 制作书的立体效果。

⑥ 制作背面视图的立体效果。

8.1.1 制作封面效果

01 启动Photoshop CS5，新建一个“系列封面设计”文件，具体参数设置为“宽度”51cm、“高度”30cm、“分辨率”300像素/英寸、“颜色模式”CMYK颜色，如图8-2所示。

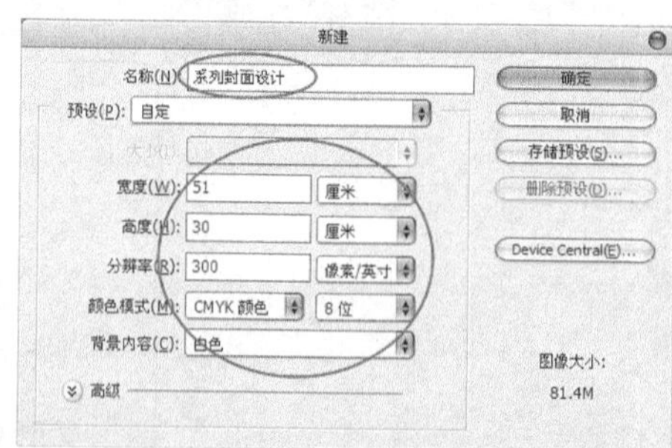

图 8-2

02 执行“视图>新建参考线”菜单命令4次，打开“新建参考线”对话框为视图添加参考线，具体参数设置如图8-3所示，添加参考线后的效果如图8-4所示。

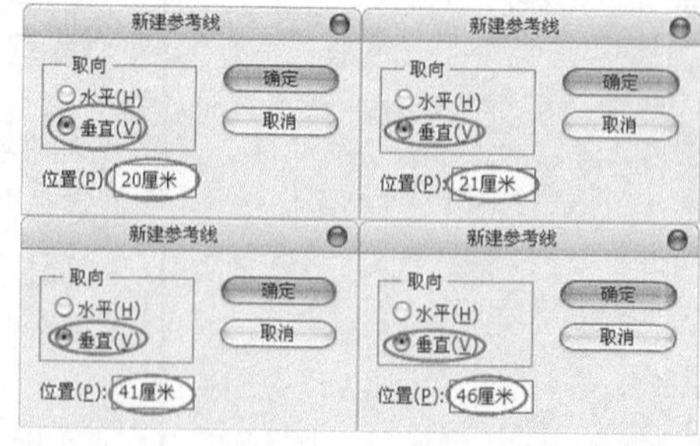

图 8-3

图 8-4

03 使用“矩形选框工具”在绘图区域中绘制一个如图8-5所示的矩形选区，然后创建一个新图层“封面BG”，并设置前景色（R:44、G:21、B:9），接着用前景色填充选区，效果如图8-6所示。

图 8-5

图 8-6

04 使用“矩形选框工具”在绘图区域中绘制一个如图8-7所示的矩形选区。

图 8-7

05 创建一个新图层“渐变BG”，然后打开“渐变编辑器”对话框，分别设置第1个色标（位置为0%）的颜色（R:9、G:0、B:0）；第2个色标（位置为27%）的颜色（R:19、G:28、B:17）；第3个色标（位置为38%）的颜色（R:0、G:75、B:54）；第4个色标（位置为72%）的颜色（R:0、G:130、B:110）；第5个色标（位置为100%）的颜（R:0、G:0、B:0），如图8-8所示，接着在选区中从上到下拉出渐变并保持选区状态，效果如图8-9所示。

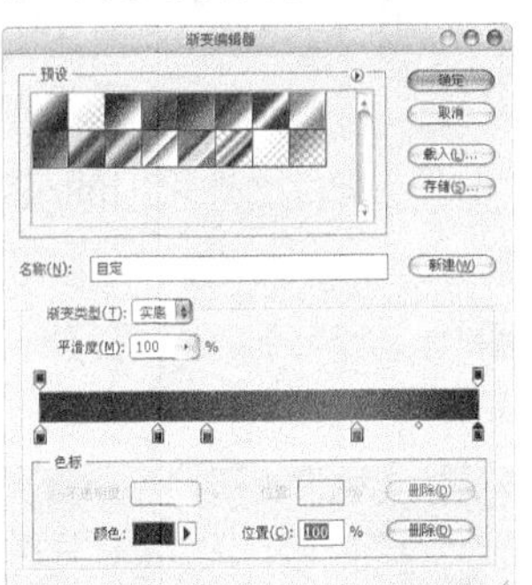

图 8-8

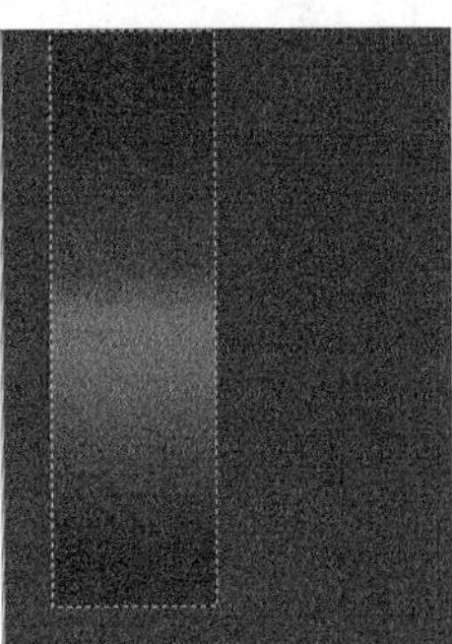

图 8-9

06 创建一个新图层“纯色BG”，然后设置前景色（R:146、G:108、B:42），接着用前景色填充选区，效果如图8-10所示。

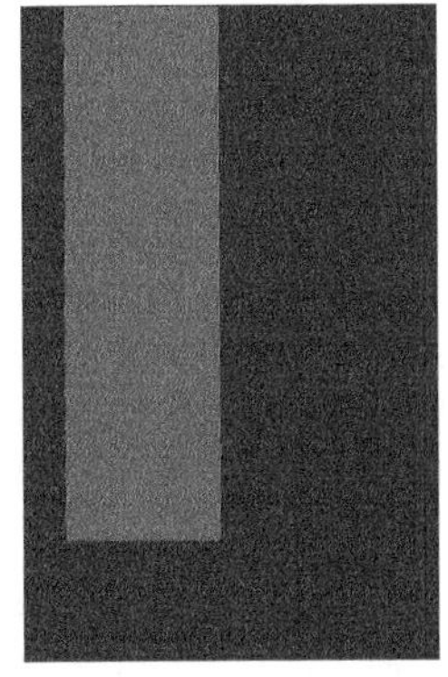

图 8-10

07 单击“图层”面板下面的“添加图层蒙版”按钮，分别设置前景色和背景色为黑色和白色，然后使用“前景到背景”渐变按照如图8-11所示的方向拉出渐变，效果如图8-12所示。

图 8-11

图 8-12

08 打开本书配套资源中的“素材文件>CH08>课堂案例——系列封面>素材01.jpg”文件，然后将其拖曳到绘图区域中如图8-13所示的位置，并将新生成的图层更名为“水中荷花”。

图 8-13

09 确定图层“水中荷花”为当前层，然后复制出一个新图层“水中荷花副本”并将其暂时隐藏，接着载入图层“渐变BG”的选区，确定图层“水中荷花”为当前层，并单击“图层”面板下面的“添加图层蒙版”按钮，效果如图8-14所示。最后设置该图层的“混合模式”为“亮光”，效果如图8-15所示。

图 8-14

图 8-15

技巧与提示

在步骤9中添加了选区蒙版并更改了图层的“混合模式”，这两步操作都是为了突出“荷叶”的绿。

10 显示图层“水中荷花副本”并确定该图层为当前层，然后使用“多边形套索工具”勾选出“荷花”的大致轮廓，如图8-16所示，接着反选选区并删除选区中的图像，效果如图8-17所示。

图 8-16

图 8-17

11 按Ctrl++组合键放大操作界面，然后使用“多边形套索工具”精确勾选出“荷花”的轮廓，效果如图8-18所示，接着单击属性栏中的“调整边缘”按钮（调整边缘...）打开“调整边缘”对话框，并选择显示方式为“蒙版”显示方式，具体参数设置如图8-19所示。

图 8-18

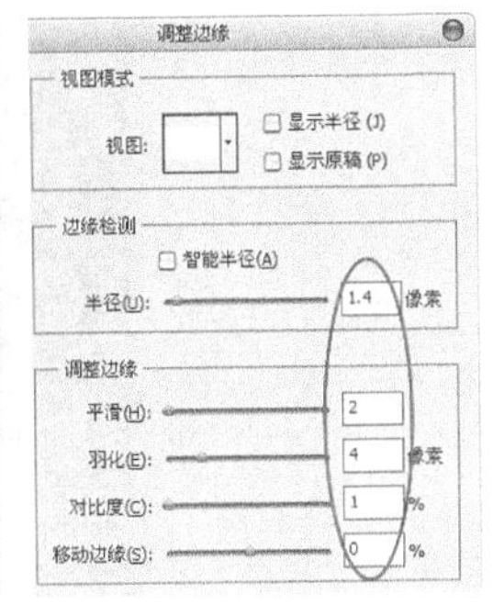

图 8-19

12 设置完毕后反选选区并删除选区中的图像，效果如图8-20所示。

图 8-20

技巧与提示

其实勾选出“荷花”选区也可以通过“通道”来实现，只不过该“荷花”图像并不复杂，所以没有必要采用“通道”的方法。但是对于勾选“头发”等复杂的图像的选区就必须通过“通道”来实现。

8.1.2 制作鸽子和木雕特效

01 打开本书配套资源中的“素材文件>CH08>课堂案例——系列封面>素材02.psd”文件，然后将其拖曳到绘图区域中如图8-21所示的位置，将新生成的图层更名为“鸽子”。

图 8-21

02 确定图层“鸽子”为当前层，然后复制一个新图层“鸽子副本”，并按Ctrl+[组合键将其下移一层，接着执行“滤镜>模糊>动感模糊”菜单命令打开“动感模糊”对话框，设置“距离”为170像素，效果如图8-22所示。

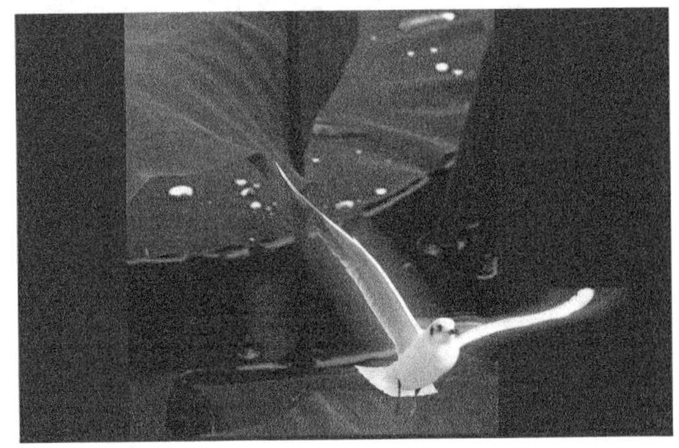
图 8-22

技巧与提示

“动感模糊”滤镜在表现人或物体作高速运动时有比较好的效果，如运动员的极速运动、汽车的高速行驶等一般都会使用到该滤镜。

03 打开本书配套资源中的“素材文件>CH08>课堂案例——系列封面>素材03.psd”文件，然后将其拖曳到绘图区域中如图8-23所示的位置，将新生成的图层更名为“木雕图案”。

图 8-23

04 确定图层“木雕图案”为当前层，单击“图层”面板下面的“添加图层样式”按钮 fx.，然后在弹出的菜单中选择“外发光”命令打开“图层样式”对话框，并设置“大小”为27像素，接着单击“内发光”和“斜面和浮雕”样式，保持这两种样式的默认值，最后设置图层的“不透明度”为60%，效果如图8-24所示。

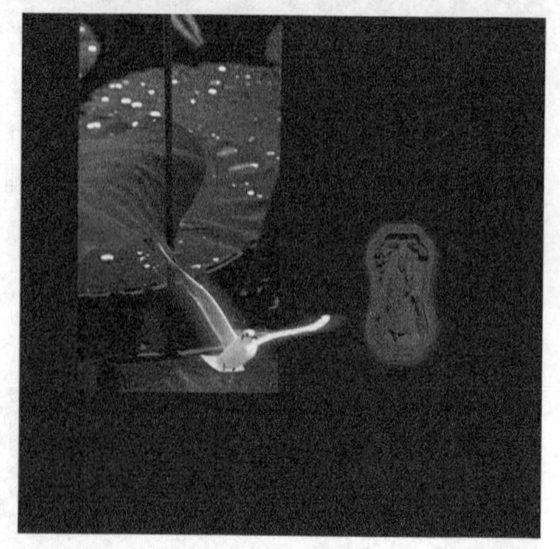

图 8-24

05 单击“工具箱”中的“直排文字工具”按钮，并在属性栏中设置文本颜色（R:245、G:186、B:29），具体参数设置如图8-25所示，然后在绘图区域中输入“居家环境”4个字，效果如图8-26所示。

图 8-25

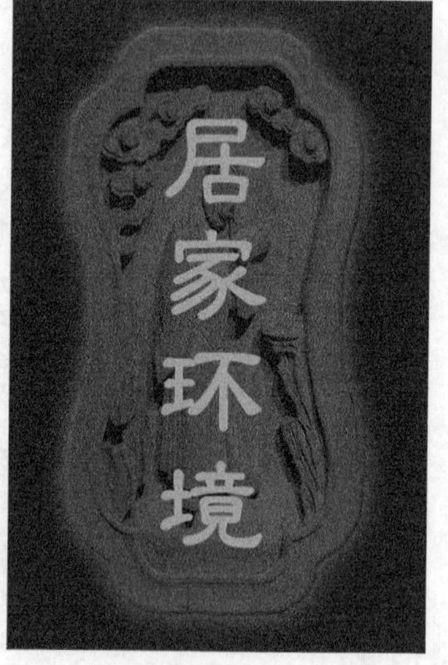

图 8-26

06 确定图层“居家环境”为当前层，然后对其添加“投影”“内发光”和“斜面和浮雕”样式（所有参数皆保持默认值），效果如图8-27所示。

图 8-27

07 在“封面”中添加相关文字信息，完成封面的设计，效果如图8-28所示。选中制作“封面”所使用到的所有图层，按Ctrl+G组合键将其归入到一个图层组中，然后将该图层组更名为“封面”。

图 8-28

技巧与提示

在“封面”中添加的文字信息包括：本书引言、作者姓名、书名、出版社名称和出版社的标志。

8.1.3 制作书脊效果

01 创建一个新图层“书脊BG”，然后使用“矩形选框工具”在绘图区域中绘制一个如图8-29所示的选区，并设置前景色（R:98、G:58、B:30），接着用前景色填充选区，效果如图8-30所示。

图 8-29

图 8-30

02 在“书脊”中添加书名、出版社和出版社的标志，完成后的效果如图8-31所示，然后选中制作“书脊”所使用到的所有图层，按Ctrl+G组合键将其归入到一个图层组中，接着将该图层组更名为“书脊”。

图 8-31

8.1.4 制作封底效果

01 创建一个新图层“封底BG”，然后使用“矩形选框工具”在绘图区域中绘制一个如图8-32所示的选区，并设置前景色（R:44、G:21、B:9），接着用前景色填充选区，效果如图8-33所示。

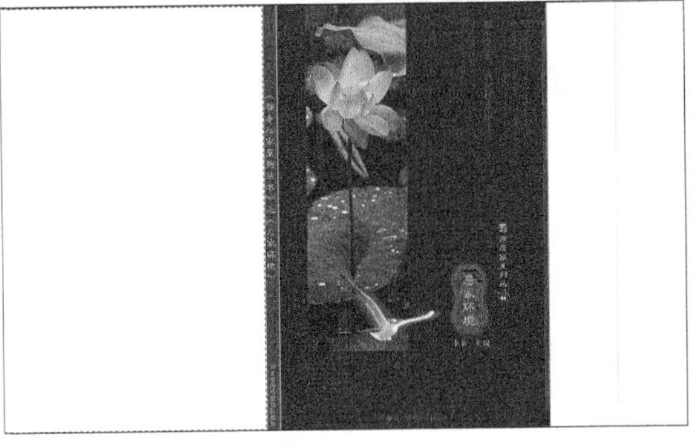

图 8-32

图 8-33

02 确定图层“水中荷花”为当前层，然后复制一个副本图像到“封底”中如图8-34所示的位置，接着设置该副本图层的“不透明度”为20%，效果如图8-35所示。

图 8-34

图 8-35

03 在“封底”的下部添加编书单位的名称、标志、联系方式、定价和编号，然后制作一个条形码到左下部，完成后的效果如图8-36所示。选中制作“封底”所使用到的所有图层，按Ctrl+G组合键将其归入到一个图层组中，接着将该图层组更名为“封底”。

图 8-36

04 采用同样的方式制作书的“外折页”和“内折页”效果，完成后的效果如图8-37所示。

图 8-37

8.1.5 制作立体效果的背景特效

01 按Ctrl+Shift+S组合键将文件储存为“系列封面平面效果.jpg”文件，然后将其保存为.psd文件并关闭操作界面。按Ctrl+O组合键打开储存好JPEG文件，并将图层“背景”转换为可操作图层“图层0”，接着使用“矩形选框工具”勾选出“封面”轮廓，并在绘图区域中单击鼠标右键，再在弹出的菜单中选择“通过拷贝的图层”命令，最后将新生成的图层更名为“封面”，采用同样的方式将其他几个部分也分别勾选出来，此时的“图层”面板如图8-38所示。

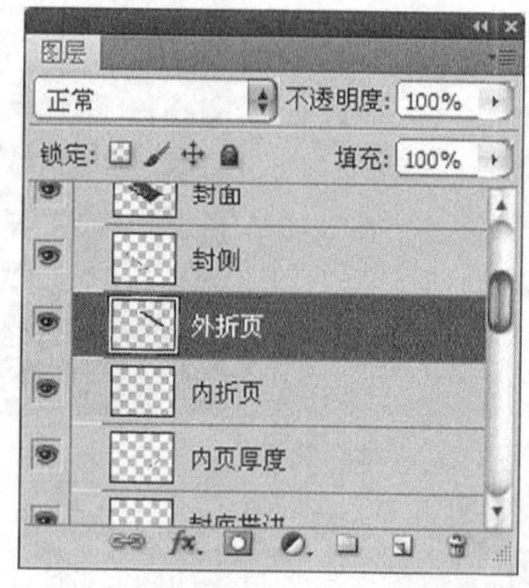

图 8-38

02 新建一个“系列封面立体效果”文件，具体参数设置为“宽度”22cm、“高度”16.4cm、“分辨率”300像素/英寸、“颜色模式”CMYK颜色，如图8-39所示。

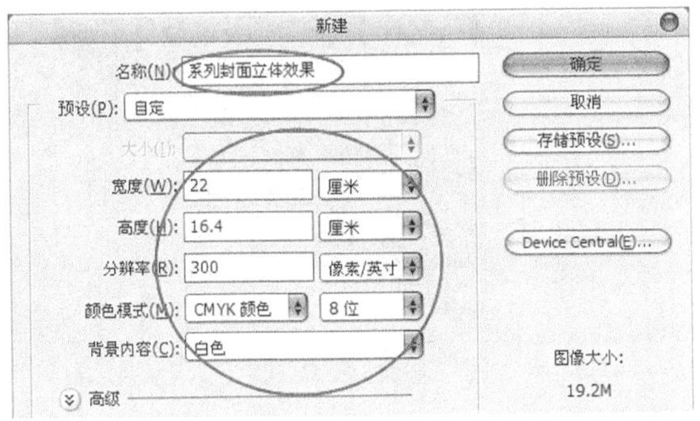

图 8-39

03 设置前景色（R:199、G:131、B:0），然后用前景色填充背景图层，效果如图8-40所示。

图 8-40

04 设置前景色（R:254、G:191、B:0），并创建一个新图层“图层1”，然后用前景色填充背景图层，并单击“图层”面板下面的“添加图层蒙版”按钮，接着使用“多边形套索工具”在绘图区域中勾选出如图8-41所示的选区，并按Shift+F6组合键打开“羽化选区”对话框，设置“羽化半径”为100像素，最后用前景色填充蒙版选区，效果如图8-42所示。

图 8-41

图 8-42

8.1.6 制作正面视图效果

01 切换到“系列封面平面效果”操作绘图区域中，将图层“封面”拖曳到“系列封面立体效果”操作绘图区域中，然后按Ctrl+T组合键将其进行如图8-43所示的变形。

图 8-43

技巧与提示

由于没有先绘制出立体模型，所以在变形的时候要变形满意后才确认操作。因为使用第二次变形时控制点的位置就不再是变形前图像的转角点，如果第一次变形不满意可返回到变形前的图像重新操作。

02 采用相同的方法制作出“外折页”和“书脊”效果，如图8-44和图8-45所示。

图 8-44

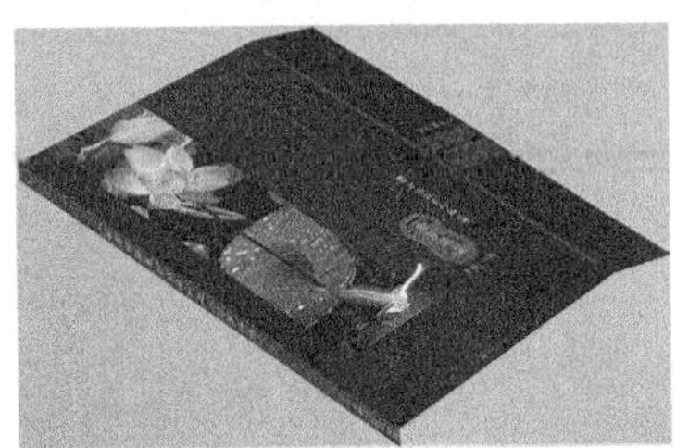

图 8-45

03 创建一个新图层“内页厚度”，将其拖曳到图层“封面”的下一层，然后使用“多边形套索工具”在绘图区域中勾选出如图8-46所示的选区，设置前景色（R:190、G:190、B:190），接着用前景色填充选区，效果如图8-47所示。

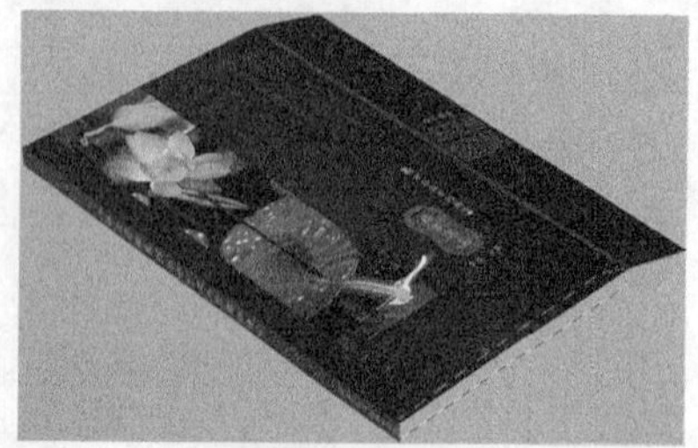

图 8-46

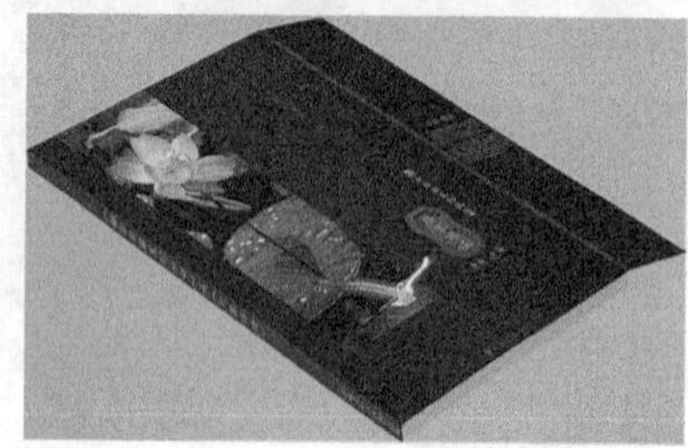

图 8-47

04 使用“加深工具”在图像的上下边缘部分涂抹，使其颜色加深，效果如图8-48所示。

图 8-48

05 创建一个新图层“封底”，然后将其拖曳到图层“内页厚度”的下一层，并使用“多边形套索工具”，在绘图区域中勾选出如图8-49所示的选区，接着设置前景色（R:44、G:21、B:9），并用前景色填充选区，效果如图8-50所示。

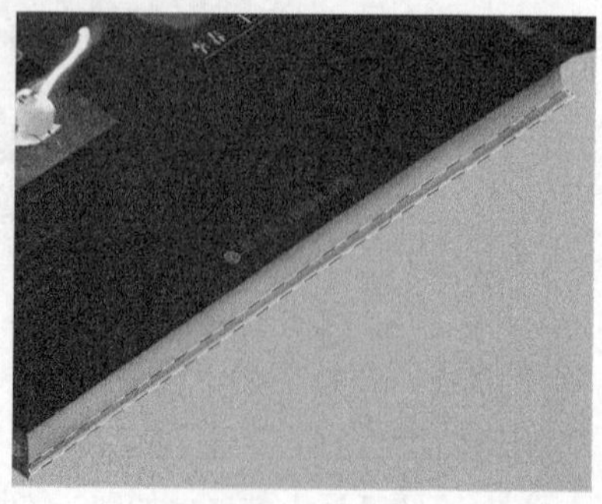

图 8-49

图 8-50

06 载入图层“封底”的选区，然后创建一个新图层“封底描边”，并将其拖曳到图层“封底”的下一层，确定前景色为黑色，接着执行“编辑>描边”菜单命令打开“描边”对话框，设置“宽度”为2px，“位置”为“居中”，最后使用“模糊工具”在图像上涂抹，完成后的效果如图8-51所示。

图 8-51

07 创建一个新图层“内折页”，并将此图层拖曳到图层“外折页”的下一层，然后使用“多边形套索工具”在绘图区域中勾选出如图8-52所示的选区，接着设置前景（R:131、G:91、B:70），最后用前景色填充选区，效果如图8-53所示。

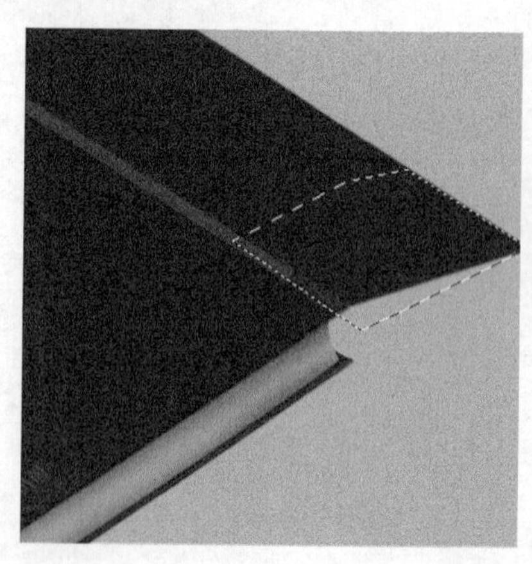

图 8-52

图 8-53

08 使用“模糊工具”将“内折页”图像的边缘部分处理成模糊效果，如图8-54所示。

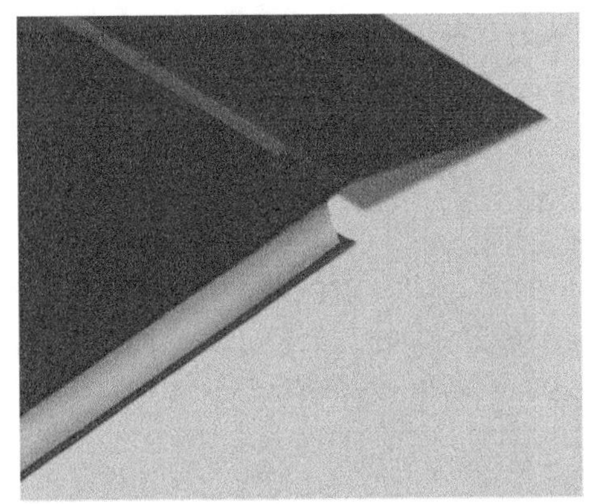

图 8-54

8.1.7 制作背面立体效果

01 切换到“系列封面平面效果”操作绘图区域中，然后将图层“封底”拖曳到“系列封面立体效果”操作界面中，接着按Ctrl+T组合键对其进行如图8-55所示的变形。

图 8-55

02 采用同样的方法制作出“书脊”效果，如图8-56所示，然后制作出“内页厚度”和“封面”效果，如图8-57所示。

图 8-56

图 8-57

03 采用添加渐变蒙版的方法制作出两本书的倒影，最终完成效果如图8-58所示。

图 8-58

8.2 课堂案例——宣传封套

案例位置	案例文件>CH08>课堂案例——宣传封套.psd
视频位置	多媒体教学>CH08>课堂案例——宣传封套.flv
难易指数	★★☆☆☆
学习目标	学习"图层样式"制作颜色渐变效果和文字特效的制作

本案例制作的是拉链宣传封套。因此在封套上要以拉链和拉锁为主要设计元素进行艺术化处理，使一个平凡的拉链变成一种艺术品。宣传封套的最终效果如图8-59所示。

图 8-59

相关知识

宣传封套是企业的名片，一本成功的宣传册浓缩了企业的发展历程和企业方向，向公众展现了企业文化、推广企业产品并传播企业形象。企业宣传册设计制作过程实质上是一个企业理念的提炼和实质的展现过程，而非简单的图片文字的叠加。在企业宣传封套设计中需要掌握以下4点。

第1点：思想性与单一性。

第2点：艺术性与装饰性。

第3点：趣味性与独创性。

第4点：整体性与协调性 。

核心步骤

① 制作背景效果。

② 制作"拉链"的开口部分。

③ 制作"拉锁"效果。

④ 制作"拉把"效果。

⑤ 制作"拉链"的闭合部分并添加相关文字信息。

8.2.1 绘制背景效果

01 启动Photoshop CS5，新建一个"宣传封套平面"文件，具体参数设置为"宽度"30cm、"高度"20cm、"分辨率"300像素/英寸、"颜色模式"CMYK颜色，如图8-60所示。

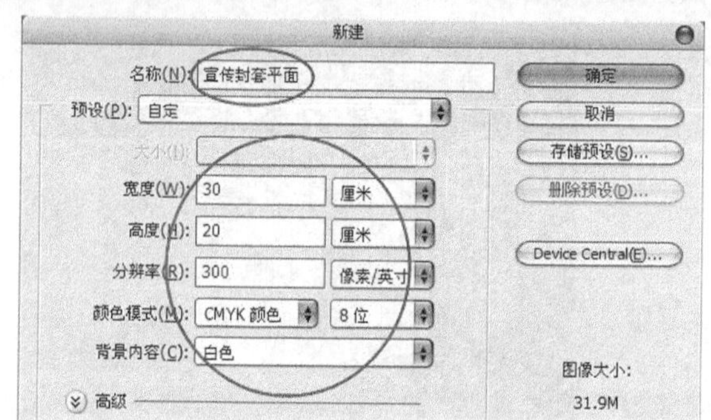

图 8-60

02 执行"视图>新建参考线"菜单命令，打开"新建参考线"对话框，设置"取向"为"垂直"，"位置"为15厘米，效果如图8-61所示。

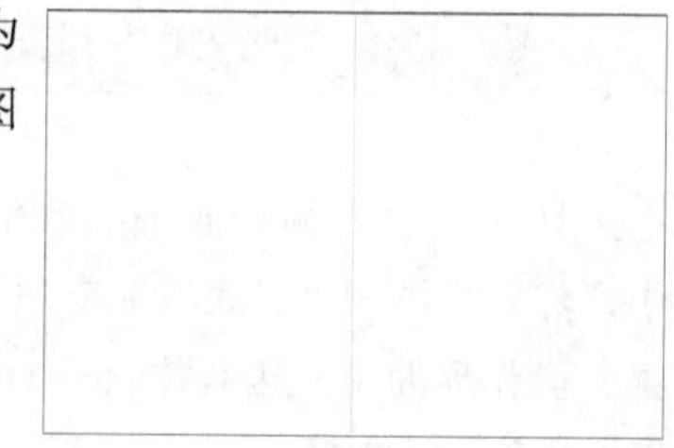
图 8-61

03 使用"钢笔工具"在绘图区域中绘制一个如图8-62所示的路径，然后创建一个新图层"灰色BG"，设置前景色（R:44、G:40、B:35），接着用前景色填充该路径，效果如图8-63所示。

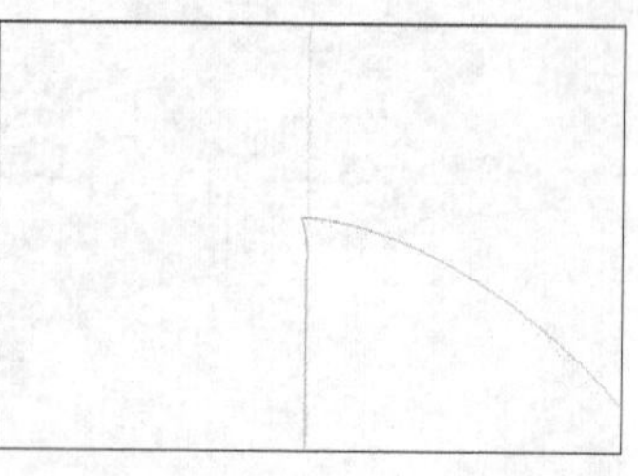
图 8-62

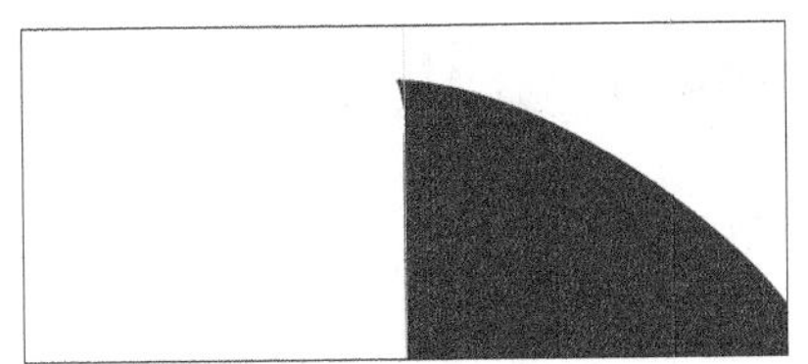

图 8-63

技巧与提示

绘制该路径的时候只需要绘制好右上边缘的弧形路径就行了，填充前景色的时候超出绘图区域的部分不会被填充。在本案例中绘制的路径比较多，每个路径都已保存，用户可以打开源文件作为参考。

04 使用“钢笔工具”在绘图区域中绘制一个如图8-64所示的路径，然后创建一个新图层“蓝色BG1”，接着将其拖曳到图层“灰色BG”的下一层，并设置前景色（R:0、G:43、B:167），最后用前景色填充该路径，效果如图8-65所示。

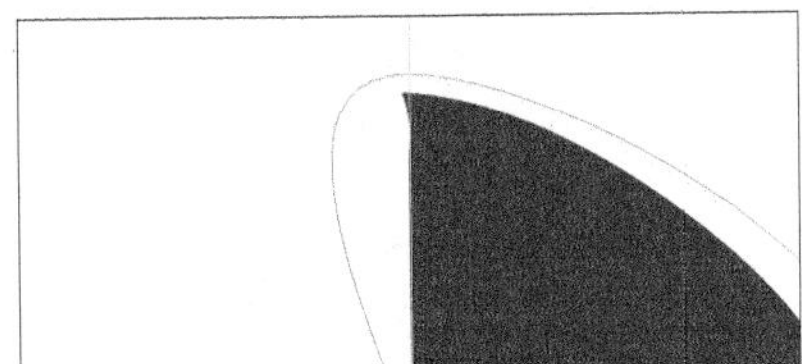

图 8-64

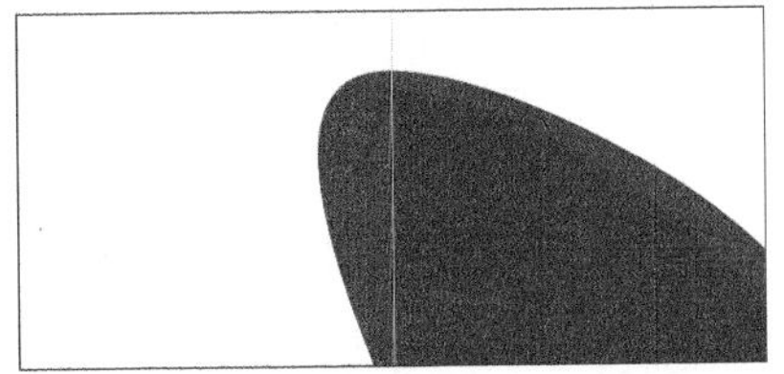

图 8-65

05 确定图层“灰色BG”为当前层，然后单击“图层”面板下面的“添加图层样式”按钮 fx.，接着在弹出的菜单中选择“外发光”命令打开“图层样式”对话框，并设置发光颜色（R:50、G:81、B:147），具体参数设置如图8-66所示，效果如图8-67所示。

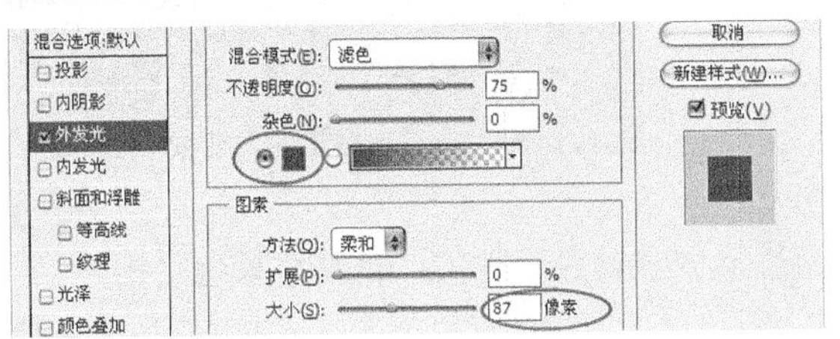

图 8-66

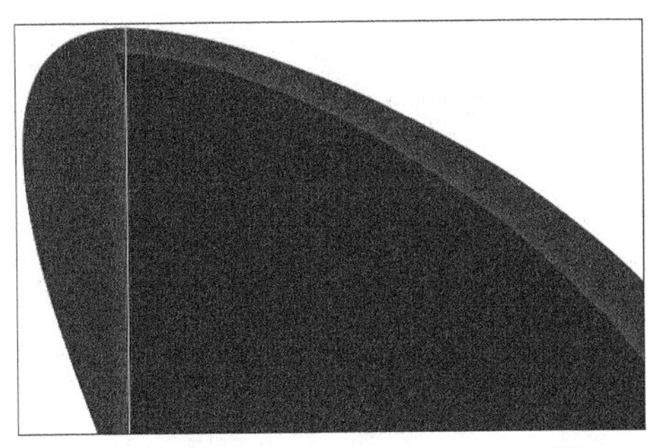

图 8-67

06 使用“钢笔工具”在绘图区域中绘制一个如图8-68所示的路径，然后创建一个新图层“蓝色BG2”，接着将其拖曳到图层“蓝色BG1”的下一层，并设置前景色（R:0、G:50、B:174），最后用前景色填充该路径，效果如图8-69所示。

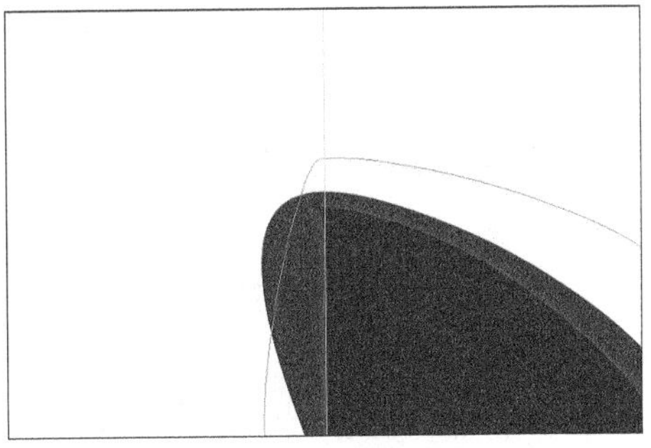

图 8-68

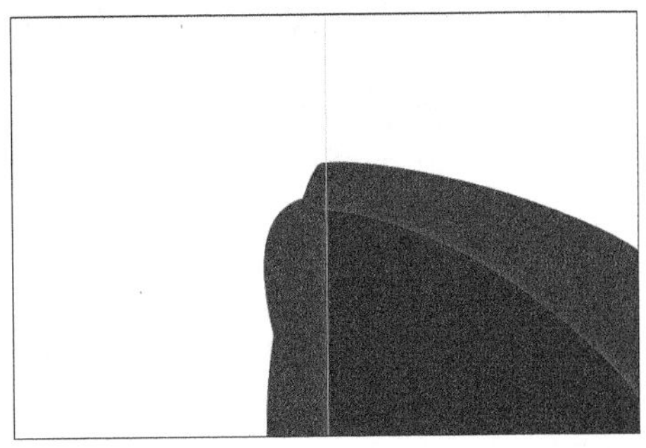

图 8-69

07 确定图层“蓝色BG1”为当前图层，然后单击“图层”面板下面的“添加图层样式”按钮 fx.，并在弹出的菜单中选择“外发光”命令打开“图层样式”对话框，接着设置发光颜色（R:31、G:74、B:176），具体参数设置如图8-70所示；最后单击“内发光”样式，设置发光颜色（R:12、G:32、B:84），具体参数设置如图8-71所示。设置完毕后单击“确定”按钮，效果如图8-72所示。

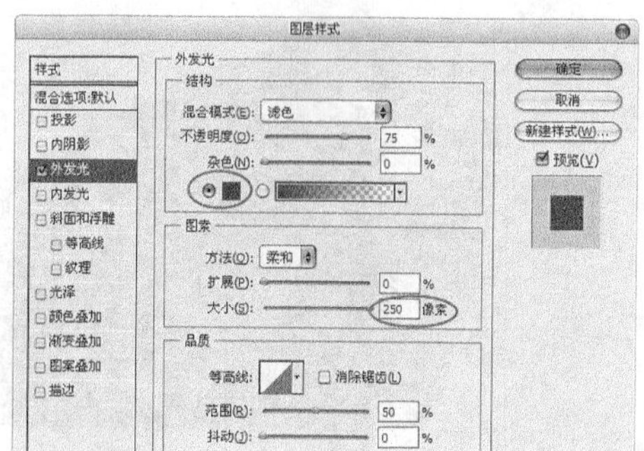

图 8-70

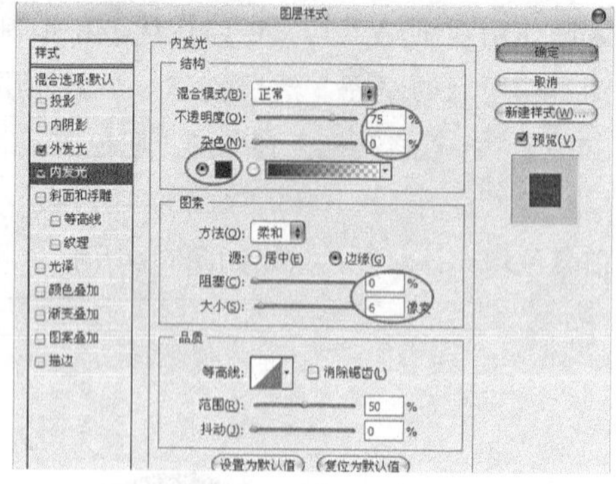

图 8-71

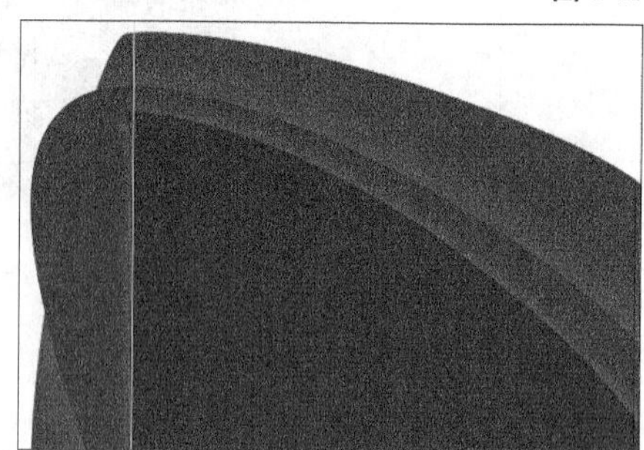

图 8-72

08 打开本书配套资源中的“素材文件>CH08>课堂案例——宣传封套>素材01.jpg”文件，将其拖曳到绘图区域中，然后将新生成的图层更名为“蓝天白云”并将其拖曳到最下一层，接着按Ctrl+T组合键将图像等比例缩小到如图8-73所示的大小。

图 8-73

8.2.2 绘制拉链效果

01 创建一个新图层“封底BG”并将其拖曳到最上一层，然后使用“矩形选框工具”以操作界面的左上角为起点，参考线的右下角为终点绘制一个矩形选框，接着设置前景色（R:12、G:29、B:186），最后用前景色填充选区，效果如图8-74所示。

图 8-74

02 使用“钢笔工具”在绘图区域中绘制一个如图8-75所示的路径（图8-76所示为该路径的放大效果），创建一个新图层“拉链上左”并将其拖曳到最上一层。

图 8-75

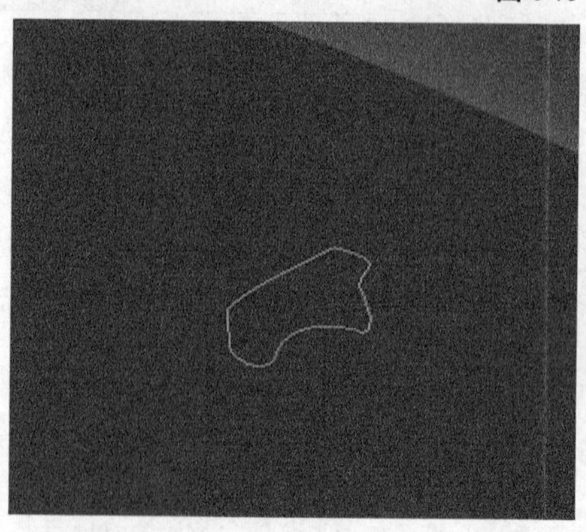

图 8-76

03 载入该路径的选区，设置前景色（R:241、G:156、B:23），然后用前景色填充选区，效果如

图8-77所示，使用“加深工具”将其处理成如图8-78所示的效果。

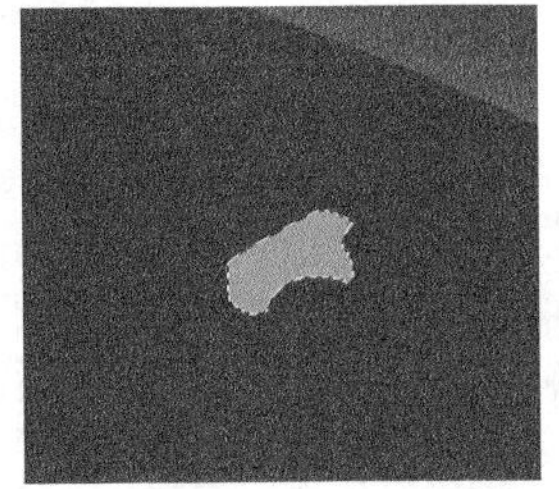
图 8-77

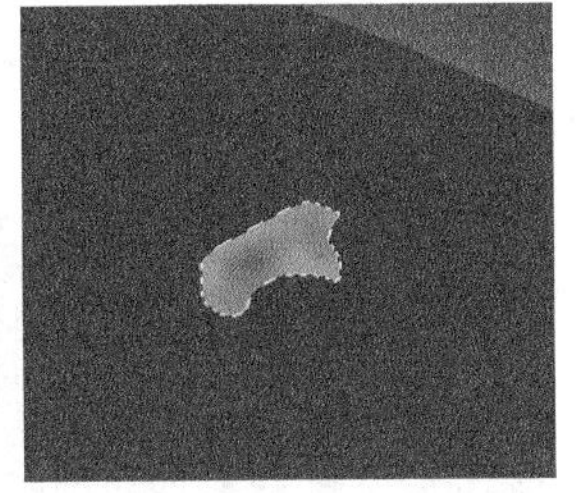
图 8-78

04 设置前景色为黑色，然后使用“画笔工具”（设置画笔“大小”为10px，“不透明度”为16%）在选区中相应的区域涂抹，接着设置前景色为白色，同样使用“画笔工具”在选区中相应的区域涂抹，效果如图8-79所示，最后执行“滤镜>模糊>高斯模糊”菜单命令打开“高斯模糊”对话框，设置“半径”为1像素，效果如图8-80所示。

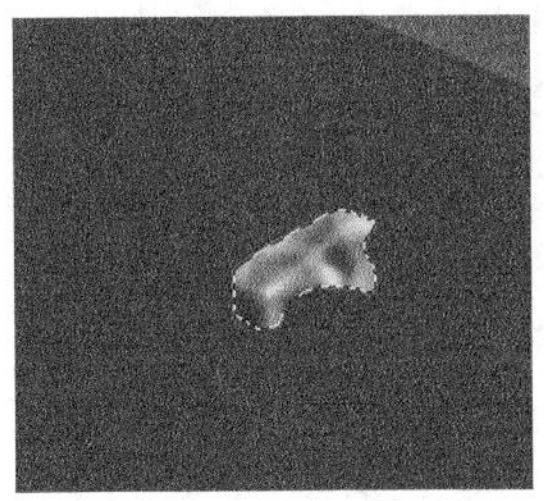
图 8-79

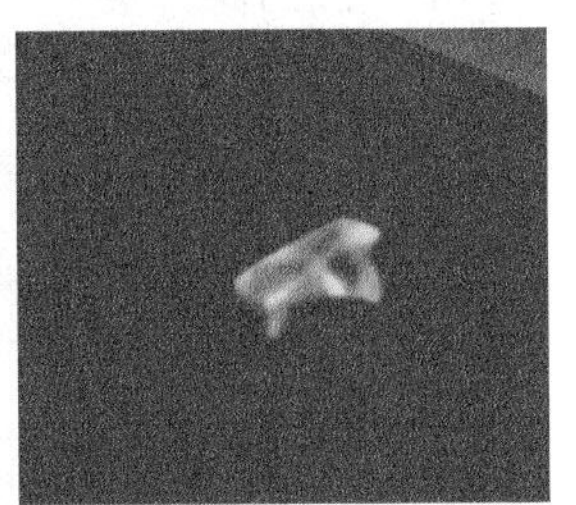
图 8-80

05 确定图层“拉链上左”为当前层，然后复制出3个副本，并按Ctrl+T组合键将其逐个缩小，确定图层“拉链上左副本3”为当前层，接着按Ctrl+F组合键对其重复使用两次“高斯模糊”滤镜效果，效果如图8-81所示。

图 8-81

06 创建一个新图层“拉链上右”，然后使用“钢笔工具”在绘图区域中绘制一个如图8-82所示的路径。

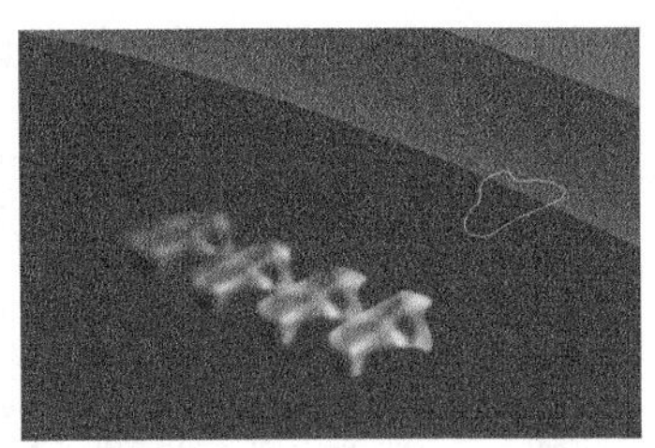
图 8-82

07 载入该路径的选区，设置前景色（R:198、G:102、B:23），然后用前景色填充选区，效果如图8-83所示，接着使用“加深工具”将其处理成如图8-84所示的效果。

图 8-83

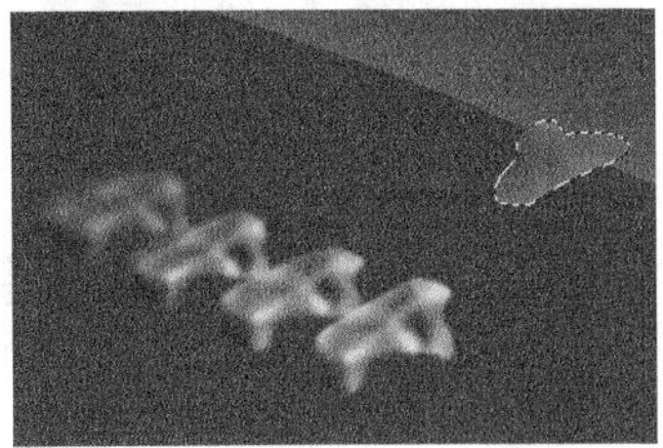
图 8-84

08 设置前景色为黑色，然后使用“画笔工具”（设置画笔“大小”为10px，“不透明度”为16%）在选区中相应的区域涂抹，接着设置前景色为白色，同样使用“画笔工具”在选区中相应的区域涂抹，效果如图8-85所示。最后按Ctrl+F组合键对其重复使用“高斯模糊”滤镜效果，效果如图8-86所示。

图 8-85

图 8-86

09 确定图层“拉链上右”为当前层，然后复制出6个副本，并按Ctrl+T组合键将其逐个等比例缩小，接着使用“模糊工具”将其处理成如图8-87所示的效果。

图 8-87

10 创建一个新图层“一半链齿”，使用“钢笔工具”在绘图区域中绘制一个如图8-88所示的路径。

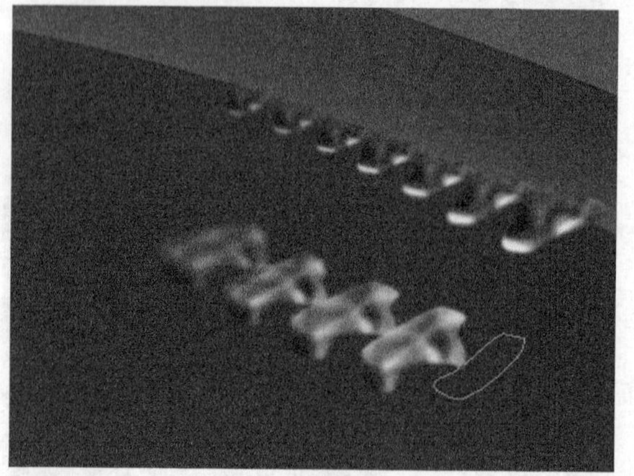

图 8-88

11 载入该路径的选区，设置前景色（R:229、G:131、B:8），然后用前景色填充选区，效果如图8-89所示，接着使用“加深工具”将其处理成如图8-90所示的效果。

图 8-89

图 8-90

12 设置前景色为黑色，然后使用“画笔工具”（设置画笔“大小”为10px，“不透明度”为16%）在选区中相应的区域涂抹，接着设置前景色为白色，同样使用“画笔工具”在选区中相应的区域涂抹，效果如图8-91所示。最后按Ctrl+F组合键对其重复使用“高斯模糊”滤镜效果，效果如图8-92所示。

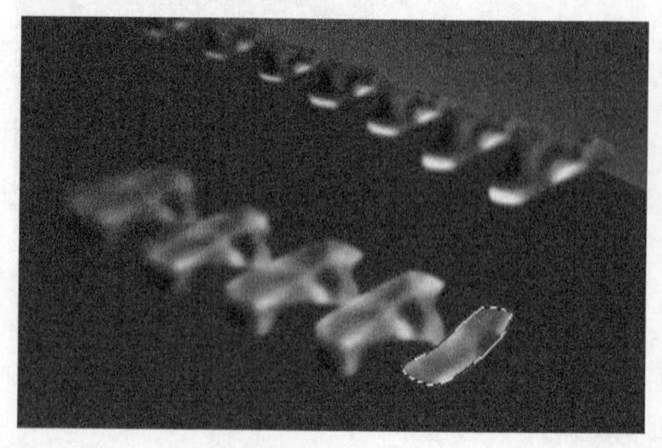

图 8-91

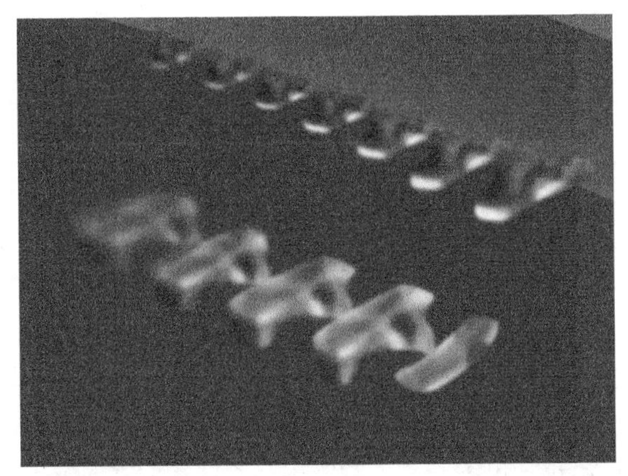

图 8-92

8.2.3 绘制拉锁效果

01 创建一个新图层“拉锁圆盘”，使用“钢笔工具”在绘图区域中绘制一个如图8-93 所示的路径。

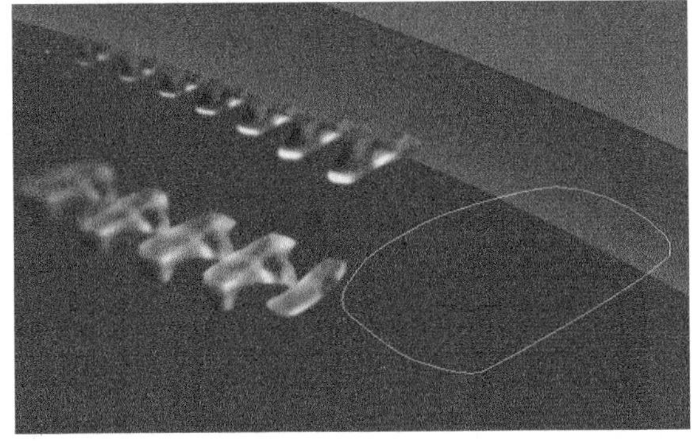

图 8-93

02 设置前景色（R:204、G:153、B:0），然后用前景色填充该路径，效果如图8-94所示。设置背景色为白色，并执行“滤镜>渲染>纤维”菜单命令打开“纤维”对话框，设置“差异”为40，“强度”为20，效果如图8-95所示。

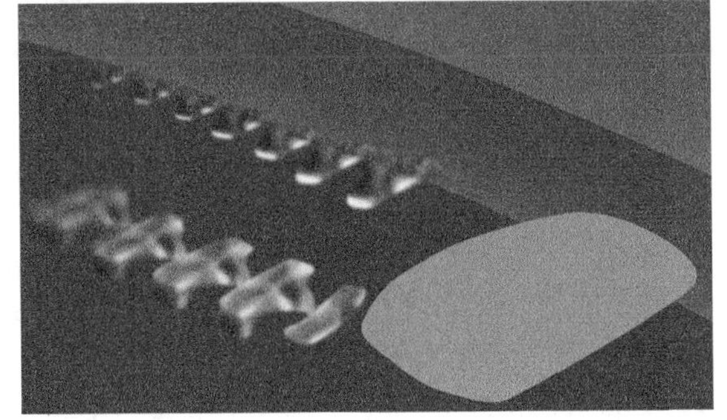

图 8-94

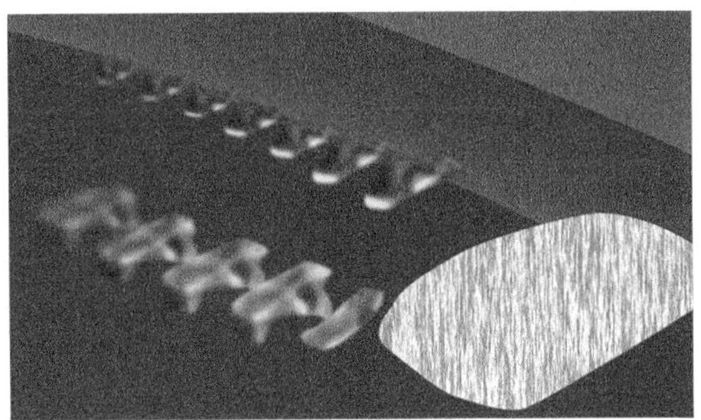

图 8-95

03 执行“滤镜>杂色>添加杂色”菜单命令打开“添加杂色”对话框，具体参数设置如图8-96所示，单击“确定”，效果如图8-97所示。

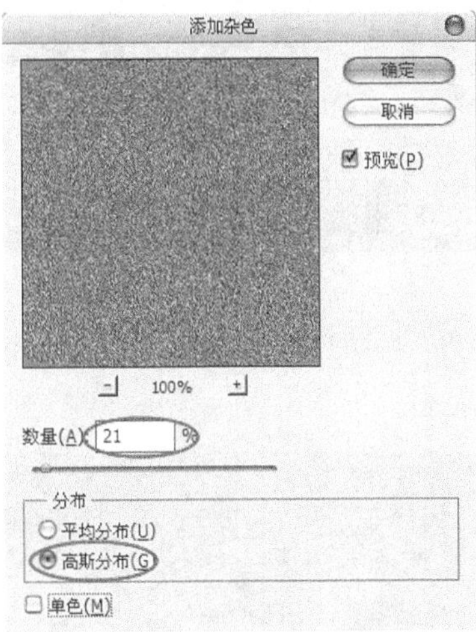

图 8-96

图 8-97

04 单击“图层”面板下面的“添加图层样式”按钮 fx ，然后在弹出的菜单中选择“斜面和浮雕”命令，打开“图层样式”对话框，并设置“大小”为5像素，“软化”为4像素，效果如图8-98所示。

图 8-98

05 创建一个新图层“拉锁扣子”，使用“钢笔工具”在绘图区域中绘制一个如图8-99所示的路径。

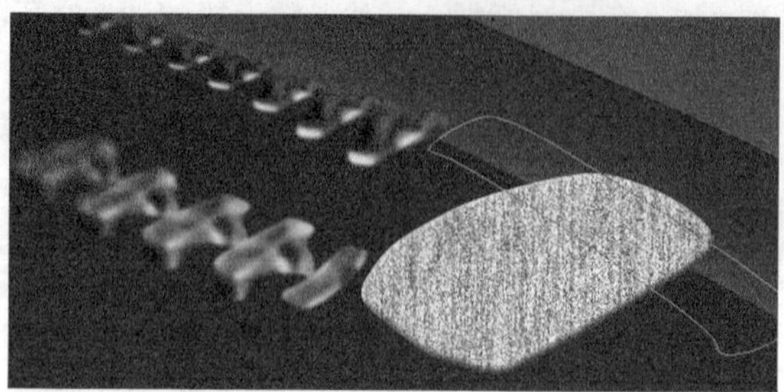

图 8-99

06 重复步骤2和步骤3，完成后的效果如图8-100所示。

图 8-100

07 载入图层“拉锁扣子”的选区，然后单击“画笔工具”（设置画笔“大小”为40px，“不透明度”为30%），并设置前景色为黑色，接着在选区的两端涂抹，设置前景色为白色，最后在中心部分涂抹，效果如图8-101所示。

图 8-101

08 创建一个新图层“拉锁BG”，然后将其拖曳到图层“拉锁圆盘”的下一层，接着使用“钢笔工具”在绘图区域中绘制一个如图8-102所示的路径。

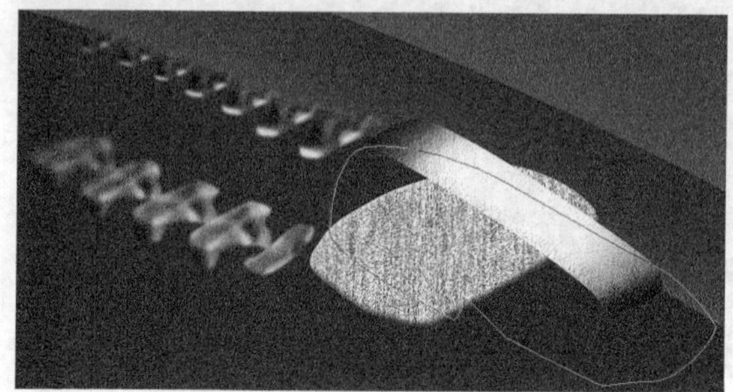

图 8-102

09 设置前景色为黑色，载入该路径的选区，然后用前景色填充选区，效果如图8-103所示。

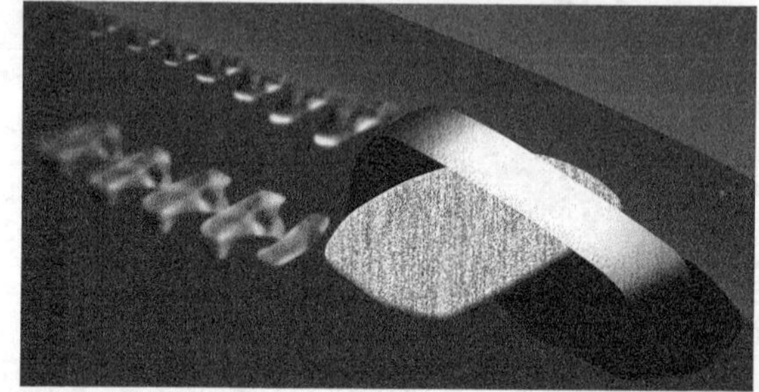

图 8-103

10 按Ctrl+E组合键合并图层“拉锁圆盘”“拉锁扣子”和“拉锁BG”，将合并后的图层更名为“拉锁”，然后执行“滤镜>模糊>高斯模糊”菜单命令打开“高斯模糊”对话框，并设置“半径”为1像素，效果如图8-104所示。

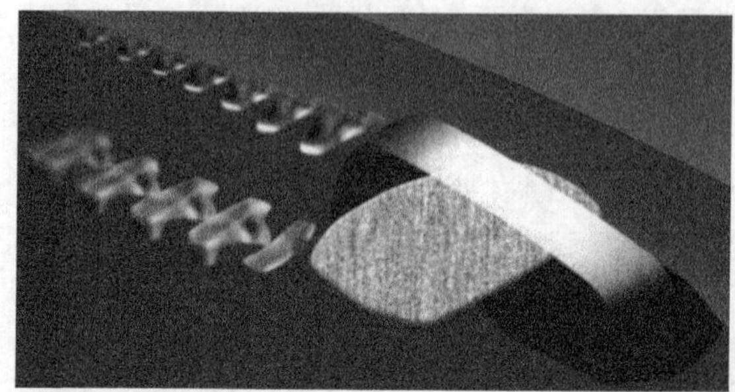

图 8-104

11 载入图层“拉锁”的选区，设置前景色为橘黄色，然后使用“画笔工具”在“扣子”下部涂抹，使其具有轮廓感，并设置前景色为黑色；接着在“拉锁”的中间部分涂抹，并设置前景色为白色，最后在“拉锁”的前部反复涂抹，效果如图8-105所示。

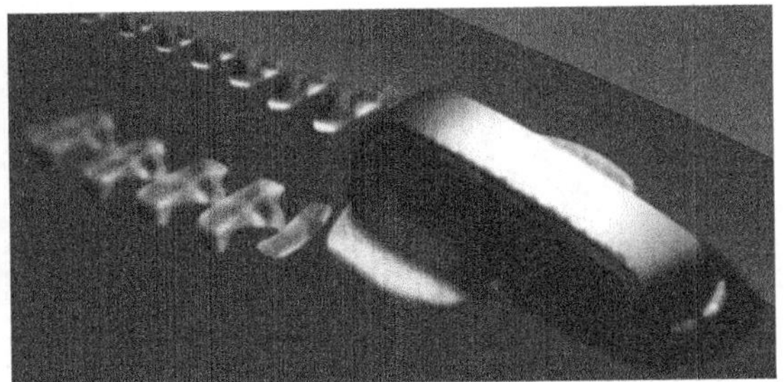

图 8-105

12 创建一个新图层“扣盘”，使用“钢笔工具”在绘图区域中绘制一个如图8-106所示的路径。

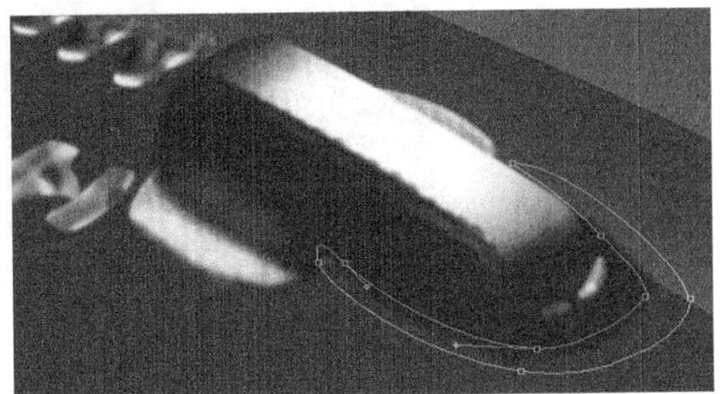

图 8-106

13 载入该路径的选区，设置前景色为白色，然后用前景色填充选区，效果如图8-107所示。

图 8-107

14 设置前景色为黑色，然后使用“画笔工具”在中心部分和边缘部分涂抹，接着按Ctrl+F组合键重复使用“高斯模糊”滤镜，效果如图8-108所示。

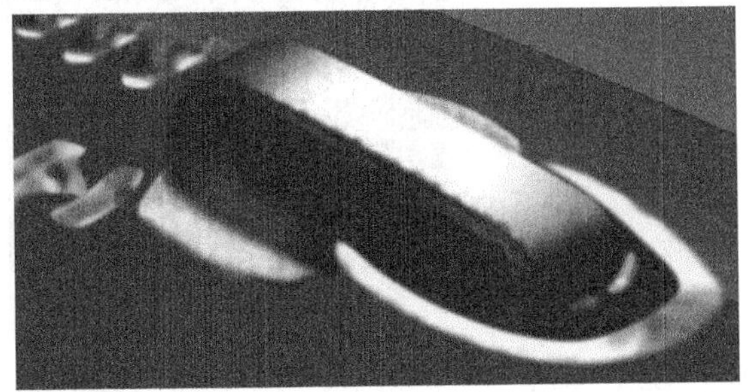

图 8-108

8.2.4 绘制弯把效果

01 创建一个新图层“弯把”，然后使用“钢笔工具”在绘图区域中绘制一个如图8-109所示的路径。

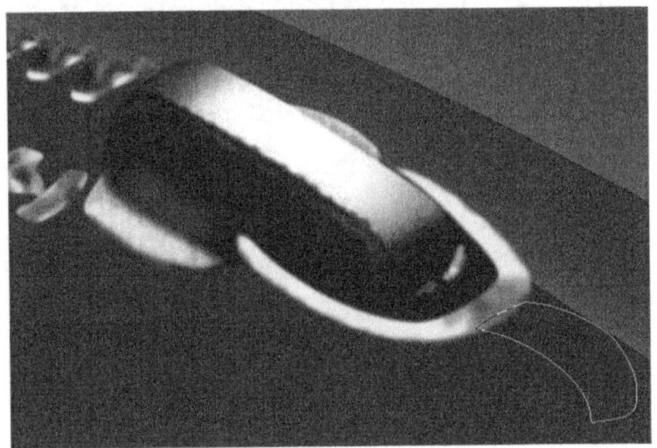

图 8-109

02 载入该路径的选区，设置前景色为白色，然后用前景色填充选区，效果如图8-110所示。

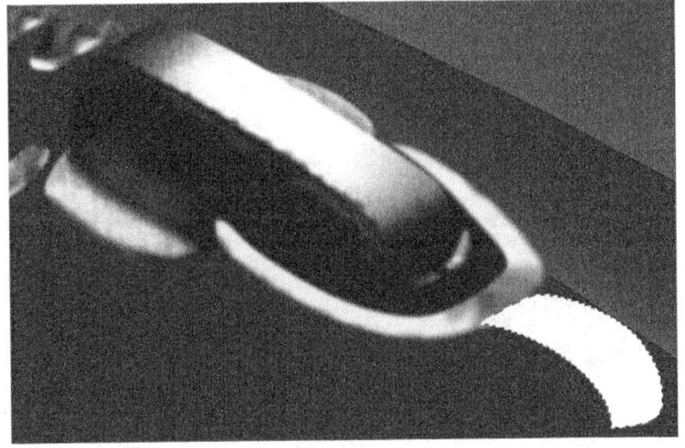

图 8-110

03 设置前景色为黑色，使用“画笔工具”按照图形的走向涂抹出两道灰色的弧线，然后按Ctrl+F组合键重复使用“高斯模糊”滤镜，效果如图8-111所示。

图 8-111

04 按Ctrl+E组合键合并图层“扣盘”和“弯把”，将合并后的图层更名为“拉扣”，然后使用“画笔工具”将其处理成如图8-112所示的效果。

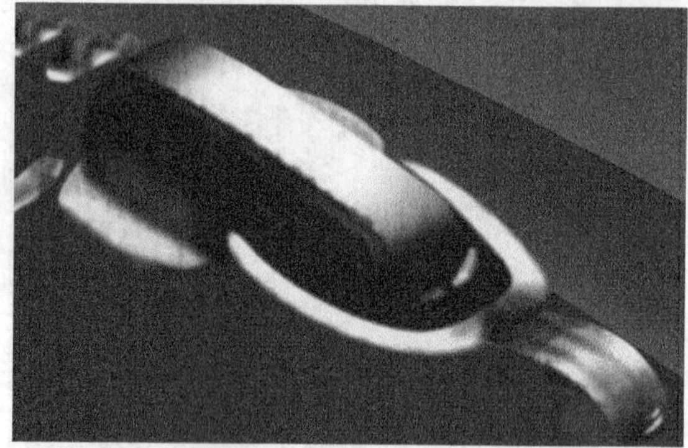

图 8-112

8.2.5 绘制拉把效果

01 创建一个新图层“网格”，使用“矩形选框工具”在绘图区域中绘制一个如图8-113所示的矩形选区，然后设置前景色为白色，接着用前景色填充选区，最后复制出一个新图层“网格副本”并将其暂时隐藏。

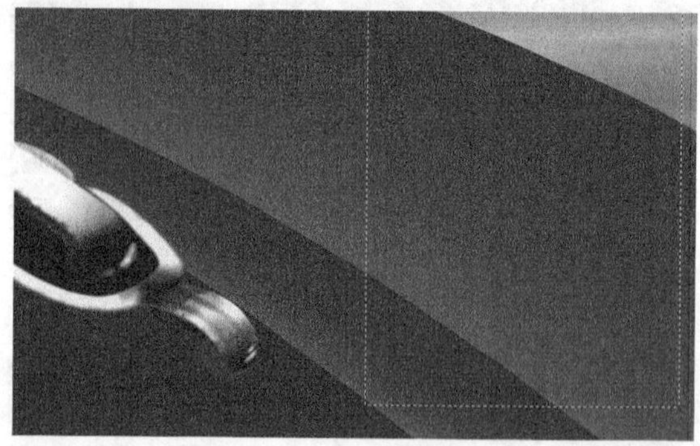

图 8-113

02 确定图层“网格”为当前层，执行“滤镜>素描>半调图案”菜单命令，打开“半调图案”对话框，具体参数设置如图8-114所示，效果如图8-115所示。

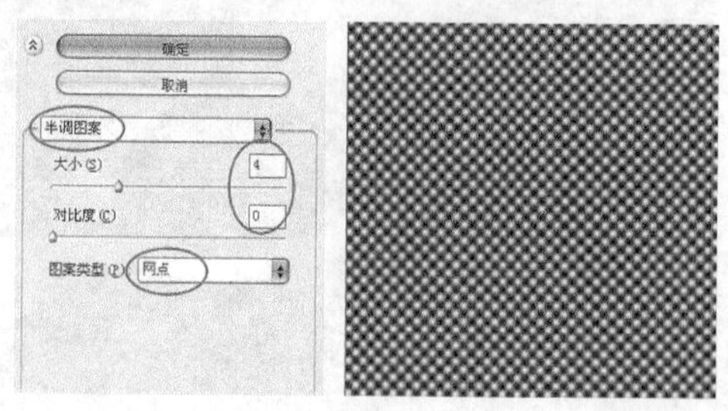

图 8-114　　图 8-115

技巧与提示

如果不能执行“滤镜>素描>半调图案”菜单命令，可执行“图像>模式>RGB颜色”菜单命令将CMYK颜色模式切换到RGB颜色模式，因为在CMYK模式下有些滤镜是不能被使用的。

03 使用“魔棒工具”在绘图区域中任意白色区域处单击鼠标左键，然后单击鼠标右键，接着在弹出的菜单中选择“选择>选取相似”命令，最后删除选区中的图像，效果如图8-116所示。

图 8-116

04 单击“图层”面板下面的“添加图层样式”按钮 fx.，然后在弹出的菜单中选择“投影”命令打开“图层样式”对话框，并设置“距离”为1像素；接着单击“内阴影”样式，设置“距离”为2像素；最后单击“斜面和浮雕”样式，保持默认设置，效果如图8-117所示。

图 8-117

05 显示图层“网格副本”并将其拖曳到图层

“网格”的下一层，然后同时选中这两个图层，按Ctrl+E组合键合并图层“网格副本”和“网格”，并将合并后的图层更名为“网点”，接着执行“图像>调整>亮度/对比度”菜单命令打开“亮度/对比度”对话框，设置“亮度”为-18，“对比度”为-12，效果如图8-118所示，最后按Ctrl+T组合键对图像进行如图8-119所示的变形。

图 8-118

图 8-119

06 使用“钢笔工具”在网格上绘制一个如图8-120所示的路径并将其保存为“路径1”，然后载入该路径的选区，接着反选选区，最后删除选区中的图像，效果如图8-121所示。

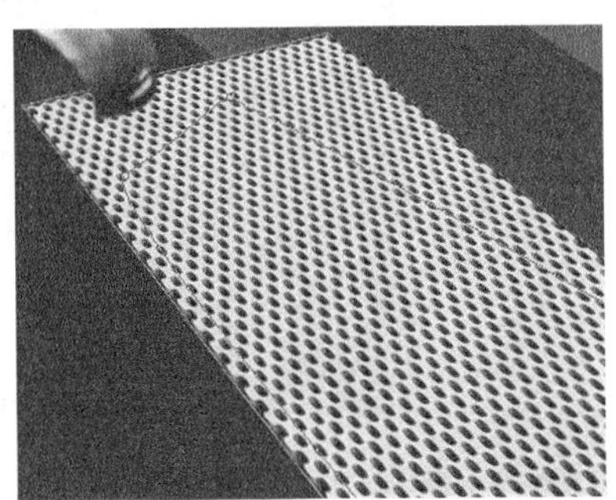

图 8-120

图 8-121

07 创建一个新图层“扣把边框”，使用“钢笔工具”在绘图区域中绘制一个如图8-122所示的路径，然后设置前景色（R:194、G:194、B:194），接着用前景色填充该路径，效果如图8-123所示。

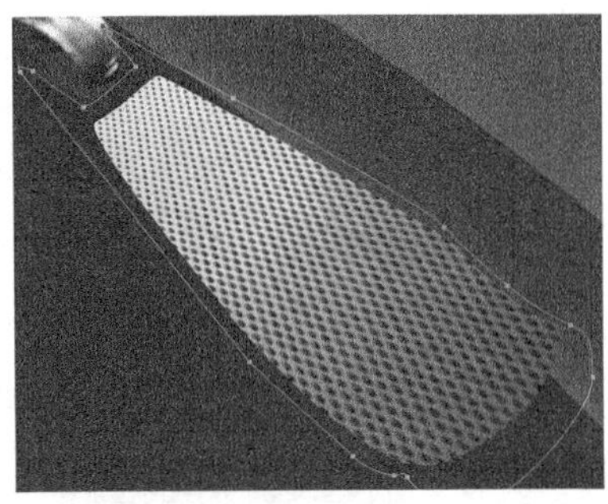

图 8-122

图 8-123

08 载入图层“网点”的选区，确定图层“扣把边框”为当前层，然后删除选区中的图像，效果如图8-124所示。

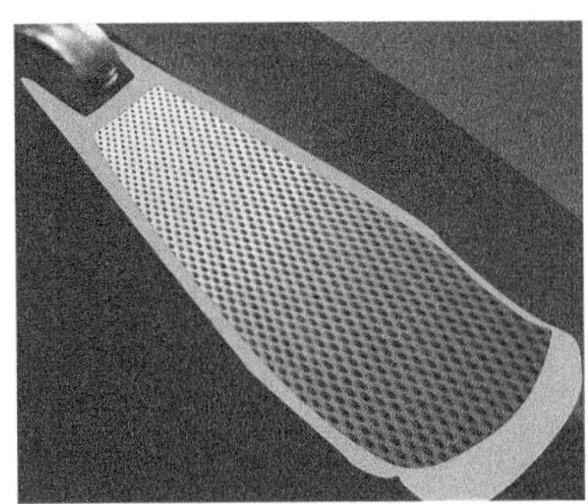

图 8-124

09 执行“滤镜>杂色>添加杂色”菜单命令，打开“添加杂色”对话框，具体参数设置如图8-125所示，效果如图8-126所示。

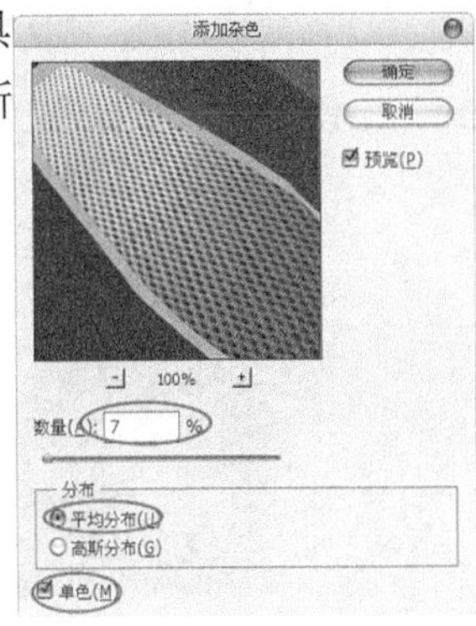

图 8-125

图 8-126

10 载入图层“扣把边框”的选区，然后设置前景色为白色，并使用“画笔工具”（设置画笔“大小”为10px，“不透明度”为40%）在选区的下部涂抹出“扣把”的亮光部分，接着使用“加深工具”在选区的最下部和中心部分涂抹，使其颜色加深，并执行“滤镜>模糊>高斯模糊”菜单命令，打开“高斯模糊”对话框，设置“半径”为1像素，效果如图8-127所示，最后为该图层添加“投影”样式（“投影”样式参数保持默认值），效果如图8-128所示。

图 8-127

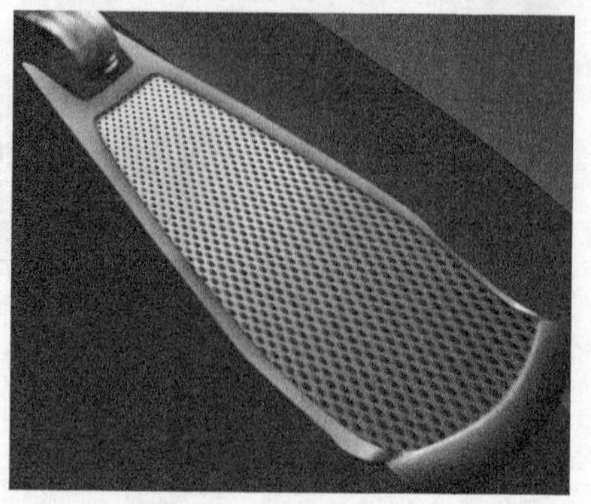
图 8-128

11 在“路径”面板中选中“路径1”，然后使用“直接选择工具”将其调整成如图8-129所示的效果，接着载入该路径的选区，确定图层“网点”为当前层，单击“图层”面板下面的“添加图层蒙版”按钮，效果如图8-130所示。

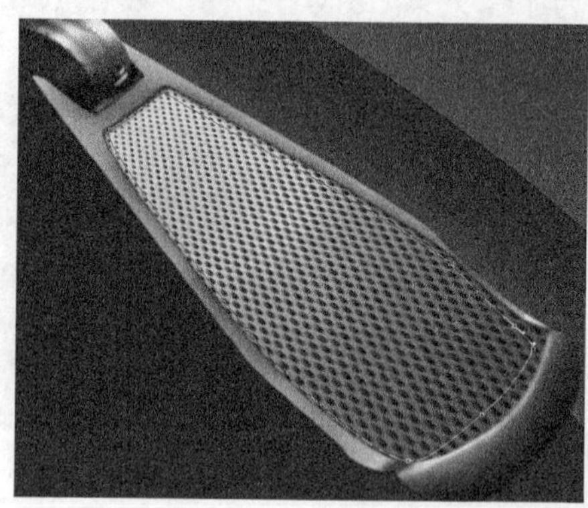
图 8-129

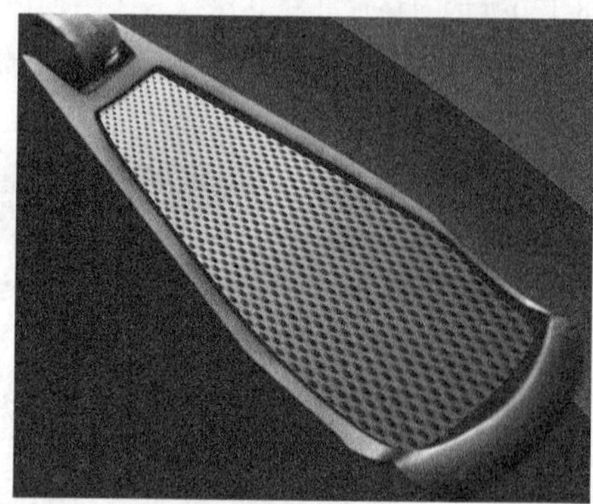
图 8-130

12 执行“滤镜>模糊>高斯模糊”菜单命令打开“高斯模糊”对话框，设置“半径”为3.5像素，效果如图8-131所示。

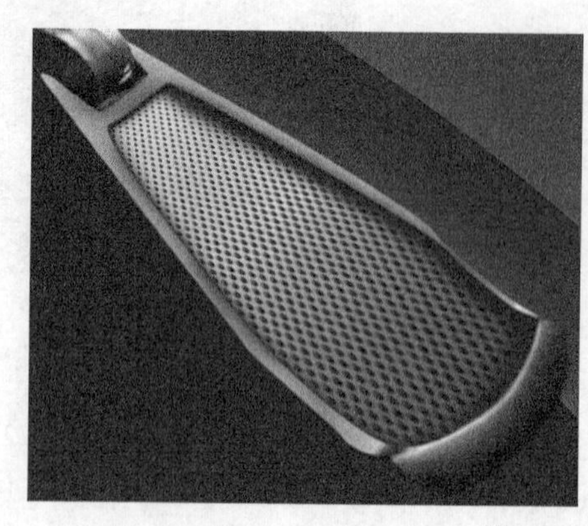
图 8-131

8.2.6 绘制文字特效

01 使用“横排文字工具”（设置字体为“方正粗宋繁体”，字体“大小”为30点，字体颜色为白色）在绘图区域中输入D&Y，效果如图8-132所示，然后对文字图层D&Y添加“投影”样式（“投影”样式参数保持默认值），效果如图8-133所示。

图 8-132

图 8-133

02 按Ctrl+T组合键对文字进行如图8-134所示的变形，然后将其栅格化并载入该图层的选区，并设置前景色（R:106、G:138、B:174），接着使用“画笔工具”在选区中合适的地方涂抹，使其具有金属质感，最后执行“滤镜>模糊>高斯模糊”菜单命令打开“高斯模糊”对话框，设置“半径”为1像素，效果如图8-135所示。

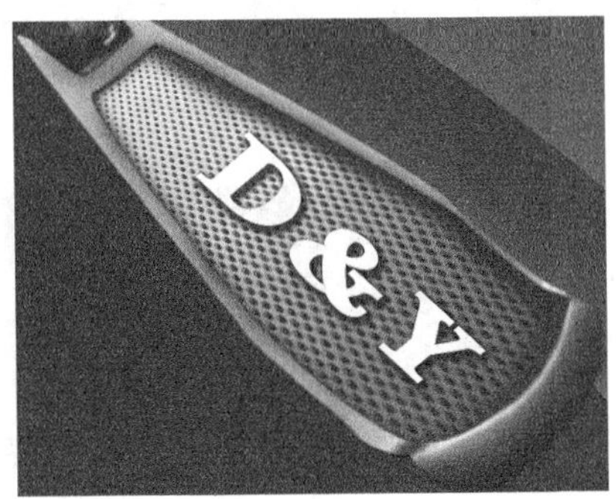

图 8-134

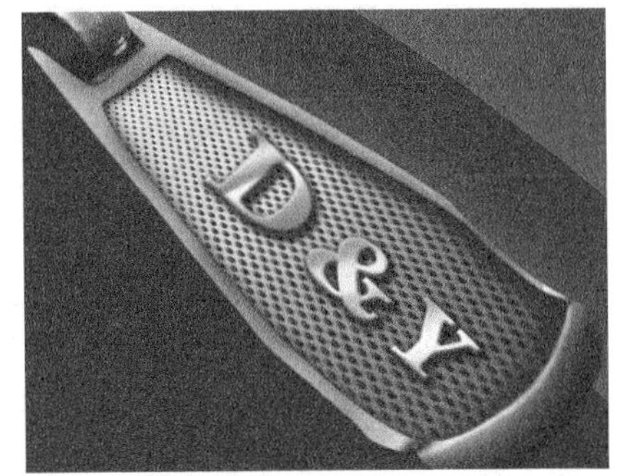

图 8-135

03 采用上面讲述的方法将“拉链”的中心部分和下面部分制作完成，效果如图8-136所示。

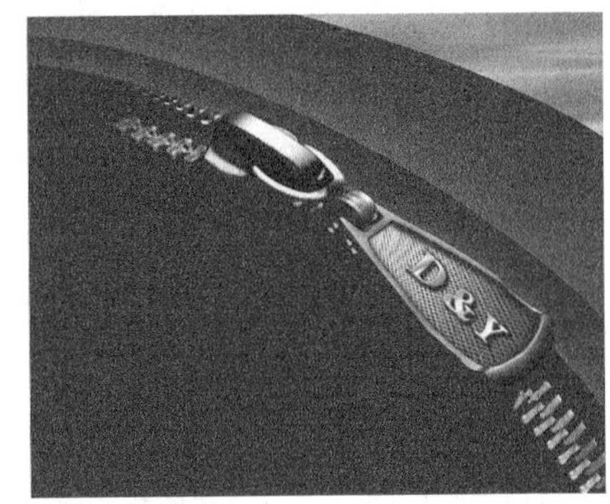

图 8-136

04 在“封面”和“封底”上添加相关文字信息，“宣传封套”最终平面效果如图8-137所示。

图 8-137

技巧与提示

“宣传封套”的立体效果在本案例中就不再多加讲述了，其制作方法比较简单，可以直接绘制出立体模型，然后将其处理成立体效果，也可以将平面效果图中相应的部分分割出来再将其组合成立体效果即可。

8.3 课堂案例——精装书籍封面

案例位置　案例文件>CH08>课堂案例——精装书籍封面.psd
视频位置　多媒体教学>CH08>课堂案例——精装书籍封面.flv
难易指数　★★☆☆☆
学习目标　学习文字特效的制作方法

本案例是“红凤5000年”精装书的封面设计。该书主要记录的是中国5000年以来的1000名优秀女性的传奇故事，属于历史类书籍，所以封面设计上要求具有中国古典文化特色。同时也要体现出“优秀女性”的特征，因此设计了一个“红凤”，既表现出了那些像凤凰一样的传奇女性，又突出了“红凤5000年”这个书名，可以说“红凤”是该书的标志。精装书籍封面的最终效果如图8-138所示。

图 8-138

相关知识

“书是打开知识大门的钥匙”，书的好坏不只是表现在内容上，封面设计同样也很重要。因为首先映入眼帘的就是书的封面，因此封面设计的好坏在书的市场中也占据着一个重要因素。在书籍封面设计中主要掌握以下3点。

第1点：要根据书中所讲述的内容来构思设计。

第2点：主题要突出，层次要分明。

第3点：结构要完整，版面要清晰。

核心步骤

① 制作封面背景效果。

② 制作“凤凰”特效。

③ 制作“星光”特效。

④ 制作双重光束特效。

⑤ 添加“龙”图片，然后制作金属字效果。

⑥ 制作书的立体效果和金线效果。

8.3.1 制作背景效果

01 启动Photoshop CS5，新建一个“精装书籍平面”文件，具体参数设置为“宽度”39.6cm、“高度”21cm、“分辨率”200像素/英寸、“颜色模式”CMYK颜色，如图8-139所示。

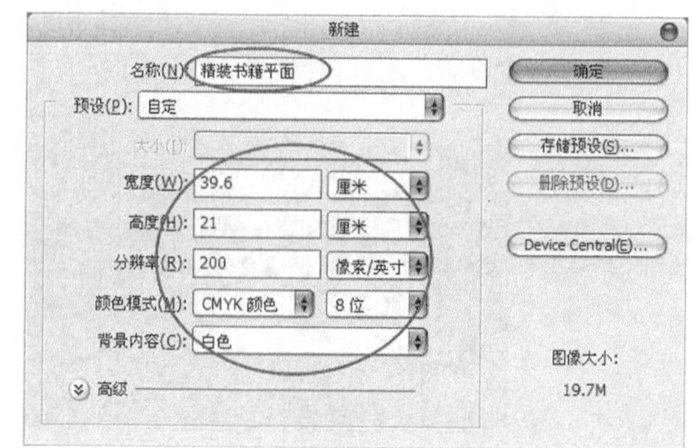

图 8-139

02 执行“视图>新建参考线”菜单命令3次，打开“新建参考线”对话框为视图添加参考线，具体参数设置如图8-140所示，新建参考线后的效果如图8-141所示。

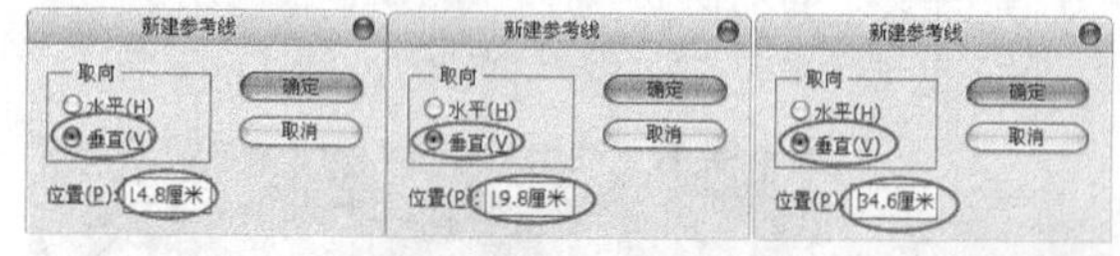

图 8-140

图 8-141

03 创建一个新图层“封面BG”，使用“矩形选框工具”在绘图区域中绘制一个如图8-142所示的矩形选区。

图 8-142

04 设置前景色和背景色（R:3、G:0、B:12和R:131、G:38、B:38），然后使用“渐变工具”在选区中从上到下垂直拉出渐变，效果如图8-143所示。

图 8-143

05 打开本书配套资源中的“素材文件>CH08>课堂案例——精装书籍封面>素材01.jpg”文件，然后将其拖曳到绘图区域中如图8-144所示的位置，并将新生成的图层更名为“红凤”。

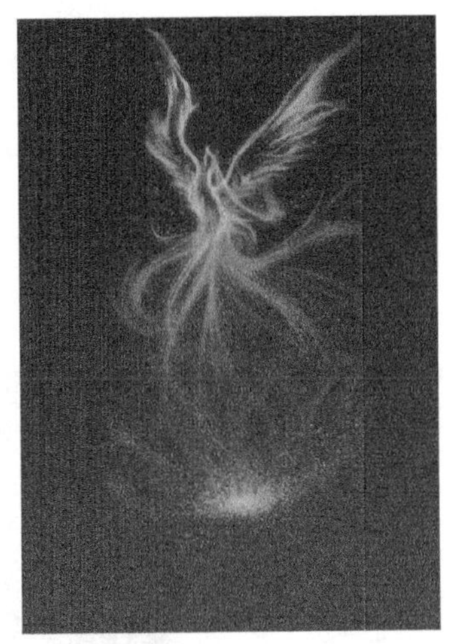

图 8-144

06 单击“图层”面板下面的“添加图层蒙版”按钮，再使用“套索工具”在绘图区域中勾选出如图8-145所示的选区。

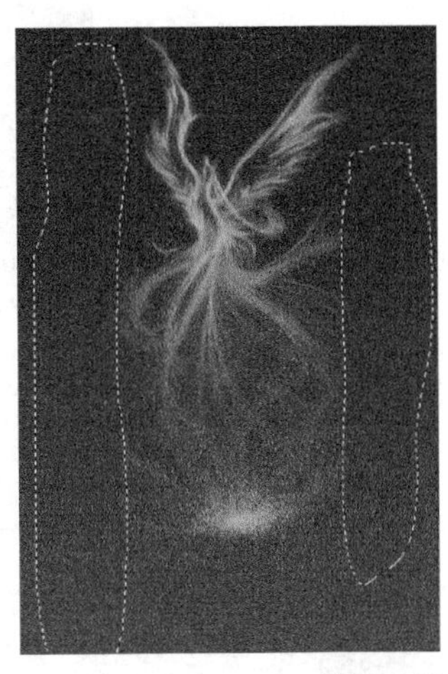

图 8-145

07 按Shift+F6组合键打开“羽化选区”对话框，设置“羽化半径”为50像素，效果如图8-146所示，并设置前景色为黑色，然后用前景色填充蒙版选区，效果如图8-147所示。

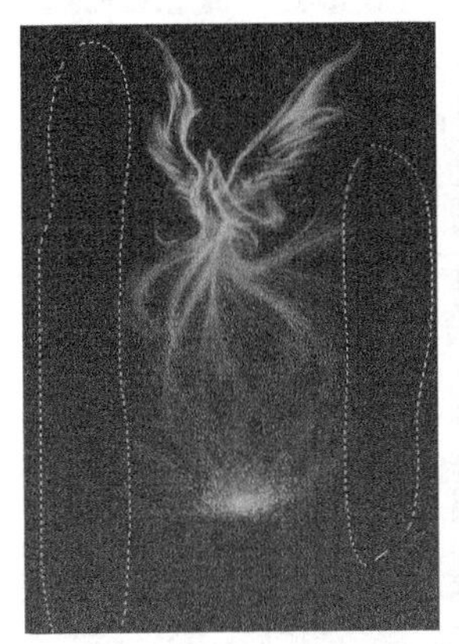

图 8-146

图 8-147

8.3.2 制作星光效果

01 创建一个新图层“星光1”，使用“椭圆选框工具”在绘图区域中绘制一个如图8-148所示的椭圆形选区，然后设置前景色（R:214、G:197、B:127），接着用前景色填充选区，效果如图8-149所示。

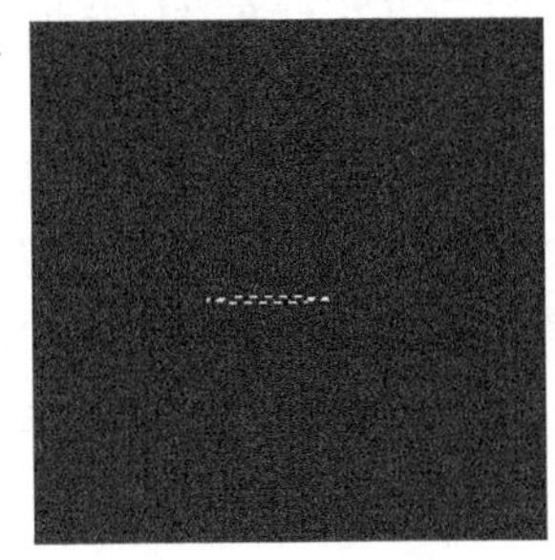

图 8-148

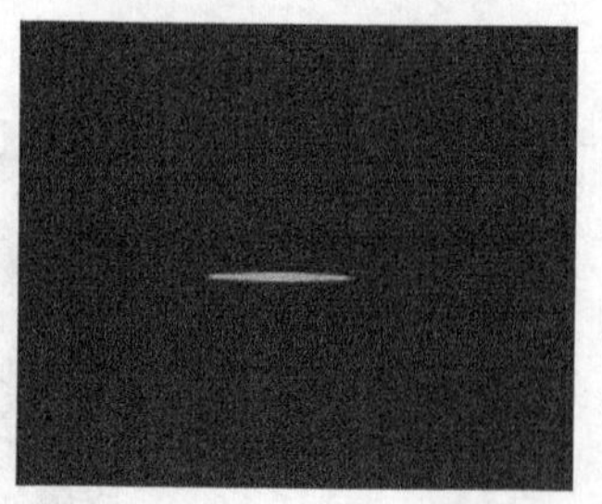

图 8-149

02 确定图层“星光1”为当前层，复制出一个新图层“星光1副本”，然后按Ctrl+T组合键将图像旋转90°，效果如图8-150所示，接着采用相同的方法制作出另外两条“星光”，效果如图8-151所示。

图 8-150

图 8-151

03 按Ctrl+E组合键合并制作“星光”的4个图层，然后将合并后的图层更名为“星光束”，并创建一个新图层“星光中心”，接着使用“椭圆选框工具”在“星光束”的中心部分绘制一个圆形选区，并用前景色填充选区，效果如图8-152所示。

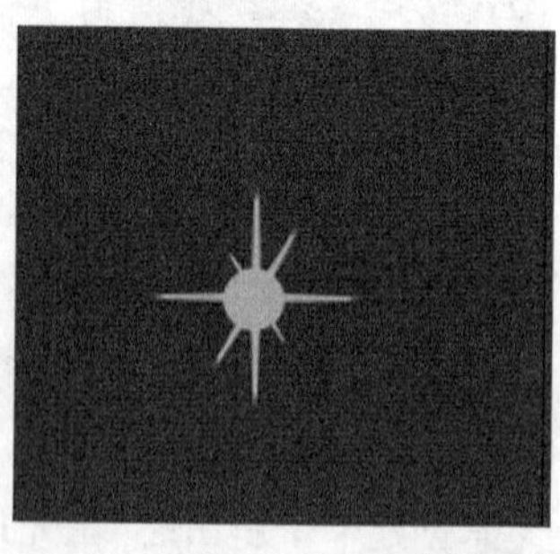

图 8-152

04 按Ctrl+E组合键合并图层“星光束”和“星光中心”，并将合并后的图层更名为“星光”，然后执行“滤镜>模糊>高斯模糊”菜单命令打开“高斯模糊”对话框，并设置“半径”为1.5像素，复制出一个新图层“星光副本”，确定图层“星光”为当前层，将其向下移动两个像素，接着按4次Ctrl+F组合键，重复使用“高斯模糊”滤镜，效果如图8-153所示。

图 8-153

技巧与提示

使用“高斯模糊”滤镜是为了体现出“星光”的发光效果，如果发光效果不是很明显，可以再使用“模糊工具”对局部进行模糊。

05 按Ctrl+E组合键合并图层“星光”和“星光副本”，然后将合并后的图层更名为“星光完成”，接着复制出若干“星光”，效果如图8-154所示。

图 8-154

技巧与提示

可对复制出的“星光”图层变形以及降低某些图层的不透明度，这样“星光”的视觉效果就会更好一些。

06 按Ctrl+E组合键合并制作“星光”的所有图层，然后将合并后的图层更名为“一群星光”，接着设置该图层的“混合模式”为“叠加”，效果如图8-155所示。

图 8-155

8.3.3 制作光束和光体效果

01 创建一个新图层“光束”，使用“多边形套索工具”在绘图区域中勾选出如图8-156所示的选区，设置前景色为白色，然后用前景色填充选区，效果如图8-157所示。

图 8-156

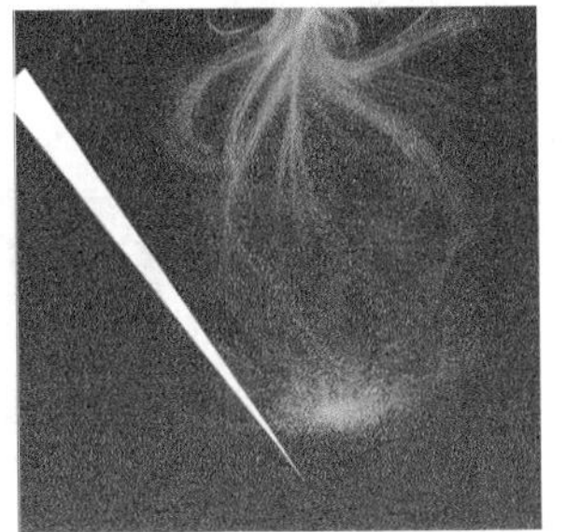

图 8-157

02 单击“图层”面板下面的“添加图层蒙版”按钮，然后使用“椭圆选框工具”在绘图区域中绘制一个如图8-158所示的选区，并设置前景色为黑色，接着用前景色填充选区，最后执行“滤镜>模糊>高斯模糊”菜单命令打开“高斯模糊”对话框，设置“半径”为70像素，效果如图8-159所示。

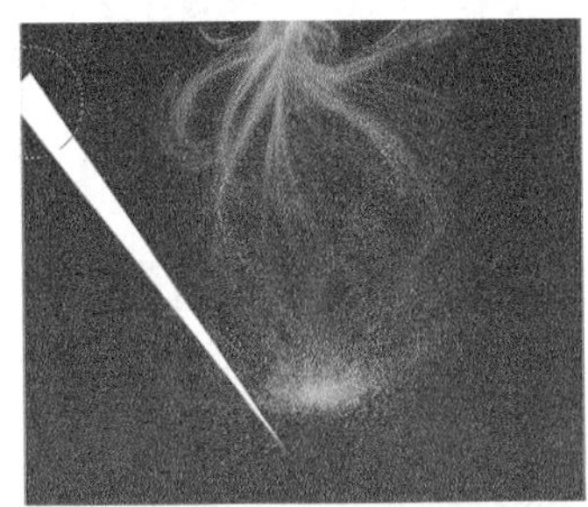

图 8-158

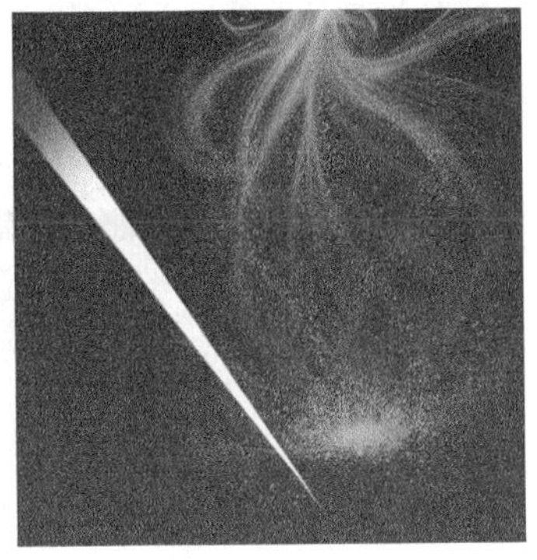

图 8-159

03 确定图层“光束”为当前层，然后设置该图层的“不透明度”为5%，效果如图8-160所示；复制出一个新图层“光束副本”到右边，接着执行“编辑>变换>水平翻转”菜单命令，效果如图8-161所示。

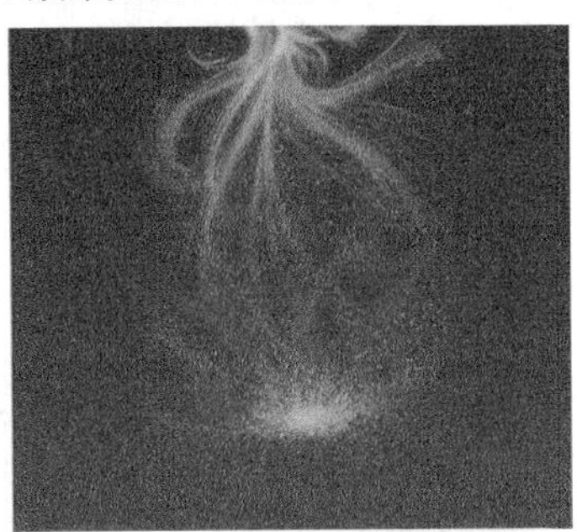

图 8-160

图 8-161

04 创建一个新图层“光体”，然后使用“椭圆选框工具”在绘图区域中绘制一个如图8-162所示的椭圆形选区，接着执行“选择>修改>羽化”菜单命令打开“羽化选区”对话框，并设置“羽化半径”为80像素；最后设置前景色（R:211、G:133、B:75），并用前景色填充选区，效果如图8-163所示。

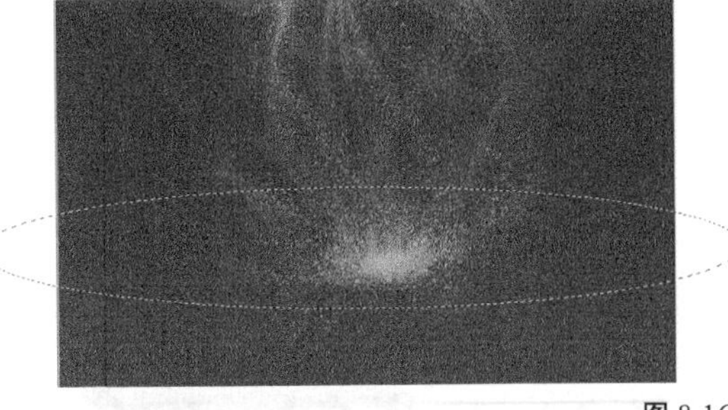

图 8-162

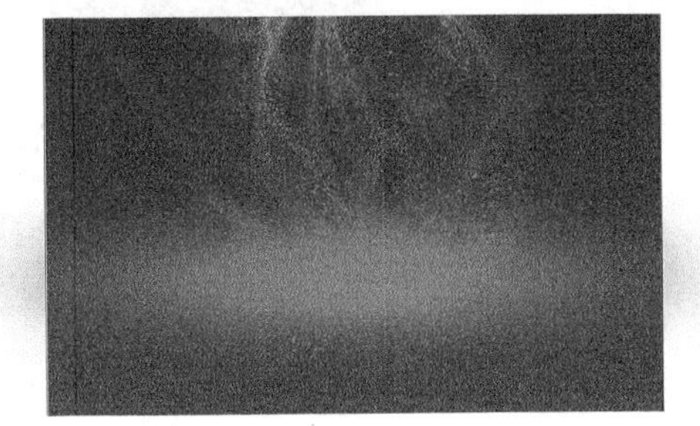

图 8-163

05 创建一个新图层"光体中心"，然后使用"椭圆选框工具"在绘图区域中绘制一个如图8-164所示的椭圆形选区，接着执行"选择>修改>羽化"菜单命令打开"羽化选区"对话框，并设置"羽化半径"为30像素，最后设置前景色（R:249、G:180、B:67），并用前景色填充选区，效果如图8-165所示。

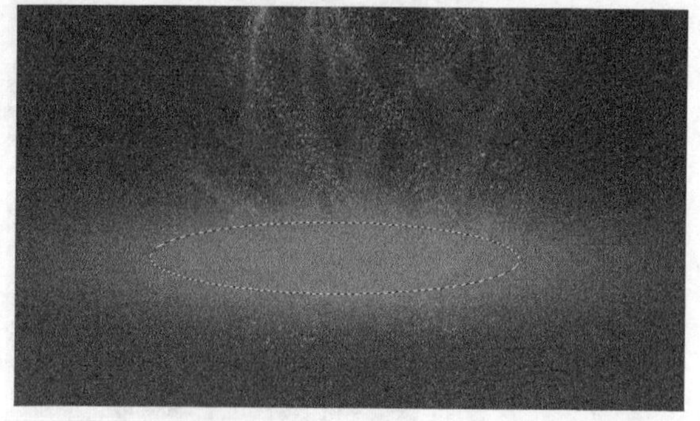

图 8-164

图 8-165

06 打开本书配套资源中的"素材文件>CH08>课堂案例——精装书籍封面>素材02.jpg"文件，然后将其拖曳到绘图区域中如图8-166所示的位置，将新生成的图层更名为"图腾龙"。

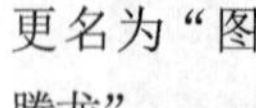

图 8-166

07 确定图层"图腾龙"为当前层，然后水平向左复制一个新图层"图腾龙副本"，效果如图8-167所示。

图 8-167

8.3.4 制作书名特效

01 使用"横排文字工具" T（字体样式和大小可根据实际情况而定）在"光束"上输入文字"红凤5000年"，效果如图8-168所示。

图 8-168

02 单击"图层"面板下面的"添加图层样式"按钮 fx.，然后在弹出的菜单中选择"外发光"命令打开"图层样式"对话框，并设置"扩展"为13%，"大小"为7像素；接着单击"斜面和浮雕"样式，选择"等高线"样式为"环形—双"；最后单击"颜色叠加"样式，并设置叠加颜色（R:237、G:33、B:35），添加"图层样式"后的效果如图8-169所示。

图 8-169

03 在"封面"上添加相关文字信息，完成"封面"的制作，效果如图8-170所示。

图 8-170

8.3.5 制作书脊效果

01 确定图层“封面BG”为当前层，然后复制出一个新图层“封面 BG副本”到“书脊”中，并将其更名为“书脊BG”，接着按Ctrl+T组合键将两条宽边缩小到与第1条辅助线和第2条辅助线重合，效果如图8-171所示。

图 8-171

02 确定图层“红凤”为当前层，并复制出一个新图层“红凤副本”到“书脊”中，然后按Ctrl+T组合键对其进行如图8-172所示的变形。

图 8-172

03 确定文字图层“红凤5000年”为当前层，复制出一个新图层“红凤5000年副本”到“书脊”中，然后双击图层“红凤5000年副本”的缩览图，接着单击属性栏左侧的“更改文本方向”按钮，效果如图8-173所示。

图 8-173

04 在“书脊”中添加出版社的名称和标志，完成“书脊”的设计，效果如图8-174所示。

图 8-174

05 同时选中制作“书脊”用到的所有图层，按Ctrl+G组合键将其归入到一个组中，然后将新生成的图层组更名为“左边书脊”，并确定图层组“左边书脊”为当前层，接着复制出一个新图层组“左边书脊副本”到第三条参考线的右侧，效果如图8-175所示，并将新生成的图层组更名为“右边书脊”。

图 8-175

8.3.6 制作封底效果

01 确定图层“封面BG”为当前图层，然后复制出一个新图层“封面 BG副本”到第一条参考线的左侧，将其更名为“封底BG”，效果如图8-176所示。

图 8-176

02 确定图层“红凤”为当前层，然后复制出一个新图层“红凤副本”到“封底”背景中，并按Ctrl+T组合键将其等比例缩小，接着设置该图层的“混合模式”为“点光”，图层“不透明度”为47%，效果如图8-177所示。

图 8-177

03 在“封底”上添加相关文字信息，完成“封底”的制作，“精装书籍”平面效果如图8-178所示，然后将其储存为“精装书脊平面.jpg”文件。

图 8-178

8.3.7 制作立体效果

01 按Ctrl+O组合键打开上一步储存好的“精装书籍平面.jpg”文件，然后将图层“背景”转换为可操作图层“图层0”，并使用“矩形选框工具”在绘图区域中绘制一个如图8-179所示的矩形选区，接着在选区中单击鼠标右键，并在弹出的菜单中选择“通过剪切的图层”命令，最后将新生成的图层更名为“封面1”。

图 8-179

02 确定图层“图层0”为当前层，然后使用“矩形选框工具”在第三条参考线和第二条参考线之间绘制一个矩形选区，效果如图8-180所示，接着在选区中单击鼠标右键，并在弹出的菜单中选择“通过剪切的图层”命令，最后将新生成的图层更名为“封面2”。

图 8-180

技巧与提示

将“封面”分为两个部分主要是因为该书的包装是采用包裹的形式，仔细观察一下“精装书籍”立体效果图就明白了。

03 按照步骤2的方法将书的另外几个部分分别分割出来，完成后的“图层”面板如图8-181所示。

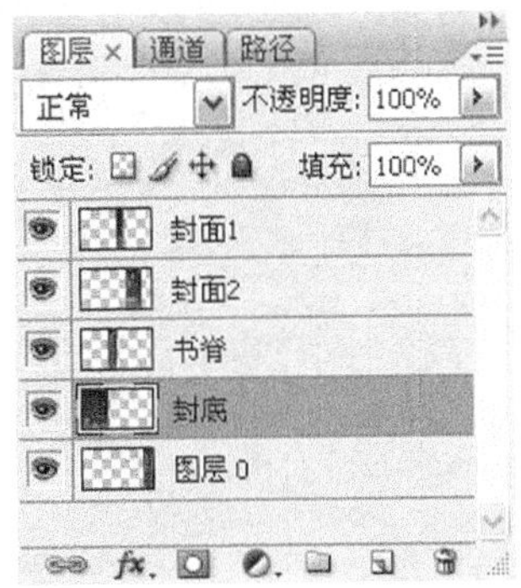

图 8-181

04 新建一个“精装书籍立体”文件，具体参数设置为“宽度”20cm、“高度”16cm、“分辨率”200像素/英寸、“颜色模式”CMYK颜色，如图8-182所示。

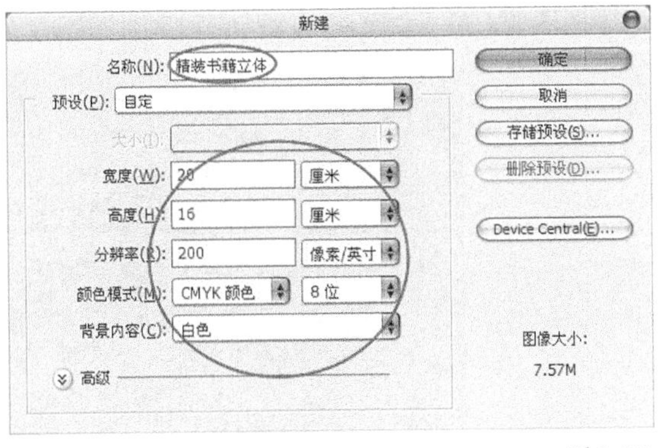

图 8-182

05 设置前景色和背景色（R:230、G:220、B:174和R:137、G:97、B:52），然后打开“渐变编辑器”对话框，选择“前景到背景”渐变，接着单击属性栏中的“径向渐变”按钮，最后从中心向左上位置拉出渐变，效果如图8-183所示。

图 8-183

06 打开本书配套资源中的“素材文件>CH08>课堂案例——精装书籍封面>素材03.jpg”文件，效果如图8-184所示，然后将“精装书脊平面”中的“封面1”图像拖曳到“精装书籍立体”操作界面中，接着按Ctrl+T组合键对其进行如图8-185所示的变形。

图 8-184

图 8-185

07 确定图层“封面1”为当前层，然后单击“图层”面板下面的“添加图层样式”按钮 fx.，接着在弹出的菜单中选择“斜面和浮雕”命令打开“图层样式”对话框，保持默认值，效果如图8-186所示。

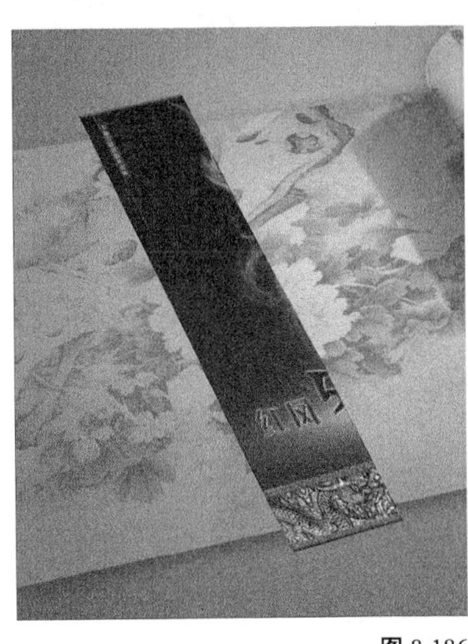

图 8-186

技巧与提示

添加“斜面和浮雕”样式主要是因为书的立体效果的下边缘部分应该有一个厚度，添加“斜面和浮雕”后在下边缘部分自然就体现出了厚度感。

08 采用相同的方法制作出“封面2”效果，如图8-187所示。

图 8-187

09 确定图层“封面2”为当前层，并载入该图层的选区，然后设置前景色（R:140、G:90、B:54），接着创建一个新图层“分割线”并将其拖曳到两个封面图层的下一层，最后执行“编辑>描边”菜单命令打开“描边”对话框，具体参数设置如图8-188所示，效果如图8-189所示。

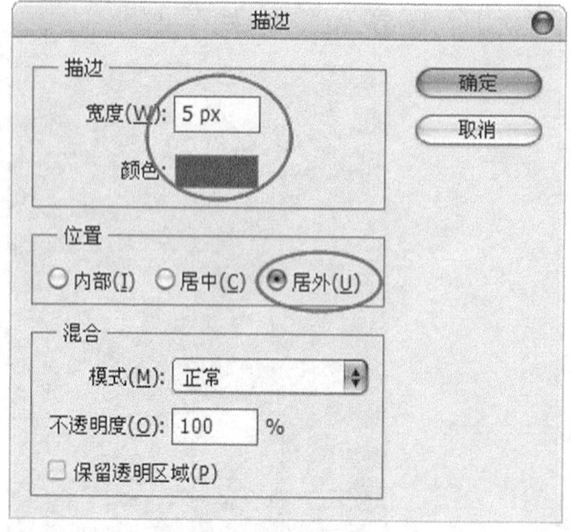

图 8-188

图 8-189

10 使用“多边形套索工具”将“分割线”勾选出来，如图8-190所示，然后反选选区并删除选区中的图像，效果如图8-191所示。

图 8-190

图 8-191

11 确定图层“封面1”为当前层，然后使用“多边形套索工具”勾选出如图8-192所示的选区，并在选区中单击鼠标右键，接着在弹出的菜单中选择“通过拷贝的图层”命令，并将新生成的图层更名为“封面内”，最后将其拖曳到图层“封面2”的下一层，并将其拖曳到如图8-193所示的位置。

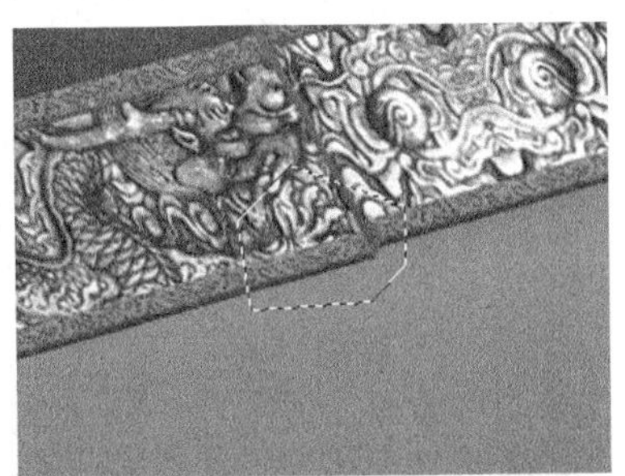

图 8-192

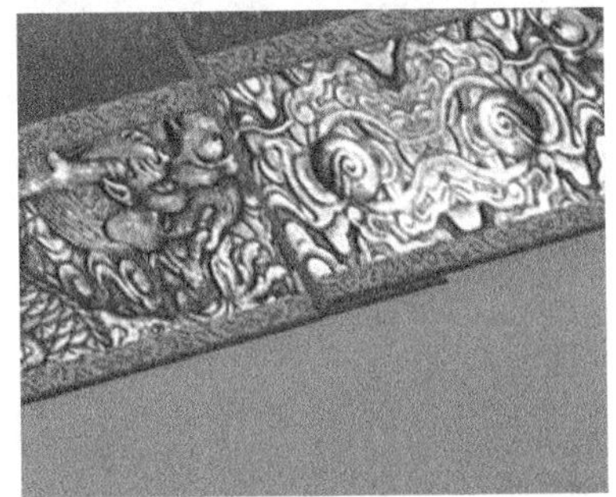

图 8-193

12 将“精装书脊平面”中的“书脊”图像拖曳到“精装书籍立体”操作界面中，然后使用“矩形选框工具”将“龙图腾”部分的花纹勾选出来并删除选区中的图像，接着按Ctrl+T组合键对其进行如图8-194所示的变形。

图 8-194

13 将“精装书脊平面”中的“书脊”图像拖曳到“精装书籍立体”操作界面中，然后将该图层更名为“书脊下部分”，并使用“矩形选框工具”将“龙图腾”部分的花纹勾选出来，接着反选选区并删除选区中的图像，最后按Ctrl+T组合键对其进行如图8-195所示的变形。

图 8-195

技巧与提示

将“书脊”分为两部分来制作主要是因为直接将“书脊”变形的话，“书脊”下部分的花纹很难和“封面”的花纹相结合。

14 创建一个新图层“白色BG”，然后将其拖曳到制作书立体效果的所有图层的下一层，并使用“多边形套索工具”在绘图区域中勾选出如图8-196所示的选区，接着设置前景色为白色，最后用前景色填充选区，效果如图8-197所示。

图 8-196

图 8-197

15 确定图层“封面2”为当前层，然后使用“多边形套索工具”将花纹上方的色条勾选出来，效果如图8-198所示。接着在选区中单击鼠标右键，并在弹出的菜单中选择“通过拷贝的图层”命令，再将新生成的图层更名为“边花”。最后在图层“边花”的缩览图右侧单击鼠标右键，并在弹出的菜单中选择“清除图层样式”命令。

图 8-198

16 确定图层“边花”为当前层，然后将其拖曳到图层“白色BG”的下边缘，并按Ctrl+T组合键将其作如图8-199所示的变形。接着复制出一个新图层“边花副本”到右侧，采用相同的方法制作出其他“边花”效果，如图8-200所示。

图 8-199

图 8-200

8.3.8 制作金线效果

01 使用“钢笔工具”在绘图区域中绘制一条如图8-201所示的路径，并创建一个新图层“金线1”，然后设置前景色（R:246、G:140、B:50），接着单击“画笔工具”（设置画笔“大小”为8px），并单击“路径”面板下面的“用画笔描边路径”按钮 ，效果如图8-202所示。

图 8-201

图 8-202

02 单击“图层”面板下面的“添加图层样式”按钮 fx，然后在弹出的菜单中选择“投影”命令，打开“图层样式”对话框，具体参数设置如图8-203所示；接着单击“斜面和浮雕”样式，具体参数设置如图8-204所示。

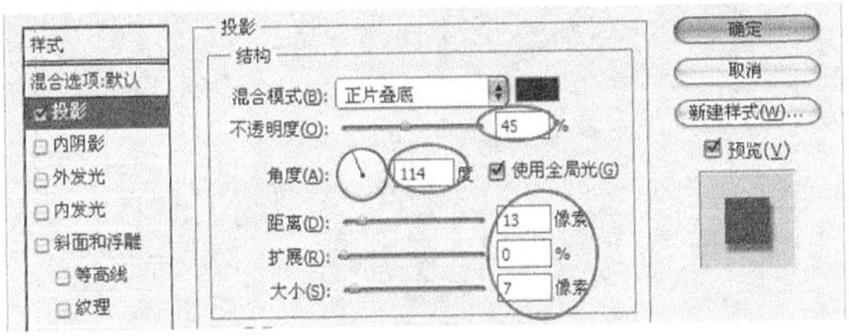

图 8-203

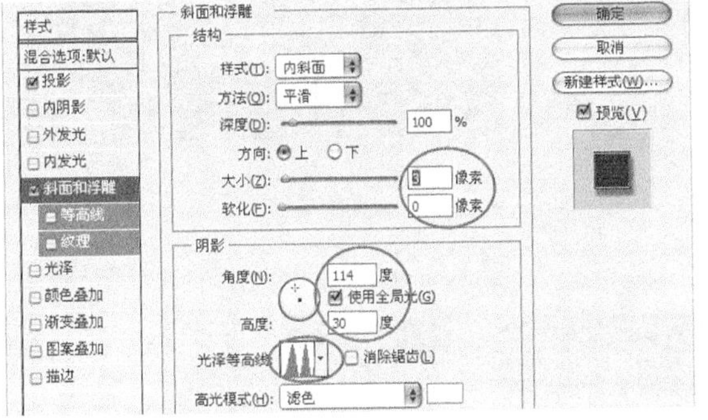

图 8-204

03 设置完毕后单击“确定”按钮，添加“图层样式”后的效果如图8-205所示。

图 8-205

04 采用相同的方法制作出另外一条“金线”，完成后的效果如图8-206所示。

图 8-206

05 选中制作书立体效果使用到的所有图层，按Ctrl+G组合键将其归入到一个组中，然后将新生成的图层组更名为“书”，并复制出一个新图层组“书副本”，确定图层组“书副本”为当前层组，接着按Ctrl+E组合键合并该图层组中的所有图层，最后为该图层添加“投影”样式和“外发光”样式，“精装书籍”最终立体效果如图8-207所示。

图 8-207

8.4 本章小结

封面是体现整本书刊精神的重要途径。因此在封面和装帧设计中，一定要做到完整、清晰地体现出整本书的内容，让读者能够从封面上就看到整本书所要反映的内容和主体思想。同时一个封面的好坏也影响这本书的销量。希望读者在设计中一定要把握精准，从整体入手。

8.5 课后习题

任何一本书都有自己的封面，这也为我们的设计提供了很多的学习资源。大家一定要善于学习，勤于学习，在本章将安排两个课后习题供读者学习。

8.5.1 课后习题1——画册封面

习题位置　案例文件>CH08>课后习题1——画册封面.psd
视频位置　多媒体教学>CH08>课后习题1——画册封面.flv
难易指数　★★☆☆☆
练习目标　练习"渐变工具""钢笔工具"以及图层样式功能的使用

本案例是为"浪沙淘商务茶楼"设计的画册封面。体现了企业精神，提升了企业的形象，给人茶韵悠长，回味无穷的感觉。画册封面的最终效果如图8-208所示。

图 8-208

步骤分解如图8-209所示。

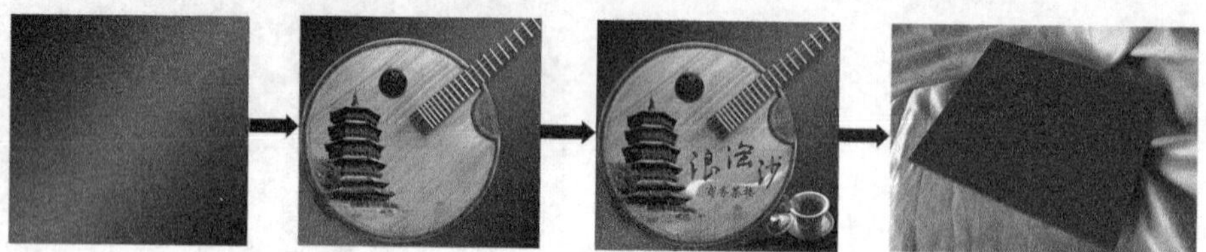

图 8-209

8.5.2 课后习题2——杂志封面

习题位置　案例文件>CH08>课后习题2——杂志封面.psd
视频位置　多媒体教学>CH08>课后习题2——杂志封面.flv
难易指数　★★☆☆☆
练习目标　练习用图层样式制作玻璃质感文字

本案例是为一本女性时尚杂志设计的封面。整个封面颜色淡雅，封面人物时尚、大气，完美地体现出这本杂志的时尚与高雅，玻璃质感的字体更是将书名和杂志的时尚气息演义的淋漓尽致，是一个非常成功的封面设计作品。杂志封面的最终效果如图8-210所示。

图 8-210

步骤分解如图8-211所示。

图 8-211

第9章 包装的设计与制作

包装作为实现商品价值和使用价值的手段，在生产、流通、销售和消费领域中发挥着极其重要的作用，是企业界和设计行业不得不关注的重要课题。包装的功能是保护商品、传达商品信息、方便使用、方便运输、促进销售和提高产品附加值，包装作为一门综合性学科，具有商品和艺术相结合的双重性。

课堂学习目标

食品包装的设计方法
饮品包装的设计方法
酒水包装的设计方法
CD盒包装的设计方法
礼品盒包装的设计方法

9.1 课堂案例——食品包装

案例位置	案例文件>CH09>课堂案例——食品包装.psd
视频位置	多媒体教学>CH09>课堂案例——食品包装.flv
难易指数	★★★★☆
学习目标	学习"包装袋"黑色磨砂水晶的背景制作方法和文字特效的制作方法

本案例设计的是“巧克力槟榔”包装。它属于“帝皇槟榔”系列中的一款，所以设计上既要有“帝皇槟榔”系列元素中的“龙和玉玺”，又要体现“巧克力槟榔”的自身特点，因此使用咖啡色作为背景主色调。本案例“食品包装”效果如图9-1所示。

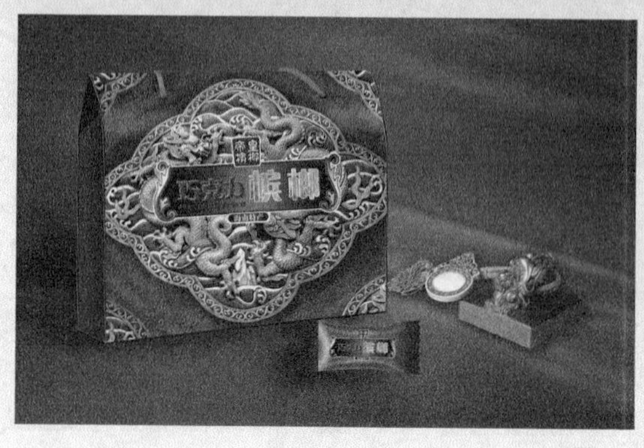

图 9-1

相关知识

食品包装的设计需要掌握以下3点。

第1点：醒目，包装要起到促销的作用，首先要有奇特、新颖的造型才能吸引消费者的注意力。

第2点：理解，成功的包装不仅要通过造型、色彩、图案和材质来引起消费者对产品的注意与兴趣，还要通过包装让消费者理解产品的档次。

第3点：好感，也就是说包装的造型、色彩、图案和材质要能获得消费者的好感。

核心步骤

① 使用“钢笔工具”绘制出“包装袋”正面的轮廓，再用前景色填充路径，然后添加“龙图腾”图案。

② 在“包装袋”正面的4个角上分别制作出一个边角花纹，再更改图层的混合模式来衬托中心的“龙图腾”。

③ 使用“钢笔工具”和“光照效果”滤镜等制作出包装袋正面信息栏的边框。

④ 使用“波纹”滤镜和“图层样式”等制作出“巧克力”文字，再通过图层样式调节制作出“槟榔”两个字的艺术效果。

⑤ 利用“钢笔工具”和“椭圆选框工具”制作出“绳索”和“绳索穿洞”的基本形状，再使用“羽化”命令和“加深工具”以及“模糊工具”获得最佳效果。

⑥ 使用“钢笔工具”绘制出“包装袋”轮廓，再使用“加深工具”制作出颜色的层次感，然后制作“包装袋”四周边框线的立体效果。

⑦ 使用“钢笔工具”绘制出“糖果”轮廓，再使用“加深工具”“减淡工具”和“画笔工具”制作“糖果”的立体效果。

⑧ 添加“红绸”背景和“玉玺”图片。

9.1.1 制作正面轮廓

01 启动Photoshop CS5，新建一个“食品包装”文件，具体参数设置为“预设”国际标准纸张、“宽度”210mm、“高度”297mm、“分辨率”300像素/英寸、“颜色模式”RGB颜色，如图9-2所示。

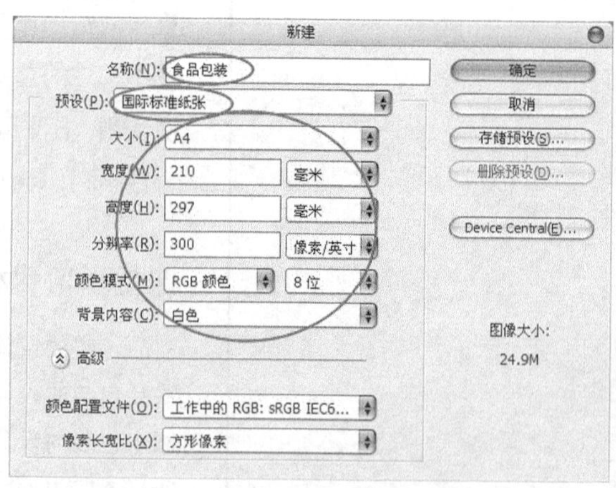

图 9-2

02 创建一个新图层“图层1”，然后使用“钢笔工具”在绘图区域中绘制一个如图9-3所示的路径。

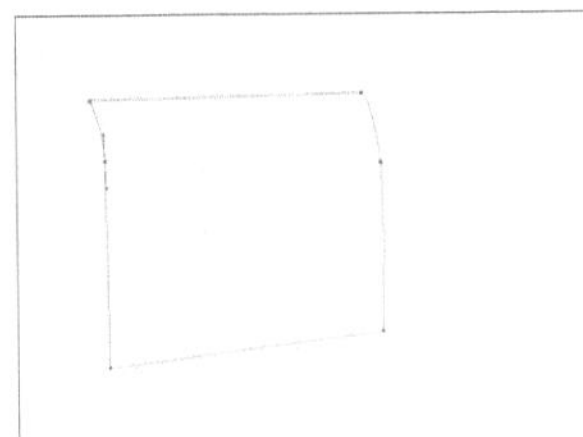

图 9-3

03 设置前景色（R:88、G:13、B:12），然后单击“路径”面板下面的“用前景色填充路径”按钮，效果如图9-4所示。

图 9-4

04 打开本书配套资源中的“素材文件>CH09>课堂案例——食品包装>素材01.psd”文件，将其拖曳到绘图区域中，然后将新成的图层更名为“图腾”，并复制出4个“图腾副本”作为备用，接着将4个副本图层暂时隐藏，此时的“图层”面板如图9-5所示；最后确定图层“图腾”为当前层，并按Ctrl+T组合键对其进行如图9-6所示的变形。

图 9-5

图 9-6

05 确定图层“图腾”为当前层，载入“图层1”的选区，然后按Ctrl+Shift+I组合键反选选区，接着删除选区中的图像，效果如图9-7所示。

图 9-7

9.1.2 制作磨砂效果

01 确定“图层1”为当前层，单击“工具箱”中的“画笔工具”按钮，然后在属性栏中选择“大小”为36px的“粉笔”笔刷，如图9-8所示；接着单击属性栏中“切换画笔面板”按钮，并在弹出的“画笔面板”对话框中设置画笔的“形状动态”，具体参数如图9-9所示。最后单击“传递”，具体参数设置如图9-10所示。

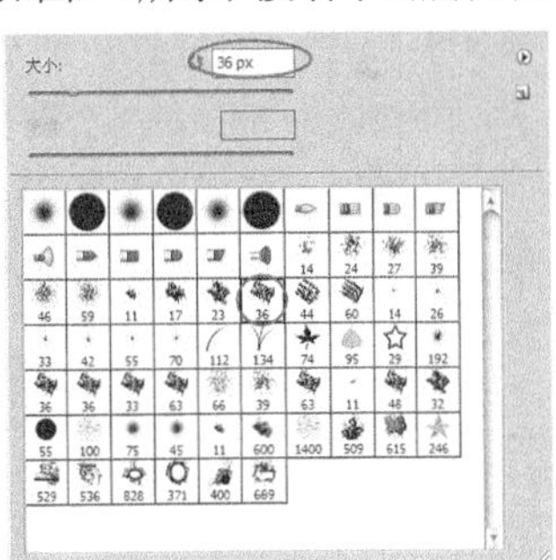

图 9-8

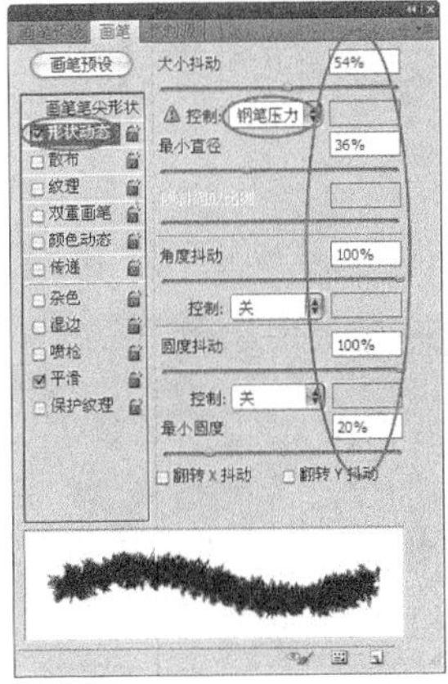

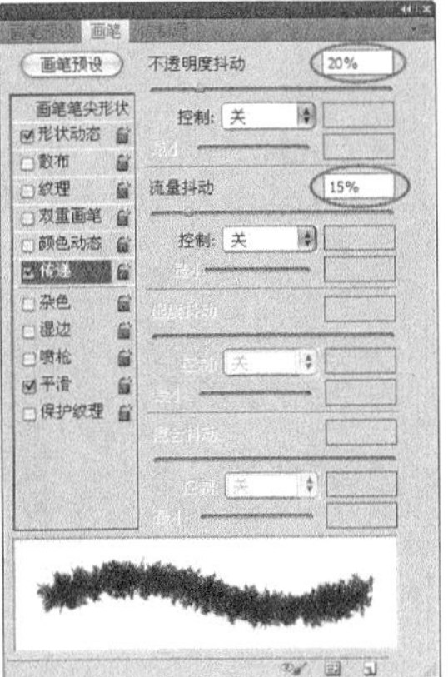

图 9-9

图 9-10

02 单击“画笔笔尖形状”，具体参数设置如图9-11所示；然后勾选“纹理”“双重画笔”和“平滑”选项，设置完毕后在绘图区域中绘制出底纹，接着使用“加深工具”和“减淡工具”对“图层1”进行如图9-12所示的处理。

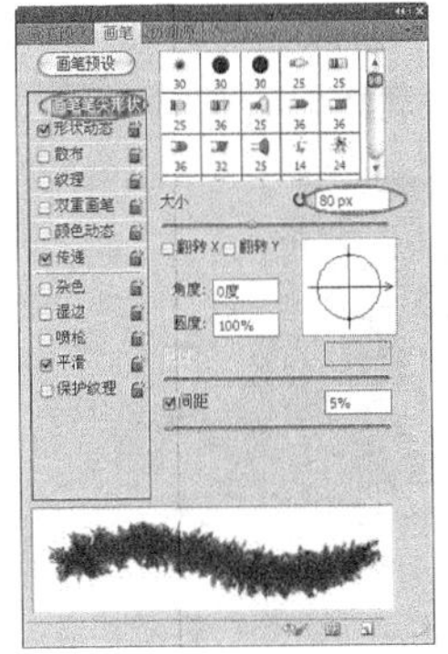

图 9-11

图 9-12

技巧与提示

使用“画笔工具”绘制底纹时，为了使效果更自然，涂抹不同地方需要设置不同的“不透明度”，画笔“大小”也需要随时调整。

03 显示“图腾副本”，将其拖曳到绘图区域中如图9-13所示的位置；然后载入“图层1”的选区，并按Ctrl+Shift+I组合键反选选区，接着删除选区中的图像，最后设置图层“图腾副本”的“混合模式”为“明度”，效果如图9-14所示。

图 9-13

图 9-14

04 显示“图腾副本2”，将其拖曳到绘图区域中如图9-15所示的位置；然后载入“图层1”的选区，并按Ctrl+Shift+I组合键反选选区，接着删除选区中的图像，最后设置图层“图腾副本2”的“混合模式”为“明度”，效果如图9-16所示。

图 9-15

图 9-16

05 显示“图腾副本3”，将其拖曳到绘图区域中如图9-17所示的位置；然后载入“图层1”的选区，并按Ctrl+Shift+I组合键反选选区，接着删除选区中的图像，最后设置图层“图腾副本3”的“混合模式”为“明度”，效果如图9-18所示。

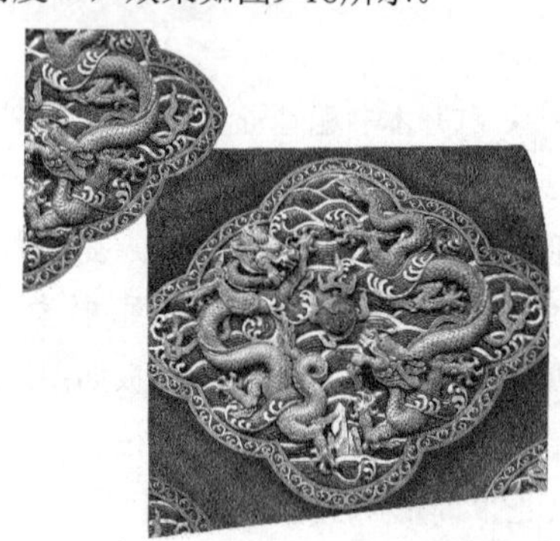

图 9-17

图 9-18

06 显示“图腾副本4”，将其拖曳到绘图区域中如图9-19所示的位置；然后载入“图层1”的选区，并按Ctrl+Shift+I组合键反选选区，接着删除选区中的图像，最后设置图层“图腾副本4”的“混合模式”为“明度”，效果如图9-20所示。

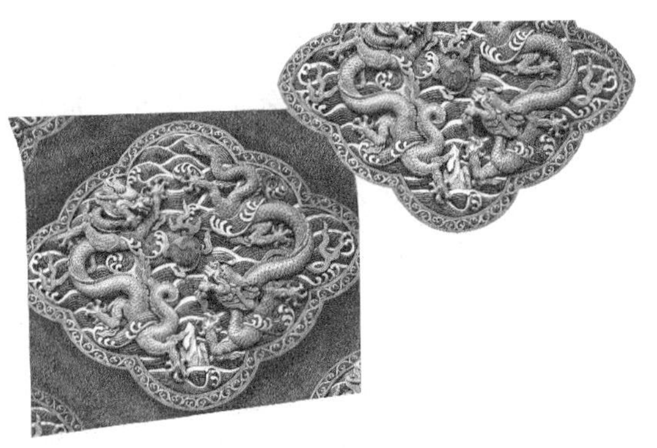

图 9-19

图 9-20

07 创建一个新图层“亮光带”，然后使用“矩形选框工具”在绘图区域中绘制一个如图9-21所示的矩形选区。

图 9-21

08 按Shift+F6组合键打开“羽化选区”对话框，设置“半径”为50像素，效果如图9-22所示。

图 9-22

09 设置前景色（R:142、G:64、B:55），然后用前景色填充选区，效果如图9-23所示。

图 9-23

10 按Ctrl+T组合键对图像进行如图9-24所示的变形，然后设置图层的混合模式为“线性减淡”，接着将“不透明度”为设置为60%，效果如图9-25所示。

图 9-24

图 9-25

9.1.3 制作中心信息栏

01 创建一个新图层“边框花纹”，然后使用“钢笔工具”在绘图区域中绘制一个如图9-26所示的路径。

02 设置前景色（R:182、G:134、B:84），然后单

击“路径”下面的“用前景色填充路径”按钮，效果如图9-27所示。

图 9-26

图 9-27

03 按D键还原前景色和背景色，然后执行“编辑>描边”菜单命令打开“描边”对话框，具体参数设置如图9-28所示，描边效果如图9-29所示。

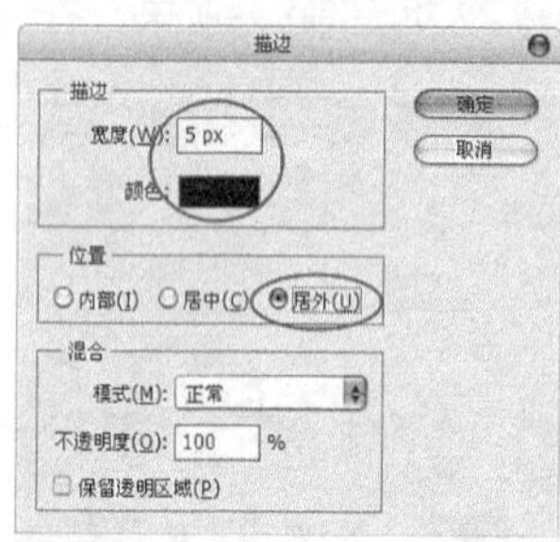

图 9-28

图 9-29

04 复制一个新图层“边框花纹副本”到如图9-30所示的位置；然后执行“编辑>变换>水平翻转”菜单命令，接着按Ctrl+T组合键对图像进行如图9-31所示的变形。

图 9-30

图 9-31

05 确定“边框花纹”为当前层，然后执行“滤镜>渲染>光照效果”菜单命令，打开“光照效果”对话框，并将光照控制点调整到如图9-32所示的位置；接着设置光照颜色（R:232、G:200、B:25），最后设置其他参数，效果如图9-33所示。

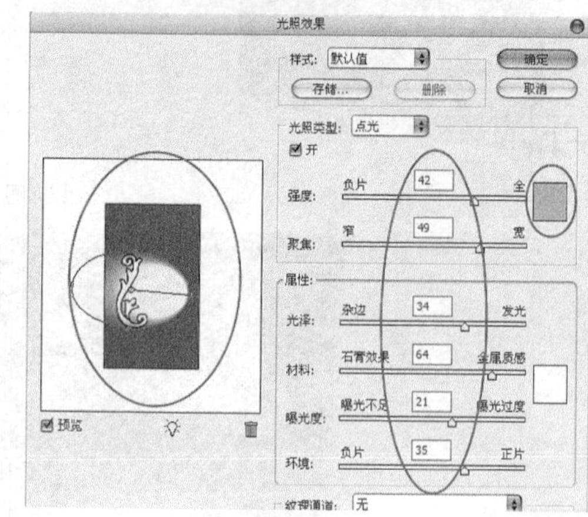

图 9-32

图 9-33

06 确定“边框花纹副本”为当前层，然后执行“滤镜>渲染>光照效果”菜单命令，打开“光照效果”对话框，接着将光照控制点调整到如图9-34所示的位置；其他参数保持上一步的设置，效果如图9-35所示。

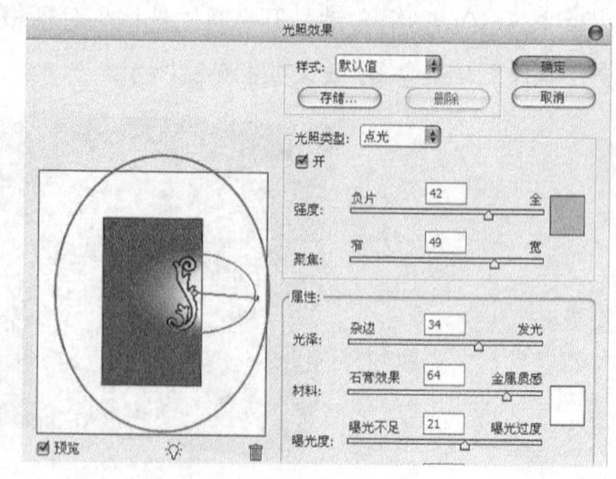

图 9-34

图 9-35

07 创建一个新图层line，然后使用“矩形选框工具”在绘图区域中绘制一个如图9-36所示的矩形选区。

图 9-36

08 设置前景色（R:36、G:17、B:6），并用前景色填充选区，然后按Ctrl+T组合键对图像进行如图9-37所示的变形。

图 9-37

09 执行“滤镜>渲染>光照效果”菜单命令，打开“光照效果”对话框，然后将光照控制点调整到如图9-38所示的位置，接着分别设置光照颜色和环境色（R:99、G:9、B:9和R:123、G:8、B:8）；最后设置其他参数，效果如图9-39所示。

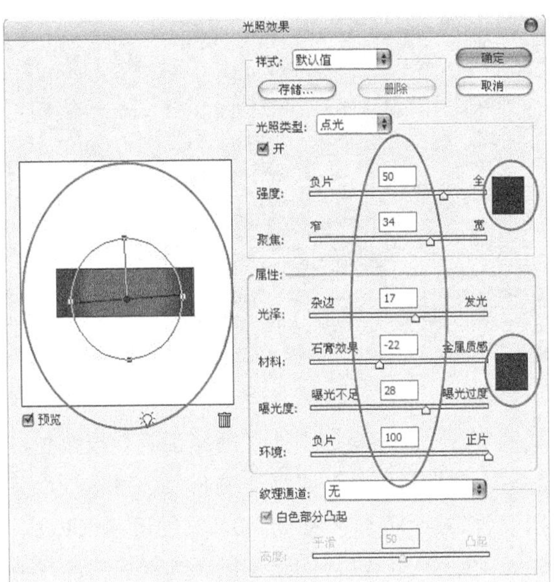

图 9-38

图 9-39

10 确定图层line为当前层，然后复制出一个新图层“line副本”到如图9-40所示的位置。

图 9-40

11 创建一个新图层BG，将其拖曳到图层“边框花纹”的下一层，然后使用“多边形套索工具”沿着边框花纹的走向勾选出一个如图9-41所示的选区。

图 9-41

⑫ 单击“工具箱”中的“渐变工具”按钮，然后在属性栏中打开“渐变编辑器”对话框，分别设置第1个色标（位置为0%）的颜色（R:4、G:2、B:1）和第2个色标（位置为50%）的颜色（R:91、G:162、B:74），接着将该色标左右两边的“菱形”小按钮往两边拖曳，使其中间的色调分布更广些，并设置第3个色标（位置为100%）的颜色（R:4、G:2、B:1），如图9-42所示。最后在选区中与上边框平行的方向从左到右拉出渐变，效果如图9-43所示。

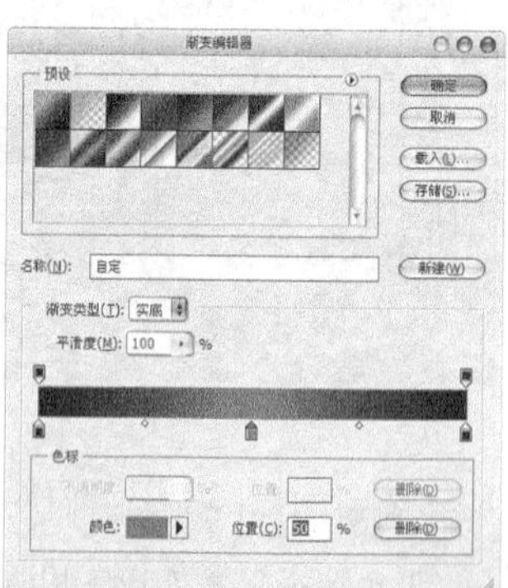

图 9-42

图 9-43

⑬ 确定图层BG为当前层，载入图层“边框花纹”的选区，然后按住Ctrl+Shift组合键的同时载入图层“边框花纹副本”、line和“line副本”的选区，接着删除选区中的图像，效果如图9-44所示。

图 9-44

⑭ 单击“图层”面板下面的“添加图层样式”按钮，然后在弹出的菜单中选择“内发光”命令，接着在弹出的“图层样式”对话框中单击“杂色”下面的“设置发光颜色”按钮打开“拾色器”对话框，最后设置发光颜色（R:145、G:83、B:19），具体参数设置如图9-45所示，添加图层样式后的效果如图9-46所示。

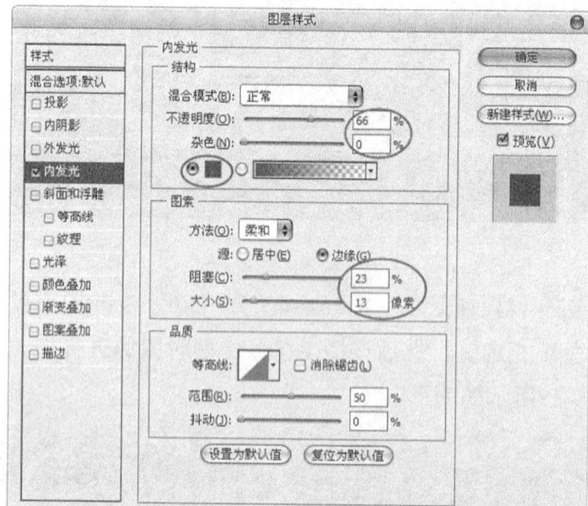

图 9-45

图 9-46

9.1.4 制作巧克力文字特效

01 单击“工具箱”中的“横排文字工具”按钮T，在属性栏中设置字体为“方正粗倩简体”，字体“大小”为32点，消除锯齿的方法为“锐利”，文本颜色为“白色”，然后在绘图区域中输入文字“巧克力”，效果如图9-47所示。

图 9-47

02 在文字图层“巧克力”的缩览图右侧空白处单击鼠标右键，然后在弹出的菜单中选择“栅格化文字”命令，接着按Ctrl+T组合键将其旋转到合适的角度，效果如图9-48所示。

图 9-48

03 载入图层“巧克力”的选区，然后执行“选择>修改>扩展”菜单命令打开“扩展”对话框，并设置“扩展量”为5像素，效果如图9-49所示。

图 9-49

04 按住Ctrl键的同时创建一个新图层“巧克力扩展”，此时系统会自动将该图层置于图层“巧克力”之下，然后设置前景色为白色，接着用前景色填充选区，效果如图9-50所示。

图 9-50

05 执行“滤镜>扭曲>波纹”菜单命令打开“波纹”对话框，具体参数设置如图9-51所示，效果如图9-52所示。

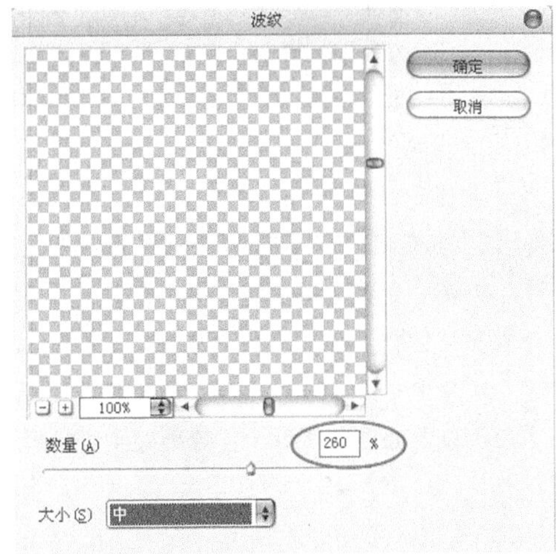

图 9-51

图 9-52

06 单击“图层”面板下面的“添加图层样式”按钮 fx. ，然后在弹出的菜单中选择“斜面和浮雕”命令，接着在弹出的“图层样式”对话框中设置“斜面和浮雕”的具体参数，如图9-53所示，添加图层样式后的效果如图9-54所示。

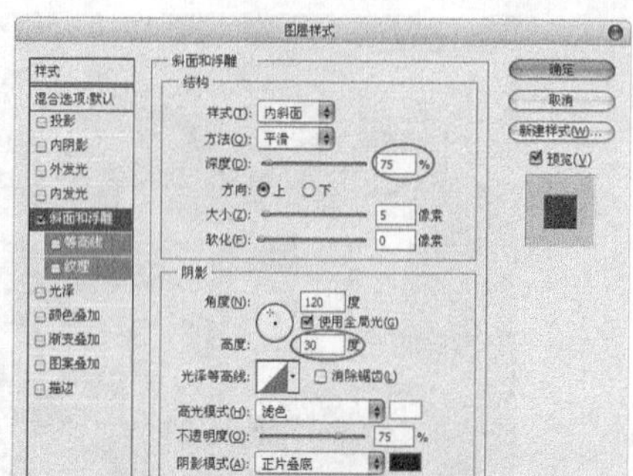

图 9-53

图 9-54

07 按住Ctrl键的同时单击“创建新图层”按钮，并按Ctrl+E组合键将新建的图层与图层“巧克力扩展”合并，然后将合并后的图层更名为“巧克力扩展2”，接着执行“图像>调整>亮度/对比度”菜单命令，打开“亮度/对比度”对话框，具体参数设置如图9-55所示，效果如图9-56所示。

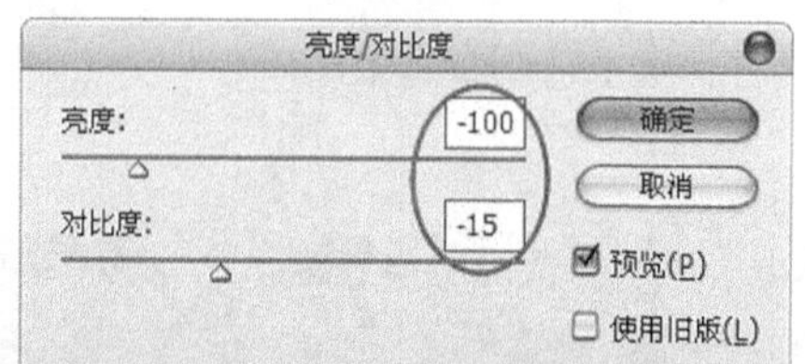

图 9-55

图 9-56

技巧与提示

如果对一个图层添加了“图层样式”，要直接在该图层上更改颜色，就必须另外新建一个图层与之合并后才行。

08 按Ctrl+U组合键打开“色相/饱和度”对话框，具体参数设置如图9-57所示，效果如图9-58所示。

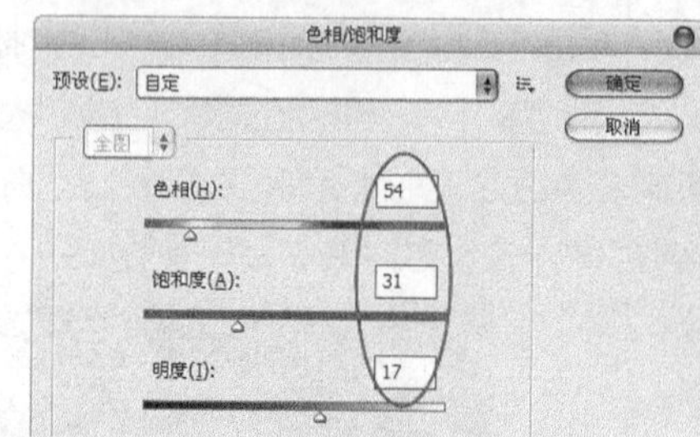

图 9-57

图 9-58

09 单击“图层”面板下面的“添加图层样式”按钮，然后在弹出的菜单中选择“颜色叠加”命令，接着在弹出的“图层样式”对话框中设置叠加颜色（R:193、G:131、B:131），具体参数设置如图9-59所示，添加图层样式后的效果如图9-60所示。

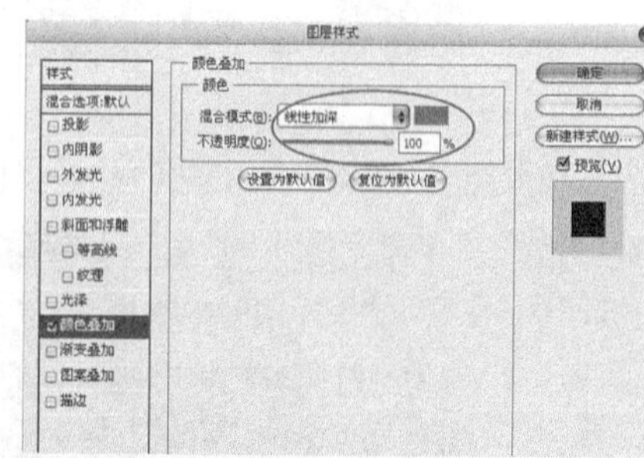

图 9-59

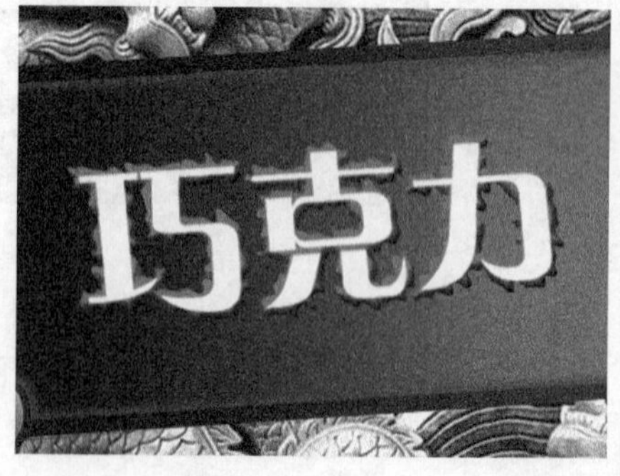

图 9-60

技巧与提示

先添加“斜面和浮雕”后更改颜色，再通过“颜色叠加”更改整体颜色，这样是为了使颜色更有层次感，更鲜艳。

10 确定图层“巧克力”为当前层，然后单击“图层”面板下面的“添加图层样式”按钮 fx.，并在弹出的菜单中选择“斜面和浮雕”命令，接着在弹出的“图层样式”对话框保持“斜面和浮雕”的默认值，并单击“颜色叠加”样式，最后设置叠加颜色（R:138、G:51、B:51），具体参数设置如图9-61所示，添加图层样式后的效果如图9-62所示。

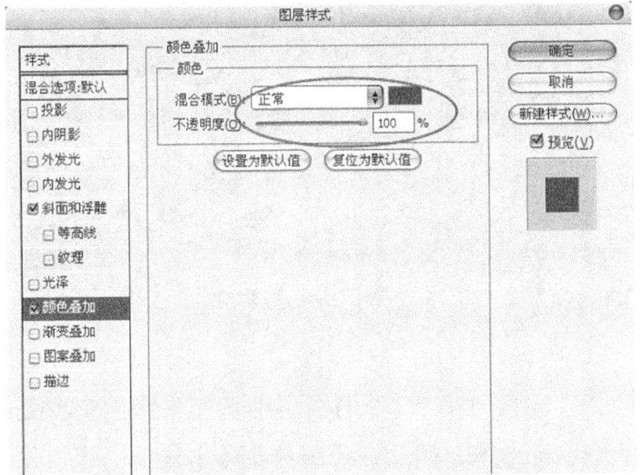

图 9-61

图 9-62

11 执行“滤镜>扭曲>波纹”菜单命令打开“波纹”对话框，并设置“数量”为50%，效果如图9-63所示。

图 9-63

9.1.5 制作槟榔文字特效

01 单击“工具箱”中的“横排文字工具”按钮 T，在属性栏中设置字体为“方正粗倩简体”，字体“大小”为44点，消除锯齿的方法为“锐利”，字体颜色为“白色”，然后在绘图区域中输入文字“槟榔”，效果如图9-64所示。

图 9-64

02 按Ctrl+T组合键对文字图层“槟榔”进行如图9-65所示的变形。

图 9-65

03 单击“图层”面板下面的“添加图层样式”按钮 fx.，然后在弹出的菜单中选择“外发光”命令，接着在弹出的“图层样式”对话框中设置“外发光”样式的具体参数，如图9-66所示。

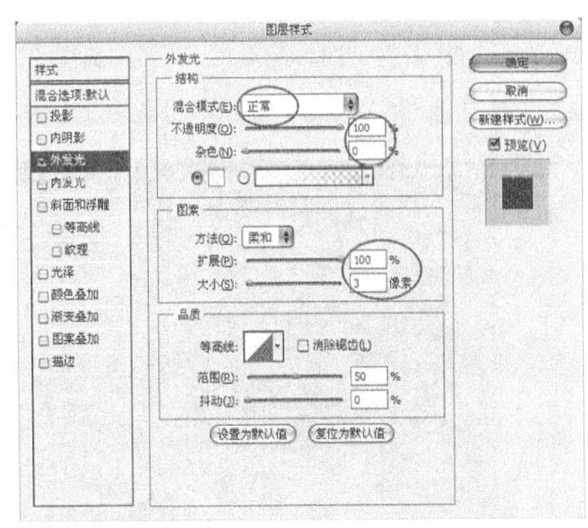

图 9-66

04 单击“图案叠加”样式，然后单击“图案”右侧的“图案拾色器”按钮打开“拾色器”对话框，并单击右侧的三角形按钮，接着在弹出的菜单中选择“自然图案”，最后在“拾色器”对话框中选择“黄菊”图案，具体参数设置如图9-67所示，添加图层样式后的效果如图9-68所示。

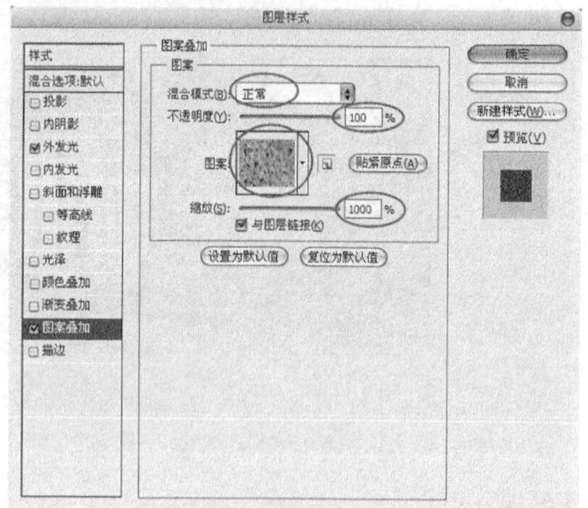

图 9-67

图 9-68

05 使用“横排文字工具”在文字“巧克力”的下面输入“巧克力槟榔”的英文名称Chocolate Areca（图层样式的添加与“巧克力”相同），然后再对其添加“投影”样式，效果如图9-69所示。

图 9-69

9.1.6 制作印章标志

01 设置前景色（R:110、G:40、B:40），然后单击“工具箱”中的“圆角矩形工具”按钮，并单击属性栏中的“形状图层”按钮，接着设置“半径”为10px，并在绘图区域中绘制一个如图9-70所示的圆角矩形，此时系统会自动生成一个新图层“形状1”。

图 9-70

02 在图层“形状1”的图层缩览图右侧的空白处单击鼠标右键，然后在弹出的菜单中选择“栅格化图层”命令，接着按Ctrl+T组合键对图像进行如图9-71所示的变形。

图 9-71

03 执行“滤镜>杂色>添加杂色”菜单命令，打开“添加杂色”对话框，具体参数设置如图9-72所示，效果如图9-73所示。

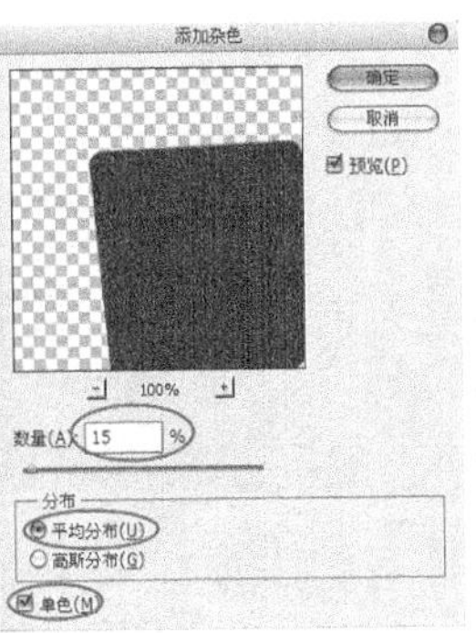

图 9-72　　图 9-73

04 载入图层“形状1”的选区，设置前景色为“白色”，然后执行“编辑>描边”菜单命令，打开“描边”对话框，具体参数设置如图9-74所示，效果如图9-75所示。

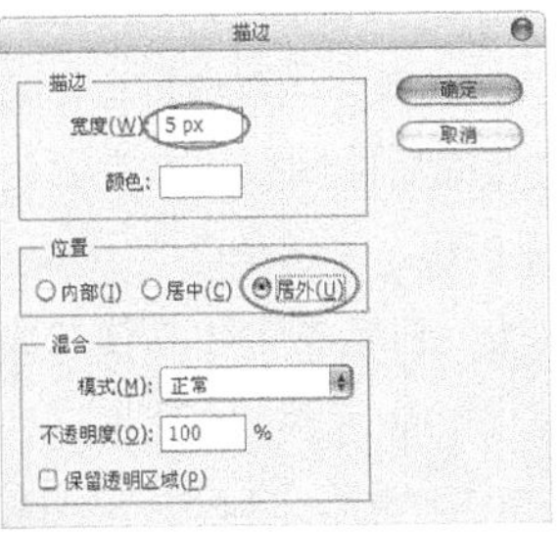

图 9-74　　图 9-75

05 在印章中输入文字“帝皇槟榔”，然后按Ctrl+T组合键变形文字，完成效果如图9-76所示。

图 9-76

9.1.7 制作挂标

01 设置前景色（R:133、G:0、B:0），然后单击“工具箱”中的“圆角矩形工具”按钮，接着单击属性栏中的“形状图层”按钮，设置“半径”为30px，最后在绘图区域中绘制如图9-77所示的圆角矩形，此时系统会自动生成一个新图层“形状2”。

图 9-77

02 在图层“形状2”的缩览图右侧的空白处单击鼠标右键，然后在弹出的菜单中选择“栅格化图层”，接着按Ctrl+T组合键将图像逆时针旋转一定角度，如图9-78所示。

图 9-78

03 执行“滤镜>渲染>光照效果”菜单命令打开“光照效果”对话框，然后将光照控制点调整到如图9-79所示的位置，接着设置光照颜色（R:255、G:255、B:0），最后设置其他参数，效果如图9-80所示。

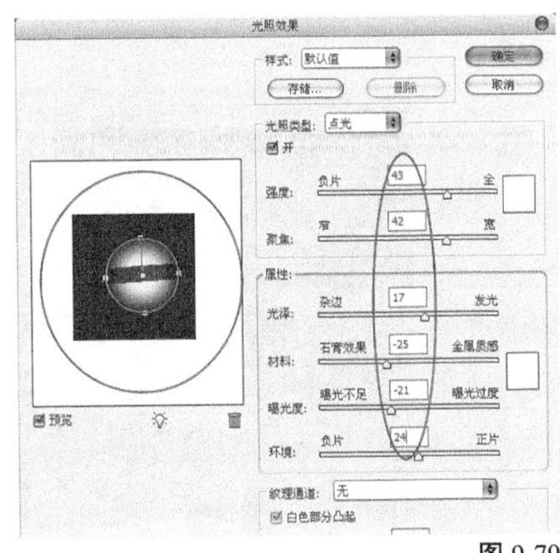

图 9-79

图 9-80

04 使用“加深工具”在上下边缘部分反复涂抹以加深上下边缘，效果如图9-81所示。

图 9-81

05 设置前景色为白色，然后执行“编辑>描边”菜单命令，打开“描边”对话框，具体参数设置如图9-82所示，效果如图9-83所示。

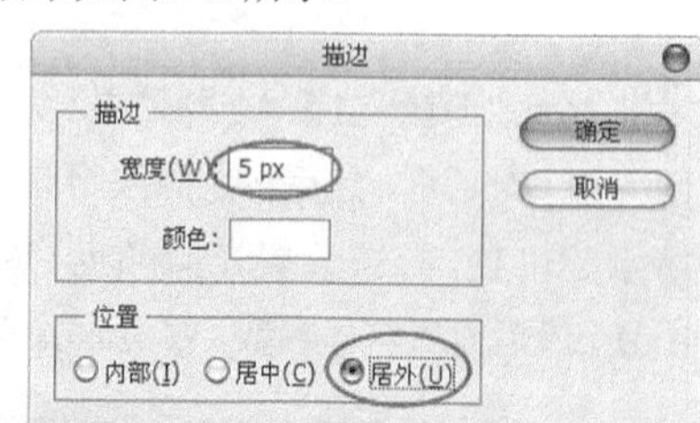

图 9-82

图 9-83

06 使用“横排文字工具”在“挂标”中输入“海南特产”4个字，效果如图9-84所示。

图 9-84

07 按Ctrl+T组合键合并图层BG、“边框花纹”“边框花纹副本”、line、“line副本”“形状2”，以及制作“巧克力”“槟榔”“海南特产”文字使用到的所有图层，将合并后的图层更名为“信息栏”，然后设置前景色为白色，接着执行“编辑>描边”菜单命令打开“描边”对话框中，具体参数设置如图9-85所示，效果如图9-86所示。

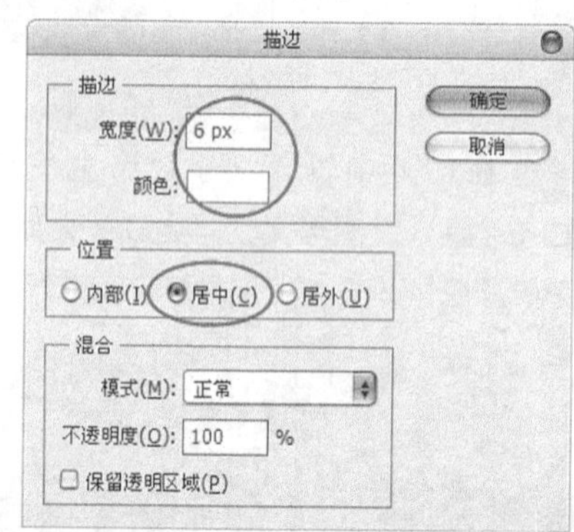

图 9-85

图 9-86

9.1.8 制作绳索

01 创建一个新图层"绳索穿洞"，使用"椭圆选框工具"在绘图区域中绘制一个如图9-87所示的椭圆形选区。

图 9-87

02 按Shift+F6组合键打开"羽化选区"对话框，然后设置"半径"为5像素，接着设置前景色为"黑色"，最后用前景色填充选区，效果如图9-88所示。

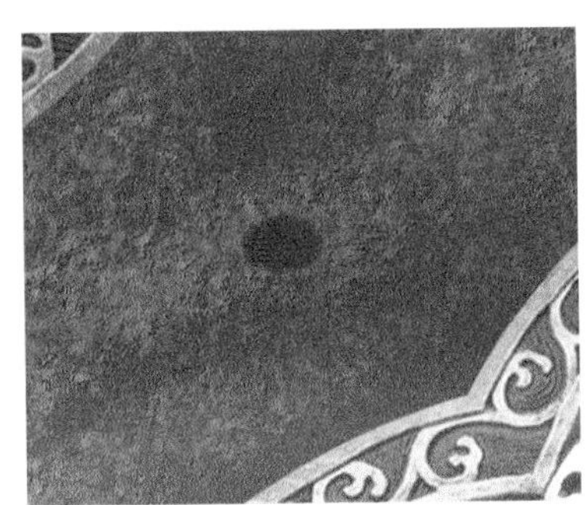

图 9-88

03 创建一个新图层"绳索"，然后使用"钢笔工具"在绘图区域中绘制一个如图9-89所示的路径。

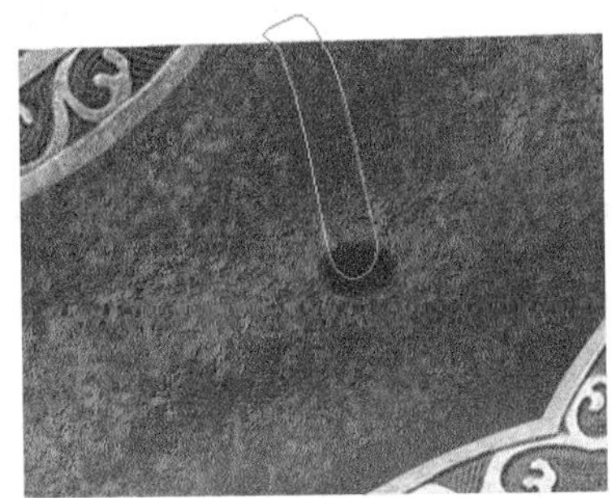

图 9-89

04 设置前景色（R:208、G:143、B:83），然后单击"路径"面板下面的"用前景色填充路径"按钮，接着使用"加深工具"和"模糊工具"将"绳索"处理成如图9-90所示的效果。

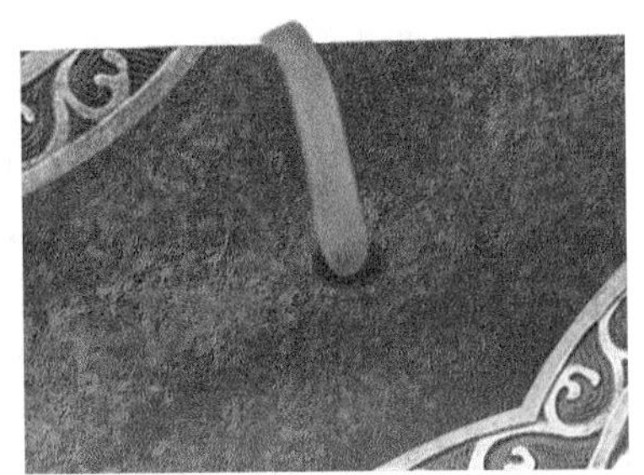

图 9-90

05 采用相同的方法制作出另外一根"绳索穿洞"和"绳索"，完成后的效果如图9-91所示。

图 9-91

9.1.9 制作包装袋的侧面效果

01 创建一个新图层"侧面BG"，将其拖曳到背景图层的上一层，然后使用"钢笔工具"在绘图区域中绘制一个如图9-92所示的路径。

图 9-92

02 设置前景色（R:95、G:51、B:41），然后单击"路径"面板下面的"用前景色填充路径"按钮，接着使用"加深工具"将其处理成如图9-93所示的效果。

03 创建一个新图层"上侧面BG"，将其拖曳到图层"侧面BG"的下一层，然后使用"钢笔工具"绘制一个如图9-94所示的路径。

图 9-93

图 9-94

04 设置前景色（R:49、G:13、B:5），然后单击“路径”面板下面的“用前景色填充路径”按钮，接着使用“加深工具”将其处理成如图9-95所示的效果。

图 9-95

05 载入“图层1”（包装袋正面）的选区，创建一个新图层“边条”，然后设置前景色（R:72、G:24、B:14），接着执行“编辑>描边”菜单命令打开“描边”对话框，具体参数设置如图9-96所示，效果如图9-97所示。

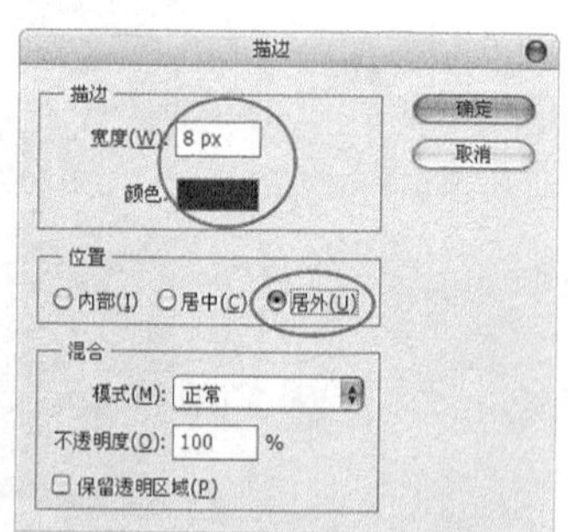

图 9-96

图 9-97

06 使用“多边形套索工具”将上边缘多余的线条勾选出来（注意转角地方要勾选圆滑一些），然后删除选区中的图像，效果如图9-98所示。

图 9-98

07 单击“图层”面板下面的“添加图层样式”按钮，然后在弹出的菜单中选择“投影”命令，接着在弹出的“图层样式”对话框中设置“距离”为2像素，“大小”为3像素，最后单击“斜面和浮雕”样式，具体参数设置如图9-99所示，添加图层样式后的效果如图9-100所示。

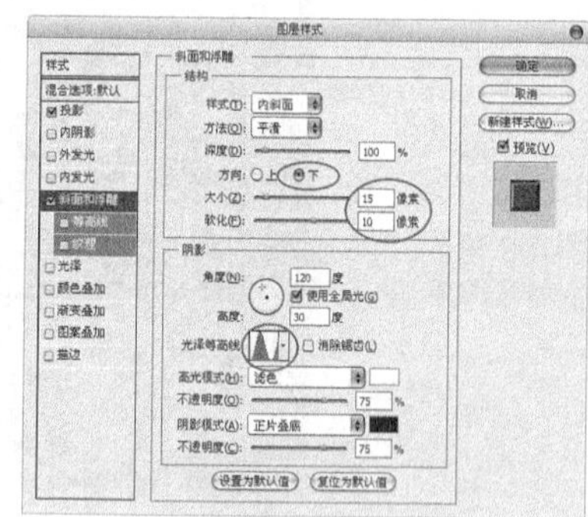

图 9-99

图 9-100

08 按Ctrl+E组合键合并图层“侧面BG”和“上侧面BG”，然后将合并后的图层更名为“包装侧面”，并载入该图层的选区，创建一个新图层“侧面边框线”，接着设置前景色（R:72、G:24、B:14），并执行“编辑>描边”菜单命令打开“描边”对话框，具体参数设置如图9-101所示，效果如图9-102所示。

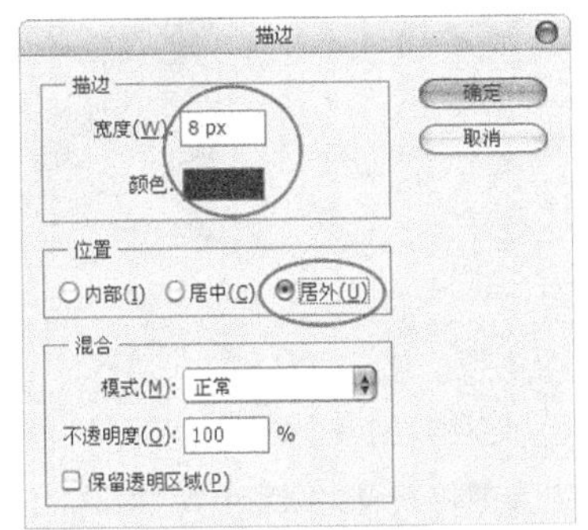

图 9-101

图 9-102

09 在图层“边条”缩览图右侧的空白处单击鼠标右键，然后在弹出的菜单中选择“拷贝图层样式”命令，接着在图层“侧面边框线”缩览图右侧的空白处单击鼠标右键，并在弹出的菜单中选择“粘贴图层样式”命令，效果如图9-103所示。

图 9-103

9.1.10 制作糖果

01 创建一个新图层“糖果侧面一半”，使用“钢笔工具”在绘图区域中绘制一个如图9-104所示的路径。

02 设置前景色（R:78、G:18、B:7），然后单击“路径”面板下面的“用前景色填充路径”按钮，效果如图9-105所示。

03 复制“糖果侧面一半”图层，然后执行“编辑>变换>垂直翻转”菜单命令，接着将该图形垂直往下拖曳到如图9-106所示的位置。最后按Ctrl+E组合键合并“糖果侧面一半”和“糖果侧面一半副本”图层，并将合并后的图层更名为“糖果右侧面”。

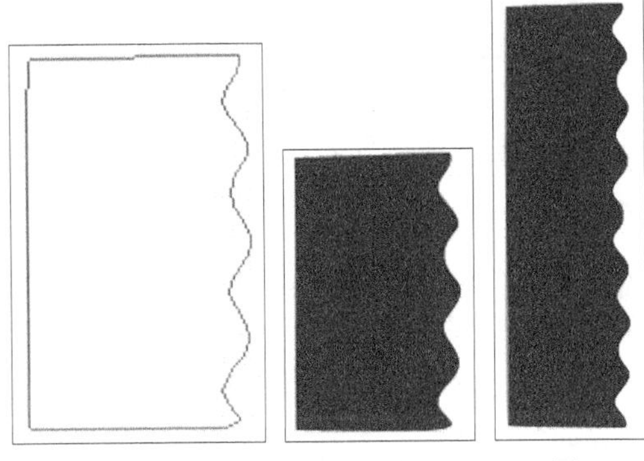

图 9-104　　图 9-105　　图 9-106

04 创建一个新图层“纹理”，然后使用“矩形选框工具”绘制一个如图9-107所示的矩形选区；接着执行“选择>修改>羽化”菜单命令，打开“羽化选区”对话框，并设置“羽化半径”为2像素，前景色（R:124、G:42、B:17）；最后用前景色填充选区，效果如图9-108所示。

05 确定图层“纹理”为当前层，复制出7个“纹理副本”，然后按Ctrl+T组合键对每个副本进行如图9-109所示的变形。

06 按Ctrl+E组合键合并制作“纹理”所用到的所有图层，并将合并后的图层更名为“多条纹理”，然后载入图层“糖果右侧面”的选区，并按Ctrl+Shift+I组合键反选选区，最后删除选区中的图像，效果如图9-110所示。

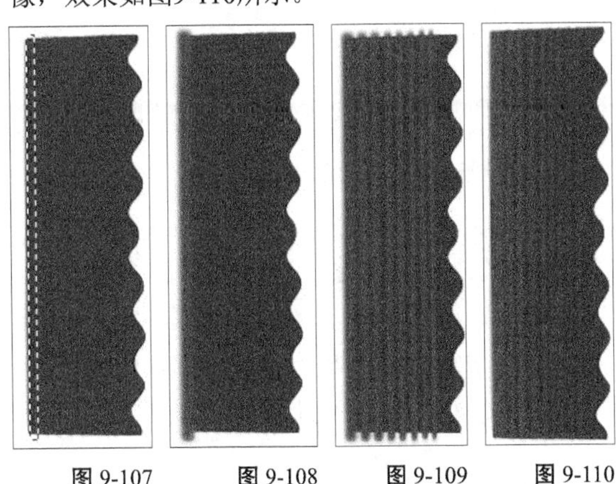

图 9-107　　图 9-108　　图 9-109　　图 9-110

技巧与提示

边缘部分可以根据实际制作出来的效果再使用“加深工具”进行简单的处理。

07 同时选中上面一张图像中所在的所有图层，按Ctrl+E组合键合并制作“糖果右侧面”和“纹理”的所有图层，并将合并后的图层更名为“糖果侧面效果”，然后复制一个新图层“糖果侧面效果副本”左边的适当位置，接着执行“编辑>变换>水平翻转”菜单命令，效果如图9-111所示。

08 创建一个新图层“糖果正面”，然后将其拖曳到图层“糖果侧面效果”的下一层，接着使用“钢笔工具”在绘图区域中绘制一个如图9-112所示的路径。

图 9-111

图 9-112

09 设置前景色（R:166、G:102、B:57），然后单击“路径”面板下面的“用前景色填充路径”按钮，效果如图9-113所示。

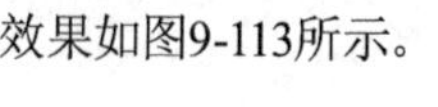

图 9-113

10 使用“加深工具”、“减淡工具”和“画笔工具”将“糖果”的正面处理成立体效果，如图9-114所示。

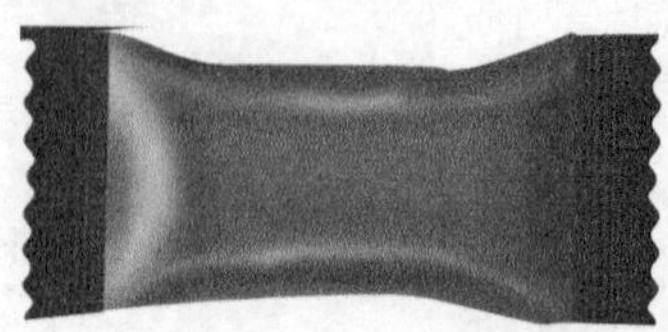

图 9-114

11 按Ctrl+E组合键合并“包装袋”中的所有信息图层，然后复制一个副本到“糖果”正面上，接着按Ctrl+T组合键将其等比例缩小到如图9-115所示的大小。

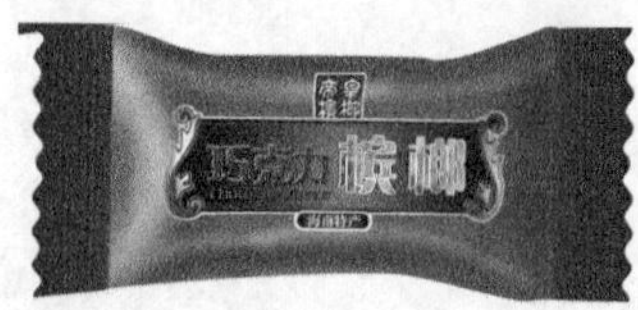

图 9-115

12 添加一张“红绸”素材图片使用画面更加美观，然后添加“玉玺”图片以突出“帝皇槟榔”的尊贵，最终完成效果如图9-116所示。

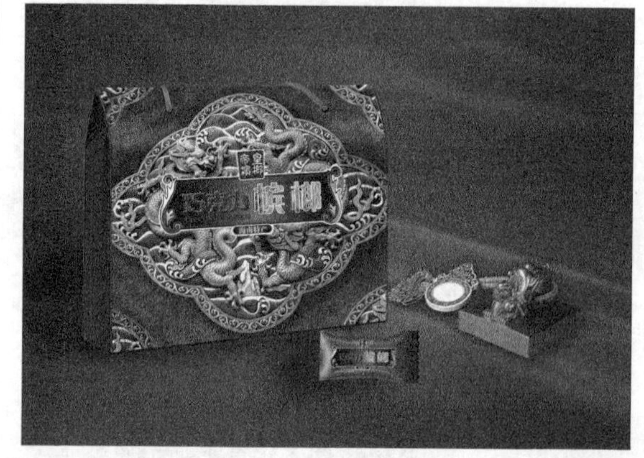

图 9-116

9.2 课堂案例——饮品包装

案例位置	案例文件>CH09>课堂案例——饮品包装.psd
视频位置	多媒体教学>CH09>课堂案例——饮品包装.flv
难易指数	★★★★☆
学习目标	学习“矩形选框工具”和“多边形套索工具”等的使用

不管从市场销售情况还是消费者认同情况都证明了绿色始终是茶叶的灵魂之一，其他颜色都无法替代。由于“绿螺春”具有悠久的历史，所以包装盒封盖上加入了一幅古典中国画。总之，整体界面设计追求的是利用现代包装体现出古典的气息。饮品包装的最终效果如图9-117所示。

图 9-117

相关知识

茶叶、咖啡和可可公认是世界上的三大饮品，茶叶在中国更是历史悠久，因为我国是茶叶的故乡。在茶叶包装设计中需要掌握以下3点。

第1点：主题要简明，重点要突出。

第2点：文字和图画的排列要根据面积大小和形状特征而定，同时要注意文字与画面的协调性。

第3点：包装上要有茶叶的商标、名称、产地、品质特征和净重。

核心步骤

① 使用“矩形选框工具”和“多边形套索工具”等制作出“包装盒”立体模型的大致轮廓，然后填充不同的颜色。

② 处理好“国画”图片后，将其加入到“封盖”中，再调节其大小和形状。

③ 绘制出“封盖”右侧部分背景图案的基本元素，再以此扩充出整个背景花纹。

④ 制作出“茶”的底纹，再使用“钢笔工具”绘制出“茶”字的路径，然后填充颜色，最后对其添加“图层样式”。

⑤ 制作出“边花”的基本元素，再以此扩充到整条边框中，然后加入到“包装盒”上。

⑥ 使用“多边形套索工具”勾选出“包装盒”需要添加立体效果的地方，然后填充不同的颜色。

⑦ 在封盖上添加相关文字信息以衬托整个界面。

9.2.1 制作立体轮廓效果

01 启动Photoshop CS5，新建一个“饮品包装”文件，具体参数设置为“宽度”25cm、“高度”17cm、“分辨率”300像素/英寸、“颜色模式”CMYK颜色，如图9-118所示。

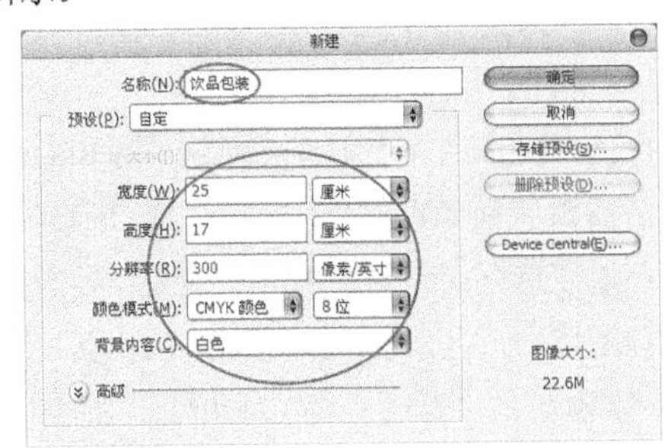

图 9-118

02 创建一个新图层“封盖轮廓”，然后使用“矩形选框工具”在绘图区域中绘制一个如图9-119所示的矩形选区。

图 9-119

03 设置前景色（R:191、G:191、B:191），然后用前景色填充选区，效果如图9-120所示，接着按Ctrl+T组合键对图形进行如图9-121所示的变形。

图 9-120

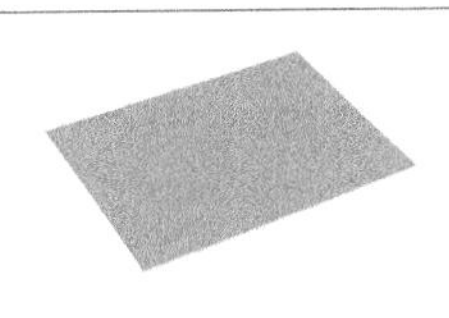

图 9-121

技巧与提示

由于Photoshop不是专业的制作三维效果的软件，如果对透视关系的把握不准的话可以使用三维软件将立体轮廓制作出来，再导入到Photoshop中照着勾画出轮廓，然后对其填充颜色就行了。

04 载入图层“封盖”的选区，然后按住Ctrl键的同时创建一个新图层，并将其更名为“封底”，接着设置前景色（R:101、G:108、B:48），最后用前景色填充选区，并将该图像向下移动到如图9-122所示的位置。

05 确定图层“封底”为当前层，按Ctrl+T组合键对其进行如图9-123所示的变形。

图 9-122

图 9-123

06 创建一个新图层“左侧”，将其拖曳到图层“封底”的上一层，然后使用“多边形套索工具”在绘图区域中勾选出一个如图9-124所示的选区。

07 设置前景色（R:124、G:130、B:69），然后用前景色填充选区，效果如图9-125所示。

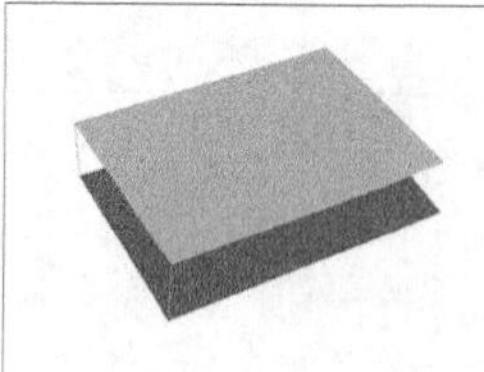

图 9-124

图 9-125

08 创建一个新图层“正侧”，将其拖曳到图层“封底”的上一层，然后使用“多边形套索工具”在绘图区域中勾选出一个如图9-126所示的选区。

图 9-126

技巧与提示

在勾选正面轮廓选区时，下边缘部分可稍微向“封底”内部收缩一些。

09 设置前景色（R:72、G:57、B:0），然后用前景色填充选区，效果如图9-127所示。

图 9-127

9.2.2 制作封盖图案效果

01 打开本书配套资源中的“素材文件>CH09>课堂案例——饮品包装>素材01.jpg”文件，然后单击“工具箱”中的“裁剪工具”按钮，拉出如图9-128所示的裁剪框，接着按Enter键即可将多余的部分裁剪掉，效果如图9-129所示。

图 9-128

图 9-129

02 按Ctrl+U组合键打开“色相/饱和度”对话框，具体参数设置如图9-130所示，效果如图9-131所示。

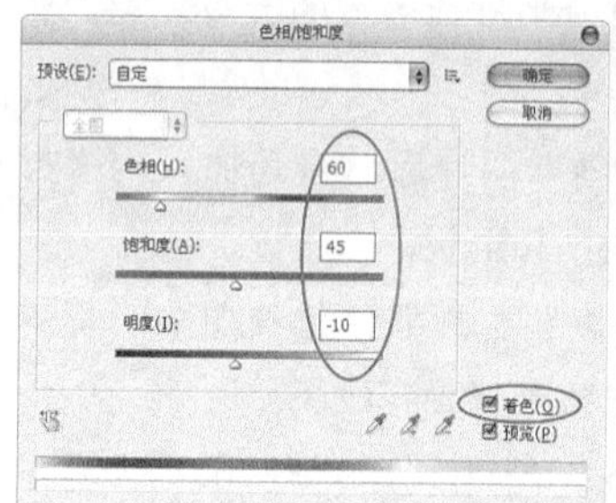

图 9-130

图 9-131

03 将处理好的“国画”图片拖曳到“饮品包装”的绘图区域中，然后将新生成的图层更名为“国画”，接着按Ctrl+T组合键对图像进行如图9-132所示的变形。

图 9-132

04 确定图层“封盖”为当前层，载图该图层的选区，然后设置前景色（R:216、G:222、B:150），并用前景色填充选区；接着确定图层“正侧”为当前层，并载入该图层的选区，再用前景色填充选区，最后设置图层“国画”的“不透明度”为50%，“混合模式”为“深色”，效果如图9-133所示。

图 9-133

9.2.3 制作封盖右侧底纹

01 新建一个文件，具体参数设置为“宽度”1800像素、“高度”1800像素、“分辨率”300像素/英寸、“颜色模式”CMYK颜色，如图9-134所示。

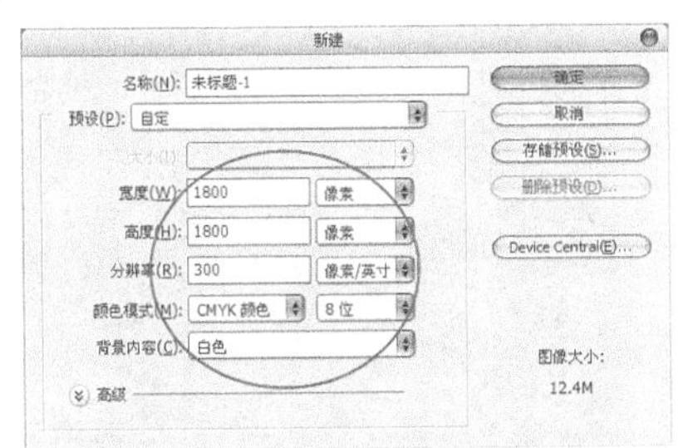

图 9-134

02 设置前景色为黑色，并用前景色填充背景图层，然后创建一个新图层“图层1”，并使用“椭圆选框工具”绘制出“底纹”的基本元素的选区，接着用白色填充这些选区，效果如图9-135所示，在绘图区域中的实际比例如图9-136所示。

图 9-135　图 9-136

03 按Ctrl+E组合键合并这些基本元素，然后将其复制出一排到绘图区域的上部，效果如图9-137所示。

04 按Ctrl+E组合键合并复制上一排图案所用到的所有图层，然后将其向下复制出一排，效果如图9-138所示。

图 9-137　图 9-138

05 采用上面的步骤复制出整个界面的图案，效果如图9-139所示，然后按Ctrl+E组合键合并除背景图层外的所有图层，接着将合并后的图层更名为“封盖花纹”。

06 将“封盖花纹”拖曳到“饮品包装”的绘图区域中如图9-140所示的位置，然后将新生成的图层更名为“封盖花纹”，接着将其拖曳到图层“国画”的下一层。

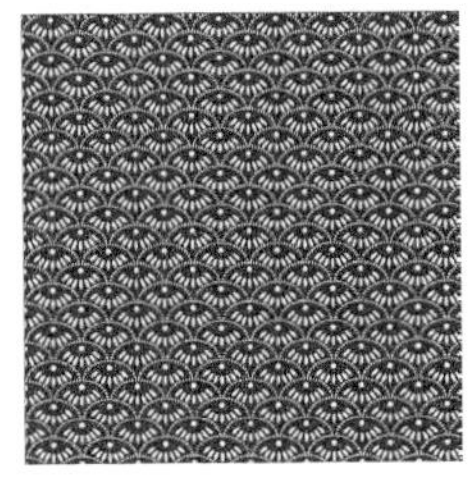

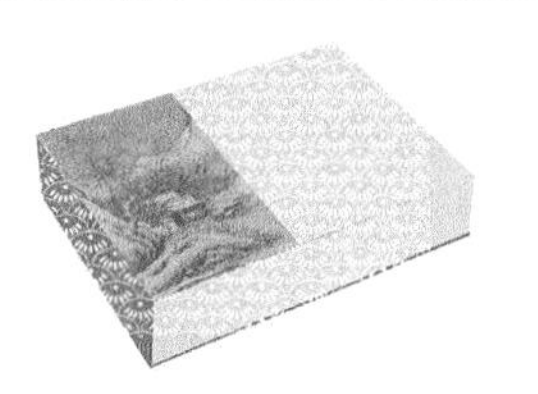

图 9-139　图 9-140

07 按Ctrl+T组合键先将“封盖花纹”等比例缩小，并对其进行如图9-141所示的变形，然后设置该图层的“不透明度”为60%，效果如图9-142所示。

图 9-141　图 9-142

08 将“封盖底纹”再次拖曳到“饮品包装”的绘图区域中，然后将新生成的图层更名为“正侧花纹”，接着按Ctrl+T组合键对其作如图9-143所示的变形，最后设置该图层的“不透明度”为50%。

图 9-143

09 确定图层“正侧花纹”为当前层，然后载入图层“正侧”的选区，接着按Ctrl+Shift+I组合键反选选区，最后按Delete删除选区中的内容，效果如图9-144所示。

10 载入图层“正侧”的选区，然后用设置前景色（R:136、G:143、B:58），接着用前景色填充选区，效果如图9-145所示。

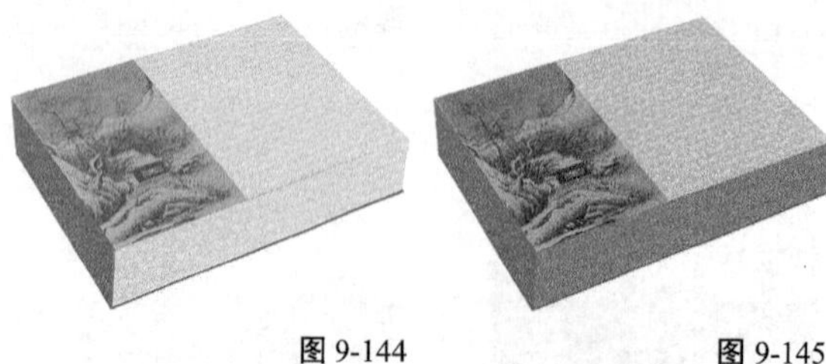

图 9-144　　图 9-145

9.2.4 制作茶特效

01 打开本书配套资源中的“素材文件>CH09>课堂案例——饮品包装>素材02.psd”文件，将其拖曳到绘图区域中，然后将新生成的图层更名为“茶图案”，接着按Ctrl+T组合键将图像等比例缩小到如图9-146所示的大小。

02 按住Ctrl键的同时创建一个新图层“茶图案BG”，然后使用“椭圆选框工具”在绘图区域中绘制一个如图9-147所示的圆形选区。

图 9-146　　图 9-147

03 设置前景色（R:107、G:98、B:76），用前景色填充选区，然后按Ctrl+E组合键合并图层“茶图案”和“茶图案BG”，接着将合并的图层更名为“茶底纹”，最后按Ctrl+T组合键对其进行如图9-148所示的变形。

04 单击“图层”面板下面的“添加图层样式”按钮 fx.，并在弹出的菜单中选择“投影”命令，然后在弹出的“图层样式”对话框中设置“距离”为9像素，“扩展”为2%，“大小”为13像素，添加“投影”样式后的效果如图9-149所示。

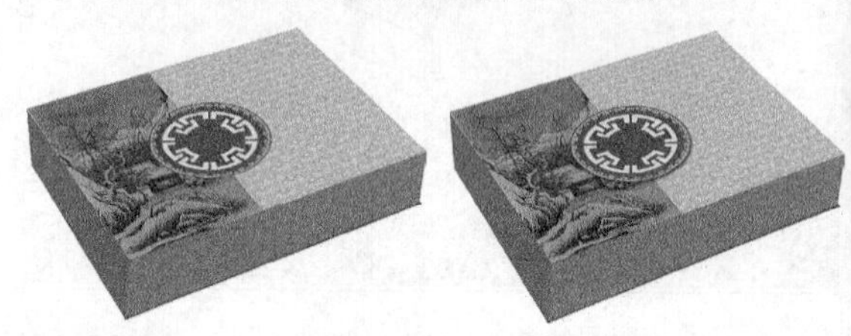

图 9-148　　图 9-149

05 创建一个新图层“茶”，然后使用“钢笔工具”在绘图区域中绘制“茶”字的路径，效果如图9-150所示。

图 9-150

06 设置前景色（R:206、G:166、B:64），切换到“路径”面板，然后单击该面板下面的“用前景色填充路径”按钮，效果如图9-151所示。

图 9-151

07 单击“图层”面板下面的“添加图层样式”按钮 fx.，然后在弹出的菜单中选择“投影”命令，接着在弹出的“图层样式”对话框中保持默认值，添加“投影”样式后的效果如图9-152所示。

图 9-152

9.2.5 制作包装盒边花

01 新建一个文件制作出“包装盒边花”，效果如图9-153所示。“包装盒边花”放大效果如图9-154所示。

图 9-153

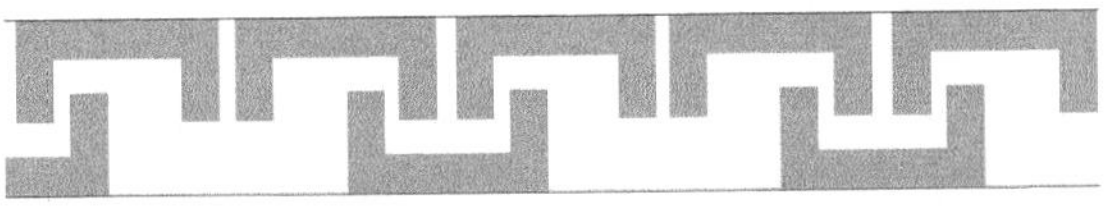

图 9-154

02 按Ctrl+E组合键合并制作“包装盒边花”的所有图层，然后将合并后的图层更名为“边花”，接着将其拖曳到“饮品包装”的绘图区域中，最后按Ctrl+T组合键对图像进行如图9-155所示的变形。

图 9-155

03 创建一个新图层“边花BG”，然后使用“多边形套索工具”在绘图区域中勾选出如图9-156所示的选区。

图 9-156

04 设置前景色（R:107、G:98、B:76），然后用前景色填充选区，效果如图9-157所示。

图 9-157

05 按Ctrl+E组合键合并图层“边花”和“边花BG”，然后将合并后的图层更名为“包装边花”，接着复制出3个“边花BG副本”，最后对3个副本作如图9-158所示的变形。

图 9-158

06 将图层“茶底纹”和“茶”各复制一个，然后将其拖曳到“包装盒”的正侧面，接着按Ctrl+T组合键对其进行如图9-159所示的变形。

图 9-159

9.2.6 制作左侧面内盒效果

01 创建一个新图层“左侧内盒”，然后将其拖曳到图层“左侧”的上一层，接着使用“多边形套索工具”在绘图区域中勾选出如图9-160所示的选区。最后设置前景色（R:158、G:165、B:78），并用前景色填充选区，效果如图9-161所示。

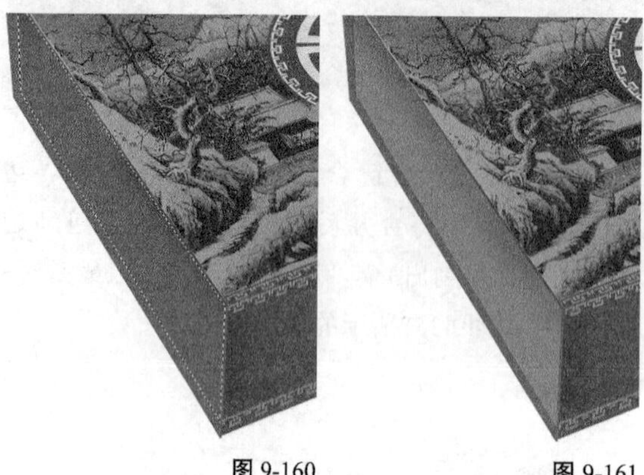

图 9-160　　图 9-161

技巧与提示

用前景色填充选区后，可使用“加深工具”在上边缘适当地涂抹以增强“包装盒”的立体感。

02 创建一个新图层“背侧暗调”，然后使用“多边形套索工具”在绘图区域中勾选出如图9-162所示的选区，接着设置前景色（R:71、G:74、B:44），最后用前景色填充选区，效果如图9-163所示。

图 9-162　　图 9-163

03 创建一个名为“左侧下部暗调”的新图层，然后将其拖曳到图层“左侧内盒”的下一层，并使用“多边形套索工具”在绘图区域中勾选出如图9-164所示的选区，接着设置前景色（R:82、G:88、B:38），最后用前景色填充选区，效果如图9-165所示。

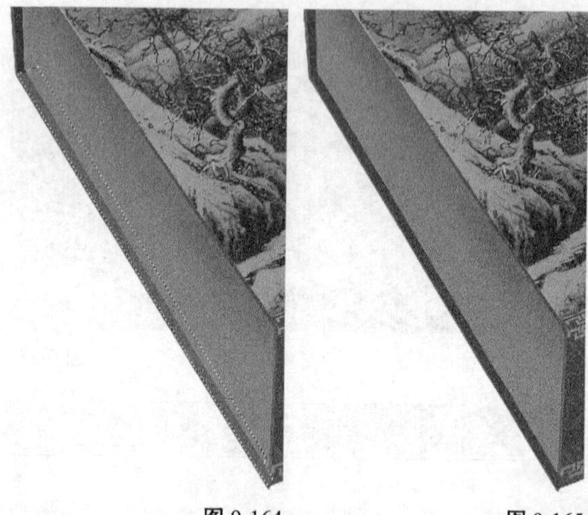

图 9-164　　图 9-165

04 创建一个新图层“正侧暗调”，然后将其拖曳到图层“正侧”的上一层，并使用“多边形套索工具”在绘图区域中勾选出如图9-166所示的选区，接着设置前景色（R:50、G:59、B:28），最后用前景色填充选区，效果如图9-167所示。

图 9-166

图 9-167

05 创建一个新图层“正侧边线”，然后使用“多边形套索工具”在绘图区域中勾选出如图9-168所示的选区，接着设置前景色（R:0、G:5、B:0），最后用前景色填充选区，效果如图9-169所示。

图 9-168

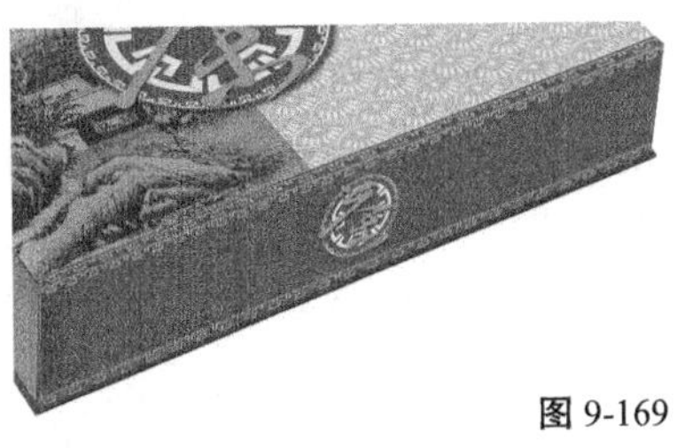

图 9-169

06 在“封盖”上添加其他图片和相关文字信息，最终完成效果如图9-170所示。

图 9-170

9.3 课堂案例——酒水包装

案例位置 案例文件>CH09>课堂案例——酒水包装.psd
视频位置 多媒体教学>CH09>课堂案例——酒水包装.flv
难易指数 ★★★★☆
学习目标 学习滤镜、“渐变工具”和“自由变换”功能的使用

在制作红酒包装前应当对红酒文化有一定的了解，这样对后期设计是有很大帮助的。本案例将制作一套红酒的包装设计，包括瓶贴、外包装和手提袋。红酒包装的最终效果如图9-171所示。

图 9-171

相关知识

红酒包装应围绕商标、图案、色彩、造型和材料等构成要素来展开设计，酒水包装设计主要掌握以下两点。

第1点：红酒包装应在考虑商品特性的基础上，遵循品牌设计的一些基本原则，如保护商品、美化商品和方便使用等。使各项设计要素协调搭配、相得益彰，以取得最佳的包装设计方案。

第2点：红酒包装要从营销的角度出发，品牌包装图案和色彩设计是突出商品个性的重要因素，个性化的品牌形象是最有效的促销手段。

核心步骤

① 利用“钢笔工具”绘制出花纹，然后加入“图案”素材，再利用“自由变换”功能制作出标签效果。

② 使用“多边形套索工具”勾选出酒盒平面图的区域，然后加入标签中的元素，再使用“画笔工具”绘制出纹理效果。

③ 使用“钢笔工具”和“渐变工具”绘制酒瓶效果。

④ 利用素材和“光照效果”滤镜为“酒瓶”添加背景效果，然后运用素材制作出酒杯效果。

⑤ 利用前面制作好的文件制作酒盒和手提袋效果。

⑥ 利用滤镜、“渐变工具”和“自由变换”功能制作红酒的整体包装效果。

9.3.1 酒瓶标签设计

01 启动Photoshop CS5，按Ctrl+N组合键新建一个“酒瓶标签”文件，具体参数设置为“宽度”900像素、“高度”1500像素、“分辨率”300像素/英寸、“颜色模式”RGB颜色，如图9-172所示。

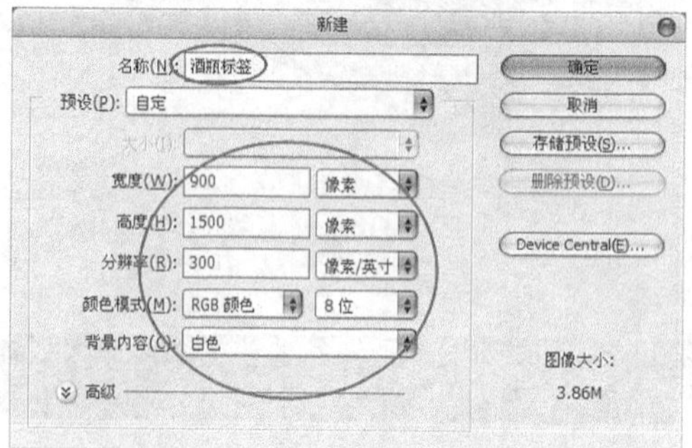

图 9-172

02 按住Alt键的同时双击“背景”图层的缩览图，将其转换为可操作“图层0”，然后设置前景色（R:201、G:202、B:202），并用前景色填充该图层，接着执行“滤镜>杂色>添加杂色”菜单命令，并在弹出的对话框中进行如图9-173所示的设置。

03 打开本书配套资源中的“素材文件>CH09>课堂案例——酒水包装>素材01.psd”文件，然后将其拖曳到当前操作界面中，接着将新生成的图层更名为“图案”图层，最后将其拖曳到如图9-174所示的位置。

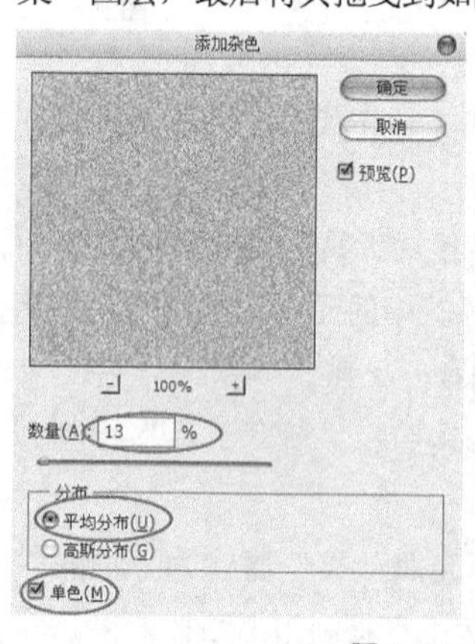

图 9-173 图 9-174

04 按住Ctrl键的同时单击该“图案”图层的缩览图，并载入该图层的选区，然后设置前景色（R:160、G:76、B:35），接着用前景色填充选区，效果如图9-175所示。

图 9-175

05 新建一个“边框”图层，按住Ctrl键的同时单击“图案”图层的缩览图，载入该图层的选区，然后执行“选择>修改>收缩”菜单命令，并在弹出的对话框中设置“收缩量”为50像素，接着执行“编辑>描边”菜单命令，最后在弹出的对话框中做如图9-176所示的设置，效果如图9-177所示。

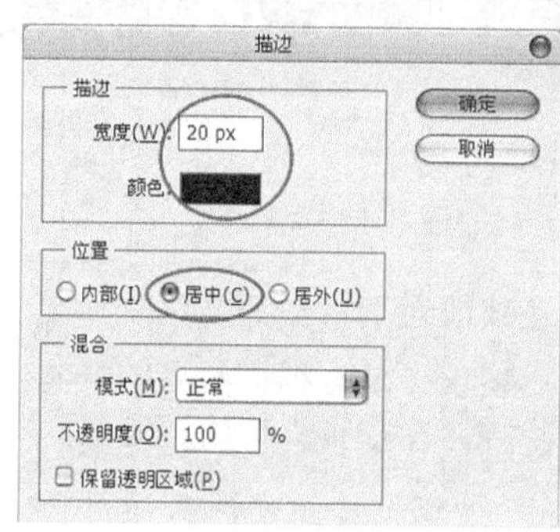

图 9-176 图 9-177

06 新建一个“花纹”图层，使用“钢笔工具”绘制一个如图9-178所示花纹路径，然后按Ctrl+Enter组合键载入该路径的选区，接着设置前景色（R:137、G:137、B:137），最后用前景色填充选区，效果如图9-179所示。

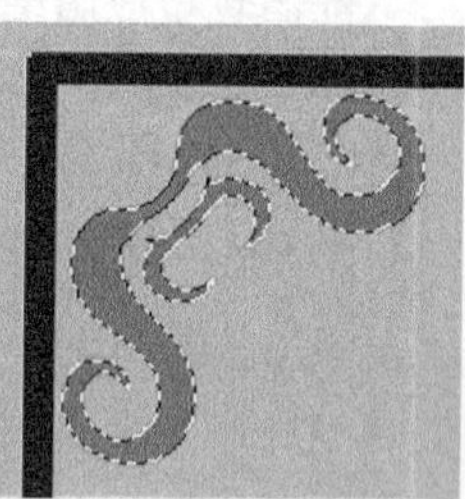

图 9-178 图 9-179

07 确定“花纹”图层为当前层，按3次Ctrl+J组合键复制出“花纹副本”图层、“花纹副本2”图层和“花纹副本3”图层，然后分别将这3个图层拖曳到另外3个角上，并对其进行适当的自由变换，效果如图9-180所示，最后将这些图层合并为“花纹”图层。

图 9-180

技巧与提示

这种类型的图案的绘制方法比较灵活，可以在图纸上手绘出图案，然后将其扫描到电脑中，也可以在互联网上下载图案。

08 新建一个“花边”图层，然后使用“钢笔工具”绘制一个如图9-181所示的路径，并按Ctrl+Enter组合键载入该路径的选区，接着设置前景色（R:16、G:76、B:35），最后用前景色填充选区，效果如图9-182所示。

图 9-181

图 9-182

09 在绘图区域中输入相应的文字信息，标签制作完成，效果如图9-183所示。

图 9-183

9.3.2 酒盒平面图设计

01 按Ctrl+N组合键新建一个“酒盒”文件，具体参数设置为“宽度”2480像素、“高度”3307像素、“分辨率”300像素/英寸、“颜色模式”RGB颜色，如图9-184所示。

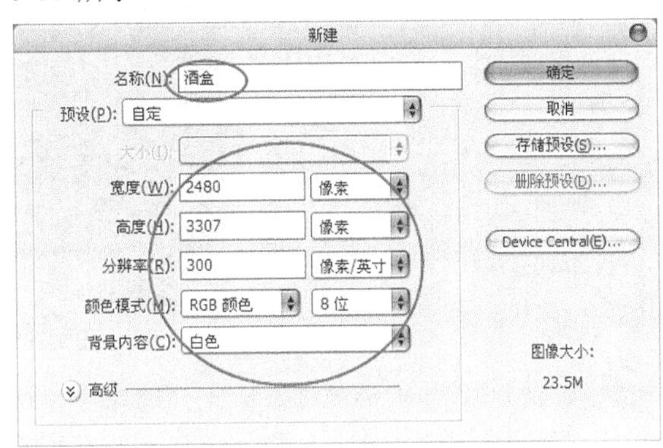

图 9-184

技巧与提示

在设计酒盒时盒子首先要确定酒瓶的形状与尺寸，然后再考虑酒盒的大小、材料及造型等。

02 按住Alt键的同时双击“背景”图层的缩览图，然后将其转换为可操作“图层0”，并用浅灰色填充该图层，接着新建一个“图层1”，并使用“多边形套索工具”绘制出如图9-185所示的选区，最后用黑色填充选区，效果如图9-186所示。

图 9-185

图 9-186

技巧与提示

在绘制选区之前，最好在每一条边上新建出参考线；然后在按住Shift键的同时使用“多边形套索工具”根据参考线进行绘制，具体尺寸可根据实际情况来定。其中，中间的黑色部分是4个等大的矩形。

03 单击“工具箱”中的“矩形选框工具”按钮，然后按照参考线的位置绘制出酒盒外边框的选区，接着执行“编辑>描边”菜单命令，并在弹出的对话框中进行如图9-187所示的设置，效果如图9-188所示。

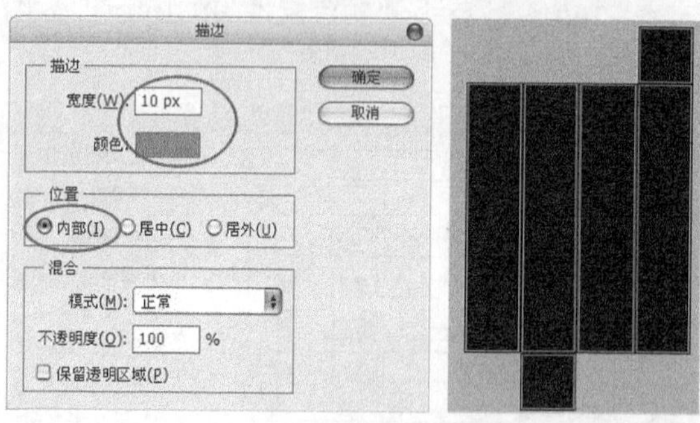

图 9-187　　图 9-188

04 将前面制作好的酒瓶标签的一些图案添加到当前文件中，并输入相关的文字信息，效果如图9-189所示。

05 新建一个“图层2”，然后设置前景色（R:135、G:135、B:135），并单击“工具箱”中的“画笔工具”按钮，接着在属性栏中选择与羽毛相似的笔刷，最后在绘图区域中绘制出如图9-190所示的图案。

图 9-189

图 9-190

技巧与提示

由于Photoshop的画笔样式有限，因此可以自制笔刷或在互联网上下载笔刷，合理运用笔刷能达到事半功倍的效果。

06 双击“图层2”的缩览图，然后在弹出的“图层样式”对话框中单击“斜面和浮雕”样式，具体参数设置如图9-191所示，接着设置该图层的“混合模式”为“叠加”，“不透明度”为73%，效果如图9-192所示。

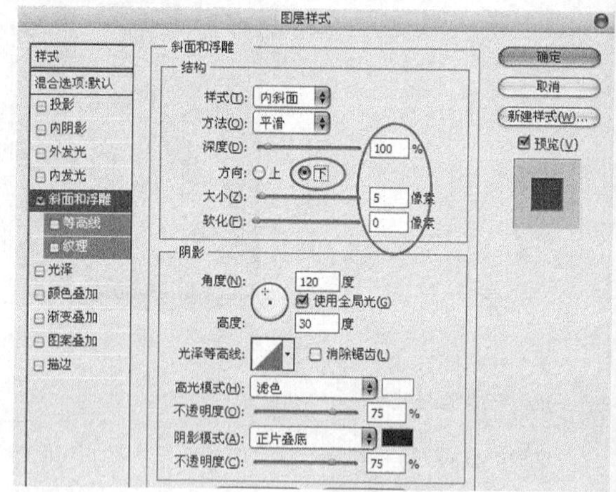

图 9-191

图 9-192

9.3.3 酒瓶设计

01 按Ctrl+N组合键新建一个“酒瓶”文件，具体参数设置为“宽度”2480像素、“高度”3307像素、“分辨率”300像素/英寸、“颜色模式”RGB颜色，如图9-193所示。

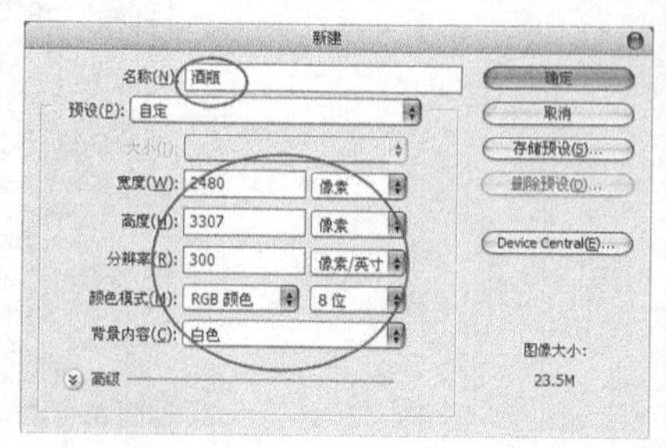

图 9-193

02 新建一个“图层1”，然后使用“钢笔工具”勾画出酒瓶形状的路径，如图9-194所示，接着按Ctrl+Enter组合键载入该路径的选区，并用黑色填充选区，效果如图9-195所示。

图 9-194　图 9-195

03 新建一个“图层2”，然后使用“钢笔工具”绘制出瓶盖的路径，如图9-196所示，接着按Ctrl+Enter组合键载入该路径的选区。

图 9-196

04 保持选区状态，然后打开“渐变编辑器”对话框，分别设置第1个色标（位置为0%）的颜色（R:179、G:165、B:72），第2个色标（位置为7%）的颜色（R:221、G:227、B:69），第3个色标（位置为48%）的颜色（R:207、G:142、B:42），第4个色标（位置为63%）的颜色（R:125、G:52、B:31），第5个色标（位置为80%）的颜色（R:170、G:93、B:34）和第6个色标（位置为100%）的颜色（R:24、G:16、B:18），如图9-197所示；接着使用“线性渐变”从左向右为选区填充渐变色，效果如图9-198所示。

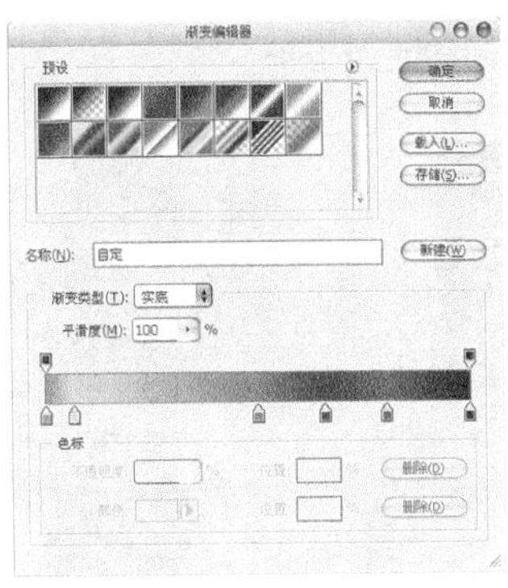

图 9-197　图 9-198

05 新建一个“图层3”，然后使用“矩形选框工具”在瓶盖上部绘制一个大小合适的矩形选区，接着用黑色填充该选区，效果如图9-199所示，最后执行“滤镜>模糊>高斯模糊”菜单命令，并在弹出的对话框中进行如图9-200所示的设置。

图 9-199　图 9-200

06 确定“图层3”为当前层，然后复制出两个副本图层，并将其拖曳到如图9-201所示的位置，接着将3个阴影所在的图层合并为“图层3”。

07 载入“图层2”图层的选区，然后选择“图层3”，接着执行“选择>反向”菜单命令，最后按Delete键删除选区内的像素，效果如图9-202所示。

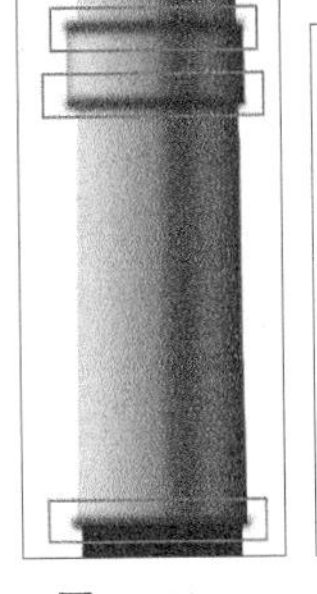

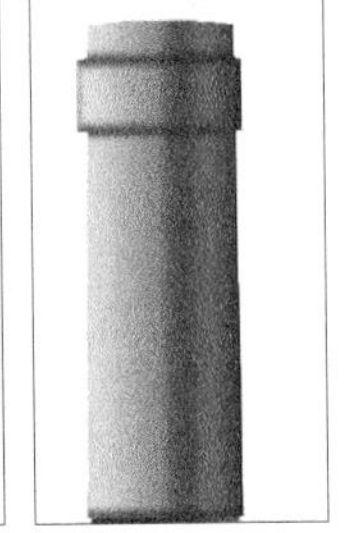

图 9-201　图 9-202

08 新建一个“图层4”，然后使用“钢笔工具”绘制一个如图9-203所示的路径，并按Ctrl+Enter组合键载入该路径的选区，接着用白色填充该选区，并执行“滤镜>模糊>高斯模糊”菜单命令，最后在弹出的对话框中设置“半径”为3像素，并设置该图层的“混合模式”为“叠加”，效果如图9-204所示。

图 9-203　　图 9-204

09 新建一个“图层5”，然后使用“钢笔工具”绘制一个如图9-205所示的路径，然后按Ctrl+Enter组合键载入该路径的选区，如图9-206所示。

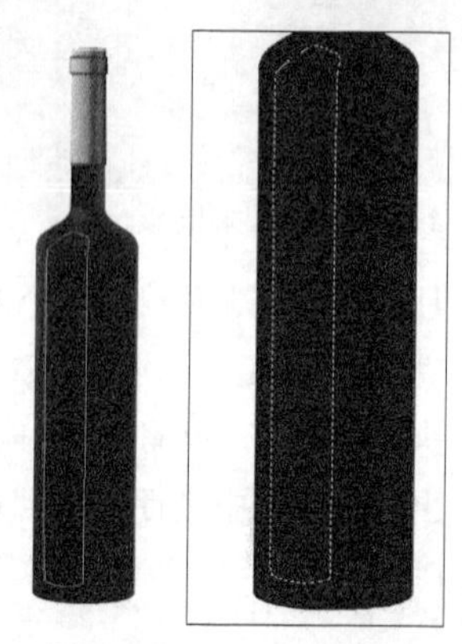

图 9-205　　图 9-206

10 保持选区状态，然后打开“渐变编辑器”对话框，分别设置第1个色标（位置为0%）的颜色（R:241、G:240、B:240）和第2个色标（位置为100%）的颜色（R:162、G:162、B:162），如图9-207所示，接着使用“径向渐变”从左向右为选区填充渐变色，效果如图9-208所示。

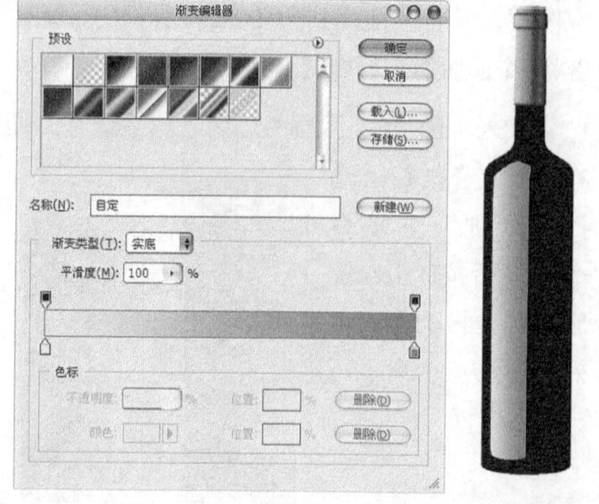

图 9-207　　图 9-208

11 复制“图层5”并更名为“图层6”，然后执行“编辑>自由变换”菜单命令，接着将其进行如图9-209所示的调整。

12 确定“图层6”为当前层，然后使用“多边形套索工具”勾选出一个如图9-210所示的选区，接着执行“选择>反向”菜单命令，并按Delete键删除选择的图像，最后设置该图层的“不透明度”为40%，效果如图9-211所示。

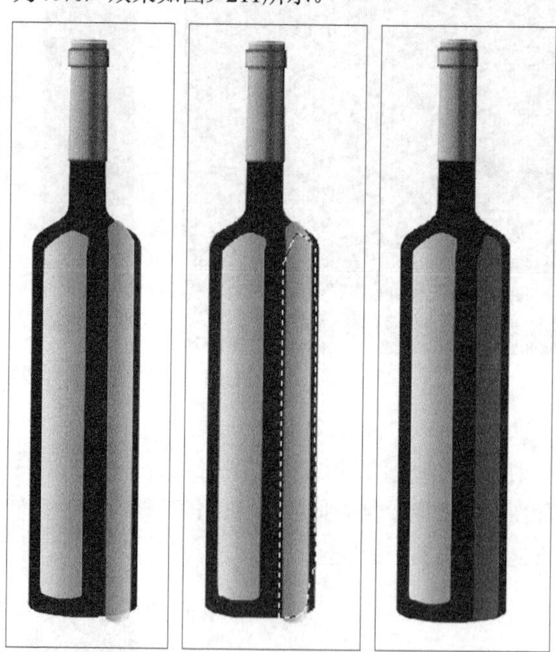

图 9-209　　图 9-210　　图 9-211

13 新建一个“图层7”，然后使用“钢笔工具”绘制一个如图9-212所示的路径，按Ctrl+Enter组合键载入该路径的选区，用白色填充选区，再执行“滤镜>模糊>高斯模糊”菜单命令，并在弹出的对话框设置“半径”为6像素，最后设置该图层的“不透明度”为50%，效果如图9-213所示。

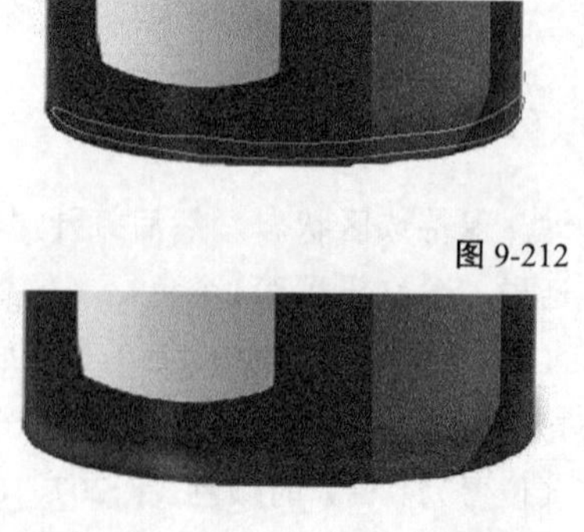

图 9-212

图 9-213

⑭ 新建一个“图层8”，然后使用“钢笔工具”绘制出如图9-214所示的路径，并按Ctrl+Enter组合键载入该路径的选区，接着用白色填充选区，并执行“滤镜>模糊>高斯模糊”菜单命令，再在弹出的对话框中设置“半径”为6像素，最后设置该图层的“不透明度”为30%，效果如图9-215所示。

图 9-214

图 9-215

⑮ 确定“图层1”为当前层，然后使用“减淡工具”（设置画笔“大小”为200px，范围为“阴影”，“曝光度”为30%）在酒瓶的边缘绘制出阴影效果，如图9-216所示。

⑯ 暂时隐藏“背景”图层，然后在最上层新建一个“盖印”图层，并按Ctrl+Shift+Alt+E组合键将可见图层盖印到“盖印”图层中，接着执行“编辑>变换>垂直翻转”菜单命令，并将其拖曳到合适的位置，最后设置该图层的“不透明度”为30%，并将其拖曳到“图层1”的下一层，效果如图9-217所示。

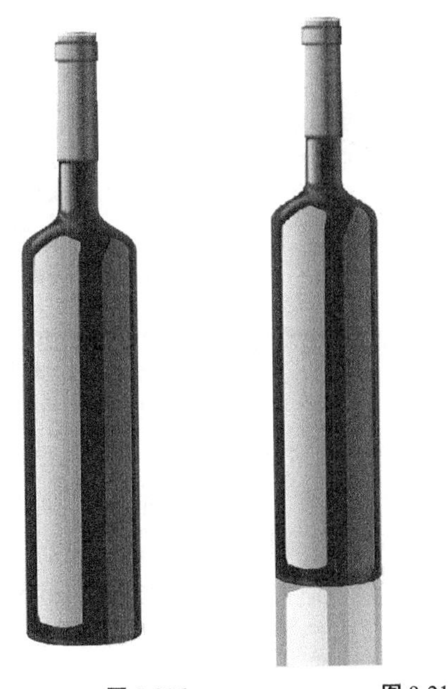
图 9-216　　图 9-217

技巧与提示

“盖印”图层在实际操作经常被使用到，其操作方法非常简单。若当前文件存在的图层数目大于或者等于2，就可以在最上层新建一个图层，然后按Ctrl+Shift+Alt+E组合键即可将可见图层中的像素复制并粘贴到新建的图层中，这种方法俗称“盖印”图层。

⑰ 在“背景”图层的上一层新建一个“图层9”，然后使用“椭圆选框工具”绘制一个如图9-218所示的选区，接着用黑色填充选区，效果如图9-219所示。

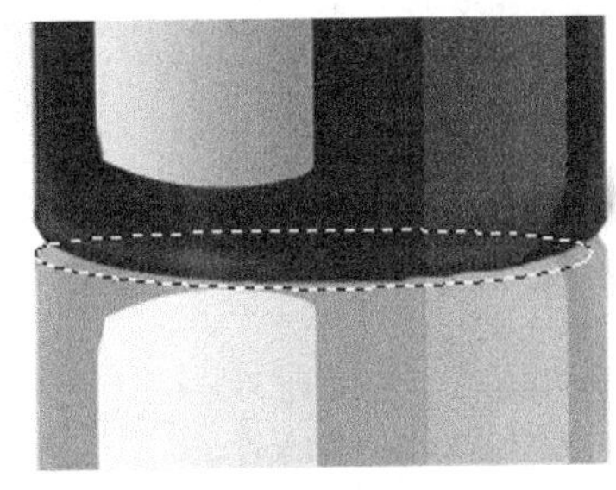
图 9-218

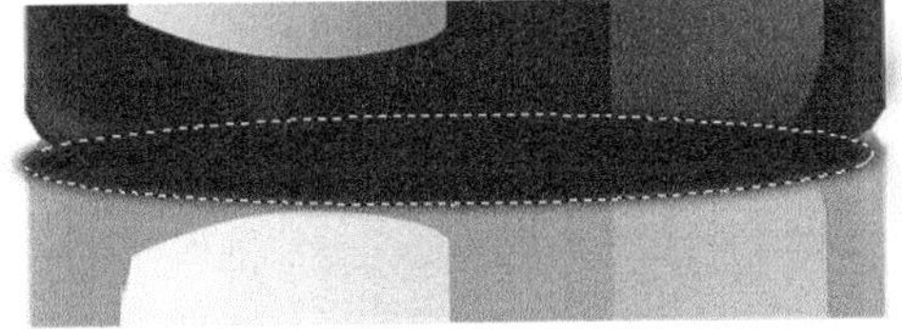
图 9-219

⑱ 确定“图层9”为当前层，然后执行“滤镜>模糊>高斯模糊”菜单命令，并在弹出的对话框中设置“半径”为10像素，接着将其拖曳到“盖印”图层的下一层，效果如图9-220所示，并新建一个“酒瓶”图层，最后按Ctrl+Shift+Alt+E组合键将所有图层“盖印”到“酒瓶”图层中。

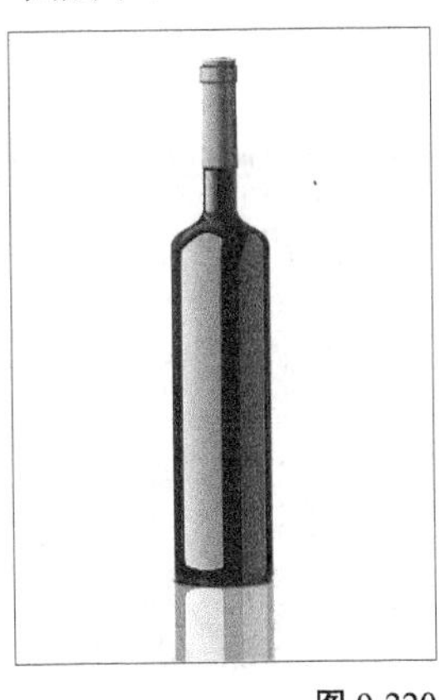
图 9-220

9.3.4 酒瓶和酒杯设计

01 按Ctrl+N组合键新建一个“杯子与酒瓶”文件，具体参数设置为“宽度”2480像素、“高度”3307像素、“分辨率”300像素/英寸、“颜色模式”RGB颜色，如图9-221所示。

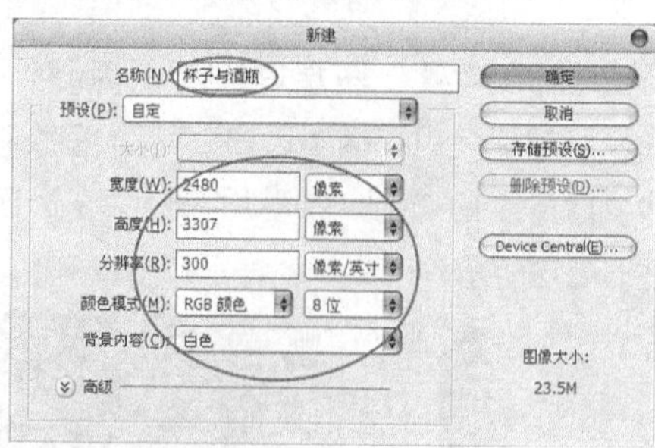

图 9-221

技巧与提示

本节制作出来的酒瓶效果反光很强烈，质感比较到位。通过本节的流程可以了解光源和色彩的调整方法，以及如何调节不同部位的透明度。

02 设置前景色（R:82、G:66、B:66），然后用前景色填充“背景”图层，接着打开“酒瓶.psd”文件，并将“酒瓶”图层拖曳到当前操作界面中的合适的位置，效果如图9-222所示。

03 打开本书配套资源中的“素材文件>CH09>课堂案例——酒水包装>素材02.jpg”文件，然后将其拖曳到当前操作界面中的合适位置，并将新生成的图层更名为“图层2”，接着将该图层放置在“背景”图层的上一层，并使用“魔棒工具”选择白色区域，再按Delete键删除选区内的像素，载入“图层2”的选区；最后设置前景色（R:99、G:82、B:82），并用前景色填充选区，效果如图9-223所示。

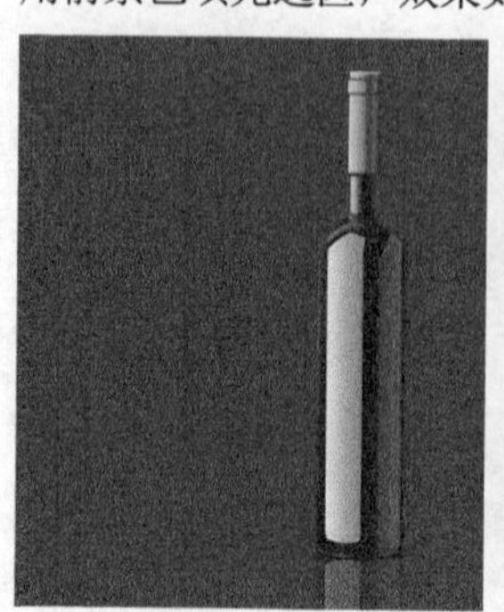

图 9-222

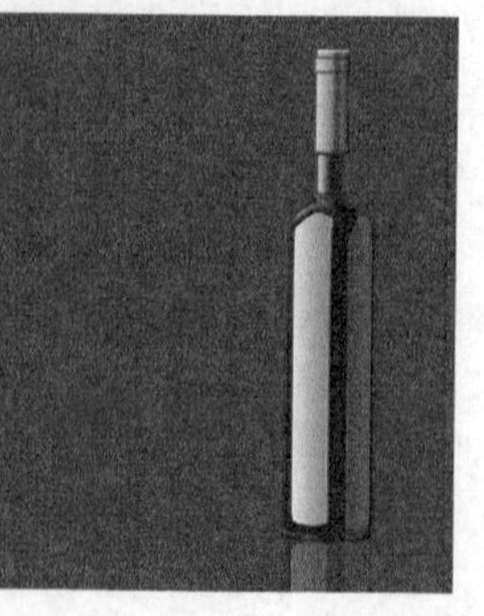

图 9-223

04 在最上层新建一个“图层3”，暂时隐藏“图层1”，然后按Ctrl+Shift+Alt+E组合键将可见图层“盖印”到“图层3”中，接着执行“滤镜>渲染>光照效果”菜单命令，并在弹出的对话框中进行如图9-224所示的设置。

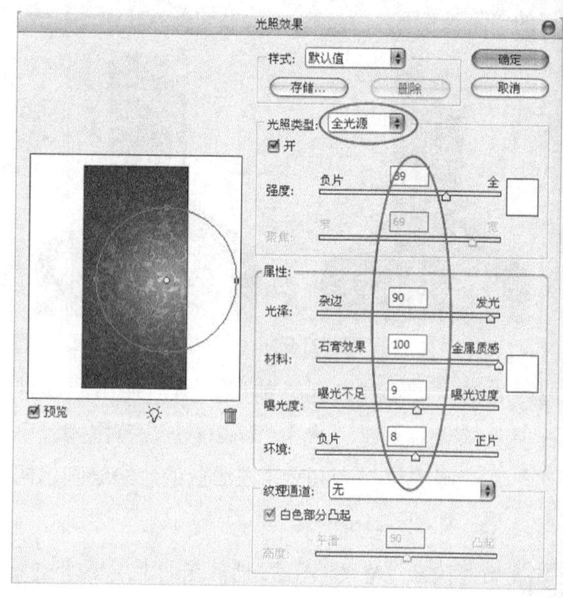

图 9-224

05 确定“图层3”为当前层，然后执行“图像>调整>色阶”菜单命令，接着在弹出的“色阶”对话框进行如图9-225所示的设置，效果如图9-226所示。

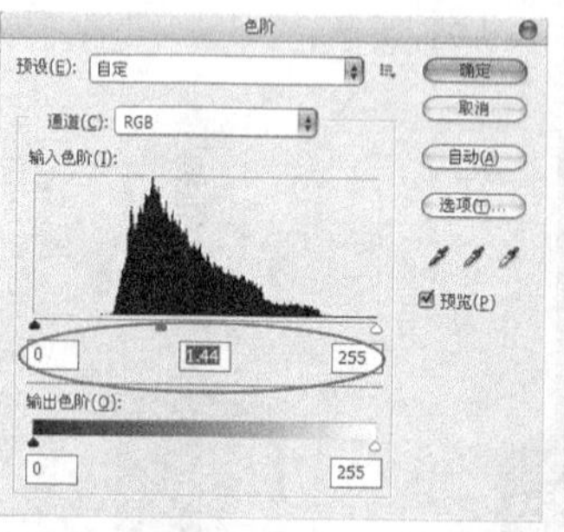

图 9-225　图 9-226

06 新建一个“图层4”，使用“矩形选框工具”绘制一个如图9-227所示的选区，然后打开“渐变编辑器”对话框，并选择“黑、白渐变”渐变样式，接着设置第2个“不透明度色标”的“不透明度”为1%，如图9-228所示；最后使用“线性渐变”为选区填充渐变色，效果如图9-229所示。

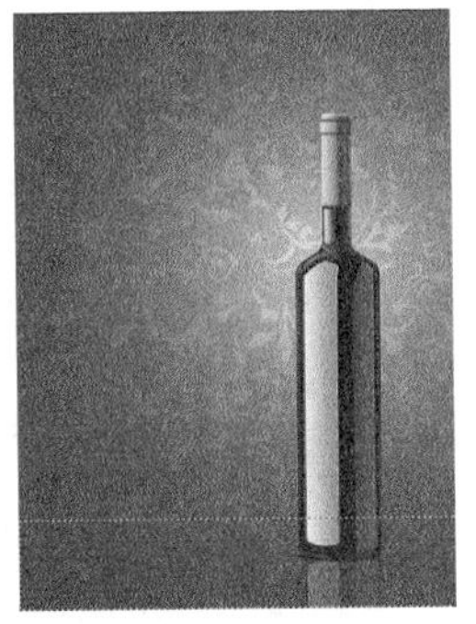
图 9-227

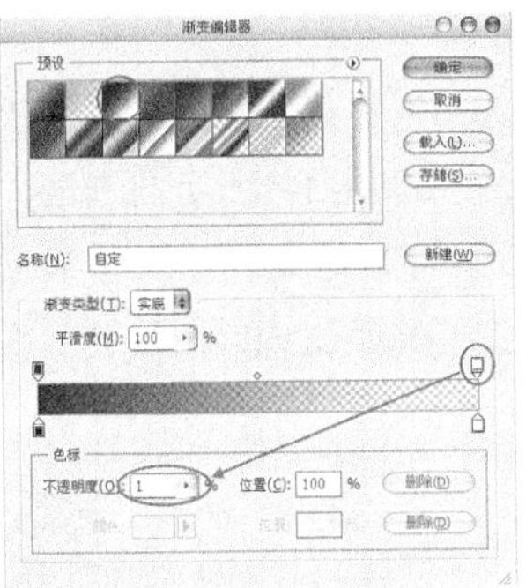
图 9-228

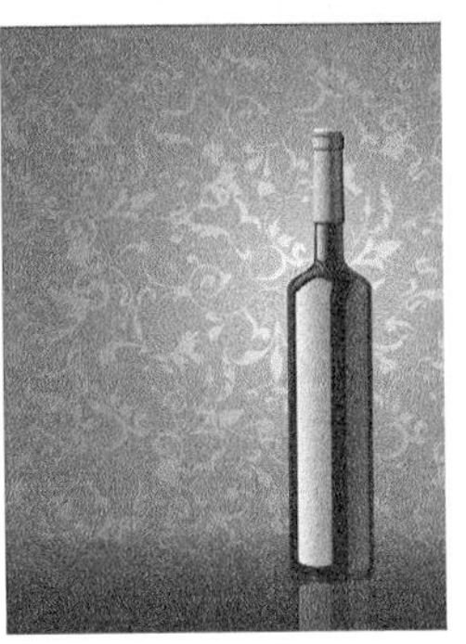
图 9-229

07 新建一个“图层5”，并使用“矩形选框工具”绘制一个如图9-230所示的选区，然后用白色填充选区，并执行“滤镜>模糊>高斯模糊”菜单命令，接着在弹出的对话框中设置“半径”为97.4像素，最后设置该图层的“不透明度”为30%，效果如图9-231所示。

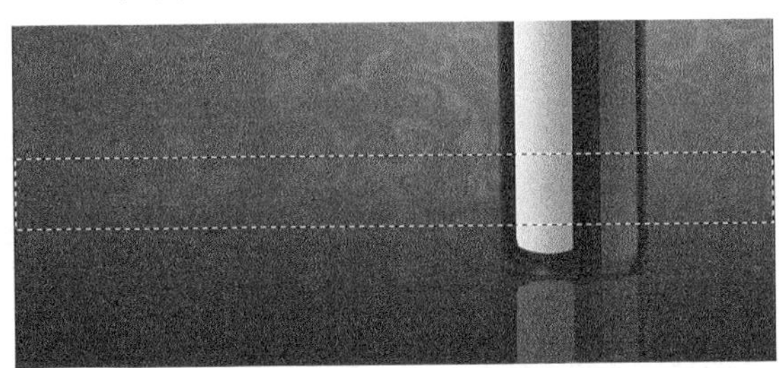
图 9-230

图 9-231

08 打开本书配套资源中的“素材文件>CH09>课堂案例——酒水包装>素材03.jpg”文件，如图9-232所示，然后使用“钢笔工具”将酒杯的路径勾选出来，接着按Ctrl+Enter组合键载入该路径的选区，最后执行“选择>反向”菜单命令，并按Delete键删除选区内的像素。

图 9-232

知识点

酒水的设计方法比较简单，主要是采用“钢笔工具”绘制出酒水的路径，并载入该路径的选区，然后使用“渐变工具”为其填充相应渐变色即可，完成后的效果如图9-233所示。

玻璃器皿一般都是反光的，所以在某些区域需要添加一些红色，这样更为逼真，如图9-234所示，然后使用“加深工具”和“减淡工具”绘制出酒杯的暗部与高光区域，完成后的效果如图9-235所示。

图 9-233 图 9-234 图 9-235

09 将制作好的“酒杯”图层拖曳到当前操作界面中的合适位置，并将新生成的图层更名为“图层6”，然后将该图层放置在“图层5”的上一层，接着采用上面的方法制作出酒杯的倒影，完成后的效果如图9-236所示。

10 将前面制作好的标签添加到当前操作界面中，并通过“自由变换”使其与酒瓶的样式相符合，然后使用“加深工具”和“减淡工具”处理好标签的细节部分，效果如图9-237所示。

图 9-236

图 9-237

技巧与提示

标签上的元素最好一个一个添加上去，然后对其进行适当的自由变换即可。

11 新建一个“高光1”图层，然后使用“矩形选框工具”绘制一个如图9-238所示的选区，并用浅灰色填充选区，接着设置该图层的“不透明度”为30%，最后采用相同的方法制作出标签右边的高光效果，完成后的效果如图9-239所示。

图 9-238

图 9-239

9.3.5 立体酒盒和手提袋设计

01 按Ctrl+N组合键新建一个“立体酒盒和手提袋”文件，具体参数设置为“宽度”3307像素、“高度”2480像素、“分辨率”300像素/英寸、“颜色模式”RGB颜色，如图9-240所示。

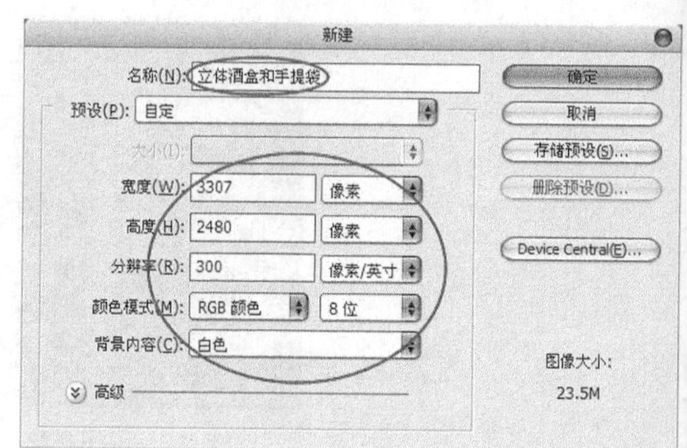

图 9-240

02 打开“酒盒平面图.psd”文件，然后使用“矩形选框工具”绘制一个如图9-241所示的选区，接着使用“移动工具”将其拖曳到“立体酒盒和手提袋”操作界面中，并将新生成的图层更名为“图层1”。

图 9-241

03 使用“矩形选框工具”绘制一个如图9-242所示的选区，然后使用“移动工具”将其拖曳到当前操作界面中的合适位置，如图9-243所示，并将新生成的图层更名为“图层2”。

图 9-242

图 9-243

04 确定“图层1”为当前层，使用“矩形选框工具”绘制一个如图9-244所示的选区，然后执行“编辑>自由变换”菜单命令，并对其进行如图9-245所示的调整。

图 9-244 图 9-245

05 确定“图层2”为当前层，然后执行“编辑>自由变换”菜单命令，并对其进行如图9-246所示的调整。

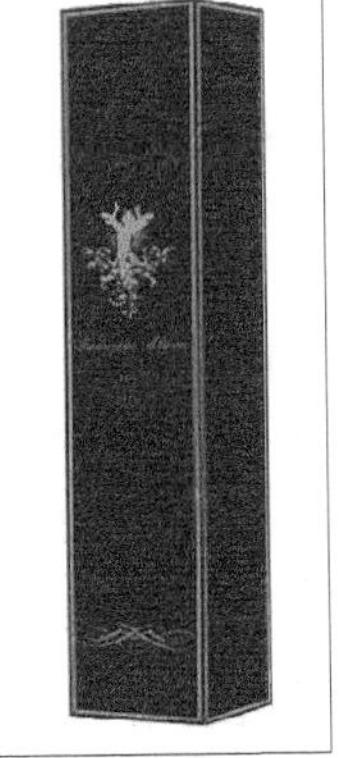

图 9-246

技巧与提示

要将平面图变形成一个立体盒，这就涉及透视问题，若物体的透视不正确的话会影响到整体的效果。

06 打开本书配套资源中的“素材文件>CH09>课堂案例——酒水包装>素材04.psd”文件，并使用“矩形选框工具”勾选出正面区域，然后使用“移动工具”将其拖曳到当前操作界面中的合适位置，并将新生成的图层更名为“图层3”，接着将侧面也添加到当前操作界面中，并将新生成的图层更名为“图层4”，效果如图9-247所示。

07 确定“图层4”为当前层，然后使用“矩形选框工具”勾选出该图形的一半，接着按Ctrl+J组合键将选区内的像素拷贝并粘贴到一个新的“图层5”中，载入“图层5”的选区，最后选择“图层4”，并按Delete键删除选区内的像素，效果如图9-248所示。

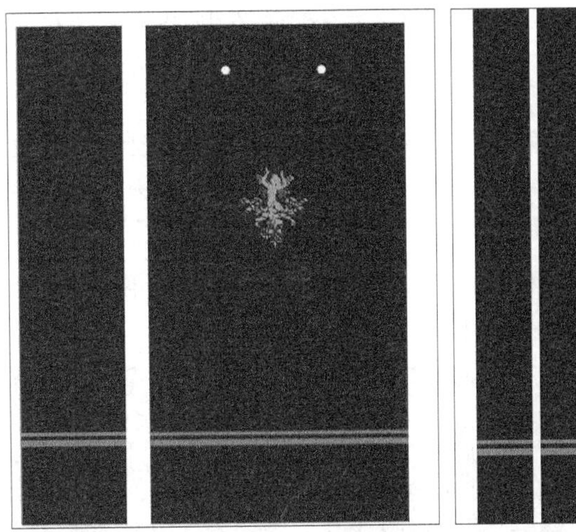

图 9-247 图 9-248

08 确定“图层4”为当前层，然后执行“编辑>自由变换”菜单命令，接着将其进行如图9-249所示的变换，再对“图层5”进行如图9-250所示的变换。

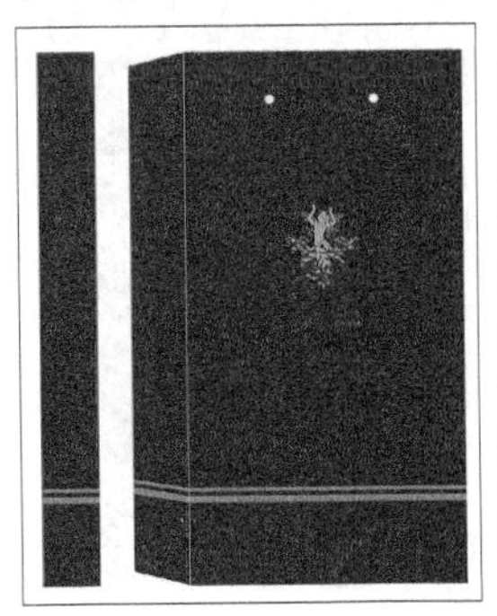

图 9-249

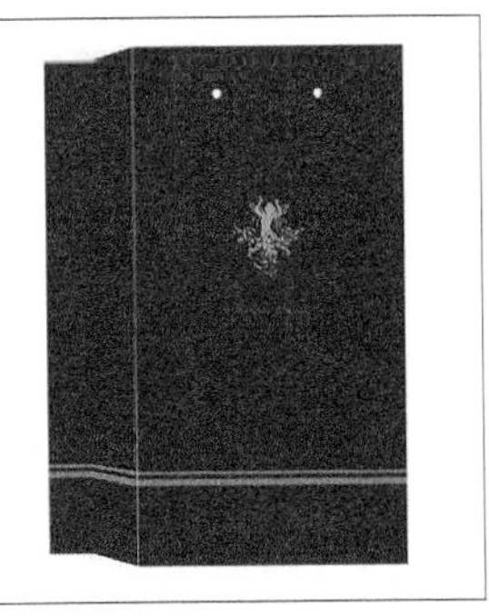

图 9-250

09 确定"图层3"为当前层，然后使用"矩形选框工具"绘制一个如图9-251所示的选区，接着执行"编辑>自由变换"菜单命令，并对其进行如图9-252所示的变换。

图 9-251

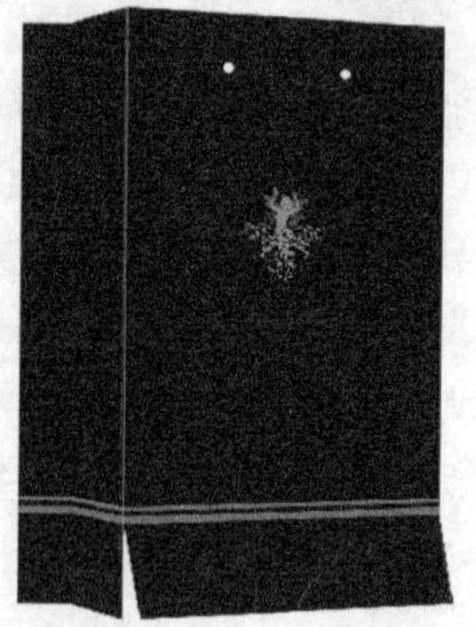
图 9-252

技巧与提示

在自由变换时，若当前文件存在选区，变换操作只针对选区内的像素；若不存在选区，则针对的是整个图层，但这两种变换都必须保持对"选择工具"的选择。

10 确定"图层4"为当前层，然后使用"多边形套索工具"绘制一个如图9-253所示的选区，接着执行"编辑>自由变换"菜单命令，最后按住Ctrl键的同时拖曳右下角的角手柄到如图9-254所示的位置，效果如图9-255所示。

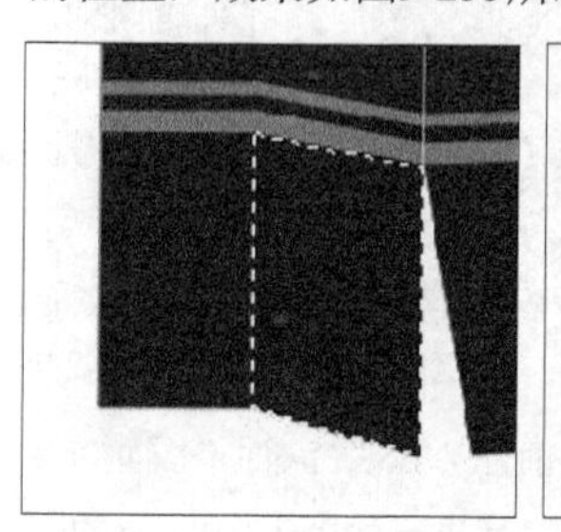
图 9-253

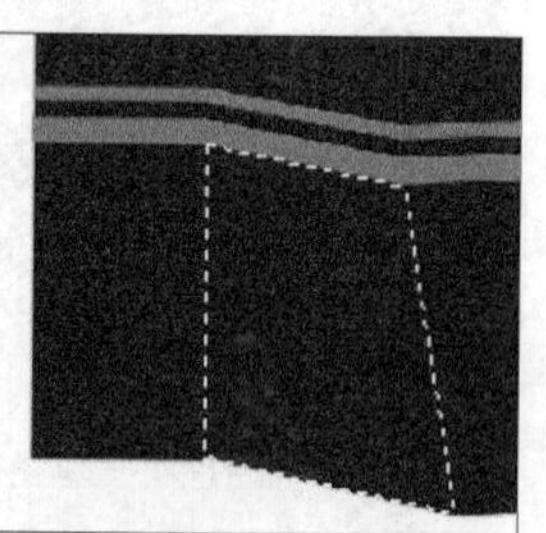
图 9-254

图 9-255

11 新建一个"图层6"，并载入"图层4"的选区，然后设置前景色（R:208、G:208、B:208），并用前景色填充选区，接着设置该图层的"不透明度"为30%，效果如图9-256所示。

12 确定"图层6"为当前层，然后执行"滤镜>模糊>高斯模糊"菜单命令，接着在弹出的对话框中设置其"半径"为5像素，最后使用"多边形套索工具"勾选出多余的部分，并按Delete键删除选区内的像素，效果如图9-257所示。

图 9-256

图 9-257

13 确定"图层6"为当前层，然后使用"加深工具"涂抹出暗部区域，完成后的效果如图9-258所示。

图 9-258

14 暂时隐藏"图层1"和"图层2"，然后新建一个"图层7"，并按Ctrl+Shift+Alt+E组合键将可见图层"盖印"到"图层7"中，接着使用"多边形套索工具"绘制一个如图9-259所示的选区，并执行"选择>修改>羽化"菜单命令，在弹出的"羽化选区"对话框中做如图9-260所示的设置，最后使用"减淡工具"（设置"范围"为"阴影"）绘制出阴影效果，如图9-261所示。

图 9-259

图 9-260

图 9-261

技巧与提示

绳孔的制作方法很简单，主要是使用“椭圆选框工具”绘制出两个大小合适的圆形选区，然后用浅灰色填充选区，再使用“加深工具”和“减淡工具”绘制出明暗效果即可，如图9-262所示。

图 9-262

⑮ 新建一个“图层10”，然后使用“钢笔工具”绘制出绳子的路径，并按Ctrl+Enter组合键载入该路径的选区，接着设置前景色为红色，最后使用“画笔工具”为该路径描边即可，完成后的效果如图9-263所示。

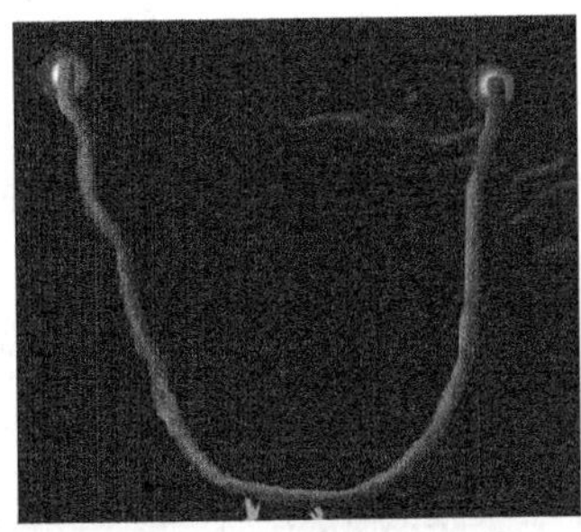

图 9-263

知识点

描边对象有图形、选区和路径3种，在这里主要讲解下路径的描边方法，路径描边方式一共有17种，如图9-264所示。

图 9-264

图9-265所示为一朵花的路径，载入该路径的选区，接着为其选区填充红绿渐变色，如图9-266所示。

图 9-265

图 9-266

在“路径”面板中选择“工作路径”，然后单击“工具箱”中的“钢笔工具”按钮，并在绘图区域中单击鼠标右键，在弹出的菜单中选择“描边路径”命令，如图9-267所示。

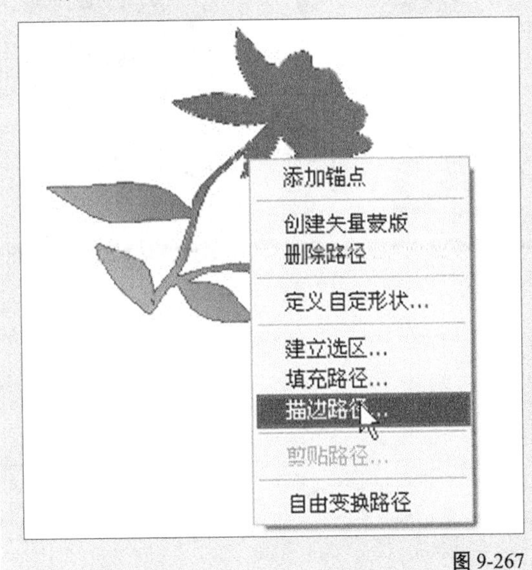

图 9-267

执行“描边路径”命令后可打开“描边路径”对话框，在该对话框中可选择描边的工具，这里设置的前景色为黄色，使用的是“画笔工具”（“画笔工具”的“大小”会影响描边的边缘的宽度），因此描边的颜色为黄色，如图9-268所示。其他的描边工具的使用方法也大同小异，在这里就不再讲解了。

图 9-268

16 新建一个“图层11”，载入“图层10”的选区，然后设置前景色（R:62、G:62、B:62），并用前景色填充选区，接着执行“滤镜>模糊>高斯模糊”菜单命令，并在弹出的对话框中设置“半径”为10像素，最后将前面制作好的“酒瓶”拖曳到当前操作界面中，效果如图9-269所示。

图 9-269

技巧与提示

在执行“高斯模糊”菜单命令时，需要取消选区（按Ctrl+D组合键即可取消选区），否则只能模糊选区内的像素，这样就不能达到扩散效果。

17 采用前面的方法制作出酒盒和手提袋的倒影效果，完成后的效果如图9-270所示。

图 9-270

18 确定“背景”图层为当前层，然后设置前景色（R:181、G:180、B:180），接着打开“渐变编辑器”对话框，并选择“前景色到透明渐变”渐变样式，如图9-271所示，最后使用“线性渐变”为该图层填充渐变色，效果如图9-272所示。

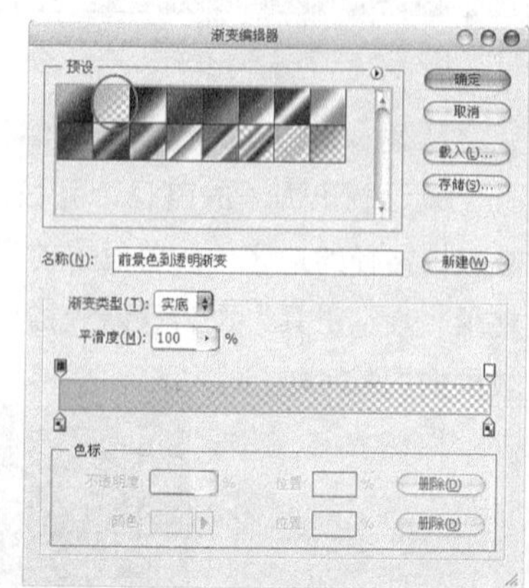

图 9-271

图 9-272

9.3.6 红酒整体包装设计

01 按Ctrl+N组合键新建一个“红酒效果”文件，具体参数设置为“宽度”3307像素、“高度”2480像素、“分辨率”300像素/英寸、“颜色模式”RGB颜色，如图9-273所示。

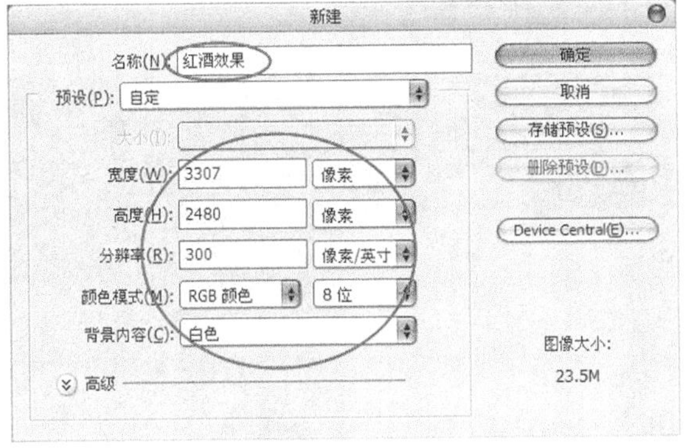

图 9-273

02 暂时隐藏“背景”图层，打开本书配套资源中的“素材文件>CH09>课堂案例——酒水包装>素材05.jpg”文件，然后将其拖曳到当前操作界面中的合适位置，如图9-274所示，并将新生成的图层更名为“图层1”。

图 9-274

03 执行“图像>调整>色相/饱和度”菜单命令，然后在弹出的“色相/饱和度”对话框中进行如图9-275所示的设置，效果如图9-276所示。

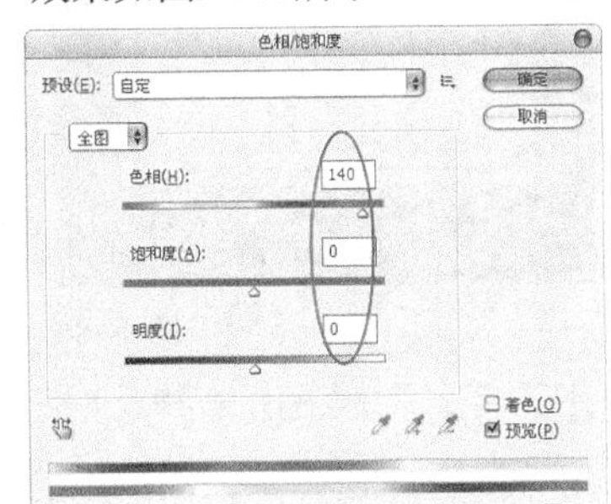

图 9-275

图 9-276

04 执行“滤镜>渲染>光照效果”菜单命令，然后在弹出的“光照效果”对话框中进行如图9-277所示的设置，效果如图9-278所示。

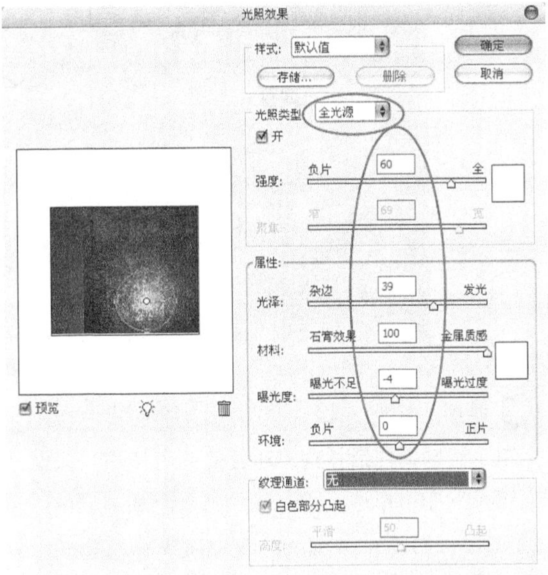

图 9-277

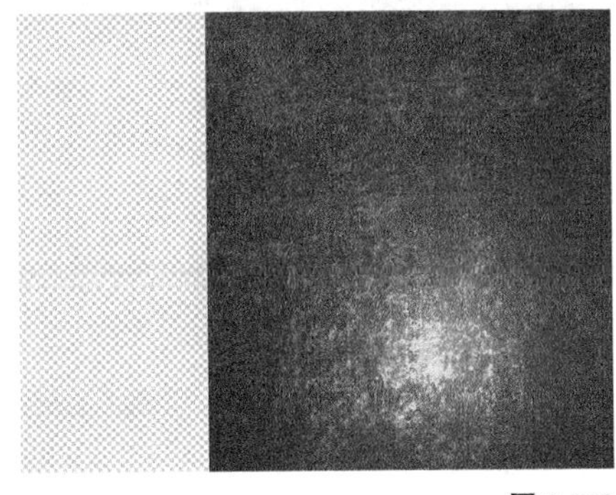

图 9-278

05 新建一个“图层2”，载入“图层1”的选区，然后执行“选择>反向”菜单命令，并用黑色填充选区，效果如图9-279所示。

图 9-279

06 新建一个“图层3”，然后执行“视图>标尺”菜单命令和“视图>显示>网格”菜单命令，显示出标尺和网格线，如图9-280所示。

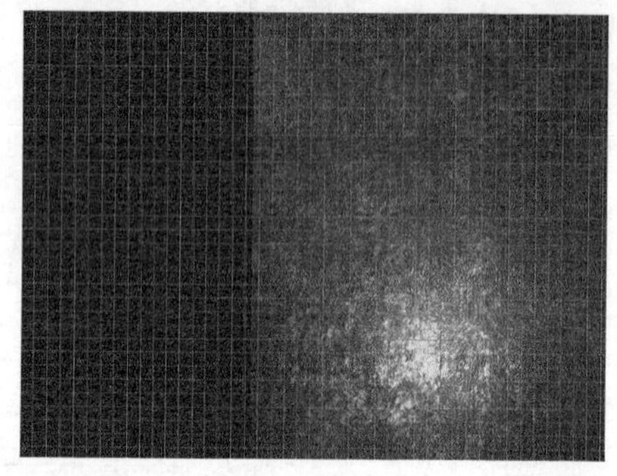

图 9-280

07 使用“矩形选框工具”在绘图区域中绘制一个矩形选区，然后按住Shift键的同时使用“椭圆选框工具”在矩形选区的上部绘制一个椭圆选区，得到如图9-281所示的选区，再用白色填充选区，效果如图9-282所示。

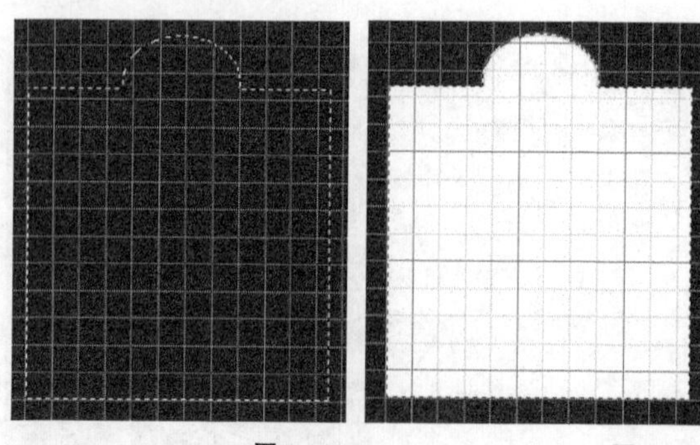

图 9-281 图 9-282

08 使用“矩形选框工具”在如图9-283所示的位置绘制一个大小合适的矩形选区，然后执行“编辑>描边”菜单命令，并在弹出的“描边”对话框中做如图9-284所示的设置，效果如图9-285所示。

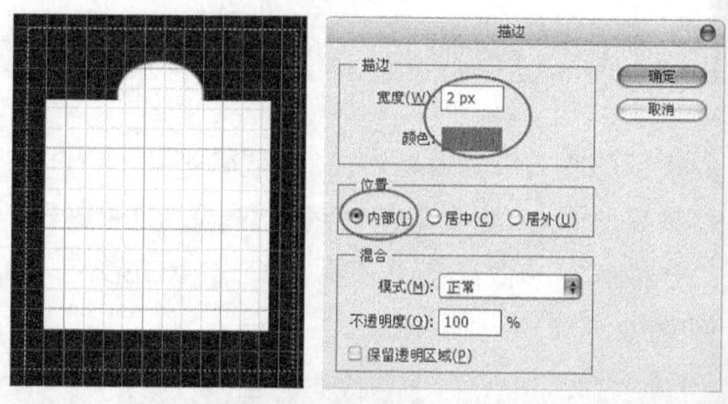

图 9-283 图 9-284

图 9-285

09 新建一个“图层4”，然后采用前面所讲的方法绘制出内框，效果如图9-286所示。

10 新建一个“图层5”，打开本书配套资源中的“素材文件>CH09>课堂案例——酒水包装>素材06.psd”文件，然后将其拖曳到当前操作界面中的合适位置，并输入相应的文字信息，完成后的效果如图9-287所示。

图 9-286 图 9-287

11 新建一个“图层6”，然后使用“矩形选框工具”绘制出如图9-288所示的矩形选区，接着打开“渐变编辑器”对话框，分别设置第1个色标

（位置为0%）的颜色（R:192、G:191、B:191），第2个色标（位置为20%）的颜色（R:255、G:255、B:255），第3个色标（位置为47%）的颜色（R:165、G:164、B:164），第4个色标（位置为70%）的颜色（R:186、G:186、B:186），第5个色标（位置为96%）的颜色（R:105、G:100、B:100）和第6个色标（位置为100%）的颜色（R:191、G:191、B:191），如图9-289所示；最后使用“线性渐变”在选区中从左向右拉出渐变，效果如图9-290所示。

图 9-288

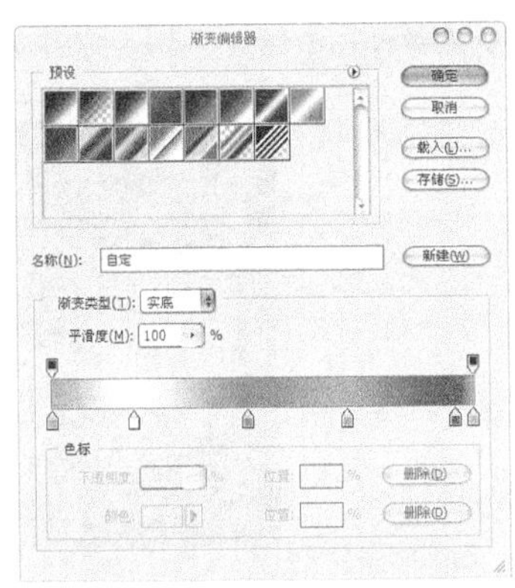

图 9-289

图 9-290

12 确定“图层6”为当前层，然后执行“编辑>自由变换”菜单命令，接着单击属性栏中的“在自由变换和变形模式之间切换”按钮，最后将底边的两个边手柄向下拖曳到如图9-291所示的位置，完成后的效果如图9-292所示。

图 9-291　　图 9-292

13 新建一个“图层7”，然后在如图9-293所示的位置绘制一个大小合适的椭圆选区，接着使用“渐变工具”（渐变色设置同步骤11）为选区填充“线性渐变”色，效果如图9-294所示。

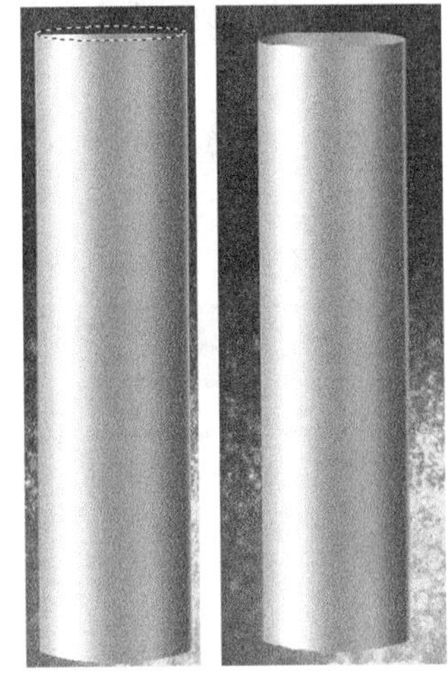
图 9-293　　图 9-294

14 复制出一个“图层5副本”，并将其更名为“标签1”，然后将其拖曳到如图9-295所示的位置，接着使用“矩形选框工具”将多余的部分勾选出来，并按Delete键删除选区内的像素，最后执行“编辑>自由变换”菜单命令，并对其进行如图9-296所示的变换。

图 9-295　　图 9-296

15 单击“工具箱”中的“减淡工具”按钮，然后在属性栏中设置“范围”为“高光”，接着在“原色”两个字上细细地涂抹，效果如图9-297所示。

图 9-297

16 新建一个“图层8”，然后使用“矩形选框工具”在酒盒的上部绘制一个大小合适的选区，接着用黑色填充选区，如图9-298所示。

图 9-298

17 执行“编辑>自由变换”菜单命令，然后单击属性栏中的“在自由变换和变形模式之间切换”按钮，接着将其变换，最后使用“减淡工具”（设置“范围”为“阴影”）在该图层上绘制出高光和反光效果，如图9-299所示。

图 9-299

18 复制出一个“图层8副本”，并将其拖曳到酒盒的下部，如图9-300所示，然后将“图层8”和“图层8副本”合并为“图层8”。

19 打开“酒瓶.psd”文件，将其载入“图层2”的选区，然后使用步骤11中的渐变颜色在选区中填充“线性渐变”色，效果如图9-301所示，暂时隐藏“背景”图层和倒影所在的图层，接着新建一个“酒瓶”图层，最后按Ctrl+Shift+Alt+E组合键将可见图层“盖印”到“酒瓶”图层中。

图 9-300　图 9-301

20 将“酒瓶”图层拖曳到当前操作界面中的合适位置，如图9-302所示，然后将新生成的图层更名为“图层9”。

图 9-302

21 确定“图层9”为当前层，执行“编辑>自由变换”菜单命令，然后对其进行如图9-303所示的变换，并将“图层5”复制并拖曳到如图9-304所示的位置。

图 9-303　图 9-304

22 确定“图层3副本”图层为当前层，在边框外绘制一个矩形选区，然后按Alt键的同时在边框的内部绘制一个大小合适的矩形选区，得到如图9-305所示的选区。按Delete键删除选区内的图像，最后对其进行如图9-306所示的变换。

图 9-305 图 9-306

23 载入“图层3副本”的选区，然后使用“渐变工具”（颜色设置同步骤11）从左向右为选区填充“线性渐变”色，效果如图9-307所示。

图 9-307

24 确定“图层5副本”为当前层，然后单击“工具箱”中的“减淡工具”按钮，并在属性栏中进行如图9-308所示的设置，接着在高光部位细细地涂抹；确定“图层4副本”为当前层，再在属性栏中进行如图9-309所示的设置，最后在阴影部分细细地涂抹，效果如图9-310所示。

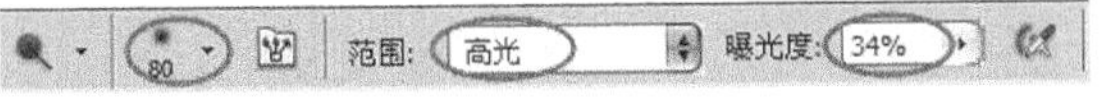

图 9-308

图 9-309

图 9-310

25 将“图层3副本”“图层4副本”和“图层5副本”合并为“图层3副本”，然后执行“编辑>自由变换”菜单命令，并单击属性栏中的“在自由变换和变形模式之间切换”按钮，接着对其进行如图9-311所示的调整，变换效果如图9-312所示。

图 9-311

图 9-312

26 新建一个“图层10”，使用“钢笔工具”绘制出瓶贴的路径，然后按Ctrl+Enter组合键载入该路径的选区，接着使用步骤11中的渐变设置为选区填充“线性渐变”色，效果如图9-313所示。

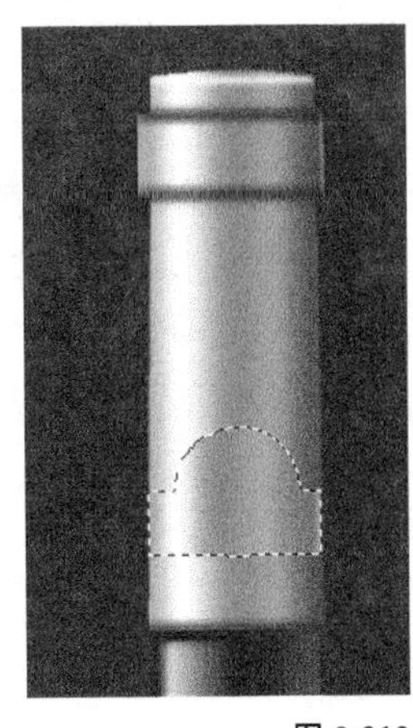

图 9-313

27 新建一个“图层11”，然后将标签上的图案复制到酒瓶盖上，并使用“加深工具”和“减淡工具”涂抹出亮部与暗部，效果如图9-314所示。

28 打开本书配套资源中的“素材文件>CH09>课堂案例——酒水包装>素材07.psd”文件，然后将其拖曳到当前操作界面中的合适位置，并将其调整到合适的大小，接着使用“加深工具”和“减淡工具”涂抹出高光与阴影区域，效果如图9-315所示。

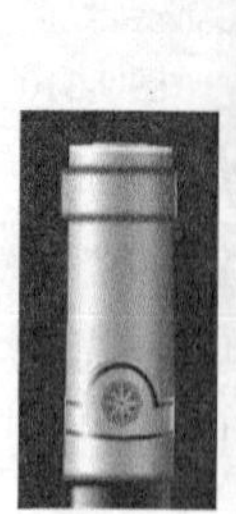

图 9-314

图 9-315

29 新建一个“图层13”，然后使用“椭圆工具”绘制一个如图9-316所示的椭圆选区，并用黑色填充选区，再将该图层放置在“图层10”的上一层。

图 9-316

30 确定“图层13”为当前层，然后执行“滤镜>模糊>高斯模糊”菜单命令，接着在弹出的对话框中设置“半径”为9像素，最终效果如图9-317所示。

图 9-317

9.4 课堂案例——CD盒包装

案例位置	案例文件>CH09>课堂案例——CD盒包装.psd
视频位置	多媒体教学>CH09>课堂案例——CD盒包装.flv
难易指数	★★★★☆
学习目标	学习普通工具与“创建剪切蒙版”的使用

本案例是一个方案展示性的设计。尺寸上要求并不严格，主要体现出光盘和包装盒之间的搭配就可以了。在设计上既要体现出企业的行业特点，又要体现出美感，所以光盘的图案直接采用艺术图案；“CD盒”材料采用的是塑料，所以光盘的光泽度一定要高，这样才能和“CD盒”的背景颜色统一起来。CD盒包装设计的最终效果如图9-318所示。

图 9-318

相关知识

“CD盒包装”设计是依附于立体上的平面包装，是包装外表上的视觉形象，包括文字、摄影、插图和图案等要素。同商标设计相比，“CD盒包装”不仅注重于标贴设计，还要注意容器的形状，CD与“CD盒”之间的相互关系。在CD盒包装设计中须主要掌握以下3要点。

第1点：“CD盒”外观造型要优美、色彩要和谐，立体感要强。

第2点：选材要新颖，主题要突出。

第3点：主要元素之间的层次感要分明。

核心步骤

① 使用“渐变工具”和“减淡工具”制作出背景效果。

② 使用“钢笔工具”和“加深工具”制作出“盒体”的立体效果。

③ 制作“槽口”和“盒扣”。

④ 使用“钢笔工具”和“加深工具”制作出“背盖”的立体效果。

⑤ 制作“CD盒”的投影效果。

⑥ 制作出“光盘”效果后再添加光泽图层使其与“CD盒”的搭配更加协调。

9.4.1 制作背景效果

01 启动Photoshop CS5，新建一个“CD盒包装”文件，具体参数设置为“宽度”30cm、“高度”28.8cm、“分辨率”72像素/英寸、“颜色模式”RGB颜色，如图9-319所示。

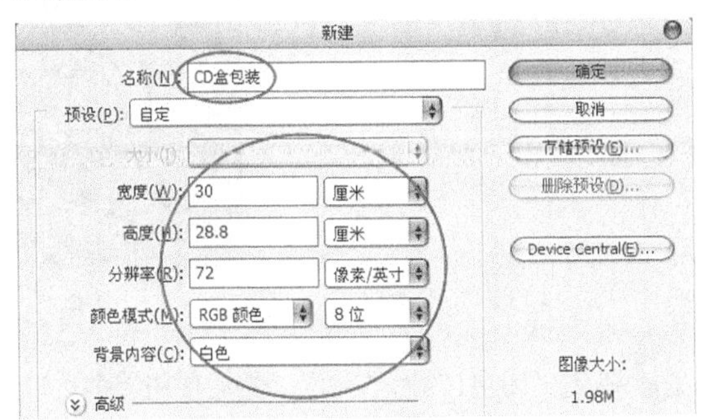

图 9-319

02 分别设置前景色和背景色（R:227、G:227、B:227和R:176、G:176、B:176），然后选择“前景到背景”的渐变从上到下垂直拉出渐变，效果如图9-320所示。

03 单击“工具箱”中的“减淡工具”按钮，在属性栏中设置画笔“大小”为200px，“曝光度”为50%，然后在中间部位反复涂抹，效果如图9-321所示。

图 9-320

图 9-321

技巧与提示

直接填充渐变也可以达到这种减淡效果，但是使用渐变不好把握减淡区域，因此使用“减淡工具”来处理增亮的部分。

9.4.2 制作盒体效果

01 创建一个新图层“图层1”，然后使用“钢笔工具”在绘图区域中绘制一个如图9-322所示的路径。

02 设置前景色（R:46、G:37、B:37），然后单击“路径”面板下面的“用前景色填充路径”按钮，效果如图9-323所示。

图 9-322

图 9-323

03 使用“减淡工具”减淡图像的左上部分，然后使用“加深工具”加深右下部分（设置画笔“大小”为75px~100px，“曝光度”为10%），完成效果如图9-324所示。

图 9-324

04 使用“多边形套索工具”勾选出如图9-325所示的选区，然后使用“加深工具”（设置画笔“大小”为50px，“曝光度”为10%）加深选区中的图像，效果如图9-326所示。

图 9-325　　图 9-326

05 载入“图层1”的选区，然后按住Alt键的同时使用“多边形套索工具”勾选出除左边缘部分以外的选区，并将右部分选区减除，效果如图9-327所示。

06 使用“减淡工具”（设置画笔“大小”为50px，“曝光度”为10%）减淡选区中的图像，然后使用“加深工具”加深左边缘部分，效果如图9-328所示。

图 9-327　　图 9-328

9.4.3 制作槽口效果

01 创建一个新图层“图层2”，然后使用“钢笔工具”在绘图区域中绘制一个如图9-329所示的路径。

02 设置前景色（R:23、G:23、B:23），并单击“路径”面板下面的“用前景色填充路径”按钮，然后载入该图层的选区，效果如图9-330所示。

图 9-329　　图 9-330

03 创建一个新图层“图层3”，然后设置前景色（R:64、G:64、B:64），接着执行“编辑>描边”菜单命令打开“描边”对话框，并设置“半径”为2像素，“位置”为“居中”，效果如图9-331所示。

图 9-331

04 确定“图层1”为当前层，然后使用“多边形套索工具”在绘图区域中勾选出一个如图9-332所示的选区，接着设置前景色（R:46、G:35、B:39），并用前景色填充选区，效果如图9-333所示。

图 9-332　　图 9-333

05 使用"多边形套索工具"在绘图区域中勾选出一个如图9-334所示的选区，然后设置前景色（R:71、G:61、B:64），接着用前景色填充选区，最后用"加深工具"在适当的地方涂抹，效果如图9-335所示。

图 9-334　　图 9-335

9.4.4 制作盒扣效果

01 创建一个新图层"扣子BG"，然后使用"钢笔工具"在绘图区域中绘制一个如图9-336所示的路径。

02 设置前景色（R:235、G:217、B:205），然后单击"路径"面板下面的"用前景色填充路径"按钮，效果如图9-337所示，接着设置前景色（R:27、G:27、B:27）；最后执行"编辑>描边"菜单命令打开"描边"对话框，并设置"半径"为2像素，"位置"为"居中"，效果如图9-338所示。

图 9-336　　图 9-337　　图 9-338

03 创建一个新图层"扣子"，然后使用"多边形套索工具"在绘图区域中勾选出一个如图9-339所示的选区，接着设置前景色（R:16、G:16、B:16），最后用前景色填充选区，效果如图9-340所示。

图 9-339　　图 9-340

04 确定图层"扣子"为当前层，然后使用"多边形套索工具"在绘图区域中勾选出一个如图9-341所示的选区，接着设置前景色（R:85、G:75、B:69），最后用前景色填充选区，效果如图9-342所示。

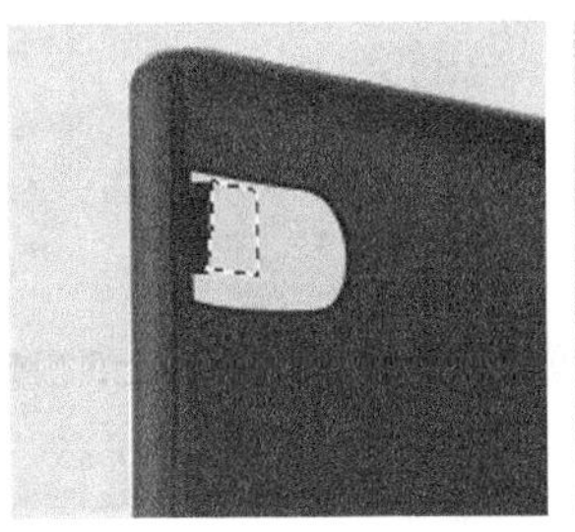

图 9-341　　图 9-342

05 确定图层"扣子"为当前层，使用"钢笔工具"在绘图区域中绘制一个如图9-343所示的路径，再设置前景色（R:78，G:67，B:64），然后单击"路径"面板下面的"用前景色填充路径"按钮，效果如图9-344所示。

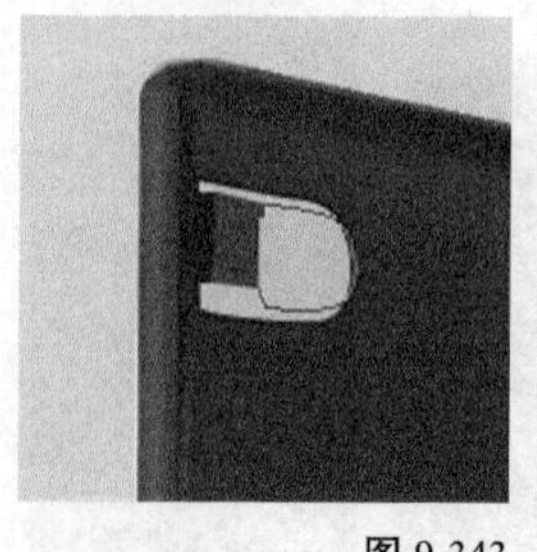

图 9-343　　图 9-344

06 单击“图层”面板下面的“添加图层样式”按钮 fx.，然后在弹出的菜单中选择“斜面和浮雕”命令，接着在弹出的“图层样式”对话框中设置“大小”为2像素，添加“图层样式”后的效果如图9-345所示。

07 创建一个新图层“图层3”，然后按Ctrl+E组合键合并图层“图层3”和“扣子”，并将合并后的图层更名为“扣子”，接着使用“加深工具”（设置画笔“大小”为20px，“曝光度”为15%）最后将其处理成如图9-346所示的效果。

图 9-345

图 9-346

08 确定“图层1”为当前层，然后使用“加深工具”将“扣子”的上部处理成如图9-347所示的效果。

图 9-347

09 按Ctrl+E组合键合并图层“扣子”和“扣子BG”，然后将合并后的图层更名为“盒盖扣子”，并复制一个新图层“盒盖扣子副本”到如图9-348所示的位置，接着按Ctrl+T组合键将其变形，最后使用“加深工具”将其处理成如图9-349所示的效果。

图 9-348　　图 9-349

9.4.5 制作背盖效果

01 创建一个新图层“背盖BG”，然后使用“钢笔工具”在绘图区域中绘制一个如图9-350所示的路径。

图 9-350

02 设置前景色（R:104、G:94、B:95），然后单击“路径”下面的“用前景色填充路径”按钮，效果如图9-351所示。

图 9-351

03 使用“加深工具”（设置画笔“大小”为150px，“曝光度”为20%）将“背盖”处理成如图9-352所示的效果。

图 9-352

04 载入图层“背盖BG”的选区，然后按住Alt键的同时使用“多边形套索工具”选中除需要制作边框线以外的选区，效果如图9-353所示。

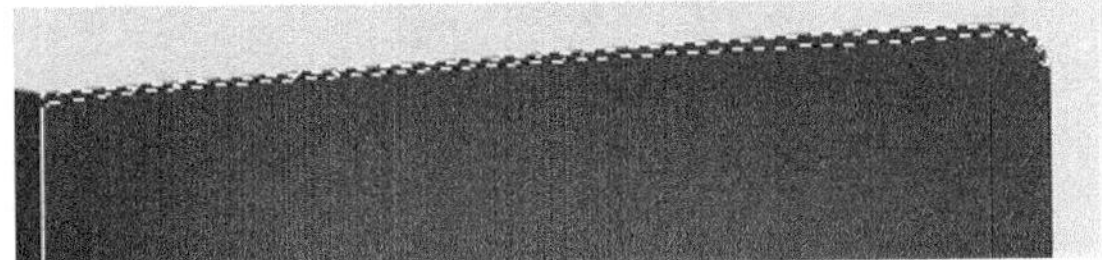

图 9-353

05 设置前景色（R:37、G:33、B:34），然后用前景色填充选区，接着使用“减淡工具”减淡边缘部分，效果如图9-354所示；采用同样的方法制作出下边缘效果，如图9-355所示。

图 9-354

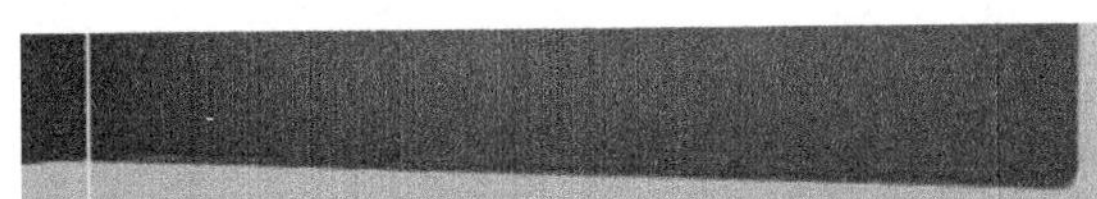

图 9-355

9.4.6 制作CD盒盘槽效果

01 创建一个新图层“槽圈1”，然后使用“钢笔工具”在绘图区域中绘制一个如图9-356所示的路径。

图 9-356

02 设置前景色（R:57、G:51、B:52），然后单击“路径”面板下面的“用前景色填充路径”按钮，效果如图9-357所示。

图 9-357

03 创建一个新图层“盘槽轮廓”，将此其拖曳到图层“槽圈1”的下面一层，然后使用“椭圆选框工具”在绘图区域中绘制一个如图9-358所示的椭圆形选区。

图 9-358

04 设置前景色（R:115、G:103、B:100），然后用前景色填充选区，效果如图9-359所示。

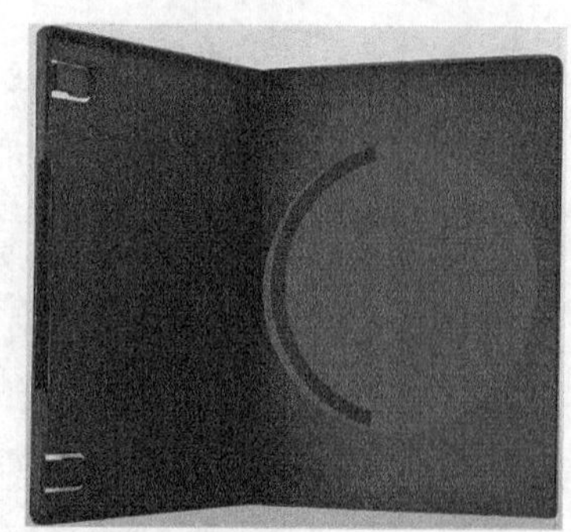

图 9-359

05 使用“加深工具”（设置画笔“大小”为50px，“曝光度”为20%）在中心位置、边缘部分和“槽圈”重合部分来回涂抹，然后使用“模糊工具”在中心部分和边缘部分来回涂抹，效果如图9-360所示。

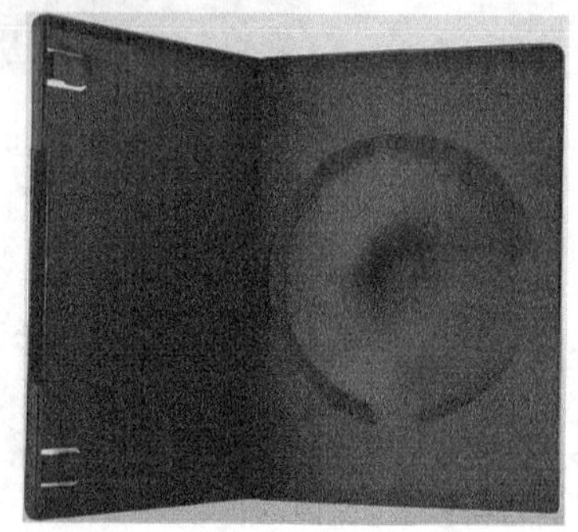

图 9-360

技巧与提示

步骤5主要是提前将“光盘”的阴影制作出来，因为在添加光盘图片后不方便制作阴影效果。

06 创建一个新图层“托口”，然后使用“椭圆选框工具”在绘图区域中绘制一个如图9-361所示的椭圆形选区，接着按住Alt键的同时使用“矩形选框工具”，分别在椭圆形选区的上下两部分绘制一个矩形选区，效果如图9-362所示。

图 9-361　　图 9-362

07 设置前景色（R:15、G:11、B:16），并用前景色填充选区，然后按Ctrl+T组合键变形图像，并将图像逆时针旋转到如图9-363所示的位置，接着复制出一个新图层“托口副本”，按Ctr+T组合键将其旋转到如图9-364所示的位置。

图 9-363

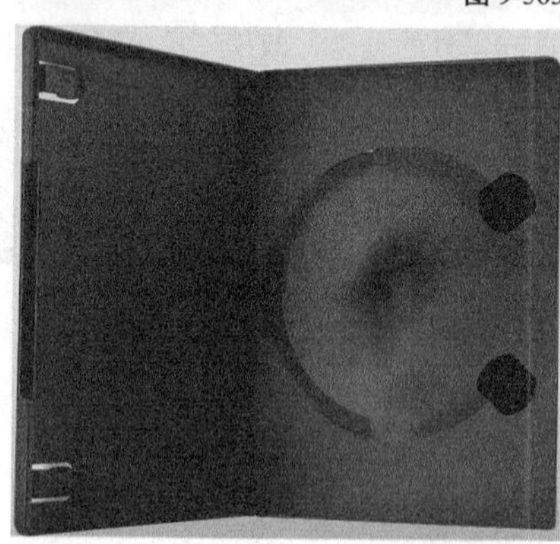

图 9-364

08 创建一个新图层“耳朵”，然后使用“钢笔工具”在绘图区域中绘制一个如图9-365所示的路径。

09 设置前景色（R:238、G:222、B:215），然后单击“路径”面板下面的“用前景色填充路径”按钮，效果如图9-366所示。

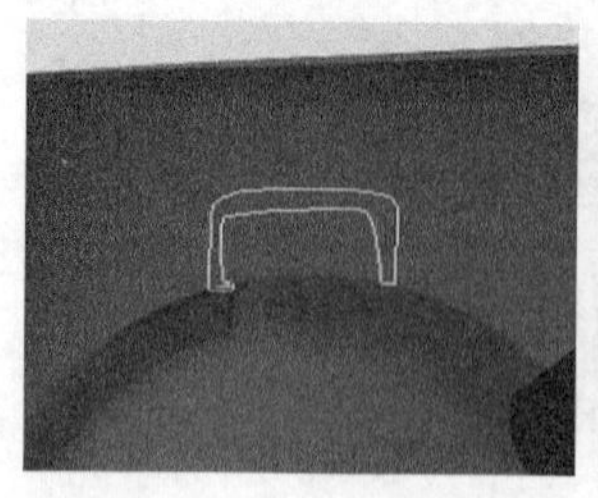

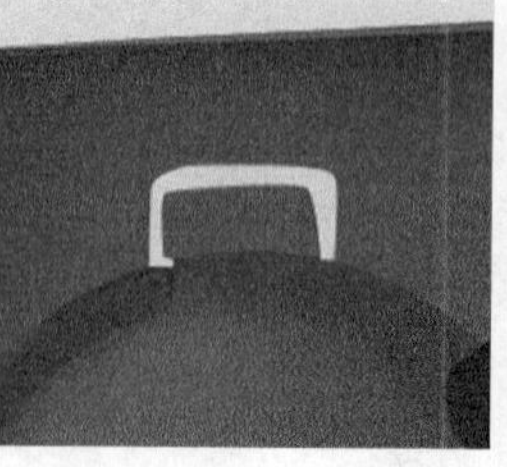

图 9-365　　图 9-366

10 复制一个新图层“耳朵副本”到“盘槽”的下部，然后执行“编辑>变换>垂直翻转”菜单命令，效果如图9-367所示，接着使用“多边形套索工具”或“钢笔工具”制作出其他的部件，效果如图9-368所示。

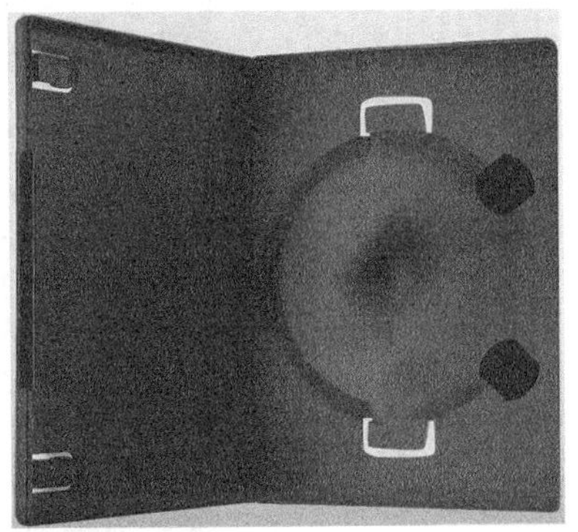

图 9-367

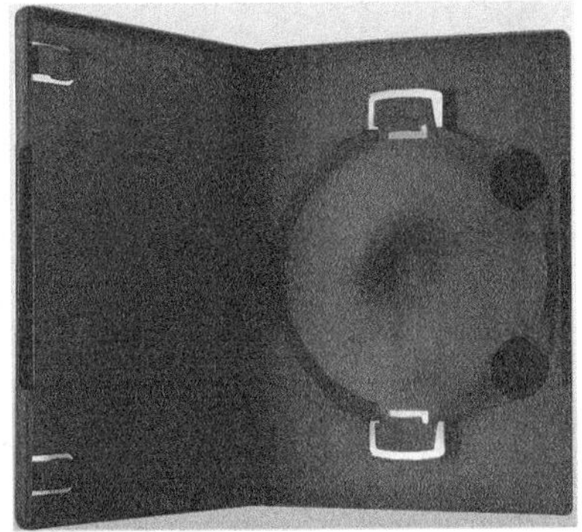

图 9-368

9.4.7 制作CD盒立体效果

01 创建一个新图层BG1，将其拖曳到图层“背景”的上面一层，然后使用“钢笔工具”在绘图区域中绘制一个如图9-369所示的路径。

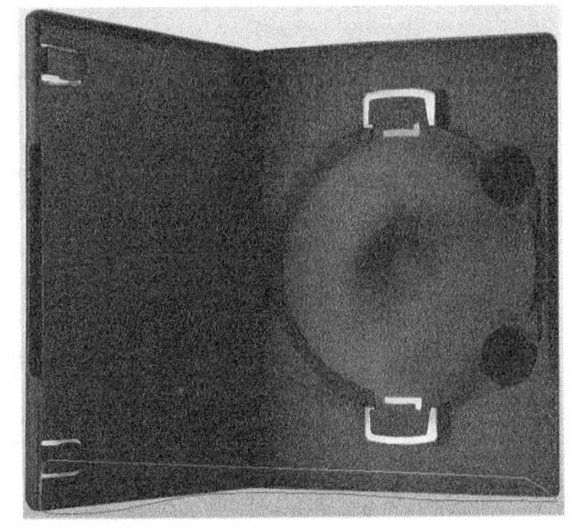

图 9-369

02 单击“路径”下面的“将路径作为选区载入”按钮，然后按Shift+F6组合键打开“羽化选区”对话框，并设置“羽化半径”为20像素，再设置前景色为“黑色”，接着用前景色填充选区，效果如图9-370所示。

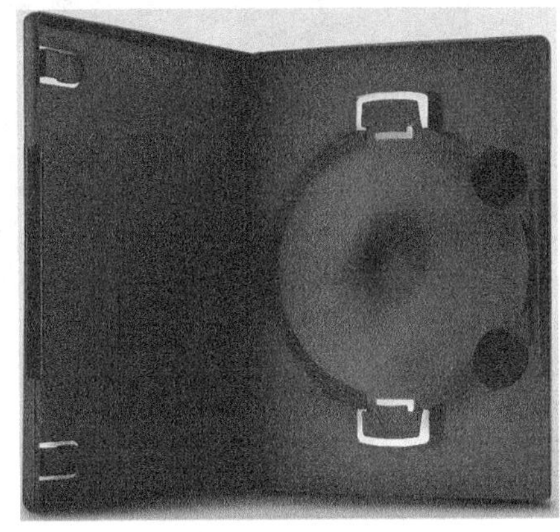

图 9-370

03 按Ctrl+E组合键合并制作“CD盒”所使用到的图层，并将合并后的图层更名为“CD盒”，然后复制出一个新图层“CD盒副本”，并执行“编辑>变换>垂直翻转”菜单命令，接着将其拖曳到“CD盒”的下面，并按下Ctrl+T组合键，最后单击属性栏中的“在变换和自由变形模式之间切换”按钮，并对第一排的左、右两个控制点进行如图9-371所示的调整。

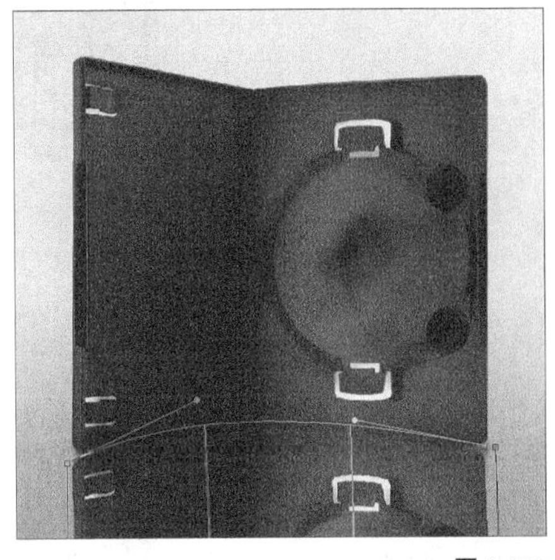

图 9-371

04 单击“图层”面板下面的“添加图层蒙版”按钮，分别设置前景色和背景色为“黑色”和“白色”，然后使用“前景到背景”的渐变从下向上拉出渐变，接着设置该图层的“不透明度”为30%，效果如图9-372所示。

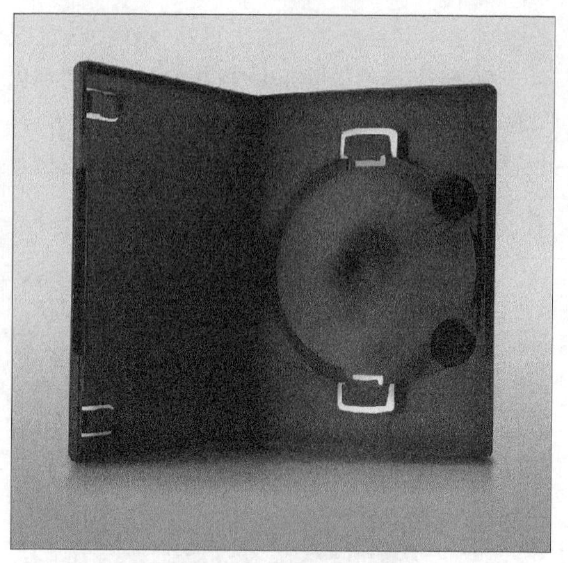

图 9-372

9.4.8 制作光盘模型

01 创建一个新图层“光盘模型”，将其拖曳到最上一层，然后使用“椭圆选框工具”在绘图区域中绘制一个如图9-373所示的椭圆形选区。

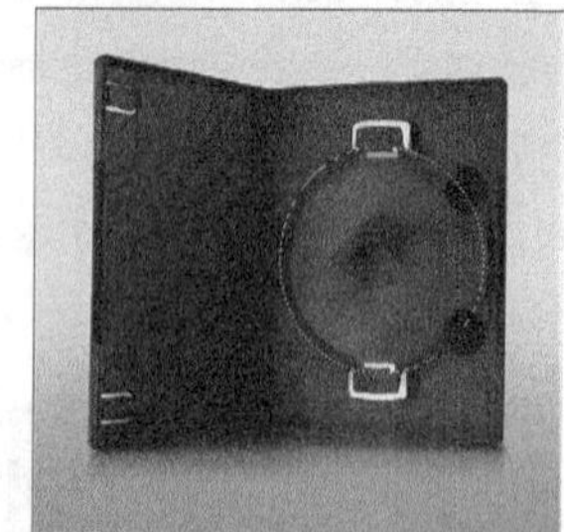

图 9-373

02 设置前景色（R:123、G:123、B:123），并用前景色填充选区，效果如图9-374所示，然后执行“选择>变换选区”菜单命令缩小选区，接着将其拖曳到如图9-375所示的位置，最后按Delete键删除选区中的图像。

图 9-374

图 9-375

03 使用“多边形套索工具”将“光盘模型”和两个“耳朵”对应的部分勾选出来，按Delete键删除选区中的图像，效果如图9-376所示。

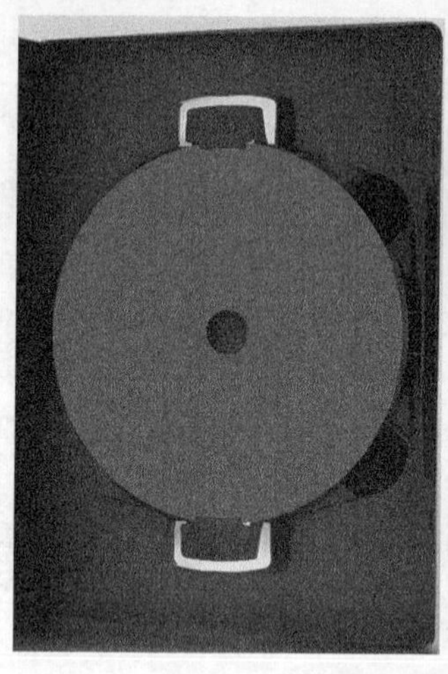

图 9-376

9.4.9 制作CD盒花纹效果

01 打开本书配套资源中的“素材文件>CH09>课堂案例——CD盒包装>素材01.jpg”文件，并将其拖曳到绘图区域中如图9-377所示的位置，然后将新生成的图层更名为“光盘花纹”，接着执行“图层>创建剪贴蒙版”菜单命令，效果如图9-378所示。

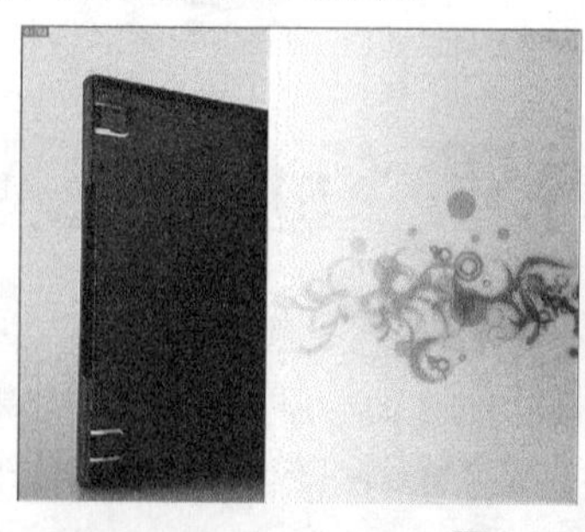

图 9-377

图 9-378

知识点

“创建剪贴蒙版”的操作方法很简单，其效果和反选选区后再删除图像相似，但是后者制作出来的图像在边缘部分会产生锯齿，如果要调整图像的位置就必须返回后再重新操作。而使用“创建剪贴蒙版”时操作就不会这么烦琐，用户可以随意调整图像的位置，整体框架也不会改变，但是需要注意的是操作的图像位置一定是固定的，而且在使用该方法时要先绘制一个“创建剪贴蒙版”的基本模型。

02 创建一个新图层“盒子BG”，然后使用“多边形套索工具”在绘图区域中勾选出一个如图9-379所示的选区，接着用前景色填充选区（由于只是一个模型背景，所以可随意设置一种颜色），效果如图9-380所示。

图 9-379

图 9-380

03 使用“多边形套索工具”在绘图区域中将两个“扣子”所在的位置勾选出来，效果如图9-381所示，然后按Delete键删除选区中的图像，效果如图9-382所示。

图 9-381

图 9-382

技巧与提示

为了方便勾选出“扣子”的选区可以先将图层“盒子BG”暂时隐藏，勾选完毕后再将其显示出来。

04 打开本书配套资源中的“素材文件>CH09>课堂案例——CD盒包装>素材02.jpg”文件，将其拖曳到绘图区域中如图9-383所示的位置，然后将新生成的图层更名为“盒子花纹”，再将该图层拖曳到图层“盒子BG”的上面一层，接着按Ctrl+T组合键对其进行如图9-384所示的变形。

图 9-383

图 9-384

05 执行“图层>创建剪贴蒙版”菜单命令，效果如图9-385所示，然后复制出一个新图层“盒子BG副本”，并将其拖曳到最上一层，接着载入该图层的选区，设置前景色（R:225、G:225、B:225），最后用前景色填充选区，效果如图9-386所示。

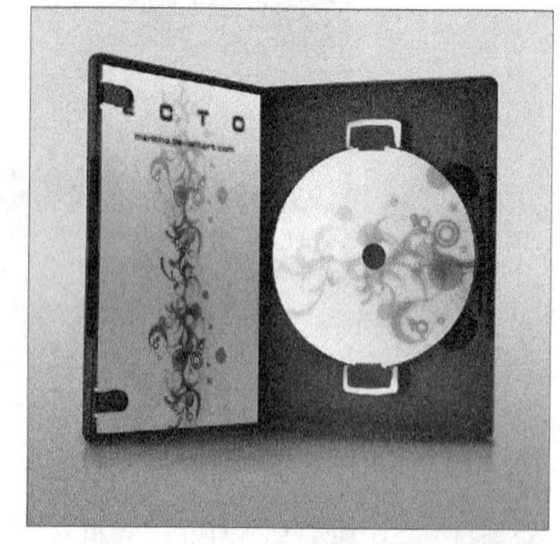

图 9-385

图 9-386

06 使用“加深工具”在左右边缘部分来回涂抹，效果如图9-387所示，然后设置该图层的“混合模式”为“正片叠底”，“不透明度”为60%，效果如图9-388所示。

图 9-387

图 9-388

07 打开本书配套资源中的“素材文件>CH09>课堂案例——CD盒包装>素材03.psd”文件，并将其拖曳到绘图区域中如图9-389所示的位置，然后将新生成的图层更名为“光盘模型”，接着设置该图层的“混合模式”为“正片叠底”，“不透明度”为80%，效果如图9-390所示。

图 9-389

图 9-390

08 在“光盘”上添加相关文字信息和一些辅助图案完成整个“CD盒”的制作，最终效果如图9-391所示。

图 9-391

9.5 课堂案例——礼品盒包装

案例位置 案例文件>CH09>课堂案例——礼品盒包装.psd
视频位置 多媒体教学>CH09>课堂案例——礼品盒包装.flv
难易指数 ★★★★☆
学习目标 学习雕刻效果的制作方法和金色“纹理”的制作方法

本案例中主要体现出了简约美和艺术美以及一种沉静而又高雅的气质。“包装盒”本身就是用于包装礼品的，在色调上主要采用的是黑色和黄色，这是两种不同色系的颜色，对很多“礼品盒”包装都非常适用。礼品盒包装设计的最终效果如图9-392所示。

图 9-392

相关知识

“礼品盒”包装设计不同于别的包装设计。包装物体不同，设计的风格也不同，不能过于明显地体现包装物，也不能与包装物的风格和用途大相径庭。在礼品盒包装的设计中需主要掌握以下5点。

第1点：形状化——礼品盒的形状各式各样，如长方体、心形，圆柱体和圆锥体等，但总离不开两种基本包装方法，方形包装法和圆柱形包装法。

第2点：情感化——色彩对人的情绪影响很大，因此必须注重包装纸颜色的搭配，可按年龄和性别来加以区别。男士应以冷色调为主；女士可选择色彩亮丽或素雅大方的浅色；儿童则应挑选色彩明快、活泼可爱的图案。

第3点：艺术化——每件精心加工后的包装均能体现出一定的艺术性，可以通过添加装饰带和装饰花等小装饰物来增加艺术效果。

第4点：主题化——这是决定如何进行礼品包装的基础，任何包装设计都必须突出主题。

第5点：知识化——礼品包装也是知识型包装，在设计之前首先要对包装的材料有充分的了解，利用合适的包装材料和丰富的包装知识才能设计出一件真正的艺术品。

核心步骤

① 制作“包装盒”的效果。
② 制作“花纹”效果。
③ 制作“盒盖”的中心部分。
④ 制作“侧面”效果和“底纹”特效。
⑤ 制作金色“丝绸”效果。
⑥ 制作“包装盒”各个面的效果。
⑦ 制作“盒盖内面”的纹理效果。

9.5.1 制作盒盖模型

01 启动Photoshop CS5，新建一个“礼品盒包装”文件，具体参数设置为“宽度”20cm、“高度”16cm、“分辨率”200像素/英寸、“颜色模式”RGB颜色，如图9-393所示。

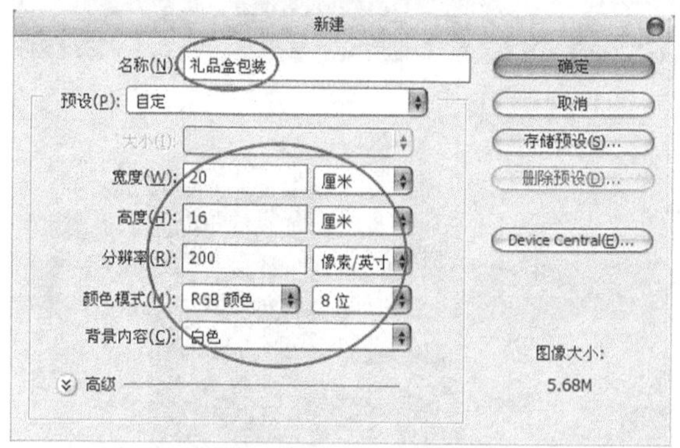

图 9-393

02 创建一个新图层“盒盖”，然后使用“多边形套索工具”在绘图区域中勾选出“盒盖”的轮廓线，效果如图9-394所示。

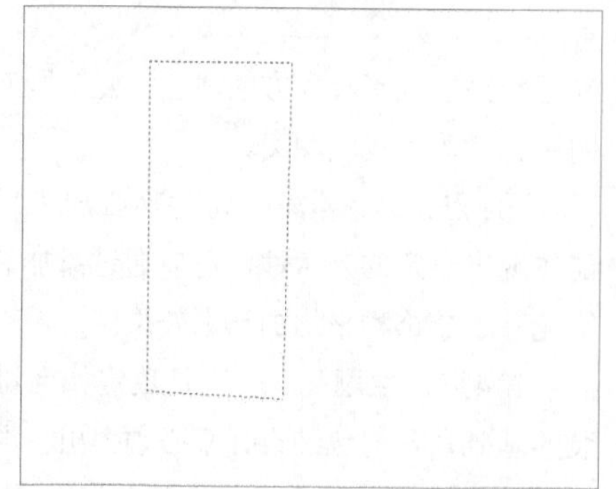

图 9-394

03 设置前景色（R:254、G:221、B:50），然后用前景色填充选区，效果如图9-395所示。

图 9-395

04 使用“横排文字工具”（在属性栏中选择一款具有艺术性的英文字体，字体大小设置为13px，字体颜色设置为纯黄色），然后在绘图区域中输入英文Home Cake，效果如图9-396所示，接着按Ctrl+T组合键将文字逆时针旋转30°，并复制出一个新图层“Home Cake副本”，最后按Ctrl+E组合键合并两个文字图层，并将合并的图层更名为Home Cake，再将其拖曳到如图9-397所示的位置。

图 9-396

图 9-397

05 移动复制出多个等间距文字图像，效果如图9-398所示，然后按Ctrl+E组合键合并所有的文字图层。

图 9-398

06 载入图层“盒盖”的选区，按住Alt键的同时使用“多边形套索工具”勾选出需要制作特效区域以外的其他选区，这样就可以单独选中如图9-399所示的选区，确定图层Home Cake为当前层，然后按Ctrl+Shift+I组合键反选选区，接着按Delete删除选区的图像，最后设置该图层的“不透明度”为80%，效果如图9-400所示。

图 9-399

图 9-400

07 确定图层Home Cake为当前层，将其复制出一个副本到“盒盖”的上部，然后采用步骤（06）的方法将上面部分的文字处理好，效果如图9-401所示。

08 创建一个新图层“黑色BG”，然后使用“多边形套索工具”在绘图区域中勾选出一个如图9-402所示的选区，接着按D键还原前景色和背景色，最后用前景色填充选区，效果如图9-403所示。

图 9-401

图 9-402

图 9-403

9.5.2 制作花纹特效

01 打开本书配套资源中的“素材文件>CH09>课堂案例——礼品盒包装>素材01.psd”文件，并将其拖曳到绘图区域中如图9-404所示的位置，然后将新生成的图层更名为“花纹”，接着执行“编辑>变换>水平翻转”菜单命令，最后按Ctrl+T组合键将图像等比例缩小到如图9-405所示的大小。

图 9-404

图 9-405

02 执行“图像>调整>去色”菜单命令或者按Ctrl+ Shift+U组合键将图像调整成灰度图，效果如图9-406所示。

图 9-406

03 执行“图像>调整>亮度/对比度”菜单命令打开“亮度/对比度”对话框，具体参数设置如图9-407所示，调整“亮度/对比度”后的效果如图9-408所示。

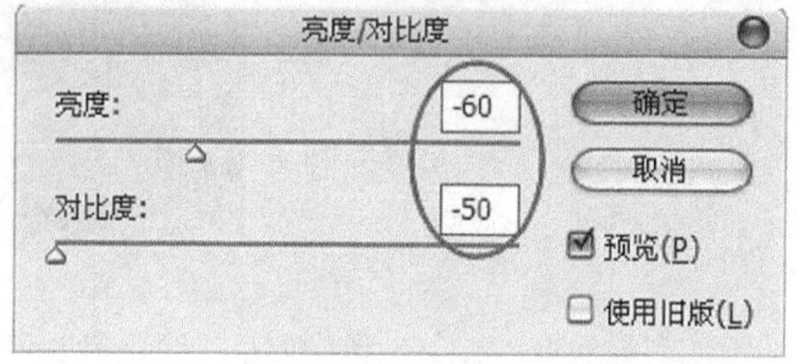

图 9-407

图 9-408

04 执行“滤镜>风格化>浮雕效果”菜单命令打开“浮雕效果”对话框，具体参数设置如图9-409所示，效果如图9-410所示。

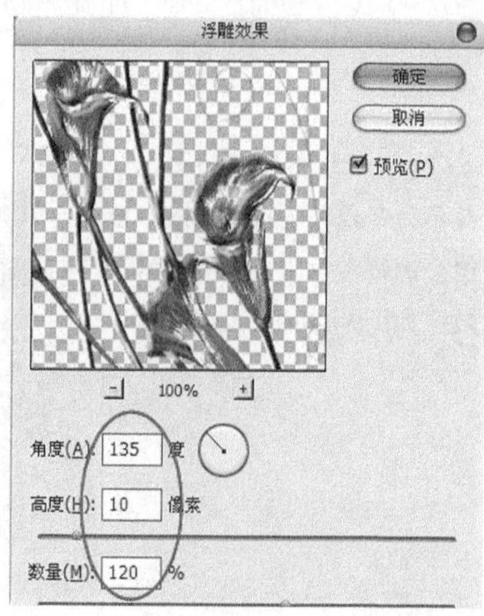

图 9-409

图 9-410

05 执行“滤镜>艺术效果>塑料包装”菜单命令打开“塑料包装”对话框，具体参数设置如图9-411所示，然后按Ctrl+T组合键将图像的宽度缩小如图9-412所示的大小。

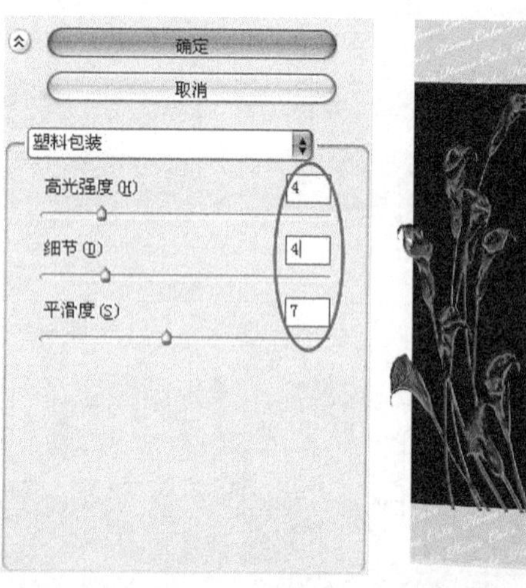

图 9-411　　图 9-412

06 执行“图层>创建剪贴蒙版”菜单命令或者按Ctrl+Alt+G组合键，效果如图9-413所示。

07 打开本书配套资源中的“素材文件>CH09>课堂案例——礼品盒包装>素材02.psd”文件，然后将其拖曳到绘图区域中，接着将新生成的图层更名为“花2”，最后按Ctrl+T组合键将图像等比例缩小到如图9-414所示的大小。

图 9-413　　图 9-414

08 确定图层“花2”为当前层，然后水平往右复制出一个新图层“花2副本”，接着执行“编辑>变换>水平翻转”菜单命令，效果如图9-415所示。

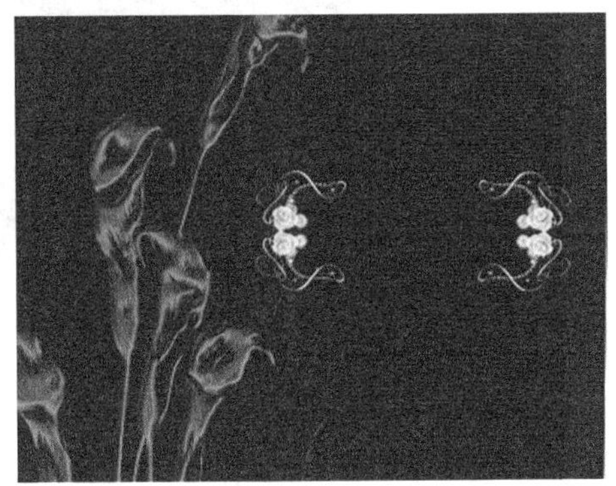

图 9-415

09 使用“横排文字工具”在两朵花之间输入英文flower Romantic，效果如图9-416所示。

图 9-416

9.5.3 制作盒盖中心部分

01 创建一个新图层BGbox，然后使用“多边形套索工具”在绘图区域中勾选一个如图9-417所示的选区，并设置前景色（R:225、G:221、B:23），最后用前景色填充选区，效果如图9-418所示。

图 9-417

图 9-418

02 确定图层BGbox为当前层，然后使用“加深工具”和“减淡工具”将其处理成如图9-419所示的效果。

图 9-419

03 单击“图层”面板下面的“添加图层样式”按钮 fx.，然后在弹出的菜单中选择“斜面和浮雕”命令打开“图层样式”对话框，具体参数设置如图9-420所示，添加“斜面和浮雕”样式后的效果如图9-421所示。

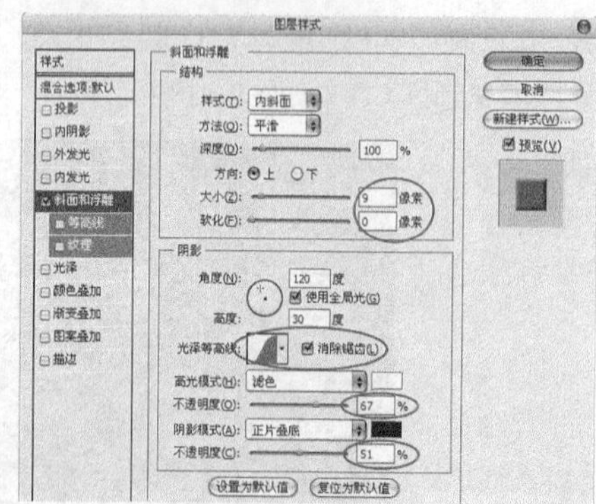

图 9-420

图 9-421

04 载入图层BGbox的选区，执行“选择>变换选区”菜单命令，然后按住Shift+Alt组合键的同时将选区缩小到如图9-422所示的大小，并设置前景色（R:255，G:255，B:0），接着创建一个新图层box line，并执行“编辑>描边”菜单命令打开“描边”对话框，最后设置“宽度”为2px，“位置”为“居中”，效果如图9-423所示。

图 9-422　　图 9-423

05 创建一个新图层“边角花纹”，然后使用“钢笔工具”在绘图区域中绘制如图9-424所示的路径。

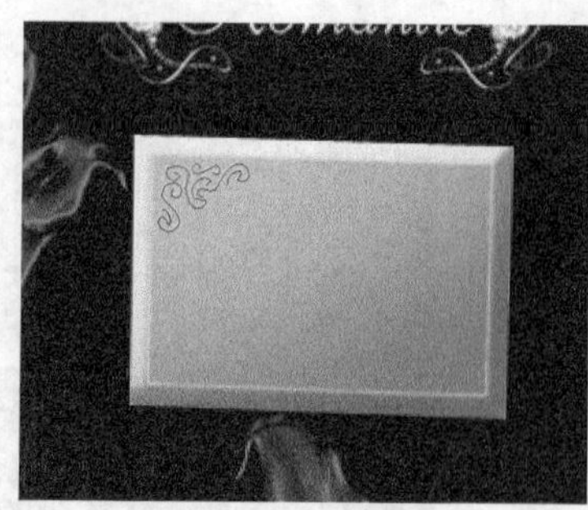

图 9-424

06 设置前景色（R:225、G:149、B:8），然后单击“工具箱”中的“画笔工具”按钮，并在属性栏中设置画笔“大小”为2px，接着切换到“路径”面板，最后在“工作路径”缩览图上单击鼠标右键，并在弹出的菜单中选择“描边路径”命令，效果如图9-425所示。

图 9-425

07 载入图层“边角花纹”的选区，打开“渐变编辑器”对话框，分别设置第1个色标（位置为0）的颜色（R:221、G:70、B:4），第2个色标（位置为50%）的颜色（R:208、G:184、B:8），第3个色标（位置为100%）的颜色（R:221、G:70、B:4），如图9-426所示；然后在选区中从左下往右上拉出渐变，效果如图9-427所示。

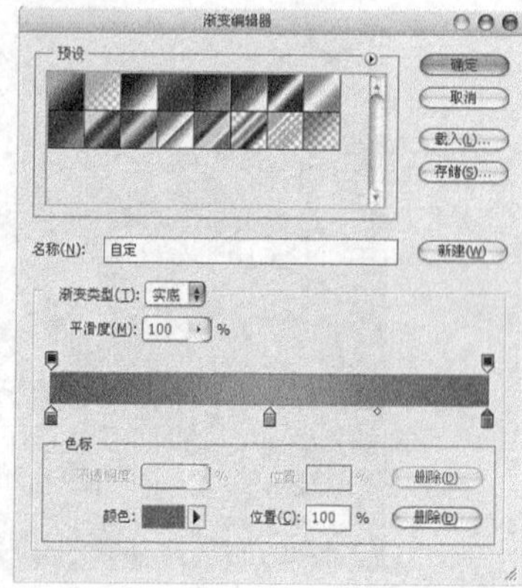

图 9-426

图 9-427

技巧与提示

这里不用将路径转换为选区再填充渐变的方法是因为该路径不是一条封闭路径，如果直接将路径转换为选区，系统会自动合并那些断开的路径，无法达到预期效果。

08 单击“图层”面板下面的“添加图层样式”按钮 fx.，然后在弹出的菜单中选择“投影”命令，打开“图层样式”对话框，并设置“阴影颜色”为白色，具体参数设置如图9-428所示；接着单击“外发光”样式，并设置“大小”为2像素，最后设置该图层的“混合模式”为“颜色加深”，效果如图9-429所示。

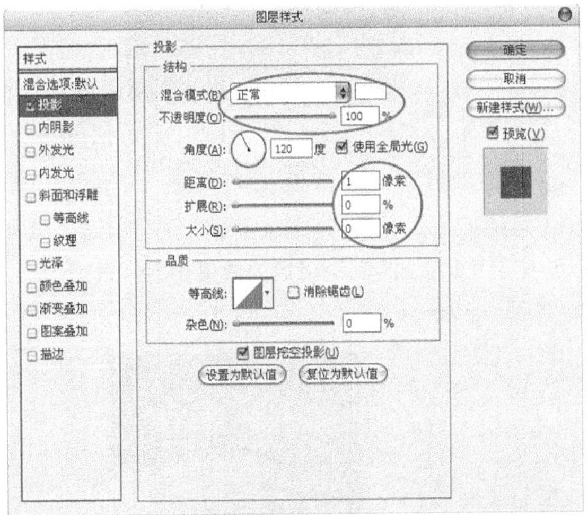

图 9-428

图 9-429

09 复制3个新图层“边角花纹副本”到box的3个边角上，效果如图9-430所示。

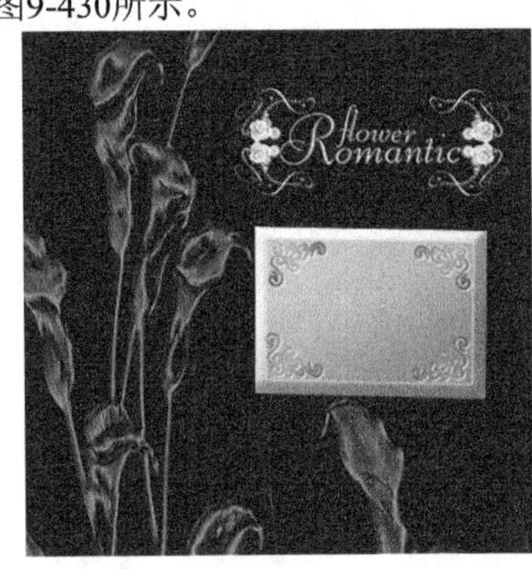

图 9-430

10 使用“横排文字工具” T 在box中心部分输入文字“漫花帝国”，然后对其添加“外发光”和“斜面和浮雕”样式，完成后的效果如图9-431所示。

图 9-431

11 打开本书配套资源中的“素材文件>CH09>课堂案例——礼品盒包装>素材03.psd”文件，然后将其拖曳到绘图区域中，接着按Ctrl+T组合键将图像作如图9-432所示的变形。

图 9-432

9.5.4 制作侧面效果

01 创建一个新图层“盒子侧面BG”，然后使用“多边形套索工具”在绘图区域中勾选出如图9-433所示的选区，并设置前景色（R:229、G:196、B:28），接着用前景色填充选区，效果如图9-434所示。

图 9-433

图 9-434

02 创建一个新图层“侧面黑色BG”，然后使用“多边形套索工具”在绘图区域中勾选出如图9-435所示的选区，并设置前景色为黑色，接着用前景色填充选区，效果如图9-436所示。

图 9-435

图 9-436

03 确定图层“侧面黑色BG”为当前层，按照前面讲述的方法在侧面的上下黄色背景部分制作出文字背景，然后复制一个“盒盖”的背景“花纹”到侧面的黑色背景中，接着按Ctrl+T组合键对其进行如图9-437所示的变形。

图 9-437

9.5.5 制作扣子效果

01 创建一个新图层“扣子”，然后使用“矩形选框工具”绘制一个如图9-438所示的矩形选区，并设置前景色（R:255、G:243、B:3），接着用前景色填充选区，效果如图9-439所示。

图 9-438

图 9-439

02 执行“滤镜>艺术效果>粗糙蜡笔”菜单命令，打开“粗糙蜡笔”对话框，具体参数设置如图9-440所示，使用“粗糙蜡笔”滤镜后的效果如图9-441所示。

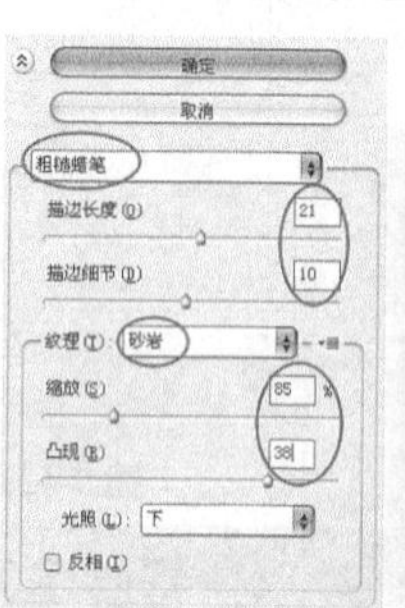

图 9-440

图 9-441

03 使用“多边形套索工具”在绘图区域中勾选出如图9-442所示的选区，然后按Ctrl+Shift+I组合键反选选区，接着按Delete键删除选区中的图像，效果如图9-443所示。

图 9-442　　图 9-443

04 单击“图层”面板下面的“添加图层样式”按钮 fx.，然后在弹出的菜单中选择“斜面和浮雕”命令，打开“图层样式”对话框，具体参数设置如图9-444所示，添加“斜面和浮雕”后的效果如图9-445所示。

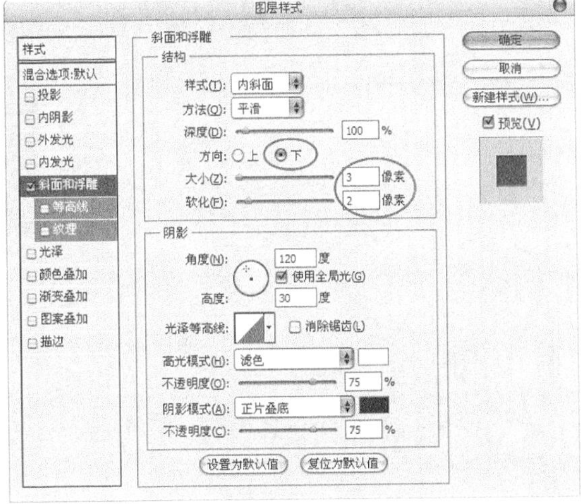

图 9-444

图 9-445

05 创建一个新图层“分割线”，使用“铅笔工具”绘制一条细线条作为开口线，效果如图9-446所示，然后在棱角处绘制一条淡黄色的细线条，接着设置该图层的“不透明度”为60%，效果如图9-447所示。

图 9-446　　图 9-447

9.5.6 制作金色丝绸效果

01 创建一个新图层BG1，然后使用“多边形套索工具”在绘图区域中勾选出如图9-448所示的选区，设置前景色（R:134、G:98、B:35），接着用前景色填充选区，效果如图9-449所示。

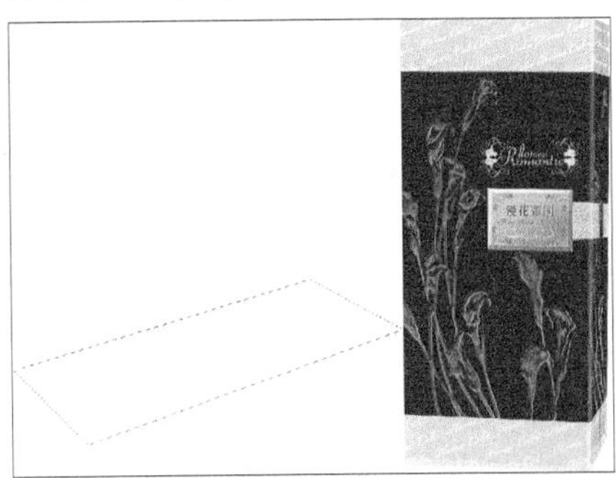

图 9-448

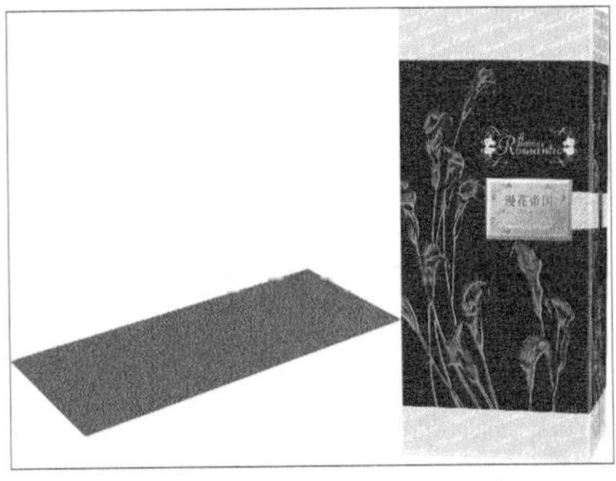

图 9-449

02 创建一个新图层BG2，使用“多边形套索工具”在绘图区域中勾选出如图9-450所示的选区，然后设置前景色（R:177、G:160、B:35），接着用前景色填充选区，效果如图9-451所示。

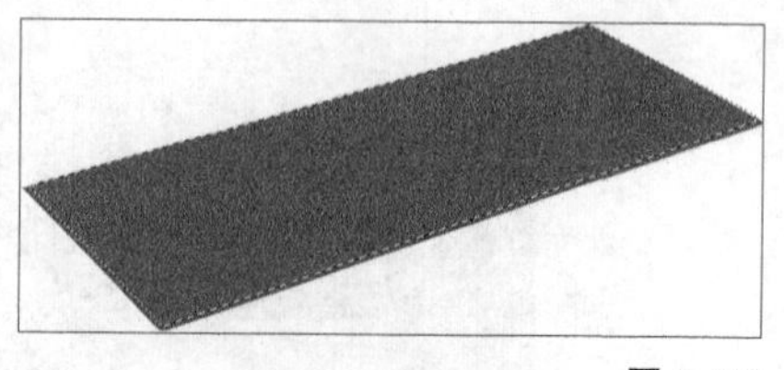

图 9-450

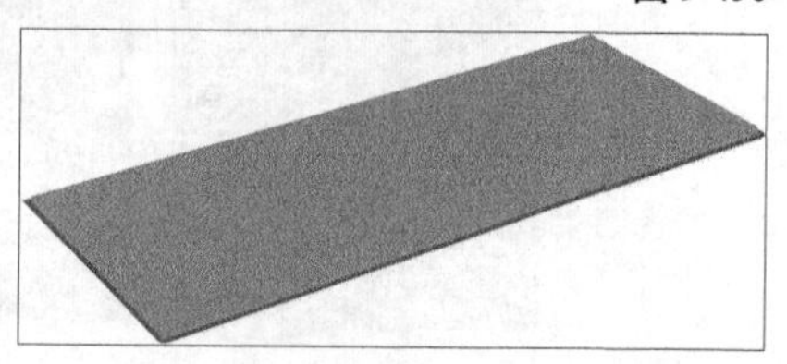

图 9-451

技巧与提示

不直接用“矩形选框工具”绘制矩形选区是因为盒子有两个角是圆弧形的，为了表现出弧形效果，所以使用“多边形套索工具”勾选整体轮廓。勾选的时候要注意图层BG1只勾选出正侧面的两个圆角，但是图层BG2除了右侧面的上角勾选成尖角外，其余3个角都要勾选成圆角。

03 执行“滤镜>杂色>添加杂色”菜单命令打开“添加杂色”对话框，具体参数设置如图9-452所示，然后使用“减淡工具”将其处理成如图9-453所示的效果。

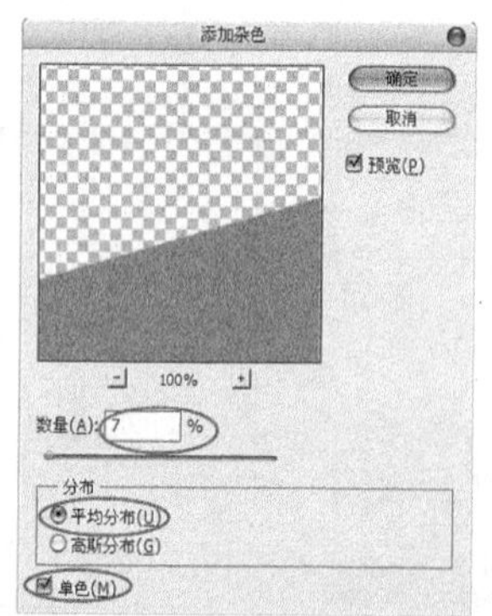

图 9-452

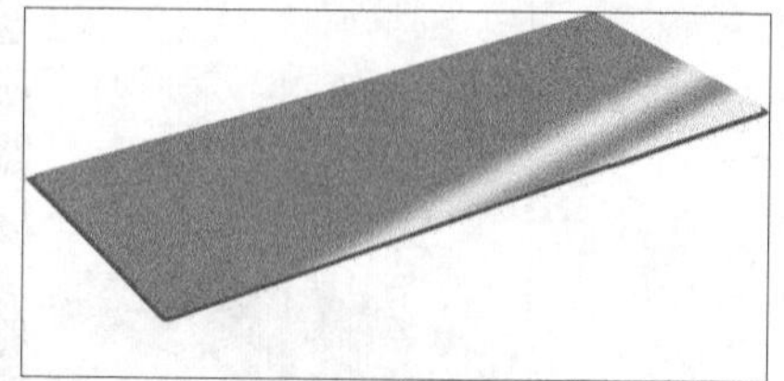

图 9-453

04 创建一个新图层BG3，然后使用“多边形套索工具”在绘图区域中勾选出如图9-454所示的选区，接着设置前景色（R:232、G:215、B:156），最后用前景色填充选区，效果如图9-455所示。

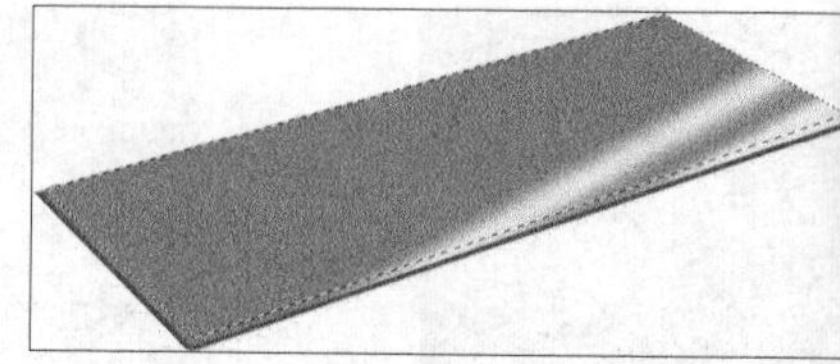

图 9-454

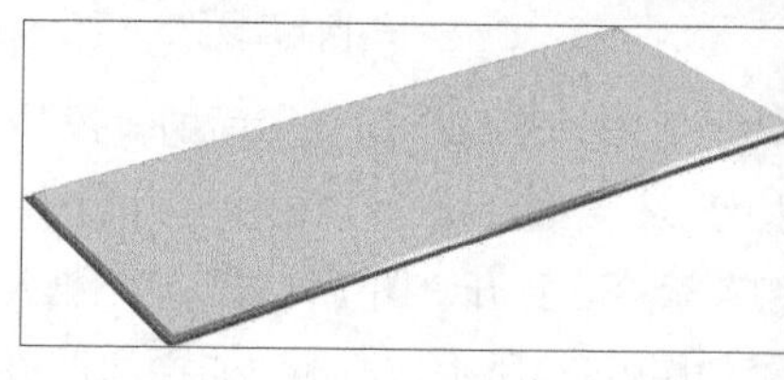

图 9-455

05 创建一个新图层“金色丝绸”，然后使用“多边形套索工具”在绘图区域中勾选出如图9-456所示的选区。

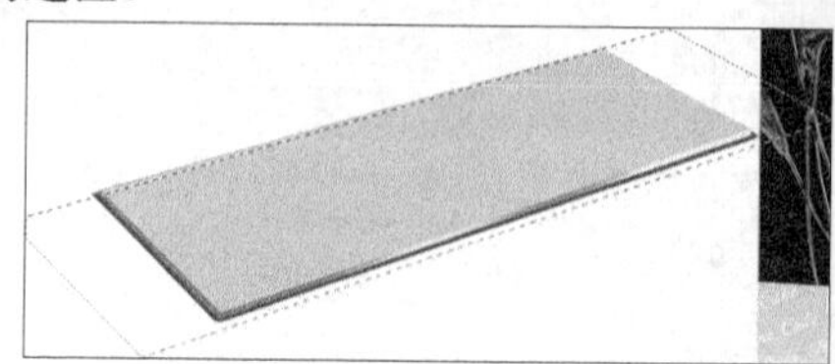

图 9-456

技巧与提示

勾选的选区一定要比下面的背景大，因为后面制作出“丝绸”的边缘部分需要裁剪掉。

06 分别设置前景色和背景色（R:199、G:170、B:0和R:255、G:230、B:0），然后打开“渐变编辑器”对话框，接着选择“前景到背景”渐变，并在属性栏中设置“模式”为“差值”，如图9-457所示，最后在选区中的不同方向多次拉出渐变，效果如图9-458所示。

模式：差值

图 9-457

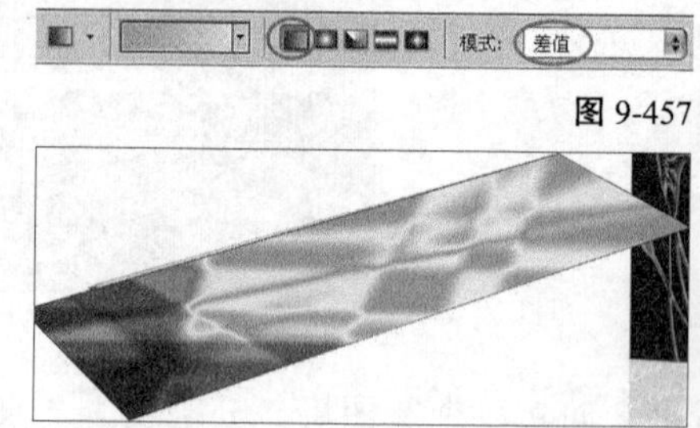

图 9-458

技巧与提示

步骤（06）是“丝绸”制作中比较关键的一步，有很多渐变效果都是经过多次渐变后才能达到的，如果出现色斑并不要紧，在后面的操作中将其处理掉即可。

07 执行“滤镜>模糊>高斯模糊”菜单命令，打开“高斯模糊”对话框，具体参数设置如图9-459所示，效果如图9-460所示。

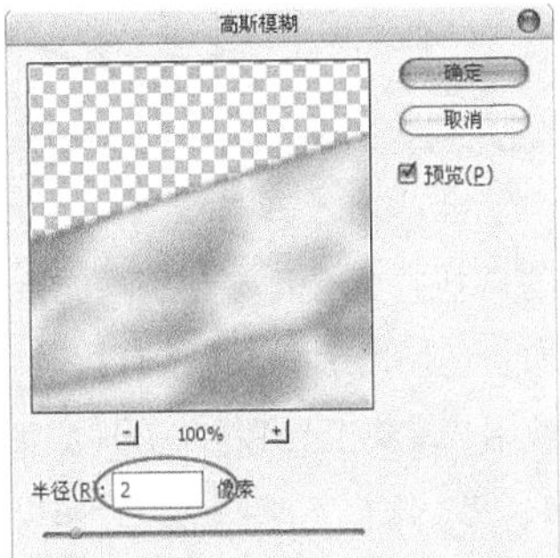

图 9-459

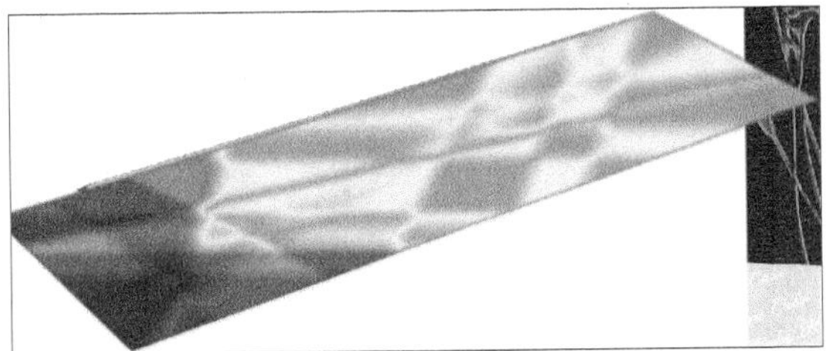

图 9-460

08 执行“滤镜>风格化>查找边缘”菜单命令，效果如图9-461所示。

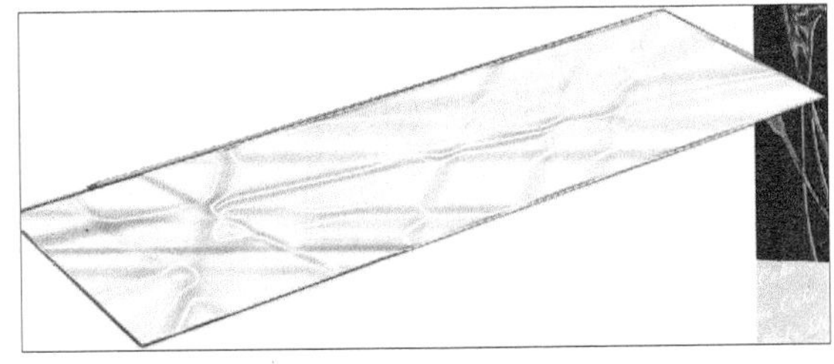

图 9-461

09 执行“图像>调整>色阶”菜单命令或按Ctrl+L组合键打开“色阶”对话框，具体参数设置如图9-462所示，效果如图9-463所示。

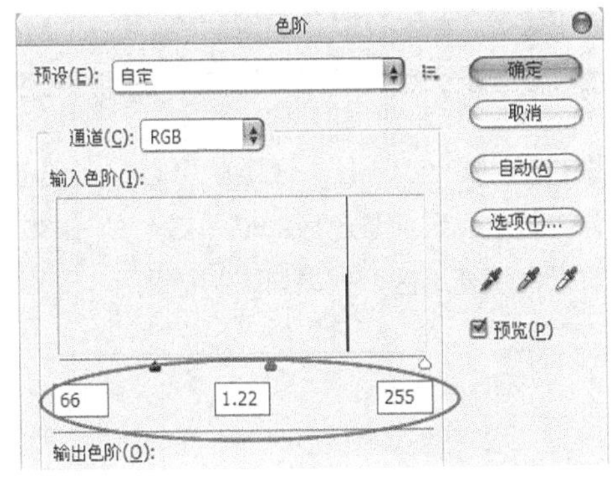

图 9-462

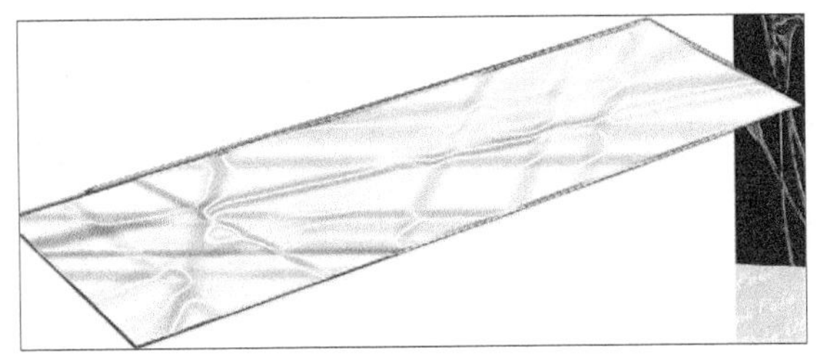

图 9-463

10 按Ctrl+U组合键打开“色相/饱和度”对话框，然后勾选“着色”选项，具体参数设置如图9-464所示，效果如图9-465所示。

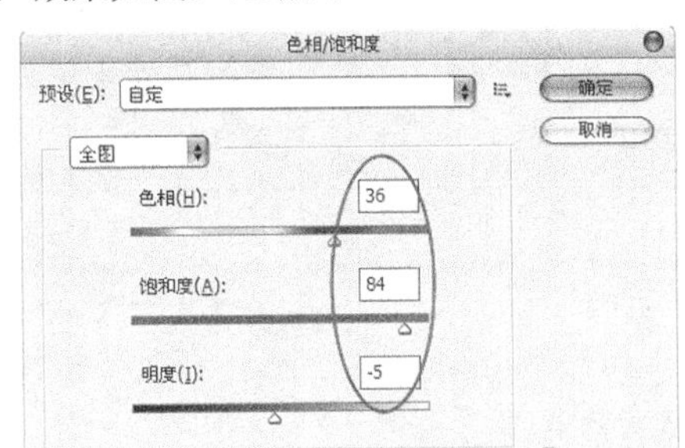

图 9-464

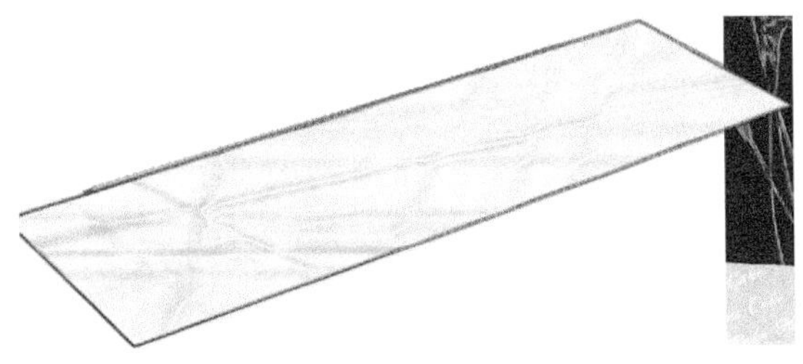

图 9-465

11 执行“滤镜>渲染>光照效果”菜单命令，打开“光照效果”对话框，然后选择“光照类型”为“平行光”，接着将“光照颜色”和“环境色”都设置为纯黄色，并将光照控制点调整到如图9-466所示的位置，最后设置其他参数，效果如图9-467所示。

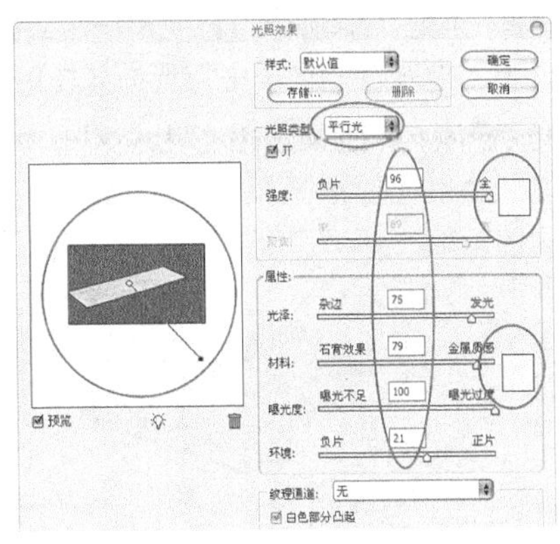

图 9-466

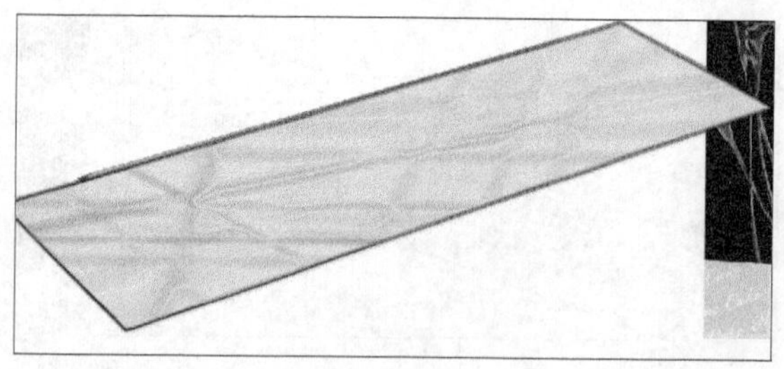

图 9-467

12 使用“多边形套索工具”勾选出如图9-468所示的选区，然后按Ctrl+Shift+I组合键反选选区并按Delete键删除选区中的图像，接着使用“加深工具”和“减淡工具”将其处理成如图9-469所示的效果。

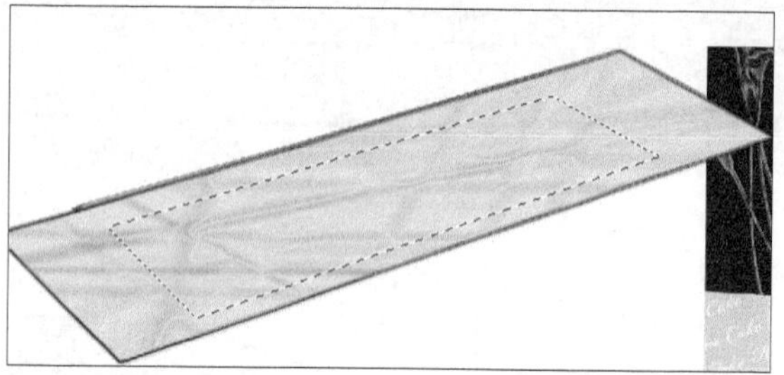

图 9-468

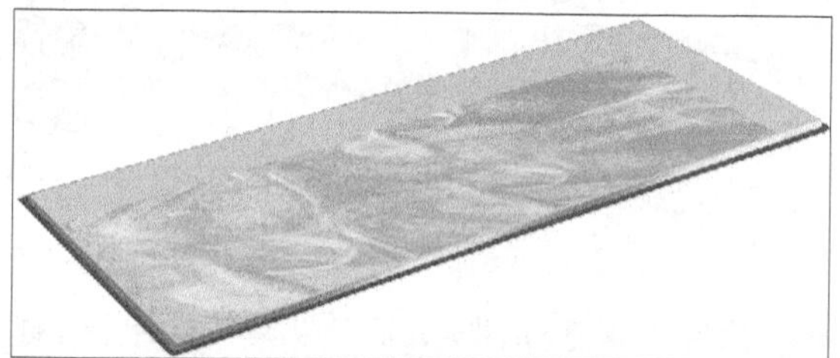

图 9-469

9.5.7 制作内盒的边侧效果

01 创建一个新图层“内边侧”，使用“多边形套索工具”在绘图区域中勾选出如图9-470所示的选区，然后设置前景色（R:229、G:214、B:111），接着用前景色填充选区，效果如图9-471所示。

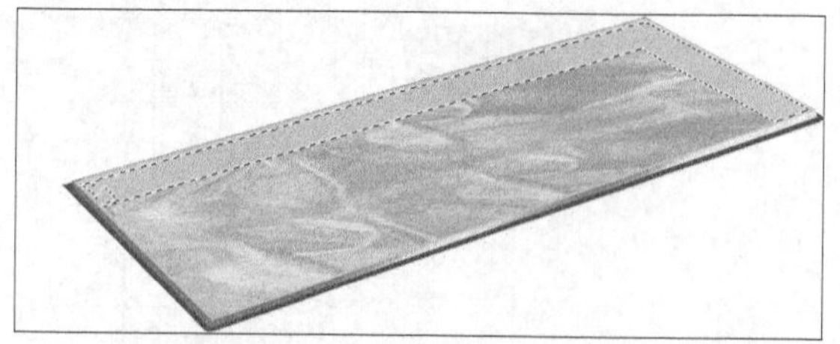

图 9-470

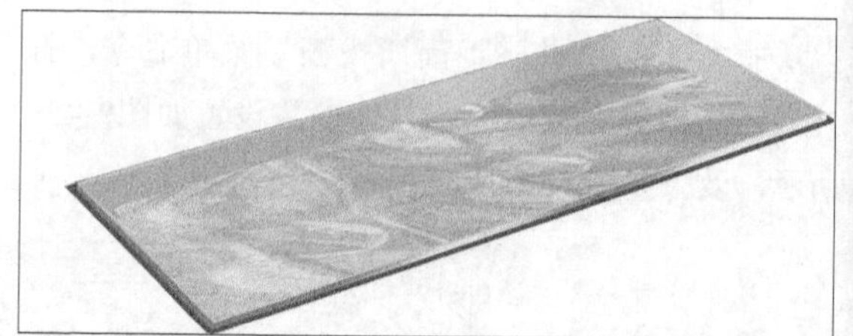

图 9-471

02 执行“滤镜>杂色>添加杂色”菜单命令，打开“添加杂色”对话框，具体参数设置如图9-472所示，然后使用“减淡工具”将其处理成如图9-473所示的效果。

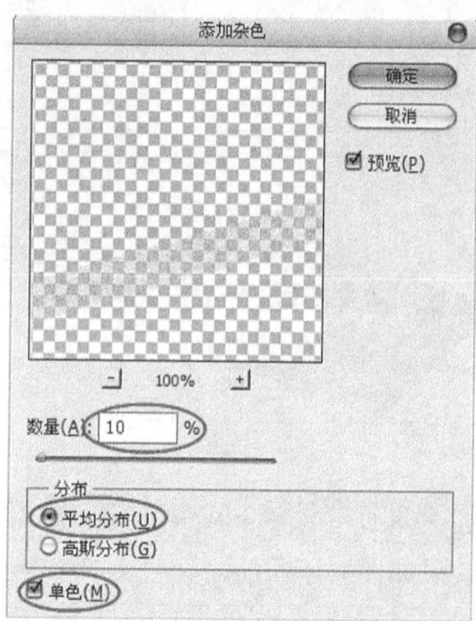

图 9-472

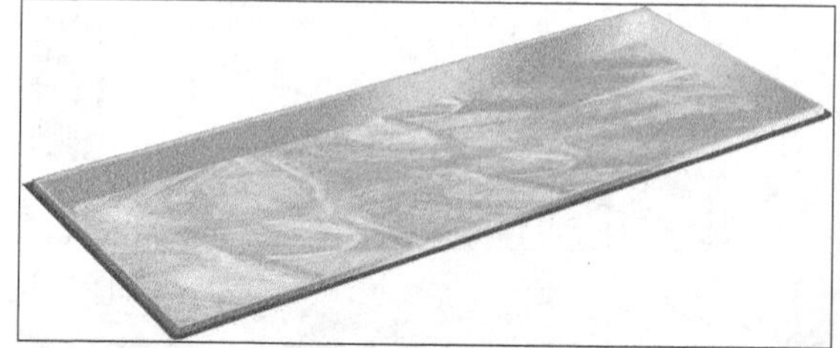

图 9-473

03 载入图层“内边侧”的选区，并创建一个新图层“内边侧2”，然后设置前景色（R:209、G:180、B:103），并用前景色填充选区，效果如图9-474所示，接着按住Alt键的同时使用“多边形套索工具”将长边部分勾选上，这样就可以单独选出宽边部分，最后设置前景色（R:203、G:175、B:85），并用前景色填充选区，效果如图9-475所示。

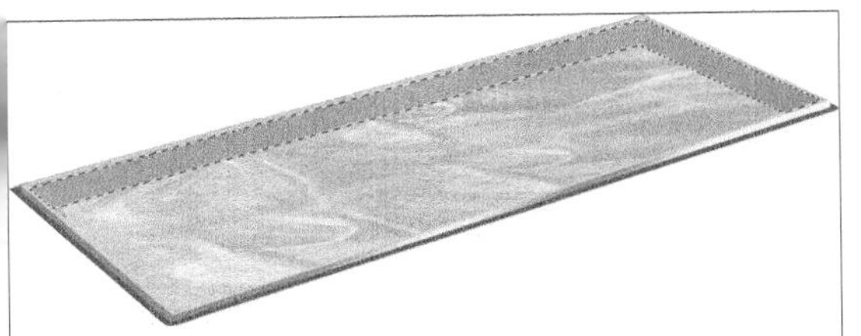

图 9-474

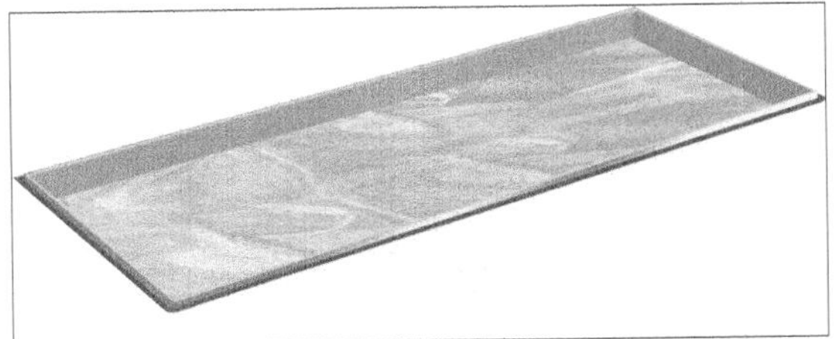

图 9-475

04 设置图层“内边侧”的“混合模式”为“明度”，“不透明度”为80%，效果如图9-476所示。

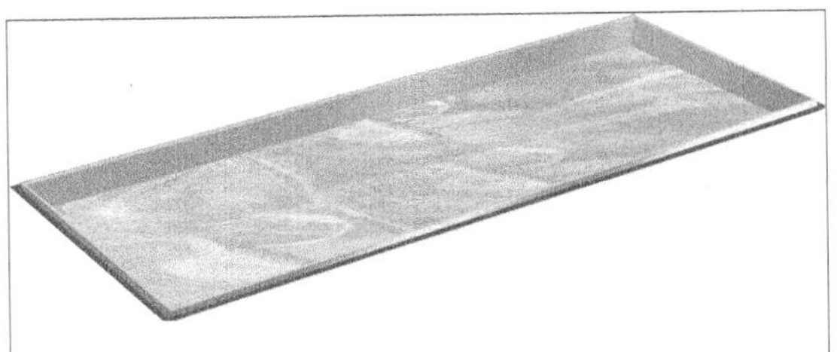

图 9-476

9.5.8 制作外侧面效果

01 创建一个新图层“外侧面”，然后使用“多边形套索工具” 在绘图区域中勾选出如图9-477所示的选区，接着设置前景色（R:243、G:205、B:6），最后用前景色填充选区，效果如图9-478所示。

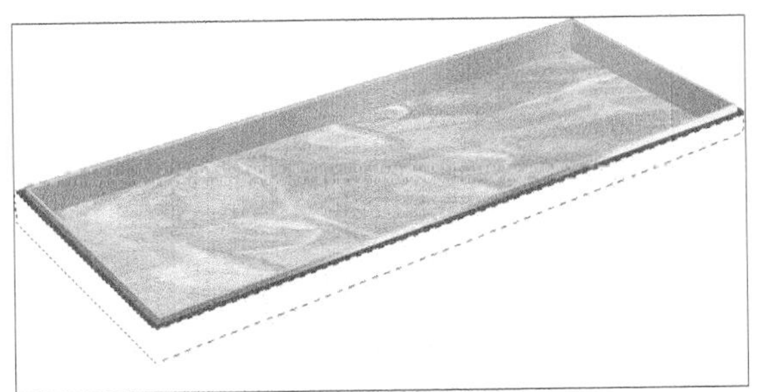

图 9-477

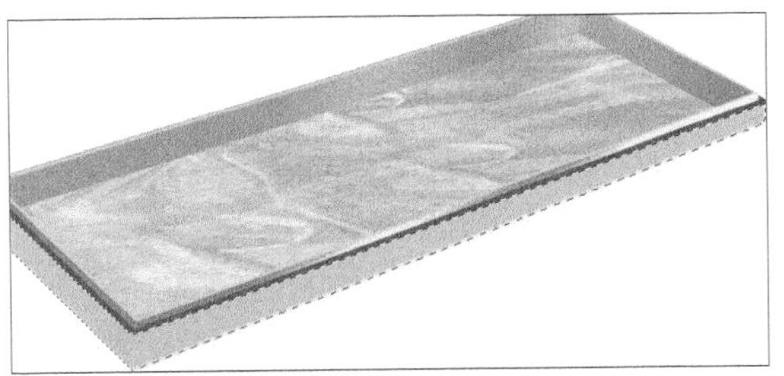

图 9-478

02 保持选区状态，按住Alt键的同时使用“多边形套索工具” 将长边部分勾选出来，这样就可以单独勾选出宽边部分，然后设置前景色（R:231、G:196、B:10），并用前景色填充选区，效果如图9-479所示，接着使用“加深工具”将其处理成如图9-480所示的效果。

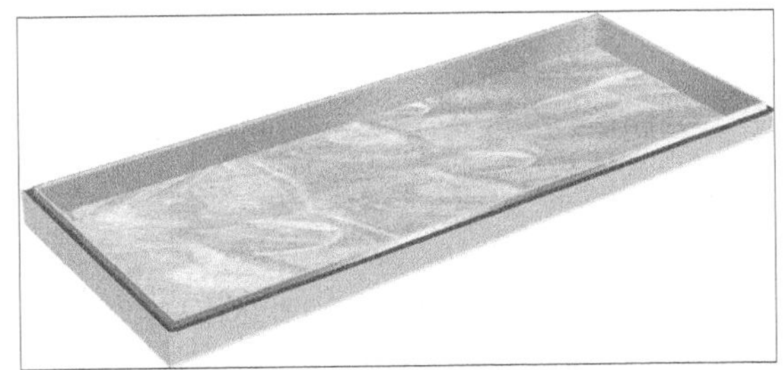

图 9-479

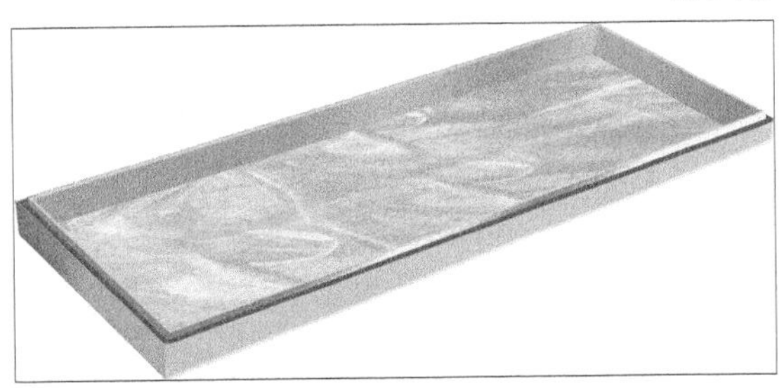

图 9-480

03 使用“多边形套索工具” 勾选出长边中的黑色背景轮廓的选区，然后用黑色填充选区，接着在“盒盖”中复制一个“艺术花纹”到黑色背景上，完成后的效果如图9-481所示。

图 9-481

04 创建一个新图层，使用“多边形套索工具”勾出“扣子”的轮廓选区，然后用黄色填充该选区，接着对其应用“粗糙蜡笔”滤镜，完成后的效果如图9-482所示。

图 9-482

9.5.9 制作盒盖效果

01 创建一个新图层“盒盖侧面轮廓”，使用“钢笔工具”绘制出相应的路径，然后单击“路径”面板下面的“将路径作为选区载入”按钮，得到如图9-483所示的选区，接着设置前景色（R:204、G:178、B:93），并用前景色填充选区，效果如图9-484所示。

图 9-483

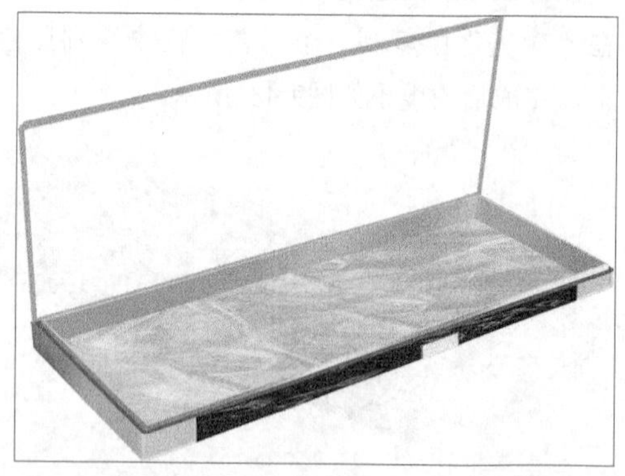

图 9-484

02 采用上面讲述的方法制作出侧面和顶面效果，完成后的效果如图9-485所示。

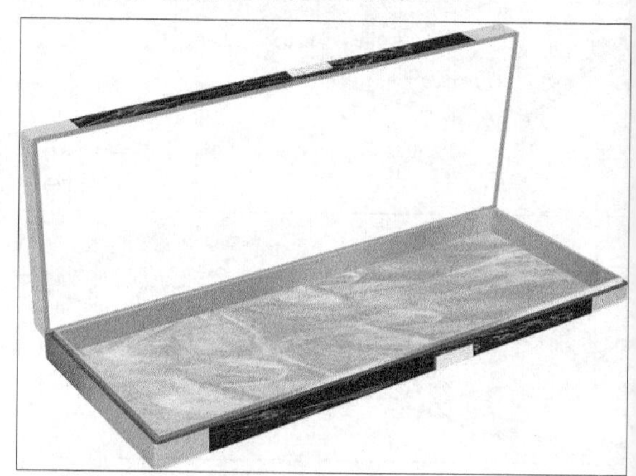

图 9-485

03 创建一个新图层“盒盖下边侧”，然后使用“多边形套索工具”在绘图区域中勾选出如图9-486所示的选区，接着设置前景色（R:243、G:232、B:22），并用前景色填充选区，效果如图9-487所示。

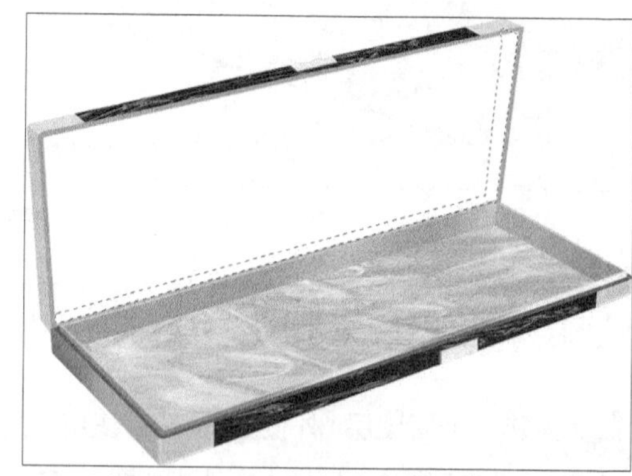

图 9-486

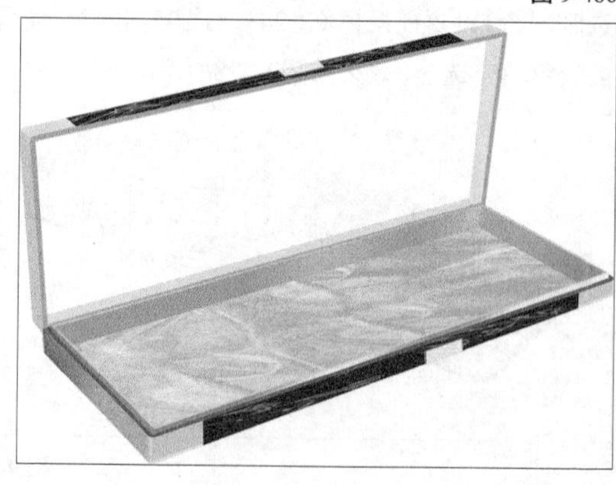

图 9-487

04 执行“滤镜>杂色>添加杂色”菜单命令打开“添加杂色”对话框，具体参数设置如图9-488所示，然后使用“加深工具”将其处理成如图9-489所示的效果。

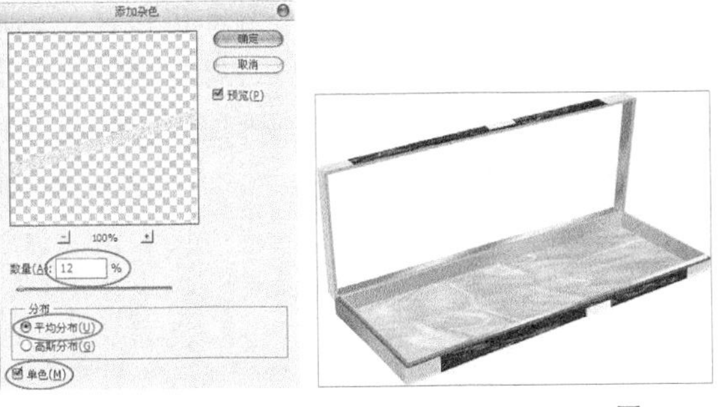

图 9-488　　图 9-489

9.5.10 制作盒盖内侧的艺术效果

01 创建一个新图层“盒盖内侧面”，然后使用“多边形套索工具”在绘图区域中勾选出如图9-490所示的选区，接着设置前景色（R:243、G:232、B:22），最后用前景色填充选区，效果如图9-491所示。

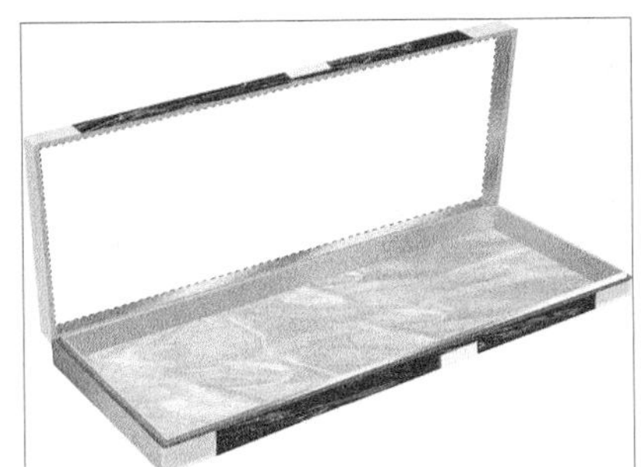

图 9-490

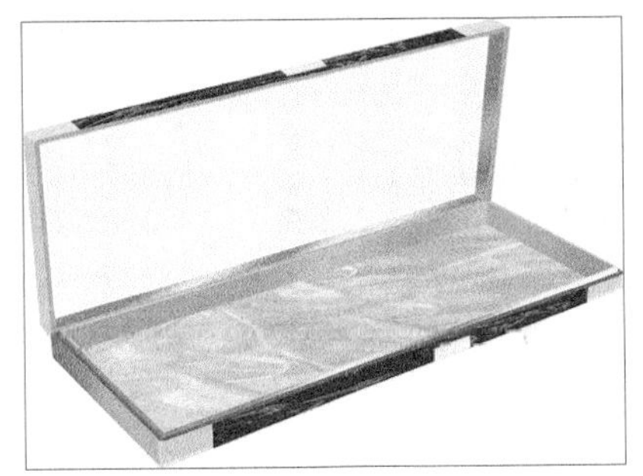

图 9-491

02 执行“滤镜>纹理>纹理化”菜单命令打开“纹理化”对话框，具体参数设置如图9-492所示，使用“纹理化”滤镜后效果如图9-493所示。

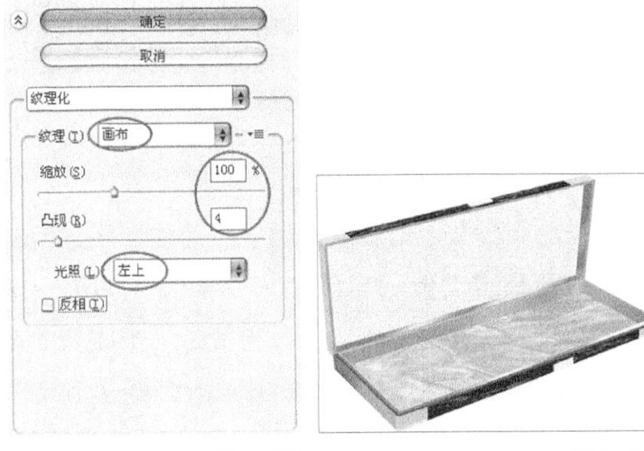

图 9-492　　图 9-493

03 使用“加深工具”和“减淡工具”将其处理成如图9-494所示的效果，然后制作出盒子的“支撑架”，效果如图9-495所示。

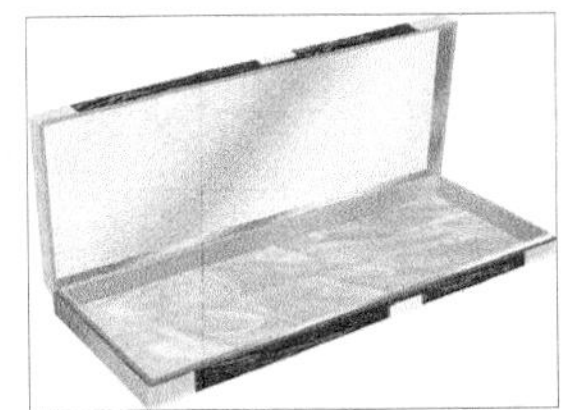
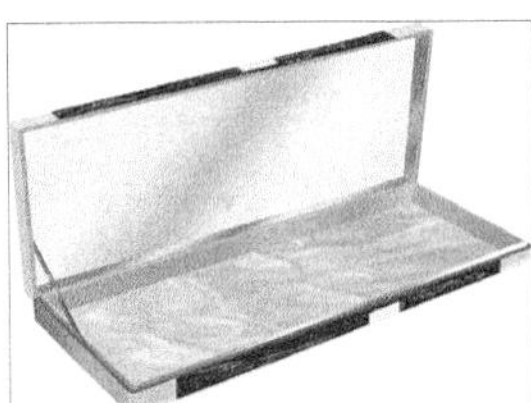

图 9-494　　图 9-495

04 添加一张背景图片到绘图区域中以衬托出两个“包装盒”的立体效果，然后制作出“包装盒”在背景上的投影，最终效果如图9-496所示。

图 9-496

9.6 本章小结

通过对本章内容的学习，读者应该明白包装设计需要体现视觉冲击功能、信息传达功能、审美愉悦功能、个性化功能、质量感功能、附加值功能、方便顾客功能和自我销售功能等，如果一个包装设计具备这些功能，那么它就是一个成功的设计。当然要在相当短的时间内使设计作品达到这些功能不太现实，只有不断思考、不断总结，经过长时间的积累，才能做出好的包装设计作品。

9.7 课后习题

在所有的设计中，包装设计非常复杂，因此包装设计知识的学习也不是那么容易，需要不断思考，找出存在的问题并解决这些问题，只有这样才会成功。鉴于本章知识的重要性，将安排6个课后习题。

9.7.1 课后习题1——茶叶包装

习题位置	案例文件>CH09>课后习题1——茶叶包装.psd
视频位置	多媒体教学>CH09>课后习题1——茶叶包装.flv
难易指数	★★★★☆
练习目标	练习用自由变换制作立体包装盒

茶叶包装的图形设计所采取的情势可不拘一格，归根结底在于能表现其特有的文化性。在茶叶包装设计中，文字是转达商品信息必不可少的组成部分，好的茶叶包装都非常注重文字的设计，优良的文字设计不仅可以转达出商品的属性，更能以其奇特的视觉效果吸引消费者的关注。茶叶包装设计的最终效果如图9-497所示。

图 9-497

步骤分解如图9-498所示。

图 9-498

9.7.2 课后习题2——饮料包装

习题位置	案例文件>CH09>课后习题2——饮料包装.psd
视频位置	多媒体教学>CH09>课后习题2——饮料包装.flv
难易指数	★★★☆☆
练习目标	练习用“渐变工具”及水果素材合成饮料瓶

饮料包装的设计主要体现出饮品的健康和饮品的独有特点。抓住这两点，在设计中就容易得多，如何去体现这两点是非常关键的。本案例以拉链的形式将每种饮料的主要原料呈现出来，思维非常新颖；天使和蝴蝶素材的运用，体现出了饮料的健康。饮料包装设计的最终效果如图9-499所示。

图 9-499

步骤分解如图9-500所示。

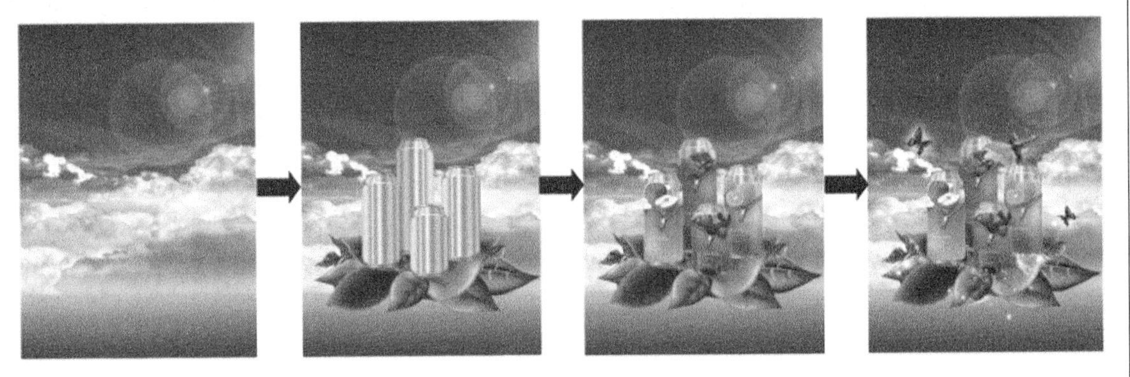

图 9-500

9.7.3 课后习题3——巧克力包装

习题位置	案例文件>CH09>课后习题3——巧克力包装.psd
视频位置	多媒体教学>CH09>课后习题3——巧克力包装.flv
难易指数	★★★★☆
练习目标	练习用“画笔工具”绘制包装袋的立体感；用图层样式制作巧克力质感文字

巧克力包装定位在中高端，主要销售人群是年轻人、恋人和朋友等，整体有档次，有品位。因为心代表了亲情、爱情和友情等感情色彩，因此本案例以心为主题图形来展开设计。巧克力包装设计的最终效果如图9-501所示。

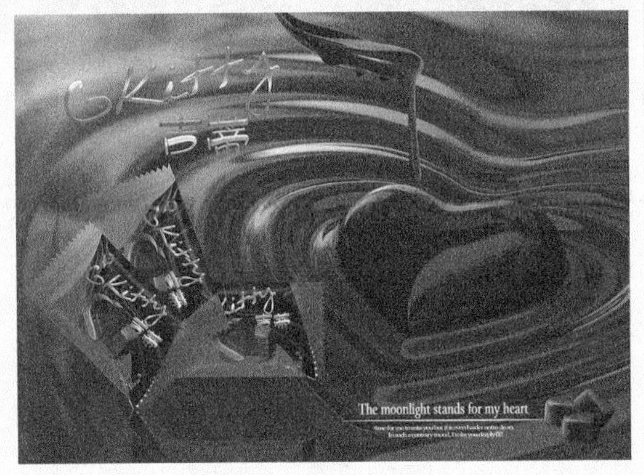

图 9-501

步骤分解如图9-502所示。

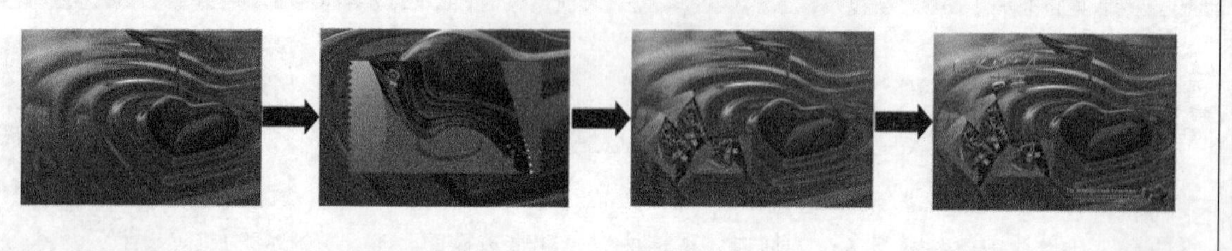

图 9-502

9.7.4 课后习题4——牛奶包装

习题位置　案例文件>CH09>课后习题4——牛奶包装.psd
视频位置　多媒体教学>CH09>课后习题4——牛奶包装.flv
难易指数　★★★★☆
练习目标　练习用"画笔工具"绘制包装袋的立体感；用图层样式制作巧克力质感文字

本案例选用了阳光、蓝天和草原作为整个设计的背景，突出了牛奶的健康、绿色和生态。同时在包装上选用了水果，体现出了牛奶味道的丰富多彩，一头卡通奶牛的出现，更是为整个设计增添了一份轻松、愉悦的感觉。牛奶包装设计的最终效果图9-503所示。

图 9-503

步骤分解如图9-504所示。

图 9-504

9.7.5 课后习题5——月饼礼盒包装

习题位置 案例文件>CH09>课后习题5——月饼礼盒包装.psd
视频位置 多媒体教学>CH09>课后习题5——月饼礼盒包装.flv
难易指数 ★★★★☆
练习目标 练习用图层样式制作主题文字；用"斜切"等命令制作包装盒

月饼是我国的传统食品，有着深刻的寓意，因此月饼包装设计更要体现出月圆，人团圆的主题。本案例为了突出“团圆”的含义，特意将“圆”字进行了特殊处理，在颜色上选用黄色，给人温馨祥和的感觉。月饼礼盒包装的最终效果如图9-505所示。

图 9-505

步骤分解如图9-506所示。

图 9-506

9.7.6 课后习题6——白酒包装

习题位置 案例文件>CH09>课后习题6——白酒包装.psd
视频位置 多媒体教学>CH09>课后习题6——白酒包装.flv
难易指数 ★★★★☆
练习目标 练习用各种元素合成正面图；用图层样式制作主题文字

本案例是为白酒设计的一款包装。整个设计稳重大方，红色与金黄色的搭配给人一种喜庆的感觉，尤其是主体文字“福”字的处理，立体感非常强，是整个设计的精髓。白酒包装的最终效果如图9-507所示。

图 9-507

步骤分解如图9-508所示。

图 9-508

Photoshop工具与快捷键索引

工具	快捷键	主要功能	使用频率
移动工具	V	选择/移动对象	★★★★★
矩形选框工具	M	绘制矩形选区	★★★★★
椭圆选框工具	M	绘制圆形或椭圆形选区	★★★★★
单行选框工具		绘制高度为1像素的选区	★☆☆☆☆
单列选框工具		绘制宽度为1像素的选区	★☆☆☆☆
套索工具	L	自由绘制出形状不规则的选区	★★★★☆
多边形套索工具	L	绘制一些转角比较强烈的选区	★★★★☆
磁性套索工具	L	快速选择与背景对比强烈且边缘复杂的对象	★★★★☆
快速选择工具	W	利用可调整的圆形笔尖迅速地绘制选区	★★★★★
魔棒工具	W	快速选取颜色一致的区域	★★★★★
裁剪工具	C	裁剪多余的图像	★★★★★
切片工具	C	创建用户切片和基于图层的切片	★☆☆☆☆
切片选择工具	C	选择、对齐、分布切片以及调整切片的堆叠顺序	★☆☆☆☆
吸管工具	I	采集色样来作为前景色或背景色	★★★★★
标尺工具	I	测量图像中点到点之间的距离、位置和角度	★☆☆☆☆
注释工具	I	在图像中添加文字注释和内容	★☆☆☆☆
计数工具	I	对图像中的元素进行计数	★☆☆☆☆
污点修复画笔工具	J	消除图像中的污点和某个对象	★★★★★
修复画笔工具	J	校正图像的瑕疵	★★★★☆
修补工具	J	利用样本或图案修复所选区域中不理想的部分	★★★★★
红眼工具	J	去除由闪光灯导致的红色反光	★★★★☆
画笔工具	B	使用前景色绘制出各种线条或修改通道和蒙版	★★★★★
铅笔工具	B	绘制硬边线条	★★★★☆
颜色替换工具	B	将选定的颜色替换为其他颜色	★★★☆☆
混合器画笔工具	B	模拟真实的绘画效果	★☆☆☆☆
仿制图章工具	S	将图像的一部分绘制到另一个位置	★★★★★
图案图章工具	S	使用图案进行绘画	★★★☆☆
历史记录画笔工具	Y	可以理性、真实地还原某一区域的某一步操作	★★★★★
历史记录艺术画笔工具	Y	将标记的历史记录或快照用作源数据对图像进行修改	★☆☆☆☆
橡皮擦工具	E	将像素更改为背景色或透明	★★★★★
背景橡皮擦工具	E	在抹除背景的同时保留前景对象的边缘	★★★★☆
魔术橡皮擦工具	E	将所有相似的像素更改为透明	★★★★☆
渐变工具	G	在整个文档或选区内填充渐变色	★★★★★
油漆桶工具	G	在图像中填充前景色或图案	★★★☆☆
模糊工具	R	柔化硬边缘或减少图像中的细节	★★★☆☆
锐化工具	R	增强图像中相邻像素之间的对比	★★★☆☆
涂抹工具	R	模拟手指划过湿油漆时所产生的效果	★★★☆☆
减淡工具	O	对图像进行减淡处理	★★★★★
加深工具	O	对图像进行加深处理	★★★★★
海绵工具	O	精确地更改图像某个区域的色彩饱和度	★☆☆☆☆
钢笔工具	P	绘制任意形状的直线或曲线路径	★★★★★
自由钢笔工具	P	绘制比较随意的图形	★☆☆☆☆
添加锚点工具		在路径上添加锚点	★★★★★
删除锚点工具		在路径上删除锚点	★★★★★
转换点工具		转换锚点的类型	★★★☆☆
横排文字工具	T	输入横向排列的文字	★★★★★
直排文字工具	T	输入竖向排列的文字	★★★★★
横排文字蒙版工具	T	创建横向文字选区	★☆☆☆☆
直排文字蒙版工具	T	创建竖向文字选区	★☆☆☆☆
路径选择工具	A	选择、组合、对齐和分布路径	★★★★★
直接选择工具	A	选择、移动路径上的锚点以及调整方向线	★★★★★
矩形工具	U	创建正方形和矩形	★★★★★
圆角矩形工具	U	创建具有圆角效果的矩形	★★★★★

椭圆工具	U	创建椭圆和圆形	★★★★★
多边形工具	U	创建正多边形（最少为3条边）和星形	★★★★★
直线工具	U	创建直线和带有箭头的路径	★★☆☆☆
自定形状工具	U	创建各种自定形状	★★★★★
3D对象旋转工具	K	围绕x/y轴旋转模型	★★☆☆☆
3D对象滚动工具	K	围绕z轴旋转模型	★★☆☆☆
3D对象平移工具	K	在水平/垂直方向上移动模型	★★☆☆☆
3D对象滑动工具	K	在水平方向上移动模型或将模型移近/移远	★★☆☆☆
3D对象比例工具	K	放大或缩小模型	★★☆☆☆
3D旋转相机工具	N	沿x/y轴方向环绕移动相机	★★☆☆☆
3D滚动相机工具	N	滚动相机	★★☆☆☆
3D平移相机工具	N	沿x/y轴方向平移相机	★★☆☆☆
3D移动相机工具	N	步进相机（z轴转换和y轴旋转）	★★☆☆☆
3D缩放相机工具	N	更改3D相机的视角	★★☆☆☆
抓手工具	H	在放大图像窗口中移动光标到特定区域内查看图像	★★★★★
旋转视图工具	R	旋转画布（需要开启OpenGL功能）	★★☆☆☆
缩放工具	Z	放大或缩小图像的显示比例	★★★★★
默认前景色/背景色	D	将前景色/背景色恢复到默认颜色	★★★★★
前景色/背景色互换	X	互换前景色/背景色	★★★★★
以快速蒙版模式编辑	Q	创建和编辑选区	★★★★☆

Photoshop命令与快捷键索引

文件菜单

命令	快捷键
新建	Ctrl+N
打开	Ctrl+O
在Bridge中浏览	Alt+Ctrl+O
打开为	Alt+Shift+Ctrl+O
关闭	Ctrl+W
关闭全部	Alt+Ctrl+W
关闭并转到Bridge	Shift+Ctrl+W
存储	Ctrl+S
存储为	Shift+Ctrl+S
存储为Web和设备所用格式	Alt+Shift+Ctrl+S
恢复	F12
打印	Ctrl+P
打印一份	Alt+Shift+Ctrl+P
退出	Ctrl+Q

图像菜单

命令	快捷键
调整>色阶	Ctrl+L
调整>曲线	Ctrl+M
调整>色相/饱和度	Ctrl+U
调整>色彩平衡	Ctrl+B
调整>黑白	Alt+Shift+Ctrl+B
调整>反相	Ctrl+I
调整>去色	Shift+Ctrl+U
自动色调	Shift+Ctrl+L
自动对比度	Alt+Shift+Ctrl+L
自动颜色	Shift+Ctrl+B
图像大小	Alt+Ctrl+I
画布大小	Alt+Ctrl+C

编辑菜单

命令	快捷键
还原/重做	Ctrl+Z
前进一步	Shift+Ctrl+Z
后退一步	Alt+Ctrl+Z
渐隐	Shift+Ctrl+F
剪切	Ctrl+X
拷贝	Ctrl+C
合并拷贝	Shift+Ctrl+C
粘贴	Ctrl+V
填充	Shift+F6
内容识别比例	Alt+Shift+Ctrl+C
自由变换	Ctrl+T
变换>再次	Shift+Ctrl+T

选择菜单

命令	快捷键
全部	Ctrl+A
取消选择	Ctrl+D
重新选择	Shift+Ctrl+D
反向	Shift+Ctrl+I
所有图层	Alt+Ctrl+A
调整边缘/蒙版	Alt+Ctrl+R
修改>羽化	Shift+F6

本书课堂案例/课后习题索引